中国国家标准汇编

2006年修订-12

中国标准出版社　编

中国标准出版社
北京

图书在版编目（CIP）数据

中国国家标准汇编. 2006年修订-12/中国标准出版社编. —北京：中国标准出版社，2007
ISBN 978-7-5066-4608-6

Ⅰ. 中…　Ⅱ. 中…　Ⅲ. 国家标准-汇编-中国-2006
Ⅳ. T-652.1

中国版本图书馆CIP数据核字（2007）第105548号

中国标准出版社出版发行
北京复兴门外三里河北街16号
邮政编码：100045
网址 www.spc.net.cn
电话：68523946　68517548
中国标准出版社秦皇岛印刷厂印刷
各地新华书店经销
*
开本 880×1230　1/16　印张 38.75　字数 1 154 千字
2007年8月第一版　2007年8月第一次印刷
*
定价 180.00 元

ISBN 978-7-5066-4608-6

出 版 说 明

1.《中国国家标准汇编》是一部大型综合性国家标准全集，自1983年起，按国家标准顺序号以精装本、平装本两种装帧形式陆续分册汇编出版。《汇编》在一定程度上反映了我国建国以来标准化事业发展的基本情况和主要成就，是各级标准化管理机构，工矿企事业单位，农林牧副渔系统，科研、设计、教学等部门必不可少的工具书。

2. 由于标准的动态性，每年有相当数量的国家标准被修订，这些国家标准的修订信息无法在已出版的《汇编》中得到反映。为此，自1995年起，新增出版在上一年度被修订的国家标准的汇编本。

3. 修订的国家标准汇编本的正书名、版本形式、装帧形式与《中国国家标准汇编》相同，视篇幅分设若干册，但不占总的分册号，仅在封面和书脊上注明"2006年修订-1，-2，-3，……"等字样，作为对《中国国家标准汇编》的补充。读者配套购买则可收齐前一年新制定和修订的全部国家标准。

4. 修订的国家标准汇编本的各分册中的标准，仍按顺序号由小到大排列(不连续)；如有遗漏的，均在当年最后一分册中补齐。

5. 2006年度发布的修订国家标准分27册出版。本分册为"2006年修订-12"，收入新修订的国家标准37项。

中国标准出版社

2007年6月

目　　录

ICS 59.060.10
W 40

中华人民共和国国家标准

GB/T 9111—2006
代替 GB/T 9111—1988

桑蚕干茧试验方法

Methods of mulberry silkworm dried cocoons

2006-12-29 发布　　2007-05-01 实施

中华人民共和国国家质量监督检验检疫总局
中国国家标准化管理委员会　发布

前　言

本标准代替 GB/T 9111—1988《桑蚕茧(干茧)检验方法》。

本标准与 GB/T 9111—1988 相比主要变化如下:

a) 修订了干茧抽样数量和抽样方法;

b) 解舒试验设备由立缫试验设备改为自动缫试验设备;

c) 修订了解舒试验工艺条件和试验方法。

本标准的附录 A、附录 B、附录 C 和附录 D 均为规范性附录,附录 E 为资料性附录。

本标准由中国纤维检验局提出。

本标准由中国纤维检验局归口。

本标准主要起草单位:中国纤维检验局、山东省茧丝检验所、中国茧丝绸交易市场、浙江省第三茧质检定所。

本标准主要起草人:杨华、毕海忠、刘佳林、邢秋明、李明忠、张玲、刘铁砚、陈浩。

本标准于 1988 年首次发布,本次为第一次修订。

引 言

GB/T 9111—1988 自发布实施以来，为准确反映桑蚕干茧质量、维护生产者和消费者的合法利益、稳定蚕茧市场秩序和促进我国蚕茧事业的发展发挥了重要作用。随着我国缫丝生产技术的进步，原使用立缫设备检验桑蚕干茧质量的方法，已不适应我国自动缫丝机生产的实际需要，为此，对GB/T 9111—1988进行修订。

桑蚕干茧试验方法

1 范围

本标准规定了桑蚕干茧的术语和定义、抽样、试验方法等内容。

本标准适用于生产、加工、经营、交易、贮存的桑蚕干茧。

2 规范性引用文件

下列文件中的条款通过本标准的引用而成为本标准的条款。凡是注日期的引用文件，其随后所有的修改单(不包括勘误的内容)或修订版均不适用于本标准，然而，鼓励根据本标准达成协议的各方研究是否可使用这些文件的最新版本。凡是不注日期的引用文件，其最新版本适用于本标准。

GB/T 1798—2001 生丝试验方法

GB/T 8170 数值修约规则

GSBW40001 桑蚕茧(干茧)下茧实物样照

3 术语和定义

下列术语和定义适用于本标准。

3.1

双宫茧 double cocoon

茧内有两粒或两粒以上蚕蛹的茧。

3.2

口茧 perforated cocoon

茧层有孔的茧，如蛾口、鼠口、削口、蛆口、虫口等。

3.3

黄斑茧 yellow spotted cocoon

茧层有严重黄色斑渍的茧。

3.4

尿黄茧 yellow cocoon by the silkworm urine

蚕尿污染茧层造成茧层发黄、发软浮松的茧。尿黄茧分三种类型：

a) 蚕尿深入茧层三分之一以上的茧；

b) 蚕尿污染处明显发软或浮松的茧；

c) 蚕尿污染总面积超过 0.5 cm^2 的茧。

3.5

夹黄茧 yellow cocoon by the silkworm urine

蚕尿污染茧层之中，表面可见的茧。

3.6

靠黄茧 mild yellow spotted cocoon

污斑深入茧层三分之一以上或污斑总面积大于 1 cm^2 的茧。

3.7

老黄茧 deep yellow spotted cocoon

茧色深黄，缩皱异常，黄色面积占茧体面积三分之一以上的茧。

3.8

硬块黄茧　yellow hardens cocoon

茧层有黄色硬块或胶结的茧。

3.9

柴印茧　cocoon pressed by cocooning frame

茧层有严重印痕的茧。柴印茧分四种类型：

a)　单条柴印茧

单条柴印分两种类型：

1）茧层有一条竖柴印，印痕深入茧层二分之一以上的茧；

2）茧层有一条横柴印或一条斜柴印，印痕深入茧层三分之一以上的茧。

b)　多条柴印茧

多条柴印分两种类型：

1）茧层有两条及两条以上柴印，其中一条印痕深入茧层三分之一以上的茧；

2）茧层有两条及两条以上柴印，印痕未超三分之一，但茧体已经变形的茧。

c)　钉点柴印茧

钉点柴印分两种类型：

1）钉点印痕深入茧层二分之一以上的茧；

2）钉点印痕未超过茧层的二分之一，但有两点及两点以上印痕的茧。

d)　平板柴印茧

茧层表面局部呈平板状、无缩皱，总面积大于 0.5 cm^2 的茧。

3.10

油茧　cocoon of polluted by oil

茧层表面油斑总面积大于 0.2 cm^2 的茧。

3.11

薄头、薄腰茧　thin peak or thin middle cocoon

茧子的头部或腰部茧层薄，光线反射暗淡的茧。

3.12

薄皮茧　thin shelled cocoon

茧层薄，茧层重量小于同批干茧平均茧层重量的二分之一的茧。

3.13

异色茧　colored cocoon

茧层呈深米色、深绿色、红僵和红斑等的有色茧。

3.14

瘪茧　crushed cocoon

瘪茧分以下两种类型：

a)　茧层两侧压瘪的茧；

b)　茧层一侧压瘪，并沾有污物或蛹油的茧。

3.15

畸形茧　malformed cocoon

茧型严重变形的茧，如多棱角茧、尖头茧、扁平茧等。

3.16

绵茧　loose sheel cocoon

茧层浮松，缩皱不清，手触软绵的茧。

3.17

特小茧 little cocoon

茧型特小，粒茧重量小于同批干茧平均粒茧重量的二分之一的茧。

3.18

多疵点茧 multi-defective cocoon

茧层有不少于两种疵点的茧。

3.19

霉茧 mildewed cocoon

茧层表面霉变的茧。霉茧分两种类型：

a) 茧层表面霉，总面积大于 $0.2\ cm^2$ 的茧；

b) 茧层表面由内部引起的茧层霉的茧。

3.20

内霉茧 inside-mildew cocoon

茧层内层霉或蛹体霉的茧。

3.21

印头茧 stained cocoon

蛹体腐烂，污物浸出茧层，表面可见的茧。

3.22

烂茧 decayed cocoon

烂茧分以下两种类型：

a) 内印严重，污渍印出茧层，颜色较深，总面积大于 $0.5\ cm^2$ 的茧；

b) 外沾严重，污渍深入茧层，总面积大于 $1\ cm^2$ 的茧。

3.23

其他下茧 miscellanea cocoon

不属于上述范围的下茧。

3.24

等粒等量 equality in cocoon grain number and weight

样品粒数相等、重量相等。

3.25

剥选后样茧总重量 the weight after peeling and sorting

经过剥茧并选出各类下茧的样茧的重量。

3.26

上车茧率 reelable cocoon percentage

上车茧重量对剥选后样茧总重量的百分率。

3.27

下茧率 waste cocoon percentage

下茧重量对剥选后样茧总重量的百分率。

3.28

屑茧 spoiled cocoon

解舒试验过程中被煮穿、索穿的没有被缫丝的茧。

3.29

上车茧出丝率 raw silk percentage of reelable cocoon

粒茧丝量对上车茧粒茧原量的百分率。

3.30

吊糙 rush upon in reeling process

在缫丝过程中，因茧疵点原因产生的缫丝中断现象。

3.31

万米吊糙 number of rush upon in reeling process per myriameter

在缫丝过程中，每缫得一万米生丝所发生的吊糙次数。

3.32

厚皮茧 carry-over cocoon of shell large

解舒试验结束后，茧层较厚，呈玉白色，约占平均茧层量83%左右的茧。

3.33

中皮茧 carry-over cocoon of shell moderate

试验结束后茧层适中，呈灰白色，约占平均茧层量50%左右的茧。

3.34

薄皮茧 carry-over cocoon of shell thin

试验结束后茧层较薄，呈暗红色，约占平均茧层量17%左右的茧。

4 抽样

4.1 仪器设备

4.1.1 台秤

a) 最大量程：15 kg；

b) 最小分度值：≤5 g。

4.1.2 磅秤

a) 最大量程：150 kg；

b) 最小分度值：≤50 g。

4.2 抽样方法

4.2.1 以同一庄口为抽样单位，批次重量4 000 kg以下采取逐包方式抽取，4 000 kg及以上可采取隔一包方式抽取。

4.2.2 抽样时必须顾及茧包的不同部位。

4.3 抽样数量

每包抽样数量(200±20)g，3 000 kg以下抽取不少于15 kg。从已抽样品中称量两个5 kg，一个作为试验样品，一个作为备用样品

4.4 抽样要求

4.4.1 抽样时发现被抽桑蚕干茧受潮、霉变、过嫩等情况，在未经妥善处理前，不予抽样。

4.4.2 抽样应在不日晒、不潮湿的环境中进行。

4.4.3 样茧抽取完毕，随即称准样茧总重量(即混茧前样茧总重量)，然后在光洁平面上反复拌匀至少三次，称出混茧后的样茧总重量。

4.4.4 抽样余亏率不大于3%，若超过3%，重新抽取。

4.4.5 抽样余亏率按式(1)计算。

$$P=\frac{(W_1-W_0)}{W_0}\times 100\% \qquad \cdots\cdots(1)$$

式中：

P——抽样余亏率，%；

W_1——混茧后样品总重量，单位为千克(kg)；

W_0——混茧前样品总重量，单位为千克(kg)。

4.4.6　样茧实称重量按照式(2)计算，按照计算结果称准两份样品。

$$m_s = 5 \times \frac{(100 + P)}{100} \qquad \cdots\cdots (2)$$

式中：

m_s——样茧实称重量，单位为千克(kg)。

4.5　样品处置

4.5.1　填写样品标签，注明庄口、茧期、抽样人员、抽样时间和抽样地点等。标签一式二份，一份放入样茧袋内，另一份系在袋口上。

4.5.2　将两份样品分别装入样茧袋内，扎紧袋口，做上封记。

4.5.3　样品在传递、保管过程中，防止错乱、霉变、日晒、雨淋、挤压和鼠咬虫害等。

5　试验方法

5.1　试验流程图

计量单位与小数有效位的规定见附录 A。数值修约按 GB/T 8170 进行。

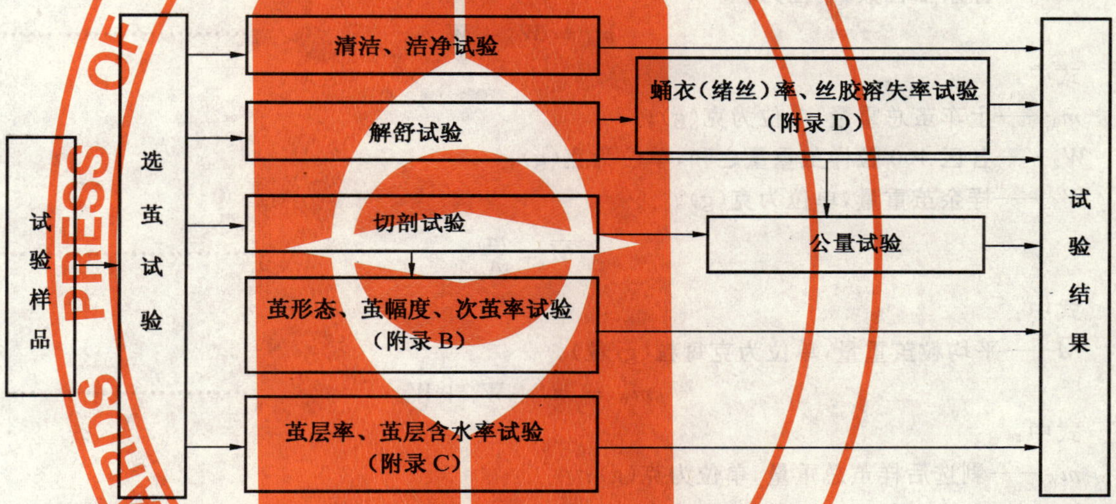

5.2　选茧试验

5.2.1　试验设备

选茧试验设备如下：

a)　剥茧机；

b)　粒数器；

c)　选茧台；

d)　电子天平：

1)　最大量程 1.2 kg；

2)　最小分度值≤0.5 g。

e)　灯光：

1)　照度 500 lx 以上；

2)　光线柔和，照射均匀。

5.2.2　试验方法

5.2.2.1　用剥茧机对全部样茧进行剥茧处理。一粒茧剥去一半茧衣作光茧，一粒茧剥去不到一半茧衣的作毛茧。春茧剥光率不低于 92%,夏秋茧剥光率不低于 86%,否则一律重新进行剥茧处理。

5.2.2.2 从剥茧处理后的样茧中随机抽取 200 粒,分清光茧和毛茧,并按式(3)计算剥光率。

$$P_0 = \frac{A}{200} \times 100\% \quad \cdots\cdots (3)$$

式中:

P_0——剥光率,%;

A——光茧粒数,单位为粒。

5.2.2.3 按照 GSBW 40001 的要求,从经过剥茧处理后的样茧中选出全部下茧,得出上车茧。

5.2.2.4 以 400 粒一区,数完全部上车茧,最后一区不足 400 粒时,作样余茧。

5.2.2.5 依次称出各区样茧、样余茧、下茧、茧衣的重量。分别按式(4)~式(11)计算上车茧总粒数、上车茧总重量、平均粒茧重量、选茧上车茧率、下茧率、茧衣率、样茧总余亏率。

$$A_0 = A_1 + A_2 \quad \cdots\cdots (4)$$

式中:

A_0——上车茧总粒数,单位为粒;

A_1——各区 400 粒样茧粒数之和,单位为粒;

A_2——样余茧粒数,单位为粒。

$$m_0 = W_2 + W_3 \quad \cdots\cdots (5)$$

式中:

m_0——上车茧总重量,单位为克(g);

W_2——各区 400 粒样茧重量之和,单位为克(g);

W_3——样余茧重量,单位为克(g)。

$$\overline{M} = \frac{m_0}{A_0} \quad \cdots\cdots (6)$$

式中:

$\overline{M}$——平均粒茧重量,单位为克每粒(g/粒)。

$$m_W = m_0 + W_4 + W_5 \quad \cdots\cdots (7)$$

式中:

m_W——剥选后样茧总重量,单位为克(g);

W_4——各类下茧重量之和,单位为克(g);

W_5——茧衣重量,单位为克(g)。

$$P_1 = \frac{m_0}{m_W} \times 100\% \quad \cdots\cdots (8)$$

式中:

P_1——选茧上车茧率,%。

$$P_2 = \frac{W_4}{m_W} \times 100\% \quad \cdots\cdots (9)$$

式中:

P_2——下茧率,%。

$$P_3 = \frac{W_5}{m_W} \times 100\% \quad \cdots\cdots (10)$$

式中:

P_3——茧衣率,%。

$$P_W = \frac{m_W - 5\,000}{5\,000} \times 100\% \quad \cdots\cdots (11)$$

式中：

P_W——样茧总余亏率，%。

5.2.2.6 依据平均粒茧重量以等粒等量法制备400粒为一区的样品共5区，其中1区用于切剖试验、3区用于解舒试验，1区备用。

5.2.3 试验要求

5.2.3.1 上车茧中无双宫茧。

5.2.3.2 上车茧中漏选下茧重量，春茧不大于0.15%；夏秋茧不大于0.25%。

5.2.3.3 下茧中无上车茧。

5.3 切剖试验

5.3.1 试验设备

切剖试验设备如下：

a） 电子天平：

1）最大量程200 g；

2）最小分度值≤0.01 g。

b） 剖茧器具。

5.3.2 试验方法

5.3.2.1 取切剖试验样品，依据等粒等量法分成两份，每份200粒。

5.3.2.2 取其中一份，用剖茧器具逐粒切剖茧层，倒出蛹体和蜕皮，另一份备用。

5.3.2.3 检查内印茧、病蛹（或僵蚕）、内霉茧、毛脚茧，数准粒数，按式(12)分别计算其百分率。

$$P_N = \frac{A_N}{200} \times 100\% \qquad \cdots\cdots(12)$$

式中：

P_N——内印茧率，%；

A_N——内印茧粒数，单位为粒。

5.3.3 试验要求

5.3.3.1 切割茧层时勿使茧盖与茧体脱离。

5.3.3.2 发现茧层粘有污物，应将污物除去。

5.4 解舒试验

5.4.1 试验设备

解舒试验设备如下：

a） 煮茧设备；

b） 自动缫丝试验设备。

5.4.2 试验方法

5.4.2.1 取解舒样品，每区分装四袋，每一袋100粒，并准备备用茧20粒。

5.4.2.2 煮茧试验条件：

a） 煮茧时间：

1）春茧：(12±2)min；

2）夏秋茧：(11±2)min。

b） 真空渗透度（真空渗透法）：(0.098±0.002)MPa；

c） 总压力：(0.12±0.02)MPa；

d） 浸渍温度：(45±5)℃；

e） 高温渗透（温差渗透法）：(98.5±1.5)℃；

f） 低温渗透（温差渗透法）：(60±5)℃；

g) 蒸煮室温度：(99±1)℃；

h) 调整部温度：(90±5)℃；

i) 出口温度：(55±5)℃；

j) 桶汤给水温度：(40±3)℃；

k) 水质要求：

1) 总硬度不大于1.5 mmol/L；

2) 总碱度不大于1.5 mmol/L。

5.4.2.3 每区分两次煮茧，每次两袋，备用样品随同第一次解舒样品煮茧。

5.4.2.4 缫丝试验条件

a) 缫丝线速度：(104±13)m/min；

b) 缫丝温度：(36±2)℃；

c) 索绪温度：(84±2)℃；

d) 绪数：5绪；

e) 纤度规格：22.2/24.4dtex(20/22D)。

5.4.2.5 按试验样品茧型大小调节给茧口宽度、水位和给茧槽茧量。

5.4.2.6 按春茧6粒～8粒，夏秋茧7粒～9粒确定初始纤度。

5.4.2.7 试验开始后，每隔4 min调查并记录每绪茧粒数一次，若正在添绪，应以添绪完成后为准。

5.4.2.8 当一个给茧槽内茧粒数少于10粒且无法补充时，从左往右逐一并绪，直到最后一个给茧槽内茧粒数少于10粒，停止试验。

5.4.2.9 解舒试验完成后，按式(13)～式(23)计算平均粒数、缫剩茧折算添绪次数、缫丝粒数、添绪次数、漏选下茧率、上车茧率、粒茧原量、茧丝长、解舒率、解舒丝长、万米吊糙。

$$\overline{E}=\frac{\sum_{i=1}^{n}A_i}{E} \qquad \cdots\cdots(13)$$

式中：

$\overline{E}$——平均粒数，单位为粒每绪(粒/绪)；

$\sum_{i=1}^{n}A_i$——每次调查的绪下茧粒数和，单位为粒；

n——调查并记录次数，单位为次；

E——绪下茧调查绪数，单位为绪。

$$B=X\times B_1+Y\times B_2+Z\times B_3 \qquad \cdots\cdots(14)$$

式中：

B——缫剩茧折算添绪次数(即缫剩茧折算粒数)，单位为次；

X——厚皮茧折算系数($X=0.83$)；

Y——中皮茧折算系数($Y=0.50$)；

Z——薄皮茧折算系数($Z=0.17$)；

B_1——厚皮茧换算添绪次数(即厚皮茧粒数)，单位为次；

B_2——中皮茧换算添绪次数(即中皮茧粒数)，单位为次；

B_3——薄皮茧换算添绪次数(即薄皮茧粒数)，单位为次。

$$C=C_1-B-C_2 \qquad \cdots\cdots(15)$$

式中：

C——缫丝粒数，单位为粒；

C_1——供试茧粒数，单位为粒；

C_2——屑茧粒数，单位为粒。

$$D = D_0 + (B_1 + B_2 + B_3) - B \quad \cdots\cdots (16)$$

式中：

D——添绪次数，单位为次；

D_0——记录添绪次数（包括生绪次数即生绪粒数），单位为次；

$$P_{02} = \frac{C_3}{C_4} \times 100\% \quad \cdots\cdots (17)$$

式中：

P_{02}——漏选下茧率，%；

C_3——漏选下茧总粒数，单位为粒；

C_4——解舒试验总粒数，单位为粒。

$$P_{01} = P_1 \times (1 - P_{02} - P_N \times 0.3) \quad \cdots\cdots (18)$$

式中：

P_{01}——上车茧率，%。

注：每1%的内印茧率调整上车茧率0.3%。

$$M_L = \frac{\overline{M}}{1 + P_W} \quad \cdots\cdots (19)$$

式中：

M_L——粒茧原量，单位为克每粒（g/粒）。

$$L = \frac{L_0 \times \overline{E}}{C} \quad \cdots\cdots (20)$$

式中：

L——茧丝长，单位为米（m）；

L_0——生丝总长，单位为米（m）。

$$R = \frac{C}{D} \times 100\% \quad \cdots\cdots (21)$$

式中：

R——解舒率，%。

$$L_R = \frac{L \times R}{100} \quad \cdots\cdots (22)$$

式中：

L_R——解舒丝长，单位为米（m）。

$$N = \frac{N_0}{L_0} \times 10\,000 \quad \cdots\cdots (23)$$

式中：

N——万米吊糙，单位为次；

N_0——吊糙次数，单位为次。

5.4.3 试验要求

5.4.3.1 煮茧时要求渗透适当、适熟均匀、无浮茧。

5.4.3.2 索绪之前，核准供试茧粒数。

5.4.3.3 试验过程中若发现空添和误吊，应及时扣除相应的空添和误吊，若发生多添，应及时去除多添茧。

5.4.3.4 在400粒解舒试验样茧中发现漏选下茧，使用备用茧调换，并调整上车茧率。

5.4.3.5 屑茧不扣供试茧重量，但应从缫丝粒数中扣除。

5.4.3.6 分清缫剩茧中厚皮茧、中皮茧、薄皮茧粒数。

5.5 清洁、洁净试验

5.5.1 试验设备

清洁、洁净试验设备如下：

a) 煮茧设备；

b) 自动缫丝试验设备；

c) 复摇试验设备；

d) 切断试验设备；

e) 黑板试验设备。

5.5.2 试验方法

5.5.2.1 抽取经过选茧试验后的上车茧500g，平均分装4袋。

5.5.2.2 煮茧试验条件同5.4.2.2。

5.5.2.3 缫丝试验条件同5.4.2.4。

5.5.2.4 试验方法同5.4.2.5、5.4.2.6、5.4.2.8。

5.5.2.5 按下列工艺条件将5只小筬返成2片大筬丝片；

a) 返丝线速度：(225±7.5)m/min；

b) 返丝温度：(43±2)℃。

5.5.2.6 清洁、洁净试验按照GB/T 1798—2001相应规定执行。

5.6 公量试验

5.6.1 试验设备

公量试验设备如下：

a) 烘箱：温度20℃～150 ℃；

b) 天平：

1）最大量程200 g；

2）最小分度值≤0.01 g。

5.6.2 试验方法

5.6.2.1 依据5.5.2.5将解舒试验后的小筬返成大筬丝片，每区返2片大筬丝片，解舒试验、返丝过程中产生的废丝并入各区丝片中。

5.6.2.2 加温前，称量解舒样丝的湿重。

5.6.2.3 依据表1公量试验规则将各区丝片烘至无水恒重状态，即解舒丝干重。

表 1 公量试验规则

样品名称	烘箱温度/℃	干燥时间/h	二次计量间隔时间/min	二次计量允差/mg
解舒样丝	140±2	2.0～2.5	10	60

5.6.3 计算

按以下公式计算解舒丝公量、粒茧丝量、换算丝量、茧丝纤度、上车茧出丝率、毛茧出丝率、解舒光折。

$$m_R = m_{R0} \times (1 + R_0) \quad \cdots\cdots (24)$$

式中：

m_R——解舒丝公量，单位为克(g)；

m_{R0}——解舒丝干重，单位为克(g)；

R_0——生丝公定回潮率，%。

$$M_S = \frac{m_R}{C} \quad \cdots\cdots (25)$$

式中：

M_S——粒茧丝量，单位为克每粒(g/粒)。

$$m_B = M_S \times B \qquad (26)$$

式中：

m_B——换算丝量，单位为克(g)。

$$D_S = \frac{10\,000 \times M_S}{L} \qquad (27)$$

式中：

D_S——茧丝纤度，单位为分特克斯(dtex)；

$$P_S = \frac{m_R + m_B}{M_L \times C_1} \times 100\% \qquad (28)$$

式中：

P_S——上车茧出丝率，%。

$$P_M = P_S \times P_{01} \times 100\% \qquad (29)$$

式中：

P_M——毛茧出丝率，%。

$$W_R = \frac{M_L \times C_1}{m_R + m_B} \times 100 \qquad (30)$$

式中：

W_R——解舒光折。

附 录 A
（规范性附录）
计量单位与小数有效位的规定

表 A.1

序号	量的名称	计量单位	小数有效位数	代表符号（修改后）
1	抽样余亏率	%	2	P
2	样品实称重量	kg	3	m_s
3	剥光率	%	1	P_0
4	上车茧总重量	g	1	m_0
5	平均粒茧重量	g/粒	4	$\overline{M}$
6	剥选后样茧总重量	g	1	m_W
7	选茧上车茧率	%	2	P_1
8	下茧率	%	2	P_2
9	茧衣率	%	2	P_3
10	样茧总余亏率	%	2	P_W
11	内印茧率	%	1	P_N
12	平均粒数	粒/绪	2	$\overline{E}$
13	缫剩茧折算添绪次数	次	2	B
14	缫丝粒数	粒	2	C
15	添绪次数	粒	2	D
16	漏选下茧率	%	2	P_{02}
17	上车茧率	%	2	P_{01}
18	粒茧原量	g/粒	4	M_L
19	茧丝长	m	1	L
20	生丝总长	m	0	L_0
21	解舒率	%	2	R
22	解舒丝长	m	1	L_R
23	万米吊糙	次	1	N
24	清洁	分	1	—
25	洁净	分	2	—
26	解舒丝公量	g	2	m_R
27	解舒丝干重	g	2	m_{R0}
28	粒茧丝量	g/粒	4	M_S
29	换算丝量	g	2	m_B
30	茧丝纤度	dtex	3	D_S

表 A.1(续)

序号	量的名称	计量单位	小数有效位数	代表符号(修改后)
31	上车茧出丝率	%	2	P_S
32	毛茧出丝率	%	2	P_M
33	解舒光折	—	2	W_R
34	平均茧幅	mm/粒	1	$\bar{x}$
35	茧幅标准差	mm	1	s_1
36	茧幅极差	mm	1	D_{max}
37	次茧率	%	2	P_C
38	次茧重量	g	1	m_C
39	粒茧茧层重量	g/粒	4	M_1
40	茧层干重	g	2	m_g
41	茧层率	%	2	P_g
42	粒茧茧层湿重	g/粒	4	$\overline{M_0}$
43	粒茧茧层干重	g/粒	4	$\overline{M_1}$
44	茧层含水率	%	2	$P_{\bar{x}}$
45	蛹衣公量	mg	0	m_{yR}
46	蛹衣干量	mg	0	m_{y0}
47	蛹衣量	mg/粒	2	$\overline{M_y}$
48	蛹衣率	%	2	P_y
49	绪丝公量	mg	0	m_{xR}
50	绪丝干量	mg	0	m_{x0}
51	绪丝量	mg/粒	2	$\overline{M_x}$
52	绪丝率	%	2	P_x
53	丝胶溶失率	%	2	P_{rs}
54	煮茧前茧层重量	g	3	m_{rs0}
55	煮茧后茧层重量	g	3	m_{rs1}
56	每百回茧丝纤度	dtex	3	x_i
57	百回茧丝纤度的平均值	dtex	3	$\overline{x_d}$
58	茧丝纤度标准差	dtex	3	s_2
59	变异系数	%	2	CV

附　录　B
（规范性附录）
茧形态、茧幅度、次茧率试验

B.1　茧形态试验

B.1.1　试验条件

工作台面黑色平整，光线照射均匀，照度为(500±20)lx。

B.1.2　试验方法

随机抽取上车茧200粒，逐项评定。

B.1.3　试验项目

茧色、缩皱、茧形(指样茧的基本茧色、缩皱、茧形)：

a）　茧色：分白、乳黄、微绿三色。同一个样茧存在两种茧色时，以基本色为主可评为白带乳黄，白带微绿、乳黄带微绿等；
b）　缩皱：分粗、中、细三种；
c）　茧形：分浅束腰形、椭圆形、纺锤形三种。

B.2　茧幅度(横向宽度)试验

B.2.1　仪器设备

茧幅度试验仪器设备为卡尺：

a）　最大量程100 mm；
b）　最小分度值≤0.1 mm。

B.2.2　试验方法

以等粒等量法随机抽取上车茧100粒，用游标卡尺测定每粒茧的茧幅，并以相差1 mm为一档，分别求出平均茧幅，茧幅标准差等。

B.2.3　计算

按式(B.1)、(B.2)和(B.3)分别计算平均茧幅、茧幅标准差、茧幅极差。

$$\overline{x}=\frac{\sum_{i=1}^{n}x_i}{n} \quad \cdots\cdots(B.1)$$

式中：

$\overline{x}$——平均茧幅，单位为毫米每粒(mm/粒)；

$\sum_{i=1}^{n}x_i$——各粒茧幅的总和，单位为毫米(mm)；

n——测试茧粒数，单位为粒。

$$s_1=\sqrt{\frac{\sum_{i=1}^{n}(x_i-\overline{x})}{n}} \quad \cdots\cdots(B.2)$$

式中：

s_1——茧幅标准差，单位为毫米(mm)。

$$D_{max}=x_{max}-x_{min} \quad \cdots\cdots(B.3)$$

式中：

D_{max}——茧幅极差，单位为毫米(mm)；

x_{max}——最大茧幅，单位为毫米(mm)；

x_{min}——最小茧幅，单位为毫米(mm)。

B.3 次茧率试验

B.3.1 仪器设备

次茧率试验仪器设备为电子天平：

a) 最大量程 1.2 kg；

b) 最小分度值≤0.5 g。

B.3.2 试验方法

在选茧试验选出的上车茧中，随机抽取 1 000 g，选出其中次茧，称其重量。

B.3.3 计算

按式(B.4)计算次茧率。

$$P_C = \frac{m_C}{1\ 000} \times P_1 \times 100\% \quad \cdots\cdots\cdots\cdots (B.4)$$

式中：

P_C——次茧率，%；

m_C——抽样上车茧中选出的次茧重量，单位为克(g)。

附 录 C
(规范性附录)
茧层率、茧层含水率试验

C.1 试验设备

茧层率、茧层含水率试验设备如下:

a) 烘箱,温度 20℃～150 ℃;

b) 天平:

1) 最大量程 200 g;

2) 最小分度值≤0.01 g。

C.2 术语和定义

C.2.1 茧层率

粒茧茧层重量对粒茧重量的百分率。

C.2.2 茧层含水率

粒茧茧层湿重与粒茧茧层干重的差对粒茧茧层湿重的百分率。

C.3 试验方法

在选茧试验选出的上车茧中按等粒等量法抽取 200 粒,剖开茧层,倒出蛹体和蜕皮。如有内印等污染应将茧层内附着的污物除去。或者利用切剖试验后的茧层(200 粒)。将茧层放入烘箱烘成干重,工艺要求见表(C.1):

表 C.1

样品名称	烘箱温度/℃	干燥时间/h	二次称量间隔时间/min	二次称量允差/mg
茧层	120±2	1.0～1.5	10	60

C.4 按式(C.1)～(C.5)计算粒茧茧层重量、茧层率、粒茧茧层湿重、粒茧茧层干重、茧层含水率。

$$M_l = \frac{m_g}{200} \times (1 + R_0) \quad \text{(C.1)}$$

式中:

M_l——粒茧茧层重量,单位为克每粒(g/粒);

m_g——茧层干重,单位为克(g);

R_0——公定回潮率($R_0 = 11\%$)。

$$P_g = \frac{M_l}{M_L} \times 100\% \quad \text{(C.2)}$$

式中:

P_g——茧层率,%。

$$\overline{M_0} = \frac{\sum_{i=1}^{200} M_{0i}}{200} \quad \text{(C.3)}$$

式中:

$\overline{M_0}$——粒茧茧层湿重,单位为克每粒(g/粒);

$\sum_{i=1}^{200} M_{0i}$——200 粒茧层湿重的总和,单位为克(g)。

$$\overline{M_1} = \frac{\sum_{i=1}^{200} M_{1i}}{200} \quad \text{(C.4)}$$

式中：

$\overline{M_1}$——粒茧茧层干重，单位为克每粒(g/粒)；

$\sum_{i=1}^{200} M_{1i}$——200 粒茧层干重的总和，单位为克(g)。

$$P_{\bar{x}} = \frac{\overline{M_0} - \overline{M_1}}{\overline{M_0}} \times 100\% \quad \cdots\cdots\cdots\cdots (C.5)$$

式中：

$P_{\bar{x}}$——茧层含水率，%。

注：茧层含水率试验也可用板式电极直示型茧质检定仪器进行试验。

附　录　D
（规范性附录）
蛹衣(绪丝)率、丝胶溶失率试验

D.1　仪器设备

蛹衣(绪丝)率、丝胶溶失率试验设备如下：

a)　烘箱，温度 20℃～150 ℃；

b)　天平：

1) 最大量程 200 g；

2) 最小分度值≤0.01 g。

D.2　试验条件

试验条件见表 D.1。

表 D.1

样品名称	烘箱温度/℃	干燥时间/h	二次称量间隔时间/min	二次称量允差/mg
蛹衣、绪丝	120±2	1.5～2.0	10	40
茧层	120±2	1.5～2.0	10	40

D.3　试验方法

D.3.1　蛹衣(绪丝)率试验

D.3.1.1　在每个样品解舒试验后，绪丝全部理出，蛹衬全部剥除蛹体和蜕皮。

D.3.1.2　绪丝和蛹衣按照 D.2 烘干、称重，按式(D.1)～式(D.6)分别计算出蛹衣公量、蛹衣量、蛹衣率、绪丝公量、绪丝量、绪丝率。

$$m_{yR}=m_{y0}\times(1+R_0) \qquad \text{(D.1)}$$

式中：

M_{yR}——蛹衣公量，单位为毫克(mg)；

M_{y0}——蛹衣干量，单位为毫克(mg)。

$$\overline{M_y}=\frac{m_{yR}}{C_1-C_2} \qquad \text{(D.2)}$$

式中：

$\overline{M_y}$——蛹衣量，单位为毫克每粒(mg/粒)。

$$P_y=\frac{\overline{M_y}}{M_L}\times 1\,000\times 100\% \qquad \text{(D.3)}$$

式中：

P_y——蛹衣率，%。

$$m_{xR}=m_{x0}\times(1+R_0) \qquad \text{(D.4)}$$

式中：

m_{xR}——绪丝公量，单位为毫克(mg)；

m_{x0}——绪丝干量，单位为毫克(mg)。

$$\overline{M_x}=\frac{m_{xR}}{C_1-C_2} \qquad \text{(D.5)}$$

式中：

$\overline{M_x}$——绪丝量，单位为毫克每粒(mg/粒)。

$$P_x = \frac{\overline{M_x}}{M_L} \times 1\,000 \times 100\% \qquad \cdots\cdots(\text{D}.6)$$

式中：

P_x——绪丝率，%。

D.3.1.3 绪丝及蛹衣不能水洗，预烘干燥。

D.3.2 丝胶溶失率试验

D.3.2.1 取切剖试验后的茧层200粒，按等粒等量法分成两份，取其中一份按D.2试验条件烘干，称其茧层重量。

D.3.2.2 另一份随解舒试验样品进行煮茧，煮后将样品按D.2试验条件烘干后称其煮后茧层重量，按式(D.7)计算丝胶溶失率。

D.3.2.3 煮后样品不能水洗、挤压及甩干。

$$P_{rs} = \frac{m_{rs0} - m_{rs1}}{m_{rs0}} \times 100\% \qquad \cdots\cdots(\text{D}.7)$$

式中：

P_{rs}——丝胶溶失率，%；

m_{rs0}——煮茧前茧层重量，单位为克(g)；

m_{rs1}——煮茧后茧层重量，单位为克(g)。

附 录 E
（资料性附录）
茧丝纤度标准差试验

E.1 仪器设备

茧丝纤度标准差试验仪器设备如下：

a) 水浴锅；

b) 检尺器：100 回自停；

c) 扭力天平：

1）最大量程 100 mg；

2）最小分度值≤0.01 mg。

d) 电子天平：

1）最大量程 200 mg；

2）最小分度值≤0.01 mg。

E.2 试验工艺

a) 水浴温度：(75±5)℃；

b) 线性测长仪转速：(100±10)r/min。

E.3 试验方法

E.3.1 随机抽取上车茧 100 粒，以等粒等量法分配成 50 粒 2 份，其中一份为试验样茧，另一份为预备样茧。

E.3.2 将试验样茧分型（大、中、小）分次（每次 5 粒～6 粒）煮茧。

E.3.3 经煮茧、寻绪后的样茧，用线性测长仪逐粒（同型茧可 2 粒～3 粒）匀速摇取茧丝，每百回茧丝为一小绞，蛹衬厚度与解舒试验相同。

E.3.4 50 粒试验样茧全部摇好后，经烘干、恒重，用扭力天平逐粒逐绞依次称重，计算每一小绞的茧丝纤度。

E.3.5 每粒茧的绪丝、蛹衣，经适当干燥后，分别称量。

E.4 取舍标准

整粒舍去，用同型茧补试。

a) 一粒茧在检验时的切断次数已满 3 次，则舍去；

b) 一粒茧的蛹衣量比同样号解舒检验蛹衣量重 15 mg，则舍去。零回舍去，不补试；

c) 一粒缫的蛹衣量比同样号解舒检验蛹衣量重的，不足 50 回的不计；

d) 一粒茧的蛹衣量比同样号解舒检验蛹衣量轻的，不足百回的不计。

E.5 计算

E.5.1 平均值和标准差按式（E.1）、（E.2）计算：

$$\overline{x_d} = \frac{\sum_{i=1}^{n} x_i}{n} \qquad \cdots\cdots\cdots\cdots (E.1)$$

$$s_2=\sqrt{\frac{\sum_{i=1}^{n}(x_i-\overline{x})}{n}} \qquad \cdots\cdots(E.2)$$

式中：

x_i——每百回茧丝纤度，单位为分特克斯(dtex)；

$\overline{x_d}$——百回茧丝纤度的平均值，单位为分特克斯(dtex)；

s_2——茧丝纤度标准差，单位为分特克斯(dtex)；

n——受验茧的全部百回丝总绞数，单位为绞。

E.5.2 变异系数，按式(E.3)计算：

$$CV=\frac{s_2}{\overline{x_d}}\times 100\% \qquad \cdots\cdots(E.3)$$

式中：

CV——茧丝纤度变异系数，%。

参 考 文 献

［1］ GB 1797—2001 生丝
［2］ GB/T 15268—1994 桑蚕鲜茧
［3］ GB/T 19113—2003 桑蚕鲜茧分级(干壳量法)

ICS 21.100.20
J 11

中华人民共和国国家标准

GB/T 9160.1—2006

滚动轴承　附件　第1部分：锥形衬套

Rolling bearings—Accessories—Part 1: Tapered sleeves

(ISO 2982-1:1995, Rolling bearings—Accessories—Part 1: Tapered sleeves—Dimensions, NEQ)

2006-07-05 发布　　2006-12-01 实施

中华人民共和国国家质量监督检验检疫总局
中国国家标准化管理委员会　发布

前 言

GB/T 9160《滚动轴承　附件》分为2个部分：

——第1部分：锥形衬套；

——第2部分：锁紧螺母和锁紧装置。

本部分为GB/T 9160的第1部分。

本部分对应于ISO 2982-1:1995《滚动轴承　附件　第1部分：锥形衬套　尺寸》，与ISO 2982-1:1995的一致性程度为非等效。

本部分根据ISO 2982-1:1995重新起草。

本部分与ISO 2982-1:1995的主要差异如下：

——按照汉语习惯对一些编排格式进行了修改；

——将一些适用于国际标准的表述改为适用于我国标准的表述；

——增加了第5章"代号方法"、第6章"标记示例"、第7章7.1紧定套尺寸表中紧定套型号、组成紧定套的零件代号、第7章7.2紧定衬套尺寸表中紧定衬套型号及紧定衬套参考尺寸；

——增加了第8章"要求"、第9章"测量方法"、第10章"标志"、第11章"检验规则"、第12章"包装"；

——增加了附录A"测量方法"、附录B"按轴承系列和轴承内径选用的锥形衬套"。

本部分的附录A和附录B均为规范性附录。

本部分由中国机械工业联合会提出。

本部分由全国滚动轴承标准化技术委员会(SAC/TC 98)归口。

本部分起草单位：洛阳轴承研究所、豫西轴承厂紧定套分厂。

本部分主要起草人：马素青、荆秀成、王春峰。

滚动轴承　附件　第1部分:锥形衬套

1　范围

GB/T 9160 的本部分规定了锥度为 1∶12 的紧定衬套和锥度为 1∶12、锥度为 1∶30 的退卸衬套的代号方法、结构型式、尺寸、公差、要求、检验规则以及测量方法等。

本部分适用于尺寸系列符合 GB/T 273.3—1999 的滚动轴承用紧定衬套和退卸衬套。

2　规范性引用文件

下列文件中的条款通过 GB/T 9160 的本部分的引用而成为本部分的条款。凡是注日期的引用文件,其随后所有的修改单(不包括勘误的内容)或修订版均不适用于本部分,然而,鼓励根据本部分达成协议的各方研究是否可使用这些文件的最新版本。凡是不注日期的引用文件,其最新版本适用于本部分。

GB/T 192—2003　普通螺纹　基本牙型(ISO 68-1:1998,MOD)

GB/T 196—2003　普通螺纹　基本尺寸(ISO 724:1993,MOD)

GB/T 272—1993　滚动轴承　代号方法

GB/T 273.3—1999　滚动轴承　向心轴承　外形尺寸总方案(eqv ISO 15:1998)

GB/T 275—1993　滚动轴承与轴和外壳的配合

GB/T 307.2—2005　滚动轴承　测量和检验的原则及方法(ISO 1132-2:2001,MOD)

GB/T 699—1999　优质碳素结构钢

GB/T 1804—2000　一般公差　未注公差的线性和角度尺寸的公差(eqv ISO 2768-1:1989)

GB/T 2516—2003　普通螺纹　极限偏差(ISO 965-3:1998,MOD)

GB/T 5796.1—2005　梯形螺纹　第1部分:牙型(ISO 2901:1993,MOD)

GB/T 5796.3—2005　梯形螺纹　第3部分:基本尺寸(ISO 2904:1977,MOD)

GB/T 5796.4—2005　梯形螺纹　第4部分:公差(ISO 2903:1993,MOD)

GB/T 6930—2002　滚动轴承　词汇(ISO 5593:1997,IDT)

GB/T 8597—2003　滚动轴承　防锈包装

JB/T 3574—1997　滚动轴承　产品标志

JB/T 8921—1999　滚动轴承及其商品零件　检验规则

3　术语和定义

GB/T 6930—2002 确立的以及下列术语和定义适用于本部分。

3.1

紧定套　adapter assemblies

由紧定衬套、适配的锁紧螺母和锁紧垫圈或锁紧卡(大尺寸规格用)组成的组件。

4　符号

下列符号适用于本部分。

除另有规定外,图中所示符号(公差符号除外)以及表中所列数值,均为公称尺寸。

4.1　**紧定套符号**(见图1和图2)

B_1:紧定套宽度;

B_2:轴承锥孔小端面到锁紧螺母外端面的距离;

B_3:轴承锥孔小端面到锁紧螺栓头外端面的距离;

B_5:紧定套锁紧槽宽(锁紧垫圈内爪或锁紧卡用);

B_6:紧定套锁紧槽长(不应小于螺纹长度,但不应大于螺纹长度的1.3倍);

d:轴承内径;

d_1:紧定套内径;

d_2:紧定套锁紧螺母外径;

G:螺纹。

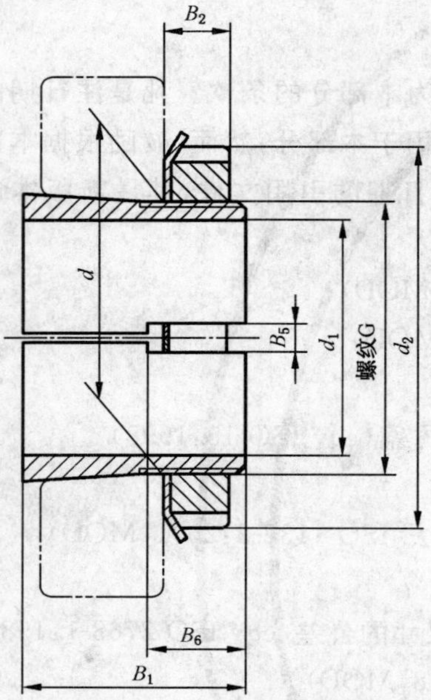

图1　带锁紧螺母和锁紧垫圈的紧定套

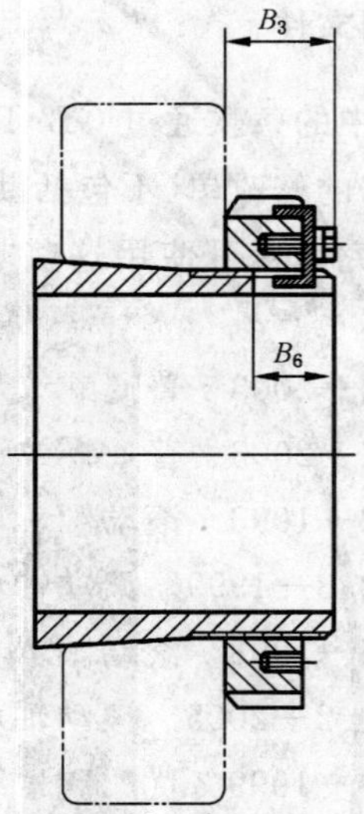

图2　带锁紧螺母和锁紧卡组件的紧定套

4.2　**紧定衬套符号**(见图3和图4)

a:紧定衬套圆锥小端直径处到螺纹端面的距离;

Δa_s:a的长度偏差;

B_1:紧定衬套宽度;

ΔB_{1s}:紧定衬套宽度偏差;

B_5:紧定衬套锁紧槽宽度;

d_1:紧定衬套内径;

Δd_{1mp}:紧定衬套单一平面平均内径偏差;

V_{d1mp}:紧定衬套平均内径变动量;

D_1:紧定衬套圆锥大端直径(计算值);

ΔD_{1s}:紧定衬套圆锥大端直径偏差;

f:紧定衬套切口宽度;

B_6:紧定衬套锁紧槽长;

G:螺纹;

$\Delta D_{1mp}-\Delta d_{3mp}$:紧定衬套圆锥表面的锥角偏差;

K_{D0}:紧定衬套圆锥表面对内孔的径向跳动。

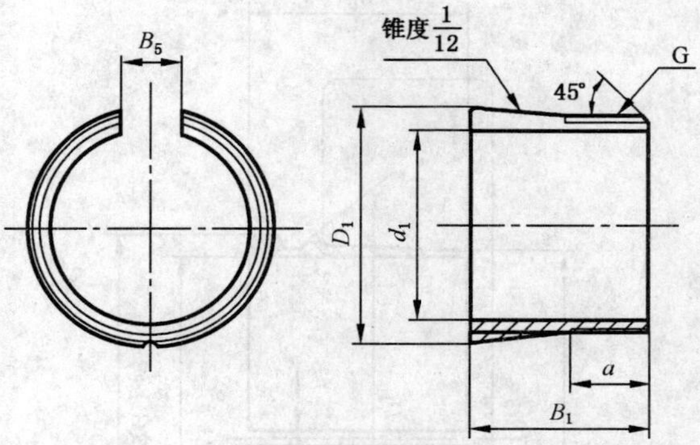

图 3　宽切口紧定衬套

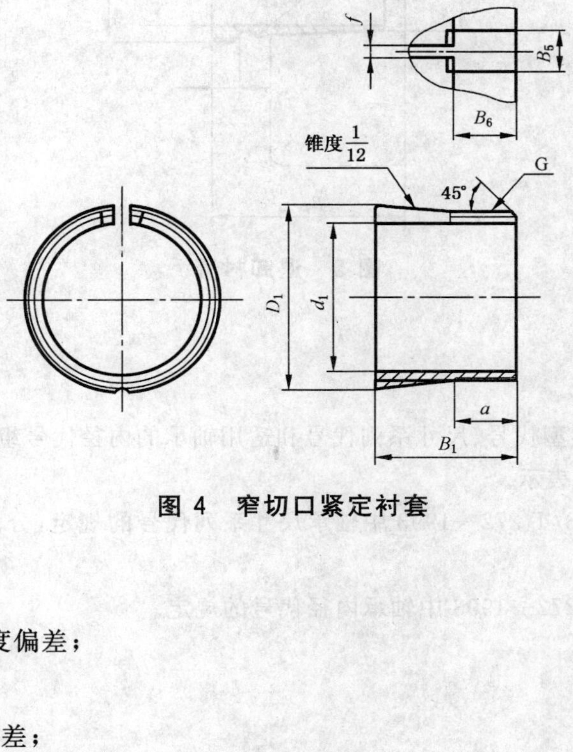

图 4　窄切口紧定衬套

4.3　**退卸衬套**(见图 5)

b:退卸衬套螺纹长度;

Δb_s:退卸衬套螺纹长度偏差;

B_1:退卸衬套宽度;

ΔB_{1s}:退卸衬套宽度偏差;

B_4:退卸衬套与轴承套圈组合宽度;

d:轴承内径;

d_1:退卸衬套内径;

Δd_{1mp}:退卸衬套单一平面平均内径偏差;

V_{d1mp}:退卸衬套平均内径变动量;

D_1:退卸衬套圆锥大端直径(计算值);

ΔD_{1s}:退卸衬套圆锥大端直径偏差;

f:退卸衬套切口宽度;

G:螺纹;

$\Delta D_{1mp}-\Delta d_{2mp}$:退卸衬套圆锥表面的锥角偏差;

K_{D0}:退卸衬套圆锥表面对内孔的径向圆跳动。

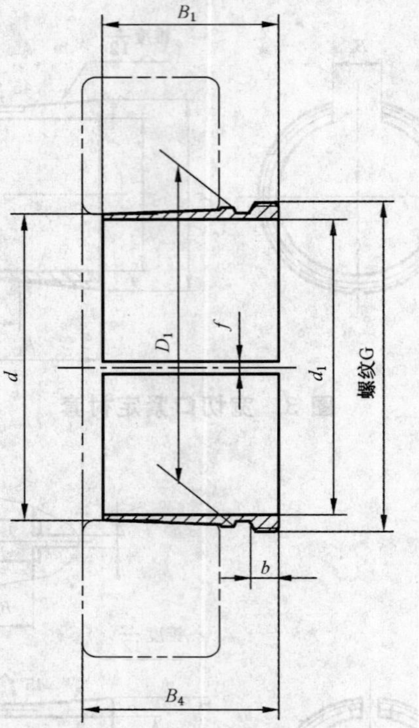

图 5　退卸衬套

5　代号方法

5.1　紧定套代号方法

紧定套代号由紧定套类型代号、尺寸系列代号和适用轴承的内径代号组成，并按此顺序排列。

5.1.1　类型代号用字母 H 表示。

5.1.2　尺寸系列代号按 GB/T 272—1993 中轴承尺寸系列代号的规定，分为(0)2、(0)3、30、31、32、23 及 39 尺寸系列。

5.1.3　内径代号按 GB/T 272—1993 中轴承内径代号的规定。

5.1.4　示例

H　2　08

08——紧定套适用轴承的内径代号

2——尺寸系列代号

H——紧定套类型代号

5.2　紧定衬套代号方法

紧定衬套代号由紧定衬套类型代号、尺寸系列代号和适用轴承的内径代号及结构代号组成，并按此顺序排列。

5.2.1　类型代号用字母 A 表示。

5.2.2　尺寸系列代号及内径代号同 5.1.2、5.1.3 紧定套的表示方法。

5.2.3　对于轴承内径代号 44 以下的窄切口紧定衬套，采用直内爪锁紧垫圈时，应加符号 X。

5.2.4　示例

```
A  2  08
│  │  └──── 紧定衬套适用轴承的内径代号
│  └─────── 尺寸系列代号
└────────── 紧定衬套类型代号
```

```
A  23  08  X
│  │   │   └──── 采用直内爪锁紧垫圈
│  │   └──────── 紧定衬套适用轴承的内径代号
│  └──────────── 尺寸系列代号
└─────────────── 紧定衬套类型代号
```

5.3　**退卸衬套代号方法**

退卸衬套代号由退卸衬套类型代号、尺寸系列代号和适用轴承的内径代号组成，并按此顺序排列。

5.3.1　类型代号用字母 AH 表示。

注：AH 后加字母或数字表示退卸衬套的不同结构。

AH——锥度 1：12 的退卸衬套代号

AH2——锥度 1：30 的退卸衬套代号

AHX——锥度 1：12 且螺纹尺寸与原来使用的不同的退卸衬套代号

5.3.2　尺寸系列代号及内径代号同 5.1.2、5.1.3 紧定套的表示方法。退卸衬套分 39、02、30、03、22、31、32、23、40、41 尺寸系列。

5.3.3　示例

```
AH  30  24
│   │   └──── 退卸衬套适用轴承的内径代号
│   └──────── 尺寸系列代号
└──────────── 退卸衬套代号(锥度 1：12)
```

```
AH  X  30  40
│   │  │   └──── 退卸衬套适用轴承的内径代号
│   │  └──────── 尺寸系列代号
│   └─────────── 表示螺纹的尺寸与原来使用的不同
└─────────────── 退卸衬套代号(锥度 1：12)
```

```
AH2  40  24
│    │   └──── 退卸衬套适用轴承的内径代号
│    └──────── 尺寸系列代号
└───────────── 退卸衬套代号(锥度 1：30)
```

6　**标记示例**

适用于内径 40 mm、尺寸系列 23 的轴承的紧定套为：H 2308 GB/T 9160.1—2006

适用于内径 40 mm、尺寸系列 23 的轴承的紧定衬套为：A 2308 GB/T 9160.1—2006

适用于内径 120 mm、尺寸系列 30 的轴承用锥度 1∶12 的退卸衬套为:AH 3024 GB/T 9160.1—2006

适用于内径 120 mm、尺寸系列 40 的轴承用锥度 1∶30 的退卸衬套为:AH2 4024 GB/T 9160.1—2006

7 尺寸

7.1 紧定套的尺寸按表 1~表 6 的规定。

7.2 紧定衬套的尺寸按表 7~表 13 的规定。

7.3 退卸衬套的尺寸按表 14~表 23 的规定。

7.4 按轴承系列和轴承内径选用的锥形衬套见附录 B。

表 1 H 2 系列

单位为毫米

紧定套型号	尺寸				组成紧定套的零件代号			轴承内径代号
	d_1	d_2	B_1	B_2 max	紧定衬套	锁紧螺母	锁紧垫圈	
H 202	12	25	19	6	A 202 X	KM 02	MB 02	02
H 203	14	28	20	6	A 203 X	KM 03	MB 03	03
H 204	17	32	24	7	A 204 X	KM 04	MB 04	04
H 205	20	38	26	8	A 205 X	KM 05	MB 05	05
H 206	25	45	27	8	A 206 X	KM 06	MB 06	06
H 207	30	52	29	9	A 207 X	KM 07	MB 07	07
H 208	35	58	31	10	A 208 X	KM 08	MB 08	08
H 209	40	65	33	11	A 209 X	KM 09	MB 09	09
H 210	45	70	35	12	A 210 X	KM 10	MB 10	10
H 211	50	75	37	12	A 211 X	KM 11	MB 11	11
H 212	55	80	38	13	A 212 X	KM 12	MB 12	12
H 213	60	85	40	14	A 213 X	KM 13	MB 13	13
H 214	60	92	41	14	A 214 X	KM 14	MB 14	14
H 215	65	98	43	15	A 215 X	KM 15	MB 15	15
H 216	70	105	46	17	A 216 X	KM 16	MB 16	16
H 217	75	110	50	18	A 217 X	KM 17	MB 17	17
H 218	80	120	52	18	A 218 X	KM 18	MB 18	18
H 219	85	125	55	19	A 219 X	KM 19	MB 19	19
H 220	90	130	58	20	A 220 X	KM 20	MB 20	20
H 221	95	140	60	20	A 221 X	KM 21	MB 21	21
H 222	100	145	63	21	A 222 X	KM 22	MB 22	22

表 2 H 3 系列

单位为毫米

紧定套型号	尺寸				组成紧定套的零件代号			轴承内径代号
	d_1	d_2	B_1	B_2 max	紧定衬套	锁紧螺母	锁紧垫圈	
H 302	12	25	22	6	A 302 X	KM 02	MB 02	02
H 303	14	28	24	6	A 303 X	KM 03	MB 03	03
H 304	17	32	28	7	A 304 X	KM 04	MB 04	04
H 305	20	38	29	8	A 305 X	KM 05	MB 05	05
H 306	25	45	31	8	A 306 X	KM 06	MB 06	06

表 2（续）

单位为毫米

紧定套型号	尺寸				组成紧定套的零件代号			轴承内径代号
	d_1	d_2	B_1	B_2 max	紧定衬套	锁紧螺母	锁紧垫圈	
H 307	30	52	35	9	A 307 X	KM 07	MB 07	07
H 308	35	58	36	10	A 308 X	KM 08	MB 08	08
H 309	40	65	39	11	A 309 X	KM 09	MB 09	09
H 310	45	70	42	12	A 310 X	KM 10	MB 10	10
H 311	50	75	45	12	A 311 X	KM 11	MB 11	11
H 312	55	80	47	13	A 312 X	KM 12	MB 12	12
H 313	60	85	50	14	A 313 X	KM 13	MB 13	13
H 314	60	92	52	14	A 314 X	KM 14	MB 14	14
H 315	65	98	55	15	A 315 X	KM 15	MB 15	15
H 316	70	105	59	17	A 316 X	KM 16	MB 16	16
H 317	75	110	63	18	A 317 X	KM 17	MB 17	17
H 318	80	120	65	18	A 318 X	KM 18	MB 18	18
H 319	85	125	68	19	A 319 X	KM 19	MB 19	19
H 320	90	130	71	20	A 320 X	KM 20	MB 20	20
H 321	95	140	74	20	A 321 X	KM 21	MB 21	21
H 322	100	145	77	21	A 322 X	KM 22	MB 22	22

表 3 **H 30 系列**

单位为毫米

紧定套型号	尺寸					组成紧定套的零件代号				轴承内径代号
	d_1	d_2	B_1	B_2 max	B_3 max	紧定衬套	锁紧螺母	锁紧垫圈	锁紧卡	
H 3024	110	145	72	22	—	A 3024 X	KML 24	MBL 24	—	24
H 3026	115	155	80	23	—	A 3026 X	KML 26	MBL 26	—	26
H 3028	125	165	82	24	—	A 3028 X	KML 28	MBL 28	—	28
H 3030	135	180	87	26	—	A 3030 X	KML 30	MBL 30	—	30
H 3032	140	190	93	28	—	A 3032 X	KML 32	MBL 32	—	32
H 3034	150	200	101	29	—	A 3034 X	KML 34	MBL 34	—	34
H 3036	160	210	109	30	—	A 3036 X	KML 36	MBL 36	—	36
H 3038	170	220	112	31	—	A 3038 X	KML 38	MBL 38	—	38
H 3040	180	240	120	32	—	A 3040 X	KML 40	MBL 40	—	40
H 3044	200	260	126	—	41	A 3044	HML 44	—	MSL 44	44
H 3048	220	290	133	—	46	A 3048	HML 48	—	MSL 48	48
H 3052	240	310	145	—	46	A 3052	HML 52	—	MSL 48	52
H 3056	260	330	152	—	50	A 3056	HML 56	—	MSL 56	56
H 3060	280	360	168	—	54	A 3060	HML 60	—	MSL 60	60
H 3064	300	380	171	—	55	A 3064	HML 64	—	MSL 64	64
H 3068	320	400	187	—	58	A 3068	HML 68	—	MSL 64	68
H 3072	340	420	188	—	58	A 3072	HML 72	—	MSL 72	72

表 3（续）

单位为毫米

紧定套型号	尺寸					组成紧定套的零件代号				轴承内径代号
	d_1	d_2	B_1	B_2 max	B_3 max	紧定衬套	锁紧螺母	锁紧垫圈	锁紧卡	
H 3076	360	450	193	—	62	A 3076	HML 76	—	MSL 76	76
H 3080	380	470	210	—	66	A 3080	HML 80	—	MSL 76	80
H 3084	400	490	212	—	66	A 3084	HML 84	—	MSL 84	84
H 3088	410	520	228	—	77	A 3088	HML 88	—	MSL 88	88
H 3092	430	540	234	—	77	A 3092	HML 92	—	MSL 88	92
H 3096	450	560	237	—	77	A 3096	HML 96	—	MSL 96	96
H 30/500	470	580	247	—	85	A 30/500	HML /500	—	MSL 96	/500
H 30/530	500	630	265	—	90	A 30/530	HML /530	—	MSL /530	/530
H 30/560	530	650	282	—	97	A 30/560	HML /560	—	MSL /560	/560
H 30/600	560	700	289	—	97	A 30/600	HML /600	—	MSL /560	/600
H 30/630	600	730	301	—	97	A 30/630	HML /630	—	MSL /630	/630
H 30/670	630	780	324	—	102	A 30/670	HML /670	—	MSL /670	/670
H 30/710	670	830	342	—	112	A 30/710	HML /710	—	MSL /710	/710
H 30/750	710	870	356	—	112	A 30/750	HML /750	—	MSL /750	/750
H 30/800	750	920	366	—	112	A 30/800	HML /800	—	MSL /750	/800
H 30/850	800	980	380	—	115	A 30/850	HML /850	—	MSL /850	/850
H 30/900	850	1 030	400	—	125	A 30/900	HML /900	—	MSL /850	/900
H 30/950	900	1 080	420	—	125	A 30/950	HML /950	—	MSL /950	/950
H 30/1000	950	1 140	430	—	125	A 30/1000	HML /1000	—	MSL /1000	/1000
H 30/1060	1 000	1 200	447	—	125	A 30/1060	HML /1060	—	MSL /1000	/1060

表 4　H 31 系列

单位为毫米

紧定套型号	尺寸					组成紧定套的零件代号				轴承内径代号
	d_1	d_2	B_1	B_2 max	B_3 max	紧定衬套	锁紧螺母	锁紧垫圈	锁紧卡	
H 3120	90	130	76	20	—	A 3120 X	KM 20	MB 20	—	20
H 3121	95	140	80	20	—	A 3121 X	KM 21	MB 20	—	21
H 3122	100	145	81	21	—	A 3122 X	KM 22	MB 22	—	22
H 3124	110	155	88	22	—	A 3124 X	KM 24	MB 24	—	24
H 3126	115	165	92	23	—	A 3126 X	KM 26	MB 26	—	26
H 3128	125	180	97	24	—	A 3128 X	KM 28	MB 28	—	28
H 3130	135	195	111	26	—	A 3130 X	KM 30	MB 30	—	30
H 3132	140	210	119	28	—	A 3132 X	KM 32	MB 32	—	32
H 3134	150	220	122	29	—	A 3134 X	KM 34	MB 34	—	34
H 3136	160	230	131	30	—	A 3136 X	KM 36	MB 36	—	36
H 3138	170	240	141	31	—	A 3138 X	KM 38	MB 38	—	38
H 3140	180	250	150	32	—	A 3140 X	KM 40	MB 40	—	40
H 3144	200	280	161	—	35	A 3144	HM 44	—	MS 44	44

表 4（续） 单位为毫米

紧定套型号	尺寸					组成紧定套的零件代号				轴承内径代号
	d_1	d_2	B_1	B_2 max	B_3 max	紧定衬套	锁紧螺母	锁紧垫圈	锁紧卡	
H 3148	220	300	172	—	37	A 3148	HM 48	—	MS 44	48
H 3152	240	330	190	—	39	A 3152	HM 52	—	MS 52	52
H 3156	260	350	195	—	41	A 3156	HM 56	—	MS 52	56
H 3160	280	380	208	—	53	A 3160	HM 60	—	MS 60	60
H 3164	300	400	226	—	56	A 3164	HM 64	—	MS 64	64
H 3168	320	440	254	—	72	A 3168	HM 68	—	MS 68	68
H 3172	340	460	259	—	75	A 3172	HM 72	—	MS 68	72
H 3176	360	490	264	—	77	A 3176	HM 76	—	MS 76	76
H 3180	380	520	272	—	82	A 3180	HM 80	—	MS 80	80
H 3184	400	540	304	—	90	A 3184	HM 84	—	MS 80	84
H 3188	410	560	307	—	90	A 3188	HM 88	—	MS 88	88
H 3192	430	580	326	—	95	A 3192	HM 92	—	MS 88	92
H 3196	450	620	335	—	95	A 3196	HM 96	—	MS 96	96
H 31/500	470	630	356	—	100	A 31/500	HM /500	—	MS /500	/500
H 31/530	500	670	364	—	105	A 31/530	HM /530	—	MS /530	/530
H 31/560	530	710	377	—	110	A 31/560	HM /560	—	MS /560	/560
H 31/600	560	750	399	—	110	A 31/600	HM /600	—	MS /560	/600
H 31/630	600	800	424	—	120	A 31/630	HM /630	—	MS /630	/630
H 31/670	630	850	456	—	131	A 31/670	HM /670	—	MS /670	/670
H 31/710	670	900	467	—	135	A 31/710	HM /710	—	MS /710	/710
H 31/750	710	950	493	—	141	A 31/750	HM /750	—	MS /750	/750
H 31/800	750	1 000	505	—	141	A 31/800	HM /800	—	MS /750	/800
H 31/850	800	1 060	536	—	147	A 31/850	HM /850	—	MS /850	/850
H 31/900	850	1 120	557	—	154	A 31/900	HM /900	—	MS /900	/900
H 31/950	900	1 170	583	—	154	A 31/950	HM /950	—	MS /950	/950
H 31/1000	950	1 240	609	—	154	A 31/1000	HM /1000	—	MS /1000	/1000
H 31/1060	1 000	1 300	622	—	154	A 31/1060	HM /1060	—	MS /1000	/1060

表 5 **H 23、H 32 系列** 单位为毫米

紧定套型号	尺寸					组成紧定套的零件代号				轴承内径代号
	d_1	d_2	B_1	B_2 max	B_3 max	紧定衬套	锁紧螺母	锁紧垫圈	锁紧卡	
H 2302	12	25	25	6	—	A 2302 X	KM 02	MB 02	—	02
H 2303	14	28	27	6	—	A 2303 X	KM 03	MB 03	—	03
H 2304	17	32	31	7	—	A 2304 X	KM 04	MB 04	—	04

表 5（续）

单位为毫米

紧定套型号	尺寸					组成紧定套的零件代号				轴承内径代号
	d_1	d_2	B_1	B_2 max	B_3 max	紧定衬套	锁紧螺母	锁紧垫圈	锁紧卡	
H 2305	20	38	35	8	—	A 2305 X	KM 05	MB 05	—	05
H 2306	25	45	38	8	—	A 2306 X	KM 06	MB 06	—	06
H 2307	30	52	43	9	—	A 2307 X	KM 07	MB 07	—	07
H 2308	35	58	46	10	—	A 2308 X	KM 08	MB 08	—	08
H 2309	40	65	50	11	—	A 2309 X	KM 09	MB 09	—	09
H 2310	45	70	55	12	—	A 2310 X	KM 10	MB 10	—	10
H 2311	50	75	59	12	—	A 2311 X	KM 11	MB 11	—	11
H 2312	55	80	62	13	—	A 2312 X	KM 12	MB 12	—	12
H 2313	60	85	65	14	—	A 2313 X	KM 13	MB 13	—	13
H 2314	60	92	68	14	—	A 2314 X	KM 14	MB 14	—	14
H 2315	65	98	73	15	—	A 2315 X	KM 15	MB 15	—	15
H 2316	70	105	78	17	—	A 2316 X	KM 16	MB 16	—	16
H 2317	75	110	82	18	—	A 2317 X	KM 17	MB 17	—	17
H 2318	80	120	86	18	—	A 2318 X	KM 18	MB 18	—	18
H 2319	85	125	90	19	—	A 2319 X	KM 19	MB 19	—	19
H 2320	90	130	97	20	—	A 2320 X	KM 20	MB 20	—	20
H 2321	95	140	101	20	—	A 2321 X	KM 21	MB 21	—	21
H 2322	100	140	105	21	—	A 2322 X	KM 22	MB 22	—	22
H 2324	110	155	112	22	—	A 2324 X	KM 24	MB 24	—	24
H 2326	115	165	121	23	—	A 2326 X	KM 26	MB 26	—	26
H 2328	125	180	131	24	—	A 2328 X	KM 28	MB 28	—	28
H 2330	135	195	139	26	—	A 2330 X	KM 30	MB 30	—	30
H 2332	140	210	147	28	—	A 2332 X	KM 32	MB 32	—	32
H 2334	150	220	154	29	—	A 2334 X	KM 34	MB 34	—	34
H 2336	160	230	161	30	—	A 2336 X	KM 36	MB 36	—	36
H 2338	170	240	169	31	—	A 2338 X	KM 38	MB 38	—	38
H 2340	180	250	176	32	—	A 2340 X	KM 40	MB 40	—	40
H 2344	200	280	186	—	35	A 2344	HM 44	—	MS 44	44
H 2348	220	300	199	—	37	A 2348	HM 48	—	MS 44	48
H 2352	240	330	211	—	39	A 2352	HM 52	—	MS 52	52
H 2356	260	350	224	—	41	A 2356	HM 56	—	MS 52	56
H 3260	280	380	240	—	53	A 3260	HM 60	—	MS 60	60
H 3264	300	400	258	—	56	A 3264	HM 64	—	MS 64	64
H 3268	320	440	288	—	72	A 3268	HM 68	—	MS 68	68
H 3272	340	460	299	—	75	A 3272	HM 72	—	MS 68	72
H 3276	360	490	310	—	77	A 3276	HM 76	—	MS 76	76

表 5（续）

单位为毫米

紧定套型号	尺寸 d_1	d_2	B_1	B_2 max	B_3 max	组成紧定套的零件代号 紧定衬套	锁紧螺母	锁紧垫圈	锁紧卡	轴承内径代号
H 3280	380	520	328	—	82	A 3280	HM 80	—	MS 80	80
H 3284	400	540	352	—	90	A 3284	HM 84	—	MS 80	84
H 3288	410	560	361	—	90	A 3288	HM 88	—	MS 88	88
H 3292	430	580	382	—	95	A 3292	HM 92	—	MS 88	92
H 3296	450	620	397	—	95	A 3296	HM 96	—	MS 96	96
H 32/500	470	630	428	—	100	A 32/500	HM /500	—	MS /500	/500
H 32/530	500	670	447	—	105	A 32/530	HM /530	—	MS /530	/530
H 32/560	530	710	462	—	110	A 32/560	HM /560	—	MS /560	/560
H 32/600	560	750	487	—	110	A 32/600	HM /600	—	MS /560	/600
H 32/630	600	800	521	—	120	A 32/630	HM /630	—	MS /630	/630
H 32/670	630	850	558	—	131	A 32/670	HM /670	—	MS /670	/670
H 32/710	670	900	572	—	135	A 32/710	HM /710	—	MS /710	/710
H 32/750	710	950	603	—	141	A 32/750	HM /750	—	MS /750	/750
H 32/800	750	1 000	618	—	141	A 32/800	HM /800	—	MS /800	/800
H 32/850	800	1 060	651	—	147	A 32/850	HM /850	—	MS /850	/850
H 32/900	850	1 120	660	—	154	A 32/900	HM /900	—	MS /900	/900
H 32/950	900	1 170	675	—	154	A 32/950	HM /950	—	MS /950	/950
H 32/1000	950	1 240	707	—	154	A 32/1000	HM /1000	—	MS /1000	/1000

表 6　H 39 系列

单位为毫米

紧定套型号	尺寸 d_1	d_2	B_1	B_2 max	B_3 max	组成紧定套的零件代号 紧定衬套	锁紧螺母	锁紧垫圈	锁紧卡	轴承内径代号
H 3924	110	145	60	22	—	A 3924 X	KML 24	MBL 24	—	24
H 3926	115	155	65	23	—	A 3926 X	KML 26	MBL 26	—	26
H 3928	125	165	66	24	—	A 3928 X	KML 28	MBL 28	—	28
H 3930	135	180	76	26	—	A 3930 X	KML 30	MBL 30	—	30
H 3932	140	190	78	28	—	A 3932 X	KML 32	MBL 32	—	32
H 3934	150	200	79	29	—	A 3934 X	KML 34	MBL 34	—	34
H 3936	160	210	87	30	—	A 3936 X	KML 36	MBL 36	—	36
H 3938	170	220	89	31	—	A 3938 X	KML 38	MBL 38	—	38
H 3940	180	240	98	32	—	A 3940 X	KML 40	MBL 40	—	40
H 3944	200	260	96	—	41	A 3944	HML 44	—	MSL 44	44
H 3948	220	290	101	—	46	A 3948	HML 48	—	MSL 48	48
H 3952	240	310	116	—	46	A 3952	HML 52	—	MSL 48	52
H 3956	260	330	121	—	50	A 3956	HML 56	—	MSL 56	56
H 3960	280	360	140	—	54	A 3960	HML 60	—	MSL 60	60
H 3964	300	380	140	—	55	A 3964	HML 64	—	MSL 64	64

表 6（续） 单位为毫米

紧定套型号	尺寸					组成紧定套的零件代号				轴承内径代号
	d_1	d_2	B_1	B_2 max	B_3 max	紧定衬套	锁紧螺母	锁紧垫圈	锁紧卡	
H 3968	320	400	144	—	58	A 3968	HML 68	—	MSL 64	68
H 3972	340	420	144	—	58	A 3972	HML 72	—	MSL 72	72
H 3976	360	450	164	—	62	A 3976	HML 76	—	MSL 76	76
H 3980	380	470	168	—	66	A 3980	HML 80	—	MSL 76	80
H 3984	400	490	168	—	66	A 3984	HML 84	—	MSL 84	84
H 3988	410	520	189	—	77	A 3988	HML 88	—	MSL 88	88
H 3992	430	540	189	—	77	A 3992	HML 92	—	MSL 88	92
H 3996	450	560	200	—	77	A 3996	HML 96	—	MSL 96	96
H 39/500	470	580	208	—	85	A 39/500	HML /500	—	MSL 96	/500
H 39/530	500	630	216	—	90	A 39/530	HML /530	—	MSL/530	/530
H 39/560	530	650	227	—	97	A 39/560	HML /560	—	MSL/560	/560
H 39/600	560	700	239	—	97	A 39/600	HML /600	—	MSL/560	/600
H 39/630	600	730	254	—	97	A 39/630	HML /630	—	MSL/630	/630
H 39/670	630	780	264	—	102	A 39/670	HML /670	—	MSL/670	/670
H 39/710	670	830	286	—	112	A 39/710	HML /710	—	MSL/710	/710
H 39/750	710	870	291	—	112	A 39/750	HML /750	—	MSL/750	/750
H 39/800	750	920	303	—	112	A 39/800	HML /800	—	MSL/750	/800
H 39/850	800	980	308	—	115	A 39/850	HML /850	—	MSL/850	/850
H 39/900	850	1 030	326	—	125	A 39/900	HML /900	—	MSL/850	/900
H 39/950	900	1 080	344	—	125	A 39/950	HML /950	—	MSL/950	/950
H 39/1000	950	1 140	358	—	125	A 39/1000	HML /1000	—	MSL/1000	/1000
H 39/1060	1 000	1 200	372	—	125	A 39/1060	HML /1060	—	MSL/1000	/1060

表 7 A 2 系列 单位为毫米

紧定衬套型号	螺纹 G	尺寸				参考尺寸			
		d	d_1	B_1	B_5 min	D_1	a	f	B_6
A 202 X	M 15×1	15	12	19	5	16.08	10	2	10
A 203 X	M 17×1	17	14	20	5	18.17	10	2	10
A 204 X	M 20×1	20	17	24	5	21.42	11	2	11
A 205 X	M 25×1.5	25	20	26	6	26.50	12	2	12
A 206 X	M 30×1.5	30	25	27	6	31.58	12	2	12
A 207 X	M 35×1.5	35	30	29	7	36.67	13	2	13
A 208 X	M 40×1.5	40	35	31	7	41.75	14	2	14
A 209 X	M 45×1.5	45	40	33	7	46.83	15	2	15
A 210 X	M 50×1.5	50	45	35	7	51.92	16	2	16
A 211 X	M 55×2	55	50	37	9	57.08	17	3	17

表 7（续）

单位为毫米

紧定衬套型号	螺纹 G	尺寸				参考尺寸			
		d	d_1	B_1	B_5 min	D_1	a	f	B_6
A 212 X	M 60×2	60	55	38	9	62.08	18	3	18
A 213 X	M 65×2	65	60	40	9	67.17	19	3	19
A 214 X	M 70×2	70	60	41	9	72.25	19	3	19
A 215 X	M 75×2	75	65	43	9	77.33	20	3	20
A 216 X	M 80×2	80	70	46	11	82.42	22	3	22
A 217 X	M 85×2	85	75	50	11	87.67	24	3	24
A 218 X	M 90×2	90	80	52	11	92.83	24	3	24
A 219 X	M 95×2	95	85	55	11	98.00	25	4	25
A 220 X	M 100×2	100	90	58	13	103.17	26	4	26
A 221 X	M 105×2	105	95	60	13	108.34	26	4	26
A 222 X	M 110×2	110	100	63	13	113.50	27	4	27

表 8 A 3 系列

单位为毫米

紧定衬套型号	螺纹 G	尺寸				参考尺寸			
		d	d_1	B_1	B_5 min	D_1	a	f	B_6
A 302 X	M 15×1	15	12	22	5	16.33	10	2	10
A 303 X	M 17×1	17	14	24	5	18.50	10	2	10
A 304 X	M 20×1	20	17	28	5	21.75	11	2	11
A 305 X	M 25×1.5	25	20	29	6	26.75	12	2	12
A 306 X	M 30×1.5	30	25	31	6	31.92	12	2	12
A 307 X	M 35×1.5	35	30	35	7	37.17	13	2	13
A 308 X	M 40×1.5	40	35	36	7	42.17	14	2	14
A 309 X	M 45×1.5	45	40	39	7	47.33	15	2	15
A 310 X	M 50×1.5	50	45	42	7	52.50	16	2	16
A 311 X	M 55×2	55	50	45	9	57.75	17	3	17
A 312 X	M 60×2	60	55	47	9	62.83	18	3	18
A 313 X	M 65×2	65	60	50	9	68.00	19	3	19
A 314 X	M 70×2	70	60	52	9	73.17	19	3	19
A 315 X	M 75×2	75	65	55	9	78.33	20	3	20
A 316 X	M 80×2	80	70	59	11	83.50	22	3	22
A 317 X	M 85×2	85	75	63	11	88.75	24	3	24
A 318 X	M 90×2	90	80	65	11	93.92	24	3	24
A 319 X	M 95×2	95	85	68	11	99.08	25	4	25
A 320 X	M 100×2	100	90	71	13	104.25	26	4	26
A 321 X	M 105×2	105	95	74	13	109.50	26	4	26
A 322 X	M 110×2	110	100	77	13	114.67	27	4	27

表 9 A 30 系列

单位为毫米

紧定衬套型号	螺纹 G	尺寸 d	尺寸 d_1	尺寸 B_1	尺寸 B_5 min	参考尺寸 D_1	参考尺寸 a	参考尺寸 f	参考尺寸 B_6
A 3024 X	M 120×2	120	110	72	15	124.17	32	4	32
A 3026 X	M 130×2	130	115	80	15	134.75	33	4	33
A 3028 X	M 140×2	140	125	82	17	144.83	34	4	34
A 3030 X	M 150×2	150	135	87	17	155.08	36	4	36
A 3032 X	M 160×3	160	140	93	19	165.42	38	5	38
A 3034 X	M 170×3	170	150	101	19	176.00	39	5	39
A 3036 X	M 180×3	180	160	109	21	186.58	40	5	40
A 3038 X	M 190×3	190	170	112	21	196.75	41	5	41
A 3040 X	M 200×3	200	180	120	21	207.33	42	5	42
A 3044	Tr 220×4	220	200	126	20	228.00	45	5	18
A 3048	Tr 240×4	240	220	133	20	248.25	49	5	18
A 3052	Tr 260×4	260	240	145	20	269.33	49	6	18
A 3056	Tr 280×4	280	260	152	24	289.50	53	6	18
A 3060	Tr 300×4	300	280	168	24	310.50	57	6	18
A 3064	Tr 320×5	320	300	171	24	330.75	57	6	25
A 3068	Tr 340×5	340	320	187	24	351.83	65	6	25
A 3072	Tr 360×5	360	340	188	28	371.82	65	6	25
A 3076	Tr 380×5	380	360	193	28	392.08	68	6	25
A 3080	Tr 400×5	400	380	210	28	413.17	72	6	25
A 3084	Tr 420×5	420	400	212	32	433.33	72	8	25
A 3088	Tr 440×5	440	410	228	32	454.00	80	8	25
A 3092	Tr 460×5	460	430	234	32	475.00	80	8	25
A 3096	Tr 480×5	480	450	237	36	494.75	80	8	25
A 30/500	Tr 500×5	500	470	247	36	514.92	88	8	25
A 30/530	Tr 530×6	530	500	265	40	—	—	—	—
A 30/560	Tr 560×6	560	530	282	40	—	—	—	—
A 30/600	Tr 600×6	600	560	289	40	—	—	—	—
A 30/630	Tr 630×6	630	600	301	45	—	—	—	—
A 30/670	Tr 670×7	670	630	324	45	—	—	—	—
A 30/710	Tr 710×7	710	670	342	50	—	—	—	—
A 30/750	Tr 750×7	750	710	356	55	—	—	—	—
A 30/800	Tr 800×7	800	750	366	55	—	—	—	—
A 30/850	Tr 850×7	850	800	380	60	—	—	—	—
A 30/900	Tr 900×7	900	850	400	60	—	—	—	—
A 30/950	Tr 950×8	950	900	420	60	—	—	—	—
A 30/1000	Tr 1000×8	1 000	950	430	60	—	—	—	—
A 30/1060	Tr 1060×8	1 060	1 000	447	60	—	—	—	—

表 10 A 31 系列

单位为毫米

紧定衬套型号	螺纹 G	尺寸				参考尺寸			
		d	d_1	B_1	B_5 min	D_1	a	f	B_6
A 3120 X	M 100×2	100	90	76	13	104.67	26	4	26
A 3121 X	M 105×2	105	95	80	13	110.00	26	4	26
A 3122 X	M 110×2	110	100	81	13	115.00	27	4	27
A 3124 X	M 120×2	120	110	88	15	125.50	32	4	32
A 3126X[a]	M 130×2	130	115	92	15	135.75	33	4	33
A 3128X[a]	M 140×2	140	125	97	17	146.08	34	4	34
A 3130X[a]	M 150×2	150	135	111	17	157.08	36	4	36
A 3132X[a]	M 160×3	160	140	119	19	167.58	38	5	38
A 3134X[a]	M 170×3	170	150	122	19	177.75	39	5	39
A 3136X[a]	M 180×3	180	160	131	21	188.42	40	5	40
A 3138X[a]	M 190×3	190	170	141	21	199.17	41	5	41
A 3140X[a]	M 200×3	200	180	150	21	209.83	42	5	42
A 3144	Tr 220×4	220	200	161	20	230.75	47	5	18
A 3148	Tr 240×4	240	220	172	20	251.50	49	5	18
A 3152	Tr 260×4	260	240	190	24	272.83	51	6	18
A 3156	Tr 280×4	280	260	195	24	293.08	53	6	18
A 3160	Tr 300×4	300	280	208	24	314.00	55	6	18
A 3164	Tr 320×5	320	300	226	24	335.33	57	6	25
A 3168	Tr 340×5	340	320	254	28	356.58	75	6	25
A 3172	Tr 360×5	360	340	259	28	376.75	78	6	25
A 3176	Tr 380×5	380	360	264	32	397.00	80	6	25
A 3180	Tr 400×5	400	380	272	32	417.50	82	6	25
A 3184	Tr 420×5	420	400	304	32	439.50	90	8	25
A 3188	Tr 440×5	440	410	307	36	459.75	90	8	25
A 3192	Tr 460×5	460	430	326	36	480.93	95	8	25
A 3196	Tr 480×5	480	450	335	36	501.67	95	8	25
A 31/500	Tr 500×7	500	470	356	40	523.00	100	8	25
A 31/530	Tr 530×8	530	500	364	40	—	—	—	—
A 31/560	Tr 560×8	560	530	377	45	—	—	—	—
A 31/600	Tr 600×8	600	560	399	45	—	—	—	—
A 31/630	Tr 630×6	630	600	424	50	—	—	—	—
A 31/670	Tr 670×6	670	630	456	50	—	—	—	—
A 31/710	Tr 710×7	710	670	467	55	—	—	—	—
A 31/750	Tr 750×7	750	710	493	60	—	—	—	—
A 31/800	Tr 800×7	800	750	505	60	—	—	—	—
A 31/850	Tr 850×7	850	800	536	70	—	—	—	—
A 31/900	Tr 900×7	900	850	557	70	—	—	—	—
A 31/950	Tr 950×8	950	900	583	70	—	—	—	—
A 31/1000	Tr 1000×8	1 000	950	609	70	—	—	—	—
A 31/1060	Tr 1060×8	1 060	1 000	622	70	—	—	—	—

a 也可采用 MBA 型锁紧垫圈。

表 11 A 23 系列

单位为毫米

紧定衬套型号	螺纹 G	尺寸				参考尺寸			
		d	d_1	B_1	B_5 min	D_1	a	f	B_6
A 2302 X	M 15×1	15	12	25	5	16.58	10	2	10
A 2303 X	M 17×1	17	14	27	5	18.75	10	2	10
A 2304 X	M 20×1	20	17	31	5	22.00	11	2	11
A 2305 X	M 25×1.5	25	20	35	6	27.25	12	2	12
A 2306 X	M 30×1.5	30	25	38	6	32.50	12	2	12
A 2307 X	M 35×1.5	35	30	43	7	37.83	13	2	13
A 2308 X	M 40×1.5	40	35	46	7	43.00	14	2	14
A 2309 X	M 45×1.5	45	40	50	7	48.25	15	2	15
A 2310 X	M 50×1.5	50	45	55	7	53.58	16	2	16
A 2311 X	M 55×2	55	50	59	9	58.92	17	3	17
A 2312 X	M 60×2	60	55	62	9	64.08	18	3	18
A 2313 X	M 65×2	65	60	65	9	69.25	19	3	19
A 2314 X	M 70×2	70	60	68	9	74.50	19	3	19
A 2315 X	M 75×2	75	65	73	9	79.83	20	3	20
A 2316 X	M 80×2	80	70	78	11	85.08	22	3	22
A 2317 X	M 85×2	85	75	82	11	90.33	24	3	24
A 2318 X	M 90×2	90	80	86	11	95.67	24	3	24
A 2319 X	M 95×2	95	85	90	11	100.92	25	4	25
A 2320 X	M 100×2	100	90	97	13	106.42	26	4	26
A 2322 X	M 110×2	110	100	105	13	117.00	27	4	27
A 2324 X	M 120×2	120	110	112	15	127.50	32	4	32
A 2326X[a]	M 130×2	130	115	121	15	138.17	33	4	33
A 2328X[a]	M 140×2	140	125	131	17	148.92	34	4	34
A 2330X[a]	M 150×2	150	135	139	17	159.42	36	4	36
A 2332X[a]	M 160×3	160	140	147	19	169.92	38	5	38
A 2334X[a]	Tr 170×3	170	150	154	19	180.42	39	5	39
A 2336X[a]	Tr 180×3	180	160	161	21	190.92	40	5	40
A 2338X[a]	Tr 190×3	190	170	169	21	201.50	41	5	41
A 2340X[a]	Tr 200×3	200	180	176	21	212.00	42	5	42
A 2344	Tr 220×4	220	200	186	20	232.83	47	5	18
A 2348	Tr 240×4	240	220	199	20	253.75	49	5	18
A 2352	Tr 260×4	260	240	211	24	274.58	51	6	18
A 2356	Tr 280×4	280	260	224	24	295.50	53	6	18

a 也可采用 MBA 型锁紧垫圈。

表 12 A 32 系列

单位为毫米

紧定衬套型号	螺纹 G	尺寸				参考尺寸			
		d	d_1	B_1	B_5 min	D_1	a	f	B_6
A 3260	Tr 300×4	300	280	240	24	316.67	55	6	18
A 3264	Tr 320×5	320	300	258	24	338.00	57	6	25
A 3268	Tr 340×5	340	320	288	28	359.42	75	6	25
A 3272	Tr 360×5	360	340	299	28	380.08	78	6	25
A 3276	Tr 380×5	380	360	310	32	400.83	80	6	25
A 3280	Tr 400×5	400	380	328	32	422.17	82	6	25
A 3284	Tr 420×5	420	400	352	32	443.50	90	8	25
A 3288	Tr 440×5	440	410	361	36	464.25	90	8	25
A 3292	Tr 460×5	460	430	382	36	485.58	95	8	25
A 3296	Tr 480×5	480	450	397	36	506.83	95	8	25
A 32/500	Tr 500×5	500	470	428	40	529.00	100	8	25
A 32/530	Tr 530×6	530	500	447	40	—	—	—	—
A 32/560	Tr 560×6	560	530	462	45	—	—	—	—
A 32/600	Tr 600×6	600	560	487	45	—	—	—	—
A 32/630	Tr 630×6	630	600	521	50	—	—	—	—
A 32/670	Tr 670×6	670	630	558	50	—	—	—	—
A 32/710	Tr 710×7	710	670	572	55	—	—	—	—
A 32/750	Tr 750×7	750	710	603	60	—	—	—	—
A 32/800	Tr 800×7	800	750	618	60	—	—	—	—
A 32/850	Tr 850×7	850	800	651	70	—	—	—	—
A 32/900	Tr 900×7	900	850	660	70	—	—	—	—
A 32/950	Tr 950×8	950	900	675	70	—	—	—	—
A 32/1000	Tr 1000×8	1 000	950	707	70	—	—	—	—

表 13 A 39 系列

单位为毫米

紧定衬套型号	螺纹 G	尺寸				参考尺寸			
		d	d_1	B_1	B_5 min	D_1	a	f	B_6
A 3924 X	M 120×2	120	110	60	15	123.2	29	5	34
A 3926 X	M 130×2	130	115	65	15	133.5	31	5	36
A 3928 X	M 140×2	140	125	66	17	143.5	32	5	37
A 3930 X	M 150×2	150	135	76	17	154.2	34	5	39
A 3932 X	M 160×3	160	140	78	19	164.2	36	6	42
A 3934 X	M 170×3	170	150	79	19	174.2	37	6	43
A 3936 X	M 180×3	180	160	87	21	184.8	38	6	44
A 3938 X	M 190×3	190	170	89	21	194.9	40	6	46
A 3940 X	M 200×3	200	180	98	21	205.5	41	6	47
A 3944	Tr 220×4	220	200	96	20	225.5	39	5	21

表 13（续）

单位为毫米

紧定衬套型号	螺纹 G	尺寸				参考尺寸			
		d	d_1	B_1	B_5 min	D_1	a	f	B_6
A 3948	Tr 240×4	240	220	101	20	245.6	43	8	21
A 3952	Tr 260×4	260	240	116	20	266.8	44	8	22
A 3956	Tr 280×4	280	260	121	24	286.9	48	8	22
A 3960	Tr 300×4	300	280	140	24	308.2	52	8	22
A 3964	Tr 320×5	320	300	140	24	328.2	53	8	25
A 3968	Tr 340×5	340	320	144	24	348.2	56	8	26
A 3972	Tr 360×5	360	340	144	28	368.2	56	10	26
A 3976	Tr 380×5	380	360	164	28	389.7	60	10	26
A 3980	Tr 400×5	400	380	168	28	409.7	64	10	27
A 3984	Tr 420×5	420	400	168	32	429.7	64	10	27
A 3988	Tr 440×5	440	410	189	32	450.7	73	10	27
A 3992	Tr 460×5	460	430	189	32	470.7	73	10	28
A 3996	Tr 480×5	480	450	200	36	491.7	73	10	28
A 39/500	Tr 500×5	500	470	208	36	511.7	81	10	28
A 39/530	Tr 530×6	530	500	216	40	—	—	—	—
A 39/560	Tr 560×6	560	530	227	40	—	—	—	—
A 39/600	Tr 600×6	600	560	239	40	—	—	—	—
A 39/630	Tr 630×6	630	600	254	45	—	—	—	—
A 39/670	Tr 670×6	670	630	264	45	—	—	—	—
A 39/710	Tr 710×7	710	670	286	50	—	—	—	—
A 39/750	Tr 750×7	750	710	291	55	—	—	—	—
A 39/800	Tr 800×7	800	750	303	55	—	—	—	—
A 39/850	Tr 850×7	850	800	308	60	—	—	—	—
A 39/900	Tr 900×7	900	850	326	60	—	—	—	—
A 39/950	Tr 950×8	950	900	344	60	—	—	—	—
A 39/1000	Tr 1000×8	1 000	950	358	60	—	—	—	—
A 39/1060	Tr 1060×8	1 060	1 000	372	60	—	—	—	—

表 14　AH 39 系列

单位为毫米

退卸衬套型号	尺寸						螺纹 G	适配的锁紧螺母型号
	d	d_1	B_1 max	B_4	b	f		
AH 3934	170	160	59	64	13	5	M 180×3	KML 36
AH 3936	180	170	66	71	13	5	M 190×3	KML 38
AH 3938	190	180	66	71	13	5	M 200×3	KML 40
AH 3940	200	190	77	83	16	5	Tr 210×4	KM 42
AH 3944	220	200	77	83	16	5	Tr 230×4	KM 46

表 14（续）

单位为毫米

退卸衬套型号	尺寸 d	尺寸 d_1	尺寸 B_1 max	尺寸 B_4	尺寸 b	尺寸 f	螺纹 G	适配的锁紧螺母型号
AH 3948	240	220	77	83	16	8	Tr 250×4	KM 50
AH 3952	260	240	94	100	18	8	Tr 280×4	HML 56
AH 3956	280	260	94	100	18	8	Tr 300×4	HML 60
AH 3960	300	280	112	119	21	8	Tr 320×5	HML 64
AH 3964	320	300	112	119	21	8	Tr 340×5	HML 68
AH 3968	340	320	112	119	21	8	Tr 360×5	HML 72
AH 3972	360	340	112	119	21	10	Tr 380×5	HML 76
AH 3976	380	360	130	138	22	10	Tr 400×5	HML 80
AH 3980	400	380	130	138	22	10	Tr 420×5	HML 84
AH 3984	420	400	130	138	22	10	Tr 440×5	HML 88
AH 3988	440	420	145	153	25	10	Tr 460×5	HML 92
AH 3992	460	440	145	153	25	10	Tr 480×5	HML 96
AH 3996	480	460	158	167	28	10	Tr 500×5	HML/500
AH 39/500	500	480	162	172	32	10	Tr 530×6	HML/530
AH 39/530	530	500	175	185	—	—	Tr 560×6	HML/560
AH 39/560	560	530	180	190	—	—	Tr 600×6	HML/600
AH 39/600	600	570	192	202	—	—	Tr 630×6	HML/630
AH 39/630	630	600	210	222	—	—	Tr 670×6	HML/670
AH 39/670	670	630	216	228	—	—	Tr 710×7	HML/710
AH 39/710	710	670	228	240	—	—	Tr 750×7	HML/750
AH 39/750	750	710	234	246	—	—	Tr 800×7	HML/800
AH 39/800	800	750	245	257	—	—	Tr 850×7	HML/850
AH 39/850	850	800	258	270	—	—	Tr 900×7	HML/900
AH 39/900	900	850	265	277	—	—	Tr 950×8	HML/950
AH 39/950	950	900	282	297	—	—	Tr 1000×8	HML/1000
AH 39/1000	1 000	950	296	311	—	—	Tr 1060×8	HML/1060
AH 39/1060	1 060	1 000	310	325	—	—	Tr 1120×8	HML/1120

表 15 **AH 2 系列**

单位为毫米

退卸衬套型号	尺寸 d	尺寸 d_1	尺寸 B_1 max	尺寸 B_4	尺寸 b	尺寸 f	螺纹 G	适配的锁紧螺母型号
AH 208	40	35	25	27	6	2	M 45×1.5	KM 09
AH 209	45	40	26	29	6	2	M 50×1.5	KM 10
AH 210	50	45	28	31	7	2	M 55×2	KM 11
AH 211	55	50	29	32	7	3	M 60×2	KM 12
AH 212	60	55	32	35	8	3	M 65×2	KM 13

表 15（续）

单位为毫米

退卸衬套型号	尺寸						螺纹 G	适配的锁紧螺母型号
	d	d_1	B_1 max	B_4	b	f		
AHX 213	65	60	32.5	36	8	3	M 70×2	KM 14
AHX 214	70	65	33.5	37	8	3	M 75×2	KM 15
AHX 215	75	70	34.5	38	8	3	M 80×2	KM 16
AH 216	80	75	35.5	39	8	3	M 90×2	KM 18
AH 217	85	80	38.5	42	9	3	M 95×2	KM 19
AH 218	90	85	40	44	9	3	M 100×2	KM 20
AH 219	95	90	43	47	10	4	M 105×2	KM 21
AH 220	100	95	45	49	10	4	M 110×2	KM 22
AH 221	105	100	47	51	11	4	M 115×2	KM 23
AH 222	110	105	50	54	11	4	M 120×2	KM 24
AH 224	120	115	53	57	12	4	M 130×2	KM 26
AH 226	130	125	53	57	12	4	M 140×2	KM 28
AH 228	140	135	56	61	13	4	M 150×2	KM 30
AH 230	150	145	60	65	14	4	M 160×3	KM 32
AH 232	160	150	64	69	15	5	M 170×3	KM 34
AH 234	170	160	69	74	16	5	M 180×3	KM 36
AH 236	180	170	69	74	16	5	M 190×3	KM 38
AHX 238	190	180	73	78	17	5	M 200×3	KM 40
AHX 240	200	190	77	82	18	5	Tr 210×4	KM 42
AHX 244	220	200	85	91	18	5	Tr 230×4	KM 46
AHX 248	240	220	96	102	22	5	Tr 260×4	KM 52
AHX 252	260	240	105	111	23	6	Tr 280×4	KM 56
AHX 256	280	260	105	113	23	6	Tr 300×4	HM 60

表 16　**AH 30** 系列

单位为毫米

退卸衬套型号	尺寸						螺纹 G	适配的锁紧螺母型号
	d	d_1	B_1 max	B_4	b	f		
AH 3024	120	115	60	64	13	4	M 130×2	KML 26
AH 3026	130	125	67	71	14	4	M 140×2	KML 28
AH 3028	140	135	68	73	14	4	M 150×2	KML 30
AH 3030	150	145	72	77	15	4	M 160×3	KML 32
AH 3032	160	150	77	82	16	5	M 170×3	KML 34
AH 3034	170	160	85	90	17	5	M 180×3	KML 36
AH 3036	180	170	92	98	17	5	M 190×3	KML 38
AHX 3038	190	180	96	102	18	5	M 200×3	KML 40

表 16（续）

单位为毫米

退卸衬套型号	尺寸						螺纹 G	适配的锁紧螺母型号
	d	d_1	B_1 max	B_4	b	f		
AHX 3040	200	190	102	108	19	5	Tr 210×4	KM 42
AHX 3044	220	200	111	117	20	5	Tr 230×4	KM 46
AH 3048	240	220	116	123	21	5	Tr 260×4	HML 52
AH 3052	260	240	128	135	23	6	Tr 280×4	HML 56
AH 3056	280	260	131	139	24	6	Tr 300×4	HML 60
AH 3060	300	280	145	153	26	6	Tr 320×5	HML 64
AHX 3064	320	300	149	157	27	6	Tr 340×5	HML 68
AHX 3068	340	320	162	171	28	6	Tr 360×5	HML 72
AHX 3072	360	340	167	176	30	6	Tr 380×5	HML 76
AHX 3076	380	360	170	180	31	6	Tr 400×5	HML 80
AHX 3080	400	380	183	193	33	6	Tr 420×5	HML 84
AHX 3084	420	400	186	196	34	8	Tr 440×5	HML 88
AHX 3088	440	420	194	205	35	8	Tr 460×5	HML 92
AHX 3092	460	440	202	213	37	8	Tr 480×5	HML 96
AHX 3096	480	460	205	217	38	8	Tr 500×5	HML/500
AHX 30/500	500	480	209	221	40	8	Tr 530×6	HML/530
AH 30/530	530	500	230	242	—	—	Tr 560×6	HML/560
AH 30/560	560	530	240	252	—	—	Tr 600×6	HML/600
AH 30/600	600	570	245	259	—	—	Tr 630×6	HML/630
AH 30/630	630	600	258	272	—	—	Tr 670×6	HML/670
AH 30/670	670	630	280	294	—	—	Tr 710×7	HML/710
AH 30/710	710	670	286	302	—	—	Tr 750×7	HML/750
AH 30/750	750	710	300	316	—	—	Tr 800×7	HML/800
AH 30/800	800	750	308	326	—	—	Tr 850×7	HML/850
AH 30/850	850	800	325	343	—	—	Tr 900×7	HML/900
AH 30/900	900	850	335	355	—	—	Tr 950×8	HML/950
AH 30/950	950	900	355	375	—	—	Tr 1000×8	HML/1000
AH 30/1000	1 000	950	365	387	—	—	Tr 1060×8	HML/1060
AH 30/1060	1 060	1 000	385	407	—	—	Tr 1120×8	HML/1120

表 17 AH 3 系列

单位为毫米

退卸衬套型号	尺寸						螺纹 G	适配的锁紧螺母型号
	d	d_1	B_1 max	B_4	b	f		
AH 308	40	35	29	32	6	2	M 45×1.5	KM 09
AH 309	45	40	31	34	6	2	M 50×1.5	KM 10
AH 310	50	45	35	38	7	2	M 55×2	KM 11
AH 311	55	50	37	40	7	3	M 60×2	KM 12
AH 312	60	55	40	43	8	3	M 65×2	KM 13

表 17（续）

单位为毫米

退卸衬套型号	尺寸						螺纹 G	适配的锁紧螺母型号
	d	d_1	B_1 max	B_4	b	f		
AHX 313	65	60	42	45	8	3	M 70×2	KM 14
AHX 314	70	65	43	47	8	3	M 75×2	KM 15
AHX 315	75	70	45	49	8	3	M 80×2	KM 16
AH 316	80	75	48	52	8	3	M 90×2	KM 18
AH 317	85	80	52	56	9	3	M 95×2	KM 19
AH 318	90	85	53	57	9	3	M 100×2	KM 20
AH 319	95	90	57	61	10	4	M 105×2	KM 21
AH 320	100	95	59	63	10	4	M 110×2	KM 22
AH 321	105	100	62	66	12	4	M 115×2	KM 23
AH 322	110	105	63	67	12	4	M 120×2	KM 24
AH 324	120	115	69	73	13	4	M 130×2	KM 26
AH 326	130	125	74	78	14	4	M 140×2	KM 28
AH 328	140	135	77	82	14	4	M 150×2	KM 30
AHX 330	150	145	83	88	15	4	M 160×3	KM 32
AHX 332	160	150	88	93	16	5	M 170×3	KM 34
AHX 334	170	160	93	98	17	5	M 180×3	KM 36

表 18　AH 22 系列

单位为毫米

退卸衬套型号	尺寸						螺纹 G	适配的锁紧螺母型号
	d	d_1	B_1 max	B_4	b	f		
AHX 2236	180	170	105	110	17	5	M 190×3	KM 38
AHX 2238	190	180	112	117	18	5	M 200×3	KM 40
AH 2240	200	190	118	123	19	5	Tr 220×4	KM 44
AH 2244	220	200	130	136	20	5	Tr 240×4	KM 48
AH 2248	240	220	144	150	21	5	Tr 260×4	KM 52
AHX 2252	260	240	155	161	23	6	Tr 280×4	KM 56
AHX 2256	280	260	155	163	24	6	Tr 300×4	HM 60
AHX 2260	300	280	170	178	26	6	Tr 320×5	HM 64
AHX 2264	320	300	180	190	27	6	Tr 340×5	HM 68

表 19　AH 31 系列

单位为毫米

退卸衬套型号	尺寸						螺纹 G	适配的锁紧螺母型号
	d	d_1	B_1 max	B_4	b	f		
AH 3120	100	95	64	68	11	4	M 110×2	KM 22
AH 3121	105	100	68	72	11	4	M 115×2	KM 23
AH 3122	110	105	68	72	11	4	M 120×2	KM 24

表 19（续）

单位为毫米

退卸衬套型号	尺寸						螺纹 G	适配的锁紧螺母型号
	d	d_1	B_1 max	B_4	b	f		
AH 3124	120	115	75	79	12	4	M 130×2	KM 26
AH 3126	130	125	78	82	12	4	M 140×2	KM 28
AH 3128	140	135	83	88	14	4	M 150×2	KM 30
AHX 3130	150	145	96	101	15	4	M 160×3	KM 32
AHX 3132	160	150	103	108	16	5	M 170×3	KM 34
AHX 3134	170	160	104	109	16	5	M 180×3	KM 36
AHX 3136	180	170	116	122	19	5	M 190×3	KM 38
AHX 3138	190	180	125	131	20	5	M 200×3	KM 40
AH 3140	200	190	134	140	21	5	Tr 220×4	KM 44
AH 3144	220	200	145	151	23	5	Tr 240×4	KM 48
AH 3148	240	220	154	161	25	5	Tr 260×4	KM 52
AHX 3152	260	240	172	179	26	6	Tr 280×4	KM 56
AHX 3156	280	260	175	183	28	6	Tr 300×4	HM 60
AHX 3160	300	280	192	200	30	6	Tr 320×5	HM 64
AHX 3164	320	300	209	217	31	6	Tr 340×5	HM 68
AHX 3168	340	320	225	234	33	6	Tr 360×5	HM 72
AHX 3172	360	340	229	238	35	6	Tr 380×5	HM 76
AHX 3176	380	360	232	242	36	6	Tr 400×5	HM 80
AHX 3180	400	380	240	250	38	6	Tr 420×5	HM 84
AHX 3184	420	400	266	276	40	8	Tr 440×5	HM 88
AHX 3188	440	420	270	281	42	8	Tr 460×5	HM 92
AHX 3192	460	440	285	296	43	8	Tr 480×5	HM 96
AHX 3196	480	460	295	307	45	8	Tr 500×5	HM/500
AHX 31/500	500	480	313	325	47	8	Tr 530×6	HM/530
AH 31/530	530	500	325	337	—	—	Tr 560×6	HM/560
AH 31/560	560	530	335	347	—	—	Tr 600×6	HM/600
AH 31/600	600	570	355	369	—	—	Tr 630×6	HM 630
AH 31/630	630	600	375	389	—	—	Tr 670×6	HM/670
AH 31/670	670	630	395	409	—	—	Tr 710×7	HM/710
AH 31/710	710	670	405	421	—	—	Tr 750×7	HM/750
AH 31/750	750	710	425	441	—	—	Tr 800×7	HM/800
AH 31/800	800	750	438	456	—	—	Tr 850×7	HM/850
AH 31/850	850	800	462	480	—	—	Tr 900×7	HM/900
AH 31/900	900	850	475	495	—	—	Tr 950×8	HM/950
AH 31/950	950	900	500	520	—	—	Tr 1000×8	HM/1000
AH 31/1000	1 000	950	525	547	—	—	Tr 1060×8	HM/1060
AH 31/1060	1 060	1 000	540	562	—	—	Tr 1120×8	HM/1120

表 20 **AH 32** 系列

单位为毫米

退卸衬套型号	尺寸						螺纹 G	适配的锁紧螺母型号
	d	d_1	B_1 max	B_4	b	f		
AH 3218	90	85	63	67	10	3	M 100×2	KM 20
AH 3219	95	90	67	71	11	4	M 105×2	KM 21
AH 3220	100	95	73	77	11	4	M 110×2	KM 22
AH 3221	105	100	78	82	11	4	M 115×2	KM 23
AHX 3222	110	105	82	86	11	4	M 120×2	KM 24
AHX 3224	120	115	90	94	13	4	M 130×2	KM 26
AHX 3226	130	125	98	102	15	4	M 140×2	KM 28
AHX 3228	140	135	104	109	15	4	M 150×2	KM 30
AHX 3230	150	145	114	119	17	4	M 160×3	KM 32
AHX 3232	160	150	124	130	20	5	M 170×3	KM 34
AHX 3234	170	160	134	140	24	5	M 180×3	KM 36
AHX 3236	180	170	140	146	24	5	M 190×3	KM 38
AHX 3238	190	180	145	152	25	5	M 200×3	KM 40
AH 3240	200	190	153	160	25	5	Tr 220×4	KM 44
AHX 3260	300	280	228	236	34	6	Tr 320×5	HM 64
AHX 3264	320	300	246	254	36	6	Tr 340×5	HM 68
AHX 3268	340	320	264	273	38	6	Tr 360×5	HM 72
AHX 3272	360	340	274	283	40	6	Tr 380×5	HM 76
AHX 3276	380	360	284	294	42	6	Tr 400×5	HM 80
AHX 3280	400	380	302	312	44	6	Tr 420×5	HM 84
AHX 3284	420	400	321	331	46	8	Tr 440×5	HM 88
AHX 3288	440	420	330	341	48	8	Tr 460×5	HM 92
AHX 3292	460	440	349	360	50	8	Tr 480×5	HM 96
AHX 3296	480	460	364	376	52	8	Tr 500×5	HM/500
AHX 32/500	500	480	393	405	54	8	Tr 530×6	HM/530
AH 32/530	530	500	412	424	—	—	Tr 560×6	HM/560
AH 32/560	560	530	422	434	—	—	Tr 600×6	HM/600
AH 32/600	600	570	445	459	—	—	Tr 630×6	HM/630
AH 32/630	630	600	475	489	—	—	Tr 670×6	HM/670
AH 32/670	670	630	500	514	—	—	Tr 710×7	HM/710
AH 32/710	710	670	515	531	—	—	Tr 750×7	HM/750
AH 32/750	750	710	540	556	—	—	Tr 800×7	HM/800
AH 32/800	800	750	550	568	—	—	Tr 850×7	HM/850
AH 32/850	850	800	585	603	—	—	Tr 900×7	HM/900
AH 32/900	900	850	585	605	—	—	Tr 950×8	HM/950
AH 32/950	950	900	600	620	—	—	Tr 1000×8	HM/1000
AH 32/1000	1 000	950	630	652	—	—	Tr 1060×8	HM/1060

表 21　AH 23 系列

单位为毫米

退卸衬套型号	尺寸						螺　纹 G	适配的锁紧螺母型号
	d	d_1	B_1 max	B_4	b	f		
AH 2308	40	35	40	43	7	2	M 45×1.5	KM 09
AH 2309	45	40	44	47	7	2	M 50×1.5	KM 10
AH 2310	50	45	50	53	9	2	M 55×2	KM 11
AH 2311	55	50	54	57	10	3	M 60×2	KM 12
AH 2312	60	55	58	61	11	3	M 65×2	KM 13
AHX 2313	65	60	61	64	12	3	M 70×2	KM 14
AHX 2314	70	65	64	68	12	3	M 75×2	KM 15
AHX 2315	75	70	68	72	12	3	M 80×2	KM 16
AH 2316	80	75	71	75	12	3	M 90×2	KM 18
AH 2317	85	80	74	78	13	3	M 95×2	KM 19
AH 2318	90	85	79	83	14	3	M 100×2	KM 20
AH 2319	95	90	85	89	16	4	M 105×2	KM 21
AH 2320	100	95	90	94	16	4	M 110×2	KM 22
AH 2321	105	100	94	98	16	4	M 120×2	KM 24
AHX 2322	110	105	98	102	16	4	M 120×2	KM 24
AHX 2324	120	115	105	109	17	4	M 130×2	KM 26
AHX 2326	130	125	115	119	19	4	M 140×2	KM 28
AHX 2328	140	135	125	130	20	4	M 150×2	KM 30
AHX 2330	150	145	135	140	24	4	M 160×3	KM 32
AHX 2332	160	150	140	146	24	5	M 170×3	KM 34
AHX 2334	170	160	146	152	24	5	M 180×3	KM 36
AHX 2336	180	170	154	160	26	5	M 190×3	KM 38
AHX 2338	190	180	160	167	26	5	M 200×3	KM 40
AH 2340	200	190	170	177	30	5	Tr 220×4	KM 44
AH 2344	220	200	181	189	30	5	Tr 240×4	KM 48
AH 2348	240	220	189	197	30	5	Tr 260×4	KM 52
AHX 2352	260	240	205	213	30	6	Tr 280×4	KM 56
AHX 2356	280	260	212	220	30	6	Tr 300×4	HM 60

表 22　AH 240 系列

单位为毫米

退卸衬套型号	尺寸				螺　纹 G	适配的锁紧螺母型号
	d	d_1	B_1 max	B_4		
AH 24024	120	115	73	82	M 125×2	KM 25
AH 24026	130	125	83	93	M 135×2	KM 27
AH 24028	140	135	83	93	M 145×2	KM 29
AH 24030	150	145	90	101	M 155×3	KM 31
AH 24032	160	150	95	106	M 170×3	KM 34

表 22（续）

单位为毫米

退卸衬套型号	尺寸				螺纹 G	适配的锁紧螺母型号
	d	d_1	B_1 max	B_4		
AH 24034	170	160	106	117	M 180×3	KM 36
AH 24036	180	170	116	127	M 190×3	KM 38
AH 24038	190	180	118	131	M 200×3	KM 40
AH 24040	200	190	127	140	Tr 210×4	KM 42
AH 24044	220	200	138	152	Tr 230×4	KM 46
AH 24048	240	220	138	153	Tr 250×4	KM 50
AH 24052	260	240	162	178	Tr 280×4	KM 56
AH 24056	280	260	162	179	Tr 300×4	HM 60
AH 24060	300	280	184	202	Tr 320×5	HM 64
AH 24064	320	300	184	202	Tr 340×5	HM 68
AH 24068	340	320	206	225	Tr 360×5	HM 72
AH 24072	360	340	206	226	Tr 380×5	HM 76
AH 24076	380	360	208	228	Tr 400×5	HM 80
AH 24080	400	380	228	248	Tr 420×5	HM 84
AH 24084	420	400	230	252	Tr 440×5	HM 88
AH 24088	440	420	242	264	Tr 460×5	HM 92
AH 24092	460	440	250	273	Tr 480×5	HM 96
AH 24096	480	460	250	273	Tr 500×5	HM/500
AH 240/500	500	480	253	276	Tr 530×6	HM/530
AH 240/530	530	500	285	309	Tr 560×6	HM/560
AH 240/560	560	530	296	320	Tr 600×6	HM/600
AH 240/600	600	570	310	336	Tr 630×6	HM/630
AH 240/630	630	600	330	356	Tr 670×6	HM/670
AH 240/670	670	630	348	374	Tr 710×7	HM/710
AH 240/710	710	670	360	386	Tr 750×7	HM/750
AH 240/750	750	710	380	408	Tr 800×7	HM/800
AH 240/800	800	750	395	423	Tr 850×7	HM/850
AH 240/850	850	800	415	445	Tr 900×7	HM/900
AH 240/900	900	850	430	475	Tr 950×8	HM/950
AH 240/950	950	900	467	512	Tr 1000×8	HM/1000
AH 240/1000	1 000	950	469	519	Tr 1060×8	HM/1060
AH 240/1060	1 060	1 000	498	548	Tr 1120×8	HM/1120

表 23　AH 241 系列

单位为毫米

退卸衬套型号	尺寸				螺纹 G	适配的锁紧螺母型号
	d	d_1	B_1 max	B_4		
AH 24122	110	105	82	91	M 115×2	KM 23
AH 24124	120	115	93	102	M 130×2	KM 26
AH 24126	130	125	94	104	M 140×2	KM 28
AH 24128	140	135	99	109	M 150×2	KM 30
AH 24130	150	145	115	126	M 160×3	KM 32
AH 24132	160	150	124	135	M 170×3	KM 34
AH 24134	170	160	125	136	M 180×3	KM 36
AH 24136	180	170	134	145	M 190×3	KM 38
AH 24138	190	180	146	159	M 200×3	KM 40
AH 24140	200	190	158	171	Tr 210×4	KM 42
AH 24144	220	200	170	184	Tr 230×4	KM 46
AH 24148	240	220	180	195	Tr 260×4	KM 52
AH 24152	260	240	202	218	Tr 280×4	KM 56
AH 24156	280	260	202	219	Tr 300×4	HM 60
AH 24160	300	280	224	242	Tr 320×5	HM 64
AH 24164	320	300	242	260	Tr 340×5	HM 68
AH 24168	340	320	269	288	Tr 360×5	HM 72
AH 24172	360	340	269	289	Tr 380×5	HM 76
AH 24176	380	360	271	291	Tr 400×5	HM 80
AH 24180	400	380	278	298	Tr 420×5	HM 84
AH 24184	420	400	310	332	Tr 440×5	HM 88
AH 24188	440	420	310	332	Tr 460×5	HM 92
AH 24192	460	440	332	355	Tr 480×5	HM 96
AH 24196	480	460	340	363	Tr 500×5	HM/500
AH 241/500	500	480	360	383	Tr 530×6	HM/530
AH 241/530	530	500	370	394	Tr 560×6	HM/560
AH 241/560	560	530	393	417	Tr 600×6	HM/600
AH 241/600	600	570	413	439	Tr 630×6	HM/630
AH 241/630	630	600	440	466	Tr 670×6	HM/670
AH 241/670	670	630	452	478	Tr 710×7	HM/710
AH 241/710	710	670	483	509	Tr 750×7	HM/750
AH 241/750	750	710	520	548	Tr 800×7	HM/800
AH 241/800	800	750	525	553	Tr 850×7	HM/850
AH 241/850	850	800	560	600	Tr 900×7	HM/900
AH 241/900	900	850	575	620	Tr 950×8	HM/950
AH 241/950	950	900	605	650	Tr 1000×8	HM/1000
AH 241/1000	1 000	950	645	695	Tr 1060×8	HM/1060
AH 241/1060	1 060	1 000	665	715	Tr 1120×8	HM/1120

8 要求

8.1 材料

锥形衬套材料的抗拉强度不应低于 412 MPa，屈服强度不应低于 250 MPa，可采用符合 GB/T 699—1999 规定的优质碳素结构钢制造，也可采用能满足性能要求的其他材料制造。订户对材料另有要求时，由订户与制造厂双方协商确定。

8.2 公差

8.2.1 锥形衬套的尺寸公差和形位公差按表 24、表 25 的规定。

表 24 锥形衬套宽度、螺纹长度的公差

单位为微米

B_1、a、b/mm		公差			
		ΔB_{1s}		Δa_s 或 Δb_s	
超过	到	上偏差	下偏差	上偏差	下偏差
5	10	—	—	+290	−290
10	18	—	—	+350	−350
18	30	+420	−420	+420	−420
30	50	+500	−500	+500	−500
50	80	+600	−600	+600	−600
80	120	+700	−700	+700	−700
120	180	+800	−800	—	—
180	250	+925	−925	—	—
250	315	+1 050	−1 050	—	—
315	400	+1 150	−1 150	—	—
400	500	+1 250	−1 250	—	—
500	630	+1 400	−1 400	—	—
630	800	+1 600	−1 600	—	—

表 25 锥形衬套内径、螺纹、圆锥直径的公差及圆锥表面的径向跳动

单位为微米

d_1/mm		Δd_{1mp}		V_{d1mp}	ΔD_{1s}		$\Delta D_{1mp}-\Delta d_{3mp}$ 或 $\Delta D_{1mp}-\Delta d_{2mp}$		螺纹公差	K_{D0}
超过	到	上偏差	下偏差	max	上偏差	下偏差	上偏差	下偏差		max
—	18	+35	−35	27	+33	0	+18	0	普通螺纹按 GB/T 2516—2003 规定的公差带 6 g	20
18	30	+42	−42	33	+39	0	+21	0		25
30	50	+50	−50	39	+46	0	+25	0		30
50	80	+60	−60	46	+54	0	+30	0		40
80	120	+70	−70	54	+63	0	+35	0		40
120	180	+80	−80	63	+72	0	+40	0		50
180	250	+92	−92	72	+81	0	+46	0	梯形螺纹按 GB/T 5796.4—2005 规定的公差带 7e	50
250	315	+105	−105	81	+89	0	+52	0		60
315	400	+115	−115	89	+97	0	+57	0		60
400	500	+125	−125	97	+110	0	+63	0		60
500	630	+140	−140	110	+125	0	+70	0		80
630	800	+160	−160	125	+140	0	+80	0		80
800	1 000	+180	−180	140	+165	0	+90	0		100

注 1：Δd_{1mp}、V_{d1mp} 在切槽前检查。

注 2：Δd_{3mp}、Δd_{2mp}——圆锥小端平均直径偏差。

注 3：紧定衬套圆锥小端公称直径 d_3 由 $d_3=D_1-(B_1-a)/12$ 求得。

注 4：退卸衬套圆锥小端公称直径 $d_2\approx d$，$D_1=d_2+(B_1-a)/12$ 或 $D_1=d_2+(B_1-a)/30$ 求得。

其中：$a=b+3$(普通螺纹)或 $a=b+6$(梯形螺纹)。

8.2.2 锥形衬套的其他尺寸公差按 GB/T 1804—2000 中 JS15 的规定。

8.3 表面粗糙度

锥形衬套的表面粗糙度应符合表 26 的规定。

表 26 表面粗糙度

单位为微米

d、d_1/mm		*Ra* max				
超过	到	内表面、端面	圆锥面	螺纹		其他表面
				侧面	其他面	
—	120	1.6	0.8	5.0	10.0	6.3
120	500	2.5	1.25	5.0	10.0	6.3
500	—	3.2	1.6	5.0	10.0	6.3

8.4 表面质量

8.4.1 锥形衬套的表面应光洁且不应有凹陷、裂纹、锈蚀、锐边、毛刺；切槽口或锁紧槽口处不应有锐边。

8.4.2 锥形衬套螺纹应完整、光洁，不应有妨碍螺纹量规（在螺纹全长度范围内）自由旋入的碰伤和毛刺，不应有影响使用的划痕。

8.5 其他

8.5.1 对于螺距大于 2 mm 的螺纹，在螺纹的开始部分，应切去螺纹高度的 1/3。

8.5.2 螺纹牙型和尺寸应符合 GB/T 192—2003、GB/T 196—2003 或 GB/T 5796.1—2005、GB/T 5796.3—2005 的规定。

8.5.3 轴与锥形衬套配合处的技术要求按 GB/T 275—1993 的规定。

8.5.4 用户若有其他技术要求，由供需双方协商确定。

9 测量方法

9.1 锥形衬套的主要尺寸公差和形位公差的测量方法见附录 A。

9.2 锥形衬套的外观用目视方法检查。

9.3 锥形衬套主要表面的表面粗糙度与标准件比较，用目视方法检查。

9.4 螺纹用螺纹极限量规检查。

10 标志

10.1 与轴承一起成套供货的锥形衬套可不标志。

10.2 单独供货的锥形衬套在大端面（d_1＜150 mm）或靠近大端面的圆锥表面（d_1≥150 mm）上标志型号和制造厂代号（或商标）。

10.3 其他要求应符合 JB/T 3574—1997 的规定。

11 检验规则

锥形衬套的检验规则按 JB/T 8921—1999 的规定，使用一般检查水平Ⅱ级，主要检查项目 AQL 值 2.5，次要检查项目 AQL 值 6.5。检查项目见表 27。

表 27 检查项目

序号	主要项目	序号	次要项目
1	Δd_{1mp}、V_{d1mp}、ΔD_{1s}、K_{D0}、$\Delta D_{1mp}-\Delta d_{3mp}$、$\Delta B_{1s}$、$\Delta a_s$、$\Delta b_s$	1	表面粗糙度
		2	外观质量
2	螺纹公差	3	标志和包装

12 包装

包装应符合 GB/T 8597—2003 的有关规定。

附 录 A
（规范性附录）
测 量 方 法

A.1 范围

本附录规定了锥形衬套的测量方法。

本附录作为解决供需双方争议的准则，制造厂在生产中也可用其他测量方法。

A.2 一般条件

测量的一般条件按 GB/T 307.2—2005 的规定。

A.3 测量方法

A.3.1 锥形衬套 Δd_{1mp} 和 V_{d1mp} 的测量

用两点测量法，在不同的径向角位置处测量，测出单一径向平面内最大与最小单一内径，从而求出单一平面平均内径的偏差 Δd_{1mp}。

对若干个径向平面（不少于 3 个）进行测量，可得出平均内径变动量 V_{d1mp}。

A.3.2 紧定衬套圆锥大端直径偏差 ΔD_{1s} 的测量（见图 A.1）

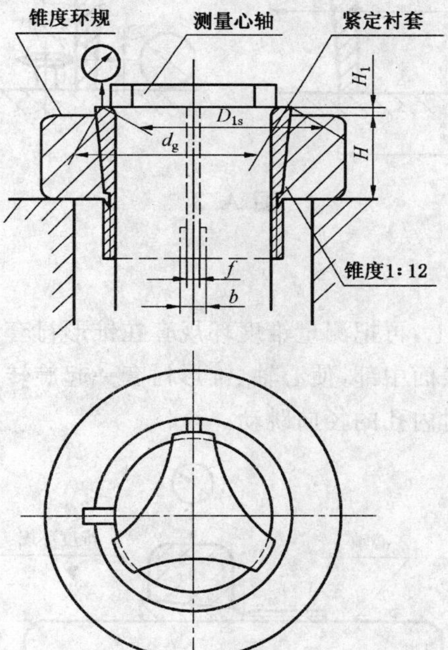

图 A.1

首先求出紧定衬套圆锥大端实际尺寸 D_{1s}，如图 A.1 所示方法测得 H_1，再由下式求得 D_{1s}：

$$D_{1s} = d_g + H_1/12 \quad \cdots\cdots\cdots\cdots\cdots\cdots\cdots\cdots\cdots(A.1)$$

测量心轴的直径，取为紧定衬套的公称内径 d_1，其允许偏差为（$-\Delta D_{1s}/10$），d_g 为锥度环规的大端直径，H 为锥度环规的宽度，原则上应大于（B_1-a），再由下式求得 ΔD_{1s}：

$$\Delta D_{1s} = D_{1s} - D_1 \quad \cdots\cdots\cdots\cdots\cdots\cdots\cdots\cdots\cdots(A.2)$$

A.3.3 $\Delta D_{1mp}-\Delta d_{3mp}$ 或 $\Delta D_{1mp}-\Delta d_{2mp}$ 的测量（见图 A.2、图 A.3）

将锥形衬套放在平台上，在从平台开始的 h_1 和 h_2 高度处，测出固定挡块与测头间的壁厚，旋转紧定衬套，将各高度上测量值的最大和最小之平均值规定为 t_{1m} 和 t_{2m}，根据下式求出锥角偏差：

紧定衬套：

$$\Delta D_{1mp} - \Delta d_{3mp} = \left(\frac{2(t_{1m} - t_{2m})}{h_1 - h_2} - \frac{1}{12}\right)(B_1 - a) \quad \cdots\cdots\cdots\cdots\cdots\cdots(\text{A.3})$$

退卸衬套：

$$\Delta D_{1mp} - \Delta d_{2mp} = \left(\frac{2(t_{1m} - t_{2m})}{h_1 - h_2} - \frac{1}{12}\right)(B_1 - a) \quad \cdots\cdots\cdots\cdots\cdots(\text{A.4})$$

或

$$\Delta D_{1mp} - \Delta d_{2mp} = \left(\frac{2(t_{1m} - t_{2m})}{h_1 - h_2} - \frac{1}{30}\right)(B_1 - a) \quad \cdots\cdots\cdots\cdots\cdots(\text{A.5})$$

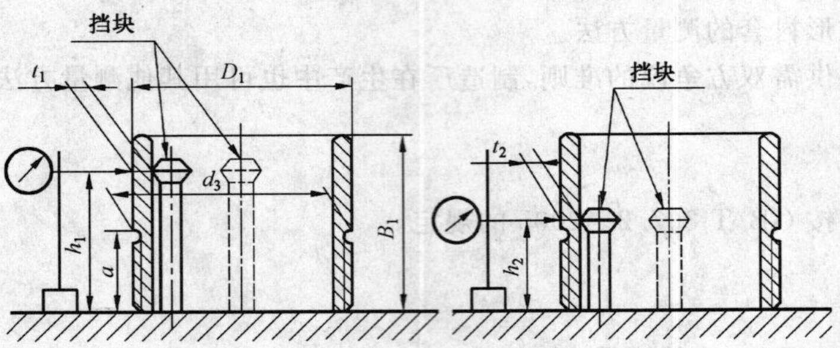

图 A.2

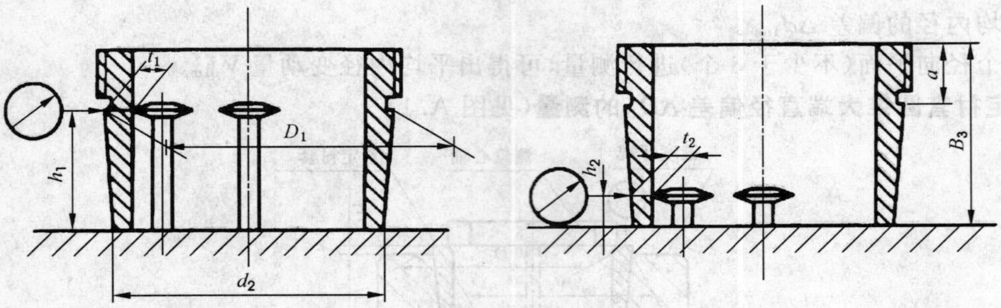

图 A.3

A.3.4 K_{D0} 的测量

A.3.4.1 方法一（见图 A.4）

将锥形衬套装在规定的心轴上，再把测量锥度环规套在锥形衬套的圆锥面上，然后将心轴支撑于两顶尖之间，测头置于测量环规外表面中部，使心轴、锥形衬套一起旋转 1 周以上，测得的指示仪读数的最大与最小值之差，即为圆锥表面对内孔的径向跳动。

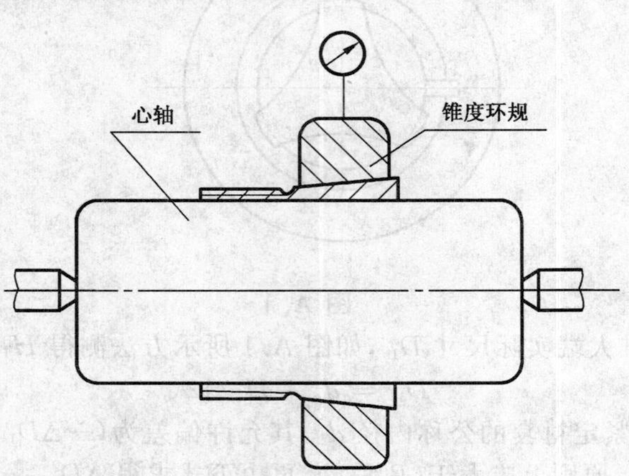

图 A.4

A.3.4.2 方法二（见图 A.5）

将锥形衬套的大端面放置于倾斜 45°的平板上，以测量壁厚差来代替 K_{D0}。

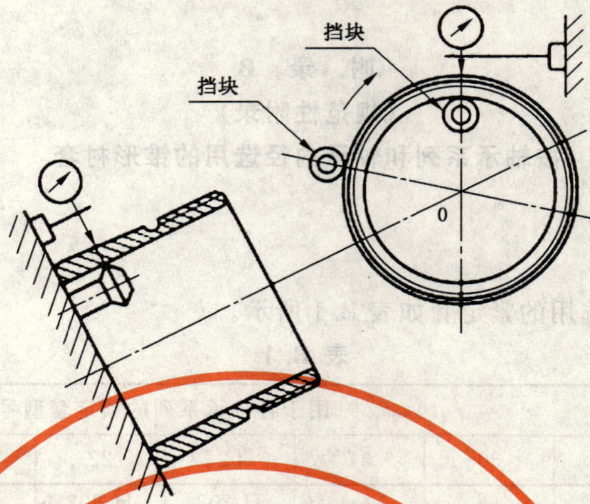

图 A.5

A.3.5 其他尺寸公差的测量

其他尺寸公差的测量用游标卡尺或千分尺进行。

附　录　B
（规范性附录）
按轴承系列和轴承内径选用的锥形衬套

B.1　选用的紧定套

按轴承系列和轴承内径选用的紧定套如表B.1所示。

表 B.1

轴承内径/mm	紧定套内径/mm	用于各轴承系列的紧定套型号							
		39	30	31	02	22	32	03	23
15	12	—	—	—	H 202	H 302	—	H 302	H 2302
17	14	—	—	—	H 203	H 303	—	H 303	H 2303
20	17	—	—	—	H 204	H 304	—	H 304	H 2304
25	20	—	—	—	H 205	H 305	—	H 305	H 2305
30	25	—	—	—	H 206	H 306	—	H 306	H 2306
35	30	—	—	—	H 207	H 307	—	H 307	H 2307
40	35	—	—	—	H 208	H 308	—	H 308	H 2308
45	40	—	—	—	H 209	H 309	—	H 309	H 2309
50	45	—	—	—	H 210	H 310	—	H 310	H 2310
55	50	—	—	—	H 211	H 311	—	H 311	H 2311
60	55	—	—	—	H 212	H 312	—	H 312	H 2312
65	60	—	—	—	H 213	H 313	—	H 313	H 2313
70	60	—	—	—	H 214	H 314	—	H 314	H 2314
75	65	—	—	—	H 215	H 315	—	H 315	H 2315
80	70	—	—	—	H 216	H 316	—	H 316	H 2316
85	75	—	—	—	H 217	H 317	—	H 317	H 2317
90	80	—	—	—	H 218	H 318	H 2318	H 318	H 2318
95	85	—	—	—	H 219	H 319	H 2319	H 319	H 2319
100	90	—	—	H 3120	H 220	H 320	H 2320	H 320	H 2320
105	95	—	—	H 3121	H 221	H 321	H 2321	H 321	H 2321
110	100	—	—	H 3122	H 222	H 322	H 2322	H 322	H 2322
120	110	H 3924	H 3024	H 3124	H 3024	H 3124	H 2324	H 3124	H 2324
130	115	H 3926	H 3026	H 3126	H 3026	H 3126	H 2326	H 3126	H 2326
140	125	H 3928	H 3028	H 3128	H 3028	H 3128	H 2328	H 3128	H 2328
150	135	H 3930	H 3030	H 3130	H 3030	H 3130	H 2330	H 3130	H 2330
160	140	H 3932	H 3032	H 3132	H 3032	H 3132	H 2332	H 3132	H 2332
170	150	H 3934	H 3034	H 3134	H 3034	H 3134	H 2334	H 3134	H 2334
180	160	H 3936	H 3036	H 3136	H 3036	H 3136	H 2336	H 3136	H 2336
190	170	H 3938	H 3038	H 3138	H 3038	H 3138	H 2338	H 3138	H 2338
200	180	H 3940	H 3040	H 3140	H 3040	H 3140	H 2340	H 3140	H 2340

表 B.1（续）

轴承内径/mm	紧定套内径/mm	用于各轴承系列的紧定套型号							
		39	30	31	02	22	32	03	23
220	200	H 3944	H 3044	H 3144	H 3044	H 3144	H 2344	H 3144	H 2344
240	220	H 3948	H 3048	H 3148	H 3048	H 3148	H 2348	—	H 2348
260	240	H 3952	H 3052	H 3152	H 3052	H 3152	H 2352	—	H 2352
280	260	H 3956	H 3056	H 3156	H 3056	H 3156	H 2356	—	H 2356
300	280	H 3960	H 3060	H 3160	—	H 3160	H 3260	—	—
320	300	H 3964	H 3064	H 3164	—	H 3164	H 3264	—	—
340	320	H 3968	H 3068	H 3168	—	—	H 3268	—	—
360	340	H 3972	H 3072	H 3172	—	—	H 3272	—	—
380	360	H 3976	H 3076	H 3176	—	—	H 3276	—	—
400	380	H 3980	H 3080	H 3180	—	—	H 3280	—	—
420	400	H 3984	H 3084	H 3184	—	—	H 3284	—	—
440	410	H 3988	H 3088	H 3188	—	—	H 3288	—	—
460	430	H 3992	H 3092	H 3192	—	—	H 3292	—	—
480	450	H 3996	H 3096	H 3196	—	—	H 3296	—	—
500	470	H 39/500	H 30/500	H 31/500	—	—	H 32/500	—	—
530	500	H 39/530	H 30/530	H 31/530	—	—	H 32/530	—	—
560	530	H 39/560	H 30/560	H 31/560	—	—	H 32/560	—	—
600	560	H 39/600	H 30/600	H 31/600	—	—	H 32/600	—	—
630	600	H 39/630	H 30/630	H 31/630	—	—	H 32/630	—	—
670	630	H 39/670	H 30/670	H 31/670	—	—	H 32/670	—	—
710	670	H 39/710	H 30/710	H 31/710	—	—	H 32/710	—	—
750	710	H 39/750	H 30/750	H 31/750	—	—	H 32/750	—	—
800	750	H 39/800	H 30/800	H 31/800	—	—	H 32/800	—	—
850	800	H 39/850	H 30/850	H 31/850	—	—	H 32/850	—	—
900	850	H 39/900	H 30/900	H 31/900	—	—	H 32/900	—	—
950	900	H 39/950	H 30/950	H 31/950	—	—	H 32/950	—	—
1 000	950	H 39/1000	H 30/1000	H 31/1000	—	—	H 32/1000	—	—
1 060	1 000	H 39/1060	H 30/1060	H 31/1060	—	—	—	—	—

B.2 选用的退卸衬套

按轴承系列和轴承内径选用的退卸衬套如表 B.2 所示。

表 B.2

轴承内径/mm	退卸衬套内径/mm	用于各轴承系列的退卸衬套型号									
		40	41	39	30	31	02	22	32	03	23
40	35	—	—	—	—	—	AH 208	AH 308	—	AH 308	AH 2308
45	40	—	—	—	—	—	AH 209	AH 309	—	AH 309	AH 2309
50	45	—	—	—	—	—	AH 210	AH 310	—	AH 310	AH 2310
55	50	—	—	—	—	—	AH 211	AH 311	—	AH 311	AH 2311

表 B.2（续）

轴承内径/mm	退卸衬套内径/mm	用于各轴承系列的退卸衬套型号									
		40	41	39	30	31	02	22	32	03	23
60	55	—	—	—	—	—	AH 212	AH 312	—	AH 312	AH 2312
65	60	—	—	—	—	—	AHX 213	AH 313	—	AHX 313	AHX 2313
70	65	—	—	—	—	—	AHX 214	AH 314	—	AHX 314	AHX 2314
75	70	—	—	—	—	—	AHX 215	AH 315	—	AHX 315	AHX 2315
80	75	—	—	—	—	—	AH 216	AH 316	—	AH 316	AH 2316
85	80	—	—	—	—	—	AH 217	AH 317	—	AH 317	AH 2317
90	85	—	—	—	—	—	AH 218	AH 318	AH 3218	AH 318	AH 2318
95	90	—	—	—	—	—	AH 219	AH 319	AH 3219	AH 319	AH 2319
100	95	—	—	—	—	AH 3120	AH 220	AH 320	AH 3220	AH 320	AH 2320
105	100	—	—	—	—	AH 3121	AH 221	AH 321	AH 3221	AH 321	AH 2321
110	105	—	AH 24122	—	—	AH 3122	AH 222	AH 3122	AHX 3222	AH 322	AHX 2322
120	115	AH 24024	AH 24124	—	AH 3024	AH 3124	AH 224	AH 3124	AHX 3224	AH 324	AHX 2324
130	125	AH 24026	AH 24126	—	AH 3026	AH 3126	AH 226	AH 3126	AHX 3226	AH 326	AHX 2326
140	135	AH 24028	AH 24128	—	AH 3028	AH 3128	AH 228	AH 3128	AHX 3228	AH 328	AHX 2328
150	145	AH 24030	AH 24130	—	AH 3030	AHX 3130	AH 230	AHX 3130	AHX 3230	AHX 330	AHX 2330
160	150	AH 24032	AH 24132	—	AH 3032	AHX 3132	AH 232	AHX 3132	AHX 3232	AHX 332	AHX 2332
170	160	AH 24034	AH 24134	AH 3934	AH 3034	AHX 3134	AH 234	AHX 3134	AHX 3234	AHX 334	AHX 2334
180	170	AH 24036	AH 24136	AH 3936	AH 3036	AHX 3136	AH 236	AHX 2236	AHX 3236	—	AHX 2336
190	180	AH 24038	AH 24138	AH 3938	AHX 3038	AHX 3138	AHX 238	AHX 2238	AHX 3238	—	AHX 2338
200	190	AH 24040	AH 24140	AH 3940	AHX 3040	AH 3140	AHX 240	AH 2240	AH 3240	—	AH 2340
220	200	AH 24044	AH 24144	AH 3944	AHX 3044	AH 3144	AHX 244	AH 2244	AH 2344	—	AH 2344
240	220	AH 24048	AH 24148	AH 3948	AH 3048	AH 3148	AHX 248	AH 2248	AH 2348	—	AH 2348
260	240	AH 24052	AH 24152	AH 3952	AH 3052	AHX 3152	AHX 252	AHX 2252	AHX 2352	—	AHX 2352
280	260	AH 24056	AH 24156	AH 3956	AH 3056	AHX 3156	AHX 256	AHX 2256	AHX 2356	—	AHX 2356
300	280	AH 24060	AH 24160	AH 3960	AH 3060	AHX 3160	—	AHX 2260	AHX 3260	—	—
320	300	AH 24064	AH 24164	AH 3964	AHX 3064	AHX 3164	—	AHX 2264	AHX 3264	—	—
340	320	AH 24068	AH 24168	AH 3968	AHX 3068	AHX 3168	—	—	AHX 3268	—	—
360	340	AH 24072	AH 24172	AH 3972	AHX 3072	AHX 3172	—	—	AHX 3272	—	—
380	360	AH 24076	AH 24176	AH 3976	AHX 3076	AHX 3176	—	—	AHX 3276	—	—
400	380	AH 24080	AH 24180	AH 3980	AHX 3080	AHX 3180	—	—	AHX 3280	—	—
420	400	AH 24084	AH 24184	AH 3984	AHX 3084	AHX 3184	—	—	AHX 3284	—	—
440	420	AH 24088	AH 24188	AH 3988	AHX 3088	AHX 3188	—	—	AHX 3288	—	—
460	440	AH 24092	AH 24192	AH 3992	AHX 3092	AHX 3192	—	—	AHX 3292	—	—
480	460	AH 24096	AH 24196	AH 3996	AHX 3096	AHX 3196	—	—	AHX 3296	—	—
500	480	AH 240/500	AH 241/500	AH 39/500	AHX 30/500	AHX 31/500	—	—	AHX 32/500	—	—
530	500	AH 240/530	AH 241/530	AH 39/530	AH 30/530	AH 31/530	—	—	AH 32/530	—	—
560	530	AH 240/560	AH 241/560	AH 39/560	AH 30/560	AH 31/560	—	—	AH 32/560	—	—

表 B.2（续）

轴承内径/mm	退卸衬套内径/mm	用于各轴承系列的退卸衬套型号									
		40	41	39	30	31	02	22	32	03	23
600	570	AH 240/600	AH 241/600	AH 39/600	AH 30/600	AH 31/600	—	—	AH 32/600	—	—
630	600	AH 240/630	AH 241/630	AH 39/630	AH 30/630	AH 31/630	—	—	AH 32/630	—	—
670	630	AH 240/670	AH 241/670	AH 39/670	AH 30/670	AH 31/670	—	—	AH 32/670	—	—
710	670	AH 240/710	AH 241/710	AH 39/710	AH 30/710	AH 31/710	—	—	AH 32/710	—	—
750	710	AH 240/750	AH 241/750	AH 39/750	AH 30/750	AH 31/750	—	—	AH 32/750	—	—
800	750	AH 240/800	AH 241/800	AH 39/800	AH 30/800	AH 31/800	—	—	AH 32/800	—	—
850	800	AH 240/850	AH 241/850	AH 39/850	AH 30/850	AH 31/850	—	—	AH 32/850	—	—
900	850	AH 240/900	AH 241/900	AH 39/900	AH 30/900	AH 31/900	—	—	AH 32/900	—	—
950	900	AH 240/950	AH 241/950	AH 39/950	AH 30/950	AH 31/950	—	—	AH 32/950	—	—
1 000	950	AH 240/1000	AH 241/1000	AH 39/1000	AH 30/1000	AH 31/1000	—	—	AH 32/1000	—	—
1 060	1 000	AH 240/1060	AH 241/1060	AH 39/1060	AH 30/1060	AH 31/1060	—	—	—	—	—

ICS 21.100.20
J 11

GB

中华人民共和国国家标准

GB/T 9160.2—2006

滚动轴承 附件
第2部分:锁紧螺母和锁紧装置

Rolling bearings—Accessories—
Part 2:Locknuts and locking devices

(ISO 2982-2:2001,Rolling bearings—Accessories—
Part 2:Locknuts and locking devices—Dimensions,NEQ)

2006-03-27 发布 2006-11-01 实施

中华人民共和国国家质量监督检验检疫总局
中国国家标准化管理委员会 发布

前　言

GB/T 9160《滚动轴承　附件》分为两个部分：

——第1部分：锥形衬套；

——第2部分：锁紧螺母和锁紧装置。

本部分为GB/T 9160的第2部分。为方便使用，本部分沿用了原国家标准的顺序号。

本部分对应于ISO 2982-2：2001《滚动轴承　附件　第2部分：锁紧螺母和锁紧装置》，与ISO 2982-2：2001的一致性程度为非等效。

本部分根据ISO 2982-2：2001重新起草。

本部分与ISO 2982-2：2001的主要差异如下：

——按照汉语习惯对一些编排格式进行了修改；

——将一些适用于国际标准的表述改为适用于我国标准的表述；

——增加了第5章"代号方法"、第6章"标记示例"、第7章7.1锁紧螺母尺寸表中锁紧螺母型号、适用的锁紧垫圈（锁紧卡）型号、7.2锁紧垫圈尺寸表中锁紧垫圈型号、7.3锁紧卡尺寸表中锁紧卡型号；

——增加了第8章"要求"、第9章"测量方法"、第10章"标志"、第11章"检验规则"、第12章"包装"。

本部分由中国机械工业联合会提出。

本部分由全国滚动轴承标准化技术委员会（SAC/TC 98）归口。

本部分起草单位：洛阳轴承研究所、豫西轴承厂紧定套分厂。

本部分主要起草人：马素青、荆秀成、王春峰。

滚动轴承　附件
第2部分：锁紧螺母和锁紧装置

1　范围

GB/T 9160的本部分规定了主要用于按GB/T 9160.1生产的锥形衬套和螺纹轴用锁紧螺母和锁紧装置的代号方法、外形尺寸、要求、检验规则以及测量方法等。

本部分适用于锥形衬套和螺纹轴用锁紧螺母和锁紧装置。

2　规范性引用文件

下列文件中的条款通过GB/T 9160的本部分的引用而成为本部分的条款。凡是注日期的引用文件，其随后所有的修改单(不包括勘误的内容)或修订版均不适用于本部分，然而，鼓励根据本部分达成协议的各方研究是否可使用这些文件的最新版本。凡是不注日期的引用文件，其最新版本适用于本部分。

GB/T 192—2003　普通螺纹　基本牙型(ISO 68-1:1998,ISO general purpose screw threads—Basic profile—Part 1:Metric screw threads,MOD)

GB/T 196—2003　普通螺纹　基本尺寸(ISO 724:1993,ISO general purpose metric screw threads—Basic dimensions,MOD)

GB/T 272—1993　滚动轴承　代号方法

GB/T 699—1999　优质碳素结构钢

GB/T 1804—2000　一般公差　未注公差的线性和角度尺寸的公差(eqv ISO 2768-1:1989)

GB/T 2516—2003　普通螺纹　极限偏差(ISO 965-3:1998,MOD)

GB/T 5796.1—2005　梯形螺纹　第1部分：牙型(ISO 2901:1993,ISO metric trapezoidal screw threads—Basic profile and maximum material profiles,MOD)

GB/T 5796.3—2005　梯形螺纹　第3部分：基本尺寸(ISO 2904:1977,ISO metric trapezoidal screw threads—Basic dimensions,MOD)

GB/T 5796.4—2005　梯形螺纹　第4部分：公差(ISO 2903:1993,ISO metric trapezoidal screw threads—Tolerances,MOD)

GB/T 6930—2002　滚动轴承　词汇(ISO 5593:1997,IDT)

GB/T 8597—2003　滚动轴承　防锈包装

GB/T 9160.1　滚动轴承　附件　锥形衬套

JB/T 3574—1997　滚动轴承　产品标志

JB/T 8921—1999　滚动轴承及其商品零件检验规则

3　术语和定义

GB/T 6930—2002确立的术语和定义适用于本部分。

4　符号

下列符号适用于本部分。

除另有规定外，图中所示符号（公差符号除外）以及表中所列数值，均为公称尺寸。

4.1 锁紧螺母（见图1和图2）

b——锁紧螺母槽宽；

Δb_s——锁紧螺母槽宽偏差；

B——锁紧螺母宽度；

ΔB_s——锁紧螺母宽度偏差；

d_1——锁紧螺母接触面外径；

Δd_{1s}——锁紧螺母接触面外径偏差；

d_2——锁紧螺母外径；

Δd_{2s}——锁紧螺母外径偏差；

G、G_1——螺纹；

h——锁紧螺母槽深；

Δh_s——锁紧螺母槽深偏差；

S_d——锁紧螺母接触面（30°倒角端面）对螺纹节圆直径的跳动。

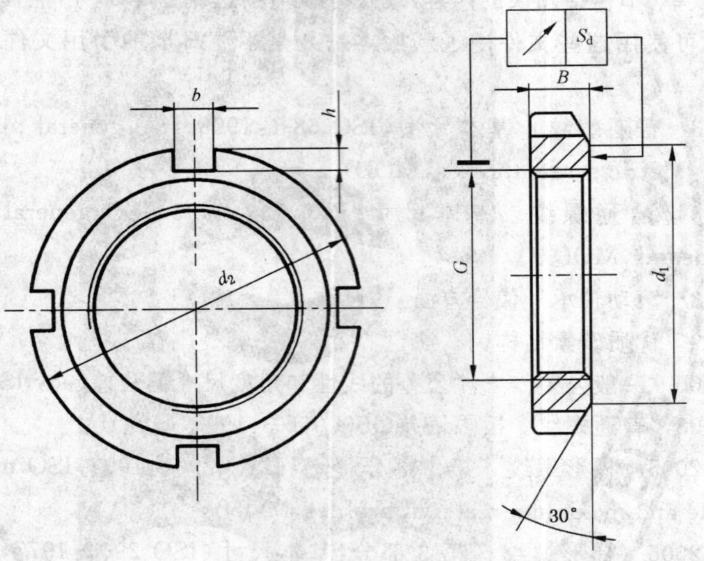

图1 采用锁紧垫圈的锁紧螺母（4槽）

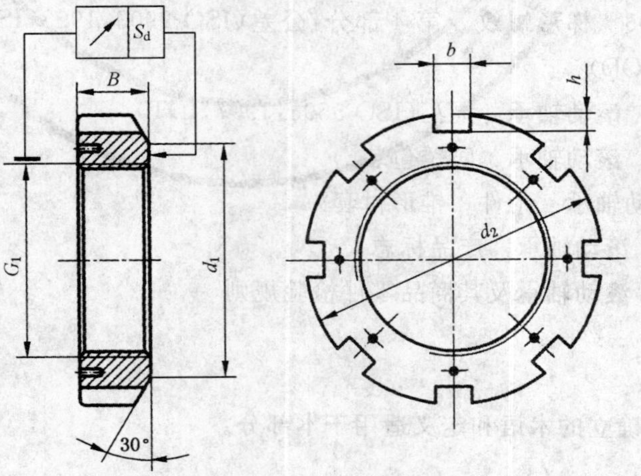

图2 采用锁紧卡的锁紧螺母（8槽）

4.2 **锁紧垫圈**(见图3)

B_2——锁紧垫圈内爪凸出量；

ΔB_{2s}——锁紧垫圈内爪凸出量偏差；

B_7——锁紧垫圈厚度；

ΔB_{7s}——锁紧垫圈厚度偏差；

d_3——锁紧垫圈内径；

Δd_{3s}——锁紧垫圈内径偏差；

d_4——锁紧垫圈外爪根直径；

Δd_{4s}——锁紧垫圈外爪根直径偏差；

d_5——锁紧垫圈外径；

f——锁紧垫圈外爪宽度；

Δf_s——锁紧垫圈外爪宽度偏差；

f_1——锁紧垫圈内爪宽度；

Δf_{1s}——锁紧垫圈内爪宽度偏差；

M——直(弯)内爪与内孔表面间的距离；

ΔM_s——锁紧垫圈 M 的偏差；

N——锁紧垫圈外爪数。

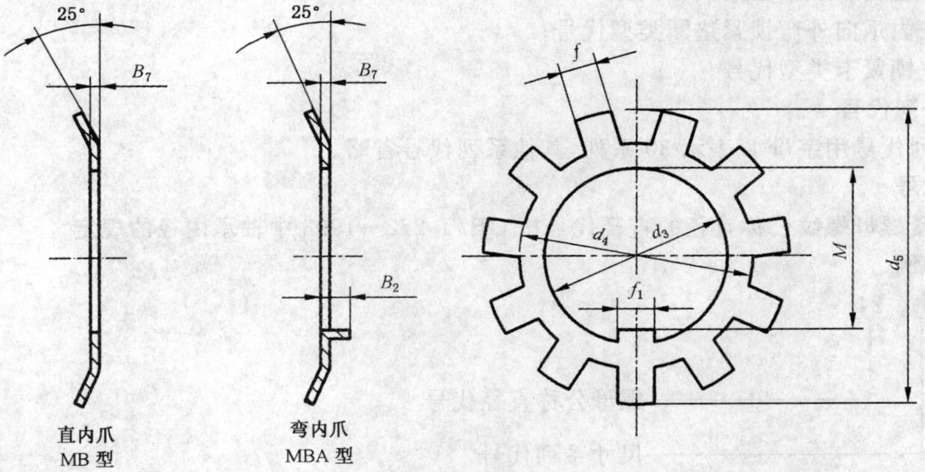

图 3 锁紧垫圈

4.3 **锁紧卡**(见图4)

b_1——锁紧卡宽度；

Δb_{1s}——锁紧卡宽度偏差；

d_6——锁紧卡螺孔直径；

e——锁紧卡内壁宽度；

Δe_s——锁紧卡内壁宽度偏差；

G_2——螺纹；

h_1——锁紧卡高度；

l——螺纹长度；

s——锁紧卡壁厚。

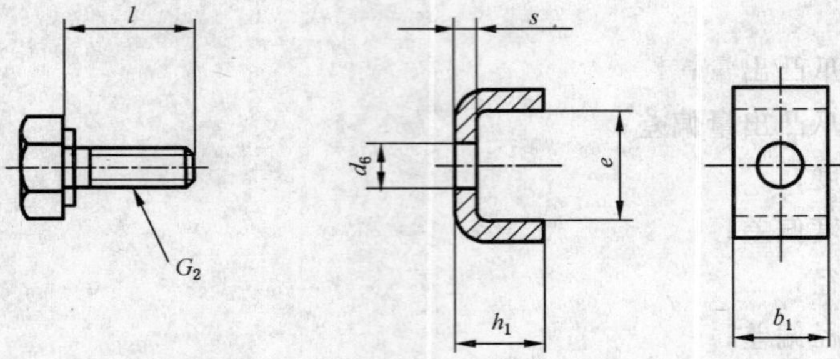

注：供货时，螺栓可配装也可以不配装。

图 4　锁紧卡

5　代号方法

锁紧螺母、锁紧垫圈和锁紧卡的代号均由类型代号、尺寸系列代号和表示螺母公称直径的直径代号组成，并按此顺序排列。

5.1　类型代号

类型代号用下列字母表示：

KM——4 槽锁紧螺母类型代号；

HM——8 槽锁紧螺母类型代号；

MB——直内爪锁紧垫圈类型代号；

MBA——内爪向外弯锁紧垫圈类型代号；

MS——锁紧卡类型代号。

5.2　尺寸系列代号

尺寸系列代号用字母 L 表示 30 系列，其他系列代号省略。

5.3　直径代号

表示锁紧螺母螺纹公称直径的直径代号按 GB/T 272—1993 中轴承内径的规定。

5.4　代号示例

KM　L　24

- 24——螺母公称直径代号
- L——尺寸系列代号
- KM——锁紧螺母类型代号

MBA　L　24

- 24——对应的螺母公称直径代号
- L——尺寸系列代号
- MBA——锁紧垫圈类型代号

MS　L　48

- 48——对应的螺母公称直径代号
- L——尺寸系列代号
- MS——锁紧卡类型代号

6 标记示例

螺纹公称直径为 40 mm 的锁紧螺母为:KM 08 GB/T 9160.2—2006

对应的螺母公称直径为 40 mm 的直内爪锁紧垫圈为:MB 08 GB/T 9160.2—2006

对应的螺母公称直径为 240 mm、30 系列的锁紧卡为:MSL 48 GB/T 9160.2—2006

7 尺寸

7.1 锁紧螺母的尺寸按表 1～表 4 的规定。

表 1 KM 系列锁紧螺母

单位为毫米

锁紧螺母型号	螺纹 G	尺寸					适用的锁紧垫圈型号
		d_1	d_2	B	b	h	
KM 00	M10×0.75	13.5	18	4	3	2	MB 00
KM 01	M12×1	17	22	4	3	2	MB 01
KM 02	M15×1	21	25	5	4	2	MB 02
KM 03	M17×1	24	28	5	4	2	MB 03
KM 04	M20×1	26	32	6	4	2	MB 04
KM 05	M25×1.5	32	38	7	5	2	MB 05
KM 06	M30×1.5	38	45	7	5	2	MB 06
KM 07	M35×1.5	44	52	8	5	2	MB 07
KM 08	M40×1.5	50	58	9	6	2.5	MB 08
KM 09	M45×1.5	56	65	10	6	2.5	MB 09
KM 10	M50×1.5	61	70	11	6	2.5	MB 10
KM 11	M55×2	67	75	11	7	3	MB 11
KM 12	M60×2	73	80	11	7	3	MB 12
KM 13	M65×2	79	85	12	7	3	MB 13
KM 14	M70×2	85	92	12	8	3.5	MB 14
KM 15	M75×2	90	98	13	8	3.5	MB 15
KM 16	M80×2	95	105	15	8	3.5	MB 16
KM 17	M85×2	102	110	16	8	3.5	MB 17
KM 18	M90×2	108	120	16	10	4	MB 18
KM 19	M95×2	113	125	17	10	4	MB 19
KM 20	M100×2	120	130	18	10	4	MB 20
KM 21	M105×2	126	140	18	12	5	MB 21

表 1（续）

单位为毫米

锁紧螺母型号	螺纹 G	尺寸					适用的锁紧垫圈型号
		d_1	d_2	B	b	h	
KM 22	M110×2	133	145	19	12	5	MB 22
KM 23	M115×2	137	150	19	12	5	MB 23
KM 24	M120×2	138	155	20	12	5	MB 24
KM 25	M125×2	148	160	21	12	5	MB 25
KM 26	M130×2	149	165	21	12	5	MB 26
KM 27	M135×2	160	175	22	14	6	MB 27
KM 28	M140×2	160	180	22	14	6	MB 28
KM 29	M145×2	171	190	24	14	6	MB 29
KM 30	M150×2	171	195	24	14	6	MB 30
KM 31	M155×3	182	200	25	16	7	MB 31
KM 32	M160×3	182	210	25	16	7	MB 32
KM 33	M165×3	193	210	26	16	7	MB 33
KM 34	M170×3	193	220	26	16	7	MB 34
KM 36	M180×3	203	230	27	18	8	MB 36
KM 38	M190×3	214	240	28	18	8	MB 38
KM 40	M200×3	226	250	29	18	8	MB 40
KM 42	Tr210×4	238	270	30	20	10	MB 42
KM 44	Tr220×4	250	280	32	20	10	MB 44
KM 46	Tr230×4	260	290	34	20	10	—
KM 48	Tr240×4	270	300	34	20	10	MB 48
KM 50	Tr250×4	290	320	36	20	10	—
KM 52	Tr260×4	300	330	36	24	12	MB 52
KM 56	Tr280×4	320	350	38	24	12	MB 56

表 2　KML 系列锁紧螺母

单位为毫米

锁紧螺母型号	螺纹 G	尺寸					适用的锁紧垫圈型号
		d_1	d_2	B	b	h	
KML 24	M120×2	135	145	20	12	5	MBL 24
KML 26	M130×2	145	155	21	12	5	MBL 26
KML 28	M140×2	155	165	22	14	5	MBL 28
KML 30	M150×2	170	180	24	14	5	MBL 30
KML 32	M160×3	180	190	25	16	5	MBL 32
KML 34	M170×3	190	200	26	16	5	MBL 34
KML 36	M180×3	200	210	27	18	5	MBL 36
KML 38	M190×3	210	220	28	18	5	MBL 38
KML 40	M200×3	222	240	29	18	8	MBL 40

表 3 **HM 系列锁紧螺母**

单位为毫米

锁紧螺母型号	螺纹 G_1	尺寸 d_1	d_2	B	b	h	适用的锁紧卡型号
HM 44	Tr220×4	250	280	32	20	10	MS 44
HM 48	Tr240×4	270	300	34	20	10	MS 44
HM 52	Tr260×4	300	330	36	24	12	MS 52
HM 56	Tr280×4	320	350	38	24	12	MS 52
HM 60	Tr300×4	340	380	40	24	12	MS 60
HM 64	Tr320×5	360	400	42	24	12	MS 64
HM 68	Tr340×5	400	440	55	28	15	MS 68
HM 72	Tr360×5	420	460	58	28	15	MS 68
HM 76	Tr380×5	440	490	60	32	18	MS 76
HM 80	Tr400×5	460	520	62	32	18	MS 80
HM 84	Tr420×5	490	540	70	32	18	MS 80
HM 88	Tr440×5	510	560	70	36	20	MS 88
HM 92	Tr460×5	540	580	75	36	20	MS 88
HM 96	Tr480×5	560	620	75	36	20	MS 96
HM/500	Tr500×5	580	630	80	40	23	MS/500
HM/530	Tr530×6	610	670	80	40	23	MS/530
HM/560	Tr560×6	650	710	85	45	25	MS/560
HM/600	Tr600×6	690	750	85	45	25	MS/560
HM/630	Tr630×6	730	800	95	50	28	MS/630
HM/670	Tr670×6	775	850	106	50	28	MS/670
HM/710	Tr710×7	825	900	106	55	30	MS/710
HM/750	Tr750×7	875	950	112	60	34	MS/750
HM/800	Tr800×7	925	1 000	112	60	34	MS/750
HM/850	Tr850×7	975	1 060	118	70	38	MS/850
HM/900	Tr900×7	1 030	1 120	125	70	38	MS/900
HM/950	Tr950×8	1 080	1 170	125	70	38	MS/950
HM/1000	Tr1000×8	1 140	1 240	125	70	38	MS/1000
HM/1060	Tr1060×8	1 210	1 300	125	70	38	MS/1000

表 4 HML 系列锁紧螺母

单位为毫米

锁紧螺母型号	螺纹 G_1	尺寸					适用的锁紧卡型号
		d_1	d_2	B	b	h	
HML 44	Tr220×4	242	260	30	20	9	MSL 44
HML 48	Tr240×4	270	290	34	20	10	MSL 48
HML 52	Tr260×4	290	310	34	20	10	MSL 48
HML 56	Tr280×4	310	330	38	24	10	MSL 56
HML 60	Tr300×4	336	360	42	24	12	MSL 60
HML 64	Tr320×5	356	380	42	24	12	MSL 64
HML 68	Tr340×5	376	400	45	24	12	MSL 64
HML 72	Tr360×5	394	420	45	28	13	MSL 72
HML 76	Tr380×5	422	450	48	28	14	MSL 76
HML 80	Tr400×5	442	470	52	28	14	MSL 76
HML 84	Tr420×5	462	490	52	32	14	MSL 84
HML 88	Tr440×5	490	520	60	32	15	MSL 88
HML 92	Tr460×5	510	540	60	32	15	MSL 88
HML 96	Tr480×5	530	560	60	36	15	MSL 96
HML/500	Tr500×5	550	580	68	36	15	MSL 96
HML/530	Tr530×6	590	630	68	40	20	MSL/530
HML/560	Tr560×6	610	650	75	40	20	MSL/560
HML/600	Tr600×6	660	700	75	40	20	MSL/560
HML/630	Tr630×6	690	730	75	45	20	MSL/630
HML/670	Tr670×6	740	780	80	45	20	MSL/670
HML/710	Tr710×7	780	830	90	50	25	MSL/710
HML/750	Tr750×7	820	870	90	55	25	MSL/750
HML/800	Tr800×7	870	920	90	55	25	MSL/750
HML/850	Tr850×7	920	980	90	60	25	MSL/850
HML/900	Tr900×7	975	1 030	100	60	25	MSL/850
HML/950	Tr950×8	1 025	1 080	100	60	25	MSL/950
HML/1000	Tr1000×8	1 085	1 140	100	60	25	MSL/1000
HML/1060	Tr1060×8	1 145	1 200	100	60	25	MSL/1000
HML/1120	Tr1120×8	1 205	1 260	100	60	25	MSL/1000

7.2 锁紧垫圈尺寸见表5和表6。

表 5 MB、MBA 型锁紧垫圈

单位为毫米

锁紧垫圈型号		尺寸								
MB 型	MBA 型	d_3	d_4	d_5 ≈	f_1 max	M	f[a]	B_7[b] ≈	B_2	N[c]
MB 00	MBA 00	10	13.5	21	3	8.5	3	1	3	9
MB 01	MBA 01	12	17	25	3	10.5	3	1	3	11
MB 02	MBA 02	15	21	28	4	13.5	4	1	4	11
MB 03	MBA 03	17	24	32	4	15.5	4	1	4	11
MB 04	MBA 04	20	26	36	4	18.5	4	1	4	11
—	MBA/22	22	28	38	4	20.5	4	1	4	11
MB 05	MBA 05	25	32	42	5	23	5	1.25	4	13
—	MBA/28	28	36	46	5	26	5	1.25	4	13
MB 06	MBA 06	30	38	49	5	27.5	5	1.25	4	13
—	MBA/32	32	40	52	6	29.5	5	1.25	4	13
MB 07	MBA 07	35	44	57	6	32.5	5	1.25	4	13
MB 08	MBA 08	40	50	62	6	37.5	6	1.25	5	13
MB 09	MBA 09	45	56	69	6	42.5	6	1.25	5	13
MB 10	MBA 10	50	61	74	6	47.5	6	1.25	5	13
MB 11	MBA 11	55	67	81	8	52.5	7	1.5	5	17
MB 12	MBA 12	60	73	86	8	57.5	7	1.5	6	17
MB 13	MBA 13	65	79	92	8	62.5	7	1.5	6	17
MB 14	MBA 14	70	85	98	8	66.5	8	1.5	6	17
MB 15	MBA 15	75	90	104	8	71.5	8	1.5	6	17
MB 16	MBA 16	80	95	112	10	76.5	8	1.8	6	17
MB 17	MBA 17	85	102	119	10	81.5	8	1.8	6	17
MB 18	MBA 18	90	108	126	10	86.5	10	1.8	8	17
MB 19	MBA 19	95	113	133	10	91.5	10	1.8	8	17
MB 20	MBA 20	100	120	142	12	96.5	10	1.8	8	17
MB 21	MBA 21	105	126	145	12	100.5	12	1.8	10	17
MB 22	MBA 22	110	133	154	12	105.5	12	1.8	10	17
MB 23	MBA 23	115	137	159	12	110.5	12	2	10	17
MB 24	MBA 24	120	138	164	14	115	12	2	10	17
MB 25	MBA 25	125	148	170	14	120	12	2	10	17
MB 26	MBA 26	130	149	175	14	125	12	2	10	17
MB 27	MBA 27	135	160	185	14	130	14	2	10	17
MB 28	MBA 28	140	160	192	16	135	14	2	10	17
MB 29	MBA 29	145	171	202	16	140	14	2	10	17
MB 30	MBA 30	150	171	205	16	145	14	2	10	17
MB 31	MBA 31	155	182	212	16	147.5	16	2.5	12	19
MB 32	MBA 32	160	182	217	18	154	16	2.5	12	19
MB 33	MBA 33	165	193	222	18	157.5	16	2.5	12	19
MB 34	MBA 34	170	193	232	18	164	16	2.5	12	19
MB 36	MBA 36	180	203	242	20	174	18	2.5	12	19
MB 38	MBA 38	190	214	252	20	184	18	2.5	12	19
MB 40	MBA 40	200	226	262	20	194	18	2.5	12	19
MB 44	MBA 44	220	250	292	24	213	20	3	14	19
MB 48	MBA 48	240	270	312	24	233	20	3	14	19
MB 52	MBA 52	260	300	342	28	253	24	3	14	19
MB 56	MBA 56	280	320	362	28	273	24	3	14	19

a f 应小于 b(见图 1 和表 1)。

b 厚度仅为近似值,允许有微小的偏差。

c N 为最小外爪数。由于锁紧螺母有 4 个槽,所以 N 应为奇数。

表 6 MBL 系列锁紧垫圈

单位为毫米

锁紧垫圈型号	尺寸								N^{c}
	d_3	d_4	d_5 ≈	f_1 max	f^{a}	M	B_7^{b} ≈	B_2	
MBL 24	120	135	151	14	12	115	2	6	19
MBL 26	130	145	161	14	12	125	2	6	19
MBL 28	140	155	171	16	14	135	2	8	19
MBL 30	150	170	188	16	14	145	2	8	19
MBL 32	160	180	199	18	16	154	2.5	8	19
MBL 34	170	190	211	18	16	164	2.5	8	19
MBL 36	180	200	221	20	18	174	2.5	8	19
MBL 38	190	210	231	20	18	184	2.5	8	19
MBL 40	200	222	248	20	18	194	2.5	8	19

a f 应小于 b(见图 1 和表 1)。

b 厚度仅为近似值,允许有微小的偏差。

c N 为最小外爪数。由于锁紧螺母有 4 个槽,所以 N 应为奇数。

7.3 锁紧卡的尺寸见表 7 和表 8。

表 7 MS 系列锁紧卡

单位为毫米

锁紧卡型号	尺寸					螺栓尺寸	
	s^{a} ≈	b_1^{b}	h_1	e	d_6	l^{c} ≈	G_2
MS 44	4	20	12	22.5	9	16	M8
MS 52	4	24	12	25.5	12	20	M10
MS 60	4	24	12	30.5	12	20	M10
MS 64	5	24	15	31	12	20	M10
MS 68	5	28	15	38	14	25	M12
MS 76	5	32	15	40	14	25	M12
MS 80	5	32	15	45	18	30	M16
MS 88	5	36	15	43	18	30	M16
MS 96	5	36	15	53	18	30	M16
MS/500	5	40	15	45	18	30	M16
MS/530	7	40	21	51	22	40	M20
MS/560	7	45	21	54	22	40	M20
MS/630	7	50	21	61	22	40	M20
MS/670	7	50	21	66	22	40	M20
MS/710	7	55	21	69	26	50	M24
MS/750	7	60	21	70	26	50	M24
MS/850	7	70	21	71	26	50	M24
MS/900	7	70	21	76	26	50	M24
MS/950	7	70	21	78	26	50	M24
MS/1060	7	70	21	88	26	50	M24

a 厚度仅为近似值,允许有微小的偏差。

b b_1 应小于 b(见图 2 和表 3)。

c 所示长度对应于表中所列螺纹尺寸的优先长度,但允许有一定的偏差。

表 8 MSL 系列锁紧卡

单位为毫米

锁紧卡型号	尺寸					螺栓尺寸	
	s^a ≈	b_1^b	h_1	e	d_6	l^c ≈	G_2
MSL 44	4	20	12	13.5	7	12	M6
MSL 48	4	20	12	17.5	9	16	M8
MSL 56	4	24	12	17.5	9	16	M8
MSL 60	4	24	12	20.5	9	16	M8
MSL 64	5	24	15	21	9	16	M8
MSL 72	5	28	15	20	9	16	M8
MSL 76	5	28	15	24	12	20	M10
MSL 84	5	32	15	24	12	20	M10
MSL 88	5	32	15	28	14	25	M12
MSL 96	5	36	15	28	14	25	M12
MSL/530	7	40	21	34	18	30	M16
MSL/560	7	40	21	29	18	30	M16
MSL/630	7	45	21	34	18	30	M16
MSL/670	7	45	21	39	18	30	M16
MSL/710	7	50	21	39	18	30	M16
MSL/750	7	55	21	39	18	30	M16
MSL/850	7	60	21	44	22	40	M20
MSL/950	7	60	21	46	22	40	M20
MSL/1000	7	60	21	51	22	40	M20

a 厚度仅为近似值，允许有微小的偏差。

b b_1 应小于 b（见图 2 和表 4）。

c 所示长度对应于表中所列螺纹尺寸的优先长度，但允许有一定的偏差。

8 要求

8.1 材料

8.1.1 锁紧螺母材料的抗拉强度不应低于 350MPa，可采用符合 GB/T 699—1999 规定的优质碳素结构钢制造，也可采用能满足性能要求的其他材料制造。

8.1.2 锁紧垫圈和锁紧卡材料的抗拉强度不应低于 300MPa，可采用符合 GB/T 699—1999 规定的优质碳素结构钢制造，也可采用能满足性能要求的其他材料制造。

8.2 公差

8.2.1 锁紧螺母公差按表 9 的规定。

表 9　锁紧螺母公差

单位为微米

d/mm		Δd_{1s}		Δd_{2s}		ΔB_s		Δb_s		Δh_s		S_d	螺纹公差
超过	到	上偏差	下偏差	上偏差	下偏差	上偏差	下偏差	上偏差	下偏差	上偏差	下偏差	max	
6	10	0	−220	0	−220	0	−220	+360	0	+580	0	40	普通螺纹按GB/T 2516—2003 规定的公差带5H。
10	18	0	−270	0	−270	0	−270	+430	0	+700	0	40	
18	30	0	−330	0	−330	0	−330	+520	0	+840	0	40	
30	50	0	−390	0	−390	0	−390	+620	0	+1 000	0	40	
50	80	0	−460	0	−460	0	−460	+740	0	+1 200	0	50	
80	120	0	−540	0	−540	0	−540	+870	0	+1 400	0	50	梯形螺纹按GB/T 5796.4—2005 规定的公差带7H
120	180	0	−630	0	−630	0	−630	+1 000	0	+1 600	0	60	
180	250	0	−720	0	−720	0	−720	+1 150	0	+1 850	0	60	
250	315	0	−810	0	−810	0	−810	+1 300	0	+2 100	0	120	
315	400	0	−890	0	−890	0	−890	+1 400	0	+2 300	0	120	
400	500	0	−970	0	−970	0	−970	+1 550	0	+2 500	0	150	
500	630	0	−1 100	0	−1 100	0	−1 100	+1 750	0	+2 800	0	150	
630	800	0	−1 250	0	−1 250	0	−1 250	+2 000	0	+3 200	0	200	
800	1 000	0	−1 400	0	−1 400	0	−1 400	+2 300	0	+3 600	0	200	
1 000	1 250	0	−1 650	0	−1 650	0	−1 650	+2 600	0	+4 000	0	200	

8.2.2　锁紧垫圈的公差按表 10 的规定。

表 10　锁紧垫圈公差

单位为微米

d_3/mm		Δd_{3s}		ΔM_s		Δd_{4s}		ΔB_{7s}		ΔB_{2s}		Δf_s		Δf_{1s}	
超过	到	上偏差	下偏差	上偏差	下偏差	上偏差	下偏差	上偏差	下偏差	上偏差	下偏差	上偏差	下偏差	上偏差	下偏差
6	10	+170	+80	+170	+80	+430	0	+150	−150	+800	0	0	−250	0	−140
10	18	+205	+95	+205	+95	+430	0	+150	−150	+800	0	0	−300	0	−180
18	30	+240	+110	+240	+110	+520	0	+150	−150	+800	0	0	−300	0	−180
30	40	+280	+120	+280	+120	+620	0	+150	−150	+800	0	0	−300	0	−180
40	50	+290	+130	+290	+130	+620	0	+150	−150	+800	0	0	−300	0	−180
50	65	+330	+140	+330	+140	+740	0	+150	−150	+800	0	0	−360	0	−220
65	80	+340	+150	+340	+150	+740	0	+150	−150	+800	0	0	−360	0	−220
80	100	+390	+170	+390	+170	+870	0	+150	−150	+1 500	0	0	−360	0	−220
100	120	+400	+180	+400	+180	+870	0	+150	−150	+1 500	0	0	−360	0	−270
120	140	+450	+200	+450	+200	+1 000	0	+250	−250	+1 500	0	0	−360	0	−270
140	160	+460	+210	+460	+210	+1 000	0	+250	−250	+1 500	0	0	−430	0	−270
160	180	+480	+230	+480	+230	+1 000	0	+250	−250	+1 500	0	0	−430	0	−270
180	200	+530	+240	+530	+240	+1 150	0	+250	−250	+1 500	0	0	−430	0	−270
200	225	+550	+260	+550	+260	+1 150	0	+300	−300	+1 500	0	0	−430	0	−330
225	250	+570	+280	+570	+280	+1 150	0	+300	−300	+1 500	0	0	−430	0	−330
250	280	+620	+300	+620	+300	+1 300	0	+300	−300	+1 500	0	0	−430	0	−330

8.2.3 锁紧卡的公差按表11的规定。

表 11 锁紧卡公差

单位为微米

Δb_{1s}		Δe_s	
上偏差	下偏差	上偏差	下偏差
−500	−1 500	+500	−500

8.2.4 锁紧装置的其他尺寸公差应符合 GB/T 1804—2000 中 JS15 的规定。

8.3 表面粗糙度

锁紧螺母、锁紧垫圈和锁紧卡的表面粗糙度按表12的规定。

表 12 表面粗糙度

单位为微米

d、d_1、d_3/mm		锁紧螺母		锁紧垫圈、锁紧卡
		Ra max		
超过	到	基准端面	其他表面	所有表面
—	120	2.5	5.0	5.0
120	500	2.5	5.0	5.0
500	1 600	5.0	6.3	6.3

8.4 表面质量

8.4.1 锁紧装置的螺纹应完整、光洁，不应有妨碍螺纹量规自由旋入的碰伤和毛刺，不应有影响使用的划痕。

8.4.2 锁紧垫圈和锁紧卡不应有裂纹、锈蚀、缺齿和毛刺；锁紧卡用螺栓不应有裂缝、裂纹、凹痕、皱纹和切痕。

8.5 其他

8.5.1 对于螺距大于2 mm的螺纹，在螺纹开始处，应切去螺纹高度的1/3。

8.5.2 螺纹牙型和尺寸应符合 GB/T 192—2003、GB/T 196—2003 或 GB/T 5796.1—2005、GB/T 5796.3—2005的规定。

9 测量方法

9.1 公差

9.1.1 **S_d 的测量**(见图5)

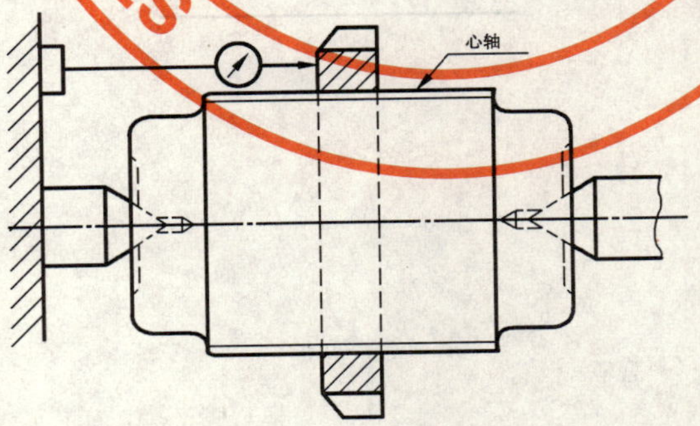

图 5

将被测锁紧螺母紧配合装在螺纹心轴上，将螺纹心轴支承在两精密顶尖间，测头置于螺母基准端面并尽可能距螺母轴线距离大些，一般在半径等于(螺纹外径$+d_1$)/4处测量，旋转心轴一周以上测出的指示仪读数的最大与最小值之差，即为 S_d。

9.1.2 其他尺寸公差的测量

其他尺寸公差的测量采用符合规定的游标卡尺或千分尺进行。

9.2 外观质量

锁紧螺母和锁紧装置的外观质量用目视方法检查。

9.3 表面粗糙度

锁紧螺母和锁紧装置主要表面的表面粗糙度与标准件比较,用目视方法检查。

9.4 螺纹

螺纹用螺纹极限量规检查。

10 标志

10.1 与轴承一起成套供应给用户的锁紧螺母、锁紧垫圈、锁紧卡可不标志。

10.2 单独供应给用户的锁紧螺母、锁紧垫圈和锁紧卡应采用下列标志。

10.2.1 在锁紧螺母的非基准端面上标志锁紧螺母型号。

10.2.2 在锁紧垫圈的非基准端面上标志锁紧垫圈型号。

10.2.3 在锁紧卡的非基准面上标志锁紧卡型号。

10.3 标志方法按 JB/T 3574—1997 的规定。

11 检验规则

锁紧螺母、锁紧垫圈和锁紧卡的检验规则按 JB/T 8921—1999 的规定,使用一般检查水平Ⅱ级,主要检查项目 AQL 值 2.5,次要检查项目 AQL 值 6.5。检查项目见表 13。

表 13 检查项目

序号	主要检查项目	序号	次要检查项目
1	锁紧螺母的 S_d、ΔB_s、Δb_s	1	表面粗糙度
2	锁紧垫圈的 ΔB_{7s}、ΔM_s	2	外观质量
3	锁紧卡的 Δb_{1s}、Δe_s	3	标志和包装
4	螺纹公差		

12 包装

包装应符合 GB/T 8597—2003 的规定。

ICS 59.060.10
W 40

中华人民共和国国家标准

GB/T 9176—2006
代替 GB 9176—1988

桑 蚕 干 茧

Mulberry silkworm dried cocoons

2006-09-18 发布

2006-12-01 实施

中华人民共和国国家质量监督检验检疫总局
中国国家标准化管理委员会
发布

前　言

本标准代替 GB 9176—1988《桑蚕茧(干茧)分级》。

本标准与 GB 9176—1988 相比主要变化如下：

a)　将原有的分级方法改为质量标志方法；

b)　改变了试验方法，试验设备由立缫试验设备改为自动缫试验设备；

c)　增加了万米吊糙等质量指标。

本标准由中国纤维检验局提出。

本标准由中国纤维检验局归口。

本标准主要起草单位：中国纤维检验局、山东省茧丝检验所、中国茧丝绸交易市场、浙江省第三茧质检定所。

本标准主要起草人：杨华、毕海忠、刘佳林、邢秋明、李明忠、张玲、刘铁砚、陈浩。

本标准 1988 年首次发布，本次为第一次修订。

引　言

GB 9176—1988 自实施以来，为准确反映桑蚕干茧质量、维护生产者和消费者的合法利益、稳定蚕茧市场秩序和促进我国蚕茧事业的发展发挥了重要作用。随着我国缫丝生产技术的进步，原使用立缫试验设备评定桑蚕干茧质量的方法，已不适应我国自动缫丝机生产的实际需要，为此，对 GB 9176—1988 进行修订。

桑 蚕 干 茧

1 范围

本标准规定了桑蚕干茧的质量要求、质量标志、包装、标志、贮存与运输等要求。

本标准适用于生产、加工、经营、交易、贮存的桑蚕干茧。

2 规范性引用文件

下列文件中的条款通过本标准的引用而成为本标准的条款。凡是注日期的引用文件，其随后所有的修改单(不包括勘误的内容)或修订版均不适用于本标准，然而，鼓励根据本标准达成协议的各方研究是否可使用这些文件的最新版本。凡是不注日期的引用文件，其最新版本适用于本标准。

GB 1797—2001 生丝

GB/T 8170 数值修约规则

GB/T 9111 桑蚕干茧试验方法

3 术语和定义

下列术语和定义适用于本标准。

3.1

桑蚕干茧 mulberry silkworm dried cocoons

在一定的温度和湿度条件下进行干燥处理后，达到规定的适干程度的桑蚕茧。

3.2

毛茧出丝率 raw silk percentage of careless cocoon

上车茧出丝率与上车茧率乘积的百分率。

3.3

解舒丝长 length of non-broken filament

平均每粒茧添绪一次所能缫得的茧丝长度。

3.4

万米吊糙 number of rush upon in reeling process per myriameter

在缫丝过程中，每缫得 10 000 m 生丝所发生的吊糙次数。

4 质量要求

4.1 桑蚕干茧质量要求由清洁、洁净指标、毛茧出丝率指标、解舒丝长指标、万米吊糙指标组成，质量指标的试验按 GB/T 9111 执行。

4.2 清洁、洁净指标采用分级方法，根据清洁指标、洁净指标的等级条件分为 8 个等级，即 6A、5A、4A、3A、2A、A、B、C 级，具体等级条件见表 1。

表 1 桑蚕干茧质量要求

指标		清洁/分	洁净/分	解舒丝长/m			万米吊糙/次				
型号		—	—	TC	ZC (30 至 99)	TD	Ⅰ	Ⅱ	Ⅲ	Ⅳ	Ⅴ
等级	6A	98.0	95.00	≥ 1 000	≥300 且 <1 000	<300	≤3	>3 且 ≤5	>5 且 ≤7	>7 且 ≤9	>9
	5A	97.5	94.00								
	4A	96.5	92.00								
	3A	95.0	90.00								
	2A	93.0	88.00								
	A	90.0	86.00								
	B	87.0	84.00								
	C	84.0	82.00								

4.3 毛茧出丝率指标采用写实方法，根据毛茧出丝率指标的试验结果，按照 GB/T 8170 规定，将试验结果修约至整数表示。

4.4 解舒丝长指标采用分型方法，根据解舒丝长指标的分型条件分为三种型，即解舒丝长大于或等于 1 000.0 m 时表示为 TC；小于 300 m 时表示为 TD；大于 300.0 m 且小于 1 000.0 m 时表示为 ZC，ZC 具体表示方法为用解舒丝长指标的试验结果的百位数和十位数的数值写实表示，具体规定见表 1。

4.5 万米吊糙指标采用分型方法，根据万米吊糙指标的分型条件分为五种型，即Ⅰ～Ⅴ，具体规定见表 1。

5 质量标志

5.1 桑蚕干茧质量标志由清洁、洁净指标、毛茧出丝率指标、解舒丝长指标、万米吊糙指标组成。

5.2 质量标志的标示方法及代号：

XX YY ZZ WW

WW →万米吊糙指标

ZZ →解舒丝长指标

YY →毛茧出丝率指标

XX →清洁、洁净指标

5.3 示例

某一庄口桑蚕干茧经试验结果如下：清洁 97.6 分，洁净 92.30 分，毛茧出丝率为 34.29%，解舒丝长 703.2 m，万米吊糙 3.6 次。则该庄口桑蚕干茧的质量标志为：4A3470Ⅱ。

6 包装、标志、贮存与运输

6.1 包装

6.1.1 桑蚕干茧的包装为袋装，包装袋为布袋或麻袋，包装绳应使用棉绳或麻绳。

6.1.2 同一批次桑蚕干茧应使用同一材质包装袋。

6.2 标志

每批次桑蚕干茧应有明确标志，标志应包括以下内容：庄口、产地、茧年度、茧期、蚕品种、包数(号)、重量等。

6.3 **贮存**

6.3.1 桑蚕干茧应根据不同庄口、茧年度、茧期、蚕品种分别置放。

6.3.2 贮存场地应通风、防火、防潮、防霉变、防虫鼠害等，避免日光曝晒。

6.4 **运输**

6.4.1 桑蚕干茧在运输过程中，要防止水浸、雨淋、挤压和污染。

6.4.2 运输工具应符合干净、防腐、防潮等要求。

ICS 21.120.40
N 73

中华人民共和国国家标准

GB/T 9239.1—2006/ISO 1940-1:2003
代替 GB/T 9239—1988

机械振动　恒态(刚性)转子平衡品质要求　第1部分:规范与平衡允差的检验

Mechanical vibration—Balance quality requirements for rotors in a constant(rigid)state—Part 1:Specification and verification of balance tolerances

(ISO 1940-1:2003,IDT)

2006-09-08 发布　　2007-02-01 实施

中华人民共和国国家质量监督检验检疫总局
中国国家标准化管理委员会　发布

前 言

GB/T 9239《机械振动　恒态(刚性)转子平衡品质要求》分为以下两个部分:

——第1部分:规范与平衡允差的检验;

——第2部分:平衡误差。

本部分为GB/T 9239的第1部分。

本部分等同采用ISO 1940-1:2003《机械振动　恒态(刚性)转子平衡品质要求　第1部分:规范与平衡允差的检验》(英文第二版)。

本部分是根据ISO 1940-1:2003和其2005年发布的技术勘误1采用翻译法起草的,文本结构和技术内容与ISO 1940-1:2003一致。

为便于使用,本部分做了如下编辑性修改:

——删除了ISO 1940-1:2003的前言;

——用小数点符号"."代替小数点符号",";

——修改了第2章"规范性引用文件"中的引导语;

——ISO 1940-1:2003第2章中引用的国际标准已转化为国家标准的则本部分直接引用了与之相应的国家标准;

——改正了印刷错误(见A.3的脚注)。

本部分代替GB/T 9239—1988《刚性转子平衡品质　许用不平衡的确定》。

本部分主要对GB/T 9239—1988做了如下修改:

——修改了标准名称;

——增加了目次、前言、引言和引用文件;

——按ISO 1940-1:2003对标准的整体结构进行了调整;

——重新定义了部分术语;

——对平衡允差引入了参考平面,允差平面代替了正在使用的校正平面;

——删改了一些示例;

——修改了附录A;

——删改了附录B;

——增加了附录C、附录D和附录E;

——增加了参考文献。

本部分的附录A、附录B、附录C、附录D和附录E为资料性附录。

本部分由中国机械工业联合会提出。

本部分由全国机械振动与冲击标准化技术委员会归口。

本部分负责起草单位:长春试验机研究所。

本部分参加起草单位:孝感松林国际计测器有限公司、长春中联试验仪器有限公司、上海申克机械有限公司、中国船舶工业集团公司第6354研究所、郑州机械研究所。

本部分主要起草人:刘智力、张世民、邵春平、王朝荣、杨德春、黄润华。

本部分所代替标准的历次版本发布情况:

——GB/T 9239—1988。

引　言

ISO 19499(在制定中)将对所有平衡方面的标准进行全面介绍。对于恒态(刚性)转子,只有合成不平衡力和合成不平衡矩(合成偶不平衡)具有意义,二者一起常常统称为动不平衡。

现今的平衡机能够使不平衡减少到很小的限度。可是,将不平衡减少到这样的限度是不经济的。因而,有必要对平衡工件规定平衡品质要求。

同等重要的是剩余不平衡的检验。此检验应考虑到不同的平衡误差。GB/T 9239.2 中描述了处理平衡机误差的改进方法。

机械振动　恒态(刚性)转子平衡品质要求
第1部分:规范与平衡允差的检验

1　范围

GB/T 9239的本部分给出了恒态(刚性)转子的规范并规定了:

a)　平衡允差;

b)　所需校正平面的数目;

c)　检验剩余不平衡的方法。

根据恒态(刚性)转子的机械类型和最高工作转速,对其平衡品质要求提出了建议。这些建议是以国内外的经验为基础的。

GB/T 9239的本部分规定了剩余不平衡检验的验收准则,以协调旋转机械的制造者和用户之间的关系。

GB/T 9239.2详细探讨了有关平衡误差和剩余不平衡的检验。

GB/T 9239的本部分不包括挠性状态转子,对于挠性状态转子的平衡品质要求见GB/T 6557。

2　规范性引用文件

下列文件中的条款通过GB/T 9239的本部分的引用而成为本部分的条款。凡是注日期的引用文件,其随后所有的修改单(不包括勘误的内容)或修订版均不适用于本部分,然而,鼓励根据本部分达成协议的各方研究是否可使用这些文件的最新版本。凡是不注日期的引用文件,其最新版本适用于本部分。

GB/T 9239.2　机械振动　恒态(刚性)转子平衡品质要求　第2部分:平衡误差(GB/T 9239.2—2006,ISO 1940-2:1997,Mechanical vibration—Balance quality requirements of rigid rotors—Part 2: Balance errors,IDT)

ISO 1925:2001　机械振动　平衡词汇

3　术语和定义

ISO 1925:2001中确立的术语和定义适用于GB/T 9239的本部分。为了使用者方便,下面列出了其中的部分定义。

注:该标准的一些定义目前正在复审。

3.1

平衡　balancing

检查并在必要时调整转子质量分布,以保证在对应的工作转速频率下,剩余不平衡或者轴颈振动和(或)作用于轴承的力在规定限值内的工艺过程。

[ISO 1925:2001,定义4.1]

3.2

不平衡　unbalance

转子旋转产生离心力所引起的振动力或运动作用于轴承时,该转子所处的状态。

[ISO 1925:2001,定义3.1]

注:术语"不平衡"有时用作"不平衡量"或"不平衡矢量"的同义词。

3.3

初始不平衡 initial unbalance

平衡前转子上存在的不平衡。

[ISO 1925:2001,定义 3.11]

3.4

剩余不平衡 residual unbalance

最终不平衡 final unbalance

平衡后转子上剩余的不平衡。

[ISO 1925:2001,定义 3.10]

3.5

合成不平衡 resultant unbalance

沿转子分布的所有不平衡矢量的矢量和。

注 1:见定义 3.6 注释。

[ISO 1925:2001,定义 3.12]

注 2:合成不平衡能够表示为

$$\vec{U}_r = \sum_{k=1}^{K} \vec{U}_k$$

式中:

$\vec{U}_r$——合成不平衡矢量,单位为克毫米(g·mm);

$\vec{U}_k$——第 k 个不平衡矢量,k 为 1 到 K。

3.6

合成矩不平衡 resultant moment unbalance

沿转子分布的所有不平衡矢量对合成不平衡平面的矩的矢量和。

注 1:合成不平衡与合成不平衡矩一起完整地描述了恒态(刚性)转子的不平衡。

注 2:合成不平衡矢量与特定的径向平面无关,但是合成不平衡矩的量值和相角方向取决于所选择的合成不平衡的轴向位置。

注 3:合成不平衡矢量是动不平衡的等效不平衡矢量的矢量和。

注 4:合成不平衡矩通常被表示为在任意两个不同的径向平面内的一对大小相等、方向相反的不平衡矢量。

注 5:合成矩不平衡可表示为:

$$\vec{P}_r = \sum_{k=1}^{K} (\vec{z}_k - \vec{z}_{U_r}) \times \vec{U}_k$$

式中:

$\vec{P}_r$——合成矩不平衡,单位为克二次方毫米(g·mm²);

$\vec{U}_k$——第 k 个不平衡矢量,k 为 1 到 K;

$\vec{z}_k$——从一基准点到 $\vec{U}_k$ 平面的轴向位置的矢量;

$\vec{z}_{U_r}$——从同一基准点到合成不平衡 $\vec{U}_r$ 平面的轴向位置的矢量。

注 6:对 ISO 1925:2001 中的定义 3.13 进行了修改。

3.7

偶不平衡 couple unbalance

在两个有间距的径向平面内一对量值相等、相角相反的不平衡矢量,形成矩不平衡。

3.8

动不平衡 dynamic unbalance

中心主惯性轴相对轴线的任意位置的状态。

注 1:在特殊情况下,中心主惯性轴可以与轴线平行或相交。

注2：动不平衡量能够由两个指定平面（垂直于轴线）上的两个等效不平衡矢量给出，并能完全地表示恒态（刚性）转子的总不平衡量。

注3：对ISO 1925:2001中的定义3.9进行了修改。

3.9

不平衡量　amount of unbalance

不平衡质量与其质心到轴线距离（半径）的乘积。

注：不平衡量的单位是克毫米（g·mm）。

[ISO 1925:2001，定义3.3]

3.10

不平衡相角　angle of unbalance

不平衡质量在旋转坐标系中的极角，该坐标系在垂直于转子轴线的平面上并随转子一起旋转。

[ISO 1925:2001，定义3.4]

3.11

不平衡矢量　unbalance vector

大小为不平衡量，方向为不平衡相角的矢量。

[ISO 1925:2001，定义3.5]

3.12

转子的状态　state of rotor

转子的状态由以下几个方面决定：与转速有关的不平衡状态、待校正的不平衡类型和在转速范围内保持或改变其质量单元位置及相互间质心位置的能力。

注1：在大多数情况下，不平衡随转速没有明显变化。与现在一直使用的定义（ISO 1925）相反，甚至振型不平衡也不随转速变化。只有在特殊情况下不平衡才随转速有明显变化。

注2：质量单元是描述转子质量分布和可能随转速变化的有效方法。质量单元可以是有限的元件、零件或部件。

注3：转子的状态还受转子的设计、结构和装配影响。

注4：转子对不平衡的响应能随转速范围和轴承的支承状态变化。响应的可能接受程度由相应的平衡允差确定。

注5：转速范围包括从静止到最高工作转速的所有转速，而且也可能包括超速，以作为工作载荷（例如：温度、压力、流量）的裕度。

注6：就平衡而言，需要考虑的仅仅是相对轴线不对称的转子质量单元的位置变化。

3.13

恒态（刚性）转子的状态　constant(rigid)rotor state

转子处于其不平衡随转速没有明显变化，仅合成不平衡和（或）合成不平衡矩超出规定的限值，且在转速范围内转子所有质量单元的相互位置保持足够恒定的状态。

注：恒态转子的不平衡能够在任意选择的两个平面予以校正。

4　平衡的概念

4.1　总则

平衡是一种检查并在必要时调整转子质量分布的工艺过程，以保证在对应的工作转速频率下，剩余不平衡或者轴颈振动和（或）作用于支承上的力在规定限值内。

转子不平衡可能是由设计、材料、制造和装配引起的。甚至在批量生产中，每个转子的不平衡沿其轴向分布都各不相同。

4.2　不平衡的表示方法

恒态（刚性）转子的同一种不平衡能够用矢量以不同方法表示，如图1a）至f）所示。

图1a）至c）示出了合成不平衡和合成偶不平衡的不同表示方法，而图1d）至f）示出的是双面动不平衡的不同表示方法。

注1：合成不平衡矢量可以位于任意径向平面内（不改变量值和相角）；但是相应的合成偶不平衡则取决于合成不平

衡矢量的位置。

注 2：不平衡量的中心位于合成不平衡所处的转子的轴线上，这种情况合成不平衡矩最小。

如果单面平衡就足够了(见 4.5.2)，或从合成和(或)偶不平衡的角度考虑时(见 4.5.4)，图 1a)至 1c)的表示方法较好。就典型的双面动不平衡的情况来考虑，宜优选图 1d)至 f)的表示方法。

单位为毫米

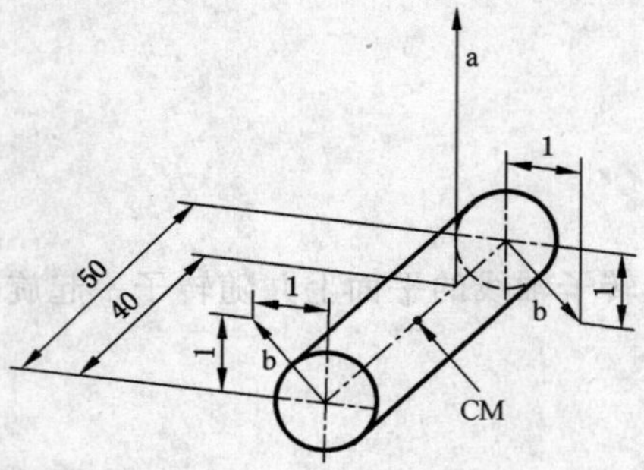

a)　合成不平衡矢量以及相应的两端面上的偶不平衡量

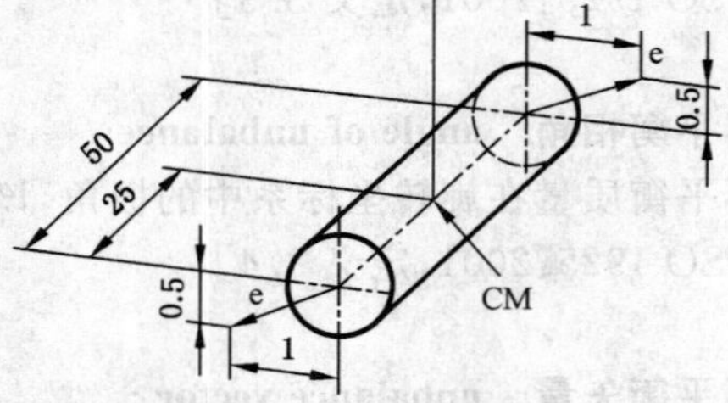

b)　a)的特殊情况，即位于质心 CM 上的不平衡矢量(静不平衡)以及相应的两端面上的偶不平衡量

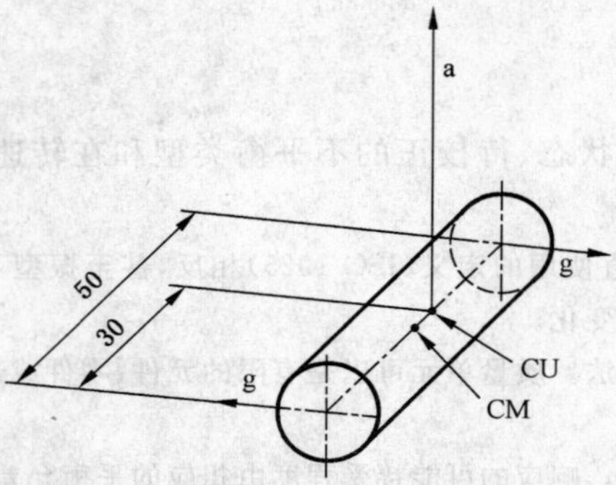

c)　a)的特殊情况，即合成不平衡矢量位于不平衡量中心 CU 上，此时相应的偶不平衡量最小且位于与合成不平衡正交的平面内

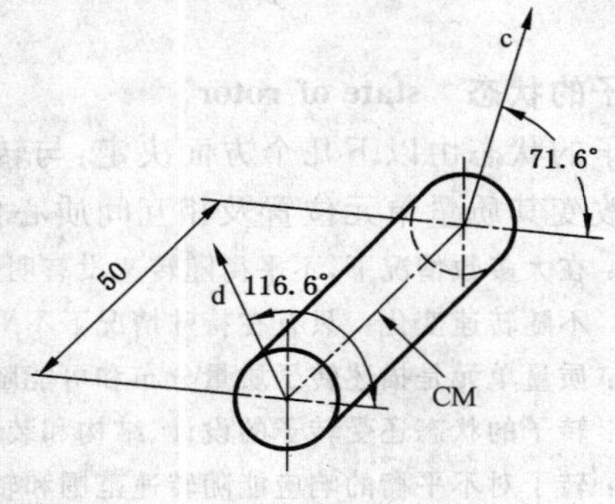

d)　每个端面上的不平衡矢量

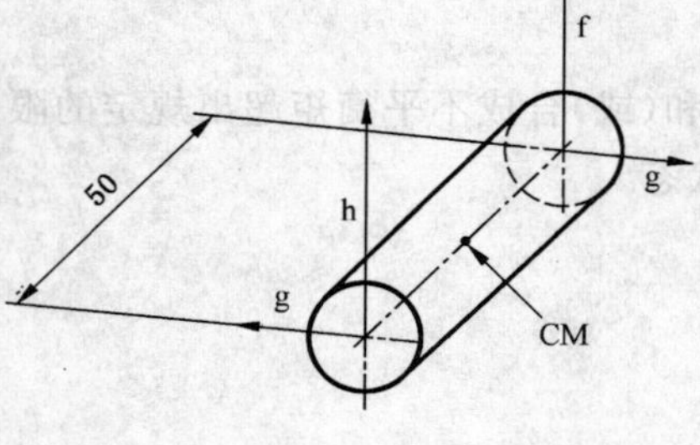

e)　每个端面上的两个相互成 90°的不平衡分量

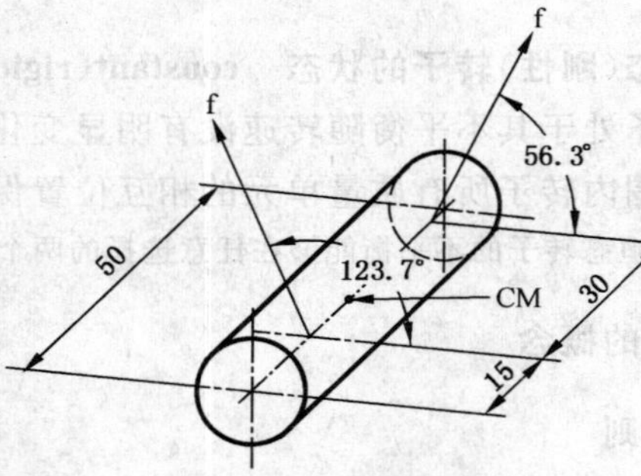

f)　在另外两个平面上的不平衡矢量

a——不平衡量为 5 g·mm；

b——不平衡量为 1.41 g·mm；

c——不平衡量为 3.16 g·mm；

d——不平衡量为 2.24 g·mm；

e——不平衡量为 1.12 g·mm；

f——不平衡量为 3 g·mm；

g——不平衡量为 1 g·mm；

h——不平衡量为 2 g·mm。

CM——质心；

CU——不平衡中心。

图 1　恒态(刚性)转子的同一种不平衡的不同表示方法

4.3 不平衡的影响

合成不平衡和合成不平衡矩(合成偶不平衡)对支承力和机器振动有不同的影响。因此,事实上这两种不平衡经常被分别考虑。即使不平衡以双面动不平衡表示也宜注意:如果不平衡的主要形式是合成不平衡,或者是合成偶不平衡,那么在大多数情况下将会产生不同的影响。

4.4 平衡允差的参考平面

最好是用规定的参考平面确定平衡允差。对于这些参考平面,只要求每个平面剩余不平衡量的值必须小于各自的允差值,不论相角在何位置。

对于恒态(刚性)转子的平衡允差总是有两个理想的平面。在大多数情况下,这些平面都在支承平面附近。而平衡的目的通常是为了减小通过支承传递到周围的振动和力。为简化算法,本部分把 A 和 B 支承平面作为平衡允差的参考平面(允差平面)。

4.5 校正平面

4.5.1 总则

超出平衡允差的转子需要校正。这些不平衡量的校正通常不能在所设定的平衡允差平面上进行,而需要在转子可以增加、去除或重新配置材料的平面上进行校正。

所需要的校正平面的数目取决于转子初始不平衡量的大小和分布以及转子的设计,校正平面的形状及其与允差平面的相对位置。

4.5.2 仅需要单面校正的转子

有些转子仅合成不平衡超出允差而合成不平衡矩则在允差之内。这种情况一般只发生在盘类转子中,只要

——支承间距足够大;

——盘类转子旋转时轴向跳动足够小;

——适当地选择合成不平衡的校正平面。

这些条件是否满足可以在各自的情况下分别研究。对足够数量的转子进行单面平衡以后,所测定的最大的剩余不平衡力矩除以支承间距,可得出不平衡力偶(一对不平衡量)。即使在最坏的情况下,如果用这种方法得出的不平衡量是可以接受的,则能够预计单面平衡就足够了。

对于单面平衡,转子可以不必旋转,不过由于灵敏度和准确度的原因,在大多数情况下仍会使用旋转式平衡机。合成不平衡能够被测定并校正到限值内。

4.5.3 需要双面校正的转子

如果恒态(刚性)转子不能满足 4.5.2 规定的条件,则也需要减小不平衡力矩。在大多数情况下,合成不平衡与合成不平衡矩共同形成了动不平衡:双面上的两个不平衡矢量[见图 1d)]称为等效不平衡矢量。

对于双面平衡,需要旋转转子,否则不能检测到不平衡力矩。

4.5.4 需要两个以上校正面的转子

虽然所有的恒态(刚性)转子理论上能够在两个平面上平衡,但是有时也会使用两个以上的校正平面,例如:

——在合成不平衡和不平衡力偶分开校正的情况下,如果合成不平衡的校正不能在双面中的一个(或两个)平面上进行时;

——沿转子轴向分散校正时。

注:在特殊情况下,由于校正平面受到了限制(例如通过在多个配重块上钻孔校正曲轴),或为了保证转子的功能和部件强度,可能需要沿转子轴向分散校正。

4.6 许用剩余不平衡量

仅就轴向长度较短的内质心转子而言,其偶不平衡量可以忽略,则它的不平衡状态能够用一个单独的矢量——不平衡矢量 $\vec{U}$ 表示。

为使转子良好地运转，该不平衡量值（剩余不平衡量 U_{res}）不宜大于许用值 U_{per}，即

$$U_{res} \leqslant U_{per} \qquad \cdots\cdots(1)$$

通常，式(1)适用于各类转子。

注：U_{per}的国际单位(SI)是千克米(kg·m)，但是就平衡而言更实用的单位是克毫米(g·mm)。

U_{per}被定义为质心平面内的总允差。对于所有双面平衡的工件、总允差应分配到允差平面（见第7章）。

5 相似条件

5.1 总则

某些相似条件有助于理解和计算转子质量和工作转速对许用剩余不平衡量的影响。

5.2 许用剩余不平衡量和转子质量

通常，相同型式的转子，许用剩余不平衡量 U_{per}与转子质量 m 成比例：

$$U_{per} \sim m \qquad \cdots\cdots(2)$$

如果许用剩余不平衡的值与转子质量有关，则许用剩余不平衡度 e_{per}由公式(3)给出：

$$e_{per} = U_{per}/m \qquad \cdots\cdots(3)$$

注1：U_{per}/m 的国际单位是千克米每千克(kg·m/kg)。但是更实用的单位是克毫米每千克(g·mm/kg)，相当于注2中的微米(μm)。

注2：e_{per}的国际单位是千克米每千克(kg·m/kg)或米(m)。但是更实用的单位是微米(μm)，因为许多许用剩余不平衡度在0.1 μm和10 μm之间。如果一定要将几何允差（径向跳动，安装间隙）与平衡允差联系起来，那么术语 e_{per}非常有用。

注3：就仅有合成不平衡的转子（例如垂直于轴线的圆盘）而言，e_{per}是质心偏离轴线的距离。对于具有两种类型不平衡量的一般转子，e_{per}是一种人为的量，它包含合成不平衡及合成不平衡矩产生的影响。因此，e_{per}不能在一般转子上显示出来。

注4：可达剩余不平衡度 e_{per}的限值取决于平衡机的构成工况，例如：对中、支承和驱动。

注5：只要轴颈的准确度（圆度、直线度等）满足要求，在实际中就能够得到小的 e_{per}值。有些情况下，可能需要利用皮带、空气或自驱动装置在转子自身的工作支承上平衡转子。在另外情况下，转子需要在完全装配的自身轴承支座上，用自身驱动在工作条件和温度下进行平衡。

5.3 许用剩余不平衡度和工作转速

经验表明，对于相同型式的转子，通常许用剩余不平衡度 e_{per}与转子的工作转速 n 成反比：

$$e_{per} \sim 1/n \qquad \cdots\cdots(4)$$

公式(5)给出了这种关系的另一种表示方法，式中 Ω 是转子在最高工作转速时的角速度：

$$e_{per} \cdot \Omega = 常量 \qquad \cdots\cdots(5)$$

这种关系也遵循着这样一个事实：对于以相同的圆周速度运行的几何形状相似的转子，转子内的应力和轴承载荷比（由离心力产生）是相同的，平衡品质级别（见6.2、表1和图2）是基于这种关系分级的。

注：对于转子的工作转速比所设计的其最高转速低得多的转子（例如，转速设计成3 000 r/min的某些类型的交流电机，转子在转速为1 000 r/min的定子中使用），这种相似规则可能是太严格了。在这种情况下可容许选用较大的 e_{per}值（比例为3 000/1 000）。

表1 恒态（刚性）转子平衡品质分级指南

机械类型：一般示例	平衡品质级别 G	量值 $e_{per} \cdot \Omega$ mm/s
固有不平衡的大型低速船用柴油机（活塞速度小于9 m/s）的曲轴驱动装置	G 4 000	4 000
固有平衡的大型低速船用柴油机（活塞速度小于9 m/s）的曲轴驱动装置	G 1 600	1 600

表 1（续）

机械类型：一般示例	平衡品质级别 G	量值 $e_{per} \cdot \Omega$ mm/s
弹性安装的固有不平衡的曲轴驱动装置	G 630	630
刚性安装的固有不平衡的曲轴驱动装置	G 250	250
汽车、卡车和机车用的往复式发动机整机	G 100	100
汽车车轮、轮箍、车轮总成、传动轴、弹性安装的固有平衡的曲轴驱动装置	G 40	40
农业机械 刚性安装的固有平衡的曲轴驱动装置 粉碎机 驱动轴(万向传动轴、螺桨轴)	G 16	16
航空燃气轮机 离心机(分离机、倾注洗涤器) 最高额定转速达 950 r/min 的电动机和发电机(轴中心高不低于 80 mm) 轴中心高小于 80 mm 的电动机 风机 齿轮 通用机械 机床 造纸机 流程工业机器 泵 透平增压机 水轮机	G 6.3	6.3
压缩机 计算机驱动装置 最高额定转速大于 950 r/min 的电动机和发电机(轴中心高不低于 80 mm) 燃气轮机和蒸汽轮机 机床驱动装置 纺织机械	G 2.5	2.5
声音、图像设备 磨床驱动装置	G 1	1
陀螺仪 高精密系统的主轴和驱动件	G 0.4	0.4
注 1：本表是按典型的完全组装好的转子进行分类的。对特殊情况，可使用相邻较高或较低的级别代替。对于部件，见第 9 章。 注 2：如果不另作说明(往复运动)或显而易见(例如曲轴驱动装置)，则所有列出的项目均为旋转类的。 注 3：对于受构成工况(平衡机、工艺装置)限制的情况，见 5.2 的注 4 和注 5。 注 4：有关选择平衡品质级别的一些附加信息见图 2。基于一般经验，图 2 包括了通常使用的区域(工作转速和平衡品质级别)。 注 5：曲轴驱动装置可包括曲轴、飞轮、离合器、减振器及连杆的转动部分。固有不平衡的曲轴驱动装置理论上是不能被平衡的，固有平衡的曲轴驱动装置理论上是能被平衡的。 注 6：有些机器可能有专门规定其平衡允差的国际标准(见参考文献)。		

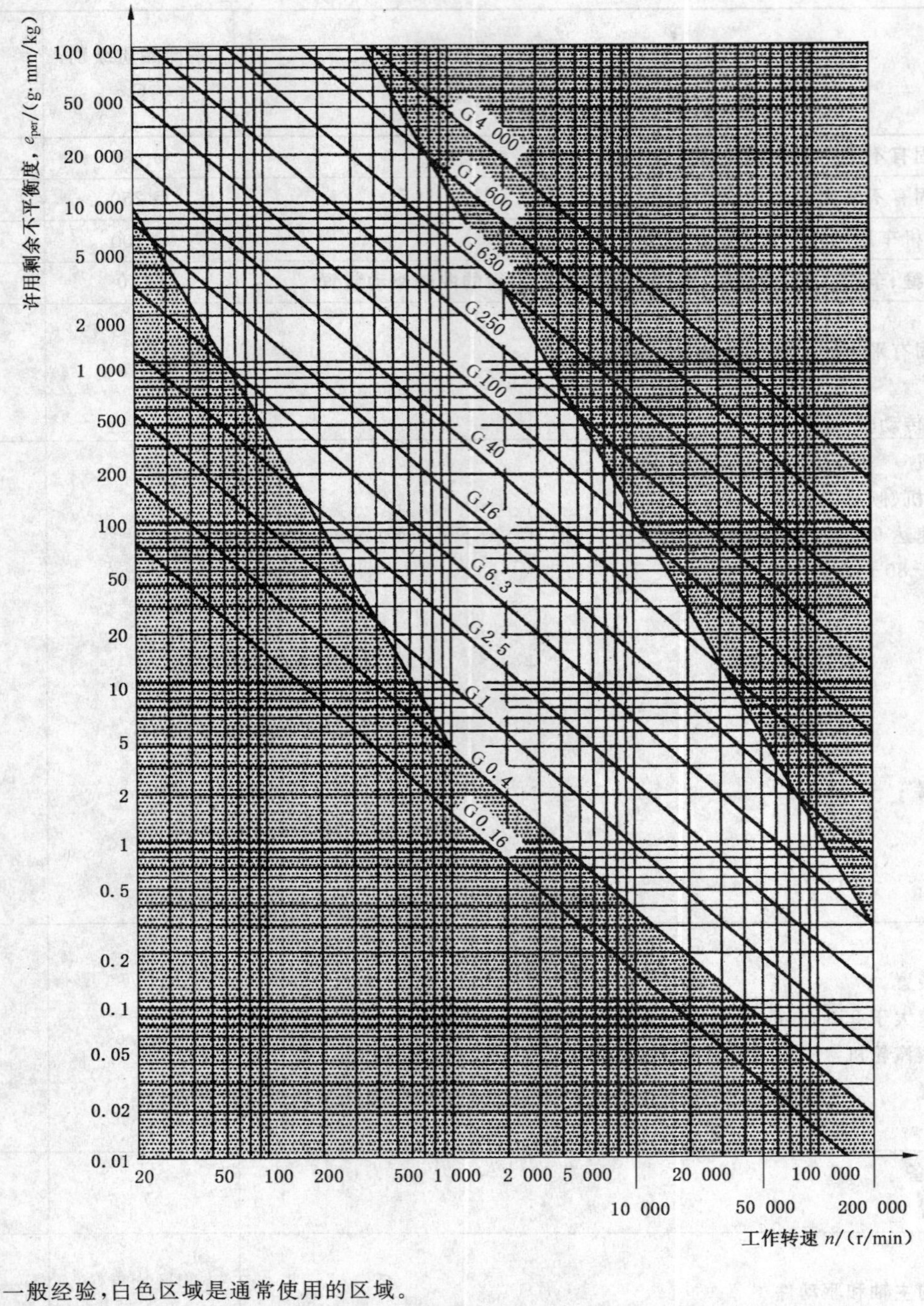

注：基于一般经验，白色区域是通常使用的区域。

图 2　根据平衡品质级别 G 和工作转速 *n* 确定的许用剩余不平衡度（见 6.2）

6　平衡允差规范

6.1　总则

平衡允差可以通过 6.2～6.5 所述的五种不同的方法确定。这些方法是基于：

——由大量不同转子的长期的实际经验得出的平衡品质级别（见 6.2）；

——许用不平衡限值的实验评估（见 6.3）；

——受不平衡限制的支承力（见 6.4.1）；

——受不平衡限制的振动（见 6.4.2）；

——已有的平衡允差经验(见6.5)。

方法的选择宜由转子的制造者和用户进行协商而定。

6.2 平衡品质级别 G

6.2.1 分级

根据国内外的经验和相似条件(见第5章),已建立的平衡品质级别G满足了对典型机械类型的平衡品质要求进行分级(见表1)。

平衡品质级别G是根据 $e_{per} \cdot \Omega$ 乘积的大小规定的,单位用毫米每秒(mm/s)表示。如果量值等于6.3 mm/s,则平衡品质级别就确定为G 6.3级。

平衡品质级别彼此之间以系数2.5来划分。尤其是要求进行高精度的平衡时,有些情况可能需要较精细地分级,但细分级的系数不宜小于1.6。

图2中对应最高工作转速标绘出了 e_{per}(等于 U_{per}/m)值。

注:基于一般经验,图2在通常使用的区域(转速和品质级别G)中包括了一些附加信息。

6.2.2 特殊设计

平衡品质级别是以典型的机械设计为基础的,转子质量是整个机器质量的特定百分比。特殊情况下需要加以修改。

示例:轴中心高小于80 mm的电机归为G 6.3级,许用不平衡量就要从这个级别中导出(见6.2.3)。只要转子质量是机器质量的典型百分比,例如30%,这个许用不平衡量值是合适的。就轻型转子而言(例如无铁芯电枢),转子质量可能只占机器总质量的10%。因此可允许使用3倍于该级的许用不平衡量。

反之,如果转子质量非常大(就外转子电机而言),可能达到机器总质量的90%。许用不平衡量需要减小三分之二。

6.2.3 许用剩余不平衡量

根据所选用的平衡品质级别G,由公式(6)能够得出许用剩余不平衡量 U_{per}:

$$U_{per} = 1\,000 \frac{(e_{per} \times \Omega) \times m}{\Omega} \qquad \cdots\cdots(6)$$

式中:

U_{per}——许用剩余不平衡量的数值,单位用克毫米(g·mm)表示;

$(e_{per} \times \Omega)$——所选用的平衡品质级别的数值,单位用毫米每秒(mm/s)表示;

m——转子质量的数值,单位用千克(kg)表示;

Ω——工作转速的角速度数值,单位用弧度每秒(rad/s)表示,其中 $\Omega \approx n/10$ 且工作转速 n 的单位为转每分(r/min);

作为另一种方法,可以用图2得出 e_{per},那么:

$$U_{per} = e_{per} \times m \qquad \cdots\cdots(7)$$

注:对于许用剩余不平衡量 U_{per}、平衡品质级别($e_{per} \cdot \Omega$)和许用剩余不平衡度 e_{per},这里使用了带称谓的国际单位,所以应用该公式时需要特别注意。附录A中给出了应用示例。

U_{per} 被定义为质心平面内的总允差。对于所有双面平衡的工件,总允差应分配到各允差平面(见第7章)。

6.3 实验评估

对于大量生产场合,经常要对平衡品质要求进行实验评估。试验一般在现场进行。通过在每个校正平面上依次施加不同的试验不平衡量,按照最有代表性的判断依据(例如由不平衡引起的振动、力、噪声)来确定许用剩余不平衡量。

在双面平衡中,如果没有使用允差平面(4.4中规定的平面),应考虑相同相角的不平衡量与相角相差180°的不平衡量所产生的不同效应。

6.4 基于特定目的的方法

6.4.1 限制支承力

主要目的是限制由不平衡引起的支承力。首先规定支承力限值,然后据此转换成不平衡量。就足够稳固(不移动)的支承架来说,该转换就是简单地应用离心力公式(见附录 B)。

在其他情况下,应考虑工作条件下结构的动态性能。对于这些情况没有简单的规则可用。

6.4.2 限制振动

这种情况的主要目的是限制特定平面内的振动。这可能对诸如手持式机器具有意义。从这些限值中能够导出平衡品质要求(见附录 C)。

6.5 基于已有经验的方法

如果某公司已积累了足够的经验来评价其产品的平衡品质,便可以充分加以利用。附录 D 提供了一些指南。

7 许用剩余不平衡量向允差平面的分配

7.1 单面

就单面校正而言,U_{per}全部在该平面上(见 4.5.2)。在其他情况下,U_{per}应被分配到两个允差平面。

7.2 双面

7.2.1 总则

许用剩余不平衡量 U_{per} 按质心到另一侧允差平面的距离的比例进行分配(见图 3 和图 4)。如果允差平面为 A 和 B 支承平面,则适用公式(8)和(9):

$$U_{per\,A} = \frac{U_{per} \times L_B}{L} \quad \cdots\cdots(8)$$

$$U_{per\,B} = \frac{U_{per} \times L_A}{L} \quad \cdots\cdots(9)$$

式中:

$U_{per\,A}$——A 支承平面上的许用剩余不平衡量;

$U_{per\,B}$——B 支承平面上的许用剩余不平衡量;

U_{per}——(总的)许用剩余不平衡量(在质心平面);

L_A——从质心平面到 A 支承平面的距离;

L_B——从质心平面到 B 支承平面的距离;

L——支承跨距。

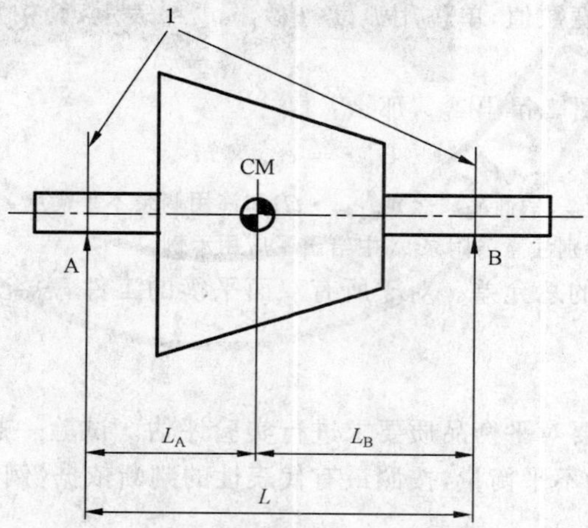

1——允差平面(=支承平面);

CM——质心。

图 3 质心不对称的内质心转子

7.2.2 对内质心转子的限制

内质心转子的一般外形简图见图 3。如果质心靠近某一支承平面,对该支承平面计算出的允差值就很大，接近于U_{per}的值，而远离质心的支承平面的允差值就变得很小，接近于零。为了避免极端允差状态，本部分限定：

——较大的允差值不宜大于 0.7 U_{per}；

——较小的允差值不宜小于 0.3 U_{per}。

7.2.3 对外质心转子的限制

外质心转子的一般外形简图见图 4。根据公式(8)和(9)计算允差值。然而，为了避免极端允差状态，本部分限定：

——较大的允差值不宜大于 1.3 U_{per}；

——较小的允差值不宜小于 0.3 U_{per}。

外质心转子不平衡量的上限值与内质心转子不平衡量的上限值是不同的。这里假设设计的 B 支承和支承结构能够承受施加的外悬质量的静载荷，因而它也能相应地承担由不平衡引起的较大载荷。若不是这种情况，宜采用内质心转子的限制条件。

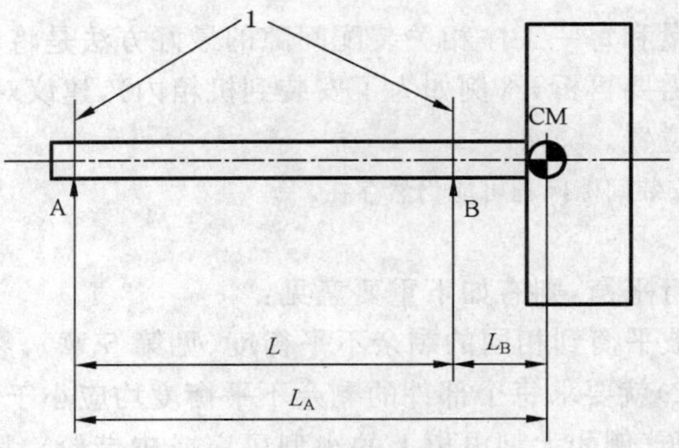

1——允差平面(＝支承平面)；

CM——质心。

图 4 质心位于外悬位置的外质心转子

8 平衡允差向校正平面的分配

8.1 总则

本部分极力推荐使用指定的参考平面来确定平衡允差，但是当今的许多平衡方法仍然是在校正平面应用平衡允差。

由于是按照校正方法来选择校正平面，因而对于平衡允差来说这些平面通常是不理想的(见 4.4)。如果一定要把允差分配到校正平面，下述两点是重要的：

a) 剩余不平衡的量值和它们的相对相角位置两者对不平衡的状态均有影响。尽管如此，即使在这些情况下，通常也只是根据量值而不是相角关系来确定允差。

b) 因此任何分配原则都是折衷的。这就一定要考虑两个校正面上剩余不平衡量之间相角关系的最坏情况。对于其他状态，相同的剩余不平衡量对转子将造成较小的影响。

所以，采用校正平面上的平衡允差，许多转子被平衡到比所要求的不平衡量值更小。

平衡允差可由第 6 章所述的方法确定：

——就实验确定法而言(见 6.3)，通常可以得到每个校正平面的许用剩余不平衡量，而不需要再作分配；

——无论什么时候使用了允差平面，例如基于平衡品质级别(见 6.2)、特定的目的(见 6.4)或已有的经验(见 6.5)来确定平衡允差，就可能需要将平衡允差随后分配到各校正平面。

8.2 单面

对于只需要一个校正平面的转子，这个平面上的许用剩余不平衡量 U_{per} 等于各允差平面上允差值的总和。

注：当采用平衡品质级别(见 6.2)确定 U_{per}时，省略向两个允差平面分配的步骤(见第 7 章)。

8.3 双面

如果Ⅰ和Ⅱ校正平面在 A 和 B 允差平面附近，允差的转换系数可以为 1，即使用邻近允差平面上的允差值。有关这方面更详细的内容和其他条件见附录 E。

9 组装转子

9.1 总则

组装转子可以作为整体转子平衡或对部件分别平衡(分体平衡)。对每个组装转子来说，组装部件的不平衡量要叠加并且由诸如径向跳动和安装间隙引起的装配误差会产生附加不平衡量(详见 GB/T 9239.2)。

注：如果装配误差不是决定性的，平衡工艺的选择可能取决于平衡机的可用性。

9.2 整体平衡

处理转子中所有不平衡量和每一工序相关装配间隙的最好方法是将转子作为一个整体来平衡。

如果转子总成平衡后还需要再拆开(例如为了安装到机箱内)，建议对每个部件做出角度标识，以保证重新组装时在相同的角度位置。

注：上面提到的径向跳动和安装间隙问题可能仍然存在。

9.3 分体平衡

如果分别对单个部件进行平衡，则有如下重要意见：

a) 通常所有的部件均被平衡到相同的剩余不平衡度(见第 5 章)，然而如果允许有附加的装配误差(见 GB/T 9239.2)就要求每个部件的剩余不平衡度均应小于组件的剩余不平衡度；

b) 如果这样产生了问题(例如大型电枢上的小型风扇或皮带轮)，那么只要把组件的总不平衡量保持在允差以内，任何分布原则都是允许的；

c) 至于联接部件的附件，例如键(见 GB/T 16908)，制造者和用户双方宜事前达成协议。

如果通过分别平衡每个部件，不能达到组件的平衡允差要求，那么组件最终应做整体平衡。在这种情况下，建议重新考虑是否的确需要分体平衡或可以取消分体平衡。

10 剩余不平衡量的检验

10.1 总则

在允差平面(见 4.4)而不是在校正平面检验转子的剩余不平衡量是合理的。

任何测量都包含误差。为了检验转子的剩余不平衡量，平衡误差不能被忽略(关于这方面的评定和研究见 GB/T 9239.2)。

10.2 验收准则

10.2.1 初始条件

示值系统误差已经被校正，且 ΔU 是剩余的综合误差(见 GB/T 9239.2)。对于 A 和 B 支承平面，设：

$U_{per\,A}$——A 平面上许用剩余不平衡量的值；

$U_{per\,B}$——B 平面上许用剩余不平衡量的值；

$U_{rm\,A}$——在 A 平面上实测的剩余不平衡量的单面示值；

$U_{rm\,B}$——在 B 平面上实测的剩余不平衡量的单面示值；

ΔU_A——A 平面的综合误差值；

ΔU_B——B 平面的综合误差值。

10.2.2 制造者

平衡过程中，如果满足下列两个条件，即可认为转子平衡合格。

$$U_{\text{rm A}} \leqslant U_{\text{per A}} - \Delta U_{\text{A}}$$
$$U_{\text{rm B}} \leqslant U_{\text{per B}} - \Delta U_{\text{B}}$$

10.2.3 用户

对于单独进行的平衡检验,如果满足下列两个条件,即可认为转子平衡合格。

$$U_{\text{rm A}} \leqslant U_{\text{per A}} + \Delta U_{\text{A}}$$
$$U_{\text{rm B}} \leqslant U_{\text{per B}} + \Delta U_{\text{B}}$$

10.2.4 说明

如果 ΔU_{A} 或 ΔU_{B} 分别小于 $U_{\text{per A}}$ 或 $U_{\text{per B}}$ 的 5%,可忽略不计。

不同的平衡机其综合误差值 ΔU_{A} 或 ΔU_{B} 通常是不同的。因此制造者和用户可以选用不同的值。

多名操作者,使用多台设备,多次重复测量可以通过统计减小误差。

10.3 在平衡机上检验

首先应根据 GB/T 9239.2 检查和(或)处理系统误差。

当在平衡机上进行检验时,可以直接测量剩余不平衡量。机器的性能、不平衡减少率(URR)和最小可达剩余不平衡量(U_{mar})应满足使用要求(见 GB/T 4201)。

10.4 所述的操作程序也可以用于平衡机上,但这可能被限制在转子的工作转速下来做,因为在低速下振动信号可能太小。

10.4 不在平衡机上的检验

剩余不平衡量可以不在平衡机上测定,例如在现场使用能够测量基频振动幅值、相位的仪器进行检验。

按照下列测量程序不加或施加试验不平衡量来检测和标定振动状态:

——测量转子的初始振动;

——在一个平面上施加试验不平衡量,然后再进行测量;

——去除在该平面上施加的试验不平衡量,在另一个平面上施加试验不平衡量,然后再进行测量;

——用影响系数法或等效的方法评定示值。

这个过程类似于一个现场平衡过程,但是不做最终的不平衡校正。示值的所有变化必需只是由试验不平衡量引起。因此,测量应在相同的条件下进行,例如在同一转速下而且振动稳定。

如果怀疑测量的准确度,尤其是线性度,建议使用相角和(或)量值不同的试验不平衡量重复测量过程。

附 录 A
(资料性附录)
根据平衡品质级别G确定许用剩余不平衡量以及向允差平面分配的示例

A.1 转子数据

设涡轮机转子的数据如下(见图A.1):

转子质量:m=3 600 kg

工作转速:n=3 000 r/min

间距: L_A=1 500 mm

L_B=900 mm

L=2 400 mm

选择:根据表1对应机械类型为"燃气轮机和汽轮机"的栏目选取平衡品质级别为:G 2.5级。

计算:工作转速的角速度:

$$\Omega=\frac{\pi\times n}{30}=\frac{\pi\times 3\ 000}{30}=314.2\ \mathrm{rad/s}$$

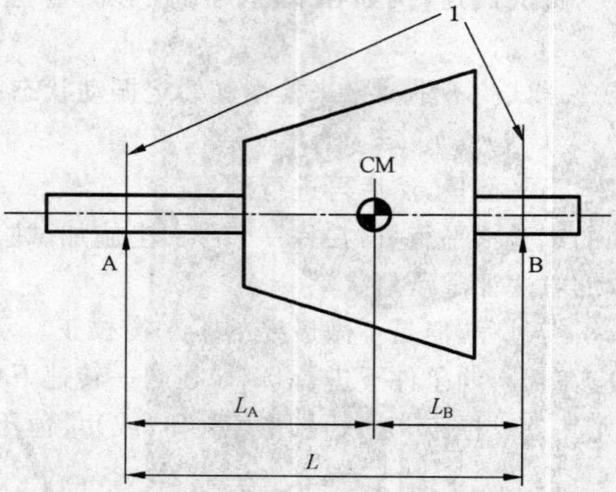

1——允差平面(=支承平面);

CM——质心。

图 A.1 转子尺寸

A.2 根据公式(6)确定U_{per}

由公式(6)得:

$$U_{per}=1\ 000\times\frac{(e_{per}\cdot\Omega)\cdot m}{\Omega}=1\ 000\times\frac{2.5\times 3\ 600}{314.2}=28.6\times 10^3\ \mathrm{g\cdot mm}$$

式中:

U_{per}——许用剩余不平衡量的数值,单位用克毫米(g·mm)表示;

$(e_{per}\cdot\Omega)$——选择的平衡品质级别的数值,单位用毫米每秒(mm/s)表示;

m——转子质量的数值,单位用千克(kg)表示;

Ω——最高工作转速的角速度数值,单位用弧度每秒(rad/s)表示。

注:对于许用剩余不平衡量U_{per}和平衡品质级别$(e_{per}\cdot\Omega)$,这里使用了带称谓的国际单位,所以应用该公式时需要特别注意。

A.3 根据图 2 确定 U_{per}

根据给定的工作转速和平衡品质级别(见图 A.2)查得：$e_{per}\approx 8$ g·mm/kg。[1]

乘以转子质量，得许用剩余不平衡量：$U_{per}\approx 8\times 3\ 600=28.8\times 10^3$ g·mm。

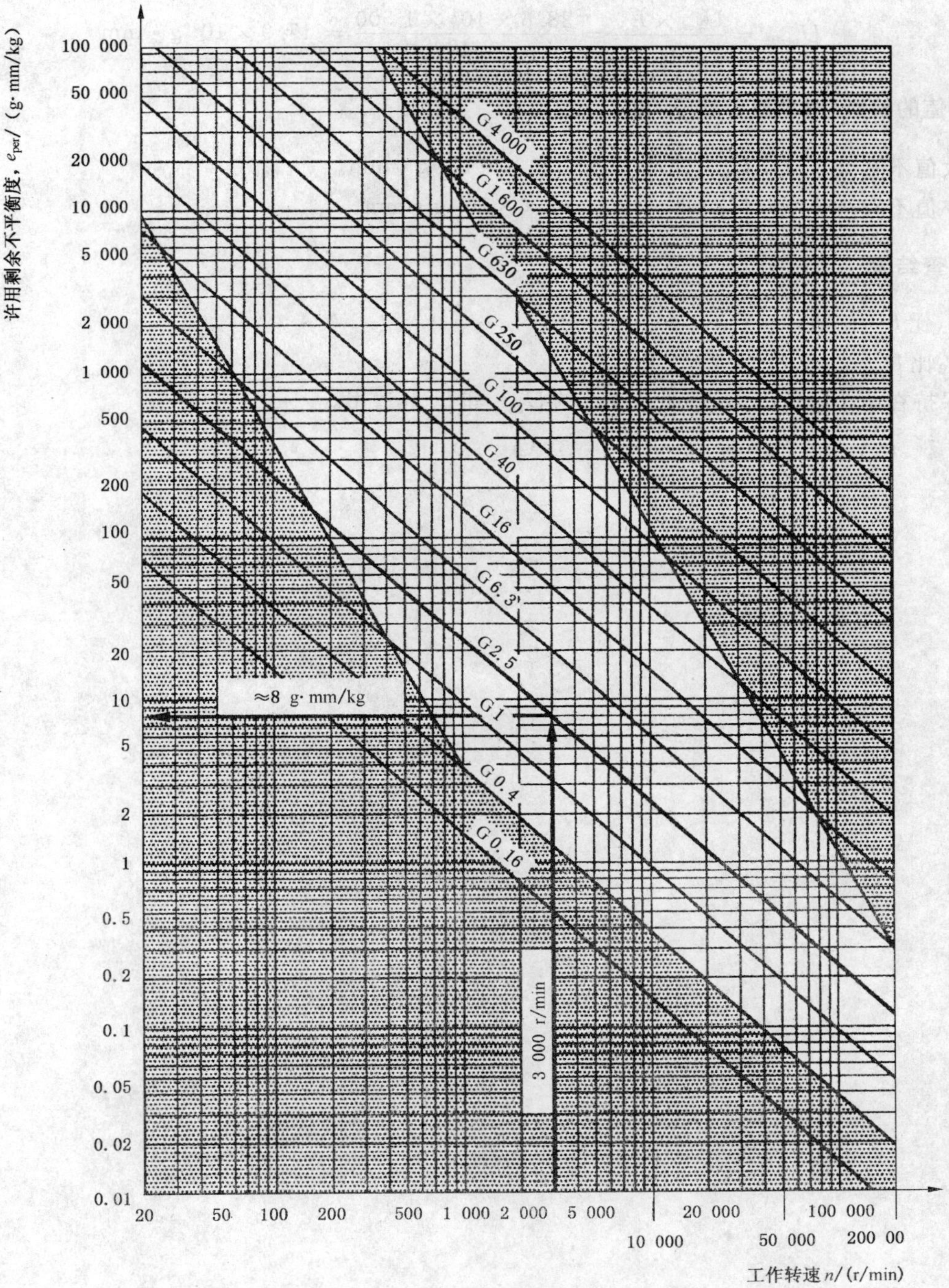

注：基于一般经验，白色区域是通常使用的区域。

图 A.2 利用图 2 确定 e_{per} 的示例

1) ISO 1940-1 原文是“gmm/kg”有误，本部分予以更正。

A.4 向允差平面(支承平面)分配

根据7.2,许用剩余不平衡量(在A.2中计算出来的)能够被分配到支承平面,如下:

$$U_{\text{per A}} = \frac{U_{\text{per}} \times L_{\text{B}}}{L} = \frac{28.6 \times 10^3 \times 900}{2\,400} = 10.7 \times 10^3 \text{ g} \cdot \text{mm}$$

$$U_{\text{per B}} = \frac{U_{\text{per}} \times L_{\text{A}}}{L} = \frac{28.6 \times 10^3 \times 1\,500}{2\,400} = 17.9 \times 10^3 \text{ g} \cdot \text{mm}$$

A.5 限值的检查(对内质心转子,见7.2.2)

较大值不宜大于0.7 U_{per},即:$U_{\text{per max}} \leqslant 20.0 \times 10^3$ g·mm。

较小值不宜小于0.3 U_{per},即:$U_{\text{per min}} \geqslant 8.6 \times 10^3$ g·mm。

A.6 检查结果

$U_{\text{per A}}$比$U_{\text{per min}}$大。

$U_{\text{per B}}$比$U_{\text{per max}}$小。

均保持在两个限值以内,表明计算出的$U_{\text{per A}}$和$U_{\text{per B}}$适用。

附 录 B
（资料性附录）
基于支承力限值确定平衡允差

B.1 总则

平衡的另一个主要目的是限制支承力（见 6.4.1）。如果规定了这些支承力，还需要将其转换成不平衡量。仅就足够稳固（不移动）的支承架而言，这种转换能够简单地应用离心力公式：

$$U_{\text{per A}} = F_A / \Omega^2$$

$$U_{\text{per B}} = F_B / \Omega^2$$

式中：

$U_{\text{per A}}$——A 支承上的许用剩余不平衡量；

$U_{\text{per B}}$——B 支承上的许用剩余不平衡量；

F_A——由 A 支承上的不平衡量引起的许用支承力；

F_B——由 B 支承上的不平衡量引起的许用支承力；

Ω——最高工作转速的角速度。

注：此公式是基于 GB 3100 中规定的国际单位。通常许用剩余不平衡量使用的是带称谓的量纲，所以应用该公式时需要特别注意。

B.2 示例

B.2.1 假设

对于附录 A 所述的转子，规定由不平衡量引起的最大许用支承力为：

——A 支承上的许用支承力：　　$F_A = 1\ 200$ N；

——B 支承上的许用支承力：　　$F_B = 2\ 000$ N。

B.2.2 计算

支承平面上的许用剩余不平衡量是：

$$U_{\text{per A}} = \frac{F_A}{\Omega^2} = \frac{1\ 200}{314.2^2} = 12.2 \times 10^{-3}\ \text{kg} \cdot \text{m} = 12.2 \times 10^3\ \text{g} \cdot \text{mm}$$

$$U_{\text{per B}} = \frac{F_B}{\Omega^2} = \frac{2\ 000}{314.2^2} = 20.3 \times 10^{-3}\ \text{kg} \cdot \text{m} = 20.3 \times 10^3\ \text{g} \cdot \text{mm}$$

附 录 C
（资料性附录）
基于振动限值确定平衡允差

精确的模型和算法经常用来研究转子或整机的动态性能和检查它们对不平衡的振动响应。这种方法涉及的范围太广，不能够在本部分予以研讨。

简化的方法似乎适用于简易的场合，但是尚未得到一种经过验证的算法。

附　录　D
（资料性附录）
基于已有的经验确定平衡允差

D.1　总则

如果某一公司已经取得足够的有据可查的经验以评定其产品的平衡品质，便可以充分利用这些经验。假设总目标仍然相同，那么能够用其他转子的经验来确定新的平衡允差。

D.2　规格几乎相同的转子

如果一个新规格转子与已经成功平衡好的其他转子的规格几乎相同，则可用相同的平衡允差。在位置相似的允差平面上使用相同的限值。

D.3　规格相似的转子

D.3.1　总则

如果一个新规格转子与已经成功平衡好的其他转子的规格相似，其平衡允差可以通过D.3.2和D.3.3所给定的不同方法得到。

D.3.2　内插法

图D.1示出了已知转子的平衡允差与转子规格（直径、质量、功率）的关系曲线。对于一个新规格的转子来说，所要求的平衡允差能够从该图中得出。

注：对不同型式的转子，可能需要不同的图。

在位置相似的允差平面使用修正的限值。

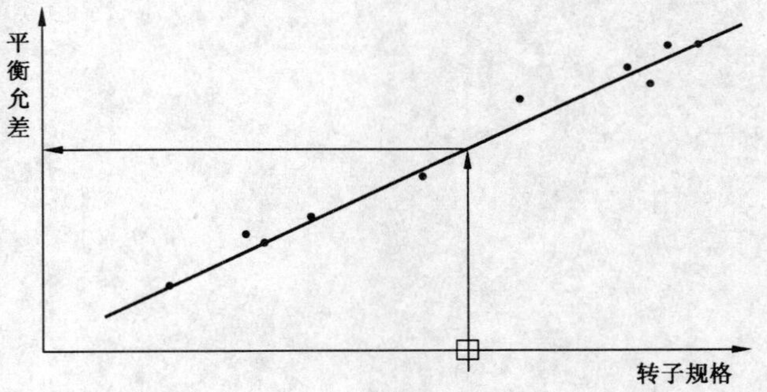

•——已知转子的数据；

□——新的转子规格。

图 D.1　新规格转子平衡允差的内插法

D.3.3　计算法

对于相同型式的系列转子，如第5章所述，转子质量和转子转速适用相似规则。许用剩余不平衡量U_{per}与转子质量m成正比，与工作转速n成反比。

为了根据已知转子的参数值计算新规格转子的许用剩余不平衡量，可应用公式（D.1）：

$$U_{per\ new}=U_{per\ known}\times\frac{m_{new}}{m_{known}}\times\frac{n_{known}}{n_{new}} \qquad \cdots\cdots(D.1)$$

如果允差平面的许用剩余不平衡量是已知的，可用与（D.1）相似的公式计算新规格转子的对应的量值。

在位置相似的允差平面使用重新计算的限值。

D.4 不同型式的转子

通过评估不同转子(在功能、设计、安装方面的)差异,有可能得出平衡允差的要求。但是这样做起来比上述示例难得多而且需要比上例更多的背景知识。目前尚不能给出通用规则。

附 录 E
（资料性附录）
从允差平面向校正平面分配平衡允差的规则

E.1 总则

如4.4和8.1所阐述的，建议确定平衡允差时要使用允差平面（常等同于支承平面）而不使用校正平面。但是在平衡过程中仍然需要校正平面上的平衡允差，E.2至E.4规定了一些基本规则。

E.2 校正平面在允差平面内侧

对于图E.1所示的情况，按照8.3方法的结果如下。采用邻近允差平面的平衡允差值：

$$U_{\text{per I}} = U_{\text{per A}}$$

$$U_{\text{per II}} = U_{\text{per B}}$$

式中：

$U_{\text{per I}}$——Ⅰ校正平面上的许用剩余不平衡量；

$U_{\text{per II}}$——Ⅱ校正平面上的许用剩余不平衡量；

$U_{\text{per A}}$——A允差（支承）平面上的许用剩余不平衡量；

$U_{\text{per B}}$——B允差（支承）平面上的许用剩余不平衡量。

注：A和B为允差（支承）平面；Ⅰ和Ⅱ为校正平面。

图E.1 平衡允差向支承内侧的校正面分配

E.3 校正平面在允差平面外侧

对于图E.2所示的情况，给出如下建议，按支承跨距与校正平面间距之比成比例地减小平衡允差值：

$$U_{\text{per I}} = U_{\text{per A}} \frac{L}{b}$$

$$U_{\text{per II}} = U_{\text{per B}} \frac{L}{b}$$

式中：

$U_{\text{per I}}$——Ⅰ校正平面上的许用剩余不平衡量；

$U_{\text{per II}}$——Ⅱ校正平面上的许用剩余不平衡量；

$U_{\text{per A}}$——A允差（支承）平面上的许用剩余不平衡量；

$U_{per\ B}$——B 允差(支承)平面上的许用剩余不平衡量；

L——支承跨距；

b——Ⅰ和Ⅱ校正平面之间的距离。

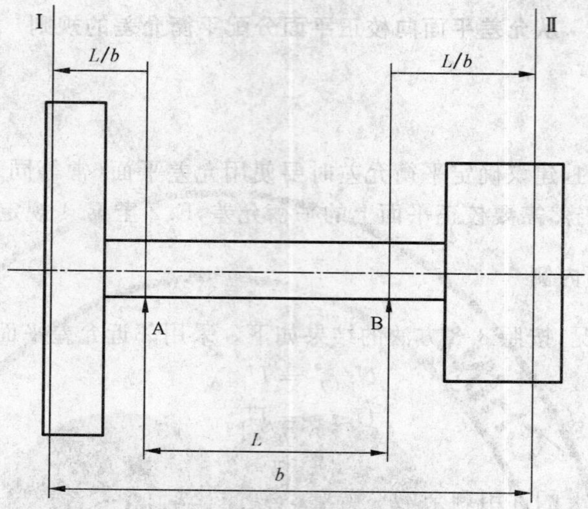

注：A 和 B 为允差(支承)平面；Ⅰ和Ⅱ为校正平面。

图 E.2 平衡允差向支承外的校正平面分配

E.4 更复杂的几何结构

对于几何结构更复杂的转子，不能给出简单的分配规则。对于这样的转子，建议要在支承平面确定许用剩余不平衡量(见 4.4)。

参 考 文 献

[1] GB/T 2298—1991,机械振动与冲击　术语(neq ISO 2041:1990);

[2] GB 3100—1993,国际单位制及其应用(eqv ISO 1000:1992);

[3] GB/T 4201[1],平衡机的描述　检验与评定(GB/T 4201—200×,ISO 2953:1999, IDT);

[4] GB/T 6557—1999,挠性转子机械平衡的方法和准则(idt ISO 11342:1998);

[5] GB/T 16908—1997,机械振动　轴与配合件平衡的键准则(idt ISO 8821:1989);

[6] ISO 14694:2003,Indusrtial fans Specifications for balance quality and vibration levels

1) 该标准在制定中。

ICS 21.120.40
N 73

中华人民共和国国家标准

GB/T 9239.2—2006/ISO 1940-2:1997

机械振动　恒态(刚性)转子平衡品质要求 第2部分:平衡误差

Mechanical vibration—Balance quality requirements for rotors in a constant(rigid) state—Part 2:Balance errors

(ISO 1940-2:1997,Mechanical vibration—
Balance quality requirements of rigid rotors—
Part 2:Balance errors,IDT)

2006-09-08 发布　　　　2007-02-01 实施

中华人民共和国国家质量监督检验检疫总局
中国国家标准化管理委员会　发布

前　言

GB/T 9239《机械振动　恒态(刚性)转子平衡品质要求》分为如下两个部分:

——第1部分:规范与平衡允差的检验;

——第2部分:平衡误差。

本部分为GB/T 9239的第2部分。

本部分等同采用国际标准ISO 1940-2:1997《机械振动　刚性转子平衡品质要求　第2部分:平衡误差》(英文第一版)。

本部分是根据ISO 1940-2:1997采用翻译法起草的,在文本结构和技术内容方面与ISO 1940-2:1997一致。

为便于使用,本部分做了如下编辑性修改:

——为使ISO 1940-2:1997与ISO 1940-1:2003相协调将标准名称《机械振动　刚性转子平衡品质要求》修改为《机械振动　恒态(刚性)转子平衡品质要求》;

——删除ISO前言;

——将资料性附录C作为参考文献。

本部分的附录A为规范性附录,附录B为资料性附录。

本部分由中国机械工业联合会提出。

本部分由全国机械振动与冲击标准化技术委员会归口。

本部分负责起草单位:长春试验机研究所。

本部分参加起草单位:上海申克机械有限公司、孝感松林国际计测器有限公司、长春中联试验仪器有限公司、郑州机械研究所。

本部分主要起草人:郭健、王朝荣、柳逢春、邵春平、黄润华。

引　言

在平衡操作期间按GB/T 9239.1通过测定剩余不平衡量来评价刚性转子的平衡品质。在测量剩余不平衡量过程中包含了由若干源信号引入的误差,应对包含的这些误差引起重视。经验表明确立转子平衡品质时,将这些误差都考虑在内具有重要意义。GB/T 9239.1无法详细论述平衡误差,特别不能对平衡误差进行评价。GB/T 9239的本部分给出了可能发生典型误差的示例并提供了确定这些误差的方法。另外,还描述了在有平衡误差的情况下评定剩余不平衡量的通用方法。

机械振动　恒态(刚性)转子平衡品质要求
第2部分:平衡误差

1　范围

GB/T 9239 的本部分述及了以下内容:

——恒态(刚性)转子平衡过程中误差的鉴别;

——误差的评价;

——考虑误差的准则;

——在两个校正平面上剩余不平衡量的评价。

2　规范性引用文件

下列文件中的条款通过 GB/T 9239 的本部分的引用而成为本部分的条款。凡是注日期的引用文件,其随后所有的修改单(不包括勘误的内容)或修订版均不适用于本部分,然而,鼓励根据本部分达成协议的各方研究是否可使用这些文件的最新版本。凡是不注日期的引用文件,其最新版本适用于本部分。

GB/T 9239.1—2006　机械振动　恒态(刚性)转子平衡品质要求　第1部分:规范与平衡允差的检验(ISO 1940-1:2003,IDT)

GB/T 4201　平衡机的描述检验与评定(GB/T 4201—××××[1),ISO 2953:1999,IDT)

ISO 1925:1990　机械振动　平衡词汇

ISO 1925:1990/Amd.1:1995,ISO 1925:1990 第1号修正案

3　术语和定义

ISO 1925 及第1号修正案确定的术语和定义适用于 GB/T 9239 的本部分。

4　平衡误差源

平衡误差可分类如下:

a)　系统误差,误差的量值及其相位能通过计算或测量进行评定;

b)　随机误差,在相同条件下进行若干次测量,误差的量值及相位的变化是不可预见的;

c)　标量误差,能对误差的最大量值进行评价或估算但无法确定其相位。

平衡误差取决于所使用的机械加工工艺,相同的误差可能被划分为上述的一个或多个类别。4.1、4.2 和 4.3 中列出了可能产生误差源的示例。在附录 A 中对某些误差进行了较为详细的研讨。

4.1　系统误差

系统误差源举例如下:

a)　平衡机驱动轴的固有不平衡量;

b)　主轴的固有不平衡量;

c)　转动轴线上的驱动部件径向和轴向跳动;

d)　与平衡机转子相配合部件或主轴的径向跳动和轴向跳动;

e)　在平衡过程中轴颈与支承面间的不同心度;

1)　该标准在制定中。

f) 平衡机用于支承转子的滚动轴承(不是工作轴承)的径向和轴向跳动；

g) 平衡后装配的滚动轴承的滚道(及其滚圈)的径向和轴向跳动；

h) 键与键槽装配的不合理；

i) 转子或主轴中的剩磁；

j) 再次安装产生的误差；

k) 平衡设备和平衡仪表产生的误差；

l) 工作主轴与平衡心轴之间的差异；

m) 万向联轴节的缺陷；

n) 转子平衡后出现的永久性弯曲。

4.2 随机误差

随机误差源举例如下：

a) 零、部件松动；

b) 沾染的油污或浮落的灰尘；

c) 热效应引起的畸变；

d) 风阻(气阻)效应；

e) 使用了间隙配合的驱动部件；

f) 转子稳态时，重力效应引起的卧式转子的瞬态弯曲。

4.3 标量误差

标量误差源举例如下：

a) 工件平衡处理后，拆卸结合部位时出现的间隙；

b) 万向联轴节的间隙过大；

c) 心轴或主轴的间隙过大；

d) 设计和制造公差；

e) 平衡机支承工件的滚轮直径与转子轴颈相同或几乎相同或它们二者成整数倍率时而引起的滚轮跳动。

5 误差的评价

5.1 总则

在某种情况下设计的转子材料均匀，机械加工的公差足够小，那么这样的转子在制造后不需平衡。然而，在大多数情况下，转子的初始不平衡量都会超过 GB/T 9239.1 规定的允许值，因而，应对这些转子进行平衡。5.2 到 5.6 述及了在平衡过程中可能产生的平衡误差。

5.2 平衡设备和仪器仪表引起的误差

平衡设备和仪器仪表所产生的误差可随着不平衡量的出现而增大。因此，为了设计一个较为理想的平衡转子宜进行各种尝试。而且，通过对设计阶段不平衡原因的研究表明：某些原因能够完全消除。例如，几个零件组成一个部件或通过减少配合公差而减少不平衡因素等。为减少不平衡原因而加严配合公差的代价必然导致成本增加。当无法消除不平衡原因或无法将它们降低到可忽略的水平时，宜用数学的方法进行评估。

5.3 零部件配合的径向与轴向跳动产生的平衡误差

当一个经过完全平衡的转子组件完成安装时(实指安装后)，转子对轴线的偏心将产生静不平衡量 U_s，其表示式为：

$$U_s = me \qquad \cdots\cdots(1)$$

式中：

m——转子组件质量；

e——偏心距。

若转子组件安装的偏心与转子的质心不在一个平面上，则将引起一个附加的不平衡力偶。偏心平面距离质心愈远，产生的不平衡力偶愈大。

如果一个经过完全平衡好的组件安装后其主惯性轴偏离转子轴线，且其质心仍在转子轴线上，此时，对应主惯性轴与转子轴线间的这个小的角位移 $\Delta\gamma$ 产生的不平衡力偶 D_c 约等于通过组件质心横轴惯性矩 I_x 与其主惯性轴惯性矩 I_z 之差乘以 $\Delta\gamma$，以弧度表示，见表达式为(2)：

$$D_c \approx (I_x - I_z)\Delta\gamma \qquad \cdots\cdots(2)$$

只有当转子组件呈现匀速转动时，上述结论才正确。公式(2)特别适用于平衡装在心轴上的盘状转子。

在转子组件同时产生径向和轴向跳动时，其在各支承或校正平面上分配值的每一个误差能够分别计算，然后再矢量合成(见 GB/T 9239.1—2006 的图 1)。

5.4 平衡操作过程中的误差评价

平衡的目的是使制造的转子的剩余不平衡量在规定的极限范围内，为此宜对各类误差进行控制并在剩余不平衡量的测量中计算出来，以确保符合限值的规定。

操作平衡机过程中存在各种误差源，即待平衡转子的类型、用于支承或驱动转子的工具、平衡机的支承结构(轴承、摆架等)、平衡机检测系统以及电子设备和指示装置。这些误差源的任一个或全部都能引入误差。逐一识别大量误差的特性就可以集中找出误差的起因，以便校正误差把误差减小到最低限度或通过计算误差的影响将其考虑在剩余不平衡量的评价之中使误差达到最小化程度。

在误差评价中使用的平衡机要符合 GB/T 4201 标准，这样才能有效地消除或校正机器中的全部系统误差并把随机误差限定在 GB/T 4201 中定义的 U_{mar}。用平衡机评价误差时，如果使用的转子质量或转子测量平面位置与该平衡机检测中所使用的校验转子质量和位置差异较大，宜使用实际工件，在工件规定的测量面上测定其最小可达剩余不平衡量以对平衡机做进一步的检测。

5.5 随机误差的试验评价

如果怀疑存在较大的随机误差时，应进行若干次测量操作以评价这些误差的大小。在进行上述操作时，重要的是要证明每次操作产生的误差都是随机的(即：每次运行启动，转子的位置都会发生变化)，利用标准统计技术得出的结果可以评价误差的大小。在大多数情况下利用下面的近似方法评价误差是可行的。

对应全部测量操作标绘出已测得的剩余不平衡矢量并求出平均矢量$\overrightarrow{OA}$(见图 1)。以 A 为圆心画包围所有测量点的最小圆。矢量$\overrightarrow{OA}$代表了对剩余不平衡量的评估，而圆半径上的点代表可能出现的最大允许误差。通常随着平衡机操作次数的增加，这些误差的测量不确定度就会减少。

注：在某些情况下，特别是当有一点与其他各点的差别显著大时，则评估出来的误差可能会大得使人难以接受。在这种情况下，为了确定误差应做一个更详细的误差分析。

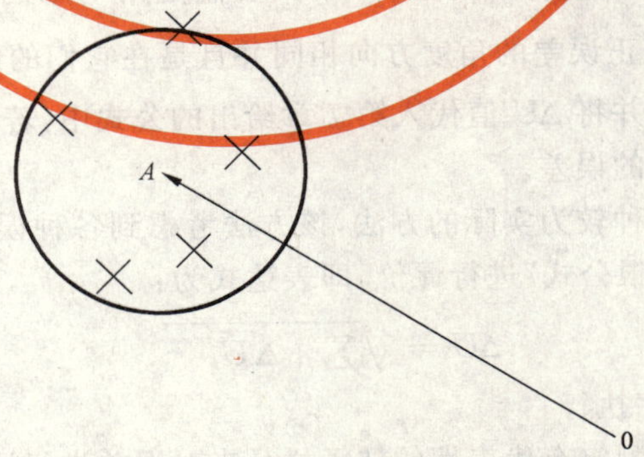

×表示若干测量点位置

图 1 测得的剩余不平衡矢量(随机误差)标绘图

5.6 系统误差的试验评价

在许多情况下，通过以下步骤，使用转位平衡的方法能够发现大多数系统误差。对特定的误差源项目在0°和180°的位置分别安装转子。在两个位置分别测量不平衡量若干次。

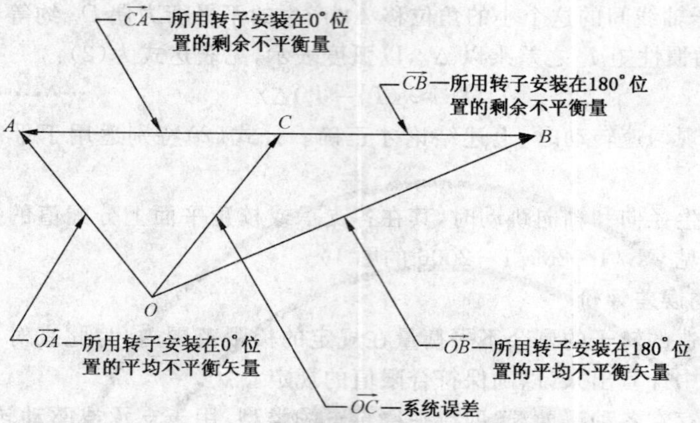

图2 测量的剩余不平衡矢量和系统误差的标绘图

如图2所示，设$\overrightarrow{OA}$和$\overrightarrow{OB}$分别代表所安装转子在0°和180°位置的平均不平衡矢量，根据每个测量平面能作出矢量图，点C是距离AB的中点。矢量$\overrightarrow{OC}$代表特定的系统误差，矢量$\overrightarrow{CA}$和$\overrightarrow{CB}$分别代表转子在0°和180°位置的剩余不平衡量。

注：在上述情况下已假设转子是相对于参考相位进行转动的。但是如果参考相位相对转子是固定不变的，则：

——矢量$\overrightarrow{OC}$代表转子的剩余不平衡量；

——矢量$\overrightarrow{CA}$和$\overrightarrow{CB}$分别代表在0°和180°参考相位上特定的系统误差。

6 综合误差的评价

振幅和相位已知的系统误差是可以消除的。例如，在平衡过程中加到平衡工具和转子上的临时校正质量和数学修正结果。如果这些方法中的任一个都无法或不可能对系统误差进行修正，它们宜合成为下述的随机误差和标量误差。

设$|\Delta \overrightarrow{U_i}|$是由任意源引入的一个未修正误差量值，最好估计是有足够的置信区间。ΔU是未修正的综合误差量值，下面式(3)是最安全的误差评价公式之一。

$$\Delta U = \sum |\Delta \overrightarrow{U_i}| \qquad \cdots\cdots(3)$$

式(3)保证即使在最不利的误差合成的条件下，只要满足第7章的准则，转子就是合格的。公式$\Delta U = \sum |\Delta \overrightarrow{U_i}|$是基于全部未修正误差的角度方向相同并且是在它们的绝对值相加这样最不利的假设条件下建立的。在应用式(3)后并将ΔU值代入第7章给出的公式中，若发现综合的未修正误差会引起转子超差，则建议设法减小较大的误差。

在某些情况下，可以使用一种较为实际的方法，该方法考虑到各种误差源的角度位置不可能同向，故综合误差ΔU可用“平方和求根公式”进行评价，即表达式为：

$$\Delta U = \sqrt{\sum |\Delta \overrightarrow{U_i}|^2} \qquad \cdots\cdots(4)$$

对于每个测量平面宜按上述程序执行。

在适当的条件下，可以通过测定有代表性的转子样品来对误差进行评价。因而可以假设：用同样大小的误差来代表所有那些以相同的方法制造和组装的相似转子的误差。

对于做过质量校正的转子，供需双方需要商定一个确定综合误差的统计方法。

7 验收规则

对于每个测量平面，设：

U_{per}是根据 GB/T 9239.1—2006 获得的许用剩余不平衡量的量值；

U_{rm}是对已知量值和相角的系统误差进行修正后测得的单个读数的剩余不平衡量的量值；

ΔU 是第 6 章定义的综合误差量值。

若满足如下条件，制造者应考虑接受转子平衡的结果：

$$U_{rm} \leqslant U_{per} - \Delta U \qquad (5)$$

当 ΔU 小于 $5\% U_{per}$时，可以将其忽略。

当用户进行平衡复查时，若满足了式(6)的条件，应接受转子平衡的结果。

$$U_{rm} \leqslant U_{per} + \Delta U \qquad (6)$$

如果不满足上述条件，则需进一步观察或重复平衡程序。

注：若预料到转子在运输过程中不平衡量会发生变化，宜将此变化也考虑进去。

8 剩余不平衡量的确定

GB/T 9239.1—2006 第 10 章描述了确定恒态(刚性)转子剩余不平衡量的方法，其中最重要的方法是：

a) 该标准 10.3 表述的方法，该方法要求平衡机要符合 GB/T 4201；

b) 该标准 10.4 表述的方法，该方法要求测量仪器要能够读取不平衡幅值和相位值。双面平衡时要求附加平面分离程序。例如：用影响系数法进行解算。附录 B 提供了此算法程序的典型数据。

注：在大多数实际情况下，上述的 a)、b)两种方法就足够了。然而，若对有关方法产生怀疑，则可在两个平面的不同角度位置使用已知的试加质量以获得较高的精度。提高精度可能有许多方法，GB/T 9239.1—2006 中 10.4 所述及的是一种适合于双面平衡机的方法。当关注不平衡响应曲线的线性，选用不同量值的试加质量时，该过程应能重复。

附 录 A
（规范性附录）
误差及其识别和评定的示例

A.1 辅助设备产生的误差

以下述及了与剩余不平衡量相关且来源于辅助设备误差的示例，并概述于表 A.1。见图 A.1、图 A.2、和图 A.3。

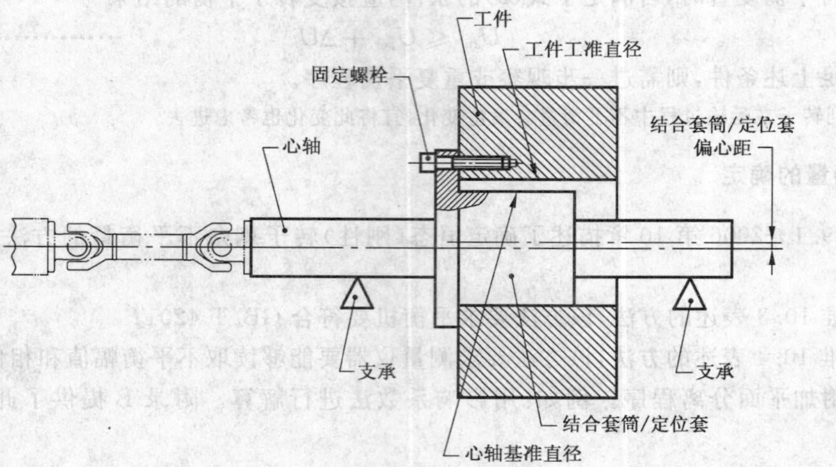

图 A.1 装在心轴上的工件

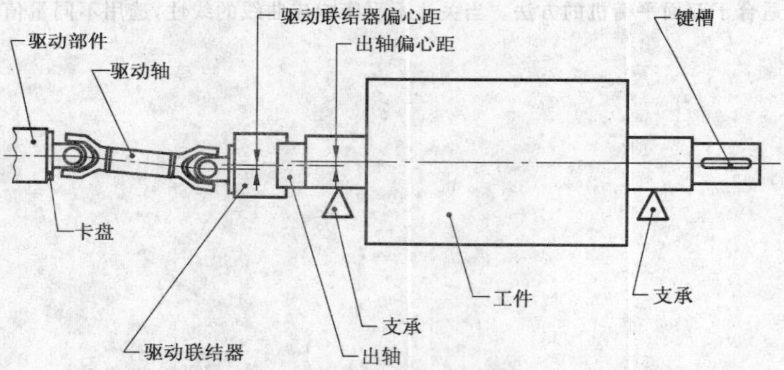

图 A.2 在自身轴颈上安装的工件

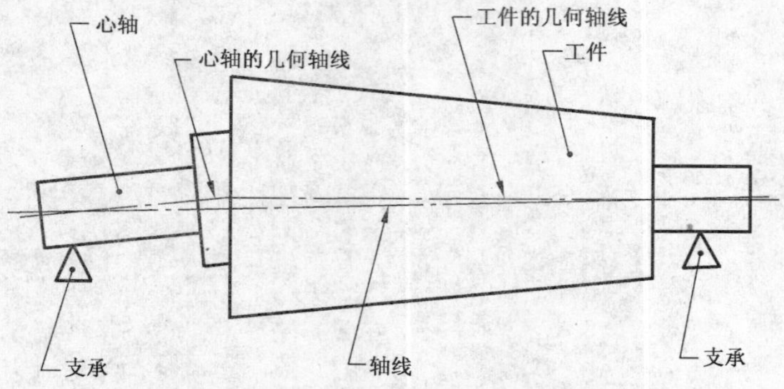

图 A.3 心轴上和工件上的支承

表 A.1 误差示例及减少和评价误差的方法

误差来源	误差源的描述	减少不平衡误差的方法	不平衡误差的评价 实验方法（用于系统误差）	 实验方法（用于随机误差）	 其他方法	相关条款
平衡机	测量设备的系统与随机误差	检查机器的校准和操作；必要时进行修正，重新校准或修理机器			见 GB/T 4201[a]	5.2 5.4～5.6
辅助设备	驱动部件不平衡	平衡辅助设备	可使用，将转子相对驱动部件或心轴转位 180°，实验获得的误差量值和相位是综合的	有可能使用，但转位平衡法更经济适用	通过对项目分别平衡，测量误差量值和相位[b]	A.1.1 A.1.3
	心轴（或端轴）引起的不平衡	更精细地平衡心轴（或端轴）或其他辅助设备，减轻辅助设备的质量				
	驱动部件的径向与轴向跳动	平衡或修理驱动部件				
	心轴（或端轴）的径向与轴向跳动	用偏置质量或补偿器修正或补偿				
	从动滚动轴承的偏心	适当地用工作轴承平衡，若要转子组件装入轴承座，则要对轴承内圈和轴标上匹配标记	可适用，转位 180°时再重新装配轴承			A.1.2
转子	部件松动：如压缩机转子叶片	进行多次启动—停止操作，取不平衡量读数的平均值，并校正该平均不平衡量		可适用，每次操作要在不同的停止位置上启动转子		A.2.1
	有沾染的油污或浮落的灰尘等液体或固体	去除油污或灰尘，若无法实现，进行多次启动—停止操作并校正其平均不平衡量		可适用，每次运行操作之间要大约停机 30 min[c]		A.2.2
	热效应和重力效应	平衡前运行转子达到稳态。不允许转子在平衡机上长期保持静止状态		可适用，尽最大可能减少这些效应[c]		A.2.3
	风阻效应	封闭转子、盖住通风口或反向转动转子			在不同的运行转速下进行比较测量	
	磁效应（例如，已磁化的转子）	对转子退磁，选择较高的平衡转速使磁化效应降至最小			测量在低速下运行误差的量值和相位	A.2.7
	工作滚珠轴承的倾斜	矫正轴上的轴承座圈，重新加工轴肩。若可能，减少保持架对球面运动的阻力			在不同的运行转速下进行比较测量	A.2.4

表 A.1（续）

误差来源	误差源的描述	减少不平衡误差的方法	不平衡误差的评价			相关条款
			实验方法（用于系统误差）	实验方法（用于随机误差）	其他方法	
转子	轴颈表面加工粗糙，润滑不足	重新加工轴颈，重加润滑剂				
	不对中（转子的支承多于二个）	仅在两个支承（每个支架上一个）上平衡或将转子安装在多支承的刚性支架上				
	键与键槽	按 GB/T 16908—1997 配上半键				
	驱动夹具接口的轴向与径向跳动	重新加工表面或采用皮带驱动				A.2.6
装配	万向联轴节的间隙	紧固万向节，替换驱动轴或换成圈带驱动	若对每次启动可确定是零间隙，则此方法可行	可适用，在不同相位位置拆装怀疑的联轴节做二次平衡操作		A.1.3 A.2.5
	装配时不正确的过盈配合	拆除并重新装配，重新确定过盈量	测量轴向跳动			
		重新考虑安装尺寸		检查可重复性		

[a] 工件质量或测量面位置与 GB/T 4201 描述的试验中所用的校验转子差异较大，宜进一步进行试验以便测定工件和（或）转子本身在规定测量平面的最小可达剩余不平衡量。

[b] 一般情况下，能够对已知量值和相位的误差进行校准。然而，当这些误差超过 U_{per} 时，可以在继续平衡操作前采取其他可行的方法来减少它的量值。

[c] 宜分析检查获得的结果以避免混淆沾附污物杂质效应和热效应的影响。

A.1.1 机器的固有不平衡、驱动部件及心轴偏心等引起的误差

由机器的固有不平衡量、驱动部件及心轴偏心等引起的误差可以用转位平衡法加以评价。由于机械装配的不可重复性（见 A.1.3）和工件误差（见 A.2），可使该评定程序变得复杂。

A.1.2 轴承引起的误差

平衡机中装配了滚动轴承，当进行平衡操作时将引入一个与偏心或轴承座圈（和其滚圈）的角度误差及与转子质量成比例的误差，这些误差可通过将轴承座圈在其安装表面转位 180°进行测定。

注：在与本条相关文本中，假设偏心距由径向和（或）轴向跳动产生。

A.1.3 机械装配产生的误差

机械装配可能是一种潜在的误差源。例如：重新组装可引起不平衡量的变化。

机械装配可能产生许多误差源，例如：若存在着径向间隙、过盈太大或连接螺栓与插端和（或）导径错位等，由装配的不可重复性而引起的分散性宜通过反复地在不同角度位置以各个变化的间隙重新组装进行测定。然后，读取每次的不平衡量的读数并计算其平均值。

A.1.4 与平衡设备的平衡质量有关的误差

在平衡过程中宜将旋转的平衡工具（但不一定是心轴）的质量减至最小，以降低由插端和（或）导径

间隙或跳动引起的误差。减小心轴的质量将会提高软支承平衡机的灵敏度，但通常对硬支承平衡机益处不大。

A.2 工件引起的误差

以下讨论与剩余不平衡量有关且来源于工件的误差示例，并概述于表A.1。见图A.2。

A.2.1 零件松动引起的误差

零件松动引起的误差可通过启动或停止转子发现。这是由于零件松动时，每次运行启动平衡机都会使转子的角度位置发生变化并拾取一个新的读数。用5.5描述的方法能够测出误差和平均不平衡量。在一定条件下改变旋转方向可能是有益的但是要慎重操作。应注意的是在实际工作条件下某些平衡机受零件松动的影响可能是显而易见的。

A.2.2 由沾染的油污或浮落的小粒灰尘引起的误差

出现沾染油污或浮落灰尘的情况是推测的和不可避免的，在这种情况下易使转子0°位置朝上保持一段时间，再启动，然后读取一个读数。依次让转子的90°、180°和270°的位置也朝上重复上述操作。应用5.5的方法可以找出误差和其平均不平衡量值。

必须对试验结果进行分析研究，以避免与转子静止了一段时间所产生的热效应(见A.2.3)相混淆。

A.2.3 热效应引起的误差

长型或空心转子由于温度不均匀引起的变形和产生的不平衡量是特别显而易见的。

这些误差能够通过在相对短的一段时间内不让转子在平衡机内保持静止状态或运行转子直到不平衡矢量趋于稳定才能得以减少，如让转子在5 r/min～10 r/min非常低的转速下运行。

通过焊接或加热的机加工方法进行不平衡校正会使转子产生明显的变形。通常需要采用局部散热和(或)一定的稳定运行时间来均衡转子的温度并恢复其正常的形状。

A.2.4 支承引起的误差

运行中滚动轴承座圈与转子之间宜保持它们在平衡操作过程中所形成的角度位置关系。否则就会出现与A.1.2所描述相类似的误差。

无论软支承平衡机还是硬支承平衡机都能在诸如旋转止推面的轴向跳动、滚珠轴承相对于轴线的偏斜或弯曲转子等情况下产生寄生的偶不平衡。

通过在不同转速 n_1、n_2 下运行转子能够证实这些影响的存在，并对误差能够进行评价如下：

a) 对于硬支承平衡机，用 $\Delta\vec{U}_{1L}$，$\Delta\vec{U}_{1R}$ 不平衡量表征转速为 n_1 时可测定的轴向跳动影响：

$$\Delta\vec{U}_{1L}=\frac{1}{1-(n_1/n_2)^2}[\vec{U}_{1L}-\vec{U}_{2L}] \qquad \text{(A.1)}$$

$$\Delta\vec{U}_{1R}=\frac{1}{1-(n_1/n_2)^2}[\vec{U}_{1R}-\vec{U}_{2R}] \qquad \text{(A.2)}$$

式中：$\vec{U}_{1L}$，$\vec{U}_{1R}$，$\vec{U}_{2L}$，$\vec{U}_{2R}$ 分别表示平衡转速为 n_1 和 n_2 时在左平面和右平面上，模拟轴向跳动影响的不平衡量之和引起的读数；用 $\vec{U}_L$，$\vec{U}_R$ 表示左、右平面的剩余不平衡量。平衡机宜在每一转速下和每个平面上以相同的不平衡量单位进行校准。

b) 对于软支承平衡机，模拟轴向跳动影响的不平衡量取决于软支承平衡机悬挂系统的振动质量，因此与速度的平方成反比。故导出上述相同公式。

在这些计算中，假设由旋转止推面的轴向跳动引起的硬支承平衡机作用到的轴承上的压力与转速无关，而软支承平衡机由不平衡量产生的轴承振动也与转速无关。

上述公式仅在充分避开转子和(或)平衡机临界转速的某一转速条件下进行测量时才适用。

当轴颈弯曲的转子安装在敞开式滚轮上，或带有平滚轮的支承在垂直方向没有自由度时，在很低的平衡转速下能观察到类似的现象。通过适当设计平衡机的支承结构能够使这些误差达到最小化。在某些情况下，通过调整平衡机的止推轴承可以避免由止推面的轴向跳动引起的误差。

A.2.5　机械装配引起的误差

由于设计或不合理组装，在平衡机运行过程中不平衡量可能发生变化。经过平衡以后的转子如果被拆卸成零部件并重新组装其不平衡量也会发生变化(见A.1.3)。

A.2.6　轴端驱动安装面跳动引起的误差

若转子端部的插端和(或)导径偏心时，与平衡机驱动轴端部连接后，将会引入误差，该误差不可能用转位平衡的方法检测到。只能计算有效的驱动质量及插端和(或)导径相对于转子轴线的偏心距矢量。如需要，能够在平衡过程中以合适的相角予以临时补偿。

A.2.7　磁化效应引起的误差

在平衡机中由磁化效应自身引起的误差可能会首先显露出来。当磁化频率等于或接近于转动频率时，将产生一个错误的不平衡量读数。例如这可能是由于转子每旋转一周，转子的磁场频率对平衡机传感器形成的交叉干涉引起的。对已磁化转子造成的影响最好采用屏蔽传感器的方法，或对硬支承平衡机选用一个足够高的磁化效应不再起作用的平衡转速予以消除已磁化的影响。读取转子呈刚性状态时各种工作转速下的不平衡读数是找出存在磁化效应误差的最好方法。

附 录 B
（资料性附录）
检查与第 8 章 b)算法有关的典型数据

表 B.1 检查与第 8 章 b)有关算法的典型数据

传感器序号	不加试验质量		在平面 1 上加试验质量 30 000 g·mm，0°		在平面 2 上加试验质量 20 000 g·mm，0°	
	幅值	相位	幅值	相位	幅值	相位
1	1.50	0°	3.10	60°	2.11	320°
2	2.10	130°	1.90	250°	2.09	90°

最终的剩余不平衡量：

——平面 1：6 500 g·mm(213°)；

——平面 2：18 900 g·mm(108°)。

注：剩余不平衡矢量的相位通常不需要确定其平衡品质。

参 考 文 献

[1] GB/T 16908—1997,机械振动　轴与配合件平衡的键准则(idt ISO 8821:1989)。

ICS 39.060
Y 88

中华人民共和国国家标准

GB/T 9288—2006
代替 GB/T 9288—1998

金合金首饰　金含量的测定 灰吹法(火试金法)

Gold jewellery alloys—Determination of gold—Cupellation method (fire assay)

[ISO 11426:1997, Determination of gold in gold jewellery alloys—Cupellation method (Fire assay), MOD]

2006-03-10 发布　　2006-10-01 实施

中华人民共和国国家质量监督检验检疫总局
中国国家标准化管理委员会　发布

前　言

本标准修改采用 ISO 11426:1997《金合金首饰中金含量的测定——灰吹法(火试金法)》(英文版)。本标准代替 GB/T 9288—1998《首饰含金量分析方法》。

本标准与 GB/T 9288—1998 的主要区别如下：

——采用最新国际标准版本，并提高了采标程度，即由非等效采用 ISO 11426:1993 改为修改采用 ISO 11426:1997。

——标准名称按照 GB/T 20001.4—2001 要求作了修改，与国际标准保持一致。

——标准格式按照 GB/T 20000.2—2001 和 GB/T 20001.4—2001 要求作了修改。

本标准根据 ISO 11426:1997 重新起草，为便于比较，在附录 A 中列出了本国家标准条款和国际标准条款的对照一览表。

根据我国首饰生产和销售的实际情况，本标准在采用国际标准时进行了修改。有关技术性差异用垂直单线标志在它们所涉及的条款的页边空白处。在附录 B 中给出了这些技术性差异及其原因的一览表以供参考。

为便于使用，本标准还作了下列编辑性修改：

a)　“本国际标准”一词改为“本标准”；

b)　用小数点“.”代替作为小数点的逗号“,”；

c)　删除国际标准的前言。

本标准的附录 A 和附录 B 为资料性附录。

本标准由中国轻工业联合会提出。

本标准由全国首饰标准化技术委员会归口。

本标准起草单位：国家首饰质量监督检验中心。

本标准主要起草人：李素青、李玉鹍、范积芳、李武军。

本标准所代替标准的历次版本发布情况为：

——GB 9288—1988；

——GB/T 9288—1998。

金合金首饰　金含量的测定 灰吹法(火试金法)

1　范围

本标准规定了采用灰吹法(火试金法)测定金合金首饰中金含量的方法。

本标准适用于金含量在333.0‰～999.5‰的各种金和K金首饰(不含铂、铑等不溶于硝酸的成分)金含量的测定。

本标准被GB 11887指定为金合金首饰中金含量分析的仲裁方法。

2　规范性引用文件

下列文件中的条款通过本标准的引用而成为本标准的条款。凡是注日期的引用文件,其随后所有的修改单(不包括勘误的内容)或修订版均不适用于本标准,然而,鼓励根据本标准达成协议的各方研究是否可使用这些文件的最新版本。凡是不注日期的引用文件,其最新版本适用于本标准。

GB 11887　首饰　贵金属纯度的规定及命名方法(GB 11887—2002,ISO 9202:1991,NEQ)

3　术语和定义

下列术语和定义适用于本标准。

3.1

灰吹　cupellation

把含杂质金属的金和(或)银放在高温炉内灰皿(由耐火或耐高温材料制成的平底多孔盘)中熔化,随后在其上面吹入热空气气流来分离掉杂质的过程。铅、铜、锡和其他需分离的金属杂质被热空气氧化,一部分挥发,一部分被灰皿吸收。

3.2

分金　parting of gold

用硝酸将灰吹后的金银合金粒中的银溶解,以实现金银分离的过程。

4　方法原理

试样中加入适量的银,用铅做扑收剂,放在多孔性灰皿中进行氧化灰吹。铅氧化物及杂质被灰皿吸收,而金和银滞留在灰皿中熔炼为贵金属珠。将其轧成薄片并卷成小卷,置于硝酸中,将银逐步溶解后,获得金的质量。同时采用标准金进行分析对比,可以消除分析过程中的系统误差。

注1:测定含钯和(或)镍的白色金合金时,在分析步骤上会有些变化。

5　试剂材料

除非另有说明,在分析中仅使用确认为分析纯的试剂和蒸馏水或去离子水或相当纯度的水。

5.1　硝酸,质量分数为33%,$\rho=1.2$ g/ mL,不含氯离子。

5.2　硝酸,质量分数为49%,$\rho=1.3$ g/ mL,不含氯离子。

5.3　铅箔,分析纯,不含贵金属和铋。

将铅粒熔化铸条轧成0.2 mm厚的铅箔,擦去油脂备用。

5.4　银,银含量为999.9‰以上,不含金和铂族元素。

5.5 标准金,金含量至少为 999.9‰。

5.6 钯,钯含量至少为 999.9‰。

5.7 镍,其镍含量至少为 999‰,不含金和铂族元素。

5.8 铜箔或铜丝,铜含量至少为 999‰,不含金和铂族元素。

5.9 硼砂($Na_2B_4O_7$),无水。

6 仪器设备

常用实验室仪器和

6.1 灰吹炉,温度范围:室温至 1 300℃,控温温差小于±20℃。

6.2 灰皿,可选用骨灰或具有类似吸收作用的灰皿材料制作,如镁砂。吸收铅量为 10 g 以上的灰皿参考尺寸为:外径 30 mm,内径 27 mm,高度 20 mm,凹面深度 10 mm。

6.3 分金烧瓶,或分金篮。

6.4 瓷坩埚。

6.5 长柄不锈钢钳。

6.6 不锈钢镊子。

6.7 铁砧子,可以用压力机代替,需抛光且专用。

6.8 锤子,可以用压力机代替,需抛光且专用。

6.9 渣化皿,或试金坩埚,通常直径为 50 mm。

6.10 小型轧片机,最小轧制厚度不大于 0.1 mm。

6.11 棕毛刷或尼龙刷。

6.12 数字钢印号钢章。

6.13 分析天平,感量 0.01 mg,0.1 mg;精度等级二级。

7 分析步骤

7.1 黄色金合金

7.1.1 称量

称取 200 mg～300 mg 标准金(5.5)3～4 份及相当于 200 mg～300 mg 标准金的试样 3～4 份,精确至 0.01 mg,放在质量为 3.5 g 的铅箔(5.3)内,同时加入相当于金质量 2.1 倍～2.5 倍的银(5.4)(同一次测试比例应相同)。考虑到试样中含有的贱金属总量,因此要在标准金中按比例加入适量的铜(5.8)。

将称好的标准金和试样分别用铅箔包好,卷成球形并编号。

7.1.2 灰吹

用长柄不锈钢钳(6.5)将铅箔包裹好的标准金与试样放入在灰吹炉(6.1)内已预热到至少 920℃的灰皿(6.2)中。将标准金与试样交叉排列,以避免炉温不均造成误差。炉温保持在 920℃～1 000℃,在氧化条件下,持续加热直到样品完全熔化(大约 25 min)。

对于封闭式灰吹炉可采用如下的灰吹方法:炉温保持在 920℃～1 000℃,30 min～40 min 后,稍开炉门进行氧化灰吹。10 min～15 min 后关闭炉门,45 min～60 min 后切断电源,灰吹完毕。

7.1.3 退火轧片

将温度降至 700℃以下的标准金与试样用镊子(6.6)从灰皿中取出并用刷子(6.11)仔细刷去附着在上面的灰皿材料,放在铁砧子(6.7)上,夹紧用锤子(6.8)敲打成片,并退火,最后轧成 0.15 mm～0.20 mm左右的薄片,退火后用数字钢印号钢章(6.12)打号,卷成圆筒状。

注 2:仔细检查灰皿以确保金扣包含全部金样品。

7.1.4 分金

7.1.4.1 把金卷浸没在盛有 20 mL 近沸硝酸(5.1)的分金烧瓶(6.3)中,使之始终保持在低于沸点 5℃

接近煮沸的温度下。持续加热 15 min 或加热赶尽氮氧化物烟雾为止。将溶液缓慢倒出，用热水(60℃～70℃)清洗金卷 3～5 次，浸入 20 mL 硝酸(5.2)中煮沸约 15 min。倒出溶液并用热水清洗金卷 3～5 次，再浸入 20 mL 硝酸(5.2)中煮沸约 10 min，倒出溶液，用热水清洗金卷 3～5 次。

7.1.4.2　当同时检验一系列组成相似的样品时可以不用分金烧瓶，而使用分金篮(6.3)。将金卷放入分金篮内，然后将分金篮缓缓浸入大约 90℃的硝酸(5.1)中。将酸加热至近沸并持续约 15 min 或直至赶尽氮氧化物烟雾。

把分金篮从酸中取出，用热水清洗金卷 3～5 次再进行第二次硝酸(5.2)的酸浴处理，再加热15 min后，从硝酸(5.2)中取出用热水清洗金卷 3～5 次。

7.1.4.3　当同时检验一系列组成相似的样品而又没有分金篮时，可采用如下方法：

将 150 mL 预热到 90℃～95℃的硝酸(5.1)倒入盛有标准金和试样的烧杯中，微沸加热 45 min 左右倒掉酸液，用 60℃～80℃热水洗涤 3～5 次；再加入 150 mL 预热到 90℃～95℃的硝酸(5.2)，微沸加热 40 min 左右倒掉酸液，用 60℃～80℃热水洗涤 3～5 次。

7.1.4.4　将分金后的标准金与试样小心转移至瓷坩埚(6.4)内，干燥，灼烧成金黄色，或将它们放入马弗炉中在 700℃～750℃下加热约 5 min，冷却后称量金卷的质量，精确至 0.01 mg。

7.2　含镍的白色金合金(不含钯)

对于含镍的白色金合金，采用本标准检验其金含量时可采用增加铅用量的方法或铅析金银法。

7.2.1　增加铅用量的灰吹过程

采用标准量的铅加入灰皿中是难以把金从含镍的金合金中提取出来的。增加铅的用量才可有效灰吹。标准金和试样的称样量同 7.1.1，用 6 g 铅箔(5.3)包裹，同时加入相当于金质量 2.1 倍～2.5 倍的银(5.4)(同一次测试比例应相同)；灰吹温度为 1 000℃～1150℃，按 7.1.4 分金。

标准金中应加入与试样大致相当的镍(5.7)。

7.2.2　铅析金银法(试金法)

标准金和试样的称样量同 7.1.1，用 3.5 g 铅箔(5.3)包裹，同时加入相当于金质量 2.3 倍～3 倍的银(5.4)；将其放入加热到 1 100℃的试金皿(6.9)中，并加入 15 g 铅和 1.5 g～2 g 的硼砂(5.9)。

约 2 min 后，用长柄不锈钢钳(6.5)把试金皿取出，冷却后分离铅扣，此铅扣中包含如 7.1.2 所述的经过灰吹处理后的金和银。

标准金中应加入与试样大致相当的镍(5.7)。

7.3　含钯的白色金合金

对于含钯的白色金合金，采用本标准检验其金含量时可采用如下两种方法：

7.3.1　对于含有钯的白色金合金来说，将经过一次灰吹和分金的合金卷和标准金再次用 4 g 铅(5.3)及相当于金量 2.5 倍的银和一小块铜(大约 50 mg)(5.8)包裹，进行第二次灰吹，分金过程如前所述。

标准金中应加入与试样大致相当的钯(5.6)。

7.3.2　标准金和试样的称样量同 7.1.1，铅箔(5.3)的用量为 4 g，标准金中应加入与试样大致相当的钯(5.6)；灰吹温度同 7.2.1；分金过程按 7.1.4.3 两次分金后，需进行第三次分金，即加入 150 mL 预热到 90℃～95℃的硝酸(5.2)，微沸加热 20 min 左右倒掉酸液，用 60℃～80℃热水洗涤 5～7 次。

8　结果的表示

8.1　金含量以 W_{Au} 计，数值以 10^{-3} 或‰表示，按式(1)计算：

$$W_{Au}=\frac{m_2+\Delta}{m_1}\times 1\,000 \qquad (1)$$

式中：

m_1——试样质量，单位为毫克(mg)；

m_2——试样分金后所得金卷的质量，单位为毫克(mg)；

$\Delta = m_3 \times E - m_4$，单位为毫克(mg)；

m_3——标准金的质量，单位为毫克(mg)；

m_4——标准金分析后所得金卷的质量，单位为毫克(mg)；

E——标准金的纯度，以千分数表示。

计算结果表示到小数点后一位。

8.2 重现性

重复实验造成结果的偏差，对于999.0‰～999.5‰金合金应小于0.2‰；对于小于999.0‰金合金应小于0.5‰；对于白色K金合金应小于1‰。

9 试验报告

试验报告应至少包括以下信息：

——样品的识别：包括样品来源、接收日期和形状；

——使用的标准(包括发布或出版年号)；

——使用的方法；

——样品含金量的千分值，包括单个样品的值及平均值；

——如有必要，应有与此标准方法规定的分析步骤的差异；

——测试过程中任何异常情况的记录；

——测试日期；

——完成分析的实验室签章；

——实验室负责人及操作人员的签名。

附 录 A
（资料性附录）
本标准章条编号与 ISO 11426:1997 章条编号对照

表 A.1 给出了本标准章条编号与 ISO 11426:1997 章条编号对照一览表。

表 A.1 本标准章条编号与 ISO 11426:1997 章条编号对照

本标准章条编号	对应的国际标准章条编号
1	1 的第一段和第三段
2	2
3	—
4	3
5.1	4.1
5.2	4.2
5.3	4.3
5.4	4.4
5.5	4.5
5.6	4.6
5.7	4.7
5.8	4.8
5.9	4.9
6.1	5.1
6.2	5.2
6.3	5.3
6.4	5.4
6.5	5.5
6.6	5.6
6.7	5.7
6.8	5.8
6.9	5.9
6.10	5.10
—	5.11
6.11	5.12

表 A.1（续）

本标准章条编号	对应的国际标准章条编号
6.12	—
6.13	—
—	6
7.1.1	7.1.1、7.1.2
7.1.2、7.1.3	7.1.3
7.1.4.1、7.1.4.2、7.1.4.4	7.1.4
7.1.4.3	—
7.2	7.2
7.3.1	7.3
7.3.2	—
—	7.4
—	7.5
8.1	8.1
8.2	8.2
9	9a)、c)～i)
—	9b)

附　录　B
（资料性附录）
本标准与 ISO 11426:1997 技术性差异及其原因

表 B.1 给出了本标准与 ISO 11426:1997 的技术性差异及其原因的一览表。

表 B.1　本标准与 ISO 11426:1997 技术性差异及其原因

本标准的章条编号	技术性差异	原　因
1	1)“金含量在 333.0‰～999.5‰的各种金和 K 金首饰(……)”代替了“金含量适用于 333‰～999‰的范围”。 2)删除了 ISO 11426:1997 的第一章第二段。 3)“GB 11887”代替了“ISO 9202”。	扩大测定范围便于标准的执行。 引用了采用国际标准的国家标准，而非国际标准。
2	“GB 11887”代替了“ISO 9202”。	适合我国国情。
3	增加了术语和定义。	便于标准的理解和执行。
5.1	“硝酸，质量分数为 33%”代替了“硝酸，33%(*m*/*m*)”。	符合我国标准编写要求。
5.2	“硝酸，质量分数为 49%”代替了“硝酸，49%(*m*/*m*)”。	符合我国标准编写要求。
5.5	“金含量至少为 999.9‰”代替了“测定金含量在 333‰～990‰范围的样品时，其纯度至少为 999.9‰；测定金含量高于 990‰的样品时，其纯度至少为 999.99‰”。	适合我国国情。
6.2	1)“可选用骨灰或具有类似吸收作用的灰皿材料制作，如镁砂”代替了“镁砂灰皿，或采用具有类似吸收作用的灰皿材料”。 2)“吸收铅量为 10 g 以上的灰皿……凹面深度 10 mm”代替了“直径为 22 mm 的可吸收 6 g 铅，直径为 26 mm 的可吸收 10 g 铅”。	1)适合我国国情。 2)详细规定灰皿尺寸，便于标准执行。
6.5	“长柄不锈钢钳”代替了“灰吹用的钳子”。	适合我国国情。
6.6	“不锈钢镊子”代替了“分析用的钳子”。	适合我国国情。
6.12	增加了“数字钢印号钢章”。	在样品上打号以便区分识别。
6.13	增加了“分析天平，感量 0.01 mg，0.1 mg；精度等级二级”。	便于标准的执行。
—	删除了 ISO 11426:1997 的 5.11。	本标准方法不用该设备。
—	删除了 ISO 11426:1997 的 6。	本标准方法不适用。
7.1.1	“称取 200 mg～300 mg 标准金(5.5)3～4 份及相当于 200 mg～300 mg 标准金的试样 3～4 份”代替了“实验至少两个平行样，每个样品质量最好在 125 至 250 mg 之间”和“标准金的质量按照 7.1.1 称量，至少要有两个标准金”。	加大取样量可降低误差，明确取样份数便于标准的执行。
7.1.1	“放在质量为 3.5 g 的铅箔”代替了“铅箔对于 200 mg 以下的黄金样品来说……的样品来说至少为 6 g”。	实验证明降低铅用量能够满足分析要求，并利于环保。
7.1.1	“同时加入相当于金质量 2.1 倍～2.5 倍的银”代替了“同时加入相当于金质量 2.3 至 3.0 倍的纯银”。	因样品本身含有银，当加大试样的取样量时，所需加入的银量则减少。

表 B.1（续）

本标准的章条编号	技术性差异	原　　因
7.1.2	1)“炉温保持在 920℃～1 000℃”代替了“灰吹炉的温度控制在 1 050℃～1 150℃”。 2)增加了“对于封闭式灰吹炉可采用如下的灰吹方法……灰吹完毕”。	1)对于黄色金合金，该温度已足够，温度过高会导致金的损失。 2)适合我国国情。
—	删除了 ISO 11426:1997 中 7.1.4 前三段。	适合我国国情。
7.1.4.3	增加了“将 150 mL 预热到 90℃～95℃的硝酸(5.1)倒入盛有标准金和试样的烧杯中……用 60℃～80℃热水洗涤 3～5 次”。	适合我国国情。
7.1.4.4	增加了“将分金后的标准金与试样小心……灼烧成金黄色”。	适合我国国情。
7.2.1	“增加铅的用量才可有效灰吹……灰吹温度为 1 000℃～1150℃。”代替了“有效的灰吹法需要额外加入……必须格外小心”。	适量增加铅的用量既达到试验目的又利于环保，且便于操作。
7.3.2	增加了“标准金和试样的称样量同 7.1.1……热水洗涤 5～7 次”。	便于操作。
—	删除了 ISO 11426:1997 的 7.4、7.5。	此条款不适合我国国情。
—	删除了 ISO 11426:1997 的 9b)。	由于目前国际国内均无适合的取样标准，此条款不适用。

ICS 71.100.01;87.060.10
G 55

GB

中华人民共和国国家标准

GB/T 9339—2006
代替 GB/T 9339—1988

反应染料　染料与纤维素纤维结合键耐酸耐碱性的测定

Reactive dyes—The linkage between the dyes and the cellulosic fibers—Determination of the acidic or basic hydrolizing properties

2006-08-01 发布　　　　2007-01-01 实施

中华人民共和国国家质量监督检验检疫总局
中国国家标准化管理委员会　发布

前　言

本标准代替 GB/T 9339—1988《反应染料与纤维素纤维结合键耐酸耐碱性的测定方法》。

本标准与 GB/T 9339—1988 的主要变化如下：

——将标准名称规范为《反应染料　染料与纤维素纤维结合键　耐酸耐碱性的测定》；

——增加了试验报告的内容(本标准的第 7 章)。

本标准由中国石油和化学工业协会提出。

本标准由全国染料标准化技术委员会(SAC/TC 134)归口。

本标准起草单位：沈阳化工研究院。

本标准主要起草人：董仲生。

本标准于 1988 年首次发布。

反应染料　染料与纤维素纤维结合键耐酸耐碱性的测定

1　范围

本标准规定了反应染料与纤维素纤维结合键耐酸耐碱性的测定方法。

本标准适用于反应染料与纤维素纤维结合键耐酸耐碱性的测定。

2　规范性引用文件

下列文件中的条款通过本标准的引用而成为本标准的条款。凡是注日期的引用文件，其随后所有的修改单(不包括勘误的内容)或修订版均不适用于本标准，然而，鼓励根据本标准达成协议的各方研究是否可使用这些文件的最新版本。凡是不注日期的引用文件，其最新版本适用于本标准。

GB 250　评定变色用灰色样卡(idt ISO 105-A02:1993)

GB 251　评定沾色用灰色样卡(idt ISO 105-A03:1993)

GB/T 2374—1994　染料染色测定的一般条件规定

GB/T 2387—2006　反应染料　色光和强度的测定

GB/T 4841.1—2006　染料染色标准深度色卡　1/1

GB 7565—1987　纺织品色牢度试验　棉和粘纤标准贴衬织物规格(neq ISO 105-F02:1982)

GB 11403—1989　纺织品色牢度试验　聚酰胺标准贴衬织物规格(neq ISO 105-F03:1984)

3　原理

将印染成品在一定的温度、时间下，按规定的浴比经酸、碱溶液浸渍，然后对贴衬织物进行沾色试验，用灰色样卡评定试样变色和贴衬织物的沾色程度，从而评定该染料与纤维素纤维结合键的耐酸耐碱性。

4　试剂和材料

试剂和材料应符合 GB/T 2374—1994 中第 3 章的有关规定。

a)　乙酸:10 g/L 的溶液；

b)　无水碳酸钠:2 g/L 的溶液；

c)　棉标准贴衬织物:符合 GB 7565—1987 要求，每块尺寸为 10 cm×4 cm；

d)　聚酰胺标准贴衬织物:符合 GB 11403—1989 要求，每块尺寸为 10 cm×4 cm。

5　仪器和设备

仪器和设备应符合 GB/T 2374—1994 中第 5 章的有关规定。

a)　电热恒温水浴锅:恒温范围 37℃～100℃；

b)　汗渍牢度仪；

c)　玻璃板:20 cm×20 cm；

d)　烧杯:100 mL；

e)　电热恒温干燥箱；

f)　滚筒:长度不小于 10 cm；

g） 耐洗色牢度试验机。

6 试验方法

6.1 试样的制备

根据反应染料的类别，按 GB/T 2387—2006 中第 6 章规定进行。染色或印花的深度按 GB/T 4841.1—2006 的规定进行。

剪取染色或印花色泽均匀的织物两块，每块尺寸为 10 cm×4 cm，作为试样备用。

6.2 耐酸性的测试

在 100 mL 的烧杯中加入 10 g/L 的乙酸溶液，浴比 1∶50，放入一块试样，使之完全润湿。然后将烧杯置于电热恒温水浴锅中，于 60℃保温 20 min，取出。

取棉及聚酰胺贴衬织物各一块用水润湿，将经乙酸浸渍过的试样夹在两块贴衬织物之间形成一个组合试样，平放在玻璃板上，用滚筒碾压试样以驱尽布层之间的气泡，并使含湿率为 150%±5%。将组合试样夹在汗浸牢度仪的两块试样板之间，置于干燥箱中，于 40℃下保温 4 h，取出试样，水洗，于 60℃以下干燥，贴样。

6.3 耐碱性的测试

取试样一块置于棉和聚酰胺两块贴衬织物之间，沿四周缝合成一个组合试样，将其置于耐洗色牢度试验机的不锈钢容器中，加入 2 g/L 的无水碳酸钠溶液，浴比为 1∶50，使之完全润湿，移入耐洗色牢度实验机内，于 95℃机械搅拌 30 min，取出试样，水洗，于 60℃以下干燥，贴样。

6.4 评级

用 GB 250、GB 251 进行评级。

7 试验报告

试验报告包括以下内容：

a） 被测染料的名称；
b） 本标准编号；
c） 使用仪器的型号、编号；
d） 测试结果；
e） 在测试过程中的特殊情况；
f） 与本方法的差异；
g） 试验日期。

ICS 29.120.50
K 31

中华人民共和国国家标准

GB 9364.4—2006/IEC 60127-4:1996

小型熔断器 第4部分:通用模件熔断体

Miniature fuses—Part 4:Universal modular fuse-links (UMF)

(IEC 60127-4:1996,IDT)

2006-08-25 发布　　2007-03-01 实施

中华人民共和国国家质量监督检验检疫总局
中国国家标准化管理委员会 发布

前　言

本部分的全部技术内容为强制性。

本部分等同采用 IEC 60127-4:1996《小型熔断器　第 4 部分:通用模件熔断体》(第二版)、修改单 1(2002)和修改单 2(2003)。

本部分是 GB 9364《小型熔断器》系列标准中的第 4 部分。

GB 9364《小型熔断器》包括以下部分:

第 1 部分:小型熔断器定义和小型熔断体通用要求(GB 9364.1—1997)

第 2 部分:管状熔断体(GB 9364.2—1997)

第 3 部分:超小型熔断体(GB 9364.3—1997)

第 4 部分:通用模件熔断体(GB 9364.4—2006)

第 5 部分:小型熔断体质量评定导则(尚未制定国家标准)

第 6 部分:小型管状熔断体的熔断器座(GB 9364.6—2001)

第 7 部分:(为以后的文件留空)

第 8 部分:(为以后的文件留空)

第 9 部分:试验座和试验电路(尚未制定国家标准)

第 10 部分:用户指南(尚未制定国家标准)

本部分的附录 A 是规范性附录。

本部分由中国电器工业协会提出。

本部分由广州电器科学研究院、中国电子技术标准化研究所归口。

本部分起草单位:广州日用电器检测所、广州电器科学研究院、力特保险丝有限公司、AEM 科技(苏州)有限公司、香港自力迅达有限公司、厦门宁利电子有限公司、华德电子股份有限公司、广东东莞威文电器制品有限公司、广东豫家电子制品有限公司。

本部分起草人:蔡军、罗怀平、郑索平、马岩、梁冠锐、黄恒明、尤启明、杨继续、杨豫强。

引　言

电子设备小型化的趋势，以及可能采用自动化操作对印制电路板或其他衬底系统应用进行适合设计的趋势，都使得用户需要小尺寸的熔断体。这些熔断体应设计成具有某种程度上的不可拆卸性。

32 V、63 V、125 V 和 250 V 的额定电压与下列的特性一同使用：非常快速动作(FF)、快速动作(F)、延时(T)和长延时(TT)。

由于在新技术中要求限制瞬时过电压，并且这种需求的重要性在不断增加，建议在规定的试验条件下，以及相关典型电路布置中，通过这些熔断体来限制过电压。

分断能力的规定可以是在交流或直流中选择。如果熔断器符合直流要求，也可以认为其符合交流要求，但需要通过试验进行验证。熔断器可以注明两个额定值，如果是这种情况，则需在制造商说明书中指出。

小型熔断器的用户希望列出小型熔断器的所有标准、建议和其他文件应有相同的标准顺序号，以便于在其他规范中，例如设备规范，引用熔断器时作为参考。

另外，一个标准顺序号划分成几部分有利于新标准的制定，因为包含通用要求的条款就不必一再重复。

GB 9364　系列标准划分如下：

GB 9364　小型熔断器(总的名称)

GB 9364.1　第 1 部分：小型熔断器定义和小型熔断体通用要求

GE 9364.2　第 2 部分：管状熔断体

GB 9364.3　第 3 部分：超小型熔断体

GB 9364.4　第 4 部分：通用模件熔断体(UMF)

GB 9364.5　第 5 部分：小型熔断体质量评定导则

GB 9364.6　第 6 部分：小型管状熔断体的熔断器座

GB 9364.7　第 7 部分：(为以后的文件留空)

GB 9364.8　第 8 部分：(为以后的文件留空)

GB 9364.9　第 9 部分：试验座和试验电路

GB 9364.10　第 10 部分：用户指南

GB 9364 的第 4 部分规定了通用模件熔断体(UMF)的附加要求、试验设备和标准规格单。

同时，还需要参照 GB 9364 系列标准的其他部分。

小型熔断器
第4部分:通用模件熔断体

第一篇 附加要求和试验设备

1 范围

1.1 本部分规定了保护通常在户内使用的电气装置、电子设备和其中部件的、且连接到印制电路板或其他衬底系统的通用模件熔断体(UMF)。

它不适用于在特殊条件(例如腐蚀或易爆环境)下使用的电气装置的熔断体。

通常,此熔断体仅能被合适的专业人员使用特殊工具来进行安装或更换。

用于熔断器座里的熔断体,正在考虑中。

本部分还采用 GB 9364.1—1997 的要求。

1.2 本部分的目的是:规定除了适用 GB 9364.1—1997 要求以外,还需不可互换性的等级要求。

2 规范性引用文件

下列文件中的条款通过本部分的引用而成为本部分的条款。凡是注日期的引用文件,其随后所有的修改单(不包括勘误的内容)或修订版均不适用于本部分,然而,鼓励根据本部分达成协议的各方研究是否可使用这些文件的最新版本。凡是不注日期的引用文件,其最新版本适用于本部分。

GB/T 2036—1994 印制电路术语(neq IEC 60194:1988)

GB/T 2423.28—1982 电工电子产品基本环境试验规程 试验 T:锡焊试验方法(eqv IEC 60068-2-20:1979)

GB/T 2423.29—1999 电工电子产品环境试验 第2部分:试验方法 试验 U:引出端及整体安装件强度(idt IEC 60068-2-21:1992)

GB/T 4588.3—2002 印制板的设计和使用 (eqv IEC 60326-3:1991)

GB/T 4725—1992 印制电路用覆铜箔环氧玻璃布层压板(neq IEC 60249-2:1987)

GB/T 5729—2003 电子设备用固定电阻器 第一部分:总规范(IEC 60115-1:2001,IDT)

GB 9364.1—1997 小型熔断器 第1部分:小型熔断器定义和小型熔断体通用要求(idt IEC 60127-1:1988)

GB/T 9546—1995 电子设备用固定电阻器 第8部分:分规范:片式固定电阻器(idt IEC 60115-8:1989)

GB/T 16935.1—1997 低压系统内设备的绝缘配合 第一部分:原理、要求和试验(idt IEC 60664-1:1992)

IEC 60068-2-58:1989 电工电子产品环境试验 第2部分:试验方法,试验 Td:表面安装装置(SMD)的可焊性、金属化的耐溶解性和焊接热

ISO 3:1973 优先数系:优先数系系列

3 定义

GB 9364.1—1997 中的本章增加下述内容后适用:

3.7.1

穿孔式熔断体　through-hole fuse-link

穿孔式熔断体是专门设计用来直接焊接到印制电路板上，并将其引线插入到相应的已设计好的孔中的 UMF。

3.7.2

表面贴装式熔断体　surface mount fuse-link

表面贴装式熔断体是通过焊料或其他方式将其导体直接附着到衬底的表面上，而不需要将其引线插入到相应的已设计好的孔或插槽中的 UMF。

3.28

焊盘　land

导体结构的一部分，通常是用于，但不只限于连接和/或附加零部件(参见 GB/T 2036)。

注：适用于表面贴装式熔断体的更多的定义可以在 GB/T 5729—2003 和 GB/T 9546—1995 中查阅。

4　一般要求

(见 GB 9364.1—1997)

5　标准额定值

5.1　额定电压

见标准规格单。

5.2　额定电流

优选值见表 2。

5.3　额定分断能力

见标准规格单。

6　标记

除 GB 9364.1—1997 中第 6 章要求外，应遵守下列规定：

6.1　除 GB 9364.1—1997 中 6.1 要求外，每个熔断体应有下列标记：

e)　对标称为 250 V 的熔断体，应有表示分断能力的符号。这个符号应标在额定电流和额定电压标志之间。

这些符号是：

H：表示高分断能力

I：表示中分断能力

L：表示低分断能力

f)　图 1 所示的识别符号；

g)　设计只用于交流电设备者，其电压值之前要标示 a.c. 字样。

6.4　通用模件熔断体的色码：正在考虑中。

6.5　对于标称 125 V 或更小的熔断体，若由于空间有限，标志不能标在产品上，则相关的信息应在最小包装单元及制造商的技术文件中出现。

7　试验的一般说明

除 GB 9364.1—1997 中第 7 章要求外，应遵守下列规定：

7.2 型式试验

7.2.1 对符合标准规格单 1 和 2 的单一熔断体额定值的试验见表 1。对设计及标称为 a.c. 和 d.c. 熔断体，所需的熔断体的数量为 63 个；对设计仅用于 a.c. 的熔断体，所需的熔断体的数量为 48 个。其中 9 个留作备份件。

对符合标准规格单 1 和 2 的同类系列的最大安培额定值的试验见表 3。对设计及标称为 a.c. 和 d.c. 熔断体，所需的熔断体的数量为 53 个；对设计仅用于 a.c. 的熔断体，所需的熔断体的数量为 48 个。其中 19 个留作备份件。

对符合标准规格单 1 和 2 的同类系列的最小安培额定值的试验见表 4。对设计及标称为 a.c. 和 d.c. 熔断体，所需的熔断体的数量为 38 个；对设计仅用于 a.c. 的熔断体，所需的熔断体的数量为 33 个。其中 16 个留作备份件。

7.3 试验用熔断器座

7.3.1 一般要求

通过焊料将熔断体安装在合适的试验板上(符合 7.3.2 或 7.3.3 是合适的)。

接着，将试验板安装在试验熔断器座上(图 4)，试验板由覆铜箔环氧玻璃布层压板制成，具体定义在 GB/T 4725—1992 中。

——层压板的标称厚度应为 1.6 mm；

——覆铜箔的标称厚度应为 0.035 mm。

熔断器底座的金属件应用含铜量达 58%～70%的黄铜制成。接触面应镀银。

当两个或两个以上的熔断体串联试验时，熔断器底座的放置位置应保证使任何两个被试的熔断体之间留有不小于 50 mm 的间距。将熔断器底座连在一起的导线以及将熔断器底座与安培表和供电电源相连接的导线应为带绝缘的铜导线。每根导线的长度应为 250 mm，而且该导线的横截面积约为 1 mm^2。

7.3.2 穿孔式熔断体(标准规格单 1)

对符合标准规格单 1 的熔断体的电气试验，要将熔断体安装在如图 2 所示的试验板上，该试验板有 2 个适合容纳端子大小的孔。

7.3.3 表面贴装式熔断体(标准规格单 2)

对符合标准规格单 2 的熔断体的电气试验，要将熔断体安装在如图 3 所示的试验板上，具体的安装方法见 8.8。

8 尺寸和结构

8.1 尺寸

通用模件熔断体(UMF)的尺寸应符合相应的标准规格单。

通过检查长度、宽度和高度来检验其是否合格。

对标准规格单 1 的熔断体，应检查端子的间距。端子应亦能通过 1 mm 的孔。端子的长度不作规定，而由包装方法所决定。

8.2 结构

熔断元件应完全封闭。

通用模件熔断体(UMF)应能承受印制电路板或者其他衬底装置的运作的热和化学影响，而其性能不受损伤。

通过 8.7 所规定的耐焊接热的试验检查是否合格。

8.3 端子

8.3.1 穿孔式熔断体

端子应固定牢固，以保证在未损坏 UMF 的情况下，端子就不可能被拆卸。

是否合格，通过进行如下试验检查：

将样品浸入温度为 15℃～35℃的水中预处理 24 h。

试验方法应按 GB/T 2423.29—1999 的规定进行。

应进行如下的试验。

——拉力试验(Ua1)，施加的力应为 10 N；

——推力试验(Ua2)，施加的力应为 2 N；

——弯曲试验(Ub)，施加的力应为 5 N，弯曲次数应为 1 次。

对每一试验，样品的数量为 2 个。在试验结束后，端子仍应固定牢固。按 9.1 要求测量电压降，电压降应不超过表 2 所允许的最大值。若端子长度小于 5 mm，可不进行弯曲试验 Ub。

8.3.2 表面贴装式熔断体

熔断体应安装在图 3 所示的试验板上。将内侧装有熔断体的试验板放在如图 5 所示的弯曲夹具上。试验板要以 1 mm/s 的速率弯曲到 1 mm。试验板应允许从弯曲位置恢复过来，并接着从试验夹具上拆下。

在试验结束后，端子仍应固定牢固，并按 9.1 要求测量电压降，电压降不应超过表 2 所允许的最大值。

8.4 端子的准直度和结构

端子的结构和间距在标准规格单中规定。

注 1：穿孔式熔断体

对 UMF 的穿孔式安装，标准规格单中的尺寸是允许安装在具有孔心定位在 $e=2.5$ mm 的网格系统的印制电路板上。值得注意的是，在世界上一些国家中，数值 $e=2.54$ mm 仍旧被印制电路设计者所采用。

建议电气和电子电路的设计者采用 GB/T 4588.3—2002 的要求。

注 2：表面贴装式熔断体

对 UMF 的表面安装，建议电气和电子电路的设计者在设计安装 UMF 的衬底面积时，应考虑到实际使用中所接触的最大面积，并注意到元件的机械安装中的适用误差，以及本标准中的端子的尺寸和公差。

8.5 焊点(见 GB 9364.1—1997)

8.6 端子的可焊性

8.6.1 穿孔式熔断体

熔断体应经受 GB/T 2423.28—1982 试验 Ta，使用方案 1，应符合下述条件：

——老化：不进行(按接收状态)；

——浸渍条件：235℃±5℃，2 s±0.5 s；

——浸渍深度：2.0 mm±0.5 mm(从基座表面)；

——助焊剂类型：非活性；

——挡板：使用挡板。

试验之后，浸渍表面应有一层光滑明亮的焊料层，仅带有少量分散诸如针孔不润湿或弱润湿区域之类的缺陷。这些缺陷不应集中在一块表面上。应采用 10 倍的放大镜观察。

8.6.2 表面贴装式熔断体

熔断体应经受 IEC 60068-2-58:1989 试验 Td，应符合下述条件：

——老化，不进行(按接收状态)；

——浸渍条件：对采用波峰焊：235℃±5℃，2 s±0.2 s；

对采用回流焊：215℃±3℃，3 s±0.3 s；

——浸渍深度:端子应被持续地浸渍,要求其全部的金属表面都被锡液覆盖;

——助焊剂类型:非活性的。

试验之后,接触面上应有一层光滑明亮的焊料层,仅带有少量分散的诸如针孔不润湿或弱润湿区域之类的缺陷,这些缺陷不应集中在一块表面上,应采用10倍的放大镜观察。

8.7 耐焊接热

8.7.1 穿孔式熔断体

熔断体应经受 GB/T 2423.28—1982 试验 Tb,使用方案 1A,应符合下述条件:

——老化:不进行(按接收状态);

——浸渍条件:260℃±5℃,10 s±1 s;

——浸渍深度:2.0 mm±0.5 mm(从基座表面);

——助焊剂类型:活性的;

——挡板:使用挡板。

试验之后,熔断体不应破裂,标志应清晰可辨,且如有色码,不应改变颜色。

按 9.1 要求测量电压降,电压降应不超过表 2 所允许的最大值。

8.7.2 表面贴装式熔断体

熔断体应经受 IEC 60068-2-58:1989 试验 Td。

——老化:不进行(按接收状态);

——浸渍条件:260℃±5℃,10 s±1 s;

——浸渍深度:10 mm;

——助焊剂类型:活性的。

试验之后,熔断体不应破裂,标志应清晰可辨,且如有色码,不应改变颜色。

按 9.1 要求测量电压降,电压降应不超过表 2 所允许的最大值。

注:对某些设计,可能需要进行非严格试验。这应按照制造商的建议进行,并应在试验报告中注明。

8.8 表面贴装式熔断体的安装方法

表面贴装式熔断体应安装在图 3 所示的试验板上。见附录 A 的指引。

这些贴装好的试验板应用于表 1 所列的电气试验。

9 电气要求

9.1 电压降

测量电压降见 GB 9364.1—1997。

应在穿孔式熔断体的图 2 和表面贴装式熔断体的图 3 中标有 U 的点上测量电压降,应使用图 4 所示的试验座(见 7.3)。

表 2 中所示的值适用。

9.2 时间/电流特性

9.2.1 正常环境温度下的时间/电流特性

在 1.25 倍额定电流下,不小于 1 h(在完成耐久性试验之后)。

在 2 倍额定电流下,不超过 2 min。

在 10 倍额定电流下的预飞弧时间,依据下述类型:

类型 FF:小于 0.001 s;

类型 F:从 0.001 s 到 0.01 s;

类型 T:大于 0.01 s,到 0.1 s;

类型 TT:大于 0.100 s,到 1.00 s。

9.2.2 **高温试验**

不作规定。

9.2.3 **试验程序(见 GB 9364.1—1997)**

9.2.4 **试验结果的表示(见 GB 9364.1—1997)**

9.3 **分断能力**

9.3.1 除 GB 9364.1—1997 中 9.3.1 的要求外,还要遵守下列规定:

如果熔断体中元件是有机的(例如,带有一个模制的本体),在熔断体动作之后,恢复电压应保持 5 min。

供交流电和直流电用的典型试验电路在图 6a)和图 6b)中规定。

对于低分断能力熔断体,交流试验电路的功率因数应大于 0.95。为了得到这一结果,应通过使用可忽略电感的电阻器来调节电路电流。

对于中分断能力熔断体,交流试验电路的功率因数应在 0.8 到 0.9 之间。

对于高分断能力熔断体,交流试验电路的功率因数应在 0.7 到 0.8 之间。

对于低分断能力熔断体,直流试验电路的时间常数应小于 1 ms。为了得到这一结果,应通过使用可忽略电感的电阻器来调节电路电流;另外,试验电路和供电电源的总电感应小于 1 mH。

对于中分断能力熔断体,直流试验电路的时间常数应为 1.5 ms$^{+10}_{0}$%;对于高分断能力熔断体,时间常数应为 2.3 ms$^{+10}_{0}$%。

当试验中出现困难时,在制造商的允许下,可以超出这些限值。对在较小预期电流下的试验,应保持电路的电感不变,仅通过改变电阻来调节电路的电流。

9.3.2 除 GB 9364.1—1997 中 9.3.2 规定的判据外,UMF 应满意地动作而不得出现下列现象:

——试验之后,标记难以辨认。

下列现象忽略不计:

——熔断体端子上出现黑斑或其他痕迹。

9.3.3 以下述内容代替 GB 9364.1—1997 中的本条要求:

分断能力试验后,应以直流电压测量熔断体的绝缘电阻,测试电压为熔断体额定电压的 2 倍。绝缘电阻不小于 0.1 MΩ。

9.4 **耐久性试验(见 GB 9364.1—1997)**

9.5 **最大持续功耗(见 GB 9364.1—1997)**

9.6 **脉冲试验**

不作规定。

9.7 **熔断体温度**

以下述内容代替 GB 9364.1—1997 中 9.7 试验,在 1.25I_n 的耐久性试验的最后 5 min 里,做下述试验:

应在熔断体表面上的最热点测量环境温度上的温升值。应采用细热电偶线(或对温度无明显影响的其他测量方法),温升不应超过 70 K。

9.8 **动作过电压**

在分断能力试验期间,通过熔断体上的电压应能被合适的示波器和探头系统显示出来,而且,需要指示并记录下述时间内的电压:从开关闭合的瞬间到通过熔断体的电流减小到 10 mA 的间隔(一个合适的示波器应能记录下任何持续 1 μs 或更长时间的过电压)。

应记录在该时间间隔里的最大电压。在任何情况下,该值都不应大于标准规格单中所给的最大动作过电压。

表 1 单一安培额定值熔断体试验一览表

条	说明		通用模件熔断体编号																				
			1	4	7	10	13	16	19	22	25	28	31	34	37	40	43	46	49	52	55	58	61
			2	5	8	11	14	17	20	23	26	29	32	35	38	41	44	47	50	53	56	59	62
			3	6	9	12	15	18	21	24	27	30	33	36	39	42	45	48	51	54	57	60	63
9.7	温升						×	×															
9.5	最大持续功耗						×	×															
9.4	耐久性试验						×	×															
9.2.1	时间/电流特性	$10I_N$												×									
		$2I_N$																					×
		$1.25I_N$					×	×															
9.3	分断能力																						
	额定分断能力	a.c.								×													
		d.c.									×												
	5倍额定电流	a.c.										×											
		d.c.											×										
	10倍额定电流	a.c.														×							
		d.c.															×						
	50倍额定电流	a.c.																×					
		d.c.																	×				
	250倍额定电流	a.c.																			×		
		d.c.																				×	
9.3.3	绝缘电阻									×	×	×	×			×	×	×	×		×	×	
8.3	熔断体端子		×	×																			
8.5	焊点						×	×						×									×
6.2	标记的清晰度和耐擦性						×	×						×									×
8.6	可焊性				×																		
8.7	耐焊接热					×																	

注:总共需要 63 个熔断体(对于 a.c.只用 48 个,忽略 d.c.分断能力样品),其中 9 个留作备份件。1 至 12 号样品随机挑选。

将 13 到 63(48)号样品焊到合适的试验板上,并按电压降递减的顺序进行编号。

表 2 最大电压降和持续功耗

额定电流	最大电压降 mV	最大持续功耗 mW
32 mA	正在考虑中	正在考虑中
50 mA	正在考虑中	正在考虑中
63 mA	正在考虑中	正在考虑中

表 2(续)

额定电流	最大电压降 mV	最大持续功耗 mW
80 mA	正在考虑中	正在考虑中
100 mA	1 300	200
125 mA	1 000	200
160 mA	1 000	240
200 mA	1 000	500
250 mA	800	500
315 mA	750	500
400 mA	700	500
500 mA	600	500
630 mA	500	500
800 mA	400	500
1 A	300	500
1.25 A	300	1 000
1.6A	300	1 000
2 A	300	1 000
2.5 A	300	1 200
3.15 A	300	1 500
4 A	300	2 000
5 A	300	2 500
6.3 A	300	正在考虑中

注 1：表中所示的值仅适用于低分断能力。适用于中分断能力和高分断能力的值正在考虑中。

注 2：若需要中间值，则其值应按 ISO 3 从 R20 或 R40 数系中选取。

表 3 同类系列的最大安培额定值的试验一览表

条	说明		熔断体编号											
			1～6	7 8 9	10 11 12	13～18	19 20 21	22～26	27～31	32～41	42 43 44	45 46 47	48 49 50	51 52 53
9.7	温升					×								
9.5	最大持续功耗					×								
9.4	耐久性试验					×								
9.2.1	时间/电流特性	$10I_N$									×			
		$2I_N$											×	
		$1.25I_N$				×								

表 3(续)

条	说明		熔断体编号											
			1～6	7 8 9	10 11 12	13～18	19 20 21	22～26	27～31	32～41	42 43 44	45 46 47	48 49 50	51 52 53
9.3	额定分断能力	a.c.						×						
		d.c.							×					
9.3.3	绝缘电阻							×	×					
8.3	熔断体端子		×											
8.5	焊点					×					×		×	
6.2[a]	标记的清晰度和耐擦性					×					×		×	
8.6	可焊性			×										
8.7	耐焊接热				×									

注：总共需要 53 个熔断体(对于 a.c. 只用 48 个，忽略 d.c. 分断能力样品)，其中 19 个留作备份件。1 至 12 号样品随机挑选。

将 13 到 53(48)号样品焊到试验板上，并按电压降递减的顺序进行编号。

[a] 此条参见 GB 9364.1—1997。

表 4　同类系列的最小安培额定值的试验一览表

条	说明		熔断体编号							
			1～6	7 8 9	10 11 12	13～17	18～22	23～32	33 34 35	36 37 38
9.4	耐久性试验		×							
9.2.1	时间/电流特性	$10I_N$		×						
		$2I_N$							×	
		$1.25I_N$								
9.3	额定分断能力	a.c.				×				
		d.c.(若适用)					×			

注：总共需要 38 个熔断体(对于 a.c. 只用 33 个，忽略 d.c. 分断能力样品)，其中 16 个留作备份件。

将样品焊到试验板上，并按电压降递减的顺序进行编号。

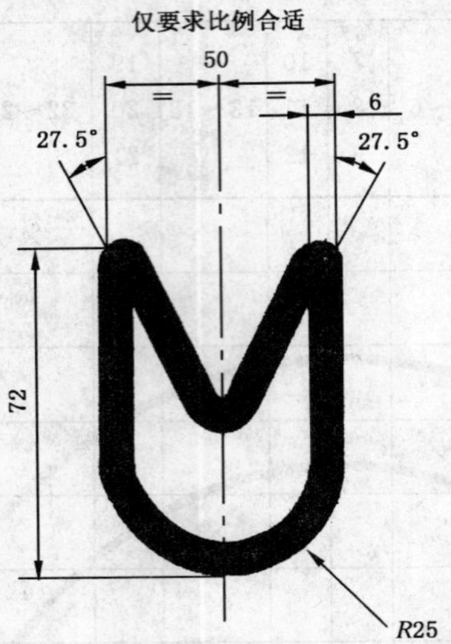

图 1 UMF 的特殊的识别符号

单位为毫米

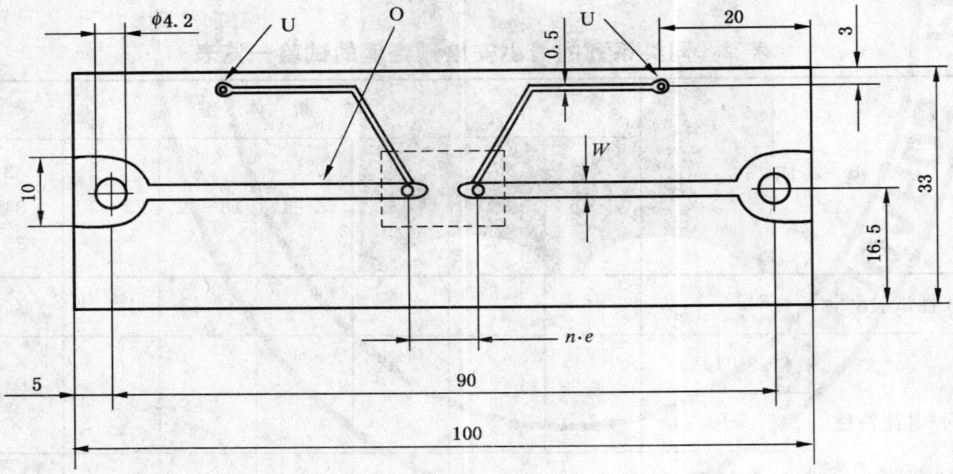

O——铜箔，35 μm；
U——电压降测量连接点；
n=1，2，3，4 或 5；
W=5.0 mm；
e=2.50 mm。

注：只要证明结果是相同的，则可以使用机械装置。

图 2 穿孔式熔断体的试验板

单位为毫米

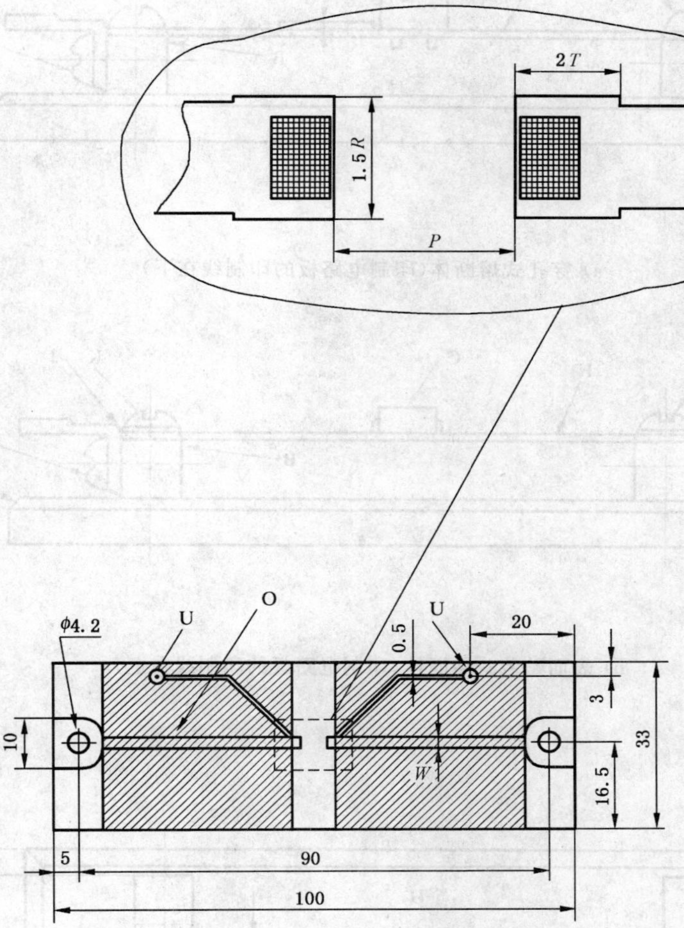

O——铜箔,35 μm;

U——电压降测量连接点;

W——5.0 mm,这对于小器件来说,用于减小导轨宽度,反映这些设备的正常用途是有必要的。在测试报告和制造商的说明书中应有此数值的记录;

P——端子间间距;

R——参考标准规格单 2 第 1 页;

T——参考标准规格单 2 第 1 页。

注 1:在阴影区域应用焊层。

注 2:焊盘区域应适合于焊接。

注 3:只要证明结果是相同的,则可以使用机械装置(不适用于 8.7)。

图 3 表面贴装式熔断体的试验板

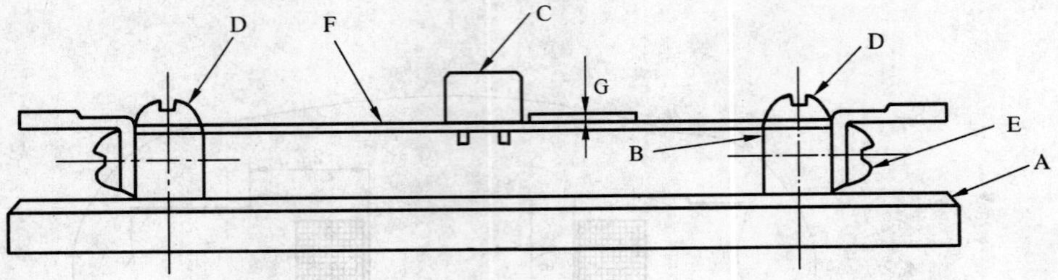

a）穿孔式熔断体（印制电路板的印制线在下）

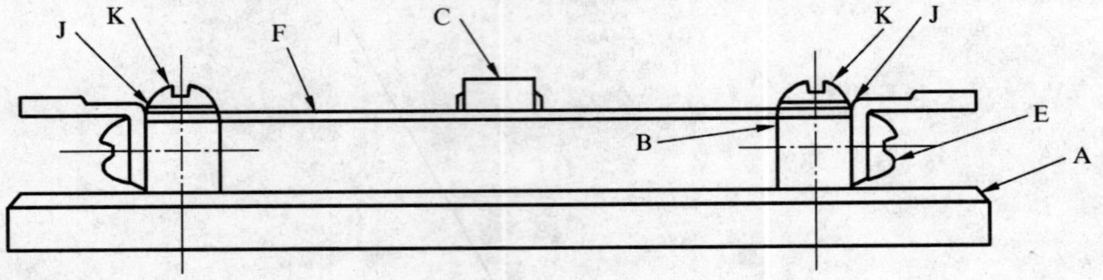

b）表面贴装式熔断体（印制电路板的印制线在上）

单位为毫米

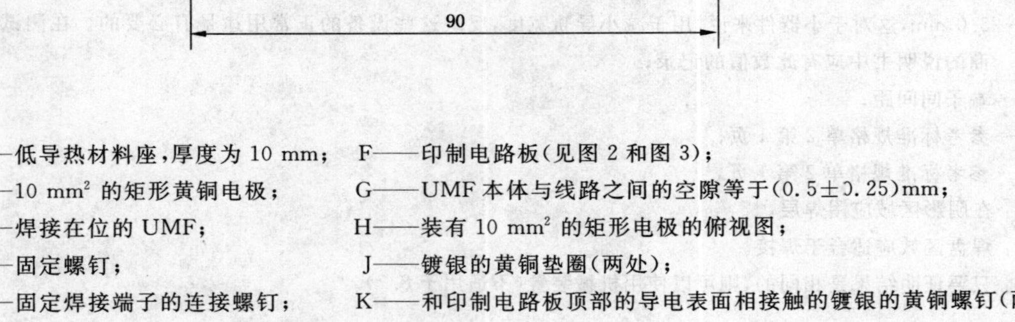

A——低导热材料座，厚度为 10 mm；
B——10 mm² 的矩形黄铜电极；
C——焊接在位的 UMF；
D——固定螺钉；
E——固定焊接端子的连接螺钉；
F——印制电路板（见图 2 和图 3）；
G——UMF 本体与线路之间的空隙等于（0.5±0.25）mm；
H——装有 10 mm² 的矩形电极的俯视图；
J——镀银的黄铜垫圈（两处）；
K——和印制电路板顶部的导电表面相接触的镀银的黄铜螺钉（两处）。

图 4　试验用熔断器座

单位为毫米

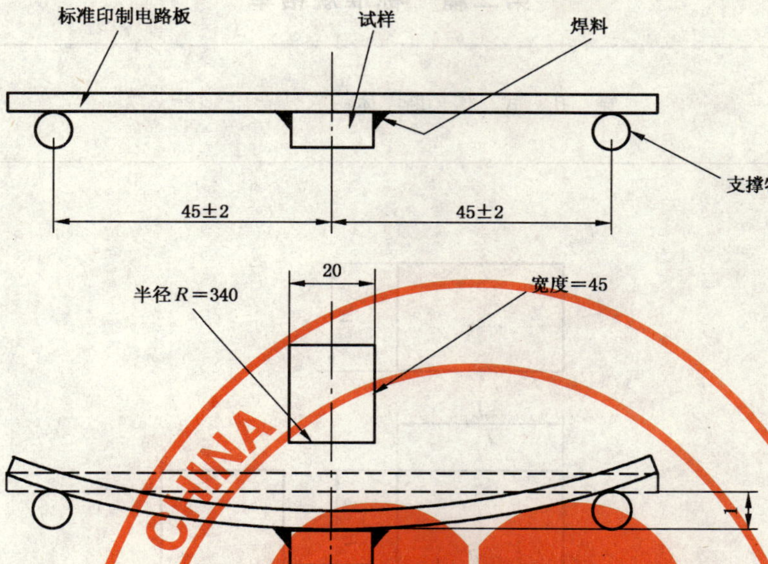

图 5 表面贴装式熔断体的弯曲夹具

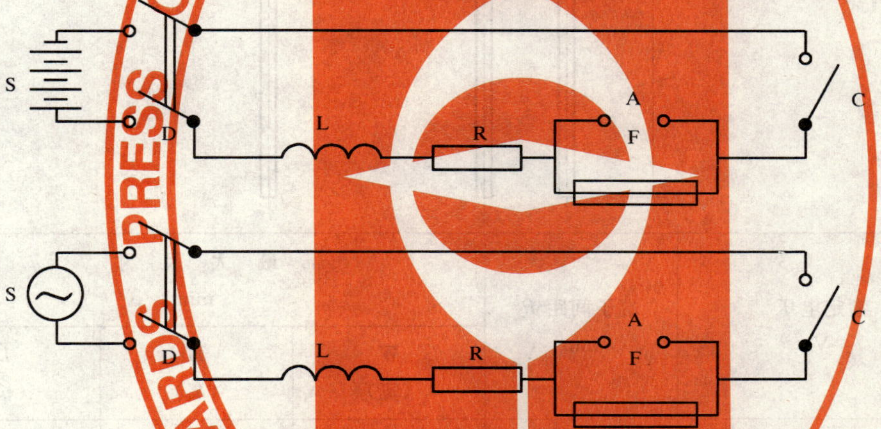

a) 用于高分断能力和中分断能力熔断体的分断能力试验的典型试验电路

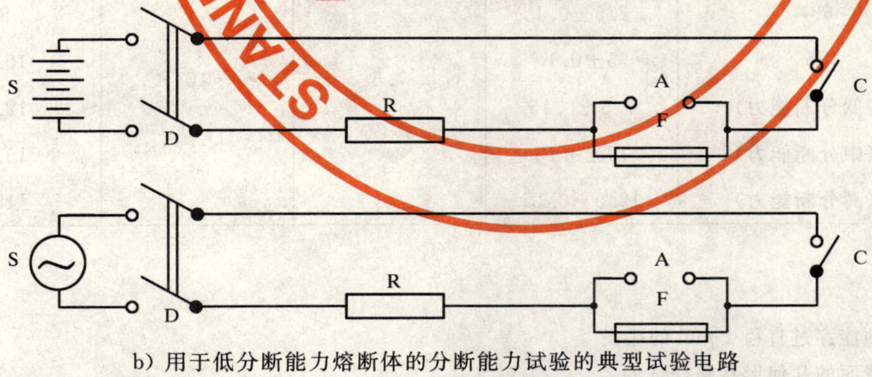

b) 用于低分断能力熔断体的分断能力试验的典型试验电路

A——供校准用的可拆连杆；
C——接通电路的接触器；
D——断开供电电源的开关；
F——被测试熔断体；
S——电源，其阻抗小于电路总阻抗的 10%；
L——空气芯电感；
R——串联电阻器，可调节到准确的预期电流。

图 6 分断能力试验电路

第二篇　标准规格单

穿　孔　式　熔　断　体	标准规格单 1 第 1 页

尺寸

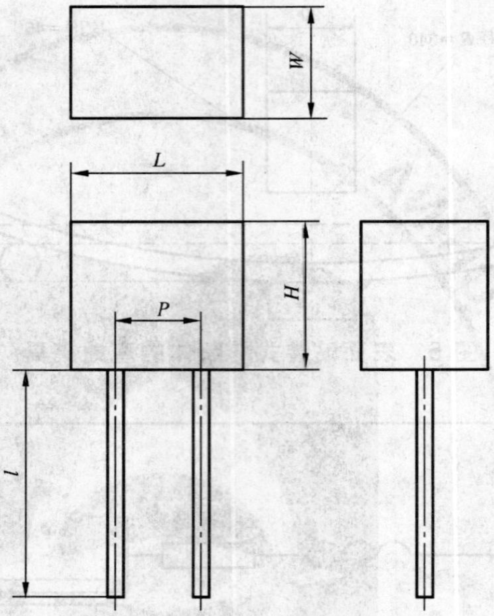

额定电压 V	端子间距 P mm	最　大　尺　寸 mm		
		W （宽）	H （高）	L （长）
32	2.5±0.1			8
63	2.5±0.1			8
125	5±0.1	7.5	10	10.5
250（低分断能力）	7.5±0.15			12.5
250（中分断能力）	10±0.15			15.0
250（高分断能力）	12.5±0.15			18

1）端子必须能穿过直径 1 mm 的孔。

端子横截面的几何形状是任选的。

2）只要端子是在 P 的公差限值内，以及是从本体的同一侧引出，则任何形式的外形均是允许的。

3）端子的长度“l”能适应包装引线编带的类型。

最大电压降和最大持续功耗：见表 2。

穿 孔 式 熔 断 体	标准规格单 1 第 2 页

标记

熔断体应按第 6 章的要求标记。

预飞弧时间/电流特性

预飞弧时间应在 9.2.1 规定的特性符号的适合的限值范围内。

分断能力

按 9.3 规定,在额定电压及适合的 a.c. 或 a.c./d.c. 额定值下,测试熔断体。

额定电压	试验电流	过电压[b] V
32	35 A 或 $10I_n$[a]	330
63	35 A 或 $10I_n$[a]	500
125	50 A 或 $10I_n$[a]	800
250(低分断能力)	100 A	1 500
250(中分断能力)	500 A	2 500
250(高分断能力)	1 500 A	4 000

[a] 取最大者。

[b] 这些数值是符合 GB/T 16935.1—1997 的最大值。

耐久性试验

按 GB 9364.1—1997 中 9.4 的规定,在 1.05 倍额定电流下试验 100 次循环,接着在 1.25 倍额定电流下试验 1 h。

最大持续功耗

在耐久性试验的最后 10 min 期间,在 1.25 倍额定电流下测量最大持续功耗,其值不应超过表 2 规定的值。

端子

按 8.3.1 规定,测试端子。

如果端子的长度不超过 5 mm,8.3.1 的弯曲试验 Ub 可被忽略。

表面贴装式熔断体	标准规格单 2 第 1 页

尺寸

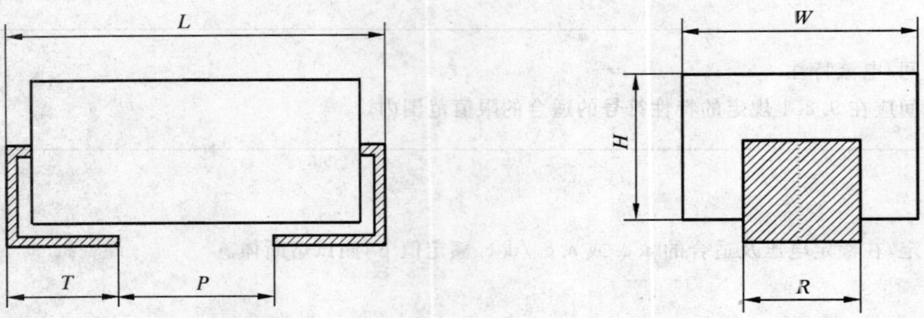

额定电压 V	最小端子间距 P mm	最大尺寸 mm		
		W (宽)	H (高)	L (长)
32 63 125	1.5 2 2.5	6	5	6 8 10
250(低分断能力) 250(中分断能力) 250(高分断能力)	4 4 4	正在考虑中	正在考虑中	12.5 15.8 18

1) 任何形式的外形均是允许的,端子伸出本体的点是可选的,以及端子可以变化。

一些可选的外形如下图所示:

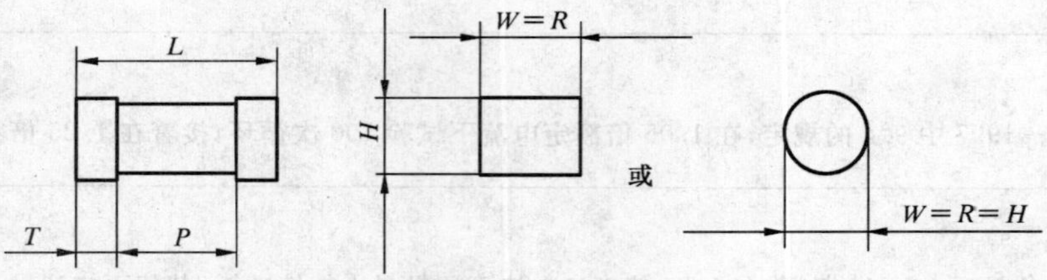

2) 尺寸 T 和 R 不作规定,但需要计算出图 3 所示试验板的焊盘尺寸。

3) 熔断体下侧到印制电路板表面之间的间隙应不小于 0.05 mm,且不应超过 0.3 mm。

最大电压降和最大持续功耗:见表 2。

表 面 贴 装 式 熔 断 体	标准规格单 2 第 2 页

标记

熔断体应按第 6 章的要求标记。

预飞弧时间/电流特性

预飞弧时间应在 9.2.1 规定的特性符号的适合的限值范围内。

分断能力

按 9.3 规定，在额定电压及适合的 a.c. 或 a.c./d.c. 额定值下，测试熔断体。

额定电压	试验电流	过电压[b] V
32	35 A 或 10I_n[a]	330
63	35 A 或 10I_n	500
125	50 A 或 10I_n[a]	800
250(低分断能力)	100 A	1 500
250(中分断能力)	500 A	2 500
250(高分断能力)	1 500 A	4 000

a 取最大者。

b 这些数值是符合 GB/T 16935.1—1997 的最大值。

耐久性试验

按 GB 9364.1—1997 中 9.4 的规定，在 1.05 倍额定电流下试验 100 次循环，接着在 1.25 倍额定电流下试验 1 h。

最大持续功耗

在耐久性试验的最后 10 min 期间，在 1.25 倍额定电流下测量最大持续功耗，其值不应超过表 2 规定的值。

端子

按 8.3.2 规定，测试端子。

附 录 A
（规范性附录）
表面贴装式熔断体的安装方法

由于提交到试验室中的试验熔断体可能已被焊接到试验板上，然而，一些试验是不需要固定熔断器的，例如，"可焊性"和"耐焊接热"试验，以及穿孔式熔断体必须在焊接之前完成"弯曲"试验。在试验室里，将穿孔式熔断体焊于试验板上进行后续的电压降测量视为可接受的；而为测量电压降将已经承受耐焊接热的SMD熔断体焊于试验板上是困难的。

下面是从GB/T 2423.29—1999中8.3.3条"拉脱、推开和剪切的安装方法"选取：

当相关的规范中没有详细地说明安装方法，那么安装方法应如下：

a） 焊料的选择

1） 由GB/T 2423.28—1982中的附录B(见下面注1)指定的焊料或由GB/T 2423.28—1982中附录C中指定的由63%锡和37%铅温和活性焊剂而组成的焊料。为符合相关的规范，还可以加入银(2%或更大的重量)。焊料中杂质的限值应符合ISO 9453的要求。

注1：焊料包括下列成分：锡59%～61%；最多0.5%的锑；最多0.1%的铜；最多0.05%的砷；最多0.02%的铁；其余为铅。

注2：活性焊剂包括下列成分：松香25 g；2-丙醇(异丙醇)或乙醇75 g；二乙基氯化铵0.39 g。

2） 焊料的粘度应符合相关的规范。

3） 焊料的颗粒丝网的规格应为160目或更小。

4） 焊料层应覆盖焊盘。焊料层的厚度在100 μm到250 μm之间；厚度应在相关规范中规定。

b） 试样的准备

1） 试验的试样表面应保持在"接收"时状态，不应用手指触摸，否则会被污染。

2） 在试验之前，试样不应被清洁。如果在相关规范中需要清洁，则在室温下将试样浸入有机溶剂中进行预处理。

3） 预处理：需要预处理的试样应按相关规范要求进行预处理。

c） 试样的位置

应将试样对称地放在它的焊盘上。

d） 预加热

除非另有规定，应将带有安装好试样的衬底在150℃±10℃下加热60 s到120 s。

e） 焊接

1） 应在预加热之后，立即进行焊接。

2） 只要焊接的条件不引起会超过SMD规定的热负载，则任何回流箱或气相焊接箱均可采用。

3） 焊料的温度应在215℃到235℃之间，并在峰值温度上的时间不应超过10 s。在焊接期间，在185℃之上的总时间不应小于45 s。

4） 注意要达到完全浸润。

5） 应采用2-丙醇(异丙醇)或水来清洗掉衬底焊接面上的多余的焊剂。如果需要，应在相关规范中给出清洁方案的细节。

6） 焊剂的过滤应符合GB/T 19247.2—2003给出的相关接口的最小要求。

参 考 文 献

GB/T 19247.2—2003 印制板组装 第2部分:分规范 表面安装焊接组装的要求(idt IEC 61191-2:1998)

ISO 9453:1990 软焊接合金——化学构成和结构

ICS 65.060.01
B 91

中华人民共和国国家标准

GB/T 9481—2006
代替 GB/T 9481—1988

中小型轴流泵 型式与基本参数

Axial-flow pump of medium-small size—Types and basic parameters

2006-12-28 发布 2007-07-01 实施

中华人民共和国国家质量监督检验检疫总局
中国国家标准化管理委员会 发布

前　言

本标准是对 GB/T 9481—1988《中小型轴流泵　型式与基本参数》的修订。

与 GB/T 9481—1988 相比主要变化如下：

——调整了标准适用范围；

——增加了 5.5 和 5.6 的要求；

——对泵的效率作了适当的调整；

——删除了原标准的图 1 和第 7、8、9 章。

本标准自实施之日起代替 GB/T 9481—1988。

本标准由中国机械工业联合会提出。

本标准由全国农业机械标准化技术委员会归口。

本标准起草单位：江苏大学流体机械工程技术研究中心、中国农业机械化科学研究院。

本标准主要起草人：王洋、张咸胜、施卫东、丛小青、黄道见、孔繁余。

本标准于 1988 年首次发布，2006 年第一次修订。

中小型轴流泵　型式与基本参数

1　范围

本标准规定了中小型轴流泵的型式、型号和基本参数等。

本标准适用于输送清水或物理及化学性质类似于水的其他液体或含有少量固体颗粒的液体，且出口直径不大于 1 000 mm、流量为 24 L/s～3 740 L/s、扬程为 1.0 m～13.8 m 的轴流泵(以下简称泵)。

2　规范性引用文件

下列文件中的条款通过本标准的引用而成为本标准的条款。凡是注日期的引用文件，其随后所有的修改单(不包括勘误的内容)或修订版均不适用于本标准，然而，鼓励根据本标准达成协议的各方研究是否可使用这些文件的最新版本。凡是不注日期的引用文件，其最新版本适用于本标准。

GB/T 3216—2005　回转动力泵　水力性能验收试验　1 级和 2 级

3　型式

3.1　按泵的结构型式分为：

a)　立式；

b)　卧式；

c)　斜式。

3.2　按叶片安装方式分为：

a)　固定式；

b)　半调节式；

c)　全调节式。

3.3　泵从进水口方向看为逆时针方向旋转。

4　型号

4.1　型号表示方法

泵的型号由汉语拼音大写字母和阿拉伯数字等组成，具体如下：

□ Z □ □ - □

- 最后一个□——规定点扬程，单位为米(m)
- 第三个□——叶片安装方式："D" 表示固定叶片；"B" 表示半调节叶片；"Q" 表示全调节叶片
- 第二个□——型式："L" 表示立式，"W" 表示卧式，"X" 表示斜式
- Z——轴流泵
- 第一个□——泵的出口直径，单位为毫米(mm)

4.2　标记示例

出口直径为 300 mm，规定点扬程为 6 m 的固定式叶片的立式轴流泵，其标记为：300ZLD-6。

出口直径为 700 mm，规定点扬程为 2m 的全调节式叶片的卧式轴流泵，其标记为：700ZWQ-2。

出口直径为 900 mm,规定点扬程为 2.11m 的半调节式叶片的斜式轴流泵,其标记为:900ZXB-2.11。

5 基本参数

5.1 泵的基本参数应符合表 1 的规定。

5.2 泵规定点的偏差应符合 GB/T 3216—2005 中 2 级的规定。

5.3 泵带有 90°出水弯管时,效率允许比表 1 中的规定值降低 2%。

5.4 对用于输送温度较高、腐蚀性较强以及机械杂质含量较多的水或液体的泵,在保证本标准规定的流量和扬程的条件下,效率允许比表 1 中的规定值降低 5%,其他应满足用户与制造厂达成的协议要求。

5.5 配套动力机的功率备用系数应不低于 1.1。

5.6 其他技术要求应符合相应标准的规定。

表 1 型号与基本参数

序号	型号	扬程/m	流量		转速/(r/min)	轴功率/kW	效率/%	必需汽蚀余量 NPSHR/m	比较数	名义叶轮直径/mm
			m^3/h	L/s						
1	150ZLD-5.5	5.45	209	58	2 880	4.1	75.9	6.1	700	130
2	150ZLD-4.5	4.50	182	51	2 880	2.9	76.9	5.6	850	130
3	150ZLD-3.1	3.12	187	52	2 880	2.1	77.2	5.8	1 000	130
4	150ZLD-2.3	2.33	180	50	2 880	1.5	75.9	5.5	1 250	130
5	200ZLD-6	6.00	288	80	2 920	5.9	79.2	7.7	800	170
6	200ZLD-4	4.00	270	75	1 420	3.9	74.5	2.8	500	170
7	200ZLD-2.3	2.27	230	64	1 420	1.9	75.5	2.6	700	170
8	200ZLD-1.3	1.29	212	59	1 420	1.0	76.7	2.4	1 000	170
9	250ZLD-5.7	5.67	439	122	1 440	8.8	76.7	4.0	500	215
10	250ZLD-3.7	3.73	475	132	1 440	6.2	77.9	4.2	700	215
11	250ZLD-3	3.01	472	131	1 440	4.9	78.5	4.2	850	215
12	250ZLD-2.1	2.13	434	121	1 440	3.5	79.1	4.0	1 000	215
13	250ZLD-1.6	1.59	405	113	1 440	2.3	76.7	3.8	1 250	215
14	300ZLD-8.5	8.53	791	220	1 460	23.4	78.7	6.0	500	260
15	300ZLD-6	6.00	612	170	1 460	12.6	79.3	5.1	600	260
16	300ZLD-5.0	5.60	850	236	1 460	16.2	79.8	6.3	700	260
17	300ZLD-4.3	4.35	729	202	1 460	10.7	80.3	5.7	800	260
18	300ZLD-3.2	3.21	779	216	1 460	8.4	80.8	6.0	1 000	260
19	300ZLD-2.5	2.50	720	200	1 460	6.2	79.4	5.7	1 200	260
20	350ZLD-11.5	11.51	1 223	340	1 470	48.0	80.0	8.1	500	300
21	350ZLB-10	10.00	972	270	1 470	33.2	79.8	7.0	500	300
22	350ZLB-7.6	7.56	1314	365	1 470	33.4	81.0	8.5	700	300
23	350ZLB-6.1 350ZWB-6.1	6.11	1 310	364	1 470	26.7	81.6	8.5	850	300

表 1(续)

序号	型号	扬程/m	流量 m³/h	流量 L/s	转速/(r/min)	轴功率/kW	效率/%	必需汽蚀余量 NPSHR/m	比较数	名义叶轮直径/mm
24	350ZLB-4.3 350ZWB-4.3	4.33	1 206	335	1 470	17.3	82.1	8.0	1 000	300
25	350ZLB-1.6 350ZWB-1.6	1.60	612	170	960	3.3	80.2	2.9	1 000	300
26	400ZLB-10.4	10.44	1 585	440	1 200	55.9	80.6	7.4	500	350
27	400ZLB-6.7	6.86	1 702	473	1 200	38.8	81.6	7.7	700	350
28	400ZLB-5.5 400ZWB-5.5	5.54	1 696	471	1 200	31.2	82.1	7.7	850	350
29	400ZLB-3.9 400ZWB-3.9	3.92	1 561	434	1 200	20.1	82.6	7.3	1 000	350
30	400ZLB-2.5 400ZWB-2.5	2.50	1 080	300	1 200	9.2	80.3	5.7	1 250	350
31	400ZLB-1.6 400ZLB-1.6	1.60	900	250	960	4.9	80.4	3.8	1 250	350
32	500ZLB-10.5	10.51	2 400	667	980	84.2	81.6	7.4	500	430
33	500ZLB-6.9	6.91	2 577	716	980	58.4	82.5	7.8	700	430
34	500ZLB-5.6 500ZWB-5.6	5.57	2 570	714	980	47.0	83.0	7.8	850	430
35	500ZLB-3.6 500ZWB-3.6	3.56	1 600	657	980	30.6	83.4	7.3	1 000	430
36	500ZLB-2.2 500ZWB-2.2	2.19	1 760	489	730	12.7	82.4	4.1	1 000	430
37	500ZLB-1.6 500ZWB-1.6	1.60	1 260	350	730	6.7	81.7	3.3	1 100	430
38	600ZLB-11.2	11.20	3 060	850	980	113.1	82.5	8.7	500	510
39	600ZLB-8.2	8.20	2 894	829	730	81.4	81.9	5.8	500	510
40	600ZLB-5.4 600ZWB-5.4	5.39	3 204	890	730	56.7	82.9	6.1	700	510
41	600ZLB-3.1 600ZWB-3.1	3.08	2 938	816	730	29.3	83.7	5.7	1 000	510
42	600ZLB-2.5 600ZWB-2.5	2.50	2 268	630	730	18.6	83.2	4.8	1 100	510
43	600ZLB-1.5 600ZWB-1.5	1.45	2 178	605	580	10.6	81.1	3.51	1 250	510

表 1(续)

序号	型号	扬程/m	流量		转速/(r/min)	轴功率/kW	效率/%	必需汽蚀余量 NPSHR/m	比较数	名义叶轮直径/mm
			m³/h	L/s						
44	700ZLQ-11.4	11.36	4 857	1 349	730	180.1	83.4	8.0	500	600
45	700ZLQ-7.5	7.46	5 220	1 450	730	126.2	84.2	8.4	700	600
46	700ZLQ-6 700ZWQ-6	6.02	5 202	1 445	730	100.9	84.5	8.4	850	600
47	700ZLQ-4.3 700ZWQ-4.3	4.27	4 784	1 329	730	65.5	84.9	7.9	1 000	600
48	700ZLQ-3.2 700ZWQ-3.2	3.18	4 464	1 240	730	46.5	83.2	7.6	1 250	600
49	700ZLQ-2 700ZWQ-2	2.00	3 060	850	730	20.4	81.9	5.9	1 500	600
50	800ZLQ-9.5	9.48	5 868	1 630	580	181.4	83.5	6.7	500	690
51	800ZLQ-6.2 800ZWQ-6.2	6.23	6 300	1 750	580	126.8	84.3	7.0	700	690
52	800ZLQ-5 800ZWQ-5	5.03	6 286	1 746	580	101.7	84.7	7.0	850	690
53	800ZLQ-3.6 800ZWQ-3.6	3.56	5 782	1 606	580	65.9	85.1	6.6	1 000	690
54	800ZLQ-1.9 800ZWQ-1.9	1.90	4 558	1 266	490	28.4	82.9	4.5	1 250	690
55	900ZLQ-11.2	11.20	7 538	2 094	580	273.4	84.1	7.9	500	750
56	900ZLQ-7.4	7.36	8 100	2 250	580	191.0	84.9	8.3	700	750
57	900ZLQ-5.9 900ZWQ-5.9	5.94	8 073	2 243	580	153.1	85.3	8.3	850	750
58	900ZLQ-2.1 900ZWQ-2.1	2.11	5 672	1 576	490	39.1	83.3	5.3	1 250	750
59	1000ZLQ-10.7	10.75	9 937	2 760	490	343.8	84.6	7.6	500	870
60	1000ZLQ-6.9	6.90	10 317	2 866	490	228.1	85.3	8.0	700	870
61	1000ZLQ-5.7 1000ZWQ-5.7	5.70	10 643	2 957	490	192.6	85.8	7.9	850	870
62	1000ZLQ-4 1000ZWQ-4	4.04	9 791	2 720	490	125.1	86.1	7.5	1 000	870
63	1000ZLQ-3 1000ZWQ-3	3.01	9 130	2 536	490	88.0	84.6	7.2	1 250	870
64	1000ZLQ-2.5 1000ZWQ-2.5	2.50	7 920	2 200	490	64.0	84.3	6.5	1 300	870

表 1(续)

序号	型号	扬程/m	流量		转速/(r/min)	轴功率/kW	效率/%	必需汽蚀余量 NPSHR/m	比较数	名义叶轮直径/mm
			m^3/h	L/s						
65	1000ZLQ-1.6 1000ZWQ-1.6	1.60	6 120	1 700	490	32.2	82.7	5.5	1 600	870

注 1:表中所列数值为规定点的数值。

注 2:出口直径 250 mm、300 mm 和 700 mm～1 000 mm 的轴流泵,叶片也可做成半调节,表中未列出。

注 3:如果规定流量时的泵出口流速不超过 4 m/s,允许叶轮直径加大,但泵的性能仍应符合表中基本参数的要求。

注 4:表中所列基本参数也适用于斜式轴流泵。

ICS 83.040.20
G 49

中华人民共和国国家标准

GB/T 9579—2006
代替 GB/T 9579—1998

橡胶配合剂　炭黑在丁苯橡胶中的鉴定方法

Rubber compounding ingredients—Carbon black—Method of evaluation in styrene-butadiene rubbers

(ISO 3257:1992,MOD)

2006-08-01 发布　　　　2007-01-01 实施

中华人民共和国国家质量监督检验检疫总局
中国国家标准化管理委员会　发布

前　言

本标准修改采用 ISO 3257:1992《橡胶配合剂　炭黑　在丁苯橡胶中的鉴定方法》(英文版)。

本标准代替 GB/T 9579—1998《炭黑在丁苯橡胶中配方及鉴定方法》。

本标准根据 ISO 3257:1992 重新起草,在资料性附录 A 中列出了本国家标准与国际标准条款的对照一览表。

考虑到我国国情,在采用 ISO 3257:1992 时,本标准做了一些修改。本标准与该国际标准的主要技术差异如下:

——引用了 ISO 3257:1992 中引用的 ISO 37、ISO 289、ISO 471、ISO 2393 和 ISO 3417 对应的我国国家标准 GB/T 528、GB/T 1232.1、GB/T 2941、GB/T 6038、GB/T 9869。我国国家标准的计量单位为我国的法定计量单位;

——增加引用了 GB 3778《橡胶用炭黑》,作为采样的规定;

——ISO 3257:1992 中规定"如果胶料质量与理论值相差超过 0.5%。"为方便标准使用者,本标准规定为"混炼后的胶料的质量如果超出 623.86 g～630.14 g 范围。";

——规定硫化特性试验参数的测量与 GB/T 9869 一致(本版第 4 章);

——规定硫化时间为 50 min,与 ASTM D3191:2002《炭黑在丁苯橡胶中的鉴定试验方法》一致;

——增加了"精密度",与 ASTM D3191:2002《炭黑在丁苯橡胶中的鉴定试验方法》一致。

为便于使用,本标准还做了以下编辑性修改:

——删除了 ISO 3257:1992 国际标准的前言。

本标准与 GB/T 9579—1998 相比主要变化如下:

——采用标准不同(1998 年版是 ASTM D3191:1996;本版是 ISO 3257:1992);

——增加 GB/T 1232.1、GB/T 2941、GB/T 9869 三个标准(本版第 2 章);

——取消 HG/T 2725—1995;

——增加"如果使用 N700 系列炭黑质量份数为 80.00 份,总量变为 186.75"(本版的 3.1);

——取消"N800、N900 系列炭黑质量份数为 75.00";

——增加对 SRB1500 门尼黏度值的要求(本版的 3.1);

——规定质量份数为标准配方的 4 倍(1998 年版的 6.1.1;本版的 3.2.5);

——规定"胶料片硫化前在(23±2)℃下停放 2 h～24 h"〔1998 年版的 6.3.12;本版的 3.2.2 j)〕;

——规定"硫化胶试片在(23±2)℃下停放 16 h～72 h"(1998 年版的 7.6;本版的 5.6);

——增加"用摆动式圆盘硫化仪评价硫化特性"(本版第 4 章)。

本标准的附录 A 为资料性附录。

本标准由中国石油和化学工业协会提出。

本标准由全国橡胶与橡胶制品标准化技术委员会炭黑分技术委员会(SAC/TC 35/SC 5)归口。

本标准起草单位:中橡集团炭黑工业研究设计院、苏州宝化炭黑有限公司。

本标准主要起草人:邓毅、王定友、沈伟光、邓碧云。

本标准所代替标准的历次版本发布情况:

——GB/T 9579—1988、GB/T 9579—1998。

橡胶配合剂　炭黑
在丁苯橡胶中的鉴定方法

警告——使用本标准的人员应有正规实验室工作的实践经验。本标准并未指出所有可能的安全问题。使用者有责任采取适当的安全和健康措施，并保证符合国家有关法规规定的条件。

1　范围

本标准规定了用丁苯橡胶(SBR)鉴定炭黑所涉及的标准物质、设备和工艺方法。

本标准适用于炭黑在丁苯橡胶中物理机械性能的鉴定。

注：在本标准中使用不同的设备和试验工艺将得到不同的检验结果。因此，炭黑需同参比炭黑在相同的条件下进行检验。

2　规范性引用文件

下列文件中的条款通过本标准的引用而成为本标准的条款。凡是注日期的引用文件，其随后所有的修改单(不包括勘误的内容)或修订版均不适用于本标准，然而，鼓励根据本标准达成协议的各方研究是否可使用这些文件的最新版本。凡是不注日期的引用文件，其最新版本适用于本标准。

GB/T 528—1998　硫化橡胶或热塑性橡胶拉伸应力应变性能的测定(eqv ISO 37:1994)

GB/T 1232.1　未硫化橡胶　用圆盘剪切黏度计进行测定　第1部分：门尼黏度的测定(GB/T 1232.1—2000，neq ISO 289-1:1994)

GB/T 2941　橡胶试样环境调节和试验的标准温度、湿度及时间(GB/T 2941—1991，eqv ISO 471:1983和ISO 1826:1981)

GB 3778　橡胶用炭黑

GB/T 6038　橡胶试验胶料的配料、混炼和硫化　设备及操作程序(GB/T 6038—1993，neq ISO/DIS 2393:1989)

GB/T 9869　橡胶胶料硫化特性的测定(圆盘振荡硫化仪法)(GB/T 9869—1997，idt ISO 3417:1991)

3　混炼前的准备

3.1　标准试验配方

标准试验配方见表1。

3.2　程序

配料、混炼和硫化的设备和操作程序按GB/T 6038规定。

3.2.1　炭黑试样制备

炭黑按GB 3778规定采样。

炭黑在混炼前应置于(105±2)℃烘箱中干燥1 h。加热时盛装炭黑试样的敞口器皿尺寸应保证炭黑层厚度不大于10 mm。干燥后的炭黑试样置于一个密封的防潮容器中冷却至室温，直至试验时为止。

3.2.2　炼胶机混炼程序

标准实验室混炼批量以克计，其质量份数为标准配方的4倍(见表1)。在整个混炼过程中辊筒表面的温度应控制在(50±5)℃。

表 1 炭黑在丁苯橡胶中鉴定的标准试验配方

材料	技术要求	质量份数
SBR 1500[a]	一级	100.00
氧化锌	一级	3.00
硫磺	一级	1.75
硬脂酸	一级	1.00
NS[c]	一级	1.00
炭黑(N700 系列除外)[b]		50.00
合计		156.75

a 门尼黏度[50 $ML(1+4)100℃$]按 GB/T 1232.1 测量，作为标准检验用材料的门尼值的绝对值范围应在 48～52 之间，测量精度限定在±1 个门尼单位，黏度最好是在 50～51 门尼；

b 如果使用 N700 系列炭黑，质量份数采用 80.00 份，总量变为 186.75；

c N-叔丁基-2-苯并噻唑次磺酰胺，该试剂应使用粉料，其最初的醚或乙醇不溶解物含量应低于 0.3%(质量分数)。该试剂应在室温下密封保存。每 6 个月应对其中的醚或乙醇不溶解物含量进行检查，如果发现超出了 0.75%(质量分数)，该试剂应废弃或重结晶。

在混炼过程中应调整好辊距，使辊筒间维持良好的堆积胶。

a) 调整辊距至 1.1 mm，加入丁苯橡胶包于前辊，每隔 30 s 作 3/4 割刀，从辊筒两端交替进行，时间为 2 min。
b) 慢慢地加入硫磺，并均匀地覆盖在橡胶上，时间为 2 min。
c) 加入硬脂酸，两端交替作 1 次 3/4 割刀，时间为 2 min。
d) 匀速地将炭黑加到包辊胶上，当混入约一半炭黑时，调辊距至 1.4 mm，作 3/4 割刀 1 次，再添加剩余的炭黑。当全部炭黑混入后，调辊距至 1.8 mm，两端交替作 1 次 3/4 割刀，落在接料盘中的炭黑应全部被加入，时间为 10 min。
e) 在辊距为 1.8 mm 时，加氧化锌和促进剂 NS，时间为 3 min。
f) 两端交替作 3 次 3/4 割刀，时间为 3 min。
g) 从辊筒上割下胶料，调辊距为 0.8 mm，将胶料打卷在辊隙间纵向不包辊通过 6 次，时间为 2 min。以上操作时间总计为 24 min。
h) 调辊距使胶料片厚度约 6 mm 下片，并复核胶料质量。混炼后的胶料的质量如果超出 623.86 g～630.14 g 范围，则此辊胶料作废，重新混炼。取足够量的胶料在摆动式圆盘硫化仪上进行测量。

注：不同添加量时以胶料总量的±0.5%为可损失量的上限。

i) 调辊距使胶片厚度约 2.2 mm 下片，或按 GB/T 528—1998 中环状试样或其他试片厚度下片。
j) 混炼后的胶片，硫化前在(23±2)℃下停放 2 h～24 h。

4 用摆动式圆盘硫化仪评价硫化特性

根据 GB/T 9869 中规定的试验条件，测量下列标准试验参数：

M_L，M_H(规定时间)，t_{s1}，$t_c'(50)$和 $t_c'(90)$。

5 硫化橡胶拉伸应力-应变特性的测量

5.1 将胶料片剪成长、宽小于硫化模具内腔长、宽 3 mm 的胶料试片，标记压延方向，每块胶料片称重应为(54±1) g。

5.2 将硫化机平板温度调至(145±1)℃。

5.3 置模具于平板上适当位置预热 20 min 后迅速装模硫化。

5.4 装模后，当施加于模具的压强达到要求时，立即计时，硫化时间允许偏差为 20 s。

5.5 硫化时间为 50 min。

5.6 硫化胶试片按 GB/T 2941 的规定在(23±2)℃下停放 16 h～72 h 后进行拉伸性能测定。

5.7 拉伸性能的测定按 GB/T 528—1998 规定进行，裁刀型号采用 GB/T 528—1998 中规定的 1 型裁刀。

6 精密度

6.1 重复性：同一实验室，相同试验条件下两次试验结果之差，300%定伸应力不超过 0.87 MPa，拉伸强度不超过 2.02 MPa，扯断伸长率不超过 47.7%；

6.2 再现性：不同实验室两个试验结果之差，300%定伸应力不超过 1.85 MPa，拉伸强度不超过 3.30 MPa，扯断伸长率不超过 65.3%。

7 试验报告

试验报告包括下列项目：

a) 试样的名称及编号；

b) 本试验依据的标准；

c) 必要的试验条件，所用的基准材料，包括 SBR 的门尼黏度；

d) 试验结果；

e) 与基本分析步骤的差异；

f) 试验中出现的异常现象；

g) 试验日期。

附 录 A
（资料性附录）
本标准章条编号与 ISO 3257:1992 章条编号对照

表 A.1 给出了本标准章条编号与 ISO 3257:1992 章条编号对照一览表。

表 A.1 本标准章条编号与 ISO 3257:1992 章条编号对照

本标准章条编号	对应的国际标准章条编号
5.1	—
5.2	—
5.3	—
5.4	—
5.5～5.7	5
6	—
7	6
注：表中的章条以外的其他章条编号与 ISO 3257:1992 其他章条编号均相同且内容对应。	

ICS 65.060.99
B 93

中华人民共和国国家标准

GB/T 9653—2006
代替 GB/T 9653—1988

棉花打包机系列参数

Series parameter for cotton press

2006-12-28 发布　　2007-07-01 实施

中华人民共和国国家质量监督检验检疫总局
中国国家标准化管理委员会　发布

前　言

本标准是对 GB/T 9653—1988《棉花打包机系列参数》的修订。

本标准与 GB/T 9653—1988 相比，主要技术内容变化如下：

——术语中增加了“回潮率”，取消了“生产率”；

——将型号标记“MBY”改为“MDY”；

——取消了 125 型、160 型、250 型和 315 型系列参数。

本标准自实施之日起代替 GB/T 9653—1988。

本标准由中国机械工业联合会提出。

本标准由全国农业机械标准化技术委员会归口。

本标准起草单位：邯郸棉机有限公司。

本标准主要起草人：高莉、李振修、董春强。

本标准于 1988 年首次发布，本次修订为第一次修订。

棉花打包机系列参数

1 范围

本标准规定了液压式和机械式棉花打包机的型号和系列参数。

本标准适用于液压式和机械式棉花打包机(以下简称打包机)。

2 术语

2.1

公称力 nominal force

打包机的公称顶压能力,单位:kN。

2.2

压缩系数 coefficient of compression

棉花成包后的自然高度与其在打包压缩终止后上、下板之间的距离之比。

2.3

回潮率 moisture regain

在规定条件下测得的棉纤维水分含量,以试验试样的湿重与干重的差值对干重的百分率表示。

3 型号和参数

3.1 型号表示方法

M D Y(J)-××× ×

- ×——改型序号:A、B、C……
- ×××——主参数:公称力(kN)×1/10
- Y(J)——特征代号:液压式(Y)、机械式(J)
- D——组别代号:打包机
- M——类别代号:棉花加工机械

3.2 型号示例

a) 顶压能力为4 000 kN液压打包机,经第1次改型后,其标记为:MDY400A;

b) 顶压能力为2 000 kN液压打包机,经第1次改型后,其标记为:MDY200A。

3.3 系列参数

打包机系列参数应符合表1的规定。

表1 打包机系列参数

型号	公称力/kN	包型	包型尺寸(长×宽×高)/mm	压缩系数	包重/kg	生产能力/(kg/h)
400	4 000	Ⅰ	1 400×530×700	≥1.4	227±10	≥4 000
500	5 000					
200	2 000	Ⅱ	800×400×600	≥1.4	85±5	≥1 700
注:压缩系数应在回潮率为6%时满足要求。						

ICS 11.040.50
C 43

中华人民共和国国家标准

GB 9706.18—2006/IEC 60601-2-44:2002
代替 GB 9706.18—2000

医用电气设备
第2部分:X射线计算机体层摄影设备安全专用要求

**Medical electrical equipment—
Part 2: Particular requirements for the safety of
X-ray equipment for computed tomography**

(IEC 60601-2-44:2002,IDT)

2006-10-17 发布　　2007-07-01 实施

中华人民共和国国家质量监督检验检疫总局
中国国家标准化管理委员会　发布

前　言

本专用标准等同采用国际电工委员会 IEC 60601-2-44:2002《医用电气设备——第 2-44 部分:X 射线计算机体层摄影设备安全专用要求》。

由于 GB 9706.3—2000《医用电气设备　第 2 部分:诊断 X 射线发生装置的高压发生器安全专用要求》的适用范围中不包括"图像重建体层摄影高压发生器",而原来等同采用 IEC 60601-2-44:1999 的 GB 9706.18—2000《医用电气设备　第 2 部分:X 射线计算机体层摄影设备安全专用要求》中又没有对 CT 设备的高压发生器作出安全方面的要求。考虑到上述原因,在 IEC 60601-2-44:2002 的相关章节中增加了有关的内容。

目前,已经转化的相关安全标准有 GB 9706.1—1995《医用电气设备　第一部分:安全通用要求》(idt IEC 60601-1:1988);GB 9706.11—1997《医用电气设备　第二部分:医用诊断 X 射线源组件和 X 射线管组件安全专用要求》(idt IEC 60601-2-28:1993);GB 9706.12—1997《医用电气设备　第一部分:安全通用要求　三、并列标准:诊断 X 射线设备辐射防护通用要求》(idt IEC 60601-1-3:1994);GB 9706.14—1997《医用电气设备　第 2 部分:X 射线设备附属设备安全专用要求》(idt IEC 60601-2-32:1994);GB 9706.15—1999《医用电气设备　第一部分:安全通用要求　1. 并列标准:医用电气系统安全要求》(idt IEC 60601-1-1:1995);YY 0505—2005《医用电气设备　第 1-2 部分:安全通用要求　并列标准:电磁兼容　要求和试验》(60601-1-2:2001,IDT)。

本次修订内容包括 IEC 60601-2-44 Ed.2 勘误表 1 的内容。

对 IEC 60601-2-44:2002,本专用标准还做了下列编辑性修改:

a)　删除了国际标准前言;

b)　用小数点"."代替作为小数点的逗号",";

c)　IEC 原文第 51 章中 29.1.104 改为 29.1.105(原文有误)。

本专用标准代替 GB 9706.18—2000《医用电气设备　第 2 部分:X 射线计算机体层摄影设备安全专用要求》。

本专用标准与 GB 9706.18—2000 相比主要有如下变化:

1. 对部分章节的编号作了调整;

2. 对 1.2"目的"作了修改,并增加了几个详细的注;

3. 对部分定义作了修改;

4. 增加了 29.1.103.4 体积 CT 的概念和要求;

5. 明确了 CT 设备要满足 YY 0505—2005 关于电磁兼容的要求;

6. 在相关章节中增加了对 CT 设备的高压发生器有关的内容;

7. 对部分术语的翻译作了规范化;

8. 将术语"CT 运行状态"改为"CT 运行条件";

9. 纠正了少量的误译。

本专用标准的附录 A 为规范性附录,附录 B 为资料性附录。

本专用标准由国家食品药品监督管理局提出。

本专用标准由全国医用 X 线设备及用具标准化分技术委员会归口。

本专用标准起草单位:上海西门子医疗器械有限公司、辽宁省医疗器械产品质量监督检验所、航卫通用电气医疗系统有限公司。

本专用标准主要起草人:梅伟铭、牟莉、卢智、邢占峰、王建军、王寿民。

本专用标准所代替标准的历次版本发布情况：

——YY 0309—1998；

——GB 9706.18—2000。

医用电气设备
第2部分:X射线计算机体层摄影设备安全专用要求

第一篇 概 述

除下述内容外,通用标准中该篇的章和条适用。

1 范围和目的

除下述内容外,通用标准中的本章适用。

1.1 范围

增补:

本专用标准适用于**X射线计算机体层摄影设备(CT扫描装置)**。

它包括**X射线发生装置**以及**X射线管组件**和**高压发生器**集成在一起的**X射线发生装置**安全要求。

1.2 目的

替换:

本专用标准的目的是对**CT扫描装置**制定确保安全的专用要求,并规定了验证其符合这些专用要求的方法。

注1:给出重现性、线性、稳定性和准确度的要求,因为这些要求与产生的**电离辐射**的质和量有关,而且被认为是确保安全所必须的要求。

注2:符合水平和为确定符合性而规定的试验方法均反映出如下事实,即,**高压发生器**的安全性对性能水平的小的差异并不敏感。因此,试验方法中规定的**加载因素**组合的数量有限,但是根据经验选择出的这些组合在多数情况下是适宜的。对**加载因素**组合的选择标准化十分重要,这样就可以对不同场合不同地点进行的试验做出比较。然而,除了规定的之外,其他组合方式可能在技术上同样有效。

注3:本专用标准所依据的安全理念在通用标准的引言和IEC 60513中陈述。

注4:关于**放射防护**,在本专用标准的准备过程中已经假定,**制造商**和用户均接受ICRP 60,1990第112段落[1)]中陈述的ICRP一般原则,即:

a) 如果放射实践给受照者个人或社会带来的利益不足以补偿由此而造成的辐射危害,就不宜采用该项实践(放射实践的正当化)。

b) 就一次放射实践中特定的辐射源来说,在考虑到经济和社会因素的条件下,个人剂量的大小、受照者人数以及在不属于非要接受照射不可的地方招致照射的可能性,都应保持在可合理达到的尽可能低的水平。这一过程宜通过个人剂量限值(剂量限制),或者在潜伏着受照射可能性的情况下通过限制个人风险度(风险限制)来进行约束,从而使可能由固有的经济和社会判断所产生的不公正因素得到限制(放射防护的最优化)。

c) 对所有相关放射实践组合中个人所受的照射宜设置剂量限值,或者在潜伏着受照射可能性的情况下应有风险控制。其目的是,保证在正常环境下,任何个人不致接受被认定为不可接受的受照风险。由于并非对所有源都能采取行动加以控制,因此,在选定剂量限值之前,必需规定哪些源是相关源(个人剂量限值和风险限值)。

---

1) ICPR 60出版物:国际放射防护委员会建议书(国际放射防护委员会记录第21卷第1至3页,1990年)。由Pergamon出版社出版。

注 5：关于 **X 射线设备**及其组件**电离辐射**防护方面的多数要求在 GB 9706.12 并列标准中给出。

然而，本专用标准确实也涉及**放射防护**的某些方面，主要是与**高压发生器**电能的供应、控制和指示有关的方面。

注 6：众所公认，为了遵循 ICRP 一般原则必须做出判断，许多判断应由用户而不是由设备的**制造商**来做。

1.3 专用标准

本专用标准是对一组相关的国家标准及 IEC 出版物（以下称为通用标准）的修改和补充，这些标准和出版物包括 GB 9706.1—1995(idt IEC 60601-1:1988)《医用电气设备　第一部分：安全通用要求》及其第一次修订(1991)和第二次修订(1995)以及相关的并列标准。

本专用标准中的篇、章、条的序号与通用标准的序号相对应。对通用标准条文的改变，使用以下词语表述：

"替换"指通用标准的章或条完全由本专用标准的条文所代替。

"增补"指在通用标准相应要求的基础上，本专用标准又有增加和补充的条文。

"更改"指通用标准的章或条按本专用标准的表述修改。

在通用标准的基础上增加的章条或图从 101 开始编号，增加的附录被记作 AA、BB 等，增加的列项为 aa)、bb)等。

若本专用标准中没有对应的篇、章或条，则通用标准中的篇、章或条完全适用。

对通用标准的某些部分，尽管可能相关，但拟不适用，则在本专用标准中对此只作一个说明。

本专用标准对通用标准作了替换或修改的那些要求，优先于原标准的要求。

1.3.101 相关的标准

GB 9706.11—1997　医用电气设备　第二部分：医用诊断 X 射线源组件和 X 射线管组件安全专用要求(idt IEC 60601-2-28:1993)

GB 9706.12—1997　医用电气设备　第一部分：安全通用要求　三、并列标准　诊断 X 射线设备辐射防护通用要求(idt IEC 60601-1-3:1994)

GB/T 16935.1—1997　低压系统内设备的绝缘配合　第一部分：原理、要求和试验(idt IEC 60664-1:1992)

YY 0505—2005　医用电气设备　第 1-2 部分：安全通用要求　并列标准：电磁兼容　要求和试验(IEC 60601-1-2:2001,IDT)

ISO 2092:1981　轻金属及其合金——化学符号的命名规则

IEC 60788:1984　医用放射学——术语

2 术语和定义

除下述内容外，通用标准中的本章适用。

增补在 2.1 之前：

在本专用标准中，小一号黑体印刷的术语表示在通用标准或 IEC 60788 中对其有过定义。

注：请注意，当陈述的概念未在上述出版物中作过定义时，相应的术语用宋体字表示。

本专用标准用到的有定义的术语在附录 AA 中给出。

在以下的补充定义中给出某些术语的相关使用条件。

除非另有说明，在本专用标准中：

——**X 射线管电压**值是指峰值电压，忽略瞬时变化。

——**X 射线管电流**值是指平均值。

补充定义：

2.101

CT 扫描装置　CT scanner

X 射线计算机体层摄影设备　X-ray equipment for computed tomography

对不同角度的 X 射线透射传输数据进行计算机重建，生成人体的横截面图像，从而用于医学诊断的X射线系统。该普通型装置可能包括信号分析和显示设备、患者支架、支持部件和附件。

注：二次图像处理不包括在本专用标准范围内。

2.102

CT运行条件　CT conditions of operation

所有主导CT扫描装置运行的可选参数。包括例如标称体层切片厚度、螺距系数、滤过、峰值X射线管电压以及X射线管电流和加载时间或电流时间积。

2.103

剂量分布　dose profile

以位置函数表示的沿线剂量。

2.104

灵敏度分布　sensitivity profile

以体层平面垂直线的位置函数表示的计算机体层摄影系统的相对响应值。

2.105

体层平面　tomographic plane

垂直于旋转轴的几何平面。（见图101）

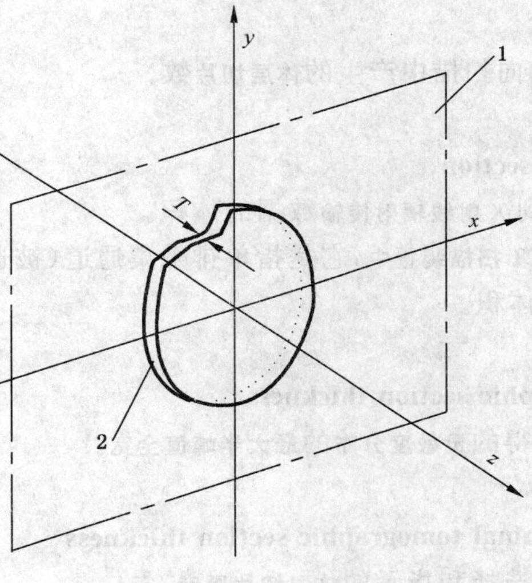

1——体层平面；
2——体模。

图101　直角坐标系

2.106

CT剂量指数100　computed tomography dose index 100($\mathbf{CTDI_{100}}$)

单次轴向扫描产生的沿着体层平面垂直线的剂量分布除以体层切片数目 N 与标称体层切片厚度 T 的乘积从－50 mm到＋50 mm的积分。

$$CTDI_{100}=\int_{-50\ \mathrm{mm}}^{+50\ \mathrm{mm}}\frac{D(z)}{N\times T}\mathrm{d}z$$

式中：

$D(z)$——沿着体层平面垂直线 z 的剂量分布，这个剂量是作为空气吸收剂量给出的；

N——X射线源在单次轴向扫描中产生的体层切片数；

T——标称体层切片厚度。

注 1：这里引用的术语 $CTDI_{100}$ 是一个比美国食品药品管理局(FDA) 21 CRF 1020.33[1] 中规定的从 −7T 到 +7T 的积分 CTDI 更具有代表性的剂量值。

注 2：剂量按空气吸收剂量给出。这一规定是为了避免发生目前的混淆而要求的，因为有一些 **CT 扫描装置**的**制造商**是根据空气中的**吸收剂量**来表示剂量计算值，而另有一些**制造商**是根据聚甲基丙烯酸酯(PMMA)的**吸收剂量**来表示剂量计算值。

虽然 $CTDI_{100}$ 源自空气**吸收剂量**，但实际上，评价用 PMMA 剂量**体模**测得的空气**吸收剂量**与用一个电离室从**体模**中测得的**空气比释动能**相当接近。

注 3：本定义假定**剂量分布**以 $z=0$ 为中心。

注 4：典型的单次轴向扫描是 **X 射线源**旋转 360°。

2.107

CT 螺距系数　CT pitch factor

在螺旋扫描中 **X 射线源**每转时的**患者支架**在 Z 方向上的行程 Δd 除以**标称体层切片厚度** T 与**体层切片**数 N 的乘积所得到的比值：

$$\text{CT 螺距系数} = \frac{\Delta d}{N \times T}$$

式中：

Δd——**X 射线源**每转时的**患者支架**在 Z 方向上的行程；

T——**标称体层切片厚度**；

N——**X 射线源**在单次轴向扫描中产生的**体层切片**数。

2.108

体层切片　tomographic section

在单次轴向扫描中采集到 **X 射线辐射传输**数据的体积。

注：在沿轴有多排探测器的 **CT 扫描装置**中，它是指单排采集通道(被选中的器件组)采集到数据的体积，并不是指受辐射的总体积。

2.109

体层切片厚度　tomographic section thickness

在**体层切片**等中心处所获得的**灵敏度分布**的**最大半峰值全宽**。

2.110

标称体层切片厚度　nominal tomographic section thickness

在 **CT 扫描装置**的**控制台**上选择和指示的**体层切片厚度**。

注：在螺旋扫描中重建图像的厚度取决于螺旋重建算法和螺距，因此这个厚度可能不等于**标称体层切片厚度**。重建图像的厚度可以在螺旋扫描之前有指示或被选择。

3　通用要求

除下述内容外，通用标准中的本章适用。

3.1　增补：

设计的 **CT 扫描装置**应不得产生大于 **X 射线管组件**的**标称 X 射线管电压**值的电压。

5　分类

除下述内容外，通用标准中的本章适用。

5.1　替换：

1) 见参考文献。

CT 扫描装置中的高压发生器应是Ⅰ类设备或内部电源设备。

5.6 替换：

除非另有规定，应将 CT 扫描装置或其组件归在适合于在待用状态下，以及在规定的加载下，与供电网持续连接这一类；见 6.1 m)和 6.8.101。

6 识别、标记和文件

除下述内容外，通用标准中的本章适用。

6.1 设备或设备部件的外部标记

g) 与电源连接

增补：

对于被规定为永久性安装的 CT 扫描装置，通用标准 6.1 g)中所要求的信息可仅在随机文件中陈述。

m) 运行方式

替换：

运行方式（若适合，与最大容许额定值一起）应在随机文件中说明，见 6.8.101。

p) 输出

替换：

通用标准中的该条不适用。

t) 冷却条件

增补：

CT 扫描装置或其组件安全运行所需的冷却要求应在随机文件中指出，若适合包括最大热耗散。

6.7 指示灯和按钮

a) 指示灯的颜色

增补在第一段之后：

对于 CT 扫描装置来说，用于指示灯的颜色应达到如下要求：

——绿色应用在控制台处指示状态，它表示下一步动作会从指示的状态转到加载状态；见 29.1.101.1 a)；

——黄色应用在控制台处表示加载状态；见 29.1.101.1 b)。

注：指示灯的颜色要根据给出的信息选择。因此，设备的同一运行状态可以同时在不同的指示地点用不同的颜色指示，比如，在控制台处为绿色，而在检查室入口为红色。

6.8 随机文件

6.8.2 使用说明书

a) 一般内容

增补：

关于加载因素方面的电气输出数据应按 6.8.2 a)1)至 6.8.2 a)4)中所述的那样在使用说明书中陈述。

对于高压发生器的其中一部分与 X 射线管组件（比如，X 射线管头）集成在一起的 CT 扫描装置来说，表达值应是指整个装置的值。

应说明下列组合及数据：

1) 相应的标称 X 射线管电压以及在该 X 射线管电压条件下运行时可以从高压发生器获得的最大 X 射线管电流。

2) 相应的最大 X 射线管电流以及在该 X 射线管电流条件下运行时可以从高压发生器获得的最高 X 射线管电压。

3) 产生最大输出电功率的 X 射线管电压与 X 射线管电流的相应组合。

4) 在加载时间为 4 s、X 射线管电压为 120 kV 时，高压发生器所能提供的以 kW 为单位的最大恒定电功率输出作为给出的**标称电功率**。如果这个值不能预选，可选用最接近 120 kV 的 **X 射线管电压**值和最接近的**加载时间**值，但不得短于 4 s。

标称电功率应与 **CT 扫描装置**所用的 **X 射线管电压**与 **X 射线管电流**以及**加载时间**的组合一起给出。

6.8.3 技术说明书

a) 概述

增补：

技术说明书应包括有关组合的资料，如果需要，还应包括 **CT 扫描装置**组件以及**附件**的组合的信息。

注：对以下内容作技术说明时要注意其有用性：

——用于确定对地漏电流保护器额定值的数据及必要的特性；

——当连接**高压发生器**时可采用的对地漏电流保护器的类型说明。

增补：

6.8.101 随机文件的参考条文

本专用标准中涉及到对**随机文件**内容有补充要求的章和条：

运行方式及规定的**加载** …………………………………………………………………… 5.6 及 6.1 m)

与电源连接 ………………………………………………………………………………………… 6.1 g)

杂散辐射的防护 ………………………………………………………………………………… 29.208

电源电阻 …………………………………………………………………………………………… 10.2.2

冷却条件 …………………………………………………………………………………………… 6.1 t)

高压发生器和**加载因素**的电气输出数据 ……………………………………… 6.8.2 a)及 50.101

符合性试验的合适组合 ………………………………………………………………… 6.8.3 a)及 50.1

对地漏电流保护器 …………………………………………………………………………… 6.8.3 a)

与本专用标准的符合性……………………………………………………………………………… 6.8.102

中心连接点**保护接地导线** …………………………………………………………………… 19.3

6.8.102 符合性声明

如果对于某一 **CT 扫描装置**或其组件来说，要声明其与本专用标准符合，该声明应在**随机文件**中陈述：

CT 扫描装置____[1] GB 9706.18—2006

[1] **型式标记**。

是否符合要求，通过检查**随机文件**加以验证。

第二篇 环 境 条 件

除下述内容外，通用标准中该篇的章和条适用。

10 环境条件

除下述内容外，通用标准中的本章适用。

10.2.2 电源

a)

增补：

如果**供电网**的**电源电阻**值不超过**随机文件**中规定的值，则认为**供电网**具有适合一台 **CT 扫描装置**运行的足够低的内阻。

注：如果规定了供电系统的**标称**电压，则表明，在该系统中任何两根导体之间或者导体与地之间不存在比标称电压更高的电压。

如果交流电压波形的任一瞬时值与同一瞬间的理想正弦波瞬时值的偏差不超过理想正弦波峰值的 2%，则可认为该交流电压在实际上是正弦波。

如果三相**供电网**输送的是对称电压,在对称加载时产生的电流也是对称的,则可认为该供电网在实际上是对称的。

本专用标准的各项要求基于三相系统具有对称对地**电网电压**的假定。单相系统可能由这样的三相系统引起。供电系统在电源端没有接地的情况下,假定已采取了各种适当的措施能在合理短的时间内检测、限制和补偿对称性的任何干扰。

仅仅当一个**CT扫描装置**证明其在**电源内阻值**不小于由**制造商**在**随机文件**里规定的**供电网**的电源内阻值能产生规定的**标称电功率**,才认为一个**CT扫描装置**满足本专用标准的要求。

是否符合要求,通过检查加以验证。

第三篇　对电击危险的防护

除下述内容外,通用标准中该篇的章和条适用。

15　电压和(或)能量的限制

除下述内容外,通用标准中的本章适用。

增补:

bb) 接向**X射线管**组件的可拆卸的高压电缆连接装置应设计成使用**工具**才能拆开它们或移去它们的**防护罩**。

是否符合要求,通过检查加以验证。

cc) 应采取措施,防止在**网电源部分**内或其他任何低压电路内出现不可接受的高电压。

注:对此,可以通过下列措施达到:如

——在高电压电路与低电压电路之间,加一层与**保护接地端子**相连接的绕组层或导电屏蔽层;

——在连接外部装置端子之间跨接电压限制部件,如果外部通路中断,连接外部通路的端子间可能产生一个过电压。

是否符合要求,通过检查设计数据和结构加以验证。

16　外壳和防护罩

除下述内容外,通用标准中的本章适用。

增补:

注:有关与**X射线管组件**相连接的高压电缆的易弯曲的导电屏蔽层的电阻和接地的要求,已在GB 9706.11—1997给出。

19　连续漏电流和患者辅助电流

除下述内容外,通用标准中的本章适用。

19.3　容许值

增补:

对于**CT扫描装置**,通用标准表4的**B型**栏下的**对地漏电流**行中的**正常状态**和**单一故障状态**适用,**外壳漏电流**行中的**正常状态**适用,包括通用标准中表4的注。

对于**CT扫描装置**的每一个组件,本身单独接到**供电网**上或是接到集中的连接点上,**对地漏电流**的容许值都是适用的,如果该组件是固定的并永久安装的。

固定的和永久安装的集中**保护接地端子**可以设在**CT扫描装置外壳**或外罩内部,如果把其他组件或**附属设备**也接到**保护接地端子**上,在集中连接点与外部保护系统之间的**对地漏电流**可以超过任何单独连接装置的容许值。

注：在一个**CT扫描装置**的环境条件下，对于**对地漏电流**的限制是期望保证**可触及部分**不会变成带电以及防止对其他电器设备的干扰。

采用一个中心**保护接地端子**的措施是可以接受的，因为对于固定的及**永久性安装设备**其**保护接地导线**的中断不认为是一种**单一故障状态**。然而，在这种情况下，根据6.8.3 a)的要求，必须提供**辅助设备**组合方面的足够资料。

是否符合要求，通过检查加以验证。

20 电介质强度

除下述内容外，通用标准中的本章适用。

20.3 试验电压值

增补：

高压电路绝缘的电介质强度应足以承受住20.4 a)所给出的时间内的试验电压。

试验时不接**X射线管**，试验电压应为高压发生器**标称X射线管电压**的1.2倍。

如果高压发生器只能在接**X射线管**的情况下进行试验，试验电压可降至不低于**高压发生器标称X射线管电压**的1.1倍。

20.4 试验

a)

增补：

高压发生器的高压电路或其组件，在进行试验时，应根据20.3规定的试验电压，从施加最终值50%的试验电压开始，10 s内升到最终值，然后维持3 min。

在电介质强度试验期间，如果试验中的变压器或附属电路有过热危险，允许以较高的电源频率或用另一个发生器对其次级施加试验电压进行试验。

d)

替换：

在电介质强度试验期间，高压电路的试验电压值宜保持在要求值的100%～105%范围内。

f)

增补：

在**高压发生器**的电介质强度试验期间，如果在高压电路中发生轻微电晕放电，但在试验电压降低到试验条件所指的电压的1.1倍时停止，这种放电现象可以不予考虑。

l)

增补：

旋转阳极**X射线管**定子及定子电路的电介质强度试验的试验电压应参照定子供电电压降低到其稳定运行后的电压值。

增补aa)：

1) 同**X射线管组件**集于一体的**高压发生器**或其组件，应同适当加载的**X射线管**一起进行试验。
2) 如果同相联的**X射线管**一起进行电介质强度试验，且在高压电路中不易接近施加的试验电压进行测量时，应采取适当措施，保证试验电压值在20.4 d)所要求的范围内。

第四篇　对机械危险的防护

除下述内容外，通用标准中该篇的章和条适用。

22 运动部件

除下述内容外，GB 9706.14—1997的22.4适用。

增补：

22.4.101 扫描架和患者支架

a) 概述

1) 动力运动或供电网的中断或发生故障，应能使所有的运动部件停止在b）和c）所给出的限制范围内，每次停止状态的距离和角度的最大值应在随机文件中给出。

是否符合要求，应通过检查随机文件和对动力运动的供电网中断和停止距离的测量加以验证。进行该试验时，应在患者支架上加一个同患者质量相当的135 kg的均布载荷。

2) 当某一部件配有一种或几种装置，旨在正常使用时，减少同患者发生碰撞的危险，则应在使用说明书中对每个装置的运行和限制加以阐述。

是否符合要求，通过检查随机文件加以验证。

3) 如果设备在正常使用时，因动力运动发生故障而有可能夹着患者，则应配置一种能够释放患者的控制器和开关，对这些装置在使用说明书中应予以阐述，并在设备上给出一个所要求的预计动作的标签。

是否符合要求，通过检查随机文件加以验证。

b) 扫描架倾斜

当紧急停止控制器被起动时，扫描架倾斜的角度应停止在0.5°的范围内。

是否符合要求，通过检查加以验证。

c) 患者支架的线性位移

当紧急停止控制器被起动时，患者支架应停止在10 mm的距离范围内。

是否符合要求，通过检查加以验证。

22.4.102 从辐射室内操作设备运动

对那些可能引起患者伤害的设备部件的任一机械运动，应由操作者通过连续地有准备地操作进行控制。

控制器应安放在靠近患者支架的位置上，使操作者始终能观察到患者，以避免伤害患者，并且控制器安放的位置还不能被患者轻易地触摸到。

22.4.103 从辐射室外操作设备运动

对那些可能引起患者伤害的设备部件的任一机械运动，应由操作者通过连续地有准备地操作进行控制。该要求对那些已预先拟定扫描方案起作用的运动除外。

除下述内容外，GB 9706.1中的22.7适用。

增补：

22.7.101 机械运动的紧急停止

应在患者支架和/或扫描架上或其旁的硬线电路中配置容易识别和可以触及的控制器和开关，以便切断运动系统的供电，使所有的机械运动紧急停止。当紧急停止开关运行时，所有的运动应停止在22.4.101给出的限定范围内。这些控制器和开关应安装在不会被意外起动的位置上。

在起动运动的远端控制台上或其靠近处也应配置类似的控制器。

在控制器和开关起动之后到电源被有效地切断的时间应不超过0.5 s。

注：为了切断运动系统的供电网，使所有的机械运动紧急停止而配置的那些控制器也宜用来终止29.1.101所述的加载，这两种控制器可以是同一个紧急停止按钮。

是否符合要求，通过测量停止距离以及切断时间加以验证。

27 气动和液压动力

除下述内容外，通用标准中的本章适用。

增补：

27.101 CT扫描装置压力驱动运动的压力变化

为运动提供动力的系统的压力的变化如果能够造成一种危险局面，则所有的运动应停止在22.4.101所规定的限定范围内。

是否符合要求，通过模拟故障状态，启动保护装置和测量停止距离的方法加以验证。

第五篇 对不需要的或过量的辐射危险的防护

除下述内容外，通用标准中该篇的章和条适用。

29 X射线辐射

除下述内容外，通用标准中的本章适用。

增补：

29.1.101 X射线辐射的紧急停止

应在**患者支架**和/或扫描架上或其旁的硬线电路中配置容易识别和可以触及的装置，以便能紧急中断，终止**加载**。

注：紧急切断**供电网**所配置的终止**加载**的装置也宜用来停止22.4.101b)，22.4.101c)以及22.7.101所述的运动，这两种装置可以是同一个紧急停止按钮。

是否符合要求，通过适当的功能试验加以验证。

29.1.101.1 操作状态的指示

a) 预备状态

控制台上应提供可见的指示以指明预备状态即**控制台**上的下一个控制动作将开始**X射线管**的**加载**。

如果预备状态时使用单一功能的指示灯来指示的应使用绿色；见6.7a)。

还应提供适当的连接方式以便在远离**控制台**的地方也可指示预备状态。该要求不适用于**移动式设备**。

b) 加载状态

加载状态应使用CT系统**控制台**上的黄色指示灯来指示；见6.7a)。

是否符合要求，通过适当的功能试验加以验证。

29.1.101.2 辐射输出的限制

a) 应提供适当的方式来限制电能的释放，例如通过使用固定的或预设的**加载因素**和操作方式的适当组合。

在**辐射**发生的任何时候**操作者**都应能中止**加载**，但也可以适当方式获得**X射线源**多旋转满一圈的数据。

b) 任何初始**X射线管加载**的控制都应有防止无意激发的安全装置。

是否符合要求，通过适当的功能试验加以验证。

29.1.101.3 外部联锁装置的连接

CT扫描装置应提供可安装远离**CT扫描装置**的外部**联锁装置**的连接，以便外部联锁装置可以中止**X射线发生装置**释放**X射线辐射**和防止**X射线发生装置**开始释放**X射线辐射**。

当在**CT扫描机装置**上进行诊断或介入治疗时，如果外部联锁装置激活，因此放射检查可能需要重复，**患者**和**操作者**都会受到显著大剂量的照射。而且中断介入治疗程序可能会引起对**患者**的其他风险。在这种情形下**联锁装置**宜在不可避免的情况下才应用，例如别的法规要求。

是否符合要求，通过适当的功能试验加以验证。

29.1.102 剂量说明和试验设备

29.1.102.1 剂量说明

使用 CT 体模以获取下述剂量信息。对于头部成像的还是全身成像的任意一种 CT 扫描装置,都应分别在随机文件中提供每一种应用的剂量信息。所有的剂量测量,应使用 29.1.102.2 规定的体模。测量时应把剂量体模放置在患者支架上,在无任何附加衰减物质的情况下进行,剂量体模应放在扫描架旋转轴的中心。在随机文件中应给出以下信息:

a) 在使用 29.1.102.2 所规定的剂量体模的下述位置上的 $CTDI_{100}$ 值及相应的 CT 运行条件。

1) 沿着体模的旋转轴线〔$CTDI_{100(中心)}$〕。

2) 沿着与旋转轴线的平行线、距体模的表面向里 10 mm、并且在这个深度上能够获得的最大的 $CTDI_{100}$ 值的位置上。

3) 沿着与旋转轴线的平行线、距体模的表面向里 10 mm、从 a)2)的位置转 90°、180°和 270°的位置上。CT 运行条件应是制造商所推荐的典型值,$CTDI_{100}$ 值为最大时的那个安放位置应根据扫描机械外壳或 CT 扫描装置的其他容易识别的部件,按 a)2)所规定的那样给出定位,以便在这个方向上安放体模。

4) $CTDI_{100(周边)}$ 是按 29.1.102.1 a)2)和 3)规定在剂量体模周边测量的四个 $CTDI_{100}$ 的平均值。

b) 对每一个可选择的 CT 运行条件,改变辐射率或辐射时间或者标称体层切片厚度中的任何一个都将会使剂量体模中心位置的 $CTDI_{100}$ 发生变化。该 $CTDI_{100}$ 应用将 a)所述的剂量体模中心位置的 $CTDI_{100}$ 进行归一化后的值加以表示。a)所属的 $CTDI_{100}$ 值为 1。在改变某个单一 CT 运行条件时,所有其他独立的 CT 运行条件应维持在 a)所述的典型值上。这些数据应是在制造商所指明的每一个 CT 运行条件的相应范围内。当某一 CT 运行条件的选择多于 3 个时,则至少应给出该 CT 运行条件下的最小、最大和一个中间值时的归一化的 $CTDI_{100}$ 值。

c) 对每一个可选择的峰值 X 射线管电压,应给出距剂量体模向里 10 mm 处的与最大的 $CTDI_{100}$ 相一致的那个位置上的 $CTDI_{100}$ 值。当某一个峰值 X 射线管电压多于 3 个选择时,则至少应给出该峰值 X 射线管电压下的最小、最大和一个中间值时的归一化的 $CTDI_{100}$ 值。该 $CTDI_{100}$ 应用将 a)所述的位于体模向里 10 mm 处的最大的 $CTDI_{100}$ 进行归一化后的值加以表示。a)所属的 $CTDI_{100}$ 值为 1。

d) 按照 a)、b)和 c)给出这些值的最大偏差说明。所有这些值的偏差应不超过这些极限。

是否符合要求,通过检查随机文件加以验证。

29.1.102.2 剂量体模

剂量体模是由聚甲基丙烯酸酯制成的圆柱体组成,用于头部的,直径为 160 mm,用于体部的,直径为 320 mm,其高度应不小于 140 mm。体模应刚好大于用于测量的辐射探测器的灵敏体积。体模应有能够足以容纳辐射探测器的孔,这些孔应平行于体模的对称轴,并且它的中心应位于体模的中心和以 90°为间隔的体模表面下方 10 mm 处。

对于测量时不使用的孔,应使用与体模材料相同的插入件完全插入孔中。

29.1.103 剂量信息

29.1.103.1 剂量分布

对每一个可选择的标称体层切片厚度,应在随机文件中给出头部和体部剂量体模中心位置处测得的 Z 向且垂直于体层平面的剂量分布图。当标称体层切片厚度多于 3 个时,至少应提供标称体层切片厚度最小、最大和一个中间值时的有关资料。剂量分布应与 29.1.103.2 所要求的相对应的灵敏度分布作于同一张图上,并使用相同的标尺。

29.1.103.2 灵敏度分布

对每一个标称体层切片厚度,应在随机文件中给出剂量体模中心位置处的与 29.1.103.1 所要求相对应的剂量分布的灵敏度分布图。

29.1.103.3 加权 $CTDI_{100}$

加权 $CTDI_{100}$($CTDI_w$)的定义如下:

$$CTDI_{w}=\frac{1}{3}CTDI_{100(\text{中心})}+\frac{2}{3}CTDI_{100(\text{周边})}$$

见 29.1.102.1 a)中的 1)和 4)。

该 $CTDI_w$ 值应在能反映所选择的头部或体部的检查方式以及**CT 运行条件**的**操作者**的控制台上显示出来。如果**标称体层切片厚度**不等于每转床面的增量时，则修正后的 $CTDI_w$ 值应显示出来，以描述对选择的**运行条件**在被扫描的总的体积上的平均剂量。

该要求用于下属一些场合：

——多层探测器排列；

——当**标称体层切片厚度**不等于每转床面增量时；

——当**标称体层切片厚度**不等于两次连续扫描间床面增量时。

以上所列并非全部情况。

29.1.103.4　体积 $CTDI_w$（$CTDI_{vol}$）

体积 $CTDI_w$（$CTDI_{vol}$）描述的是在某一选择的**CT 运行条件**下扫描的总体积的平均剂量。

$CTDI_{vol}$定义如下：

a)　轴向扫描：

$$CTDI_{vol}=\frac{N\times T}{\Delta d}CTDI_{w}$$

式中：

N——**X 射线源**单次轴向扫描产生的**体层切片**数；

T——**标称体层切片厚度**；

Δd——连续扫描之间**患者支架**在 Z 方向移动的距离。

b)　螺旋扫描：

$$CTDI_{vol}=\frac{CTDI_{w}}{CT_{\text{螺距系数}}}$$

c)　预设定没有**患者支架**移动的扫描：

$$CTDI_{vol}=n\times CTDI_{w}$$

式中：

n——最大的预设定的旋转数。

该 $CTDI_{vol}$ 值单位为 mGy，应在能反映所选择的头部或体部的检查方式以及**CT 运行条件**的**控制台**上显示出来。

如果在一次扫描过程中**X 射线管电流**是变化的，应用决定最大可能的 $CTDI_{vol}$ 值的预设定的**加载因素**来计算 $CTDI_{vol}$ 值。

如果旋转数目没有预设定，则应显示出每秒 $CTDI_{vol}$ 值，单位为 mGy/s，还应显示检查过程中扫描累积的 $CTDI_{vol}$ 值，单位为 mGy。

注 1：由**制造商**给出并显示的 $CTDI_{vol}$ 值代表的是该类型的数值，并非在特定**CT 扫描装置**上的测量值。

注 2：在 c)中定义的 $CTDI_{vol}$ 值往往会过高估计实际的剂量，因为这里使用预设定的最大的旋转数目。但该定义对剂量的保守估计以确保避免病人皮肤的辐射损伤。

注 3：c)中也包括**患者支架**的人力移动。

是否符合要求，通过检查加以验证。

29.1.103.5　Z 向的几何效率

Z 轴方向上的几何效率是**剂量分布**在 Z 轴方向上在采样的检测器单元的宽度范围内的积分，表示为对**剂量分布**在 Z 轴方向上总积分的百分比。检测器单元的宽度范围定义为选用的检测器单元的几何宽度和采样时应用的后准直器宽度中的较小者。**剂量分布**应在 X 射线束中没有任何物体时测得。对于那些有效厚度小于 70% 的切片，Z 轴方向上的真实几何效率应在**控制台**上给以显示。

是否符合要求，通过检查加以验证。

29.1.104　焦皮距

CT扫描装置在设计结构上应保证焦皮距不小于15 cm。

是否符合要求，通过检查加以验证。

29.1.105　防过量X射线辐射的安全措施

a）应配置在计时器一旦发生故障时能自动切断辐射源的电源从而达到终止加载的装置。或者通过使用一个备用的定时器或能监视设备功能的装置把总的扫描时间限定在某一个时间间隔内，这个时间不超过预置值的110%或X射线源组件的一次额外的旋转中较小的。通过这些方法去终止加载，在加载终止时，应给操作者一个可见的终止指示。

b）应配置在设备一旦发生故障并影响数据收集时能自动切断辐射源电源，从而达到终止加载的装置。该装置应能在发生这种故障的1 s内终止加载。同时，还应向操作者给出一个可见的终止指示。

c）应配置这样一种装置，以便操作者能在持续时间超过0.5 s的扫描期间的任意时刻或在X射线设备控制下的系列扫描过程中的任意时刻终止加载。

d）当加载由上述a)，b)，c)中提及的原因而被终止时，要开始进行再一次扫描之前，应对CT运行条件进行重新设置。

e）在同一个体层平面中，当程序控制的扫描不止一个时，应在操作者控制台上给出一个提示，以表明这种加载已被设置选定，并且，在继续扫描序列发生之前，将由操作者给以确认。

f）无论是什么原因，当加载终止时，对中断螺旋扫描序列加载之前所获取的任何数据，对图像重建都应是有效的。

是否符合要求，通过检查和试验加以验证。

29.1.106　可操作状态的控制和指示

29.1.106.1　可见指示

在扫描和扫描程序开始之前，应指明某一扫描程序期间所使用的CT运行条件。在设备上对有固定值的CT运行条件，其全部的或一部分，可以用永久性标记来满足这一要求。从预备状态可以被启动扫描的任意位置上应能看得到CT运行条件的指示。

是否符合要求，通过检查加以验证。

29.1.106.2　射线束状态指示器

仅当辐射发生时，应在操作X射线辐射的控制台上和扫描机构的外壳上或其旁提供一个可见的指示，位于扫描机构外壳上或其旁的指示，从任意一点延伸到患者入口处都应能看得到。患者入口处是指能够将人体的任一部分直接导入到一次辐射线束中的地方。

是否符合要求，通过检查加以验证。

除下述内容外，并列标准GB 9706.12(idt IEC 60601-1-3)中第29章增补的条适用。

29.201　辐射质量

除下述内容外，并列标准GB 9706.12(idt IEC 60601-1-3)中29.201适用。

注的替换：

注：29.201.3～29.201.9所阐述的是需要一个适当的X射线束的辐射质量，在对患者没有施加不必要高的吸收剂量的情况下，还要产生一个所期望的诊断图像。辐射质量的测量是通过X射线源组件的滤过以及CT扫描装置的第一半阶层来进行的。

增补：

对于具有定型的X射线滤板的CT扫描装置，辐射质量的测量应在体层平面的中心完成。

这里假定CT扫描中高压发生器的纹波百分率不会影响图像质量。

29.201.1 用于齿科时工作电压范围的限定

并列标准 GB 9706.12(idt IEC 60601-1-3)中的本条不适用。

29.201.5 X射线设备的总滤过

替换:

除了 29.201.3 和 29.201.4 所建议的滤过外,对在正常使用中的所有配置还应使用固定的附加滤板。辐射到患者处的X射线束所能达到的第一半价层应不小于表 101 所给出的最小允许值。

表 101 CT扫描装置的半价层

X射线管电压/kV (见注 1)	最小允许的第一半价层/mmAl (见注 2)
<60	见注 3
60	1.9
70	2.1
80	2.4
90	2.7
100	3.0
110	3.4
120	3.8
130	4.2
140	4.6
>140	见注 3

注 1:中间电压值的半价层应通过线性插值法获得。

注 2:这个值与 2.5 mmAl 的总滤过相对应。

注 3:在这里应使用了线性外推法。

应在所有可选择的附加滤板的情况下都符合半价层要求。

是否符合要求,通过检查随机文件和 29.201.9 所述的试验加以验证。

29.201.9 半价层试验

替换:

在窄射束条件下测量所有可选择的X射线管电压值的第一半价层。如果可选择的X射线管电压值多于三个时,至少要测量X射线管电压为最小、最大和一个中间值时的半价层。

这些价层的材料应是纯度不低于 99.9%的铝(根据 ISO 2092 规定,指定为 99.9Al)。

是否符合要求,通过检查加以验证。

29.202 X射线束范围的限定和指示

并列标准 GB 9706.12—1997 中的 29.202.4 到 29.202.9 不适用。增补以下条款:

29.202.101 体层切片的指示和位置

a) 应提供一个预示的图像,通过该图像,操作者可以设定要获取的体层切片。当扫描架处于直立位置时,用于指示截面的基准线与真正位置相差不得超过 2 mm。

b) 应提供一个光野,用于标记体层切片。在周围的亮度条件为 500 lx 的情况下,该光野也应清晰可见。在扫描架开口的中心处测量,光野的宽不得超过 3 mm。光野的中心和体层切片的中心的一致性应在 2 mm 之内。如果同时可获得多个体层切片时,则在随机文件中应对所指定的体层切片的光野的位置做出描述。如果提供了另外的参考光野,它们的精度应在随机文件中给出。

c) 对于患者支架的运动,在某一个典型的开始位置上进行启动,从这个位置上连续移动到小于最大的可选择的扫描增量或 30 cm 的位置上,之后,再返回到起动的位置上,这时,扫描增量的偏差应不超过 1 mm。这个试验应是在患者支架上加有均匀分布的 135 kg 负载的条件下完成。实际的与指示的扫描增量的测量可以沿着行程内的任何地方进行。

是否符合要求,通过检查加以验证。

29.203 **X射线野与影像接受面的关系**

并列标准 GB 9706.12—1997 中 29.203 不适用。

29.204.2 **基准加载条件的说明**

替换:

对所有的X射线管组件和X射线管分组件,应在随机文件中指明可能的CT运行条件值。如果是在标称X射线管电压下工作,还应指明相应的最大连续热耗散。

是否符合要求,通过检查随机文件加以验证。

29.206 **X射线束的衰减**

并列标准 GB 9706.12—1997 中本条不适用。

29.208 **杂散辐射的防护**

替换:

对于在单位电流时间积下能导致最大局部剂量的加载因素,应给出杂散辐射的测量。这些加载因素至少应包括最高的可选择的X射线管电压。在进行杂散辐射测量时,应使用一个直径为 320 mm、高为 140 mm到 200 mm 的具有组织等效材料(例如水或 PMMA)的柱型体模。测量时将体模放置在CT扫描装置的旋转中心并与体层平面准直。在一个基本线性尺寸不超过 200 mm 的大于 500 cm^3 的体积上,通过求平均值得出测量结果。

增补:

29.208.101 **随机文件的说明**

应给出在CT扫描装置旋转中心高度处的水平面上测得的杂散辐射测量结果,测量的区域应包括下述确定的矩形区域:与旋转轴平行的那条边至少为 3 m 长,位于扫描平面的中心并延伸到患者支架的区域;与旋转轴垂直的那条边至少为 3 m 长,且中心应位于旋转轴的位置。在这两个方向上,至少每隔 50 cm 测量一次。有关体模的资料,应在随机文件中给出。

测量的单位应是X射线管在正常使用期间使用的空气比释动能每毫安秒。

是否符合要求,通过检查随机文件加以验证。

36 电磁兼容性

除下述内容外,通用标准中的本章适用。

替换:

YY 0505—2005 应适用。

第六篇 对易燃麻醉混合气点燃危险的防护

通用标准中该篇的章和条适用。

第七篇 对超温和其他安全方面危险的防护

除下述内容外,通用标准中该篇的章和条适用。

42 超温

除下述内容外,通用标准中的本章适用。

42.1 增补:

对于接触油的部件允许的最高温度的限制应不适用于完全浸在油中的部件。

第八篇　工作数据的准确性和危险输出的防止

除下述内容外，通用标准中该篇的章和条适用。

50　工作数据的准确性

除了下述内容外，通用标准中该章适用。

增补：

50.101　辐射输出的准确性

制造商应在随机文件中提供包括 X 射线管电压、X 射线管电流的准确度和辐射输出的线性度信息。

是否符合要求，通过检查加以验证。

50.102　记录检查数据的准确性

a)　在提供常规 X 射线照片（定位图像，如 29.202.101 a）所描述的那样）时，应在 X 射线照片上清楚地表明每个已选择的体层切片的位置。

体层切片的位置指示应精确到 2 mm 内。

b)　在正常使用时，显示患者图像方位的指示信息应在每幅图像中表示出来。

是否符合要求，通过检查加以验证。

50.102.1　电气和辐射输出的指示

在 X 射线管加载之前、当中、之后，操作者均能够得到关于固定的、永久的或者半永久预选的、预设的加载因素或工作模式的足够的信息，使得操作者能够为辐射预先选择合适的条件，并由此得到预测患者吸收剂量的必要数据。

指示的单位如下所示：

——X 射线管电压：千伏；

——X 射线管电流：毫安；

——加载时间：秒；

——电流时间积：毫安秒。

是否符合要求，通过检查加以验证。

50.102.2　简短的指示

a)　对于在一种或多种加载因素固定组合下运行的 CT 扫描装置，控制台上的指示可限定为每种组合中某一最有意义的加载因素的值，例如 X 射线管电压。

在这种情况下，对于每种组合的其他加载因素的相应值应在使用说明书中给出。

除此以外，这些值应在控制台上或附近显著的位置以适合显示的方式列出。

b)　对于在半永久性预选的加载因素的固定组合下运行的 CT 扫描装置，控制台上的显示可以限定与每种组合相一致清楚的参考值。

在这种情况下，应做出规定以使得：

——在使用说明书中记录安装时半永久性预设的加载因素的每一组合值；和

——在控制台上或附近显著的位置以适合显示的方式将值列出。

是否符合要求，通过检查加以验证。

51　对危险输出的防护

除下述内容外，通用标准中的本章适用。

替换：

对不正确输出的防护应符合 29.1.104 的要求。

第九篇　不正常运行和故障状态;环境实验

通用标准中该篇的章和条适用。

第十篇　结　构　要　求

除下述内容外,通用标准中该篇的章和条适用。

56　元器件和组件

除下述内容外,通用标准中的本章适用。

56.7　电池

增补:

56.7.101　充电模式连锁装置

内置电池充电器的**移动式设备**应在不禁止电池充电的前提下,提供防止未经授权人员造成动力移动和**X射线辐射**的方法。

注:符合这个要求的一个恰当的例子是装有一个接通和断开的按钮装置,以便仅当使用这个按钮的情况下动力运动和**X射线辐射**才能发生。但是,在不使用该按钮时,也能够对电池进行充电。

是否符合要求,通过检查加以验证。

57　网电源部分、元器件和布线

除下述内容外,通用标准中的本章适用。

57.10　爬电距离和电气间隙

a)　数值

增补:

——对于永久安装的**CT扫描装置**,通用标准表16中的对Ⅰ**类设备**的绝缘A-a_1和A-a_2的数值最高达到基准电压交流660 V(有效值)或直流800 V。

对于更高的基准电压,**爬电距离和电气间隙**:

- 应不低于通用标准中表16所给出的交流660 V(有效值)或直流800 V所对应的值,并
- 应符合通用标准中20.3关于电介质强度的要求。

基准电压	试验电压
$660\ V<U\leqslant 1\ 000\ V$	$2U+1\ 000\ V$
$1\ 000\ V<U\leqslant 10\ 000\ V$	$U+2\ 000\ V$

电介质强度的试验按照通用标准20.4所描述的环境条件下进行。

注:对于安装的**CT扫描装置**,当其**保护接地导线**是固定安装的或是永久性安装时,可以假定,在保护接地的可靠性方面不存在危险。根据同样的理由,通用标准中的19.3 e)给出了一个相应的说明,即在这种情况下,较高的**对地漏电流**是可以接受的,这一点与GB/T 16935.1中有关**爬电距离和电气间隙**的说明一致。

附　录　AA
（规范性附录）
定义的术语索引

附　录　BB
（资料性附录）
试验时加载因素的选择

在对CT扫描装置的X射线管组件进行加载试验时，对可以应用的加载数量有以下几条实际限制条件。在试验的任何时候都不宜超过额定的X射线管阳极热容量和X射线管组件热容量，这不仅适用于单次加载试验，同时也适用于重复加载试验的阳极热容量和X射线管组件热容量的累积效果。各次加载之间允许有的冷却时间很可能是一个在决定所需的总试验时间的重要因素，因此，试验时按能满足验证符合性的原则，选用合理最少的加载数量进行是很重要的，否则，将会造成试验持续时间过长，试验成本过高。当在本专用标准的试验方法中明确描述的用于试验的加载因素无具体数值时，应理解为试验者可选用现有加载因素的任何数值进行试验。无论如何，建议试验时用的加载因素的组合条件应包括那些代表可预见的“最不利情况”。额外的确认测量也可选用现有加载因素的其他数值进行。总的原则是，除了最初的“最不利情况”的条件外，建议在任何符合标准的技术要求规定的范围内，用于验证的测量点宜不超过三点。在可能的情况下，选择和测量加载因素时应考虑所有相关的技术要求，而不是仅考虑某一个技术要求。

验证一个标准规定的技术要求的符合性的“最不利情况”条件可能依赖于产品设计的技术特性。为降低符合性试验的成本，建议制造商提供所有的相关信息，以便于试验者选用合理最少的测量点来进行符合性验证。

用于试验的电网电压宜为额定电压的90%，电源内阻为规定的最大值的条件下时。

参 考 文 献

[1] IEC 60417-1:2000 设备用图形符号——第1部分:概述及应用.

[2] IEC 60417-2:1998 设备用图形符号——第2部分:符号原型图样.

[3] IEC 60601-1-4:1996 医用电气设备——第1部分:安全通用要求——4. 并列标准:可编程医用电气系统.

[4] GB 9706.14:1997 医用电气设备 第2部分:X射线设备附属设备专用安全要求.

[5] YY/T 0064—2004 医用诊断旋转阳极X射线管电、热及负载特性(IEC 60613:1989).

[6] ISO 497:1973 优选数列及其整定值的选择指南.

[7] ISO 7000:1989 设备用图形符号——索引及对照表.

[8] US FDA 21CFR 1020.33 计算机体层摄影设备.

[9] EUR 16262 EN:2000 计算机体层摄影设备质量判断标准欧洲指南.

[10] ICRU Report 47:1992 Measurement of Dose Equipments from External Photon and Electron Radiations.

[11] ICRU Report 47:1992 外部(外来)光子和电子辐射的剂量当量的测量方法.

ICS 11.040.10
C 46

中华人民共和国国家标准

GB 9706.28—2006

医用电气设备
第2部分：呼吸机安全专用要求
治疗呼吸机

Medical electrical equipment—
Part 2: Particular requirements for the safety of lung ventilators—Critical care ventilators

(IEC 60601-2-12:2001, MOD)

2006-07-25 发布　　2007-05-01 实施

中华人民共和国国家质量监督检验检疫总局
中国国家标准化管理委员会　发布

前　言

本专用标准是呼吸机——治疗呼吸机的安全专用要求。

本专用标准修改采用国际标准 IEC 60601-2-12:2001《医用电气设备——第 2 部分:呼吸机安全专用要求——治疗呼吸机》。

本专用标准与 GB 9706.1—1995《医用电气设备　第一部分:安全通用要求》配套一起使用。

本标准自实施之日起,YY 91041—1999《电动呼吸机》和 YY 91108—1999《气动呼吸机》废止。

本专用标准与 IEC 60601-2-12:2001 相比较,主要差异如下:

——术语和定义一章中部分内容的描述与 GB/T 4999—2003《麻醉呼吸设备　术语》给出的术语描述一致。

——IEC 60601-2-12:2001 中引用的 IEC 和 ISO 国际标准,已被转化为国家标准和行业标准,本专用标准已引用这些标准作为规范使用;现无对应被转化为国家标准和行业标准,则以所引用的 IEC 和 ISO 国际标准作为规范使用。本专用标准中,作为规范性标准而引用的 IEC、ISO 国际标准和国家标准、行业标准在规范性附录 L 中列出。

——对于消毒,本专用标准修改为消毒应参照相应标准的相关描述进行(见 44.7)。

——对于高级声报警信号的最小音量检测,本专用标准修改了背景白噪声要求(见 50.101.7)。

——对于高压输入口的接头,本专用标准修改为应符合 ISO 5359:2000 中的表 2 和图 3 的规定[见 56.3 bb)]。

——本专用标准增加了 IEC 60601-1:1988《医用电气设备　第一部分:安全通用要求》修改 2(1995)内容,为了与专用标准内容相区分,在文本中用双竖线标识。

本专用标准第 36 章电磁兼容性与 YY 0505—2005《医用电气设备　第 1-2 部分:安全通用要求并列标准　电磁兼容　要求和试验》同期实施。

本标准的附录 D、附录 K、附录 L、附录 BB 均为规范性附录,附录 A、附录 AA、附录 CC 均为资料性附录。

本标准由国家食品药品监督管理局提出。

本标准由全国麻醉和呼吸设备标准化技术委员会、全国医用电器标准化技术委员会医用电子仪器标准化分技术委员会归口。

本标准起草单位:上海医疗器械股份有限公司医疗设备厂、上海德尔格医疗器械有限公司。

本标准主要起草人:董铁铮、顾大鹏、丁德平、张燕萍、李理。

引　言

治疗呼吸机是特护病房(ICU)中的主要医疗设备。ICU中约半数患者部分依靠或完全依靠此类设备的通气护理。由于此类患者体质虚弱,故该类设备的安全尤为重要。因此,在本专用标准出版以后,所有治疗呼吸机的设计都应该符合本专用标准中的最低要求。本专用标准是在其他相关标准,特别是在IEC 60601-1:1988《医用电气设备　第一部分:安全通用要求》(以下简称通用标准)的基础上制定的。

附录AA中给出重要要求的基本原理。章、条处的星号表示有基本原理说明。

本专用标准不适用于持续气道正压(CPAP)设备、睡眠呼吸暂停治疗设备、加强呼吸机、麻醉呼吸机、急救呼吸机、高频喷射呼吸机和高频振荡呼吸机,也不包括医院中使用的仅用作增加患者通气量的设备。

医用电气设备
第2部分:呼吸机安全专用要求
治疗呼吸机

第一篇　概　　述

除下述内容外,通用标准本篇的章、条适用。

1* 适用范围和目的

除下述内容外,通用标准的本章适用。

1.1 适用范围

增加:

本专用标准适用于治疗呼吸机(按2.1.125的定义)的安全。

本专用标准不适用于持续气道正压(CPAP)设备、睡眠呼吸暂停治疗设备、加强呼吸机、麻醉呼吸机、急救呼吸机、高频喷射呼吸机和高频振荡呼吸机,也不包括医院中使用的仅用作增加患者通气量的设备。

1.2* 目的

增加:

本专用标准的目的是规定治疗呼吸机的安全专用要求。

1.3* 专用标准

增加:

本专用标准引用GB 9706.1—1995《医用电气设备　第一部分:安全通用要求》,并补充了IEC 60601-1:1988《医用电气设备　第一部分:安全通用要求》修改2(1995)的内容。

在本专用标准中涉及到GB 9706.1—1995时,简称为"通用标准",对于标准GB 9706.15—1999(IEC 60601-1-1:1995)《医用电气设备　第一部分:安全通用要求　1.并列标准:医用电气系统安全要求》简称为"并列标准"。

术语"本标准"包括本专用标准以及与之共同使用的通用标准和并列标准。

本专用标准的篇、章和条的编号对应于通用标准的编号。通用标准的文本更改规定使用下述词汇:

"替换":意为通用标准的章或条被本专用标准的文本完全替换;

"增加":意为本专用标准的文本补充于通用标准的要求;

"修改":意为通用标准的章或条由本专用标准的文本所修改。

增加于通用标准的条、图和表从101开始编号,增加的附录为AA,BB等,增加项为aa),bb)等。

有编制说明的章、条均标有"*"。这些编制说明在资料性附录AA中。附录AA不属于本专用标准的规范性部分,它仅提供附加信息,它不是试验的对象。

本专用标准中没有提及通用标准中对应的篇、章、条,通用标准的这些篇、章、条无修改适用(尽管可能不相关);通用标准的某部分,虽然可能相关,但不适用,在本专用标准中有明确规定。

本专用标准的要求优先于通用标准的要求。

增加:

1.5 并列标准

在医用电气设备安全要求系列标准中,并列标准指明了安全通用要求适用于:

——一组医用电气设备(例如:放射设备);
——在安全通用标准中未全部指出的所有医用电气设备的一个专门特征(例如电磁兼容性);
——若一个并列标准适用于一个专用标准,那么该专用标准优先于此并列标准。

2 术语和定义

除下述内容外,通用标准的本章适用。

2.1 设备部件、辅件和附件

2.1.5*

应用部分 applied part

替换:

正常使用的设备的一部分:

——为了行使设备的功能而应与患者有身体接触的部分;或
——可能用来接触患者的部分;或
——需要患者触摸的部分。

增加:

或呼吸机中任何连接呼吸系统的部分。

替换:

2.1.7

F型隔离(浮动)应用部分 F-type isolated(floating)applied part(以下简称为F型应用部分)

与设备其他部分相隔离的应用部分,其绝缘应达到,当与患者相连的外部设备上出现意外电压时,在应用部分与地之间应没有电流会高于在单一故障状态时患者漏电流的允许值。

F型应用部分为BF型应用部分或CF型应用部分。

2.1.15*

患者电路 patient circuit

包含有一个或更多患者连接部分的任何电气电路。

患者电路包括所有与患者连接部分的绝缘未达到电介质强度要求的导电部分(见第20章)或与患者连接部分的隔离未达到爬电距离和电气间隙要求的导电部分(见57.10)。

增加定义:

2.1.23*

患者连接 patient connection

在正常状态或单一故障状态下,电流可通过其在患者与设备之间流动的应用部分的每一个独立部分。

2.1.24*

B型应用部分 type B applied part

符合本标准中规定的对电击的防护,尤其是关于漏电流允许值要求的应用部分,用附录D中表D2符号1来标记。

注:B型应用部分不适用于直接用于心脏。

2.1.25*

BF型应用部分 type BF applied part

符合本标准中规定的要求,对电击防护的程度比B型应用部分高一等级的F型应用部分,用附录D表D2符号2来标记。

注:BF型应用部分不适用于直接用于心脏。

2.1.26*

CF型应用部分 type CF applied part

符合本标准中规定的要求,对电击防护的程度比BF型应用部分高一等级的F型应用部分,用附录

D 表 D2 符号 3 来标记。

2.1.27*

防除颤应用部分　defibrillation-proof applied part

对患者心脏除颤放电效应具有防护的应用部分。

增加定义：

2.1.101

细菌过滤器　bacterial filter

用于除去气流中的细菌和颗粒的装置。

2.1.102

清晰可辨　clearly legible

设备显示内容的目视属性，此属性使得操作者能够定性或定量辨别(或识别)该设备在特定的一组环境条件下的数值或功能。

2.1.103

应急空气吸入口　emergency air intake port

当新鲜气体供气不足和(或)加压气体不足时，用于吸入空气的专用进气口。

2.1.104

对气流方向敏感的元件　flow-direction-sensitive component

气流应按一特定方向流动才能保证功能正常和(或)患者安全的元件。

2.1.105

新鲜气体　fresh gas

传送至呼吸系统的可呼吸气体。

2.1.106

新鲜气体吸入口　fresh-gas intake port

除应急空气吸入口外，呼吸机或患者吸入新鲜气体的吸入口。

2.1.107

排气端口　exhaust port

多余气体和/或废气排放至大气或麻醉气体净化系统所流经的端口。

2.1.108

吸入口　intake port

通过它，呼吸机或患者可吸取气体的接口。

2.1.109

新鲜气体输出口　gas output port

呼吸机的接口，气体由此以呼吸压力通过管道输入患者端接口。

2.1.110

回气口　gas return port

呼吸机的接口，气体由此以呼吸压力通过管道从患者端接口回出。

2.1.111

高压输入口　high-pressure input port

能够输入供气压力大于 100 kPa 的气体接口。

2.1.112

加压气体　inflating gas

驱动呼吸机的新鲜气体，也可给患者供气。

2.1.113

加压气体输入口　inflating-gas input port

适用加压气体的输入接口。

注：气体输入口供应的气体是在正压的驱动下通过该接口的。该气体可在受控压力下供应或在受控流量下供应。

2.1.114

禁用(功能失效)　inhibition(disabled)

报警系统或报警系统的一部分不能发出报警信号的状态。

注1：禁用可适用于单独的报警环境、群组报警环境、或设备的整个报警系统。

注2：禁用可由操作者启用或由设备启用(例如，在加热模式下或当没有连接患者时)。

注3：禁用持续的时间通常是不确定的。只有由操作者直接操作或由操作者改变设备的设置才能停止禁用。

2.1.115

低压输入口　low-pressure input port

供气压力不超过 100 kPa 的气体输入接口。

2.1.116

手动通气口　manual ventilation port

可连接手动加压设备的呼吸机接口。

2.1.117

最大极限压力 $p_{lim,max}$　maximum limited pressure, $p_{lim,max}$

在正常使用中和单一故障状态下患者连接口的最高压力。

2.1.118

最大工作压力 $p_{w,max}$　maximum working pressure, $p_{w,max}$

在呼吸机正常运作的情况下，吸入相患者连接口可达到的最高压力。

注：即使不可调节，这个最大工作压力也不大于最大极限压力。

2.1.119

最小极限压力 $p_{lim,min}$　minimum limited pressure, $p_{lim,min}$

在正常使用中和单一故障状态下患者连接口的最低压力。

注：该压力可低于大气压。

2.1.120

分钟通气量　minute volume

每分钟吸入或呼出患者肺的气体的体积。

2.1.121

操作者位置　operator's position

按使用手册的规定，操作者正常使用时相对于设备的方位。

2.1.122

患者连接口　patient connection port

可连接患者或测试仪器的呼吸机呼吸系统的接口。

注：呼吸机呼吸系统和患者之间的接口。

2.1.123

呼吸压力　respiratory pressure

最小工作压力和最大工作压力之间的压力差值。

2.1.124

暂停　suspended

操作者临时使报警系统的所有声报警或所有声光报警在一个设定的时间间隔内失效的报警系统的

状态。

2.1.125

呼吸机—治疗呼吸机　ventilator-critical care ventilator

为增加或供给患者的通气而设计的自动装置。

2.1.126

呼吸装置的呼吸系统　ventilator breathing system，VBS

呼吸系统，包括低压气体输入口、气体吸入口和患者连接口，如有新鲜气体进气口和出气口，还应包括新鲜气体进气口和出气口。

2.2　设备类型(分类)

2.2.7

直接用于心脏　direct cardiac application

在文中用“应用部分”替换“设备”。

2.2.9　不采用。

2.2.15

医用电气设备　medical electrical equipment〔以下简称为设备(equipment)〕

在定义中增加第二段：

设备包括那些由制造商指定的使设备能正常使用所必需的附件。

2.2.20　不采用。

2.2.24*　不采用。

2.2.25　不采用。

2.2.26*　不采用。

2.2.28　不采用。

2.6.4*

功能接地端子　functional earth terminal

在条款后加星号。

2.9.13

恒温器　thermostat

替换：

温度敏感控制器，用于在正常工作时使温度保持在两特定值之间，并可有由操纵者设定的装置。

3　通用要求

除下述内容外，通用标准的本章适用。

3.1*　增加：

任何能引起危害但不会被固有的检测手段或定期检查所察觉的故障(如氧化剂泄漏，软件故障)，应视作正常状态而不是单一故障状态。

3.4　增加：

安全风险分析方法应按 YY/T 0316—2003 的规定进行。

3.6*　下列单一故障状态在本标准中有特定的要求和实验：

替换 e)至 j)：

e)　与氧或氧化亚氮混合的易燃麻醉气的外壳泄漏(见第六篇)。

f)　液体的泄漏(见 44.4)。

g)　可能引起安全方面的危险的电气元件故障(见第九篇)。

h)　可能引起安全方面的危险的机械部分故障(见第四篇)。

j) 温度限制装置的故障(见第七篇)。

若一个单一故障状态不可避免地导致另一个故障状态时,则两者被认为就是一个单一故障状态。

4* 试验的通用要求

除下述内容外,通用标准的本章适用。

4.5 环境温度、湿度、大气压

替换 a):

a) 当被试设备已按正常使用状态准备好之后(按 4.8),除非制造商另有规定,按 10.2.1 规定的环境条件范围进行试验。

对于基准试验(如试验结果取决于环境条件),表 1 中规定的一组大气条件是被承认的。

表 1 规定的大气条件

温度/℃	23±2
相对湿度/%	60±15
大气压力	860 hPa～1 060 hPa (645 mm Hg～795 mm Hg)

4.10* 潮湿预处理

替换第一段:

在进行 19.4 和 20.4 的试验之前,不属于 IPX8 的所有设备(见 GB 4208—1993《外壳防护等级(IP 代码)》),或设备部件应进行潮湿预处理。

替换第三段:

仅对那些在受到试验所模拟的气候条件影响易发生安全方面的危险的设备部件才应进行这一试验。

(也可见相应的编制说明。)

在第六段中用"93%±3%"替换"从 91%～95%"。

在最后,替换两条破折线部分:

——2 d(48 h)标有 IPX0 的设备(未被保护的);

——7 d(168 h)标有 IPX1 至 IPX8 的设备。

5* 分类

除下述部分外,通用标准的本章适用。

用"设备和其应用部分应"替换"设备必须"。

5.2 按防电击的程度分:

替换:

——B 型应用部分;

——BF 型应用部分;

——CF 型应用部分。

增加:

注:一台呼吸机上可具有不同类型的应用部分。

替换 5.3:

5.3 按 GB 4208—1993 规定的对进液的防护程度分[见 6.1 l)]。

6 识别、标记和文件

除下述内容外,通用标准的本章适用。

6.1 **设备或设备部件的外部标记**

e) 生产、供应单位

在原句后增加:"制造商地址或授权代表的名称和地址也应标记。"

k) 网电源功率输出

替换:

如果提供一个(几个)辅助网电源插座,在输出口上应以安培或伏安为单位标明最大允许输出值。

l) 分类

第二条破折线中的第一对括号:用"(1至8)"替换"(1,4或7)"。

第二条破折线中,删去第二对括号及其内容,并在附录D表D1中删去符号11,12和13。

替换第三条破折线的内容:

——对B、BF和CF型应用部分采用按防电击程度分类的应用部分符号(见附录D表D2,符号1、2和3)。

为了与符号2清晰区别,符号1不应采用将其围在方框内的印记的做法。

若设备具有一个以上对电击防护程度不同的应用部分,在这些应用部分上,相应输出口上或靠近输出口(连接点)处,应清楚地标上有关标记。

防除颤应用部分应标以相应符号(见附录D表D2,符号9、10和11)。

增加第四条破折线内容如下:

——若部分患者电缆有对心脏除颤放电效应的防护,在靠近相应输出口处,应标以附录D表D1中的符号14。

n)* 熔断器

在项号后增加一个星号。

q) 生理效应(符号和警告性说明)

若适合,在第一段和第二段之间添加:"应有使用橡胶的警示标记。"

v) 保护性包装

增加第二段内容如下:

设备或附件的无菌包装应标以"无菌"。

增加项:

aa) 所有的高压气体输入口上都应标有符合GB 7144—1999规定的气体名称或气体符号,应标有供压范围和额定最大流量要求。如果流量控制器或挠性软管上采用气体专用颜色标志,应符合GB 7144—1999的规定。

bb) 如果有操作者可触及的接口,接口上应有标记,使用以下术语:

——加压气体输入口:"加压气体输入";

——手动通气口:"气囊";

——气体输出口:"气体输出";

——回气口:"回气";

——排气口:"排气";

以上接口也可选择其他术语或符号,应在使用说明书中加以说明。

——应急空气吸入口:"警告:应急空气吸入——严禁阻塞"。

cc) 任何贮存和/或运输标记。

dd) 任何与呼吸机的直接操作相关的特别警告和/或警示。

ee) 如适用,在适当的地方,应以年、月的形式标记设备或附件的使用期限。

注:适当时,可使用YY/T 0466—2003中编号为3.12的符号。

ff) 一次性使用的呼吸附件的包装物上应清楚地标明以下内容：

——内容说明；

——“一次性使用”、“不要重复使用”的字样，适当时，应使用 GB/T 16273.1—1996 中序号 123 的图形符号或 YY/T 0466—2003 中编号为 3.2 的符号；

——如适用，“经消毒”的字样，或适当时，应使用 YY/T 0466—2003 中编号为 3.20～3.24 之一的符号；

——制造商或授权代表的名称和地址；

——产品类别的识别标记，或适当时，应使用 YY/T 0466—2003 中编号为 3.15 的符号；

——产品批号或序列号的识别标记，或适当时，应使用 YY/T 0466—2003 中编号为 3.14 或 3.16 的符号；

——包含橡胶的包装物上应清楚地标记“橡胶”字样。

gg) 可重复使用的呼吸附件的包装物上应清楚地标明以下内容：

——内容说明；

——制造商或授权代表的名称和地址；

——产品类别的识别标记，或适当时，应使用 YY/T 0466—2003 中编号为 3.15 的符号；

——产品批号或序列号的识别标记，或适当时，应使用 YY/T 0466—2003 中编号为 3.14 或 3.16 的符号；

——推荐的清洗、消毒和灭菌的方法；

注：使用说明书中可包括一些关于呼吸附件的推荐清洗、消毒和灭菌的方法。又见 6.8.2 d)。

——包含橡胶的包装物上应清楚地标明“橡胶”字样。

hh) 所有对气流方向敏感的元件，如果操作者不需使用任何工具就可将其移动，在元件上应标有清楚易认的和永久贴牢的箭头指示气流方向。

6.2 设备或设备内部的标记

a) 第一段最后一行：用“6.1”替换“6.1 z)”。

d) 增加新的一段内容如下：

对于不打算由操作者更换的电池和仅在使用工具时才能更换的电池，用一个在随机文件资料说明中提到的识别标记就可以了。

在 e)项后加一个星号。

6.3 控制器件和仪表的标记

替换：

f) 操作者控制器和指示器的功能应能识别。

最后一行，在“通过检查”后，加上“并应用 6.1 的耐久性试验。”

增加项：

g) 参数的数字指示应采用 GB 3100—1993 规定的国际单位制和以下并用单位来表示：

可用于设备上的国际系统外的单位：

——〔平面〕角单位：

- 转数，
- 锥度，
- 度，
- 〔角〕分，
- 〔角〕秒；

——时间单位：

- 分，

● 〔小〕时，

● 日，(天)；

——能量单位：

● 电子伏；

——血压和其他体液压力：

● 毫米汞柱。

——压力：

● 厘米水柱。

6.4* 符号

最后一行，替换为：

通过检查和进行 6.1 的耐久性试验来检验是否符合要求。

6.6 医用气瓶及其连接的识别

替换：

a) 如果呼吸机使用气体色符(例如：流量控制器、挠性软管、气瓶等)，应符合 GB 7144—1999 的规定。又见 56.3 a)。

6.8.2 使用说明书

a)* 一般内容

增加二条破折线内容，分别排在第一和第三，内容如下：

——使用说明书应说明设备的功能和预期用途。

——使用说明书应向使用者或操作者提供关于存在于设备和其他装置之间潜在的电磁或其他干扰的资料以及对于避免这些干扰的建议。

d) 与患者接触部件的清洗、消毒和灭菌

如适用，增加第二段：

使用说明书中应包含：

● 第一次使用前清洗、消毒和灭菌的方法的细节；

● 关于重复使用的清洗、消毒和灭菌，以及其他任何限制方法的细节；

● 关于每个可重复使用元件的最多处理次数的说明，或关于用来判别一个元件是否需要更换的可见的功能合格/不合格的准则。

由同一制造商投入市场的设备的包装和/或标签上应区分相同产品和相似产品，包括经消毒的和未经消毒的产品。

e) 由网电源供电并带有附加电源的设备

用“如果外部保护导线在安装布线中有疑问时，设备应”替换“如果保护接地导线的完整性有疑问时，设备必须”。

f) 一次性电池的取出

在句子的最后删除句号，增加：“除非不存在产生安全方面的危险的风险。”

增加项：

j) 环境保护

使用说明书应：

——指明有关废物、残渣等的处理以及设备和附件在其使用寿命终了时的任何风险；

——提供把这些风险降到最小的建议。

增加项：

aa) 使用说明书中应包括以下内容：

1)* 不应使用抗静电或导电的软管或导管的意义的陈述。

2)* 如果呼吸机有内部和/或外部备用电源，则制造商应在有关的文件中注明相应的数据，至少包括以下几个数据（又见 49.101 和 49.102）：

- 安培-小时额定值；
- 电压要求；
- 电流要求；
- 电源完全充电后的运行时间；
- 确定备用电源状态的方法；
- 测试备用电源的方法。

3) 如果呼吸机有一个备用电源，应描述转换到备用电源后呼吸机的功能。

4) 如果呼吸机以一种（或几种）高压气体运作，应说明供气压力和流量范围。

5) 提供给高压气体输入口的气体中是否使用新鲜气体的说明。

6) 本专用标准中规定的每种报警条件下测试报警系统功能的方法。

7) 呼吸机的用途。

8) 声明在呼吸机使用时，通常情况下应使用的可供选择的通气方式。

9) 如果接口不是圆锥形的，应在使用说明书中注明，或做出相应的标记。又见 56.3 dd) 2) ii)。

10) 确保呼吸机正确安装，以及安全并正确运作的必要的规程和资料。

11) 有关维护操作的特征和频次，这些维护操作是确保持续安全并正确运作应具有的。

12) 对于呼吸机上提供的每个控制和测量变量，列出应用范围、分辨率和精度。又见 51.107。

注：精度以标有适当单位的最大零误差加上一个灵敏度误差的形式表示。例如，读数的百分比。

13)* 如果呼吸机可在本专用标准的 10.2.1 指定的环境条件以外的环境下使用，并且呼吸机的性能将受其影响，制造商应说明外加的限制条件和呼吸机的适应情况。

注：治疗呼吸机是专用于医院的，因此不要求此规定。

14) 实现自动保存记录的方法，或者，如适用，指明“不能自动保存记录”。

15) 呼吸机正常使用所需的所有电源范围。又见 49.101。

16) 呼吸机不应被覆盖或不应放置在影响呼吸机运行和性能的位置的警示（例如，呼吸机不应放置在屏障旁边，否则会妨碍冷空气的流动，使设备过热）。

17) 如果报警的界限是自动设定的，应提供报警界限值的计算方法或报警界限的默认值。

18) 在使用推荐的呼吸系统和由于断电或部分失电而危及正常通气量时，在下列气流量下，患者连接口处测得的呼气和吸气的压力下降值：对于呼吸机提供的潮气量大于 300 mL 的，流量为 60 L/min；对于潮气量在 300 mL 和 30 mL 之间的，流量为 30 L/min；对于潮气量小于 30 mL 的，流量为 5 L/min。见 49.103。

19) 在呼吸机的呼吸系统上增加附件或其他元件或组件时，测得呼吸机呼吸系统相对于患者接口处的压力梯度可能增加，其影响应加以说明。

6.8.3 技术说明书

a)* 概述

用以下内容替换第一段：

技术说明书应提供为安全运行必不可少的所有数据，包括：

——在 6.1 中提到的数据；

——设备的所有特性参数，包括范围、精度和显示值或能被看到的指示的准确度。

在项号后加一星号。

增加：

——如适用,对于所有被显示的或用于控制的测出的变量和/或计算出的变量,应包括滤波方法和/或平滑方法的概述;

——如适用,如果设备在呼气相中出现负压,应列出呼气相和吸气相中的限定压力和产生的压力;

——如适用,应提供启动方法的描述;

——应说明所有测出的或被显示的流量、体积或通气量所对应的条件,例如,环境温度和环境干空气压力,体温和饱和水蒸气状态的环境压力等;

——保持呼吸机安全操作所必需的每个呼吸机报警条件的监测原理,它们的优先级别,以及特定优先级的计算法则。如欲提升或降低优先级别,其计算法则也应说明。见 49.101,49.102,50.101.2,51.106,51.107,51.108 和 56.104;

——呼吸机的呼吸系统和制造商推荐的包含在呼吸机呼吸系统内的呼吸附件和其他元件或组件(例如,呼吸软管、湿化器、过滤器等)的安全运行所必需的性能特征;

注:这些特征可包括压力-流量的关系、顺应性和内部体积。

——如果提供,应包括细菌过滤器的特征;

——呼吸机的气动图,包括由制造商提供或推荐的每个呼吸系统的图表;

——呼吸机呼吸系统中元件的安装顺序的限制,例如,对气流方向敏感的元件;

——如适用,应有控制器之间相关说明;

——下列有关压力:

- 最大极限压力($P_{\text{lim,max}}$);
- 可设定的最大工作压力($P_{\text{W,max}}$)的范围和确保最大值的方法(例如,压力周期性变化、压力极限值、压力的产生方法);
- 在呼气相是否可使用负压(低于大气压)的说明。

d) 用以下内容替换标题:

运输和贮存的环境条件

将第一行中的"如果设备不能满足 10.1 条规定的条件,"删去,用以下内容作为这一段的开始:"技术说明书"。

第二篇 环境条件

除下述内容外,通用标准本篇的章、条适用。

8 基本安全类型

在文中最后,用"A1.1"替换"A1.2"。

10 环境条件

除下述内容外,通用标准的本章适用。

10.1 运输和贮存

用以下内容替换现有内容:

在运输或贮存包装状态下,设备应能暴露于制造商规定的环境条件下[见 6.8.3 d)]。

10.2 运行

在"当设备在下列条件最不利的组合环境下"后增加"或者制造商在随机文件中指定的条件的任何条件下"。又见 6.8.2 aa) 13)。

10.2.1* 用"环境(参见 4.5)"替换标题

10.2.2* 电源

增加项:

aa) 在制造商指定的呼吸机内部电源或外部电源的范围内变化，呼吸机均应符合本专用标准的要求。

替换：

10.2 的最后一段修改为：

用本标准中的试验来检验是否符合 10.2 的要求。

增加条款：

10.101 气动动力供应

如果呼吸机用于连接医用气体管道系统，呼吸机的压力范围在 280 kPa～600 kPa 之间，应能正常运行和满足本专用标准要求，且当进气口的压力高达 1 000 kPa 时不应引起任何危害。正常状态下，压力为 280 kPa 时，在呼吸机高压气体输入口测得的气体流量不应超过 60 L/min(超过 10 s 时间加权平均数)。此外，瞬时流量不应超过 200 L/min(在 3 s 内)。

注：流量表示为环境温度和环境压力条件下的值。

第三篇 对电击危险的防护

除下述内容外，通用标准本篇的章、条适用。

14 有关分类的要求

除下述内容外，通用标准的本章适用。

14.5 内部电源设备

替换：

a) 不采用。

b)* 具有和网电源相连装置的内部电源设备，当其与网电源相连时应符合 I 类或 II 类设备的要求，当其未与网电源相连时应符合内部电源设备的要求。

替换：

14.6* B 型、BF 型和 CF 型应用部分

a) 不采用。

b) 不采用。

c) 在随机文件中指明适合直接用于心脏的应用部分应为 CF 型。

d) 不采用。

17* 隔离(原标题：绝缘和保护阻抗)

除下述内容外，通用标准的本章适用。

a) 在符合性一节中，以"如果对 1)的应用部分"开头一段的"必须在短接 1)中带电部件与应用部分间的绝缘或 3)中带电部件与中间电路之间的绝缘后测量患者漏电流和患者辅助电流。"

修改为：

应短接上述 17a)1)中带电部件与应用部分之间的绝缘，上述 17a)2)中带电部件与金属部件之间或上述 17 a)3)中带电部件与中间电路之间的绝缘后测量患者漏电流和患者辅助电流。

g) 在符合性一节中，"如果对 2)的保护接地部件"开头的一段修改为：

如果对 17g)2)中的保护接地金属部件或 17g)3)中的中间电路的检查表明在单一故障状态时隔离的有效性可疑时，应短接上述 17g)2)中带电部件与金属部件之间的绝缘，或上述 17g)3)中带电部件与中间电路之间的绝缘来测量外壳漏电流。

增加项：

h)* 用于将防除颤应用部分与其他部分绝缘的排布应设计为：

——在对与防除颤应用部分连接的患者进行心脏除颤放电期间，设备的下述部分不应出现有危险的电能：

- 外壳，包括可触及导线和连接器的外表面，
- 任何信号输入部分，
- 任何信号输出部分，
- 试验用的金属箔。设备放在其上的金属箔，其面积至少与设备底部面积相等的。

——在施加除颤电压之后，经过了随机文件中所规定的任何必要的恢复时间后，设备应能继续行使随机文件中提到的设备预期功能。

用以下的脉冲电压试验来检验是否符合要求：

——(共模试验)设备按图 50 所示接入测试电路。测试电压加于所有连在一起的且与地绝缘的患者连接；

——(差模试验)设备按图 51 所示接入测试电路。测试电压依次加于每一个患者连接，同时其余所有患者连接接地。

注：当应用部分是由单个患者连接组成时，不采用差模试验。

在每次试验期间：

——I 类设备的保护接地导线接地。能在无网电源情况下运行的 I 类设备(例如具有内部电池的)，须在断开保护接地连接后再试验一次；

——设备不应接通电源；

——应用部分的绝缘表面被金属箔覆盖或浸在 19.4 h)9)中规定的盐溶液中；

——任何与功能接地端子的连接都予断开；当一个部分为了功能目的而内部接地时，这类连接应被当作保护接地连接并应符合第 18 章的要求，或者根据目前文本的目的而应断开；

——在本条款第一条破折线中指明的未保护接地的部分要连到示波器上。

在进行了 S 的操作后，在 y_1 点和 y_2 点之间的电压峰值不应超过 1 V。

每一试验都应将 V_T 极性相反后重复进行。

在经过了随机文件所规定的任何必要的恢复时间后，设备应能继续行使随机文件中提到的设备预期功能。

18 保护接地、功能接地和电位均衡

除下述内容外，通用标准的本章适用。

b) 第二行中，将“供电系统的保护接地导线”修改为：“安装中的保护导线”。

f) 第二段中，将“保护接地点”修改为“保护接地连接点”。

第五段中，将以下内容：

“用 50 Hz 或 60 Hz、空载电压不超过 6 V 的电源产生不低于 10 A 也不超过 25 A 的电流，在至少 5 s 的时间里”

替换为：

“用 50 Hz 或 60 Hz、空载电压不超过 6 V 的电源产生在 25 A 或 1.5 倍于设备额定值中较大的一个电流(±10%)，在 5 s～10 s 的时间里”

g)* 在 g)后加一星号。

19 连续漏电流和患者辅助电流

除下述内容外，通用标准的本章适用。

19.1 通用要求

e) 在三条破折线的开头，都将“设备”修改为“应用部分”。

增加项：

g) 在正常状态下，具有多个患者连接的设备应通过检验，确保当一个或更多患者连接处于以下状态时患者漏电流和患者辅助电流不超过容许值：

——不与患者连接；和

——不与患者连接并接地。

如果对设备电路的检查表明，在上述条件下患者漏电流或患者辅助电流可能会增大至超过容许值时，应进行试验，且实际测量应限于有代表性的几种组合内。

19.2 单一故障状态

b) 第一条破折线，第一行，删去："未保护接地的"；

b) 第一条破折线的 1)，整段由以下内容替换：

1) 制造商规定的信号输入部分或信号输出部分与不存在外部电压风险情况的设备相连时（见 GB 9706.15—1999）。

b) 第一条破折线的 2) 和 3) 由以下内容替换：

2) B 型应用部分，在对其电路及结构安排的检查表明不存在安全方面的危险时；

3) 对 F 型应用部分。

b) 第三条破折线，用以下内容替换 1) 和 2)：

1) B 型应用部分，在对其电路及结构安排的检查表明不存在安全方面的危险时；

2) 对 F 型应用部分。

c) 第一段，删去"未保护接地的"。用以下内容替换第二段：

这一要求仅适用于制造商规定的信号输入部分或信号输出部分与不存在外部电压风险情况的设备相连时（见 GB 9706.15—1999）。

19.3* 容许值

a)* 删去"频率小于或等于 1 kHz 的"

b)* 用以下内容替换：

表 4 所列容许值适用于流经图 15 网络并按该图示（或用可测量图 15 规定的电流频率成分的装置）进行测量的电流。

另外，在正常状态或单一故障状态下，不论何种波形和频率，漏电流不应超过 10 mA 真有效值。

表 4* 患者漏电流一行，修改为：

患者漏电流 按注 5)	d.c. a.c.	0.01 0.1	0.05 0.5	0.01 0.1	0.05 0.5	0.01 0.01	0.05 0.05

删去表 4 中患者辅助电流后的星号，并增加"按注 5)"字样。

表 4，增加以下注：

5) 表 4 中规定的患者漏电流和患者辅助电流的交流分量的最大值仅仅是指电流的交流分量。

19.4 试验

c) 设备与测量供电电路的连接

2) 将第一行修改为：

配有电源输入插口的设备，……连接到测量电路上进行试验。

e) 将 3) 替换为：

不采用。

h)* 患者漏电流的测量

在 9) 中加入以下一段：

这些箔或盐溶液应被作为相关应用部分的唯一患者连接。

增加项：

aa) 患者漏电流应在本专用标准中所有定义为应用部分处测量。除了连接到保护接地端子上的部分外，所有同类型应用部分应在电气上连接在一起，保护接地部分单独测试。

20 电介质强度

除下述内容外，通用标准的本章适用。

20.1 对所有各类设备的通用要求

A-f* 在条款后加星号，并用以下内容替换第二行：

这种绝缘应等同于基本绝缘。

A-k c)用以下内容替换：

上述的应用部分由保护接地屏蔽或保护接地中间电路有效隔离。

A-k d)用以下内容替换：

制造商规定信号输入部分或信号输出部分与不存在外部电压风险情况的设备相连(见 GB 9706.15—1999)。

20.3* 试验电压值

将 GB 9706.1—1995 中 20.3 最后两段合并成一段。

在表 5 前，增加以下内容：

对防除颤应用部分，基准电压(U)的确定不考虑除颤电压的存在可能[参见 17 h)*]。

在表 5 之下，由以下内容替换现有的注：

注 1：表 6 和表 7，不采用。

注 2：当正常状态下相应绝缘所受到的电压是非正弦交流电时，可用 50 Hz 的交流试验电压进行试验。在这种情况下，试验电压由表 5 确定，基准电压(U)等于测得的电压峰-峰值除以 $2\sqrt{2}$。

第四篇 对机械危险的防护

除下述内容外，通用标准本篇的章、条适用。

26* 振动和噪声

用“无通用要求”替换“不采用”。

27 气动和液压动力

用“无通用要求”替换“在考虑中”。

28 悬挂物

除下述部分外，通用标准的本章适用。

28.5* 动态载荷

用“无通用要求”替换“不采用”。

第五篇 对不需要的或过量的辐射危险的防护

除下述内容外，通用标准本篇的章、条适用。

29 X 射线辐射

除下述内容外，通用标准的本章适用。

29.1 **用以下内容替换“不采用”：**

——对诊断用X射线设备——并列标准GB 9706.12—1997；

——对X射线疗法用设备——无通用要求，见相关专用要求。

30至35

保留标题，用“无通用要求”替换“在考虑中”。

36* **电磁兼容性**

符合YY 0505—2005的要求。

第六篇 对易燃麻醉混合气点燃危险的防护

除下述内容外，通用标准本篇的章、条适用。

40 对AP型设备及其部件和元件的要求和试验

除下述内容外，通用标准的本章适用。

40.3* **低能电路**

第一条破折线，第一行，用“乙醚的”替换“或乙醚”。

最后一段(符合性)，用“确定U_{max}、I_{max}、R、L_{max}和C_{max}”替换“确定U_{max}、I_{max}、L_{max}和C_{max}”。

41 对APG型设备及其部件和元件的要求和试验

除下述内容外，通用标准的本章适用。

41.1 **概述**

第二段，用“热”替换“最终”。

第七篇 对超温和其他安全方面危险的防护

除下述内容外，通用标准本篇的章、条适用。

42 超温

除下述内容外，通用标准的本章适用。

42.3 1) d)

e)和f)成为上述d)的一部分，用点号替换“e)”和“f)”。

43* 防火

除下述内容外，通用标准的本章适用。

在43后加一星号。

用标题“43.1 强度和刚度”加在第一段之前。

增加条款：

43.2* **富氧空气**

无通用要求。

增加：

为了患者、其他人员或环境的防火安全，在正常状态或单一故障状态下，可燃材料不应同时处于以下两种条件：

- 材料温度达到最低引燃温度；

- 氧化剂存在。

注：空气中氧气占有的体积比低于25%，不视为氧化物。

引燃温度试验方法按GB/T 5332—1985的规定，在正常状态和单一故障状态下，用氧化条件进行测定。

在正常状态和单一故障状态下，通过测定材料升高的温度来检验是否符合要求。

如果在正常状态或单一故障状态下有火花产生，材料在氧化条件下不应因火花能量而会燃烧。

通过观察在正常状态和单一故障状态的最不利组合的情况下，材料是否引燃来检验是否符合要求。

44 标题修改：

44 溢流、液体泼洒、泄漏、受潮、进液、清洗、消毒、灭菌和相容性

除下述内容外，通用标准的本章适用。

44.3 液体泼洒

在"用下列试验来检验是否符合要求："之后，用以下内容替换后面的两段：

设备置于4.6 a)规定的位置。将200 mL自来水从不高于设备顶部表面5 cm处，在大约15 s时间内，匀速地倒在设备顶部表面的任一点。

试验后，在正常状态下设备应符合本标准的所有要求。

增加：

液体泼洒应不会引起呼吸机的危害。

44.4* 泄漏

在要求的最后"安全方面的危险"后增加"（参见52.4.1*）"。

44.6 进液

将符合性段落修改为：

通过GB 4208—1993的试验来检验是否符合要求。

设备应能承受第20章规定的电介质强度试验。检查应证明可能进入设备的水没有有害的影响；特别是在57.10规定的爬电距离的绝缘上没有水迹。

44.7 清洗、消毒和灭菌

增加：

呼吸机呼吸系统中可重复使用的附件和组件应可拆卸以进行清洗、消毒和灭菌。

如果标签上注明产品是经消毒的，产品应参照以下标准中的相关描述，用适当和有效的方法进行消毒：GB 18278—2000、GB 18279—2000、GB 18280—2000和GB 18281.1～18281.3—2000。

未经消毒设备的包装系统应使产品在消毒、使用前保持一定的清洁度，并且最大限度地减小细菌污染风险。

增加条款：

44.8* 设备所用材料的相容性

在设计和生产呼吸机和其部件的过程中，应把使用中由于设备或其元件的泄漏可能引起的健康危害减少到最小。应特别注意材料的毒性，以及在正常使用过程中或日常操作中材料与其接触的物质和气体的兼容性。

通过检查制造商提供的资料来检验是否符合要求。

45 压力容器和受压部件

除下述内容外，通用标准的本章适用。

通用标准第45章的要求不适用于呼吸装置的呼吸系统。

46* 人为差错

无通用要求。

注：IEC 60601-1-6《医用电气设备——第1部分：安全通用要求——6. 并列标准：人为因素兼容性的分析、试验和确认》，现正在制定中。

48* 标题修改：

48* 生物相容性

将“不采用”修改为：

打算与生物组织，细胞或体液接触的设备和附件的部分，应按 GB/T 16886.1—2001 中给出的指南和原则进行评价和证明。

通过检查制造商提供的资料来检验是否符合要求。

49* 供电电源的中断

除下述内容外，通用标准的本章适用。

在条款号后加一星号。

增加条款：

49.101 断电报警

呼吸机应有一个断电高级报警条件，其信号符合 50.101 的规定，或者一旦供电电源低于制造商的规定值，应启动声报警，持续时间至少 120 s。如果呼吸机转换至内部电源供电以维持其功能的正常运行，这些报警信号不应启动。

此类内部电源供电的转换，应使用符合 50.101 规定的信息提示信号或低级报警信号指示。

注：通过风险分析确定哪个是适当的信号。

按使用说明书，模拟供电电源低于规定值的情况来检验是否符合要求。

49.102 内部电源

如果呼吸机配有内部电源，应配有检测该内部电源状态的装置。

如果内部电源耗尽，呼吸机应在所有的电源失电之前提供一个紧急断电警告中级报警条件，启动符合 50.101 规定的报警信号。又见 6.8.3 a)第七条破折线。

注：当内部电源耗尽，报警优先级可升至高级。

将电源减小至制造商(电动和/或气动)指定的正常使用中所需的最小值以下，来检验是否符合要求。

49.103 断电期间的自发呼吸

呼吸机应设计为，当电源超出制造商(电动或气动)指定的范围而危及正常通气时，可进行自发呼吸。见 6.8.2 aa) 15)。在随机文件中应包括单一故障状态下的阻力。见 6.8.2 aa) 18)。

注：要求在呼吸机断电的情况下患者可进行自发呼吸。

模拟供电条件超出正常使用条件的情况，测量患者连接口的流量、压力和阻力，把这些数值与随机文件中的数值进行比较，来检验是否符合要求。

49.104 误操作电源开关

应提供防止误操作电源开关的方法。

第八篇　工作数据的准确性和危险输出的防止

除下述内容外，通用标准本篇的章、条适用。

50 工作数据的准确性

除下述内容外，通用标准的本章适用。

增加条款：

50.101 报警系统

50.101.1 报警类型

本专用标准中指定的报警条件所用的报警信号应具备 ISO 9703-1:1992，ISO 9703-2:1994 和 ISO 9703-3:1998 中规定的特征。

50.101.2* 报警系统构造

报警系统的构造应是惯用的，即：每种报警条件在指定的优先级下启动，或是智能型的，例如，报警条件在一个优先级下启动，随着对患者风险的增加或减少相应地使优先级升级或降级。见附录 CC 和 6.8.3 a)第七条破折线。

50.101.3 优先级

当报警信号最初启动时，报警信号的优先级应为制造商指定的优先级，但是此后优先级可改变。

50.101.4 禁用

如果声报警信号可被操作者禁用，应有可见指示，表示声报警信号处于禁用状态。

50.101.5 报警系统静音和暂停

如果操作者可使声报警信号静音或暂停，静音或暂停的时间不应超过 120 s。静音不应妨碍声报警信号在新的或不同的报警条件下启动。

注：在呼吸机与患者连接之前，声报警信号允许自动切断或由操作者切断，以防止声报警信号所造成的噪音危害。

50.101.6 报警设置

可调报警设置的设定应持续显示，或由操作者手动启动显示。

50.101.7 高级报警信号

当高级报警信号启动后，以及当引起声报警的报警条件被清除后，应有一个可视信号，显示先前的报警条件。如果声报警信号可自动复位，不应在一段报警信号结束之前复位。

一次高级声报警信号静音或暂停的时间不应超过 120 s。

注：声报警信号的最小音量是在距呼吸机 1 m 处，用声级计“A”频率计权网络测试，报警噪声不应小于 60 dB。

50.101.8 中级报警信号

如果声报警信号可自动复位，不应在一段报警信号结束之前复位。

一次中级声报警信号静音或暂停的时间不应超过 120 s。

50.101.9 远程报警信号的兼容性

如果呼吸机上有连接远程报警信号的扩展接口，接口的设计应确保外部线路的故障不会影响呼吸机的报警系统功能的正常运行。

51 危险输出的防止

除下述内容外，通用标准的本章适用。

51.1* 有意地超过安全极限

在条款号后加一星号，并用以下内容替换通用标准本条款现在文本（现有内容被加入到编制说明，附录 A 的 A2）：

无通用要求。

51.2* 有关安全的参数的指示

在条款号后加一星号，并用以下内容替换通用标准本条款现有文本（现有内容被加入到编制说明，附录 A 的 A.2）：

无通用要求。

增加条款：

51.5* 不正确的输出

无通用要求。

增加条款：

51.101 空氧混合系统中缺失一种气体

如空氧混合系统中缺失一种气体，呼吸机应自动转换至剩余气体，并且维持正常使用。同时应伴随有一个符合 50.101.1 规定的至少为低级报警的信号。

51.102 误调节的防护措施

误调节控制器有可能会产生危险输出，应提供相应的防护措施。

注：机械控制技术，例如：闭锁、屏蔽、阻尼加载和制动，被视作适当的防护方法。对于压力敏感的按键、容性触摸开关和微处理器调节的“软”控制器、控制按钮操作或开关操作的特定次序被视作适当的防护方法。

按使用说明书的步骤，通过目测，来检验是否符合要求。

51.103 压力释放装置(最大极限压力)

应提供防止在正常使用和单一故障状态下患者连接口处的压力超过 125 hPa(125 cmH_2O)的方法。

51.104 呼吸压力的测量

应指明患者连接口的呼吸压力。实际测量可在呼吸机呼吸系统的任何部位进行，但是显示的压力值应是对应于患者连接口的压力。读数的精度为±(2%满刻度+4%实际读数)。

通过目测和精度测试，来检验是否符合要求。

51.105 可调压力极限

应提供防止呼吸系统的压力超过实际限定值的方法。

注：由于呼吸机传输通气类型不同，可有一种以上实际压力限定值(例如，在 SIMV 通气过程中，容量控制和压力支持可同时存在，并有各自的高压限定值)。

压力限定值应是由操作者调节，或由一种实际呼吸算法来规定，或两个方法均采用。如果压力限定值不是由操作者直接调节，确定压力限定值的计算方法应包括在使用说明书中。又见 6.8.3 a)第四条破折线。

每一次达到实际压力限定值时，呼吸机应将呼吸系统的压力减小到一个处于或低于实际呼气末正压(PEEP)值的水平。从呼吸系统的压力等于限定值到压力开始降低的时间间隔不应超过 200 ms。

51.106 高压报警条件

如果压力达到预先设定的限定值，呼吸机应启动高级报警信号。报警压力限定值可独立调节或按 51.105 的定义与可调节的压力限定值连在一起调节。如果是独立调节的，该报警压力限定值不应设定到高于可调节的压力限定值的水平。

注：患者产生的瞬时压力(例如：咳嗽)不可引起报警条件。

51.107 呼气量的测定和低通气量报警

对于用于传输潮气量大于 100 mL 的呼吸机，应提供用于测定呼出潮气量和分钟通气量的测定装置。潮气量大于 100 mL 或分钟通气量大于 3 L/min 时，精度应为实际读数的±15%。

应提供当被监控的潮气量低于报警限定值时启动低通气量报警条件的装置。该报警信号应符合 50.101.1 的规定。该报警信号应至少为中级报警信号。

注 1：呼吸机可有这样的报警系统，在低通气量报警条件下首先启动低级报警，如果这种状态持续，则升级到一个较高级的报警。见 6.8.3 a)第七条破折线。

如果提供的潮气量测量值小于 100 mL，应提供当被监控的潮气量低于报警限定值时启动低通气量报警条件的装置。该报警信号应符合 50.101 的规定，并且至少为低级报警。潮气量小于 100 mL 或分钟通气量小于 3 L/min 时，使用说明书中应包括精度要求。又见 6.8.2 aa) 12)。

低通气量的限定值应是可调节的或可预先调节的。

注 2：低通气量限定值可由操作者直接调节或者可按照与呼吸有关的计算方法设定，或者可结合这两种方法使用。如果操作者不能直接调节低通气量限定值，确定报警低通气量限定值的计算方法包括在技术说明书中。又见 6.8.3 a) 第七条破折线。

通过目测和用表 101 所述条件验证精度，来检验是否符合要求。

注 3：不同的传输通气类型，可有一种以上实际的报警低通气量限定值。

表 101　呼气量的测试条件

可调参数	测试条件		
	呼吸机传输潮气量		
	V_T>300 mL	300 mL≥V_T≥30 mL	V_T<30 mL
潮气量 V_T(mL)，(使用压力传感器在模拟肺上测量压力 p) $V_T=C\times P$	500	300	30
频率 F/min^{-1}	10	20	30
吸呼比 I∶E	1∶2	1∶2	1∶2
阻力 R[a]/kPa/(L/s)	0.5 kPa/(L/s)±10%	2 kPa/(L/s)±10%	5 kPa/(L/s)±10%
顺应性 C[a]/mL/kPa	500 mL/kPa±5%	200 mL/kPa±5%	10 mL/kPa±5%
a　C 和 R 的精度适用于被测参数的全范围。			

51.108　持续压力报警条件

应提供当 VBS 的压力超过持续压力限定值时启动高级报警信号的方法，并且符合 50.101 的规定。启动前的最长延迟时间应不超过 17 s。

注：例如，回气管堵塞或部分堵塞的报警条件或 CPAP 或 PEEP 压力过高。

技术说明书中应包括检测报警条件的方法以及用于检测的计算方法。又见 6.8.3 a)第七条破折线。

检查使用说明书和技术说明书，以及通过有关测试，来检验是否符合要求。又见 6.8.2 aa) 6)。

第九篇　不正常的运行和故障状态；环境试验

除下述内容外，通用标准本篇的章、条适用。

52　不正常的运行和故障状态

除下述内容外，通用标准的本章适用。

52.1　将以下内容加到第一段中：

另外，对于包含可编程电子系统的设备的安全，采用 IEC 60601-1-4:2000 中的规则进行检查。

52.4.1*　第一条破折线，用“有毒或可燃物质”替换“有毒或可燃气体”。

52.5*　下列单一故障是规定的要求和试验的主题：

52.5.8*　电机驱动的设备的附加试验

在介绍表 12 的文字前，恢复在第一次修订中被误删的句子：

在“温度应不超过表 12 的限值”前增加：温度按 42.3 4)中的规定进行测量。

52.5.9 元件的故障

增加以下内容作为新的第三段：

连接在网电源相反极性部分之间的符合 IEC 384-14:1993 要求的电容(X1 和 X2)，不含在此要求中。因此，不应模拟这些电容的故障。

注：关于 X1 和 X2 的资料，见 IEC 384-14:1993 的 1.5.3。

增加：

单一故障状态不应引起监护或报警系统以及相应的通气控制功能这样一种故障，即：监护功能同时失效，从而引起无法检测被监控的呼吸机功能的故障。

第十篇 结构要求

除下述内容外，通用标准本篇的章、条适用。

56 元器件和组件

除下述内容外，通用标准的本章适用。

56.3 连接—概述

增加项，并加上星号：

c)* 在与患者有导电连接的导线上的任何连接器应按以下方式构造，即在患者远端的上述连接器部分的导电连接不应接地或连接可能有危险的电压。

通过检查和应用以下试验中适用于上述连接器部分的导电连接的试验来检验是否符合要求：

——所述部分不应接触到直径不小于 100 mm 的导电平面；

——对于单极点连接器，采用与图 7 所示标准试验指直径相同的笔直的、无接缝的试验指，在对可触及开口加以 10 N±2 N 的力时，在最不利的位置上不应与所述部分有电气接触；

——所述部分如果能插入网电源插头，应通过至少有 1.0 mm 的爬电距离和 1 500 V 的电介质强度的绝缘方式来防止与带有网电源电压的部分接触。

增加项：

aa)* 连接处的气体泄漏

1) 应提供在正常使用时，把气流回流量限制在 100 mL/min 以下的方法，该回流气流由气体输入口流至同种气体的供气系统。

2) 在正常使用或单一故障状态下，不同气体的高压输入口之间的交叉气流流量不应超过 100 mL/min。

在单一故障状态下，如果不同气体的高压输入口之间的交叉气流流量会超过 100 mL/min，呼吸机应配备一个声报警装置，以保证该交叉气流流量不超过 100 mL/min。

检查制造商提供的资料，来检验是否符合要求。

bb) 高压输入口

用于输入高压呼吸气体的气体输入口的接头应是符合 ISO 5359:2000 中的表 2 和图 3 规定的不能互换螺纹接头，或者是不能互换的快速接头。

cc) 医用气体供气系统的连接

如果用于连接呼吸机和医用气体供气系统的是一种操作者可拆除的软管组件，该软管组件应符合 ISO 5359:2000 的规定。

dd) VBS 接口

1) 概述

——VBS接头，如果是锥形的，尺寸应是15 mm或22 mm，并且符合YY 1040.1—2003的规定。

——如果接头不是锥形的，不应与符合YY 1040.1—2003规定的锥形接头连接，除非该接头符合以上标准关于连接、脱离和泄漏的要求。

2) 接口命名的专门说明

i) 新鲜气体吸入口

如果提供新鲜气体吸入口，不应与符合YY 1040.1—2003和ISO 5356-2:1987规定的接头兼容。

ii) 气体输出口、回气口和患者连接口接头

气体输出口、回气口和患者连接口的接头，如果是锥形的，应是以下三种之一：

- 符合YY 1040.1—2003或ISO 5356-2:1987规定的22 mm的锥形接头；
- 符合YY 1040.1—2003规定的15 mm的锥形接头；
- 符合YY 1040.1—2003或ISO 5356-2:1987规定的同轴的15 mm/22 mm锥形接头。

iii) 手动通气口

如果提供手动通气口，接头应符合YY 1040.1—2003规定的22 mm锥形接头，或者是可连接一个符合YY 0461—2003规定的呼吸软管的圆柱形接头。

iv) 应急空气吸入口

应提供一个应急空气吸入口，并且该吸入口不应与任何符合YY 1040.1—2003或ISO 5356-2:1987规定的接头匹配。

注：应急空气吸入口设计成能防止呼吸机在使用过程中该吸入口被堵塞。

v) 对气流方向敏感的元件的接头

操作者可拆卸的呼吸机呼吸系统的任何对气流方向敏感的元件应设计为其安装方式不会对患者形成危害。

vi) 附件接口

如果提供附件接口，接口不应与YY 1040.1—2003或ISO 5356-2:1987中指定的接头兼容，并且应提供安全连接和锁合的方法。

注：此接口通常用于气体取样或用于引入治疗用气雾剂。

vii) 监控探测器接口

如果接口用于连接监控探测器，接口不应与YY 1040.1—2003或ISO 5356-2:1987中指定的接头兼容，并且应提供探测器安全定位和拆除探测器时安全关闭方法。

viii) 排气端口

如果提供符合YY 1040.1—2003规定的30 mm的圆锥接头，该接头应适用于连接符合ISO 8835-3:1997规定的麻醉气体净化系统(AGSS)。

通过检查，来检验是否符合要求。

56.6 温度和过载控制装置

b) 第一条破折线，修改为：

当恒温器配有可调的温度设定装置时，温度设定值应清楚地表明。

56.7 电池

增加项，并加以星号：

c)* 电池状态

无通用要求。

56.8 指示灯

将前二行修改为：

除非对位于正常操作位置的操作者另有显而易见的指示，否则应安装指示灯，用于：

——指示设备已通电（见 6.3 a））。

在最后增加：

可视显示器应是清楚易认的。

通过检查和应用 6.1 中的耐久性试验和附录 BB 中的可见性和易读性测试，来检验是否符合 6.3 的规定。

56.11 有电线连接的手持式和脚踏式控制装置

d) 进液

第一条破折线，用“至少按 GB 4208—1993 的 IPX1”替换“防滴式的”。

将第一条破折线的第二段修改为：

通过 GB 4208—1993 的试验来检验是否符合要求。

第二条破折线，用“按 GB 4208—1993 的 IPX8”替换“防浸式结构”。

将第二条破折线的第二段修改为：

通过 GB 4208—1993 的试验来检验是否符合要求。

e) 连接用电线

第二行，用“电源线”替换“电源软电线”。

增加条款：

56.101 储气囊和呼吸管道

a) 呼吸机呼吸系统中使用的储气囊应符合 ISO 5362—2000 的规定。

b) 呼吸机呼吸系统中使用的呼吸管道应符合 YY 0461—2003 的规定。

56.102 湿化器和热湿交换器

呼吸机内置的或者是推荐与呼吸机一起使用的任何湿化器或热湿交换器，都应分别符合ISO 8185：1997 或 ISO 9360-1：2000 和 ISO 9360-2：2001 的规定。

56.103 血氧饱和仪和二氧化碳监护仪

呼吸机内置的或者是推荐与呼吸机一起使用的任何血氧饱和仪和二氧化碳监护仪，都应分别符合 ISO 9919：1992 和 ISO 9918：1993 的规定。

56.104 氧气监护仪和报警条件

呼吸机应配有一个氧气监护仪，用于测量吸入的氧气浓度，例如，在吸气部分或患者连接口。氧气监护仪应符合 ISO 7767：1997 的规定，此外，应提供一个高氧报警限定值。这个高氧报警限定值应至少具有符合 50.101 规定的中级优先级的报警。

注 1：报警限定值可由操作者设定或由设定的氧气浓度推算出或结合这两种方法。如果限定值不是由操作者直接设定的，技术说明书中包括确定报警限定值的计算方法。

注 2：如果氧气监护仪失效，在显示可视信号的条件下，可禁用氧气监护仪。

56.105 内置监护仪

任何本专用标准中没有提及的呼吸机内置监护设备都应符合相关的专用标准。

56.106 气体混合系统

呼吸机内置的或者是推荐与呼吸机一起使用的任何气体混合系统都应符合 ISO 11195：1995 的相关规定。

56.107 整个 VBS 的泄漏量

VBS 的泄漏量:在呼吸机提供的潮气量大于 300 mL 时,50 hPa 的压力下不应超过 200 mL/min;潮气量介于 30 mL 至 300 mL 之间时,40 hPa 的压力下不应超过 100 mL/min;潮气量小于 30 mL 时,20 hPa 的压力下不应超过 50 mL/min。

通过以下测试来检验是否符合要求:

按制造商推荐的用途设置 VBS。封住所有的接口,连接压力测量装置,将空气导入呼吸系统至压力为 50 hPa(50 cm H_2O)(对于 VBS 提供的潮气量大于 300 mL);压力为 40 hPa(40 cm H_2O)(对于 VBS 提供的潮气量介于 30 mL 和 300 mL 之间);压力为 20 hPa(20 cm H_2O)(对于 VBS 提供的潮气量小于 30 mL)。调节空气流量以稳定压力,记录泄漏量。

57 网电源部分、元器件和布线

除下述内容外,安全通用要求的本章适用。

57.2* 网电源连接器和设备电源输入插口等

将 b)修改如下:

b)* 结构

无通用要求。

e) 辅助网电源输出插座

第二段将“本要求不适用于急救车,在急救车上这种”修改为“本要求不适用于急救车或呼吸机,在急救车或呼吸机上这种”

增加:

呼吸机如提供单个辅助网电源输出插座或一组辅助网电源输出插座,应配有独立的符合 GB 9706.1—1995 中的 57.6 的熔断器或过电流释放器。

注:GB 9706.15—1999 也适用于辅助网电源输出插座。

替换(替换顺应性试验):

通过检查和使所有单个辅助网电源输出插座的荷载都达到各自最大额定值或插座组的最大额定值来检验是否符合要求。另外,单个辅助网电源输出插座应依次超载 5 倍~10 倍,呼吸机应维持其正常的功能。

增加项:

g)* 除了需要提供功能接地的地方,Ⅰ类设备电源输入插口不应用于Ⅱ类设备。

57.3* 电源软电线

a) 应用

增加:

——电动呼吸机的网电源软电线应是不可拆卸的或应防止由于意外从呼吸机上脱落。

——通过检查来检验是否符合要求,对于配有电源联结器的呼吸机,应使用以下试验来检验:

对可拆卸软电线施加表 102 中的轴向拉力 1 min。

在试验过程中,网电源插头不应从设备的输入口脱落。

表 102 轴向拉力

设备质量 m/kg	轴向拉力/N
$m \leqslant 1$	30
$1 < m \leqslant 4$	60
$m > 4$	100

57.4 电源软电线的连接

a) 电线固定用的零件

用以下内容替换倒数第二段、第三段：

为测量纵向位移，在电线承受拉力前，要在电线上距离电线固定用的零件大约 2 cm 或其他适当的位置处作记号。

在试验后，测量在电线承受拉力时，电线护套上的记号对电线固定用的零件或上述其他适当位置的位移。

b) 软电线防护套

用以下内容替换最后三段：

不能通过以上尺寸试验的防护套，应通过 GB 4706.1—1998《家用和类似用途电器的安全 第一部分：通用要求》的 25.10 的试验。

57.5 网电源接线端子装置和网电源部分的布线

a)* 网电源接线端子的通用要求

第一段，最后一行"用螺钉、螺母或等效的方法。"，修改为：

"用螺钉、螺母、焊接、夹子、导线卷曲或其他等效方法"。

b) 网电源接线端子装置的布置

第一行，用"电源线"替换"软电源线"。

57.8 网电源部分的布线

a) 绝缘

a)项内容修改为：

网电源部分某单根导线的绝缘应至少要与 GB 5023.1—1997 或 GB 5013.1—1997 所要求的电源电线中各单根导线电等效，否则该导线应被认为是一根裸导线。

通过以下试验来检验是否符合要求：

如果绝缘能承受 2 000 V，1 min 的电介质强度试验，它被认为是电等效。试验电压加在导线和长为 10 cm 的包裹绝缘的铝箔之间的电线样品上。

57.9* 电源变压器

57.9.1 过热

a) 短路

将第一条破折线中的第一句替换为：

——带有限制绕组温度保护装置的网电源变压器，被连接到在最低额定电压的 90%到最高额定电压的 110%之间或额定电压范围内最不利的电压上。

在同一条款中，在最后三段前加上破折线。

b) 过载

用以下内容替换第四条破折线的第四点：

- 对用过电流释放器作保护装置的电源变压器加载，使电路中的试验电流尽可能接近制造商规定的跳闸电流，但不引起释放动作，继续进行试验直至达到热稳定状态。试验中过电流释放器应用与可忽略的阻抗的连接代替。

57.10* 爬电距离和电气间隙

在条款号后加一星号；另外删去 a)* 和 d)* 项号后的星号。

a) 数值

增加以下第四条破折线：

——在防除颤应用部分和其他部分之间，爬电距离和电气间隙应不小于 4 mm。

d) 爬电距离和电气间隙的测量

用以下内容替换第五段：

通过外部部件的缝隙或开口的爬电距离和电气间隙应用图 7 所示标准试验指来测量。

在表 16 中，第一列，第一行(对应于 A-f)，用“等同于基本绝缘”替换“基本绝缘”。

表 16 中，第八列，第二行，用“400”替换“380”。

59 结构和布线

除下述内容外，通用标准的本章适用。

59.1 内部布线

c) 绝缘

第二条破折线，增加以下新段落：

护套按以下内容来检验是否符合要求：

绝缘应能承受 1 min 2 000 V 的电介质强度试验。试验电压加在插入护套样品的金属棒和长为 10 cm的包裹在绝缘外的金属箔之间。

第三条破折线，用“70℃”替换“75℃”。

59.3 过电流和过电压保护

第二条破折线，将“试验方法正在考虑中”修改为：

通过检查保护装置的存在以及在必要时对设计数据的检查来检验是否符合要求。

59.4 油箱

用以下内容替换最后一段：

通过对设备和使用说明书的检查和手工试验，来检验是否符合要求。

图

图 11

在标题中，用“对地电势”替换“对地”。

图 18

在图的顶部，用“S_9”替换“S_5”(图上以下其他的 S_5 不变)。

图 39～图 47 的说明中

增加项：

7) 图 43 到图 45 中的未粘合的连接是为例 5 到例 7 的情况提出的。对粘合的连接的说明见本标准的 57.9.4 f)的第二条破折线。

增加图 50 和图 51：

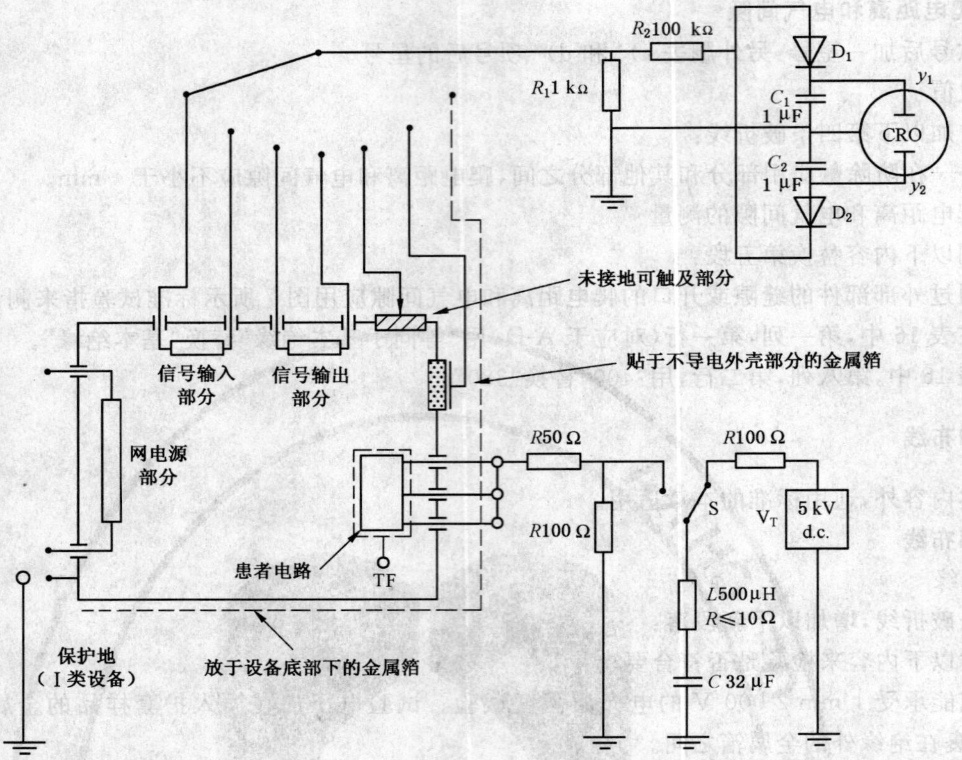

V_T——测试电压；

S——用于提供测试电压的开关；

R_1，R_2——误差 2%，不低于 2 kV；其他元件误差 5%；

CRO——阴极射线示波器（Z_{in}≈1 MΩ）；

D_1，D_2——小信号硅二极管。

图 50　测试电压施加于防除颤应用部分跨接的患者连接处［见 17h）*］

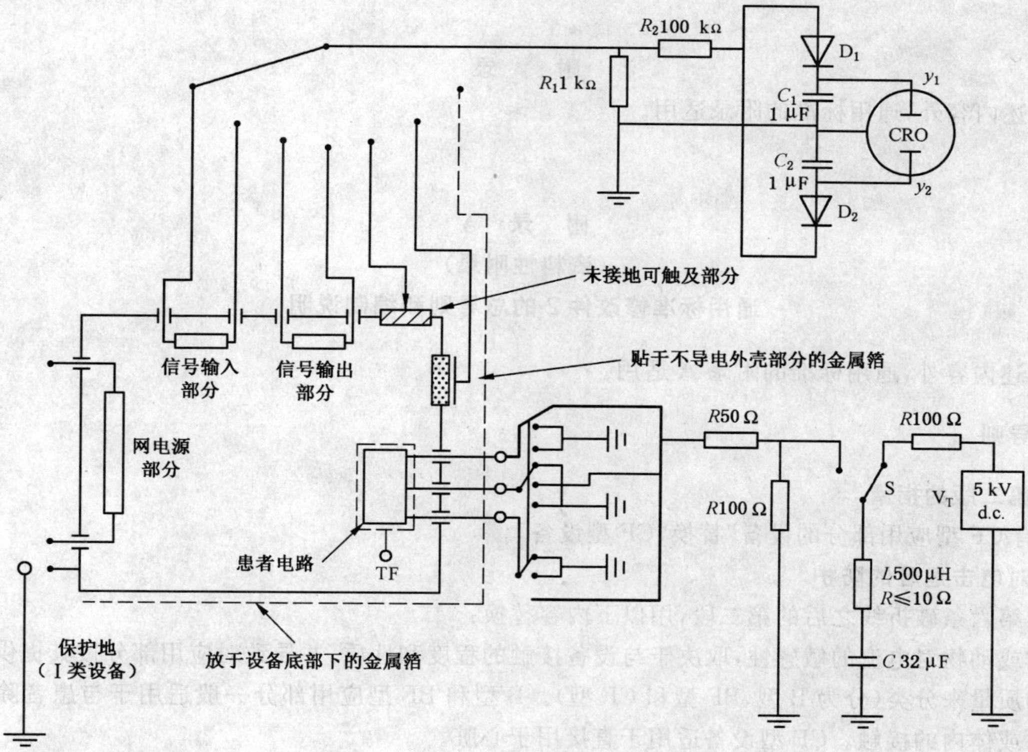

V_T——测试电压；

S——用于提供测试电压的开关；

R_1，R_2——误差 2%，不低于 2 kV；其他元件误差 5%；

CRO——阴极射线示波器（$Z_{in} \approx 1\ M\Omega$）；

D_1，D_2——小信号硅二极管。

图 51　测试电压施加于防除颤应用部分单个患者连接处［见 17h）*］

附　录

除下述内容外，通用标准的附录适用。

附　录　A
（资料性附录）
通用标准修改件 2 的总导则和编制说明

除下述内容外，通用标准的附录 A 适用。

A.1　总导则

A.1.2　第二版的指南

用“有 CF 型应用部分的设备”替换“CF 型设备”。

A.1.3　对电击危险的防护

替换第六条破折线之后的第二段，用以下内容替换：

人体或动物对电流的敏感性，取决于与设备接触的程度和性质，并导致对应用部分按其提供的防护的程度和质量来分类（分为 B 型、BF 型和 CF 型）。B 型和 BF 型应用部分一般适用于与患者除心脏之外的体外或体内的接触。CF 型设备适用于直接用于心脏。

A.1.7　对超温和其他安全方面危险的防护

最后三条破折线，在标题中，将：

“（第 43 章）”，“（第 45 章）”，“（第 49 章）”，分别改为：

“（见第 43 章）”，“（见第 45 章）”，“（见第 49 章）”。

第二条破折线，第一行，将“失火危险”改为“对失火危险的防护”。

增加：

A.1.10　应用部分和外壳——概述

打算与患者接触的部分可能比外壳其他部分存在更大的危险，因此这些应用部分就受到更严格要求的控制，例如，对温度限制和漏电流（按 B/BF/CF 分类）的要求。

注：对医用电气设备外壳上的其他可触及部分进行的试验比对其他种类设备外壳部分进行的试验有更高的要求，因为患者可能触及这些部分，或者操作者可能同时触及患者和这些部分。

为了确定哪些要求是适用的，应区分应用部分与仅被简单当作外壳的部分。但是要做到这一点会有一定的困难，特别是对于那些在某些情况下需要与患者接触，但对于设备实现其功能并非需要如此做的部分。

区分外壳和应用部分有二个准则。首先，如果接触对设备的正常使用是基本的，此部分就要受控于对应用部分的要求。

如果接触对设备的功能实现是偶然发生的，此部分的分类就要依据接触是由患者还是操作者的蓄意活动引起的。如果接触是偶然发生的，且是由患者的动作引起的，在大多数情况下，患者都不比其他人蒙受更大的风险，此时就适用于对外壳的要求。

为了评估哪些部分是应用部分、患者连接和患者电路，要依次采用以下步骤：

a)　判别设备是否有应用部分，如果有，识别应用部分的范围（这些决定是基于不带电的考虑）。

b)　如果没有应用部分，就没有患者连接和患者电路。

c)　如果有一个应用部分，就可能有一个或一个以上患者连接。若应用部分的一个导电部分并未与患者直接接触，但未与患者隔离，且电流可通过此部分流入或流出患者，那么就按一个独立患者连接来处理。

d) 患者电路就由这些患者连接和所有那些未完全绝缘/隔离的导电部分组成。

注：相关的隔离要求包括与应用部分有关的要求，且应符合第20章中的电介质强度试验和57.10的爬电距离和电气间隙要求。

A.2 某些章条的编制说明

增加：

第2.1.5条

本通用标准中包含一个对应用部分的定义，使得在大多数情况下能清楚地确定设备的哪些部分需按应用部分来处理，并遵守相对于外壳来说更严格的要求。

除了那些只可能由于患者的不必要动作而发生接触的部分，例如：

——红外线治疗灯，由于不需与患者进行直接接触，因此没有应用部分；

——X射线台上唯一的应用部分是患者躺着的台面；

——同样的，在MRI扫描仪中，唯一的应用部分是支撑患者的台子和其他应用来与患者直接接触的部分。

此定义并不总能清楚地确立一种特殊类型设备的一个独立部分是否是应用部分。这类情况需要先在以上编制说明的基础上进行考虑，或参考特殊类型设备中应该对应用部分有明确规定的专用标准。

第2.1.15条

当应用部分具有患者连接时，需要与设备内的特定带电部分完全隔离，且对于BF和CF型应用部分还要与地完全隔离。对相关的绝缘进行的电介质强度的试验，和对爬电距离和电气间隙进行的评估被用来验证是否符合这些准则。

患者电路的定义是用来确认设备中所有易于向患者连接提供电流，或从患者连接接收电流的部分。

对于F型应用部分患者电路是从患者向设备内部看，一直向内延伸到所规定的绝缘处和/或保护阻抗处为止。

对于B型应用部分，患者电路可与保护接地连接。

第2.1.23条

与一个应用部分的使用有关的潜在危险之一，是漏电流可通过应用部分流经患者这一事实。在正常状态下和各种故障状态下，对这些电流的大小都有专门的限制。

注：在应用部分的不同部分之间流经患者的电流，称为患者辅助电流。流经患者并到地的漏电流称为患者漏电流。

对患者连接的定义是为了确保对应用部分的每一个独立部分的识别，在其之间的电流是患者辅助电流，且患者漏电流可能通过其流至一个接地的患者。

在某些情况下，应进行患者漏电流和患者辅助电流的测量来确定应用部分中的哪些部分是独立患者连接。

患者连接并不总是可触及的。应用部分中的任何与患者进行电气接触的导电部分，或那些仅通过不符合标准中规定的相关电介质强度试验或电气间隙和爬电距离要求的绝缘或空气沟来防止与患者进行电气接触的部分，是患者连接。

包括以下例子：

——支撑患者的台面是应用部分。床单不能提供足够的绝缘，因此台面的导电部分被划分为患者连接。

——注射控制器的给药装置或针是应用部分。控制器中与(潜在地导通)液柱以不充分的绝缘来隔离的导电部分是患者连接。

当应用部分具有用绝缘材料制成的表面，19.4 h) 9)规定要用金属箔或盐溶液进行试验，因此这部分被认为是患者连接。

第 2.1.24 条

在所有类型应用部分中 B 型应用部分提供最低限度的患者防护,但不适用于直接用于心脏。

第 2.1.25 条

BF 型应用部分比 B 型应用部分能提供更高等级的患者防护。这种防护是通过对设备的接地部分或其他可触及部分的绝缘来获得的,因此限制了在患者接触其他带电设备时可能流经患者的电流。

但是,BF 型应用部分并不适用于直接用于心脏。

第 2.1.26 条

CF 型应用部分提供最高等级的患者防护。这种防护是通过对设备的接地部分或其他可触及部分的进一步绝缘来获得的,进一步限制了可能流经患者的电流。CF 型应用部分适用于直接用于心脏。

第 2.1.27 条

防除颤应用部分仅能防止按 IEC 60601-2-4 设计的除颤器的放电。有时其他结构的除颤器会在医院中使用,例如更高电压和脉冲的除颤器。这类除颤器也可能损坏防除颤应用部分。

删去 2.2.24 和 2.2.26。

增加:

第 2.6.4 条

在医用电气设备中,功能接地连接可能是由操作者可触及的功能接地端子的方式产生的。另外标准也有选择地允许经由电源线中的绿黄导线的 II 类设备的功能接地连接。在这种情况下,相关部分应当与可触及部分绝缘[见 18 l)]。

第 4.10 条

b) 用"按 IEC 60529,标明 IPX 8 的设备的外壳"替换"按 2.2.28 条,防浸设备的外壳应在规定条件下"。

在最后,增加段落:

对湿度敏感的部分,通常用于受控制的环境内且不影响安全的,不需进行此试验。例如:计算机的系统中的高密度存储介质、磁盘和磁带驱动器等。

增加:

第 6.1 条 n)

对于符合 IEC 60127 的熔断器,类型和功率的标识也应符合要求。标识举例:T 315L 或 T 315 mAL,F 1.25 H 或 F 1.25 AH。

第 6.1 条 z)

最后一段,将"C_2H_8O(分子量 60.1)"改为"C_3H_8O(分子量 60.1)"。

并将最后一句改为:

相对密度在 20 ℃为 0.785,沸点在 1 013 hPa 为 82.5 ℃。

增加:

第 6.2 条 e)

对于符合 IEC 60127 的熔断器,类型和功率的标识也应符合要求。标识举例:T 315 L 或 T 315 mAL,F 1.25 H 或 F 1.25 AH。

第 6.4 条

不要求专用的颜色。

第 6.8.2 条 a)

——重要的是要确保设备不被误用于未预期的应用。

——干扰的例子包括:

电源瞬变、磁干扰、机械干扰、振动、热辐射、光辐射。

第 6.8.3 条 a)

在通用标准中不可能定义精度和误差。这些概念应当在专用标准中给出。

第 10.2.1 条

增加段落：

按此标准，设备在 10.2 的条件下运作时应该是安全，但仅在符合随机文件中由制造商所规定的条件时，其功能才是完善的（见正常使用的定义）。

第 10.2.2 条

在第四、第五和第六段中，将 a)、b) 和 c) 改为破折线。

增加：

第 14.5 条 b)

如果内部供电设备与隔离的电池充电器或连接网电源的供电装置相连，电池充电器或供电装置被认为是设备的一部分，且这些要求适用。

这些要求不适用于不可能同时连接网电源和患者的设备（包括任何隔离的供电装置或电池充电器）。

第 14.6 条

具有一个或更多 CF 应用部分的，打算直接用于心脏的设备，可同时采用一个或更多附加的 B 型或 BF 型应用部分（参见 6.1 l)）。

类似的设备可是 B 型和 BF 型应用部分的混合体。

第 17 条 h)

在实际的临床应用中，一个或其他的除颤极板，可接地或至少以地为基准。

当患者使用除颤器时，高压可能加在设备的一个与另一个部分之间，也可能加在这些部分与地之间，因此可触及部分或者能与患者电路充分绝缘，或者在应用部分的绝缘由电压限制装置保护时，被保护接地。

而且，尽管即使在误使用中也不可能危及到安全，在没有专用标准时，通常希望被标以防除颤的应用部分能符合除颤电压，且对设备在随后的保健使用中不会有任何负面的影响。

试验确保了：

a) 设备、患者电线、电线连接器等任何未保护接地的可触及部分，不会由于除颤电压的闪络而带电；且

b) 在经过除颤电压后设备应能继续工作。

正常使用包括以下情况，患者在与设备连接时被除颤，且同时，操作者或其他人在接触外壳。这种情况作为不完全的保护接地的单一故障状态同时发生的可能性微乎其微，因此可忽略。然而，不符合第 18 章要求的功能接地的中断可能性较大，因此需要进行这些试验。

当一个人在除颤器放电时与可触及部分接触，他所接收的电击限制在一个可被感觉到，且令人不愉快，但不危险的值内（对应于 100 μF 的充电）。

信号输入部分和信号输出部分也包括在其中，因为设备的信号线可能带来有危险的能量。

本标准中图 50 和图 51 的试验电路通过结合穿过试验电阻（R_1）的电压来简化试验。

在图 50 和图 51 的试验电路中的电感 L 值的选择需能提供比正常短的上升时间以便充分测试结合的保护方式。

脉冲试验电压的编制说明

当除颤电压加在患者的胸部上，通过外部的应用极板（或除颤电极），患者的身体组织处在极板附近且在极板之间形成了电压区。

电压分配可用三维场理论进行粗略的规定，但要通过各不相同的自身组织导电性来修正。

如果另一类医用电气设备的电极大致在除颤器极板范围内应用于患者，电极电压取决于其位置，但

通常要小于负载中的除颤电压。

不幸的是,不可能说出小多少,因为上述电极可能放在此区域中的任何位置,包括在其中一个除颤器极板的附近。在没有相关专用标准的情况下,应要求这些电极和与其连接的设备应能承受全部除颤电压,且这应是未负载电压,因为除颤器极板可能未与患者良好连接。

因此本通用标准修订本规定在没有专用标准的情况下,5kV 为适当的值。

第 18 条 a)

在图上,增加以下标题:

18 g)

第 19.3 条和表 4

分标题外壳漏电流

a) 将"CF 型设备"和"B 型与 BF 型设备"分别改为:

"有 CF 型应用部分的设备"和"有 B 型与 BF 型应用部分的设备"。

b) 删去第一段。

d) 将"B、BF 和 CF 型设备"改为:"有 B 型、BF 型和 CF 型应用部分的设备"。

第 19.3 条和表 4

分标题患者漏电流

在第 1、3 和 10 段中,将"CF 型设备"改为:"有 CF 型应用部分的设备"。

在第 7 段中,将"B 型和 BF 型设备"改为:"有 B 型和 BF 型应用部分的设备"。

在第 11 段中,将"BF 型设备"改为:"有 BF 型应用部分的设备"。

在最后增加两段:

当外部电压应用于 BF 型应用部分上时,在单一故障状态下允许 5 mA 的患者漏电流,因为有害的生理影响较小,且网电源电压出现在患者身上的情况是微乎其微的。

因为存在患者接地是正常状态,不仅患者辅助电流,而且患者漏电流都会造成流过时间延长。在这种情况下,需要一个低值的直流电流以避免组织坏死。

增加:

第 20.1 条,A～f

与定义"2.3.2* 基本绝缘:用于带电部件上对电击起基本防护作用的绝缘。"相反,绝缘 A-f 不提供这类防护,但如果试验是有必要的,就要采用与基本绝缘相同的试验电压值。

第 20.3 条

增加以下内容:

在表 5 中规定的电介质强度试验电压适用于在一般情况下符合连续基准电压 U 和瞬变过电压的绝缘。

对防除颤应用部分,在基准电压的基础上推算出的试验电压等同于除颤峰电压,但这对于在正常使用中只可能偶尔受到电压脉冲的绝缘来说太高了,此脉冲通常小于 10 ms 且没有附加过电压。

在 17 h)* 中描述的专用试验是用于确保对承受除颤脉冲的足够防护,不需要另外的电介质强度试验。

第 20.4 条 b)

第一段,删去以下短语:

"电感减小而"。

增加:

第 43.2 条

富氧空气的存在增补了许多物质的易燃性,尽管其不是易燃混合物。

预期富氧空气中操作的设备在设计时应将易燃材料着火的可能性降至最低。

如适用，专用标准应规定相关要求。

第 44.8 条

设备、附件和它们的部件应设计成能安全使用那些在正常使用中需要接触的物质。

如适用，专用标准应规定相关要求。

第 48 章

删去。

增加：

第 49 章

对于患者安全依赖于供电连续性的设备，专用标准应包括供电故障报警或其他预防措施的要求。

第 51.1 条

如果设备的控制范围可导致一个部件的传送输出与无危险的输出有显著的差异，应提供防止这类设置的方法或向操作者指出（例如通过当设置控制时有明显的附加阻力，或通过连锁装置，或通过附加的专用或声音信号的方法）所选择的设置超过了安全的限制。

如适用，专用标准应规定安全输出水平。

第 51.2 条

任何向患者传送能量或物质的设备应指出可能的危险输出，最好是预先指出，例如能量、比率或量值。

如适用，专用标准应规定相关要求。

第 51.5 条

任何向患者传送能量或物质的设备应提供能警告操作者与指定传送水平有任何偏离影响的警报。

如适用，专用标准应规定相关要求。

增加：

第 56.3 条 c)

有两种情况需要防护：

——首先，对于 BF 和 CF 型应用部分，应没有患者偶然通过任何可能与设备连接的导线接地的可能性；即使对 B 型应用部分来说，多余的接地也可能对设备的操作带来负面效应。

——其次，对于所有类型的应用部分，应没有患者偶然与任何带电部件或危险电压的连接的可能性。

“可能的危险电压”指的既可能是医用电气设备的带电部件，也可能是超过允许漏电流的电流流经附近的导电部件上的电压。

连接器所用绝缘材料的强度通过用试验指按压连接器来检查。

此要求也能防止连接器插入网电源出口或可分离的电源电线末端的插座。

患者与网电源连接器的组合有可能会在不经意中将患者连接器插入网电源插座。

这个可能性不能通过尺寸的要求来合理地解决，因为如果这样做会使单极连接器过大。对于这种事故，保障安全是靠要求患者连接器的绝缘的爬电距离至少为 1.0 mm，电介质强度至少为 1 500 V 来实现的。单独采用 1 500 V 的防护要求是不够的，因为这种要求只要用薄塑料层就可轻易地达到，而它是不能承受日常磨损或可能反复出现的插入电网插座的动作的，基于这个原因，不难理解为何要求绝缘应当是耐久、坚固的。

“任何连接器”应理解为包括多触点连接器、若干个连接器和串联连接器。

100 mm 直径的尺寸并不重要，仅仅用于指出平面的规模。任何大于此要求的导电材料片均适用。

第 56.7 条 c)

如果由于电池耗尽可能引起安全方面的危险，应提供预警这种情况的方法。

如适用，专用标准应规定相关要求。

第 57.2 条 b)

当不经意的断开可能引起危险时，可能需要带有锁定装置的连接器。

第 57.2 条 g)

此要求用于避免电源电线误使用的可能性[参见 18 l)]。

第 57.5 条 a)

删去最后一行。

第 57.10 条

增加以下内容：

防除颤应用部分

从 IEC 60664 表 2 可看到，4 mm 的距离对于持续时间短于 10 ms 的 5 kV 的脉冲就足够了，而这类电压正是由除颤器的使用产生的典型电压，这是合理的安全界限。

能确保设备通过除颤器试验，以及保持以后的安全和正常功能，其界限的有效性来自于三个因素：

——IEC 60664 中的值已经有了一个内在的安全界限；

——在实践中，因除颤器将有负载，并且有一个可观的内部阻抗和一系列电感线圈增补其阻抗，加在患者胸部的电压也远小于假设的 5 kV 的开路电压；

——只要医用电气设备的内表面干净，IEC 60664 允许其有严重污染的表面。

附 录 D
（规范性附录）
通用标准修改件 2 的标记用符号

除下述内容外，通用标准的附录 D 适用。

在表 D1 中，删去符号 11[见 6.1 l)]。

在表 D1 中，删去符号 12 和 13[见 6.1 l)]。

在表 D2 中，修改符号 1,2 和 3 的含义。在同一表中，加入三个新的符号 9,10 和 11。

序 号	符 号	IEC 出版物	GB 编号	含 义
1		60417-... 60878-02-02	—	B 型应用部分
2		60417-5333 60878-02-03	5463.2	BF 型应用部分
3		60417-5335 60878-02-05	5465.2	CF 型应用部分

注 1：符号 1 将在 IEC 60417 中介绍，符号 1,2 和 3 的含义将在 IEC 60878 中修改。

序 号	符 号	IEC 出版物	含 义
9		60417-... 60878-...	防除颤 B 型应用部分
10		60417-5334 60878-02-04	防除颤 BF 型应用部分
11		60417-5336 60878-02-06	防除颤 CF 型应用部分

注 2：符号 9 将在 IEC 60417 和 IEC 60878 中介绍，符号 10 和 11 的含义将在 IEC 60878 中修改。

附　录　K
（规范性附录）
通用标准修改件2的测量患者漏电流时应用部分连接示例（见第19章）

除下述内容外，通用标准的附录K适用。

在图的标题中，将：

“B型设备”，“BF型设备”，“CF型设备”，“B、BF、CF型设备”

分别改为：

“有B型应用部分的设备”，“有BF型应用部分的设备”，“有CF型应用部分的设备”，“有B、BF、CF型应用部分的设备。”

附 录 L
（规范性附录）
规范性引用文件

除下述内容外，通用标准的附录 L 适用。

下列文件中的条款通过本标准的引用而成为本标准的条款。凡是注日期的引用文件，其随后所有的修改单（不包括勘误的内容）或修订版均不适用于本标准，然而，鼓励根据本标准达成协议的各方研究是否可使用这些文件的最新版本。凡是不注日期的引用文件，其最新版本适用于本标准。IEC 和 ISO 的成员负责当前有效国际标准的注册。

[1] GB 3100—1993 国际单位制及其应用（eqv ISO 1000：1992）

[2] GB 4208—1993 外壳防护等级（IP 代码）（eqv IEC 529：1989）

[3] GB 4706.1—1998 家用和类似用途电器的安全 第一部分：通用要求（eqv IEC 335-1：1991）

[4] GB/T 4999—2003 麻醉呼吸设备 术语（ISO 4135：2001，IDT）

[5] GB 5013.1—1997 额定电压 450/750 V 及以下橡皮绝缘电缆 第 1 部分：一般要求（idt IEC 245-1：1994）

[6] GB 5023.1—1997 额定电压 450/750 V 及以下聚氯乙烯绝缘电缆 第 1 部分：一般要求（idt IEC 227-1：1993）

[7] GB/T 5332—1985 可燃液体和气体引燃温度试验方法（eqv IEC 79-4：1975）

[8] GB 7144—1999 气瓶颜色标志

[9] GB 9706.1—1995 医用电气设备 第一部分：安全通用要求（idt IEC 601-1：1988＋Amd1（1991））

[10] GB 9706.12—1997 医用电气设备 第一部分：安全通用要求 三.并列标准：诊断 X 射线设备辐射防护通用要求（idt IEC 601-1-3：1994）

[11] GB 9706.15—1999 医用电气设备 第一部分：安全通用要求 1.并列标准：医用电气系统安全要求（idt IEC 60601-1-1：1995）

[12] YY 0505—2005 医用电气设备 第 1-2 部分：安全通用要求 并列标准：电磁兼容 要求和试验（IEC 60601-1-2：2001，IDT）

[13] GB/T 16273.1—1996 设备用图形符号 通用符号（idt ISO 7000：1989）

[14] GB/T 16886.1—2001 医疗器械生物学评价 第 1 部分：评价与试验（idt ISO 10993-1：1997）

[15] GB 18278—2000 医疗保健产品灭菌 确认和常规控制要求 工业湿热灭菌（idt ISO 11134：1994）

[16] GB 18279—2000 医疗器械 环氧乙烷灭菌 确认和常规控制（idt ISO 11135：1994）

[17] GB 18280—2000 医疗保健产品灭菌 确认和常规控制要求 辐射灭菌（idt ISO 11137：1995）

[18] GB 18281.1—2000 医疗保健产品灭菌 生物指示物 第 1 部分：通则（idt ISO 11138-1：1994）

[19] GB 18281.2—2000 医疗保健产品灭菌 生物指示物 第 2 部分：环氧乙烷灭菌用生物指示物（idt ISO 11138-2：1994）

[20] GB 18281.3—2000 医疗保健产品灭菌 生物指示物 第 3 部分：湿热灭菌用生物指示物（idt ISO 11138-3：1995）

[21] YY/T 0316—2003 医疗器械 风险管理对医疗器械的应用(ISO 14971:2000,IDT)
[22] YY/T 0466—2003 医疗器械 用于医疗器械标签、标记和提供信息的符号(ISO 15223:2000,IDT)
[23] YY 1040.1—2003 麻醉和呼吸设备 圆锥接头 第1部分:锥头与锥套(ISO 5356-1:1996,IDT)
[24] YY 0461—2003 麻醉机和呼吸机用呼吸管路(ISO 5367:2000,IDT)
[25] ISO 5356-2:1987 麻醉和呼吸设备——圆锥接头——第2部分:螺纹承重接头
[26] ISO 5359:2000 医用气体系统中使用的低压软管组件
[27] ISO 5362:2000 麻醉储气囊
[28] ISO 7767:1997 监护病人呼吸混合气体的氧气监护仪——安全要求
[29] ISO 8185:1997 医用湿化器——湿化系统的一般要求
[30] ISO 8835-3:1997 吸入式麻醉系统——第3部分:麻醉气体净化系统——传输和吸收系统
[31] ISO 9360-1:2000 麻醉和呼吸设备——用于湿化病人呼吸气体的热湿交换器(HMES)第1部分:与250 mL最小潮气量一起使用的热湿交换器
[30] ISO 9360-2:2001 麻醉和呼吸设备——用于湿化病人呼吸气体的热湿交换器(HMES)第2部分:潮气量不小于250 mL的用于做气管造口手术的病人的热湿交换器
[32] ISO 9703-1:1992 麻醉和呼吸治疗报警信号——第1部分:可视报警信号
[33] ISO 9703-2:1994 麻醉和呼吸治疗报警信号——第2部分:听觉报警信号
[34] ISO 9703-3:1998 麻醉和呼吸治疗报警信号——第3部分:报警应用指导
[35] ISO 9918:1993 病人用二氧化碳监护仪——要求
[36] ISO 9919:1992 医用血氧饱和仪——要求
[37] ISO 11195:1995 医用气体混合器——独立气体混合器
[38] IEC 384-14:1993+Amd1(1995) 电子设备用固定电容器——第14部分:分规范:抑制电磁干扰和电源网络连接用固定电容器+修改件1(1995)
[39] IEC 60601-1-4:2000 医用电气设备——第2部分:安全通用要求 4.并列标准:可编程医用电气系统

附 录 AA
（资料性附录）
基 本 原 理

本附录包括本专用标准的部分要求的基本原理，这些基本原理有助于那些熟悉本专用标准的主题，但未参与其编制的人士能正确理解和应用这些要求。另外，随着临床实践的发展和技术的更新，这些基本原理有助于本专用标准的修订。

以下基本原理的编号对应于专用标准中的相应条款。因此，编号是不连续的。

AA.2.1.5 应用部分

本专用标准中应用部分的定义是阐明患者漏电流的要求和测量患者漏电流的基础。

把导电的抗静电导管或其他一些导管用于呼吸机呼吸系统内是错误的操作。

然而，关于电气控制附件漏电流的要求不可能包括在本专用标准中，这些附件，例如湿化器和加热元件，可连接至呼吸系统，因为无论是制造商还是检测机构都不能预料在临床实践中的某一种类型的呼吸机中使用的附件类型。

但是，与患者接触并与呼吸机连接的呼吸机集成部件，例如温度传感器和二氧化碳传感器，被视为本专用标准中可对其漏电流做出具体规定的部件。因此这些部件应包括在应用部分的定义中。

AA.3.1

一旦发生软件错误，不应引起对患者、操作者或使用者的安全危害。

然而，此要求与安全通用要求中的3.1要求相当，强调所有的设备在正常使用状态下和单一故障状态下不应引起安全危害。

因此，为了使软件控制设备广泛地适应于安全通用要求和IEC 60601-1-4的范围，应合理而且谨慎地处理未被检测出的软件故障，这些故障会导致危险情况但仍被认作正常状态。

使用此方法可用来验证是否符合安全通用要求中的3.1要求，尤其是关于故障模式的效应分析。

未被检测出的故障会在较长的一段时间内继续存在。在这些情况下，如果另有一次故障发生，不可视作第二次可忽视的故障。把第一次故障作为正常状态。

未被检测出的氧气泄漏是一个重要的例子。如果没有被报警系统或周期检查检测出或如果系统被认作正常无故障，此种情况应视作正常状态。

AA.6.8.2 aa）1）

在呼吸机呼吸系统中使用抗静电和/或导电材料不能提升安全等级。相反，使用此类材料会增加对患者的电击危害。

AA.6.8.2 aa）2）

操作时间的变化范围相当大，并且受温度和电池放电和充电的影响。

AA.6.8.2 aa）13）

安全通用要求规定了一组环境条件（温度、相对湿度、大气压力、电源等），在这些环境下设备应符合标准的规定。这些环境代表了医院的典型环境，但是制造商可自行规定例外的环境。

如果制造商规定此设备可在超出本标准10.2.1中规定的环境下使用，那么该设备在超出规定条件下使用时不应引起对患者或操作者的安全危害，例如，所有安全结构应维持正常功能，但是性能参数可低于规定值。

AA.6.8.3 a） 概述

这里没有提到患者参数或机器参数，因为在安全通用要求中这两者之间存在着区分。

例如，机器参数中称“潮气量”为“冲量”，称“气道压力”为“生成的压力”，称“呼出通气量”为“设定通气量”，称“气道压力”为“回气口压力”（特别是最后一个例子，对于区分用于传输潮气量不大于30 mL

的呼吸机非常重要）。

一些故障状态，例如，阻塞或泄漏，会使呼吸机的通气量和压力与相应的患者处的通气量和压力产生很大的差异；但是其他故障条件，例如，在压力管道内的多余分泌物或浓缩物的堆积，会直接引起所测患者参数的严重误差。

AA.6.8.3 a）　第四条破折线

传感器所处环境和气体成分的一些变化会改变某些类型的传感器的流量灵敏度或通气量灵敏度。另外，传感器所处环境的变化可能会改变在一些标准条件下表示流量、通气量的修正值。例如，可替换气量型计量器，只要运作正常，计量器根据所处的环境显示通过的气量，与这些环境或气体的成分无关。然而，位于呼气口的呼吸速度描记器传感器用来显示“呼出潮气量”，以 BTPS 的形式显示，假设前提为通过呼吸速度描记器的呼出空气为 30 ℃时饱和的典型的呼出空气，如果气体温度低于 30 ℃，以 BTPS 形式显示的呼出气量小于真实值。

如果气体成分变化，显示值与混合物的粘度成比例变化（由 50％氮气和 50％氧气的混合物变为 50％笑气和 50％氧气的混合物，显示值改变－8％）。相反地，总气流量传感器显示的气量与传感器处混合物的密度成比例反方向变化（由 50％氮气和 50％氧气的混合物变为 50％笑气和 50％氧气的混合物，显示值改变＋27％）。

AA.19.4 h）　患者漏电流的测量

见 AA.2.1.5。

AA.43　防火

由医疗设备引起的火灾报道是不常见的。但是，一旦在医院里发生火灾，所产生的后果是非常严重的。

引起火灾基本上要符合以下三种条件：

- 可燃性材料（燃料）；
- 等于或大于材料的最低可燃温度或火花的能量扩散等于或大于材料的最低可燃能量；
- 氧化剂。

因此，在安全通用要求的基本安全概念下，设计时，应确保在正常状态和单一故障状态下，以及氧化条件下，任何材料的温度不能高于其最低可燃温度或火花能量不能超过材料最低可燃能量。另外，也可安装自限装置，封闭燃烧不会对患者、其他人员或环境造成危害，因为燃烧受到了氧化剂或燃料供应的限制、灭火材料的抑制，并且患者也不会与任何由于着火产生的有毒物质接触。

多数指定材料的最低可燃温度都可在一些资料中查阅到，虽然通常只是针对纯氧和大气环境。最低可燃温度严格取决于氧化剂的浓度。如果所需材料的最低可燃温度无法直接查阅到或氧气浓度有所不同，可使用 GB/T 5332—1985 中所述的试验方法和试验仪器得出。

对于可燃性材料，应特别注意那些可长时间反复使用的材料，例如纸或棉制品的气载粒子。

包含氧化剂的环境下的火花作用与包含爆炸性混合气体的环境下的火花作用大不相同。火花能量是在包含爆炸性混合气体环境下燃烧的最有效的能量形式，而热能对于包含氧化剂的环境燃烧更为重要。在一个较高的能量水平上，充足的火花能量可能会在火花导体的交界面上分散，使温度升高到导体或环境的最低可燃温度以上，而引发持续燃烧，但是，目前还没有任何文件证据证明不同材料和环境下引发持续燃烧的具体能量水平。因此，应进行规定的火花试验，模拟能合理地预见的最不利的环境，测试违背安全操作要求的潜在的会发生火花能量分散的地点。

上文所述的可重复使用的材料特别容易由于火花作用而被燃烧，因为它们的最低可燃温度和热容量都非常低，导热性也很差。

在目前使用的特定标准中，关于减少火灾危险的要求是基于温度、电能、氧化剂浓度的绝对值限度提出的。

该温度是指在 100％氧气的环境中，耐火棉在加热板上的最低可燃温度，在美国防火协会标准

(NFPA)的标准号为 NFPA 53 M 的标准中发布:310 ℃。因此,医疗设备在富氧的大气中的公认温度限定为 300℃。

由于电能的制订基础并不十分明确,在规定的受控试验中,数据一般取自于其他公开标准。IEC 60601-2-13 提出的电源限制为 10 VA,其他标准也使用这个电源限制,据 IEC 所知,符合这些标准设计的设备没有发生过火灾。但是,从对导致氧气燃烧的因素进行单独试验和具体分析中表明,这些数据范围是过于局限,还是具有潜在危险主要是取决于能量扩散方式、与"燃料"的距离和"燃料"的种类。

现在普遍接受的结论是,对于温度、能量和氧化剂浓度,没有一个单一的或通用的范围可确保所有环境下的安全性。最终,电能是唯一关键的因素,因为电能可升高可燃材料的温度。另外,还依次取决于特定的结构和与可燃材料的距离。

在单一故障状态下,一个标准电路发生故障的次数可能是非常多的。在这种情况下要保证其安全的唯一方法是采取适合的危险和安全分析方法,考虑三个基本因素:材料、温度和氧化剂。

一个合理的设计应当可限制电路的电能,以保证在正常状态下温度低于最低可燃值,并且保证电路处于密闭空间;或增加强制通气以保证单一故障状态下氧气含量不超过大气中的氧气含量。

另外,可通过限制电能的方法,保证在纯氧的环境下,甚至在单一故障的状态下,温度低于最低可燃值。

材料、温度和氧化剂的这三者的结合情况决定了是否会发生火灾,而不是其中的任何一种单独决定的。

AA.50.101.2　报警系统构造

"智能"报警系统的研制正在进行中(又见附录 CC)。50.101 的要求不应妨碍"智能"报警系统的研制和使用。

AA.52.5　下列单一故障是规定的要求和试验的主题:

本条款是为了防止当监护设备发生故障时,仍然继续使用监护设备控制制动器而导致制动器的故障无法被察觉。

AA.56.3 aa)　连接处的气体泄漏

这些条件是通过保护供气系统不受污染而维护患者的安全的必要条件。

AA.57.2　网电源连接器和设备电源输入插口等

连接辅助网电源插座输出口的其他任何设备的短路不应影响呼吸机生命维持功能的正常运行,不应影响连接辅助网电源插座输出口的其他设备的正常使用。

AA.57.3　电源软电线

电源软电线的意外脱落对患者是非常危险的。

AA.BB.2　可见指示的可见性

在距离 4 m 远的地方区分 BB.2 中所列的可见显示器和指示器类型的能力,允许操作者判别当多个呼吸机的报警同时启动时首先处理哪个呼吸机的报警(如果首先没有去过距控制面板 1 m 处)。

附　录　BB
（规范性附录）
可见指示的可见性和易读性

BB.1　通用测试条件

a)　操作者的视力要求为1.0(如果必要可矫正)。

b)　观察点的距离为 d,在监护显示器或可见指示器或操作者位置的平面中心的法线30°锥形范围的任何地点。

c)　环境照度的范围是100 lx至1 500 lx。

BB.2*　可见性

可见显示和可见报警信号应在BB.1给定的条件下,d=4 m的距离内,正确感知和区分。

BB.3　易读性

指示器上显示的数值和功能以及可见指示或图形显示器显示的可见报警信号在BB.1给定的条件下,d=1 m的距离内,操作者应正确感知。

附 录 CC
(资料性附录)
智能报警系统

现在颁布的智能报警系统(ISO 9703-3)所受的局限性太大,以早期的技术为基础制订的报警系统规定对其有很大的限制。

建议患者报警条件的要求(例如,压力、通气量和其他类似条件)分为两部分:一是针对符合ISO 9703-1:1992和ISO 9703-2:1994规定的常规报警系统;二是针对智能报警系统。至少,智能报警系统可逐步增强和逐步降低。

升级/降级概念是智能报警系统的核心。假定应用升级概念,在低级或中级报警时,如果设备没有自我调整或如果临床医生未能解决问题,每种报警条件都能采取高紧急级别的报警。一旦超出了报警限定,升级到高紧急级别就被确认,除非报警条件回到正常范围内。

有几种因素可驱动升级,例如,变化率、持续超出范围的次数、在X次中超出范围的次数、报警当前值与报警限定值的比率、或与其他指定值的比率;但是,时间必定是几种因素之一。即使报警当前值仅超出限定值1%,如果一直持续也会驱动报警信号由低级升至高级。由此建议,除了危及生命的紧急状态,大多数,如果不是全部,报警条件应先启动低级报警,然后升至高级报警条件。

如果上述论点有效,则为智能报警系统摆脱严格的常规设计的限制提供了基本原理。又见50.101。

术语和定义索引

中文	英文	条号
暂停	suspended	2.1.124
呼吸机—治疗呼吸机	ventilator-critical care ventilator	2.1.125
呼吸装置的呼吸系统(VBS)	ventilator breathing system,VBS	2.1.126

ICS 11.040.10
C 46

中华人民共和国国家标准

GB 9706.29—2006

医用电气设备 第2部分:麻醉系统的安全和基本性能专用要求

**Medical electrical equipment—
Part 2: Particular requirements for the safety and essential performance of anaesthetic systems**

(IEC 60601-2-13:2003,MOD)

2006-07-25 发布　　2007-05-01 实施

中华人民共和国国家质量监督检验检疫总局
中国国家标准化管理委员会　发布

前　言

本专用标准是医用电气设备麻醉系统的安全和基本性能专用要求。

本专用标准修改采用国际标准 IEC 60601-2-13:2003《医用电气设备——第2部分:麻醉系统的安全和基本性能专用要求》。

本专用标准与 GB 9706.1—1995《医用电气设备　第一部分:安全通用要求》配套一起使用。

本标准自实施之日起,YY 0320—2000《麻醉机》和 YY 91109—1999《医用电气设备　麻醉机专用安全要求》废止。

本专用标准与 IEC 60601-2-13:2003 相比较,主要差异包括:

——IEC 60601-2-13:2003 中引用的 IEC 和 ISO 国际标准,已被等同转化为国家标准和行业标准的,本专用标准以引用我国标准作为规范使用;现无等同转化为国家标准和行业标准,则以所引用的 IEC 和 ISO 国际标准作为规范使用。

——对于供氧故障气动报警的音量检测,修改了白背景声级要求(见 51.102.1)。

——麻醉气体输送系统的管道输入口连接修改为应符合 ISO 5359:2000 中的表2和图3的规定(见 102.1)。

——医用气体供应压力调节器,修改为符合 GB 7899 的要求(见 104)。

——本专用标准增加了 IEC 60601-1:1998《医用电气设备　第一部分:安全通用要求》修订2(1995)内容,为了与专用标准内容相区分,在文本中采用"‖"双竖线标注。

——本专用标准中,作为规范性标准而引用的 IEC、ISO 国际标准和国家标准、行业标准在 1.3.101 规范性引用文件中列出。

本专用标准第36章电磁兼容与 YY 0505—2005《医用电气设备　第1-2部分:安全通用要求　并列标准:电磁兼容性要求和试验》同期实施。

IEC 60601-2-13:2003 为《医用电气设备——第2部分:麻醉系统的安全和基本性能专用要求》的第三版,它代替了 1998 年出版的第二版。

本专用标准的附录 D、附录 K、附录 DD 均为规范性附录;附录 A、附录 AA、附录 BB、附录 CC 均为资料性附录。

本专用标准由国家食品药品监督管理局提出。

本专用标准由全国麻醉和呼吸设备标准化技术委员会、全国医用电器标准化技术委员会医用电子仪器标准化分技术委员会归口。

本专用标准起草单位:上海德尔格医疗器械有限公司、上海医疗器械股份有限公司医疗设备厂、上海市医疗器械检测所。

本专用标准主要起草人:丁德平、李理、顾大鹏、傅国庆、郁红漪、张燕萍。

引　言

本专用标准确定了麻醉系统作为整机的要求和作为麻醉系统组成部分的单个装置的要求。它与GB 9706.1—1995一起使用,在此称为通用标准。如在GB 9706.1—1995中1.3说明的,本专用标准的要求优先于通用标准的相应内容。

本专用标准允许用户按照专业导则配置一台麻醉系统以满足他们的临床应用。为实现这一目的,本专用标准明确了相关于具体装置的专门要求,以及和它相关联的监护装置、报警系统及保护装置的要求,并且定义了界面。本专用标准还明确了选配装置和其相应的监护装置、报警系统及保护装置的要求。

要求之后附有相关试验的说明。星号"*"标注的条款在附录AA中有基本原理表述。这些要求的原理知识被认为有助于本专用标准的正确应用,而且在临床应用发生变更或技术更新时对任何版本进行必需的修订时亦将使用到。

下面是本专用标准结构的图示,仅作为信息参考。

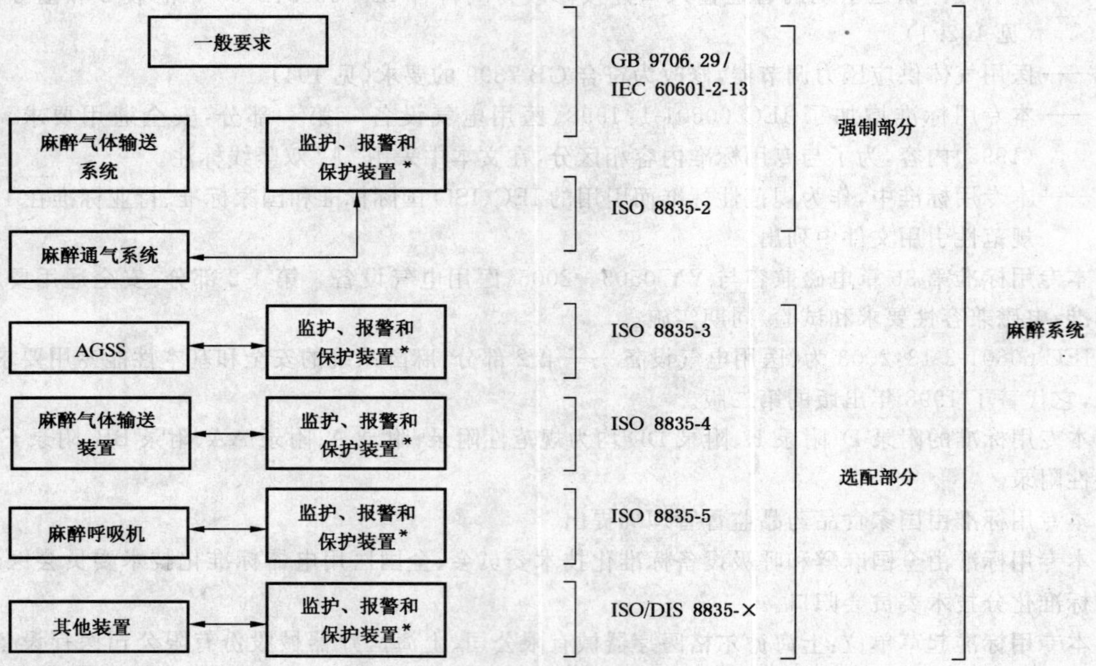

医用电气设备
第2部分：麻醉系统的安全和基本性能专用要求

第一篇 概 述

除下述内容外，通用标准该篇的章、条适用。

1 范围和目的

除下述内容外，通用标准的该章适用。

1.1 范围

增加：

本专用标准规定了麻醉系统(见2.101.7的定义)和设计用于麻醉系统的单个装置的安全和基本性能的要求。

本专用标准不适用于：

——使用易燃麻醉剂的麻醉系统，如附录DD确定的；

——在偏远地区、露天区域用于急救手术的或在灾区使用的便携式麻醉系统；

——牙科止痛设备。

1.2 目的

替换：

本专用标准的目的是规定对设计用于麻醉系统的单个装置的专用安全和基本性能要求以及规定对麻醉气体输送系统的要求。本专用标准对以下设备规定了要求并定义了之间的界面：

——设计用于麻醉系统的单个装置，和

——完整的麻醉系统。

1.3 专用标准

本专用标准引用GB 9706.1—1995《医用电气设备　第一部分：安全通用要求》，并补充了IEC 60601-1:1988《医用电气设备　第1部分：安全通用要求》修订2(1995)的内容。

在本标准中提到的第1部分简称为“通用标准”，对于GB 9706.15—1999《医用电气设备　第1部分：安全通用要求　1.并列标准：医用电气系统安全要求》，以下简称为“并列标准”。

本专用标准的篇、章和条款的编号与通用标准的相对应。对通用标准的文本的改变使用以下词来规定：

“替换”指通用标准的章或条完全由本专用标准的文本替换。

“增加”指本专用标准的文本补充到通用标准的要求上去。

“修改”指通用标准的章或条按照本专用标准的文本进行修改。

增加于通用标准上的条、图和表从101开始编号，增加的附录以AA，BB等编号，增加的项以aa)，bb)等编号。

“本标准”包括本专用标准以及与之共同使用的通用标准和并列标准。

通用标准的篇、章或条若在本专用标准中无相应的篇、章或条，虽然可能不相关，仍应无修改地采用。

通用标准中可能有关但未被采用的部分，本专用标准会给出对其影响的说明。

若本专用标准的要求替换或修改了通用标准或并列标准中的相应要求，则该要求优先于相应的通用要求。

1.3.101 规范性引用文件

下列文件中的条款通过 GB 9706 的本部分的引用而成为本部分的条款。凡是注日期的引用文件，其随后所有的修改单(不包括勘误的内容)或修订版均不适用于本部分，然而，鼓励根据本部分达成协议的各方研究是否可使用这些文件的最新版本。凡是不注日期的引用文件，其最新版本适用于本部分。

GB 3100—1993 国际单位制及其应用(eqv ISO 1000:1992)

GB 4208—1993 外壳防护等级(IP 代码)(eqv IEC 60529:1989)

GB 4706.1—1998 家用和类似用途电器的安全 第一部分:通用要求(eqv IEC 335-1:1991)

GB/T 4999—2003 麻醉呼吸设备术语(ISO 4135:2001,IDT)

GB 5013.1 额定电压 450/750 V 及以下橡皮绝缘电缆 第 1 部分:一般要求(GB 5013.1—1997,idt IEC 60245-1:1994)

GB 5023.1 额定电压 450/750 V 及以下聚氯乙烯绝缘电缆 第 1 部分:一般要求(GB 5023.1—1997,idt IEC 60227-1:1993)

GB/T 5332—1985 可燃液体和气体引燃温度试验方法(eqv IEC 60079-4:1975)

GB 7144—1999 气瓶颜色标记

GB 7899 焊接、切割及类似工艺用气瓶减压器

GB 9706.1—1995 医用电气设备 第一部分:安全通用要求(idt IEC 60601-1:1988+A1(1991))

GB 9706.12—1997 医用电气设备 第一部分:安全通用要求 3.并列标准:诊断 X 射线设备辐射防护通用要求(idt IEC 60601-1-3:1994)

GB 9706.15—1999 医用电气设备 第一部分:安全通用要求 1.并列标准:医用电气系统安全要求(idt IEC 60601-1-1:1995)

GB 15382—1994 气瓶阀通用技术要求

GB/T 16886.1 医疗器械生物学评价 第 1 部分:评价与试验(GB 16886.1—2001,idt ISO 10993-1:1997)

YY/T 0466—2003 医疗器械 用于医疗器械标签、标记和提供信息的符号(ISO 15223:2000,IDT)

YY 0505—2005 医用电气设备 第 1-2 部分:安全通用要求 并列标准:电磁兼容 要求和试验

YY 1040.1—2003 麻醉和呼吸设备 圆锥接头 第一部分:锥体与锥套(ISO 5356-1:1996,IDT)

SJ/T 10362:1993 矿用本质安全型自动电话机技术要求和试验方法

IEC 60601-1-4 医用电气设备——第 1 部分:安全通用要求——4.并列标准:程序可控的医用电气系统

IEC 60384-14 电子设备用固定电容器——第 14 部分:分规范 抑制电磁干扰和电源网络连接用固定电容器

ISO 5356-2:1987 麻醉呼吸设备——圆锥接头——第 2 部分:螺纹承重接头

ISO 5359:2000 用于医疗气体系统的低压可弯折式连接组件(软管组件)

ISO 5362:2000 麻醉储气袋

ISO 7767:1997 监控患者呼吸混合气的氧监护仪——安全要求

ISO 8835-2:1999 吸入式麻醉系统——第 2 部分:麻醉通气系统

ISO 8835-3:1997 吸入式麻醉系统——第 3 部分:麻醉气体净化系统——传递和收集系统

ISO 8835-4 吸入式麻醉系统——第 4 部分:麻醉气体净化系统——麻醉蒸汽输送装置

ISO 8835-5 吸入式麻醉系统——第 5 部分:麻醉呼吸机要求

ISO 9703-1:1992 麻醉和呼吸护理报警信号——第 1 部分:视觉报警信号

ISO 9703-2:1994 麻醉和呼吸护理报警信号——第2部分:声报警信号

ISO 9703-3 麻醉和呼吸护理报警信号——第3部分:报警应用指导

ISO 9918:1993 人用二氧化碳测定仪——要求

ISO 11196:1996 麻醉气体监护仪

1.5 并列标准

在GB 9706中,并列标准指明了安全通用要求适用于:

——一组医用电气设备(例如:放射设备);

——在安全通用标准中未全部指出的所有医用电气设备的一个专门特征(例如电磁兼容性);

——若一个并列标准适用于一个专用标准,那么该专用标准优先于此并列标准。

2 术语和定义

除下述部分外,通用标准的该章适用。

在2.1前增加:

在附录后,有本专用标准的术语索引。

2.1 设备部件、辅件和附件

2.1.5*

应用部分 applied part

正常使用的设备的一部分:

——为了行使设备的功能而应与患者有身体接触的部分;或

——可能用来接触患者的部分;或

——需要患者触摸的部分。

2.1.7

F型隔离(浮动)应用部分 F-type isolated(floating)applied part(以下简称为F型应用部分)

与设备其他部分相隔离的应用部分,其绝缘应达到在应用部分与地之间出现源于与患者相连的外部设备的意外电压时,没有电流能高于在单一故障状态时患者漏电流的允许值。

F型应用部分为BF型应用部分或CF型应用部分。

2.1.15*

患者电路 patient circuit

包含有一个或更多患者连接部分的任何电气电路。

患者电路包括所有与患者连接部分的绝缘未达到电介质强度要求的导电部分(见第20章)或与患者连接部分的隔离未达到爬电距离和电气间隙要求的导电部分(见57.10)。

增加定义:

2.1.23*

患者连接 patient connection

在正常状态或单一故障状态下,电流可通过其在患者与设备之间流动的应用部分的每一个独立部分。

2.1.24*

B型应用部分 type B applied part

符合本标准中规定的对电击的防护,尤其是关于漏电流允许值要求的应用部分,用附录D中表D2符号1来标记。

注:B型应用部分不适用于直接用于心脏。

2.1.25*

BF型应用部分 type BF applied part

符合本标准中规定的要求,对电击防护的程度比B型应用部分高一等级的F型应用部分,用附录D表D2符号2来标记。

注：BF型应用部分不适用于直接用于心脏。

2.1.26*

CF型应用部分 type CF applied part

符合本标准中规定的要求，对电击防护的程度比BF型应用部分高一等级的F型应用部分，用附录D表D2符号3来标记。

2.1.27*

防除颤应用部分 defibrillation-proof applied part

对患者心脏除颤放电效应具有防护的应用部分。

2.2 设备类型(分类)

2.2.7

直接用于心脏 direct cardiac application

在文中用“应用部分”替换“设备”。

2.2.9 不采用。

2.2.15

医用电气设备 medical electrical equipment(以下简称为设备)

在定义中增加第二段：

设备包括那些由制造商指定的使设备能正常使用所必需的附件。

2.2.24* 不采用。

2.2.25 不采用。

2.2.26* 不采用。

2.2.28 不采用。

2.6.4*

功能接地端子 functional earth terminal

在条款后加星号。

2.9.13

恒温器 thermostat

替换：

温度敏感控制器，用于在正常工作时使温度保持在两特定值之间，并可有由操纵者设定的装置。

增加定义：

2.101.1

报警条件 alarm condition

当报警系统监测的变量等于或超出设置的报警极限时的条件。

2.101.2

报警极限 alarm limit

由制造商、装置、使用者或操作者设置的值，定义了报警条件的阈值范围。

2.101.3

报警信号 alarm signal

信号，其目的是警告操作者，患者或设备的正常条件有可能发展为安全方面的危险，需要操作者意识到或采取行动。

2.101.4

报警系统 alarm system

用来使操作者通过它的报警信号意识到患者或设备报警条件的系统。

2.101.5

麻醉气体输送系统　anaesthetic gas delivery system

控制和输送新鲜气体到麻醉通气系统的部件组合。

注：它可能包括一个流量控制系统，流量计和/或一个气体混合系统和麻醉气体输送系统管道。

2.101.6

麻醉气体输送系统管道　anaesthetic gas delivery system piping

所有管组，包括接头，从管道入口的单向阀和压力调节器的出口到流量控制系统，以及连接流量控制系统的管道和连接麻醉气体输送装置与新鲜气体出口的管道。还包括通向和来自气动报警系统、压力显示、快速供氧和气体动力出口的管道。

2.101.7

麻醉系统（麻醉工作站）　anaesthetic system (anaesthetic workstation)

吸入式麻醉系统，包括一个麻醉气体输送系统、一个麻醉通气系统和必需的监护装置、报警系统和保护装置。

注：麻醉系统也可以包括，但并不局限于：麻醉气体输送装置、麻醉呼吸机、麻醉气体净化系统和它们相关联的监护装置、报警系统和保护装置。

2.101.8

麻醉气体输送装置（浓度标定蒸发器）　anaesthetic vapour delivery device (concentration calibrated veporizer)

提供浓度可控的麻醉剂蒸汽的装置。

2.101.9

麻醉呼吸机　anaesthetic ventilator

通过麻醉通气系统连接到患者呼吸通道的自动装置，为了在麻醉过程中增加或提供患者通气。

2.101.10

告知　annunciation, annunciate, annunciating

报警信号和操作者间的交流。

2.101.11

抑制　disable, disabled

一个不确定的状态，在该状态中报警系统或部分报警系统的声音报警信号不再告知。

2.101.12

清晰　legible

在 1 m 远的距离和 215 lux 的亮度下，视力为 6-6(20/20)的操作者（矫正后视力，如果需要的情况下），可辨别和确认垂直面对的，并包括正常视线高、低、左、右 15°内所显示的定性或定量的信息、数值、功能和/或标识。

2.101.13

监护装置　monitoring device

连续或重复测量、并向操作者显示这一变量值的设备。

2.101.14

非锁定的报警信号　non-latching alarm signal

当和报警信号相关的报警条件不再存在时，报警信号自动停止告知。

2.101.15

富氧环境　oxygen rich environment

氧气分压大于 275 hPa 的环境。

2.101.16

动力供应　power supply

除了由人体或重力直接产生的外,其他所有可使设备运行的能源。

2.101.17

保护装置　protection device

在没有操作者干预的情况下,保护患者免受由于能量或物质的不正确释放输出而引起危险的装置。

2.101.18

备用电源　reserve electrical power source

设备的一部分,当发生主电源中断时暂时提供电源给电气系统。

2.101.19

静音　silence, silenced

报警系统或报警系统的一部分不告知声音报警信号的暂时状态。

3　通用要求

除下述部分外,通用标准的该章适用。

3.6*　下列单一故障状态在本标准中有特定的要求和实验:

替换 e)至 i)

e)　与氧或氧化亚氮混合的易燃麻醉气的外壳泄漏(见第六篇)。

f)　液体的泄漏(见 44.4)。

g)　可能引起安全方面的危险的电气元件故障(见第九篇)。

h)　可能引起安全方面的危险的机械部分故障(见第四篇)。

i)　温度限制装置的故障(见第七篇)。

若一个单一故障状态不可避免地导致另一个故障状态时,则两者被认为就是一个单一故障状态。

增加:

没有被探测到的氧化剂泄漏,譬如没有被报警系统或周期检查所发现,这种状态应考虑为正常状态,而不是单一故障状态。

4　试验的通用要求

除下述部分外,通用标准的该章适用。

4.5　环境温度、湿度、大气压

替换 a):

a)　当被试设备已按正常使用状态准备好之后(按 4.8),除非制造商另有规定,按 10.2.1 规定的环境条件范围进行试验。

对于基准试验(如试验结果取决于环境条件),表 1 中规定的一组大气条件是被承认的。

表 1　规定的大气条件

温度/℃	23±2
相对湿度/(%)	60±15
大气压力	860 hPa～1 060 hPa (645 mm Hg～795 mm Hg)

4.10*　潮湿预处理

替换第一段:

在进行 19.4 和 20.4 的试验之前,不属于 IPX 8 的所有设备(见 GB 4208—1993),或设备部件应进行潮湿预处理。

替换第三段：

仅对那些在受到试验所模拟的气候条件影响易发生安全方面的危险的设备部件才应进行这一试验。

(也可见相应的编制说明)。

在第六段中用“93％±3％”替换“从91％～95％”。

在最后，替换两条破折线部分：

——2 d(48 h)标有IPX0的设备(未被保护的)；

——7 d(168 h)标有IPX1至IPX8的设备。

增加条款：

4.101 其他试验方法

在获得同等符合性的情况下，制造商可以采用与本标准所述不同的型式试验。然而，一旦发生争议，本标准中规定的方法应作为参考方法。

5* 分类

用“设备和其应用部分应”替换“设备必须”。

5.2 按防电击的程度分：

替换：

——B型应用部分；

——BF型应用部分；

——CF型应用部分。

替换5.3：

5.3 按GB 4208—1993的现行版本中规定的对进液的防护程度分(见6.1 l)。

6 识别、标记和文件

除下述部分外，通用标准的该章适用。

6.1 设备或设备部件的外部标记

j)* 输入功率

在最后一句后面增加：

额定功率输入标记应该包括麻醉系统配有的辅助网电源插座的最大额定功率输出。

k)* 网电源功率输出

替换：

每个辅助网电源插座应标有额定输出，且应以安培表示。如果辅助网电源插座能插入标准网电源插头，此辅助网电源插座上应标以通用标准中表D1中的符号14。

l) 分类

第二条破折线中的第一对括号：用“(1至8)”替换“(1，4或7)”。

第二条破折线中，删去第二对括号及其内容，以及在附录D表D1中删去符号11，12和13。

替换第三条破折线的内容：

——对B、BF和CF型应用部分采用按防电击程度分类的应用部分符号(见附录D，表D2，符号1，2和3)。

为了清楚区别符号2，不得采用将符号1标识在方框内的做法。

若设备具有一个以上以不同程度防护的应用部分，应在这些应用部分上，或者在相关的输出口(连接点)或其附近清楚标上相应的符号。

防除颤应用部分应用相应的符号标识(见附录 D,表 D2,符号 9,10 和 11)。

增加第四条破折线内容如下:

——若部分患者电缆有对心脏除颤放电效应的防护,在靠近相应输出口处,应标以附录 D 表 D1 中的符号 14。

n)* 熔断器

在项号后增加一个星号。

v) 保护性包装

增加第二段内容如下:

设备或附件的无菌包装应标以"无菌"。

增加项:

aa) 麻醉系统和/或它的装置

麻醉系统和/或它的装置应清晰地标有以下信息,如适用:

1) 名称或商品名和制造商的地址;
2) 分销商/供应商的名称和地址;
3) "批次代码"或"序列编号"的符号(见 YY/T 0466—2003);
4) 除设计上保证防止误接以外,对任何操作者可拆卸的部件或对流动方向敏感的装置应有清晰的箭头指明气流的方向;
5) 每个操作者可接触到的气体入口和出口处应该标有:
   a) 气体的名称或符合 GB 7144—1999 的化学符号,如果使用色标,应符合 GB 7144—1999。
   b) 额定的供气压力范围,以 Pa 为单位。
6) 发生供电中断时,氧气流量和麻醉气体流量的状态。

在外包装上可选择作以下标记:

1) 标明装置的使用期限;以年月表达(例如:YY/T 0466—2003 中的符号);
2) 标明装置不能重复使用的符号,如 YY/T 0466—2003 中给出的符号;
3) 生产年份,不包括一次性使用装置;一次性使用装置标明有效日期(见 YY/T 0466—2003);
4) 区别同一制造商投放市场的相同或类似产品(灭菌和非灭菌)的方法;
5) 如果装置的预期目的对操作者来说不明显,那么装置和包装内容的详细信息是必要的;
6) 任何特殊的操作指导。

bb) 麻醉气体输送系统的附加要求

——如果操作者可接触到,新鲜气体出口应该作标记。

6.2 设备或设备内部的标记

a) 第一段最后一行:用"6.1"替换"6.1 z)"。

d) 增加新的一段内容如下:

对于不打算由操作者更换的电池和仅在使用工具时才能更换的电池,用一个在随机文件资料说明中提到的识别标记就可以了。

在 e)项后加一个星号。

6.3 控制器件和仪表的标记

替换:

f) 操作者控制器和指示器的功能应能识别。

最后一行,在"通过检查来检验"后,加上"并应用 6.1 的耐久性试验。"

增加项:

g) 参数的数字指示应采用 GB 3100—1993 规定的国际单位制和以下并用单位来表示:

可用于设备上的国际系统外的单位:

——〔平面〕角单位：

- 转数；
- 锥度；
- 度；
- 〔角〕分；
- 〔角〕秒。

——时间单位：

- 分；
- 〔小〕时；
- 日〔天〕。

——能量单位：

- 电子伏。

——血压和其他体液压力：

- 毫米汞柱。

——压力：

- 厘米水柱。

增加项：

aa) 所有钢瓶和管道的压力表指示器应有刻度，以 MPa 为单位，并标有气体名称或符合 GB 7144—1999的化学符号，如果使用色标，应符合 GB 7144—1999 的要求。

注：其他单位，例如 bar 也可以使用。

bb) 所有标记应耐久并清晰，如果使用色标，应符合 GB 7144—1999。若使用气体名称和化学符号，应符合 GB 7144—1999。

cc) 麻醉气体输送系统的附加要求

——每个流量调节控制器应标明它所控制的气体，并标以如何增加和降低气体流量的指示；

——若适用，流量指示读数的基准点应有标记；

——快速供氧控制器上应标有如下任一种的标记：

"快速供氧"

"O_2 快速"

"O_2＋"

6.4* 符号

最后一行，替换为：

通过检查和进行 6.1 的耐久性试验来检验是否符合要求。

6.8 随机文件

6.8.2 使用说明书

a)* 一般内容

增加两条破折线内容，分别排在第一和第三，内容如下：

——使用说明书应说明设备的功能和计划用途。

——使用说明书应向使用者或操作者提供关于存在于设备和其他装置之间潜在的电磁或其他干扰的资料以及对于避免这些干扰的建议。

e) 由网电源供电并带有附加电源的设备

替换倒数第二行：

倒数第二行"如果保护接地导线的完整性有疑问时"替换为："如果外部保护导线在安装布线中有疑问时"。

f) 一次性电池的取出

在句子的最后增加："除非不存在产生安全方面的危险的风险。"

增加项：

j) 环境保护

使用说明书应：

——指明有关废物、残渣等的处理以及设备和附件在其使用寿命末期时的任何风险；

——提供把这些风险降到最小的建议。

增加项：

aa) 使用说明书应声明，麻醉系统是与以下监护装置、报警系统和保护装置一起使用的，除非它们集成到麻醉气体输送系统中，麻醉气体输送系统的制造商/供应商应提供如何连接这些装置的信息：

——符合 ISO 8835-2:1999 8.1 的压力测量；

——符合 51.101.1 的压力限制装置；

——符合 51.101.4 的呼出气量监护仪；

——符合 51.101.5 的带报警系统的通气系统；

——符合 ISO 7767:1997 的 O_2 监护仪；

——符合 ISO 9918:1993 的 CO_2 监护仪。

bb) 使用说明书应声明，与麻醉气体输送系统一起使用的任何成人麻醉通气系统应符合 ISO 8835-2:1999。

如果麻醉通气系统没有集成到麻醉气体输送系统中，麻醉气体输送系统的制造商/供应商应提供如何连接麻醉通气系统的信息。

cc) 使用说明书应声明，与麻醉系统一起使用的麻醉气体净化传输和接收系统应符合 ISO 8835-3:1997。

如果麻醉气体净化传输和接收系统没有集成到麻醉气体输送系统中，麻醉气体输送系统的制造商/供应商应提供如何连接麻醉气体净化传输和接收系统的信息。

dd) 使用说明书应声明，与麻醉系统一起使用的麻醉气体输送装置应符合 ISO 8835-4。

如果麻醉气体输送装置没有集成到麻醉气体输送系统中，麻醉气体输送系统的制造商/供应商应提供如何连接麻醉气体输送装置的信息。

ee) 使用说明书应声明，如果麻醉系统设计配备麻醉气体输送装置，此麻醉气体输送装置将和符合 ISO 11196:1996 的麻醉气体监护仪一起使用。

如果麻醉气体监护仪不是麻醉系统的一整体部分，麻醉系统的制造商/供应商应提供如何连接麻醉气体监护的信息。

ff) 使用说明书应声明，如果麻醉系统设计配备麻醉呼吸机，此麻醉呼吸机应符合 ISO 8835-5 的要求。

如果麻醉呼吸机不是麻醉系统的一整体部分，麻醉系统的制造商/供应商应提供如何连接麻醉呼吸机的信息。

gg) 麻醉系统和/或单独装置的使用说明书应提供使得麻醉系统或本标准要求的单独装置包括监护装置、报警系统和保护装置可以工作的方法的信息。

注：这类信息可以包括在使用前的检查清单中。

hh) 使用说明书应声明所显示测量值的条件[例如，环境温度和饱和水蒸汽状态环境压力(ATPS)条件下，体温环境和饱和水蒸汽状态环境压力(BTPS)条件下，标准温度和环境干空气压力(STPD)条件下]。

ii) 使用说明书应声明麻醉系统或单独的装置是否适用于磁共振成像(MRI)环境中和任何相关

的限制。

jj) 使用说明书应声明,GB 9706.15—1999 适用于所有医用电气设备间的连接和至少一个医用电气设备与一个或多个非医用电气设备的连接。即使在设备单独部件间无功能性连接,当它们连到一个辅助网电源插座时,即形成了医用电气系统。操作者必须意识到,当设备连接到辅助网电源插座时存在漏电流升高的风险。

kk)* 使用说明书应声明,麻醉系统不得使用易燃的麻醉剂,例如乙醚和环丙烷。只有符合本专用标准附录 DD 中关于非易燃麻醉剂要求的麻醉剂才合适用在麻醉系统中。

ll) 使用说明书应包括需测试的报警系统的清单,验证它们正确功能的方法和推荐的验证频次。此清单至少应包括本标准要求的报警系统。

注 1:风险分析可以决定验证其他报警系统的必要性。

注 2:报警系统的正确功能可以由内部自检来验证。

mm) 使用说明书应声明,如果提供辅助网电源插座,设备连接到辅助网电源插座可能会使漏电流升高到超过允许的限值。

nn) 使用说明书应有正确组合和连接每种气体供应的试验指导。

oo) 使用说明书应说明首次使用前清洁、消毒和灭菌的推荐方法。

pp) 使用说明书应声明,任何时候麻醉系统在使用中,应有独立的通气方式(例如,带面罩的简易呼吸器)。

qq) 使用说明书应有厂家预设的所有报警极限的说明。

rr) 使用说明书应说明所有乳胶部件及其位置。

ss) 使用说明书应说明可重复使用的部件重复使用时的限制。

tt) 使用说明书应说明废弃物处置风险和避免此类风险采取的预防措施。

uu) 使用说明书应说明满足通用标准的第 24 章的配置和条件。

vv) 使用说明书中应有由操作者更换的过滤元器件的位置和说明。

ww) 使用说明书应说明电源中断后麻醉系统或单独装置的运行情况;以及当切换到备用电源后麻醉系统或单独装置的运行情况,如果适用。

xx) 若适用,使用说明书应告知连接到推荐的和麻醉系统一起使用的麻醉呼吸机的必要信息。

yy) 如果有,使用说明书应说明最小可探测到的呼出气量、呼出气量监测的分辨率和根据51.101.4测试的呼出气量显示值的精度。

zz) 使用说明书应包括通用标准 6.8.3a)中要求的内容。

aaa) 若适用,使用说明书应告知麻醉系统停止输送气体时的医用气体管道供应的压力。

bbb) 使用说明书应声明中央供气系统的故障可能会导致一个以上和它相连装置甚至于所有的相连装置同时停止工作。

ccc) 预期用于麻醉系统的麻醉气体输送系统、监测装置、报警系统和保护装置的制造商应在使用说明书中声明无论哪方用单独装置或系统装配一台麻醉系统都应提供该麻醉系统的检查清单。

ddd) 麻醉气体输送系统的附加要求:

——使用说明书应说明在额定输入口压力范围内的以及两倍最大额定输入口压力的任何气体动力输出口的压力和流量特征。

——使用说明书应有氧气故障报警系统的详细说明,并且若适用,应包括相关的气体截断装置的说明。

——使用说明书应有气体混合器设计的压力和流量范围(见 107.2)。

6.8.3 技术说明书

a)* 概述

用以下内容替换第一段:

技术说明书应提供为安全运行必不可少的所有数据，包括：

——在6.1中提到的数据；

——设备的所有特性参数，包括范围、精度和显示值或能够被看到的指示的准确度。

在项号后加一星号。

d) 用以下内容替换标题：

运输和贮存的环境限制条件

将第一行中的“如果设备不能满足10.1规定的条件，”删去。

增加项：

aa) 减压装置

技术说明书应有装配到麻醉系统或单独装置的减压装置的工作特性和位置的说明。

bb) 麻醉系统的检查清单

在麻醉系统中使用的麻醉气体输送系统、监测装置、报警系统和保护装置的制造商应在技术说明书中声明无论哪方由单独装置或系统装配一台麻醉系统都应提供该麻醉系统的检查清单。

第二篇 环境条件

8 基本安全类型

在文中最后，用“A1.1”替换“A1.2”。

10 环境条件

除下述部分外，通用标准的该章适用。

10.1 运输和贮存

用以下内容替换现有内容：

在运输或贮存包装状态下，设备应能暴露于制造商规定的环境条件下。〔见6.8.3 d)〕

10.2 运行

10.2.1* 用“环境(参见4.5)”替换标题

修改：

除非制造商另有规定，本条中的环境条件适用。

替换：

在10.2的最后一段修改为：

用本标准中的试验来检验是否符合10.2的要求。

增加条款：

10.2.101* 气源

在制造商所规定的输入压力范围内，麻醉系统或单独装置应能运行，并符合本专用标准的要求。在两倍于制造商规定的额定输入压力的单一故障状态下，麻醉系统不应导致安全方面的危险。

另外，若麻醉系统或单独装置经终端装置和软管，连接到医用气体管道系统或压力调节器，规定的输入压力范围应不超出终端装置和软管的压力范围(终端装置压力范围320 kPa～600 kPa，软管压力<1 400 kPa)，并且当快速供氧不工作时，在气体入口处测得压力为280 kPa状态下，麻醉系统或单独装置对每种气体要求的时间加权平均输入流量(超过10 s)不得超出60 L/min。

注1：可以要求内部压力调节器适应操作压力的范围和最大输入压力的单一故障状态。

注2：在过压的单一故障状态(例如，制造商规定的两倍最大额定输入压力)，气体应保持连续流入麻醉通气系统。在此条件下，来自麻醉系统的流量允许超出制造商规定的允差。

符合性试验：装置应在正常条件，在最不利的操作设置下运行(例如，在任何动力供应输出下，最高的驱动气体消耗，最高的新鲜气体输送和最高的常态气体消耗，如果有，但不激活快速供氧）。

第三篇　对电击危险的防护

除下述内容外，通用标准的该篇的章、条适用。

14　有关分类的要求

14.5　内部电源设备

替换：

a)　不采用。

b)*　具有和网电源相连装置的内部电源设备，当其与网电源相连时应符合 I 类或 II 类设备的要求，当其未与网电源相连时应符合内部电源设备的要求。

替换：

14.6*　B 型、BF 型和 CF 型应用部分

a)　不采用。

b)　不采用。

c)　在随机文件中指明适合直接用于心脏的应用部分应为 CF 型。

d)　不采用。

17*　隔离

a)　在符合性一节中，以“如果对 1)的应用部分”开头一段的最后两行“必须在”修改为：

应短接上述 17a)1)中带电部件与应用部分之间的绝缘，上述 17 a)2)中带电部件与金属部件之间或上述 17 a)3)中带电部件与中间电路之间的绝缘后测量患者漏电流和患者辅助电流。

g)　在符合性一节中，“以如果对 2)的保护接地部件”开头的一段修改为：

如果对 17 g)2)中的保护接地金属部件或 17 g)3)中的中间电路的检查表明在单一故障状态时隔离的有效性可疑时，应短接上述 17 g)2)中带电部件与金属部件之间的绝缘，或上述 17 g)3)中带电部件与中间电路之间的绝缘来测量外壳漏电流。

增加项：

h)*　用于将防除颤应用部分与其他部分绝缘的排布应设计为：

——在对与防除颤应用部分连接的患者进行心脏除颤放电期间，设备的下述部分不得出现有危险的电能：

- 外壳，包括可触及导线和连接器的外表面；
- 任何信号输入部分；
- 任何信号输出部分；
- 试验用的金属箔。设备放在其上的金属箔，其面积至少与设备底部面积相等的。

——在施加除颤电压之后，经过了随机文件中所规定的任何必要的恢复时间后，设备应能继续行使随机文件中提到的设备预期功能。

用以下的脉冲电压试验来检验是否符合要求：

——(共模试验)设备按照图 50 所示接入测试电路。测试电压加于所有连在一起的且与地绝缘的患者连接；

——(差模试验)设备按照图 51 所示接入测试电路。测试电压依次加于每一个患者连接，同时其余所有患者连接接地。

注：当应用部分是由单个患者连接组成时，不采用差模试验。

在每次试验期间：

——I类设备的保护接地导线接地。能在无网电源情况下运行的I类设备，(例如具有内部电池的)，须在断开保护接地连接后再试验一次；

——设备不应接通电源；

——应用部分的绝缘表面被金属箔覆盖或浸在19.4 h)9)中规定的盐溶液中；

——任何与功能接地端子的连接都予断开；当一个部分为了功能目的而内部接地时，这类连接应被当作保护接地连接并应符合第18章的要求，或者根据目前文本的目的而应断开；

——在本条第一条破折线中指明的未保护接地的部分要连到示波器上。

在进行了S的操作后，在 y_1 点和 y_2 点之间的电压峰值不得超过1 V。

每一试验都应将 V_T 极性相反后重复进行。

在经过了随机文件所规定的任何必要的恢复时间后，设备应能继续行使随机文件中提到的设备预期功能。

18 保护接地、功能接地和电位均衡

b) 第二行中，将"供电系统的保护接地导线"修改为"安装中的保护导线"。

f) 第二段中，将"保护接地"修改为"保护接地连接点"。

第五段中，将以下内容：

"用50 Hz或60 Hz、空载电压不超过6 V的电源产生不低于10 A也不超过25 A的电流，在至少5 s的时间里"

替换为：

"用50 Hz或60 Hz、空载电压不超过6 V的电源产生在25 A或1.5倍于设备额定值中较大的一个电流(±10%)，在5 s～10 s的时间里"。

g)* 在g)后加一星号。

19 连续漏电流和患者辅助电流

19.1 通用要求

e) 在三条破折线的开头，将"设备"修改为"应用部分"。

增加项：

g) 在正常状态下，具有多个患者连接的设备应通过检验，确保当一个或更多患者连接处于以下状态时患者漏电流和患者辅助电流不超过容许值：

——不与患者连接；和

——不与患者连接并接地。

如果对设备电路的检查表明，在上述条件下患者漏电流或患者辅助电流可能会增大至超过容许值时，应进行试验，且实际测量应限于有代表性的几种组合内。

19.2 单一故障状态

b) 第一条破折线，第一行，删去："未保护接地的"；

b) 第一条破折线的1)，整段由以下内容替换：

制造商规定的信号输入部分或信号输出部分与不存在外部电压风险情况的设备相连时(见GB 9706.15—1999)。

b) 第一条破折线的2)和3)由以下内容替换：

2) B型应用部分，在对其电路及结构安排的检查表明不存在安全方面的危险时；

3) 对F型应用部分。

b) 第三条破折线，用以下内容替换1)和2)：

1) B型应用部分，在对其电路及结构安排的检查表明不存在安全方面的危险时；

2） 对F型应用部分。

c） 第一段，删去“未保护接地的”。用以下内容替换第二段：

这一要求仅适用于制造商规定的信号输入部分或信号输出部分与不存在外部电压风险情况的设备相连时(见 GB 9706.15—1999)。

19.3* 容许值

a)* 删去“频率小于或等于 1 kHz 的”。

b)* 用以下内容替换：

表 4 所列容许值适用于流经图 15 网络并按该图示(或用可测量图 15 规定的电流频率成分的装置)进行测量的电流。

另外，在正常状态或单一故障状态下，不论何种波形和频率，漏电流不得超过 10 mA 真有效值。

表 4* 患者漏电流一行，修改为：

患者漏电流	d.c.按注	0.01	0.05	0.01	0.05	0.01	0.05
5)	a.c.	0.1	0.5	0.1	0.5	0.01	0.05

删去表 4 中患者辅助电流后的星号，并增加“按注 5)”字样。

表 4，增加以下注：

5） 表 4 中规定的患者漏电流和患者辅助电流的交流分量的最大值仅仅是指电流的交流分量。

19.4 试验

c） 设备与测量供电电路的连接

2） 修改为：

配有电源输入插口的设备，用 3 m 或长度和型号由制造商规定的可拆卸的电源软线连接到测量供电电路上进行试验。

e） 将 3)替换为：

不采用。

h)* 患者漏电流的测量

在 9)中加入以下一段：

这些箔或盐溶液应被作为相关应用部分的唯一患者连接。

20 电介质强度

20.1 对所有各类设备的通用要求

A-f* 在条款后加星号，并用以下内容替换第二行：

这种绝缘应等同于基本绝缘。

A-k c)用以下内容替换：

上述的应用部分由保护接地屏蔽或保护接地中间电路有效隔离。

A-k d)用以下内容替换：

制造商规定信号输入部分或信号输出部分与不存在外部电压风险情况的设备相连(见 GB 9706.15—1999)。

20.3* 试验电压值

修改：

将最后两段合并成一段。

在表 5 前，增加以下内容：

对防除颤应用部分，基准电压(U)的确定不考虑除颤电压的存在可能〔参见 17 h)*〕。

在表5之下，由以下内容替换现有的注：

注1：表6和表7，不采用。

注2：当正常状态下相应绝缘所受到的电压是非正弦交流电时，可以用50 Hz的交流试验电压进行试验。在这种情况下，试验电压应由表5确定，基准电压(U)等于测得的电压峰一峰值除以 $2\sqrt{2}$。

第四篇　对机械危险的防护

除下述内容外，通用标准的该篇的章、条适用。

26* 振动与噪声

用“无通用要求”替换“不采用”。

27 气动和液压动力

用“无通用要求”替换“在考虑中”。

28 悬挂物

除下述内容外，通用标准的本章适用。

28.5* 动态载荷

用“无通用要求”替换“不采用”。

第五篇　对不需要的或过量的辐射危险的防护

除下述内容外，通用标准的该篇的章、条适用。

29 X射线辐射

29.1　用以下内容替换“不采用”：

——对诊断用X射线设备——见并列标准GB 9706.12—1997；

——对X射线疗法用设备——无通用要求，见相关专用要求。

30至35

保留标题，用“无通用要求”替换“在考虑中”。

36* 电磁兼容性

符合YY 0505—2005的要求。

第六篇　对易燃麻醉混合气点燃危险的防护

除下述内容外，通用标准的该篇的章、条适用。

40 对AP型设备及其部件和元件的要求和试验

40.3* 低能电路

第一条破折线，第一行，将“乙醚的”替换“或乙醚”。

最后一段(符合性)，用“确定 U_{max}、I_{max}、R、L_{max} 和 C_{max}”替换“确定 U_{max}、I_{max}、L_{max} 和 C_{max}”。

41 对APG型设备及其部件和元件的要求和试验

41.1 概述

第二段将“最终稳定状态”修改为“热稳定状态”。

第七篇 对超温和其他安全方面危险的防护

42 超温

除下述内容外,通用标准的本章适用。

42.3 1) d)

e)和 f)成为上述 d)的一部分,用点号替换"e)"和"f)"。

43* 防火

除下述内容外,通用标准的该章适用。

将以下标题加在第一段之前。

43.1 强度和刚度

增加条款:

43.2* 富氧空气

无通用要求。

增加:

为了降低失火引起的对患者、其他人或环境的风险,在正常和单一故障状态下,可燃材料在富氧条件不得同时符合以下条件:

——材料的温度被升高到其最低引燃温度;以及

——存在氧化剂。

按照 GB/T 5332—1985,使用在正常和单一故障状态下存在的氧气条件,来测定最低引燃温度。

在正常和单一故障状态下,通过材料的升温,来检验是否符合要求。

如果在正常和单一故障状态下有火花产生,由于火花能量分散,材料在氧化条件下不应燃烧。

观察带有一个单一故障的正常状态下的最不利的组合,是否发生点燃,来检验是否符合要求。

44 标题修改为:

44 溢流、液体泼洒、泄漏、受潮、进液、清洗、消毒、灭菌和相容性

除下述内容外,通用标准的该章适用。

44.3 液体泼洒

修改前两行:

当部件受潮会导致安全方面危险时,麻醉系统和单独装置的结构应使得液体泼洒不会弄湿此类部件。

通过通用标准 44.3 的试验来检验是否符合要求。

在"用下列试验来检验是否符合要求"之后,用以下内容替换后面的两段:

设备置于 4.6 a)规定的位置。将 200 mL 自来水从不高于设备顶部表面 5 cm 处,在大约 15 s 时间内,匀速地倒在设备顶部表面的任一点。

试验后,在正常状态下设备应符合本标准的所有要求。

44.4* 泄漏

在要求的最后"安全方面的危险"后增加"(参见 52.4.1*)"。

44.6 进液

将符合性段落修改为:

通过 GB 4208—1993 的试验来检验是否符合要求。

设备应能承受第20章规定的电介质强度试验。检查应证明可能进入设备的水没有有害的影响;特别是在57.10规定的爬电距离的绝缘上没有水迹。

44.7 清洗、消毒和灭菌

修改:

与可能被重复呼吸的呼出患者气体接触的所有组件,若制造商未规定为单个患者使用,则它们应可以进行灭菌或消毒,除非在重复呼吸前有细菌/病毒过滤的装置。

增加条款:

44.7.101 非灭菌装置包装系统应设计成保证在使用前灭菌的产品有它们应有的清洁度并且使微生物感染的风险最小化。

44.8* 设备所用材料的相容性

无通用要求。

48* 标题修改:

48 生物相容性

将"不采用"修改为:

打算与生物组织,细胞或体液接触的设备和附件的部分,应按GB/T 16886.1中给出的指南和原则进行评估和证明。

通过检查制造商提供的资料来检验是否符合要求。

49* 供电电源的中断

除下述内容外,通用标准的该章适用。

在条款号后加一星号。

增加条款:

49.101 电源供应

49.101.1 应提供防止意外关闭开关的方法。

49.101.2 麻醉气体输送系统应设计成当一旦发生电源供应故障时,气体供应将不受影响或者提供气体输送的切换方式。

一旦电源供应故障(低于制造商规定的最低值),至少为次优先级的报警信号应激活〔见6.8.2ww)中对使用说明书的规定〕。

注:电源供应故障包括主电源和备用电源故障。

49.101.3 当自动转换到备用电源时至少为低优先级的报警信号应激活。

49.101.4 应有测定备用电源状态的方法。

注:例如显示输出是否在制造商规定范围之内的指示。

49.102 气源供应

49.102.1 应提供防止意外关闭开关的方法。

通过检查和功能测试来检验是否符合要求。

第八篇 工作数据的准确性和危险输出的防止

51 危险输出的防止

除下述内容外,通用标准的该章适用。

51.1* 有意地超过安全极限

在条款号后加一星号,并用以下内容替换现有文本(现有内容被加入到编制说明,附录A的A2)。

无通用要求。

51.2* 有关安全的参数的指示

在条款号后加一星号，并用以下内容替换现有文本(现有内容被加入到编制说明，附录A的A2)：

无通用要求。

增加条款：

51.5* 不正确的输出

无通用要求。

增加条款：

51.101 概述

当麻醉系统或单独装置在正常动力供应状态下工作时，监护装置、报警系统和保护装置的这些专用要求适用。

通过对麻醉系统和单独装置随机文件的检查来检验是否符合要求。

51.101.1 压力限制

麻醉系统应具有限制患者连接端口压力的装置，在正常状态和单一故障状态下，此压力不应超过12.5 kPa。若否，随机文件中应声明，在使用前，麻醉系统将配备限制患者连接端口压力的装置，在正常状态和单一故障状态下，此压力不应超过12.5 kPa(125 cmH_2O)。〔见6.8.2aa)〕

注：对于不带有麻醉呼吸机的麻醉系统或者当麻醉呼吸机处于手动或自主通气模式下，一个符合ISO 5362:2000的储气袋可以被考虑作为压力限制的装置。符合ISO 5362:2000储气袋的压力限制效果相当于5.5 kPa (55 cmH_2O)。

通过在制造商提供或推荐的麻醉通气系统的患者连接端口处引入压力上升来检验是否符合要求，并验证是否满足压力限制要求。

51.101.2 二氧化碳监测

麻醉系统应提供符合ISO 9918:1993的二氧化碳监护仪，若否，在随机文件中应声明麻醉系统在使用前将配备符合ISO 9918:1993的二氧化碳监护仪。〔见6.8.2 aa)〕

51.101.3 氧气监测

麻醉系统应提供符合ISO 7767:1997的氧气监护仪，若否，在随机文件中应声明麻醉系统在使用前将配备符合ISO 7767:1997的氧气监护仪。〔见6.8.2 aa)〕

51.101.4 呼出气量监测

51.101.4.1 麻醉系统应提供符合51.101.4.2的呼出气量监护仪，若否，在随机文件中应声明麻醉系统在使用前将配备符合51.101.4.2的呼出气量监护仪。〔见6.8.2 aa)〕

51.101.4.2 对于100 mL以上潮气量或1 L/min以上分钟通气量，监护显示值的精度应为实际读数的±20%。100 mL以下潮气量和1 L/min以下分钟通气量，其要求见6.8.2 yy)。

注：在某些情况下，例如儿科的通气系统，对呼出气量的测量不能正确反映潮气量和/或分钟气量。在这些情况下，可通过其他方法更精确地监测通气的总量，如二氧化碳曲线图。

通过目测、机械检查以及51.101.4.2.1的方法来检验是否符合要求。

51.101.4.2.1 将由制造商指定的麻醉通气系统与模拟肺连接(见表101)，用测试气体(例如制造商规定的气体浓度和饱和度)按表101中相应条件向模拟肺通气，直至被测的呼出气量达到稳定。

表101 呼吸气量测试的测试条件

	可调节参数				
	C	*R*	V_T	*F*	*I/E*
成人用	500±5%	0.5±10%	500	10	1:1.5到1:2.5
儿童用	200±5%	2±10%	300	20	1:1.0到1:1.5

表 101(续)

	可调节参数				
	C	R	V_T	F	I/E
新生儿用	10±5%	5±10%	30	30	1:1.0 到 1:1.5

C=顺应性,mL/kPa;
R=阻力,kPa$(L/s)^{-1}$;
V_T=潮气量,V_T(mL)是由模拟肺的压力传感器得到的($V_T = C \times p_{max}$);
F=每分钟的呼吸频率;
I/E=吸气/呼气。
注:C 和 R 的精度适用于被测参数的全范围。

51.101.4.3 当患者呼出的气量下降到低于操作者可调的最低值时,一个至少为次优先级的报警应被激活。如果次优先级的信号是可延迟的,那么延迟时间不得超过 90 s。此延迟时间可以是由操作者可调的。

通过 51.101.4.3.1 的方法来检验是否符合要求。

51.101.4.3.1 根据制造商的说明连接呼出气量监护仪到麻醉通气系统上。如果有报警延迟,设置报警延迟到最大。给模拟肺通气直到监护仪的读数稳定,然后减少通气量使呼出气量低于操作者可调的低气量报警设置。确认次优先级信号在 90 s 内报警。

51.101.5* 通气系统完整性报警

麻醉系统应提供有符合 51.101.5.1 报警信号的通气系统,若否,随机文件中应声明在使用之前麻醉系统将配备带有符合 51.101.5.1 报警信号的通气系统。〔见 6.8.2 aa)〕

注 1:被认为符合以上条件的报警条件,包括但不限于低正压,低或零二氧化碳和低呼出气量。

注 2:监护设备指出特定的报警条件,但不区别可能的原因。

51.101.5.1 依次断开每一个操作者可拆卸的麻醉通气系统和麻醉呼吸机的连接,如果有的话。再使用制造商规定的测试方法,验证报警信号是否告知。

51.101.6 持续压力报警

麻醉系统应提供当麻醉通气系统的压力超出设置的持续正压报警极限的时间(15+1)s 时,告知高优先级报警信号的方法,若否,随机文件中应声明,当麻醉通气系统的压力超出设置的持续正压报警极限(15+1)s 时,麻醉系统将提供告知高优先级报警信号的方法。〔见 6.8.2 aa)〕

51.101.7 麻醉气体净化传输和接收系统

麻醉系统应提供符合 ISO 8835-3:1997 的麻醉气体净化传输和接收系统,若否,随机文件应声明在使用之前麻醉系统将配备符合 ISO 8835-3:1997 的麻醉气体净化传输和接收系统。〔见 6.8.2 cc)〕

51.101.8 带麻醉气体输送装置的麻醉系统

用在麻醉系统的麻醉气体输送装置应符合 ISO 8835-4。带麻醉气体输送装置的麻醉系统应配备符合 ISO 11196:1996 的麻醉气体监护仪,若否,随机文件应声明在使用之前,麻醉系统将配备符合 ISO 11196:1996的麻醉气体监护仪。〔见 6.8.2 dd)〕

51.102 麻醉气体输送系统

51.102.1 供氧故障报警系统

麻醉气体输送系统应有供氧故障报警系统,当来自管道或气瓶的氧气供应低于制造商的要求时作用。〔见 6.8.2 ddd)〕

如果报警信号是由电子学方法产生的,它应是高优先级。(见 51.103)

如果是气动产生的,则听觉报警信号至少要持续 7 s,在距系统 1 m 处,用声级计"A"频率计权网络测试，报警声压级应不小于 60 dB。

气动产生报警信号的能量应该是来自氧气供应源。

51.102.2　供氧故障保护

麻醉气体输送系统应设计成任何时候在供氧降低到制造商规定的最低值且氧气连续从共同气体出口流出时，在共同气体出口处输送的氧气浓度不应低于 19%。在这些条件下的麻醉气体输送系统的性能应在随机文件中声明。（见 6.8.2）

通过功能性测试检验是否符合要求。

51.102.3　防止选择的氧浓度低于大气氧浓度

麻醉气体输送系统中应有一个装置，以防止无意识地选择氧气和氧化亚氮混合气体中的氧气浓度低于大气氧浓度。如果此装置是操作者选择的人控机械结构，它的激活应该被清楚地指示。

通过目测和功能测试检验是否符合要求。

51.103　报警系统的通用要求

51.103.1　报警系统应符合 ISO 9703-1:1992，ISO 9703-2:1994 和 ISO 9703-3，除非本专用标准另有规定。

51.103.2*　如果报警系统或其中的任何部分可以被操作者抑制，应有视觉指示显示它已被抑制。

51.103.3　所有听觉报警信号应该可以静音。当一听觉报警信号静音后，新的或不同的报警条件不应被阻止告知。

51.103.4　报警极限应可以连续显示或根据用户要求显示。

51.103.5　报警条件优先级的自动改变不应低于本专用标准规定的优先级水平，并且只能在报警信号告知后发生。

51.103.6　如果有可由操作者改变的报警条件优先级，它不应低于本专用标准规定的优先级水平。

注：为了避免扰人的报警信号，当麻醉系统不与患者连接时，听觉报警信号应可以由操作者抑制。

51.104　高优先级报警条件

51.104.1　高优先级的报警条件应该有非锁定的听觉报警信号。在听觉报警信号不再告知时，操作者应可以判断高优先级报警条件产生的原因。制造商应在随机文件中说明供操作者判断报警条件已有的方法。

51.104.2　听觉报警信号可被静音的最长时间应为 120 s。

51.105　次优先级报警条件

51.105.1　次优先级报警条件应有非锁定的听觉报警信号。

51.105.2　除非制造商有另外声明，次优先级的听觉报警信号可被静音的最长时间应为4 min。

第九篇　不正常的运行和故障状态；环境试验

52　不正常的运行和故障状态

除下述内容外，通用标准的该章适用。

52.1　无意识的改变设置值

将以下内容加到第一段中：

另外，对于包含可编程电子系统的设备的安全，采用 IEC 60601-1-4 中的规则进行检查。

增加：

注：如果监护装置和/或报警系统具有麻醉系统的一个控制功能，单一故障状态不应导致监护装置/报警系统和控制功能同时失效。

52.4.1*　第一条破折线，用“有毒或可燃物质”替换“有毒或可燃气体”。

52.5.8*　电机驱动的设备的附加试验

在介绍表 12 的文字前，恢复在第一次修改中被误删的句子：

在“温度应不超过表 12 的限值”前增加：温度按 42.3 4)中的规定进行测量。

52.5.9 元件的故障

增加以下内容作为新的第三段：

连接在网电源相反极性部分之间的符合 IEC 60384-14 要求的电容(X1 和 X2)，不含在此要求中。因此，不得模拟这些电容的故障。

注：关于 X1 和 X2 的资料，见 IEC 60384-14 的 1.5.3。

第十篇 结构要求

54 概述

除下述内容外，通用标准的该章适用。

54.3 设定值的意外改变

增加：

注：所有手动操作的控制器(机械的，气动的或电子的)，应设计使得其意外改变设定位置的可能性降低至最低。

增加条款：

54.101 防止麻醉剂交叉污染的保护

应提供防止一个麻醉气体输送装置的内容物对其它挥发性麻醉剂污染的方法。

56 元器件和组件

除下述内容外，通用标准的该章适用。

56.1 概述

增加条款：

aa) 麻醉系统及其部件的设计和生产应将在正常使用中，由于从设备及其部件滤去或泄漏物质而导致的健康风险降至最低。应特别注意材料毒性和它们与在正常使用或常规程序中接触的物质和气体的兼容性。

制造商应提供证据。

56.3 连接——概述

增加项，并加上星号：

c)* 在与患者有导电连接的导线上的任何连接器应按以下方式构造，即在患者远端的上述连接器部分的导电 连接不得接地或连接可能有危险的电压。

通过检查和应用以下试验中适用于上述连接器部分的导电连接的试验来检验是否符合要求：

——所述部分不得接触到直径不小于 100 mm 的导电平面；

——对于单极点连接器，采用与图 7 所示标准试验指直径相同的笔直的、无接缝的试验指，在对可触及开口加以 10 N±2 N 的力时，在最不利的位置上不得与所述部分有电气接触；

——所述部分如果能插入网电源插头，应通过至少有 1.0 mm 的爬电距离和 1 500 V 的电介质强度的绝缘方式来防止与带有网电源电压的部分接触。

56.6 温度和过载控制装置

b) 第一条破折线，修改为：

当恒温器配有可调的温度设定装置时，温度设定值应清楚地表明。

56.7 电池

增加项，并加以星号：

c)* 电池状态

无通用要求。

56.8 **指示灯**

将前二行修改为：

除非对位于正常操作位置的操作者另有显而易见的指示，否则应安装指示灯，用于：

——指示设备已通电〔见 6.3 a)〕。

56.11 **有电线连接的手持式和脚踏式控制装置**

d) 进液

第一条破折线，用“至少按 GB 4208—1993 的 IPX1”替换“防滴式”。

将第一条破折线的第二段修改为：

通过 GB 4208—1993 的试验来检验是否符合要求。

第二条破折线，用“按 GB 4208—1993 的 IPX8”替换“防浸式结构”。

将第二条破折线的第二段修改为：

通过 GB 4208—1993 的试验来检验是否符合要求。

e) 连接用电线

第二行，用“电源线”替换“电源软电线”。

57 **网电源部分、元器件和布线**

除下述内容外，通用标准的该章适用。

57.2 **网电源连接器和设备电源输入插口等**

将 b)修改如下：

b)* 结构

无通用要求。

增加项：

g)* 除了需要提供功能接地的地方，Ⅰ类设备电源输入插口不得用于Ⅱ类设备。

增加条款：

aa) 通用标准中 57.2e)中的例外也适用于麻醉系统，即麻醉系统上的辅助网电源输出插座，也可插入网电源插头。

57.3* **电源软电线**

a) 应用

增加(在原有破折号后)：

——电动的麻醉系统和/或它的单独装置的电源软电线应是不可拆卸的软电线或应防止意外断开。

通过检查来检验是否符合要求，对于带设备连接装置的设备，要向可拆卸的软电线施加如表 102 所示的轴向拉力 1 min 来检验是否符合要求。在测试中，网电源连接器不能从设备电源输入插口上脱落，并且设备应保持正常功能。

表 102 轴向拉力

设备重量/kg	拉力/N
≤1	30
>1 和<4	60
>4	100

57.4 **电源软电线的连接**

a) 电线固定用的零件

用以下内容替换倒数第二段、第三段：

为测量纵向位移，在电线承受拉力前，要在电线上距离电线固定用的零件大约 2 cm 或其他适当的位置处作记号。

在试验后，测量在电线承受拉力时，电线护套上的记号对电线固定用的零件或上述其他适当位置的位移。

b） 软电线防护套

用以下内容替换最后三段：

不能通过以上尺寸试验的防护套，应通过 GB 4706.1—1998《家用和类似用途电器的安全　第 1 部分：通用要求》的 25.10 的试验。

57.5　网电源接线端子装置和网电源部分的布线

a）*　网电源接线端子的通用要求

第一段，最后一行"用螺钉、螺母或等效的方法。"，修改为：

"用螺钉、螺母、焊接、夹子、导线卷曲或其他等效方法。"

b）　网电源接线端子装置的布置

第一行，用"电源线"替换"软电源线"。

57.6*　网电源熔断器和过流释放器

删去第二行"Ⅱ类设备"前的"对于"。

增加：

按照通用标准 57.6 中对一个单一设备的要求，麻醉系统和每个可插入标准网电源插头的辅助网电源输出插座都应配有单独的熔断器或过流释放器。

当每个辅助网电源输出插座都处于最大额定负载时，这些熔断器或过流释放器应保证麻醉系统包括辅助网电源输出插座保持正常功能。

如果任何辅助网电源输出插座以 7.5±2.5 系数过载时，所有其余的辅助网电源输出插座和麻醉系统应保持正常功能。

通过目测和功能测试检验是否符合要求。

57.8　网电源部分的布线

a）绝缘

将本段修改为：

网电源部分某单根导线的绝缘应至少要与 GB 5023.1 或 GB 5013.1 所要求的电源电线中各单根导线电等效，否则该导线应被认为是一根裸导线。

通过以下试验来检验是否符合要求：

如果绝缘能承受 2 000 V，1 min 的电介质强度试验，它被认为是电等效。试验电压加在导线和长为10 cm的包裹绝缘的铝箔之间的电线样品上。

57.9*　电源变压器

57.9.1　过热

a）　短路

将第一条破折线中的第一句替换为：

——带有限制绕组温度保护装置的网电源变压器，被连接到在最低额定电压的 90%到最高额定电压的 110%之间或额定电压范围内最不利的电压上。

在同一条款中，在最后三段前加上破折线。

b）　过载

用以下内容替换第四条破折线的第四点：

- 对用过电流释放器作保护装置的电源变压器加载，使电路中的试验电流尽可能接近制造商规定的跳闸电流，但不引起释放动作，继续进行试验直至达到热稳定状态。试验中过电流释放器应用与可忽略的阻抗的连接代替。

57.10* 爬电距离和电气间隙

在条款号后加一星号;另外删去 a)* 和 d)* 项号后的星号。

a) 数值

增加以下第四条破折线:

——在防除颤应用部分和其他部分之间,爬电距离和电气间隙应不小于 4 mm。

d) 爬电距离和电气间隙的测量

用以下内容替换第五段:

通过外部部件的缝隙或开口的爬电距离和电气间隙应用图 7 所示标准试验指来测量。

在表 16 中,第一列,第一行(对应于 A-f),用"等同于基本绝缘"替换"基本绝缘"。

表 16 中,第八列,第二行,用"400"替换"380"。

59 结构和布线

59.1 内部布线

c) 绝缘

第二条破折线,增加以下新段落:

护套按以下内容来检验是否符合要求:

绝缘应能承受 1 min 2 000 V 的电介质强度试验。试验电压加在插入护套样品的金属棒和长为 10 cm的包裹在绝缘外的金属箔之间。

第三条破折线,用"70℃"替换"75℃"。

59.3 过电流和过电压保护

第二条破折线,将"试验方法正在考虑中"修改为:

通过检查保护装置的存在以及在必要时对设计数据的检查来检验是否符合要求。

59.4 油箱

用以下内容替换最后一段:

通过对设备和使用说明书的检查和手工试验,来检验是否符合要求。

第一百零一篇 麻醉气体输送系统的补充条款

101 医用供气

101.1 麻醉气体输送系统应有连接备用供氧的方法。

101.2 与医用气瓶的连接应符合 GB 15382—1994。

101.3 每种医用供气的入口处连接应有防止大于 100 μm 的颗粒进入装置的措施。监测压力的位置应在过滤器的下游。

102 医用气体管道输入口连接

102.1 麻醉气体输送系统的管道输入口接头应是符合 ISO 5359:2000 中的表 2 和图 3 规定的接头。

102.2 麻醉气体输送系统应提供在正常状态下将同种气体的气体输入口的逆向气流限制于 100 mL/min(169 Pa·L/s)以下的方法。

麻醉气体输送系统应提供在正常状态下限制从一个到另一个不同气体输入口的逆向气流小于 10 mL/h(0.281 Pa·L/s)的方法。

如果在单一故障状态下,不同气体输入口间的气流可能超出 10 mL/h(0.281 Pa·L/s),麻醉气体输送系统应能指示安全方面的危险,例如,有报警信号。

如合适,制造商应提供通过测试或其他方法证明符合这些要求的证据。

103 医用气体供应压力监护

103.1 麻醉气体输送系统应有监测以气瓶压力供气的每种气体的压力或容量的装置。麻醉气体输送系统应可以连续显示压力或气瓶容量。此显示在麻醉气体输送系统的前方应是可见的。

注1：气瓶压力或气瓶容量可以连续显示或按操作者的要求显示。

注2：对液化气体钢瓶，钢瓶压力不反应钢瓶容量。

103.2 麻醉气体输送系统应有连续监测由医用气体管道系统供应的每种气体压力的装置。

麻醉气体输送系统应可以连续显示压力状态。该显示在麻醉气体输送系统的前方应是可见的。

注：医用气体管道系统压力状态显示可以连续显示或按照操作者要求。

103.3 压力监测装置的最大误差不得超过±(满刻度读数的4%+实际读数的8%)。

根据需要应有通过测试或其他方法证明符合这些要求的证据。

104 医用气体供应压力调节器

与麻醉气体输送系统一体的，在入口处压力≥1 400 kPa时使用的压力调节器应符合GB 7899的要求。

105 麻醉气体输送系统管道

105.1 当压力调节至最高和最低设计压力时，除了从液压或气动元件中排出的空气或氧气，来自以下的气体泄漏：

aaa) 医用供气的输入口到流量控制系统的入口，和

bbb) 各气瓶输入口连接和压力调节器之间的管道；

不应超过75 mL/min(校正至20℃)。应对每种气体重复此测试。

通过依次测试每种气体来检验是否符合要求，同时其他气体入口连接都对大气开放。

注：本要求允许气瓶附件泄漏25 mL/min，调节器组件泄漏25 mL/min和医用供气输入口到流量控制系统入口泄漏25 mL/min。

105.2 在3 kPa的压力下，流量控制系统和/或气体混合器的出口与新鲜气体出口间，其通向大气的气体泄漏量，应不超过50 mL/min。

制造商推荐的麻醉气体输送装置在下列情况下应满足本要求：

——打开时；

——闭合时，或

——若是操作者可拆卸的，移走时。

注：许多流量控制系统允许一个连续的氧气基础流量。不应将它混淆于通向大气的泄漏量。

通过在(20±3)℃时泄漏量测量来检验是否符合要求。

105.3 当机械输气管道承受到单一故障状态下可能产生的压力时，不应对患者、操作者或第三方人员造成危险。

如合适，制造商应提供通过测试或其他方法证明符合这些要求的证据。

106 气体流量计

106.1 每个流量计和/或流量控制系统都应在20℃的工作温度和101.3 kPa环境大气下进行校准。

所有的流量计和流量控制系统的刻度都应以升每分钟为单位。

对于1 L/min或以下的流量，可以用毫升每分钟或者用以升每分钟为单位的小数表示(小数点前加零)。此刻度方法对任一麻醉气体输送系统应都是一致的。

106.2 当在20℃的工作温度下通向101.3 kPa的环境大气，用于麻醉气体输送系统的任何流量计或

流量控制系统的流量在满刻度的10%到100%之间时，其刻度的精度应在指示值的±10%之内。

106.3 如果每种气体都有一个独立的流量调节控制，它们应符合以下要求：

——在正常状态下，对流向新鲜气体出口处的任何单一气体不应有一种以上的流量调节控制；

——对于旋转型流量控制，氧气旋钮应符合图101的外形，并且直径不得小于控制其他气体的旋钮；

——所有控制氧气以外其他气体的旋转型流量调节钮应为圆形，且其表面细齿的深度不得超过1 mm；

——对于旋转型流量控制器，逆时针旋转将增加流量，反之，顺时针旋转将减小流量；

——旋转型流量调节控制的阀杆应被外壳围住，不用工具无法使其从外壳中脱离。

注1：请注意，本条款的要求可能与电子控制器的惯例旋转方向相反。

注2：防止传送氧百分比低于周围环境空气的装置，不认为是流量调节控制器。

注3：麻醉系统可以在正常的氧气流量调节控制或气体混合器之外再另外包括一紧急氧气流量调节控制。此紧急氧气流量调节控制仅是设计为紧急使用，例如，电子控制的气体混合器或流量控制器故障。

106.4 如果气体流量控制系统含有二氧化碳装置，二氧化碳最大流量应不超过600 mL/min。

106.5 如果装有一组流量计，氧气流量计应置于最外端。

通过检查来检验是否符合要求。

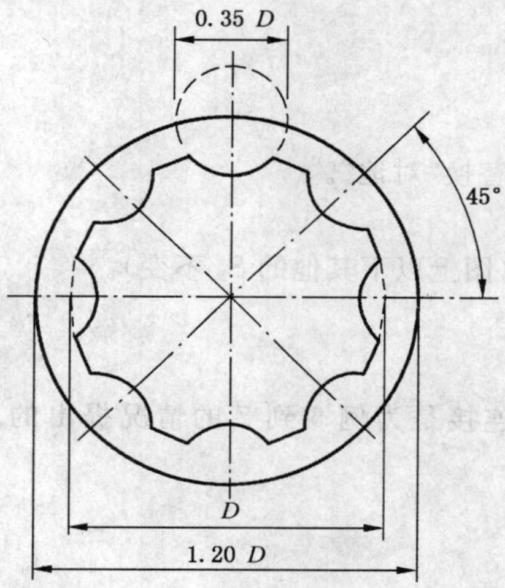

图101 除麻醉气体输送装置的流量控制器外，所使用的氧气流量控制器旋钮的外形

107 气体混合器

107.1 气体混合控制刻度应显示：

a) 传送气体中设置的氧气浓度(%，体积分数)；和

b) 最低和最高浓度标记。

氧气浓度的变动范围应连续显示，或按照操作者的需要显示。

107.2 在使用说明书中给出的任何流量和压力下，氧气浓度应在设定值或指示值的±5%(体积分数)范围内。〔见6.8.2 ccc)〕

注：也请参见51.102.2和51.102.3。

108 快速供氧

108.1 麻醉气体输送系统应有一装置，允许操作者直接把浓度为100%稳定流量在25 L/min和75 L/min之间的氧气送至新鲜气体出口或麻醉通气系统的入口。

108.2　装置不应直接提供除氧气以外的其他气体到新鲜气体出口或麻醉通气系统入口处。

108.3　快速供氧应该仅有一个关闭状态。

注：快速供氧的设计和位置应能使设备或人员对其误操作的可能性降到最低。

108.4　快速供气应该是用单手操作，并会自动关闭的。

通过功能性测试来检验是否符合要求。

109　新鲜气体出口

如果是操作者可触及的新鲜气体出口，应不多于一个，在操作者的位置它应是可见的，并且应是符合YY 1040.1—2003或ISO 5356-2：1987的同轴 22 mm/15 mm 的圆锥接头。

注：操作者可触及的新鲜气体出口应有防止与麻醉通气系统意外断开的措施。

110　检查清单

每台麻醉系统应该提供一份在每次使用麻醉系统之前执行的由制造商推荐的过程检验清单。

注 1：这些过程可全部或部分自动地执行，或由操作者执行。

注 2：注意地区或国家医疗协会，或政府机构提出的附加检验清单。

注 3：允许使用与麻醉系统或与装置/系统一体的或一起提供的电子显示来给出此检验清单。

图

图 11

在标题的最后，用“对地电势”替换“对地”。

图 18

在图的顶部，用“S_9”替换“S_5”（图上以下其他的 S_5 不变）。

图 39～图 47 的说明中

增加项：

7)　图 43 到 45 中的未粘合连接是为例 5 到 7 的情况提出的。对粘合连接的说明见本标准的 57.9.4 f)的第二条破折线。

增加新图 50 和 51。

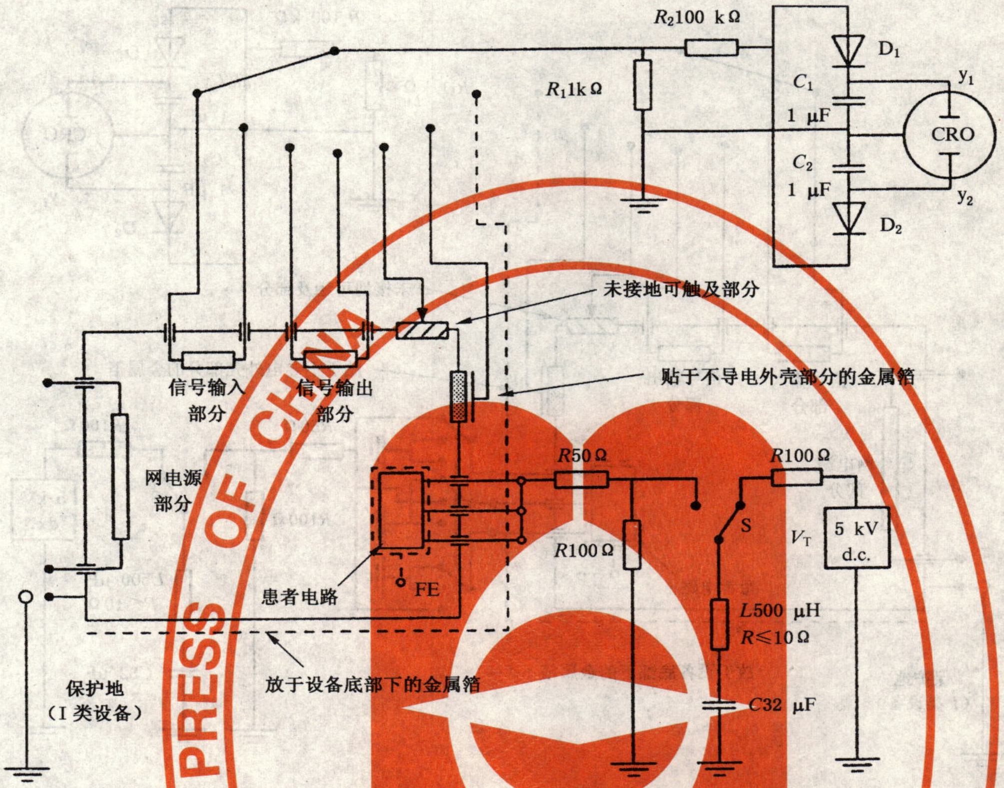

V_T——测试电压；

S——用于提供测试电压的开关；

R_1,R_2——误差 2%,不低于 2 kV;其他元件误差 5%；

CRO——阴极射线示波器(Z_{in}≈1 MΩ)；

D_1,D_2——小信号硅二极管。

图 50　测试电压施加于防除颤应用部分跨接的患者连接处[见 17h)*]

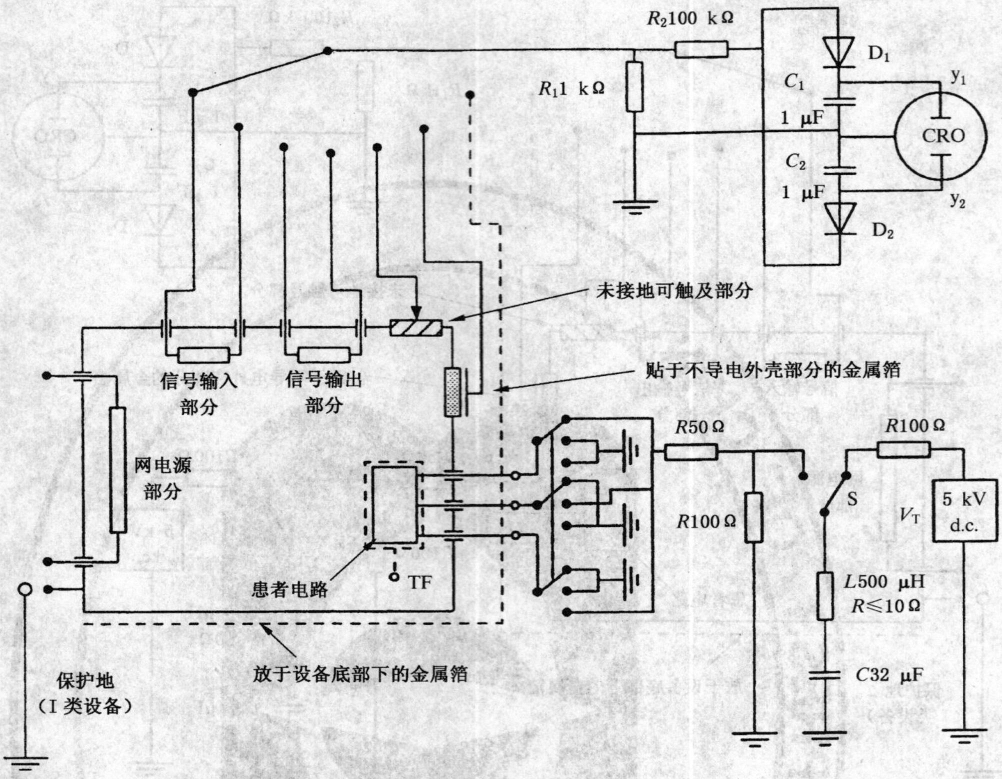

V_T——测试电压；

S——用于提供测试电压的开关；

R_1,R_2——误差 2%，不低于 2 kV；其他元件误差 5%；

CRO——阴极射线示波器(Z_{in}≈1 MΩ)；

D_1,D_2——小信号硅二极管。

图 51　测试电压施加于防除颤应用部分的单个患者连接处〔见 17h)*〕

附 录 A
（资料性附录）
通用标准修订 2 的总导则和编制说明

除下述内容外，通用标准的附录 A 适用。

A.1 总导则

A.1.2 第二版的指南

用“有 CF 型应用部分的设备”替换“CF 型设备”。

A.1.3 对电击危险的防护

在第 100 页的第二段，用以下内容替换：

人体或动物对电流的敏感性，取决于与设备接触的程度和性质，并导致对应用部分按其提供的防护的程度和质量来分类（分为 B 型、BF 型和 CF 型）。B 型和 BF 型应用部分一般适用于与患者除心脏之外的体外或体内的接触。CF 型设备适用于直接用于心脏。

A.1.7 对超温和其他安全方面危险的防护

最后三条破折线，在标题中，将：

“（第 43 章）”，“（第 45 章）”，“（第 49 章）”，分别改为：

“（见第 43 章）”，“（见第 45 章）”，“（见第 49 章）”。

第二条破折线，第一行，将“失火危险”改为“对失火危险的防护”。

增加：

A.1.10 应用部分和外壳——概述

打算与患者接触的部分可能比外壳其他部分存在更大的危险，因此这些应用部分就受到更严格要求的控制，例如，对温度限制和漏电流（按 B/BF/CF 分类）的要求。

注：对医用电气设备外壳上的其他可触及部分进行的试验比对其他种类设备外壳部分进行的试验有更高的要求，因为患者可能触及这些部分，或者操作者可能同时触及患者和这些部分。

为了确定哪些要求是适用的，应区分应用部分与仅被简单当作外壳的部分。但是要做到这一点会有一定的困难，特别是对于那些在某些情况下需要与患者接触，但对于设备实现其功能并非需要如此做的部分。

区分外壳和应用部分有两个准则。首先，如果接触对设备的正常使用是基本的，此部分就要受控于对应用部分的要求。

如果接触对设备的功能实现是偶然发生的，此部分的分类就要依据接触是由患者还是操作者的蓄意活动引起的。如果接触是偶然发生的，且是由患者的动作引起的，在大多数情况下，患者都不比其他人蒙受更大的风险，此时就适用于对外壳的要求。

为了评估哪些部分是应用部分、患者连接和患者电路，要依次采用以下步骤：

a) 判别设备是否有应用部分，如果有，识别应用部分的范围（这些决定是基于不带电的考虑）。

b) 如果没有应用部分，就没有患者连接和患者电路。

c) 如果有一个应用部分，就可能有一个或一个以上患者连接。若应用部分的一个导电部分并未与患者直接接触，但未与患者隔离，且电流可通过此部分流入或流出患者，那么就按照一个独立患者连接来处理。

d) 患者电路就由这些患者连接和所有那些未完全绝缘/隔离的导电部分组成。

注：相关的隔离要求包括与应用部分有关的要求，且应符合第 20 章中的电介质强度试验和 57.10 的爬电距离和电气间隙要求。

A.2 某些章条的编制说明

增加：

第 2.1.5 条

本通用标准中包含一个对应用部分的定义，使得在大多数情况下能清楚地确定设备的哪些部分需按应用部分来处理，并遵守相对于外壳来说更严格的要求。

除了那些只可能由于患者的不必要动作而发生接触的部分，例如：

——红外线治疗灯，由于不需与患者进行直接接触，因此没有应用部分；

——X 射线台上唯一的应用部分是患者躺着的台面；

——同样的，在 MRI 扫描仪中，唯一的应用部分是支撑患者的台子和其他必须用来与患者直接接触的部分。

此定义并不总能清楚地确立一种特殊类型设备的一个独立部分是否是应用部分。这类情况需要先在以上编制说明的基础上进行考虑，或参考特殊类型设备中应该对应用部分有明确规定的专用标准。

第 2.1.15 条

当应用部分具有患者连接时，需要与设备内的特定带电部分完全隔离，且对于 BF 和 CF 型应用部分还要与地完全隔离。对相关的绝缘进行的电介质强度的试验，和对爬电距离和电气间隙进行的评估被用来验证是否符合这些准则。

患者电路的定义是用来确认设备中所有易于向患者连接提供电流，或从患者连接接收电流的部分。

对于 F 型应用部分患者电路是从患者向设备内部看，一直向内延伸到所规定的绝缘处和/或保护阻抗处为止。

对于 B 型应用部分，患者电路可以与保护接地连接。

第 2.1.23 条

与一个应用部分的使用有关的潜在危险之一，是漏电流可以通过应用部分流经患者这一事实。在正常状态下和各种故障状态下，对这些电流的大小都有专门的限制。

注：在应用部分的不同部分之间流经患者的电流，称为患者辅助电流。流经患者并到地的漏电流称为患者漏电流。

对患者连接的定义是为了确保对应用部分的每一个独立部分的识别，在其之间的电流是患者辅助电流，且患者漏电流可能通过其流至一个接地的患者。

在某些情况下，应进行患者漏电流和患者辅助电流的测量来确定应用部分中的哪些部分是独立患者连接。

患者连接并不总是可触及的。应用部分中的任何与患者进行电气接触的导电部分，或那些仅通过不符合标准中规定的相关电介质强度试验或电气间隙和爬电距离要求的绝缘或空气沟来防止与患者进行电气接触的部分，是患者连接。

包括以下例子：

——支撑患者的台面是应用部分。床单不能提供足够的绝缘，因此台面的导电部分被划分为患者连接。

——注射控制器的监督套件或针是应用部分。控制器中与(潜在地导通)液柱以不充分的绝缘来隔离的导电部分是患者连接。

当应用部分具有用绝缘材料制成的表面，19.4 h) 9)规定要用金属箔或盐溶液进行试验，因此这部分被认为是患者连接。

第 2.1.24 条

在所有类型应用部分中 B 型应用部分提供最低限度的患者防护，但不适用于直接用于心脏。

第 2.1.25 条

BF 型应用部分比 B 型应用部分能提供更高等级的患者防护。这种防护是通过对设备的接地部分或其他可触及部分的绝缘来获得的，因此限制了在患者接触其他带电设备时可能流经患者的电流。

但是，BF型应用部分并不适用于直接用于心脏。

第2.1.26条

CF型应用部分提供最高等级的患者防护。这种防护是通过对设备的接地部分或其他可触及部分的进一步绝缘来获得的，进一步限制了可能流经患者的电流。CF型应用部分适用于直接用于心脏。

第2.1.27条

防除颤应用部分仅能防止按IEC 60601-2-4设计的除颤器的放电。有时其他结构的除颤器会在医院中使用，例如更高电压和脉冲的除颤器。这类除颤器也可能损坏防除颤应用部分。

删去2.2.24和2.2.26。

增加：

第2.6.4条

在医用电气设备中，功能接地连接可能是由操作者可触及的功能接地端子的方式产生的。另外标准也有选择地允许经由电源线中的绿黄导线的II类设备的功能接地连接。在这种情况下，相关部分应当与可触及部分绝缘〔见18 l)〕。

第4.10条

b)段，将第一行改为：

b) 按IEC 60529，标明IPX 8的设备的外壳，防止。

在最后，增加段落：

对湿度敏感的部分，通常用于受控制的环境内且不影响安全的，不需进行此试验。例如：计算机的系统中的高密度存储介质、磁盘和磁带驱动器等。

增加：

第6.1 n)条

对于符合IEC 60127的熔断器，类型和功率的标识也应符合要求。标识举例：T 315 L或T 315 mAL，F 1.25 H或F 1.25 AH。

第6.1 z)条

最后一段，将"C_2H_8O(分子量60.1)"改为"C_3H_8O(分子量60.1)"。

并将最后一句改为：

相对密度在20 ℃为0.785，沸点在1013 hPa为82.5 ℃。

增加：

第6.2 e)条

对于符合IEC 60127的熔断器，类型和功率的标识也应符合要求。标识举例：T 315 L或T 315 mAL，F 1.25 H或F 1.25 AH。

第6.4条

不要求专用的颜色。

第6.8.2 a)条

——重要的是要确保设备不被误用于未预期的应用。

——干扰的例子包括：

电源瞬变、磁干扰、机械干扰、振动、热辐射、光辐射。

第6.8.3 a)条

在通用标准中不可能定义精度和误差。这些概念应当在专用标准中给出。

第10.2.1条

增加段落：

按此标准，设备在10.2的条件下运作时应该是安全，但仅在符合随机文件中由制造商所规定的条件时，其功能才是完善的(见正常使用的定义)。

第 10.2.2 条

在第四、第五和第六段中，将 a)，b)和 c)改为破折号。

增加：

第 14.5 b)条

如果内部供电设备与隔离的电池充电器或连接网电源的供电装置相连，电池充电器或供电装置被认为是设备的一部分，且这些要求适用。

这些要求不适用于不可能同时连接网电源和患者的设备(包括任何隔离的供电装置或电池充电器)。

第 14.6 条

具有一个或更多 CF 应用部分的，打算直接用于心脏的设备，可以同时采用一个或更多附加的 B 型或 BF 型应用部分〔参见 6.1 l)〕。

类似的设备可以是 B 型和 BF 型应用部分的混合体。

第 17 h)条

在实际的临床应用中，一个或其他的除颤极板，可以接地或至少以地为基准。

当患者使用除颤器时，高压可能加在设备的一个与另一个部分之间，也可能加在这些部分与地之间，因此可触及部分或者能与患者电路充分绝缘，或者在应用部分的绝缘由电压限制装置保护时，被保护接地。

而且，尽管即使在误使用中也不可能危及到安全，在没有专用标准时，通常希望被标以防除颤的应用部分能符合除颤电压，且对设备在随后的保健使用中不会有任何负面的影响。

试验确保了：

a) 设备、患者电线、电线连接器等任何未保护接地的可触及部分，不会由于除颤电压的闪络而带电；且

b) 在经过除颤电压后设备应能继续工作。

正常使用包括以下情况，患者在与设备连接时被除颤，且同时，操作者或其他人在接触外壳。这种情况作为不完全的保护接地的单一故障状态在同时发生的可能性微乎其微，因此可忽略。然而，不符合第 18 章要求的功能接地的中断可能性较大，因此需要进行这些试验。

当一个人在除颤器放电时与可触及部分接触，他所接收的电击限制在一个可以被感觉到，且令人不愉快，但不危险的值内(对应于 100 μC 的充电)。

信号输入部分和信号输出部分也包括在其中，因为设备的信号线可能带来有危险的能量。

本标准中图 50 和图 51 的试验电路通过结合穿过试验电阻(R_1)的电压来简化试验。

在图 50 和图 51 的试验电路中的电感 L 值的选择需能提供比正常短的上升时间以便充分测试结合的保护方式。

脉冲试验电压的编制说明

当除颤电压加在患者的胸部上，通过外部的应用极板(或除颤电极)，患者的身体组织处在极板附近且在极板之间形成了电压区。

电压分配可用三维场理论进行粗略的规定，但要通过各不相同的自身组织导电性来修正。

如果另一类医用电气设备的电极大致在除颤器极板范围内应用于患者，电极电压取决于其位置，但通常要小于负载中的除颤电压。

不幸的是，不可能说出小多少，因为上述电极可能放在此区域中的任何位置，包括在其中一个除颤器极板的附近。在没有相关专用标准的情况下，应要求这些电极和与其连接的设备应能承受全部除颤电压，且这应是未负载电压，因为除颤器极板可能未与患者良好连接时。

因此本通用标准修订本规定在没有专用标准的情况下，5 kV 为适当的值。

第 18 a)条

在图上，增加以下标题：

18 g)

第 19.3 条和表 4

分标题外壳漏电流

a)，将“CF 型设备”和“B 型和 BF 型设备”分别改为：

“有 CF 型应用部分的设备”和“有 B 型和 BF 型应用部分的设备”。

b)，删去第一段。

d)，第三段，将“B、BF 和 CF 型设备”改为：“有 B 型、BF 型和 CF 型应用部分的设备”。

第 19.3 条和表 4

分标题患者漏电流

在第 1、3 和 10 段中，将“CF 型设备” 改为：“有 CF 型应用部分的设备”。

在第 7 段中，将“B 型和 BF 型设备”改为：“有 B 型和 BF 型应用部分的设备”。

在第 11 段中，将“BF 型设备”改为：“BF 型应用部分”。

在最后增加两段：

当外部电压应用于 BF 型应用部分上时，在单一故障状态下允许 5mA 的患者漏电流，因为有害的生理影响较小，且网电源电压出现在患者身上的情况是微乎其微的。

因为存在患者接地是正常状态，不仅患者辅助电流，而且患者漏电流都会造成流过时间延长。在这种情况下，需要一个低值的直流电流以避免组织坏死。

增加：

第 20.1 条，A-f

与定义“2.3.2* 基本绝缘：用于带电部件上对电击起基本防护作用的绝缘。”相反，绝缘 A-f 不提供这类防护，但如果试验是必要的，就要采用与基本绝缘相同的试验电压值。

第 20.3 条

增加以下内容：

在表 5 中规定的电介质强度试验电压适用于在一般情况下符合连续基准电压 U 和瞬变过电压的绝缘。

对防除颤应用部分，在基准电压的基础上推算出的试验电压等同于除颤峰电压，但这对于在正常使用中只可能偶尔受到电压脉冲的绝缘来说太高了，此脉冲通常小于 10 ms 且没有附加过电压。

在 17 h)* 中描述的专用试验是用于确保对承受除颤脉冲的足够防护，不需要另外的电介质强度试验。

第 20.4 b)条

第一段，删去以下短语：

“电感减小而”。

增加：

第 43.2 条

富氧空气的存在增补了许多物质的易燃性，尽管其不是易燃混合物。

预期富氧空气中操作的设备在设计时应将易燃材料着火的可能性降至最低。

如适用，专用标准应规定相关要求。

第 44.8 条

设备、附件和它们的部件应设计成能安全使用那些在正常使用中需要接触的物质。

如适用，专用标准应规定相关要求。

第 48 章删去。

增加：

第 49 章

对于患者安全依赖于供电连续性的设备，专用标准应包括供电故障报警或其他预防措施的要求。

第 51.1 条

如果设备的控制范围可导致一个部件的传送输出与无危险的输出有显著的差异，应提供防止这类设置的方法或向操作者指出(例如通过当设置控制时有明显的附加阻力，或通过连锁装置，或通过附加的专用或声音信号的方法)所选择的设置超过了安全的限制。

如适用，专用标准应规定安全输出水平。

第 51.2 条

任何向患者传送能量或物质的设备应指出可能的危险输出，最好是预先指出，例如能量，比率或量值。

如适用，专用标准应规定相关要求。

第 51.5 条

任何向患者传送能量或物质的设备应提供能警告操作者与指定传送水平有任何会影响偏离的警报。

如适用，专用标准应规定相关要求。

增加：

第 56.3 c)条

有两种情况需要防护：

——首先，对于 BF 和 CF 型应用部分，应没有患者偶然通过任何可能与设备连接的导线接地的可能性；即使对 B 型应用部分来说，多余的接地也可能对设备的操作带来负面效应。

——其次，对于所有类型的应用部分，应没有患者偶然与任何带电部件或危险电压的连接的可能性。

“可能的危险电压”指的既可能是医用电气设备的带电部件，也可能是超过允许漏电流的电流流经附近的导电部件上的电压。

连接器所用绝缘材料的强度通过用试验指按压连接器来检查。

此要求也能防止连接器插入网电源出口或可分离的电源电线末端的插座。

患者与网电源连接器的组合有可能会在不经意中将患者连接器插入网电源插座。

这个可能性不能通过尺寸的要求来合理地解决，因为如果这样做会使单极连接器过大。对于这种事故，保障安全是靠要求患者连接器的绝缘的爬电距离至少为 1.0 mm，及其电介质强度至少为1 500 V来实现的。单独采用1 500 V的防护要求是不够的，因为这种要求只要用薄塑料层就可轻易地达到，而它是不能承受日常磨损或可能反复出现的插入电网插座的动作的，基于这个原因，不难理解为何要求绝缘应当是耐久、坚固的。

“任何连接器”应理解为包括多触点连接器、若干个连接器和串联连接器。

100 mm 直径的尺寸并不重要，仅仅用于指出平面的规模。任何大于此要求的导电材料片均适用。

第 56.7 c)条

如果由于电池耗尽可能引起安全方面的危险，应提供预警这种情况的方法。

如适用，专用标准应规定相关要求。

第 57.2 b)条

当不经意的断开可能引起危险时，可能需要带有锁定装置的连接器。

第 57.2 g)条

此要求用于避免电源电线误使用的可能性〔参见 18 l)〕。

第 57.5 a)条

删去本条最后一行。

第 57.10 条

增加以下内容：

防除颤应用部分

从 IEC 60664 表 2 可以看到，4 mm 的距离对于持续时间短于 10 ms 的 5 kV 的脉冲就足够了，而这类电压正是由除颤器的使用产生的典型电压，这是合理的安全界限。

能确保设备通过除颤器试验，以及保持以后的安全和正常功能，其界限的有效性来自于三个因素：

——IEC 60664 中的值已经有了一个内在的安全界限；

——在实践中，因除颤器将有负载，并且有一个可观的内部阻抗和一系列电感线圈增补其阻抗，加在患者胸部的电压也远小于假设的 5 kV 的开路电压；

——只要医用电气设备的内表面干净，IEC 60664 允许其有严重污染的表面。

附 录 D
（规范性附录）
通用标准修订 2 的标记用符号

在表 D1 中，删去符号 11〔见 6.1 l)〕。

在表 D1 中，删去符号 12 和 13〔见 6.1 l)〕。

在表 D2 中，修改符号 1,2 和 3 的含义。在同一表中，加入三个新的符号 9,10 和 11。

序号	符　　号	IEC 出版物	GB 编号	含　　义
1		60417-... 60878-02-02	—	B 型应用部分
2		60417-5333 60878-02-03	5463.2	BF 型应用部分
3		60417-5335 60878-02-05	5465.2	CF 型应用部分

注 1：符号 1 将在今后的 IEC 60417 中介绍，符号 1,2 和 3 的含义将在 IEC 60878 中修改。

序号	符　　号	IEC 出版物	含　　义
9		60417-... 60878-...	防除颤 B 型应用部分
10		60417-5334 60878-02-04	防除颤 BF 型应用部分
11		60417-5336 60878-02-06	防除颤 CF 型应用部分

注 2：符号 9 将在今后的 IEC 60417 和 IEC 60878 中介绍，符号 10 和 11 的含义将在 IEC 60878 中修改。

附 录 K
（规范性附录）
通用标准修订 2 的测量患者漏电流时应用部分连接示例（见第 19 章）

在图的标题中，将：

“B 型设备”，“BF 型设备”，“CF 型设备”，“B、BF、CF 型设备”

分别改为：

“有 B 型应用部分的设备”，“有 BF 型应用部分的设备”，“有 CF 型应用部分的设备”，“有 B、BF、CF 型应用部分的设备”。

附 录 AA
（资料性附录）
本专用标准中特别章、条的指导和基本原理

注：本附录中的条款号对应适用这些基本原理的本专用标准中的条款。

6.1 j） 麻醉系统的输入标识和以安培为单位的总输入功率，告知了用户和操作者在不同情况下所需要的最小网电源熔断器额定值。此信息用来防止设备在临界情况下发生电流过载和电路故障。

6.1 k） 输出以安培为单位的每个辅助网电源插座的标识，告知了用户和操作者每个辅助网电源插座的熔断器的电流额定值。此信息用来防止设备在临界情况下发生电流过载和电路故障。

6.8.2 jj） 重要的是，对于未被归类为 APG 设备的麻醉系统，用户和操作者应了解当使用易燃麻醉剂时存在着爆炸的危险。

同样重要的是，应告知操作者何种麻醉剂适用于未定为 APG 设备的麻醉工作站。

麻醉剂不能容易地分为易燃和不易燃。点火的可能性不仅取决于使用的麻醉剂、麻醉浓度和其它同时使用的气体，同时也取决于可能引起点火的电能，功率和表面温度。

虽然通常认为氟烷是安全的，但当其与氧气和氧化亚氮混合，并在很高的点火能量下测试，也是易燃的。因此，必须规定麻醉剂的一个较低的点火水平，低于该水平，设备适用 APG 要求；高于该水平，则适用较少的限制要求。目前使用的麻醉剂，如氟烷，属于高于点火水平一类的，因此按照本专用标准，使用该麻醉剂的麻醉工作站不标以 APG 或 AP。

附录 DD 中推荐了与氧气和氧化亚氮混合的、最易点燃的麻醉剂的点火测试。使用最易燃的浓度而不是临床使用浓度的原因是，当测定气体混合物的易燃等级和将此等级与其它气体混合物的易燃等级相对照时，此方法是通用的和公认的。同时最易燃浓度也是一个明确的浓度，可在这类测试中规定的测试机构中进行技术测定。

注：AP 型设备——结构、标记以及文件都符合规定要求，以免在易燃麻醉气与空气的混合气体中形成点燃源的设备或设备部件。

APG 型设备——结构、标记以及文件都符合规定要求，以免在易燃麻醉气与氧或氧化亚氮的混合气体中形成点燃源的设备或设备部件。

10.2.101 在本条款最后一段的要求是为了有助于保证麻醉系统不会使医用气体管道过载而导致瞬时医用气体管道和/或装置报警信号。麻醉呼吸机被设计具有增加通气量输送能力和不同的通气模式，这些通常需要来自医用气体管道的高流量。委员会相信本条款对麻醉系统的要求，在气体入口处压力为 280 kPa 时，不需要大于 60 L/min 的时间加权平均（TWA）流量将有助于避免设备和医用气体管道容量的错误配合。TWA 流量是通过记录几个超过 10s 时间跨度的实际流速计算而得的。以下是有可能用到的公式的一个例子：

$$TWA = \frac{F_1 T + F_2 T + F_3 T + F_n T}{TT}$$

式中：

F＝测得的流量，单位为升每分（L/min）；

下标（$_{1)2),n}$）＝ 单个取样点（例如，第 1、第 2、第 3 到第 n 点）；

T＝测量间隔时间；

TT＝总的时间；

示例：

T＝2.5 s

F_1＝20 L/min

$F_2=120$ L/min

$F_3=60$ L/min

$F_4=20$ L/min

$TT=10$ s

通过公式计算得：

$F_1(20)\times T(2.5)=50$ L/min

$F_2(120)\times T(2.5)=300$ L/min

$F_3(60)\times T(2.5)=150$ L/min

$F_4(20)\times T(2.5)=50$ L/min

50＋300＋150＋50＝550 L/min

550 L/min 被 TT(10 s)除＝55.00 L/min

TWA 流量＝55.00 L/min

43　由医疗器械引起失火的报告是不常见的。然而，当这类失火发生在医院环境中时，会带来不幸的后果。

失火风险是基于以下三个引起失火所必需的因素来确定的：

——点火材料(燃料)；

——等于或大于材料最低点火温度的温度，或者等于或大于材料最低点火能量的能量所散发的火花；

——氧化剂。

因此，按照通用标准的基本安全内容，设备的设计必须确保在正常和单一故障状态下，以及在设备可能遇到的氧化状态下，任何材料的温度不会超过最低点火温度，火花能量不会超过材料点火能量水平。或者，内部点火发生因为有自我约束而不会造成危险，例如在密闭腔中的熔断器和电阻器。

在出版文献中规定了大量特殊材料的最低点火温度，尽管通常仅指在大气和纯氧环境中。实际的最低点火温度是严格地依赖于存在的氧化剂浓度。如果需要其它材料或不同氧气浓度下的点火温度，可使用GB/T 5332—1985中的方法和装置来测定。

当考虑点火材料时，应特别注意在长期使用中，可能被积聚起来的材料，例如通过空气传播的纸或棉花微粒。

直接由电路火花引起失火的风险通常被认为是可忽略的，因为按照良好的设计实践，由于火花能量发散引起的升温，通常不会到达常用固体材料的点火温度。

然而，如果存在低点火温度和低热容量的材料，例如棉絮，纸或有机纤维积聚物，就不必测量暴露于火花能量过程中所达到的表面温度。如必要，可以通过特定的测试，例如点火测试，来评估这些情况下的安全性。

在目前使用的这类标准中，最低失火风险的要求是基于温度、电能和氧化剂浓度绝对值的限制。

在美国 NFPA 出版物 53M 中，规定了在100％氧气中，阻燃棉花的最低的热板点火温度为 310℃。因此假设在富氧空气中医疗设备可接受的温度限值为 300℃。

已被采用的电能数值的来源不清楚，这似乎是缺少规定的受控测试，从其他出版标准中采用了数字。然而，对引起氧气失火的已知因素的简单试验和详细分析表明，这些数值可能既超过限制，又存在潜在的危险，这种危险特别与能量分散方式及现场任何燃料的距离和类型相关。

目前通常公认，在所有条件下，还没有单一的或普遍的温度、能量和氧化剂浓度的适用范围，以能确保安全。基本上，电能仅在其提高点火材料温度的能力方面是有效的，且依赖于点火材料的独特构造和近距离。

在一个典型的电路中，单一故障状态的故障模式的数量可能是很大的。在这种情况下，可能只能通过采用适当的风险和安全分析程序，考虑三个基本元素，即材料、温度和氧化剂，来确保安全。

适当的设计可以限制电路中的电能，以确保在正常状态下和密闭腔中，温度保持在低于最低空气点火温度之下，或者增加强制通气，可确保在单一故障状态下，氧含量不超过大气的氧含量。

作为选择，限制电能可以是适当的，以确保在纯氧环境中，甚至在单一故障状态下，温度低于最低点火温度。材料、氧化剂和温度的特殊组合决定了是否会引起失火，而不是这些不定因素的任何一个的单一值。

51.101.5　委员会普遍同意目前尚无办法可以可靠地指出通气系统完整性的故障(例如，通气系统部分或完全的脱落)。在特定环境下，正常的或过低的 CO_2、压力、呼出气量、麻醉蒸气浓度或氧浓度的监测可以单独地或结合在一起指示或帮助发现通气系统完整性的缺损。因为这些原因，上述的监护仪都具有一个中等优先的报警。

51.103.2　在手术室中往往指派给一名患者的麻醉组有一个以上成员。通常护理小组的成员在一台手术中可以换班(例如过程延长、盥洗室休息等)。另外，当一台手术结束另一台接上时，麻醉系统会处于待机状态。在这些状况下，“新”操作者必须了解事前被抑制的报警。

57.3 a)　偶然脱开会引起由于换气不足或吸入氧气过少等造成对患者的危险。

57.6　与辅助网电源插座连接的其他设备的短路必须不影响麻醉系统的生命支持功能的正常功能。

附录 DD　麻醉剂很难分为易燃和不易燃。点火的可能性不仅取决于使用的麻醉剂、它的浓度和其他同时使用的气体，同时也取决于可能引起点火的电能和出现的表面温度。

虽然通常认为氟烷是安全的，但当其与氧气和氧化亚氮混合，并在很高的点火能量下测试，也是易燃的。因此，必须规定麻醉剂的一个较低的点火水平，低于该水平，设备适用 APG 要求；高于该水平，则适用较少的限制要求。目前使用的麻醉剂，如氟烷，属于高于点火水平一类的，因此按照本专用标准，使用该麻醉剂的麻醉工作站不标以 APG 或 AP。

附录 DD 中推荐了与氧气和/或氧化亚氮混合的、最易点燃的麻醉剂的点火测试。使用最易燃的浓度而不是临床使用浓度的原因是，当测定气体混合物的易燃等级和将此等级与其它气体混合物的易燃等级相对照时，此方法是通用的和公认的。同时最易燃浓度也是一个明确的浓度，可在这类测试中规定的测试机构中进行技术测定。

附 录 BB
（资料性附录）
监护装置、报警系统和保护装置

表 BB.1 关于输送装置中监护装置、报警系统和保护装置关系的一览表

输送装置	报警系统	监护装置	保护装置
电源供应：			
a） 网电源供电	49.101.2	N/A	49.101.1
b） 内部电源供电	49.101.2	49.101.3	N/A
气源供应：			
a） 气瓶压力	N/A	103.1	N/A
b） 管道压力	N/A	103.2	N/A
麻醉气体输送系统：			
a） 氧气（供应故障）	51.102.1	103.1 和 103.2	51.102.2
b） 空气（供应故障）	N/A	103.1 和 103.2	N/A
c） 氧化亚氮			
（供应故障）	N/A	103.1 和 103.2	N/A
（低含氧量的混合物）	N/A	N/A	51.102.2 和 51.102.3
d） 压力限制	N/A	N/A	51.101.1
e） CO_2 浓度	ISO 9918	51.101.2	N/A
f） 氧气浓度	ISO 7767	51.101.3	N/A
g） 呼出气量	51.101.4	51.101.4	N/A
h） 通气系统完整性	51.101.5	N/A	N/A
i） 持续压力	51.101.6	N/A	N/A
j） 麻醉气体净化系统	N/A	N/A	ISO 8835-3
麻醉通气系统	N/A	N/A	ISO 8835-2
麻醉气体输送装置	51.101.8	51.101.8	ISO 8835-4
麻醉呼吸机	ISO 8835-5	ISO 8835-5	ISO 8835-5
N/A 表示不适用。			

附　录　CC
（资料性附录）
麻醉系统的单独装置

表 CC.1　麻醉系统单独装置的适用要求条款

装　　置	适　用　条　款
所有装置	6.1 aa)
辅助网电源插座	6.1 j)
医用气体入口连接	6.1 aa)5)
医用气体供应压力监护	6.3 aa)和 103
医用气体供应压力调节器	104
麻醉气体输送系统	6.8.2 ccc)、6.8.2 ddd)和 51.102
麻醉气体输送系统管道	105
气体流量计	6.3 cc)，106
麻醉气体输送装置一所有	6.8.2 dd)
快速供氧	6.3 cc)和 108
新鲜气体出口	6.1 bb)和 109
检查清单	110
麻醉呼吸机	6.8.2 ff)和 6.8.2 xx)
麻醉通气系统	6.8.2 bb)
麻醉气体净化传输和接收系统	6.8.2 cc)和 51.101.7
吸引设备	未提及
保护装置	
电源供应	49.101
备用电源	6.8.2 ww)
供氧故障保护	6.8.2 ddd)和 51.102.2
低氧混合物的防止	51.102.3
麻醉通气系统压力限制	51.101.1
监护和报警装置	
主电源	49.101.2
备用电源	49.101.3
气瓶压力	103.1
管道压力	103.2
供氧故障报警	51.102.1
所有其他气体(供应)	103.1 和 103.2
麻醉气体输送装置	51.101.8
麻醉呼吸机	6.8.2 ff)
麻醉通气系统压力	51.101.6
呼出气量	51.101.4
通气系统完整性	51.101.5
氧气浓度	51.101.3
二氧化碳浓度	51.101.2

附　录　DD*
（规范性附录）
麻醉剂易燃性的测试

DD.1　概述

以下测试可以用来确定麻醉剂是否应该看作是不易燃的。

注：环丙烷和乙醚被认为是易燃麻醉剂。氟烷、地氟醚、七氟醚、安氟醚和异氟醚已发现是不易燃麻醉剂。

DD.2　火花点燃测试

火花点燃测试应在 GB 9706.1—1995 附录 F 和 SJ/T 10362:1993 中所描述的测试装置中进行，麻醉剂以最高点火浓度与氧气和/或氧化亚氮混合，在这种混合物中麻醉剂是比较容易点燃的。

当点燃率小于 10^{-3} 时，不应发生点燃。

——在 20 V 直流电压和 1.0 A 电流，以及 100 V 直流电压和 0.15 A 直流的电阻性电路中。

——在 200 mA 直流电流和 10 mH 电感，以及 60 mA 直流电流和 1 000 mH 电感的电感性电路中。

——在 100 V 直流电压和 1 μF 电容，以及 20 V 直流电压和 20 μF 电容的电容性电路中。

测量电路见通用标准的图 29 和 31。

DD.3　表面温度点燃测试

引燃温度的测定应使用基于 GB/T 5332—1985 的装置和程序进行，并满足以下要求：

——在连续测试中，向测试容器中注入不同比例的氧气和氧化亚氮的混合物，并且

——用盖子盖住容器防止扩散，一旦发生爆炸该盖子应容易掀起。

引燃温度不得低于 300℃。

参 考 文 献

[1] NFPA 53:1999，对在富氧空气中使用的材料、设备和系统的推荐操作规程.
[2] 欧盟医疗器械条令，93/42/EEC.

术 语 索 引

中文	英文	条号
报警条件	alarm condition	2.101.1
报警极限	alarm limit(s)	2.101.2
报警信号	alarm signal(s)	2.101.3
报警系统	alarm system(s)	2.101.4
麻醉气体监护仪	anaesthetic agent minitor	ISO 11196
麻醉通气系统	anaesthetic breathing system	ISO 8835-2
麻醉气体输送系统	anaesthetic gas delivery system	2.101.5
麻醉气体输送系统管道	anaesthetic gas delivery system piping	2.101.6
麻醉气体净化传输和吸收系统	anaesthetic gas scavenging transfer & receiving systems	ISO 8835-3
麻醉系统(麻醉工作站)	anaesthetic system(anaesthetic workstation)	2.101.7
麻醉气体输送装置	anaesthetic vapour delivery device	2.101.8
麻醉呼吸机	anaesthetic ventilator	2.101.9
告知	annunciate, annunciation, annunciating	2.101.10
设备连接装置	appliance coupler	GB 9706.1
辅助网电源插座	auxiliary mains socket outlet(s)	GB 9706.1
抑制	disabled	2.101.11
设备	equipment	GB 9706.1
易燃麻醉剂	flammable anaesthetic agents	GB 9706.1
新鲜气体出口	fresh gas outlet	GB 4999
清晰	legible	2.101.12
医用电气设备	medical electrical equipment	GB 9706.1
医用电气系统	medical electrical system(s)	GB 9706.15
监护装置	monitoring device	2.101.13
非锁定地报警信号	non-latching alarm signal	2.101.14
正常状态	normal condition	GB 9706.1
正常使用	normal use	GB 9706.1
操作者	operator	GB 9706.1
富氧环境	oxygen rich environment	2.101.15
患者	patient	GB 9706.1
动力供应	power supply	2.101.16
压力调节器	pressure regulator(s)	GB 4999
保护装置	protection device(s)	2.101.17
额定	rated	GB 9706.1
备用电源	reserve electrical power source	2.101.18
安全方面的危险	safety hazard	GB 9706.1

中文	英文	条号
静音	silenced	2.101.19
单一故障状态	single fault condition	GB 9706.1
使用者	user	GB 9706.1

ICS 71.040.40;71.040.30
G 60

中华人民共和国国家标准

GB/T 9721—2006
代替 GB/T 9721—1988

化学试剂 分子吸收分光光度法通则 （紫外和可见光部分）

Chemical reagent—General rules for the molecular absorption spectrophotometry (ultraviolet and visible)

2006-09-01 发布 2007-04-01 实施

中华人民共和国国家质量监督检验检疫总局
中国国家标准化管理委员会 发布

前　言

本标准代替 GB/T 9721—1988《化学试剂　分子吸收分光光度法通则(紫外和可见光部分)》,与 GB/T 9721—1988 相比主要变化如下:

——增加了引用文件(本版的 2);

——增加了术语及符号(本版的 3.4、3.16、3.18);

——修改了“仪器”部分的相关内容(1988 年版的 6.1、6.2、6.3;本版的 6);

——补充了对“吸收池”技术要求的规定内容(1988 年版的 7.1.4;本版的 7.1.4);

——补充了对“吸光度的读数范围”要求的适用条件(1988 年版的 7.1.6;本版的 7.1.6);

——增加了“摩尔吸收系数测定”(本版的 7.2.4)和“质量吸收系数测定”(本版的 7.2.6);

——取消了“精密度”(1988 年版的 8)。

本标准由中国石油和化学工业协会提出。

本标准由全国化学标准化技术委员会化学试剂分会(SAC/TC 63/SC 3)归口。

本标准起草单位:北京化学试剂研究所。

本标准主要起草人:关瑞宝、强京林。

本标准于 1988 年首次发布。

化学试剂
分子吸收分光光度法通则
（紫外和可见光部分）

1 范围

本标准规定了化学试剂分子吸收分光光度法（紫外和可见光部分）对仪器的要求和测定方法。

本标准适用于吸收波长在 200 nm～850 nm 之间，化学试剂中杂质含量的测定及有机化学试剂、指示剂和特效试剂的定性及定量分析。

2 规范性引用文件

下列文件中的条款通过本标准的引用而成为本标准的条款。凡是注日期的引用文件，其随后所有的修改单（不包括勘误的内容）或修订版均不适用于本标准，然而，鼓励根据本标准达成协议的各方研究是否可使用这些文件的最新版本。凡是不注日期的引用文件，其最新版本适用于本标准。

GB/T 6682—1992 分析实验室用水规格和试验方法（eqv ISO 3696：1987）

GB/T 14666 分析化学术语

JJG 178—1996 可见分光光度计

JJG 682—1990 双光束紫外可见分光光度计

JJG 689—1990 紫外、可见、近红外分光光度计

3 术语和定义

GB/T 14666 确立的以及下列术语和定义适用于本标准。

3.1

吸收峰（$\lambda_{最大}$） absorption peak

吸收光谱中吸收值最大处的波长，单位为 nm。

3.2

吸收光谱 absorption spectrum

待测物质浓度和吸收池厚度不变时，吸光度（或吸光度的任意函数）对应波长（或波长的任意函数）的曲线。

3.3

厚度（L） thickness

吸收池的两个平行且透光的内表平面之间的距离，单位为 mm 或 cm。

3.4

物质的量浓度（c） amount-of-substance concentration

溶质的物质的量和溶液体积之比，单位为 mol/L。

3.5

摩尔吸收系数（ε） molar absorptivity

厚度以厘米表示，浓度以摩尔每升表示的吸收系数 ε，单位为 L/(cm·mol)。

3.6

质量吸收系数（α） mass absorptivity

厚度以厘米表示，浓度以克每升表示的吸收系数 α，单位为 L/(cm·g)。

3.7

特征部分内吸收系数（通称吸收系数或线形吸收系数）(K)　characteristic partial internal absorbance coefficient

被溶解的待测物质在单位浓度、单位厚度时的特征吸收度，在给定试验条件下是常数。

4　方法原理

溶液中待测物分子中的价电子能够选择性地吸收紫外或可见光，从基态跃迁到激发态，形成紫外可见吸收光谱，根据紫外可见吸收光谱中的吸收峰和摩尔吸收系数，进行定性分析。

从光源辐射出的光，经过波长选择器成为单色光，当单色光通过待测溶液时，被溶液中具有一定特征吸收的化合物吸收，吸光度与待测物浓度的关系符合朗伯-比尔定律，见式(1)：

$$A = \log \frac{\phi_0}{\phi_{tr}} = K \cdot b \cdot c \qquad \cdots\cdots\cdots\cdots\cdots\cdots (1)$$

式中：

A——吸光度；

ϕ_0——入射辐射[光]通量；

ϕ_{tr}——透射辐射[光]通量；

K——线性吸收系数；

b——光路长度；

c——溶液中待测物浓度。

当光路长度 b 与吸收系数 K 一定时，吸光度 A 与溶液中待测物浓度 c 成正比，因此利用此定律可进行定量分析。

5　试剂

5.1　水

校正仪器时配制溶液的水应符合 GB/T 6682—1992 中二级水的规格。检验样品时所用的水，根据产品标准的要求选用 GB/T 6682—1992 中二级水或三级水。

5.2　有机溶剂

根据产品标准的要求选择适宜溶剂，并检查所用溶剂在测定波长附近是否符合要求，不得有干扰吸收。

检定方法：用厚度为 1 cm 石英吸收池，以空气为参比，在规定波长下测定有机溶剂的吸光度，对不同波长下的对吸光度的要求应符合表 1 中的规定。

表 1

波长范围/nm	吸光度 A
220～240	<0.4
241～250	<0.2
251～300	<0.1
300 以上	<0.05

5.3　缓冲溶液

按产品标准规定配制，当在紫外光区测定时，所用试剂应无干扰吸收。

5.4　标准样品溶液

按产品标准中规定，与待测样品溶液同时配制。

6 仪器

依据样品的测定要求，应选用符合 JJG 178—1996、JJG 682—1990 或 JJG 689—1990 规定的单波长单光束或单波长双光束的紫外、可见分光光度计。

7 测定

7.1 测定条件的选择

7.1.1 光源

根据测定的波长选择光源，测定波长为 200 nm～350 nm 时，用氢灯（或氘灯），测定波长为 350 nm～850 nm时，用钨灯（或碘钨灯）。

7.1.2 狭缝宽度

根据待测物的类别及检测要求选择适宜的狭缝宽度。在保持入射光和透射光狭缝宽度一致的情况下，调节狭缝宽度。狭缝宽度的选择，应以减少狭缝宽度时待测物的吸光度不再增加为准。通常测定时选用狭缝宽度为 1 nm。

7.1.3 测定的波长

在制定产品标准时，根据待测物吸收峰的位置确定测定波长，通常是在吸收度最大的波长范围内选择。若最大吸收峰很尖锐或有其他吸收峰干扰时，可选择吸收曲线中的其他波长。

7.1.4 吸收池

按照使用要求，可依据 JJG 178—1996 中 2.2 的“吸收池的配套性”的规定，或依据 JJG 682—1990 中 12“标准物质石英吸收池规格”的规定选用吸收池，也可应用具有 GBW 13304 标准物质证书的石英吸收池。

吸收池材质可根据测定的波长进行选择。测定波长为 200 nm～350 nm 时用石英吸收池，测定波长为 350 nm～850 nm 时用玻璃或石英吸收池。

使用吸收池时应注意，若样品溶液含有易挥发的有机溶剂、酸、碱时，应加盖，防止挥发，测定强腐蚀性溶液时，应尽快测定，测定后迅速洗涤吸收池。

7.1.5 样品溶液

按产品标准规定配制。该溶液应均匀和非散射性，即：不能有气泡和悬浮等影响光线吸收的物质存在。

7.1.6 吸光度的读数范围

为了减少测定的误差，在测定样品主体含量、摩尔吸收系数或质量吸收系数时，吸光度读数一般应在 0.2～0.8 之间，在制定产品标准时，可适当调节溶液的浓度或改变吸收池厚度，使溶液的吸光度值在此范围内。

7.1.7 其他仪器条件

按照测定方法要求及仪器说明书的规定条件进行操作。

7.2 测定方法

7.2.1 吸收曲线法

使用自动记录型仪器时，可自动扫描绘出吸收曲线。

使用非自动记录型仪器时，在规定的波长范围时，每隔 5 nm～10 nm 测定一次吸光度，在吸收峰附近时，应每隔 1 nm～2 nm 测定一次，以波长为横坐标，相应的吸光度为纵坐标，绘制吸收曲线。

此方法可适用于定性分析、最大吸收波长的测定。

7.2.2 工作曲线法

按产品标准的规定配制四个以上浓度成适当比例的标准溶液，以空白溶液（或溶剂）为参比溶液，同时用空白溶液（或溶剂）的吸光度进行校正。在规定波长下，分别测定吸光度。以标准溶液浓度 c 为横坐标，相应的吸光度 A 为纵坐标，绘制工作曲线，同时配制适当浓度的样品溶液，在上述条件下测定吸光度，并在工作曲线上查出待测物浓度（图 1），待测物的浓度应在工作曲线范围内。该溶液浓度也可根据测定的吸光度用回归方程法计算。此方法适用于杂质含量的测定。

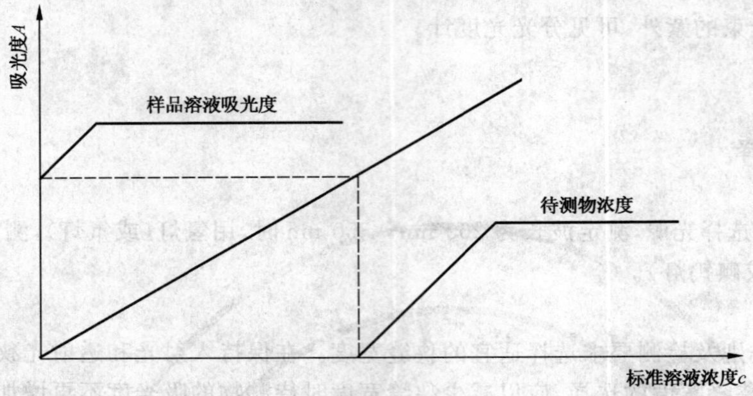

图 1

7.2.3 **分光光度法含量测定**

按产品标准给出的方法测定。特效试剂可在规定条件下与被测物生成有色配位化合物，测定其溶液的吸光度，按标准中给出的换算系数计算含量，也可用标准样品对照法进行计算；某些酸碱指示剂可采用柱层析法将杂质分离后测主体溶液的吸光度，用标准对照法计算含量。

7.2.4 **摩尔吸收系数测定**

按产品标准的规定条件测定。

摩尔吸收系数 ε，数值以 L/(cm・mol)表示，按式(2)计算：

$$\varepsilon=\frac{A}{c\cdot b} \qquad \cdots\cdots(2)$$

式中：

A——吸光度的数值；

c——被测物的物质的量浓度的数值，单位为摩尔每升(mol/L)；

b——光路长度（即吸收池厚度）的数值，单位为厘米(cm)。

7.2.5 **灵敏度测定**

按产品标准规定条件测定。灵敏度可用摩尔吸收系数表示。

7.2.6 **质量吸收系数测定**

按产品标准的规定条件测定。

质量吸收系数 α，数值以 L/(cm・g)表示，按式(3)计算：

$$\alpha=\frac{A}{b\cdot\rho} \qquad \cdots\cdots(3)$$

式中：

A——吸光度的数值；

ρ——被测物的质量浓度的数值，单位为克每升(g/L)；

b——光路长度（即吸收池厚度）的数值，单位为厘米(cm)。

ICS 71.040.030
G 60

中华人民共和国国家标准

GB/T 9722—2006
代替 GB/T 9722—1988

化学试剂 气相色谱法通则

Chemical reagent—
General rules for the gas chromatography

2006-01-23 发布　　2006-11-01 实施

中华人民共和国国家质量监督检验检疫总局
中国国家标准化管理委员会　发布

前　言

本标准代替 GB/T 9722—1988《化学试剂　气相色谱法通则》。

本标准与 GB/T 9722—1988 相比主要变化如下：

——增加了毛细管气相色谱法的有关内容(本版的 1、7、8.1.2)；

——增加了引用文件(本版的 2)；

——增加了术语(本版的 3)；

——修改了仪器部分的相关内容(1988 版的 5、5.2、5.3；本版的 6、6.1、6.2、6.4、6.5)；

——增加了流速、相对标准偏差、校正后载气流速的计算公式(本版的 8.2.1、10.1、附录 A.1)；

——取消了回收率范围(1988 版的 9.2)；

——取消了附录 B。

本标准的附录 A 为规范性附录。

本标准由中国石油和化学工业协会提出。

本标准由全国化学标准化技术委员会化学试剂分会 SAC/TC 63/SC 3 归口。

本标准起草单位：北京化工厂。

本标准主要起草人：刘慈玉、闫菊萍、费小瑜。

本标准于 1988 年首次发布。

化学试剂
气相色谱法通则

1 范围

本标准规定了化学试剂气相色谱法对仪器的要求和分析方法，所用检测器包括热导检测器和火焰离子化检测器两种，色谱柱为填充柱和毛细管柱。

本标准适用于含有可挥发成分的有机化学试剂的主要成分和杂质的测定。

2 规范性引用文件

下列文件中的条款通过本标准的引用而成为本标准的条款。凡是注日期的引用文件，其随后所有的修改单（不包括勘误的内容）或修订版均不适用于本标准，然而，鼓励根据本标准达成协议的各方研究是否可使用这些文件的最新版本。凡是不注日期的引用文件，其最新版本适用于本标准。

GB/T 4946 气相色谱法术语

JJG 700—1999 气相色谱仪

质技监局锅发[2000]250 号《气瓶安全监察规程》

3 术语和定义

GB/T 4946 确立的以及下列术语和定义适用于本标准。

3.1

不对称因子（f） asymmetric factor

描述色谱峰不对称程度的参数，图解见附录 A。

3.2

有效板高（H_{eff}） height of an effective plate

单位有效板的长度，图解见附录 A。

4 方法原理

样品及其被测组分被汽化后，随载气同时进入色谱柱，利用被测定的各组分在气固或气液两相间的吸附或溶解、脱附或解析等物化性质的差异，在柱内形成组分迁移速度的差别而进行分离。分离后的各组分先后流出色谱柱，进入检测器，由数据处理系统记录色谱图及相应数据。各组分的保留值和色谱峰面积或相应的峰高值分别作为定性和定量的依据。

5 试剂及材料

5.1 标准样品

其色谱法主体的质量分数不得低于 99.9%。

5.2 氢气和氮气

其体积分数不低于 99.8%。使用前需用脱水装置、硅胶、分子筛或活性炭等进行净化处理。

5.3 空气

应无腐蚀性杂质。使用前进行脱油、脱水处理。

6 仪器

6.1 一般规定

气相色谱仪性能除专门指定条款外，应符合 JJG 700—1999 中 2.1.1 的要求。

6.2 仪器组成

气相色谱仪由气路系统、进样系统、色谱柱、电气系统、检测系统、记录器或数据处理系统组成。

6.3 整机稳定性

以氢气为载气（用热导检测器时）或氮气为载气（用火焰离子化检测器时），采用邻苯二甲酸二壬酯（质量分数为 20%）涂于白色硅藻土载体（0.18 mm～0.25 mm）为固定相，柱长为 2 m，柱温为 80℃，适当选择载气流速，仪器的灵敏度应接近整机灵敏度的要求。10 min 内仪器基线漂移值不得大于满量程的 1%。

6.4 整机灵敏度

6.4.1 用热导检测器的仪器

以苯为样品，试验条件同 6.3。灵敏度以 S_T 计，数值以毫伏毫升每毫克（mV · mL/mg）表示，灵敏度应不小于 1 000 mV · mL/mg，按式(1)计算：

$$S_T = \frac{AF_C}{m} \qquad \cdots\cdots(1)$$

式中：

A——苯峰面积的算术平均值，单位为毫伏分（mV · min）；

F_C——校正后的载气流速的数值，单位为毫升每分（mL/min）；

m——苯进样量的数值，单位为毫克（mg）。

载气流速的校正见附录 A。

用记录器记录峰面积时，苯峰的半高峰宽应不小于 5 mm，峰高不低于记录器满量程的 60%，式(1)中的峰面积 A，按式(2)计算：

$$A = 1.065 C_1 C_2 A_0 K \qquad \cdots\cdots(2)$$

式中：

A——苯峰面积，单位为毫伏分（mV · min）；

C_1——记录仪灵敏度的数值，单位为毫伏每厘米（mV/cm）；

C_2——记录器纸速倒数的数值，单位为分每厘米（min/cm）；

A_0——实测峰面积的算术平均值，单位为平方厘米（cm^2）；

K——衰减倍数。

6.4.2 用火焰离子化检测器的仪器

以苯为样品，试验条件同 6.3。灵敏度以检测限 D 计，数值以克每秒（g/s）表示，检测限应不大于 5×10^{-10} g/s，按式(3)计算：

$$D = \frac{2Nm}{A} \qquad \cdots\cdots(3)$$

式中：

N——基线噪音的数值，单位为毫伏（mV）；

m——苯进样量的数值，单位为克（g）；

A——苯峰面积的算术平均值，单位为毫伏秒（mV · s）。

6.5 定量重复性

以苯为样品，试验条件同 6.3。进样量恒定。仪器稳定后连续进样 11 次，相对标准偏差按 JJG 700—1999中 4.10 的规定计算。

7 试验条件的选择

根据产品和待测组分的特性及规格要求，按下述规定的内容选择最佳条件：

a) 检测器：热导检测器或火焰离子化检测器；

b) 载气：载气种类、流速；

c) 色谱柱：色谱柱（填充、毛细管）、柱长、内径；

d) 固定液：固定液种类、载体、固定液质量分数、固定液膜的厚度；

e) 温度：柱温度、汽化室温度、检测室温度；

f) 分离度：根据方法精密度和准确度的要求，规定被测组分与其难分离物质的分离度（保留两位有效数字）；

g) 不对称因子：根据方法精密度和准确度的要求，规定主峰的不对称因子，计算方法见附录 A（保留两位有效数字）；

h) 有效板高：在满足分离度和不对称因子要求的基础上，规定色谱柱有效板高，计算方法见附录 A（保留两位有效数字）；

i) 相对保留值（保留到小数点后两位）；

j) 进样量：应控制在具有线性响应范围内，各杂质峰和内标物在该进样量时应记录清楚。当采用归一法时，主体峰高（或衰减后）应在记录仪上占满标度 70%以上；

k) 桥流、分流比、尾吹等其他仪器条件；

l) 定量方法。

注：难分离物质对的分离及相对主体的保留值可根据需要确定。载气流速、柱温度、汽化室温度、分流比和尾吹及进样量条件，在操作时可根据具体仪器性能作适当调整。

8 操作方法

8.1 色谱柱

8.1.1 填充柱

8.1.1.1 固定液涂渍

将固定液溶于溶剂中，使其成为均匀相溶液，将载体浸泡在溶液中（必要时加热回流），轻轻搅拌或摇匀。勿使载体粉碎。置通风橱内，于红外灯下使溶剂挥发、干燥。

固定液的质量分数以 w 计，数值以%表示，按式(4)计算：

$$w = \frac{m_1}{m_1 + m_2} \times 100 \quad \cdots\cdots\cdots\cdots (4)$$

式中：

m_1——固定液质量的数值，单位为克(g)；

m_2——载体质量的数值，单位为克(g)。

8.1.1.2 空柱预处理

首先除去柱内的机械杂质，用硝酸溶液（质量分数为 10%）洗涤，用水洗涤至中性。再用氢氧化钠溶液（100 g/L）洗涤，最后用水洗涤至中性，烘干。

8.1.1.3 色谱柱填充

将预处理过的空柱一端用玻璃纤维和铜丝网塞紧，接真空泵减压抽空；另一端加入固定相，同时处以适度的振动，使载体均匀紧密装入色谱柱内。

8.1.1.4 色谱柱老化

老化色谱柱应在氮气气流中缓缓升温，温度升至低于固定液最高使用温度后，保持 4 h 以上（温度切不可过高，以防流失）。老化完毕后应在载气中逐渐降温。

8.1.2 毛细管柱

目前市场上有不同用途的毛细管柱出售，使用者可依据样品性质选用。

8.2 载气流速测定

8.2.1 热导检测器载气流速测定

将皂沫流量计接在载气出口处，测定载气流速。载气流速以 F_0 计，数值以毫升每分(mL/min)表示，按式(5)计算：

$$F_0 = \frac{V}{t} \quad \cdots\cdots(5)$$

式中：

V——载气体积的数值，单位为毫升(mL)；

t——测量时间的数值，单位为分(min)。

8.2.2 火焰离子化检测器载气流速测定

火焰离子化检测器载气流速的平均线速以 $\bar{u}$ 计，数值以厘米每秒(cm/s)表示。按式(6)计算：

$$\bar{u} = \frac{L}{t_M} \quad \cdots\cdots(6)$$

式中：

L——色谱柱长度的数值，单位为厘米(cm)；

t_M——甲烷气保留时间的数值，单位为秒(s)。

8.3 进样方法

用清洁干净的注射器(或其他进样装置)抽取样品三次，排空样品后，抽取规定量样品，迅速插入汽化室，将样品一次推入，然后一次抽出进样器。

8.4 衰减比标定

仪器稳定后，将仪器零点及记录位置均调至记录标尺的零位。标定16以前的衰减档，用热导检测器时，调节零旋钮；用火焰离子化检测器时，用基流补偿旋钮，加一恒定信号，然后逐档衰减，记录衰减后指定的位置。按式(7)计算出各档的衰减比。标定16档以后的衰减档时，将衰减档置于16处。重复上述操作，各档衰减比按式(7)计算后乘以16档的衰减比。衰减比以 A_t 表示，数值按式(7)计算：

$$A_t = \frac{l_1}{l_2} \quad \cdots\cdots(7)$$

式中：

l_1——信号在记录标尺上长度的数值，单位为毫米(mm)；

l_2——衰减后零点与指针间距离的数值，单位为毫米(mm)。

8.5 峰面积计算

峰高及半高峰宽可采用精度为0.02 mm的测量工具分别测量，峰面积以 A 计，数值以平方厘米(cm^2)表示，按式(8)计算：

$$A = hW_{h/2} \quad \cdots\cdots(8)$$

式中：

h——峰高的数值，单位为厘米(cm)；

$W_{h/2}$——半高峰宽的数值，单位为厘米(cm)。

峰面积的数值也可由数据处理系统直接给出。

8.5.1 峰高测量

从色谱峰顶点向峰底作一垂线，该垂线与色谱峰基线上沿相交的点到顶点的距离为峰高 h(见图1)。

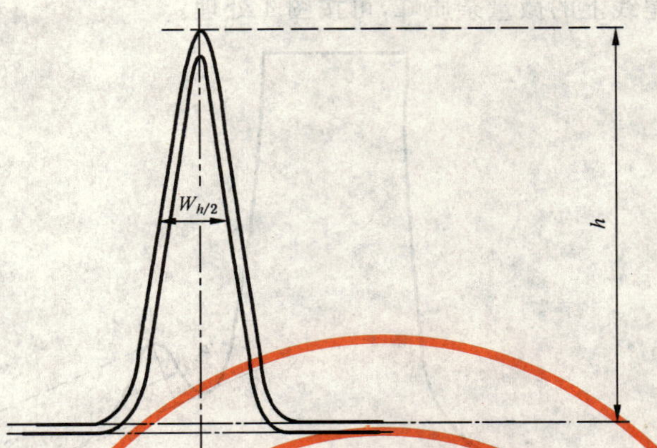

图 1

8.5.2 **半高峰宽测量**

从峰高的中点作一条与峰底平行的直线，与峰两侧相交，峰高线同侧两点之间的距离为半高峰宽 $W_{h/2}$（见图 1）。

8.6 **特殊峰形的处理**

8.6.1 当相邻两组分分离超过小峰峰高 1/2 时，可按图 2 处理。

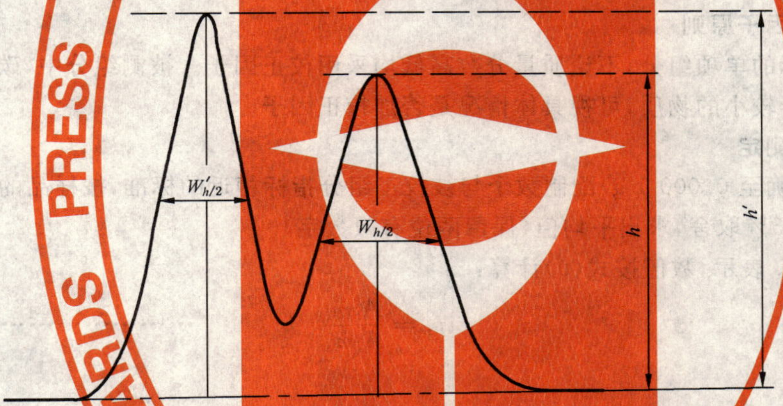

图 2

8.6.2 当相邻两组分分离未超过小峰峰高 1/2 时，可按图 3 处理。

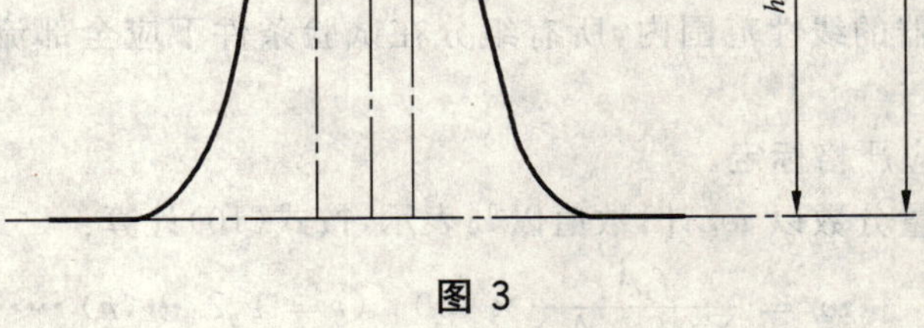

图 3

8.6.3 主峰前伸线或拖尾线上的微量杂质峰，可按图 4 处理。

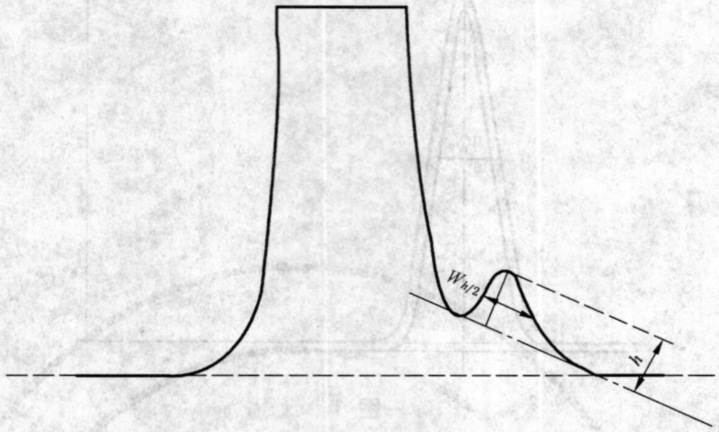

图 4

9 定量方法

9.1 校正因子

本标准采用组分 i 相对主体的质量校正因子。

9.1.1 采用校正因子原则

列入技术指标的单项组分，不论质量分数高低均采用校正因子。被测组分中，碳数比较接近的同系物或热导系数差异较小的物质，可视具体情况是否加校正因子。

9.1.2 校正因子测定

用称量法(精确至 0.000 1 g)配制数个与被校正组分指标相近的标准，按样品的测定条件测定。测定结果按置信度 95%取舍，求出平均值(保留两位有效数字)。

校正因子以 f_i 表示，数值按式(9)计算：

$$f_i = \frac{A_s m_i}{A_i m_s} \qquad \cdots\cdots (9)$$

式中：

A_s——主体峰面积的数值，单位为平方厘米(cm^2)或为毫伏分(mV·min)；

m_i——组分 i 质量的数值，单位为克(g)；

A_i——组分 i 峰面积的数值，单位为平方厘米(cm^2)或为毫伏分(mV·min)；

m_s——主体质量的数值，单位为克(g)。

注：配制标准时，如无纯品，可用其他方法测出质量分数予以修正。

9.2 归一法

当采用归一法定量时，应满足下列要求：

a) 色谱图中所显示的色谱峰不能有平头峰和畸变峰；

b) 进样量应在检测器的线性范围内，所有组分在试验条件下应全部流出，并在检测器上均能产生信号的样品；

c) 仪器的衰减比值应严格标定。

归一法测定组分的质量分数以 w_i 计，数值以%表示，按式(10)计算：

$$w_i = \frac{f_i A_i}{\sum (f_i \cdot A_i)} \times 100 \quad (i = 1, 2, \cdots, n) \qquad \cdots\cdots (10)$$

式中：

f_i——组分 i 校正因子的数值；

A_i——组分 i 峰面积的数值,单位为平方厘米(cm^2)或为毫伏分(mV·min)。

9.3 内标法

当采用内标法定量时,应满足下列要求:

a) 内标物与样品应完全互溶,并不产生化学反应,内标物不应含有干扰分析的杂质;

b) 内标物的保留值应接近被测物的保留值,不得有搭肩或严重拖尾,所在区域内不得有其他杂质峰;

c) 内标物配样量应接近或稍大于所测组分的量;

d) 进样量应在检测器的线性范围内,待测组分在试验条件下应全部流出。

内标法测定组分的质量分数以 w_i 计,数值以%表示,按式(11)计算:

$$w_i = \frac{m_s A_i f_{s \cdot i}}{m A_s} \times 100 \qquad (11)$$

式中:

m_s——加入内标物质量的数值,单位为克(g);

A_i——组分 i 峰面积的数值,单位为平方厘米(cm^2)或为毫伏分(mV·min);

$f_{s \cdot i}$——组分 i 与内标物相比的校正因子的数值;

m——样品质量的数值,单位为克(g);

A_s——内标物峰面积的数值,单位为平方厘米(cm^2)或为毫伏分(mV·min)。

9.4 外标法

当采用外标法定量时,应满足下列要求:

a) 外标溶液采用称量法(精确至 0.000 1 g)配制,其浓度应与待测组分质量分数接近;

b) 进样量应在检测器的线性范围内,待测组分在试验条件下应全部流出;同一样品需重复试验。

外标法测定组分的质量分数以 w_i 计,数值以%表示,按式(12)计算:

$$w_i = E_i \times \frac{A_i}{A_E} \qquad (12)$$

式中:

E_i——标准样品中组分 i 的质量分数(%);

A_i——组分 i 的峰面积,单位为平方厘米(cm^2)或为毫伏分(mV·min);

A_E——标准样品中组分 i 的峰面积,单位为平方厘米(cm^2)或为毫伏分(mV·min)。

9.5 叠加法

当采用叠加法定量时,应满足下列要求:

a) 当采用内标法或外标法定量时,无合适的标准物或溶剂,可采用叠加法;

b) 进样量应在检测器的线性范围内,待测组分在试验条件下应全部流出;同一样品需重复试验。

叠加法测定组分的质量分数以 w_i 计,数值以%表示,按式(13)计算:

$$w_i = \frac{m_i A_i A'_j}{m(A'_i A_j - A_i A'_j)} \times 100 \qquad (13)$$

式中:

m_i——加入组分 i 质量的数值,单位为克(g);

A_i——样品中组分 i 峰面积的数值,单位为平方厘米(cm^2)或为毫伏分(mV·min);

A'_j——m 样品中加入 m_i 组分 i 后,邻近组分 j 峰面积的数值,单位为平方厘米(cm^2)或为毫伏分(mV·min);

m——样品质量的数值,单位为克(g);

A'_i——m 样品中加入 m_i 组分 i 后,组分 i 峰面积的数值,单位为平方厘米(cm^2)或为毫伏分(mV·min);

A_j——样品中组分 i 邻近组分 j 峰面积的数值，单位为平方厘米（cm^2）或为毫伏分（mV·min）。

10 方法误差

10.1 精密度

同一样品测定不少于 12 次，取置信度 95%，进行数据分析及取舍，精密度以相对标准偏差 R_{SD} 计，数值以%表示，按式(14)计算：

$$R_{SD} = \sqrt{\frac{\sum_{i=1}^{n}(w_i - \overline{w})^2}{(n-1)}} \times \frac{1}{\overline{w}} \times 100 \quad (i = 1,2,\cdots,n) \qquad \cdots\cdots\cdots\cdots (14)$$

式中：

w_i——第 i 次测量的质量分数，以%表示；

$\overline{w}$——n 次进样的质量分数算术平均值，以%表示；

n——测定次数的数值；

i——进样序号的数值。

10.2 准确度

准确度以 i 组分回收率 r 计，数值以%表示，按式(15)计算：

$$r = \frac{m_2 - m_1}{m_a} \times 100 \qquad \cdots\cdots\cdots\cdots\cdots\cdots\cdots\cdots\cdots\cdots\cdots\cdots (15)$$

式中：

m_2——样品中加入 i 组分后，检出 i 组分质量的数值，单位为毫克(mg)；

m_1——样品中检出 i 组分质量的数值，单位为毫克(mg)；

m_a——加入 i 组分质量的数值，单位为毫克(mg)。

11 环境要求及安全事项

11.1 环境要求

仪器应在室温为 5℃～35℃，相对湿度低于 85%的条件下放置。防止腐蚀性气体侵入、振动、日光直射及强磁场对仪器的损害。操作场所应有良好的通风。

11.2 安全事项

11.2.1 装置仪器电源应良好接地。

11.2.2 采用氢气作载气或燃烧气时，管道应无渗漏。仪器操作场所不能有明火。

11.2.3 色谱柱出口的气体应排放至通风处。

11.2.4 使用高压钢瓶时，按质技监局锅发[2000]250 号《气瓶安全监察规程》操作。

附 录 A
（规范性附录）
相关术语的图解及计算公式

A.1 校正后的载气流速 F_C

校正后的载气流速以 F_C 计，数值以毫升每分（mL/min）表示，按式（A.1）计算：

$$F_C = jF_0 \frac{T_C}{T_r}\left(1-\frac{p_w}{p_0}\right) \quad \cdots\cdots\cdots\cdots(A.1)$$

式中：

F_0——室温下用皂膜流量计测得检测器出口载气流速的数值，单位为毫升每分（mL/min）；

T_C——柱温的数值，单位为开（K）；

T_r——室温的数值，单位为开（K）；

p_w——室温下水的饱和蒸气压的数值，单位为兆帕（MPa）；

p_0——大气压强的数值，单位为兆帕（MPa）；

j——压力梯度校正因子。

压力梯度校正因子 j，按式（A.2）计算：

$$j = \frac{3}{2} \times \frac{(p_i \div p_0)^2 - 1}{(p_1 \div p_0)^3 - 1} \quad \cdots\cdots\cdots\cdots(A.2)$$

式中：

p_i——注入口压强的数值，单位为兆帕（MPa）。

A.2 不对称因子 f

不对称因子的图解见图 A.1。

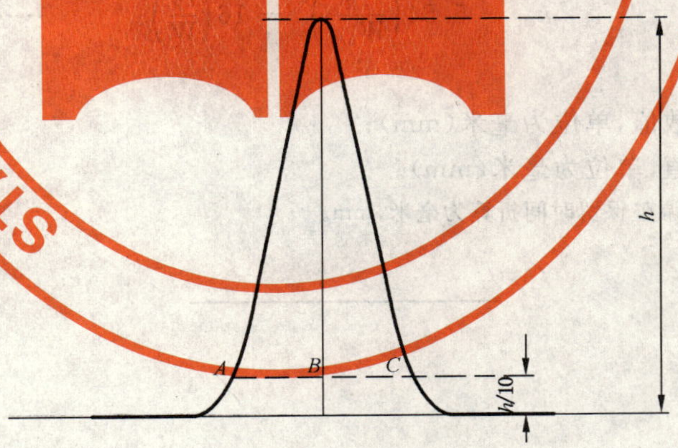

图 A.1

不对称因子以 f 表示，数值按式（A.3）计算：

$$f = \frac{\overline{AC}}{2\,\overline{AB}} \quad \cdots\cdots\cdots\cdots(A.3)$$

式中：

$\overline{AC}$——图 A.1 所示线段长度的数值，单位为毫米（mm）；

$\overline{AB}$——图 A.1 所示线段长度的数值，单位为毫米（mm）。

A.3 有效板高 H_{eff}

有效板高的图解见图 A.2。

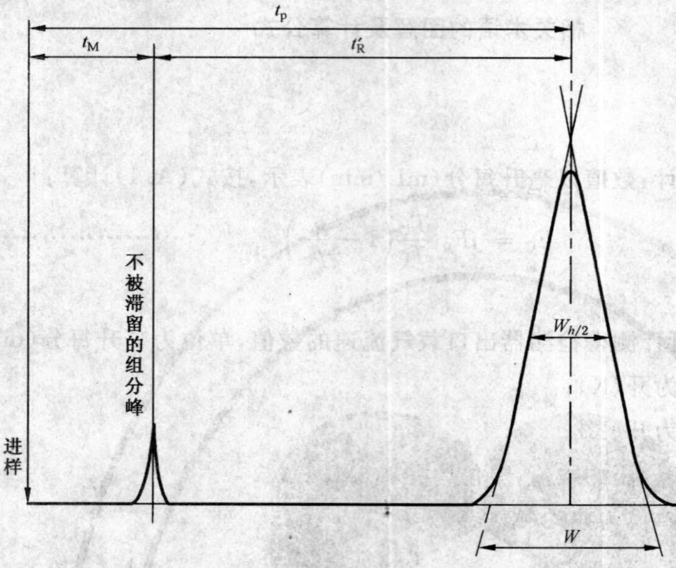

图 A.2

有效板高以 H_{eff}计，数值以毫米(mm)表示，按式(A.4)计算：

$$H_{eff}=\frac{L}{n_{eff}} \quad \text{(A.4)}$$

式中：

L——色谱柱长度的数值，单位为毫米(mm)；

n_{eff}——有效板数。

有效板数 n_{eff}，按式(A.5)计算：

$$n_{eff}=5.54\left(\frac{t'_R}{W_{h/2}}\right)^2=16\left(\frac{t'_R}{W}\right)^2 \quad \text{(A.5)}$$

式中：

t'_R——调整保留值的数值，单位为毫米(mm)；

$W_{h/2}$——半高峰宽的数值，单位为毫米(mm)。

注：t'_R 可由谱图量取或由调整保留时间折算为毫米，mm。

ICS 71.040.30
G 60

中华人民共和国国家标准

GB/T 9739—2006
代替 GB/T 9739—1988

化学试剂　铁测定通用方法

Chemical reagent—General method for the determination of iron

(ISO 6353-1:1982,Reagents for chemical analysis—
Part 1:General test methods,NEQ)

2006-11-03 发布　　2007-06-01 实施

中华人民共和国国家质量监督检验检疫总局
中国国家标准化管理委员会　发布

前言

本标准与 ISO 6353-1：1982《化学分析试剂　第一部分：通用试验方法》的一致性程度为非等效。

本标准代替 GB/T 9739—1988《化学试剂　铁测定通用方法》，与 GB/T 9739—1988 相比主要变化如下：

——完善了分光光度法的测定(1988 年版的第 6 章；本版的 6.2)；

——取消了附录 A(1988 年版)。

本标准由中国石油和化学工业协会提出。

本标准由全国化学标准化技术委员会化学试剂分会(SAC/TC 63/SC 3)归口。

本标准起草单位：国药集团化学试剂有限公司。

本标准主要起草人：陈浩云、陈红。

本标准于 1988 年首次发布。

化学试剂　铁测定通用方法

1　范围

本标准规定了用1,10-菲啰啉比色测定铁的通用方法。

本标准适用于化学试剂中微量铁的测定。目视比色法的检测范围为0.04 μg/mL～2 μg/mL(以Fe计),分光光度法的检测范围为0.08 μg/mL～2 μg/mL(以Fe计)。

2　规范性引用文件

下列文件中的条款通过本标准的引用而成为本标准的条款。凡是注日期的引用文件,其随后所有的修改单(不包括勘误的内容)或修订版均不适用于本标准,然而,鼓励根据本标准达成协议的各方研究是否可使用这些文件的最新版本。凡是不注日期的引用文件,其最新版本适用于本标准。

GB/T 602　化学试剂　杂质测定用标准溶液的制备(GB/T 602—2002,ISO 6353-1:1982,NEQ)

GB/T 603　化学试剂　试验方法中所用制剂及制品的制备(GB/T 603—2002,ISO 6353-1:1982,NEQ)

GB/T 6682　分析实验室用水规格和试验方法(GB/T 6682—1992,neq ISO 3696:1987)

GB/T 9721　化学试剂　分子吸收分光光度法通则(紫外和可见光部分)

3　方法原理

用抗坏血酸将试液中的Fe(Ⅲ)还原为Fe(Ⅱ),在pH值为2～pH值为9时,Fe(Ⅱ)与1,10-菲啰啉生成橙红色络合物,可用目视比色法或分光光度法测定铁。

4　试剂

本标准中除另有规定外,所用标准溶液、制剂及制品,均按GB/T 602、GB/T 603的规定制备,实验用水应符合GB/T 6682中三级水规格,所用溶液以"%"表示的均为质量分数。

5　仪器

5.1　一般实验室仪器。

5.2　分光光度计应符合GB/T 9721的规定。

6　测定

6.1　目视比色法

按产品标准的规定取样并制备样品溶液,稀释至约15 mL,用盐酸溶液(15%)或氨水溶液(10%)将溶液的pH值调至2,加1 mL抗坏血酸溶液(20 g/L)、5 mL乙酸-乙酸钠缓冲溶液(pH≈4.5)、1 mL 1,10-菲啰啉溶液(2 g/L),稀释至25 mL,摇匀,放置15 min。溶液所呈红色与标准比色溶液比较。

标准比色溶液的制备是取规定量的铁(Fe)标准溶液,稀释至15 mL,与同体积样品溶液同时同样处理。

6.2　分光光度法

6.2.1　标准比色溶液的配制及测定

依据产品标准规定,在50 mL容量瓶中配制四至五个浓度成比例的的铁标准溶液,稀释至约

15 mL，用盐酸溶液(15%)或氨水溶液(10%)将溶液的 pH 值调至 2，加 1 mL 抗坏血酸溶液(20 g/L)、5 mL乙酸-乙酸钠缓冲溶液(pH≈4.5)、1 mL 1,10-菲啰啉溶液(2 g/L)，稀释至刻度，摇匀，放置 15 min。用分光光度计在 510 nm 波长处，用 1 cm 吸收池，以试剂空白为参比，进行吸光度的测定。

6.2.2 标准工作曲线的绘制

以铁标准溶液的浓度为横坐标，对应吸光度为纵坐标，绘制标准工作曲线。

6.2.3 样品的测定及计算

按产品标准的规定取样并制备样品溶液，稀释至 15 mL，操作同 6.2.1。以样品试剂空白为参比，进行吸光度的测定。在绘制的标准工作曲线上查得对应的铁的质量浓度。

铁的质量分数以 w 计，数值以“%”表示，按下式计算：

$$w=\frac{\rho\times V\times 10^{-3}}{m}\times 100$$

式中：

ρ——样品吸光度值在标准曲线上所对应的铁的质量浓度，单位为毫克每毫升(mg/mL)；

V——样品溶液的体积，单位为毫升(mL)；

m——样品的质量，单位为克(g)。

ICS 65.120
B 46

中华人民共和国国家标准

GB/T 9840—2006
代替 GB/T 9840—1988

饲料添加剂　维生素 D_3 微粒

Feed additive—Vitamin D_3 beadlets

2006-06-09 发布　　2006-09-01 实施

中华人民共和国国家质量监督检验检疫总局
中国国家标准化管理委员会　发布

前　言

本标准对 GB/T 9840—1988《饲料添加剂　维生素 D_3 微粒》进行修订。

本标准与 GB/T 9840—1988 的主要差异如下：

——原标准中的适用范围“以含量 130 万 I·U/g 以上的维生素 D_3 原油为原料”，本标准改为“以饲料添加剂 维生素 D_3 油为原料”，同时补充了化学名称、分子式、相对分子质量、化学结构式；

——本标准增加了规范性引用文件；

——本标准产品规格改为“500 000 IU/g”，并补充一条“也可根据合同要求确定（含量不低于 300 000 IU/g）”；

——原标准中的外观与性状为“米黄色或黄棕色”，本标准改为“米黄色至黄棕色”，同时增加“具有流动性”，删去“在 40℃水中成乳化状”；

——原标准规定维生素 D_3 含量应为“标示量的 85.0～120.0”，本标准改为“标示量的 90.0～120.0”；

——原标准规定颗粒度应为“100.0％通过 2 号筛”，本标准改为“100％通过孔径为 0.85 mm 分析筛，85％以上通过孔径为 0.42 mm 分析筛。”；

——原标准中维生素 D_3 含量测定为内标法，本标准改为外标法，并设置了第一法（仲裁法）和第二法；

——原标准中“负责期一年”，本标准改为“保质期不低于 12 个月”。

本标准自实施之日起代替 GB/T 9840—1988。

本标准由全国饲料工业标准化技术委员会提出并归口。

本标准起草单位：浙江省饲料监察所、浙江花园生物高科股份有限公司、浙江新和成股份有限公司、浙江医药股份有限公司维生素厂。

本标准主要起草人：陈慧华、施杏芬、杨金枢、石锦福、金海丽、卢昆、盛翠凤、邵君芳、梅娜。

饲料添加剂　维生素 D_3 微粒

1　范围

本标准规定了饲料添加剂维生素 D_3 微粒产品的产品规格、要求、试验方法、检验规则、标签、包装、运输和贮存。

本标准适用于饲料添加剂维生素 D_3 油为原料，配以一定量 2,6-二叔丁基-4-甲基苯酚（BHT）及（或）乙氧喹啉作稳定剂，采用明胶和淀粉等辅料制成的微粒。本品在饲料工业中作为维生素类饲料添加剂。

化学名称：9,10-开环胆甾-5,7,10(19)-三烯-3β-醇

分子式：$C_{27}H_{44}O$

相对分子质量：384.65（1999 年国际相对原子质量）

化学结构式：

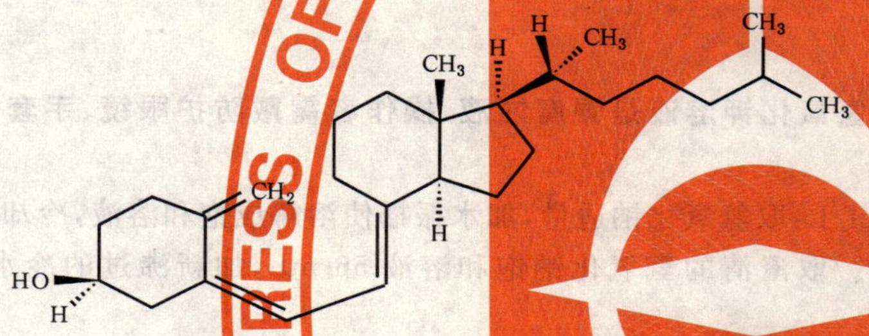

2　规范性引用文件

下列文件中的条款通过本标准的引用而成为本标准的条款。凡是注日期的引用文件，其随后所有的修改单（不包括勘误的内容）或修订版均不适用于本标准，然而，鼓励根据本标准达成协议的各方研究是否可使用这些文件的最新版本。凡是不注日期的引用文件，其最新版本适用于本标准。

GB/T 6682　分析实验室用水规格和试验方法（neq ISO 3696）

GB 9691　食品包装用聚乙烯树脂卫生标准

GB 10648　饲料标签

3　产品规格

3.1　500 000 IU/g。

3.2　产品规格也可根据合同要求确定（但不能低于 300 000 IU/g）。

4　要求

4.1　性状

本品为米黄色至黄棕色微粒，具有流动性。遇热、见光或吸潮后易分解降解，使含量下降。

4.2　技术指标

技术指标应符合表 1 的要求。

表 1 技术指标

项目		指标
维生素 D_3 的含量(为标示量的)/(%)		90.0～120.0
颗粒度	试验筛 ϕ200×50—0.85/0.5	100%通过孔径为 0.85 mm 的试验筛
	试验筛 ϕ200×50—0.425/0.28	85%以上通过孔径为 0.425 mm 的试验筛
干燥失重/(%)		≤5.0

5 试验方法

本标准所用试剂和水,未注明其要求时,均指分析纯试剂和 GB/T 6682 中规定的三级水。色谱分析中所用试剂均为色谱纯和优级纯,试验用水均为 GB/T 6682 中规定的一级水。

5.1 试剂和溶液

5.1.1 三氯甲烷(氯仿)。

5.1.2 乙酸酐。

5.1.3 硫酸。**注意:硫酸是强腐蚀液,操作者需戴防护眼镜、手套,以防灼伤。**

5.1.4 正已烷。

5.1.5 95%乙醇。

5.1.6 氢氧化钾溶液:500 g/L。**注意:氢氧化钾溶液是强腐蚀液,操作者需戴防护眼镜、手套,以防灼伤。**

5.1.7 氢氧化钠溶液 c (NaOH) =1 mol/L:取氢氧化钠适量,加水振摇使溶解成饱和溶液,冷却后,置聚乙烯塑料瓶中,静置数日,澄清后备用。取澄清的氢氧化钠饱和溶液 56 mL,加新沸过的冷水使成 1 000 mL,摇匀。

5.1.8 L-抗坏血酸溶液:称取 3.5 g L-抗坏血酸,溶解于 20 mL 氢氧化钠溶液(5.1.7)中。

5.1.9 酚酞指示液:称取酚酞 1 g,加乙醇(5.1.5)使成 100 mL。

5.1.10 甘油(丙三醇)淀粉润滑剂:称取 22 g 甘油,加入可溶性淀粉 9 g,加热至140℃并保持 30 min,并不断搅拌,放冷。

5.1.11 氯化钠溶液:100 g/L。

5.1.12 脱脂棉。

5.1.13 无水硫酸钠。

5.1.14 BHT(2,6-二叔丁基-4-甲基苯酚)。

5.1.15 维生素 D_3 标准品:含量≥99.0%。

5.1.16 0.45 μm 有机滤膜。

5.1.17 正已烷(色谱纯)。

5.1.18 正戊醇(色谱纯)。

5.1.19 无水乙醇。

5.1.20 盐酸溶液 c (HCl)=1 mol/L:吸取 90 mL 盐酸于 1 000 mL 水中,摇匀。

5.1.21 盐酸溶液 c (HCl)=0.01 mol/L:吸取盐酸溶液(5.1.20) 1 mL 于 100 mL 容量瓶中,用水定容,摇匀。

5.2 仪器和设备

实验室常用仪器和设备。

5.2.1 高效液相色谱仪,带紫外检测器。

5.2.2 恒温水浴锅。

5.2.3 ϕ200×50—0.85/0.5 的试验筛:筛框尺寸为 ϕ200×50 mm,网孔基本尺寸为 850 μm,金属丝直

径为 500 μm 的金属丝编织网试验筛。

5.2.4 ϕ200×50—0.425/0.28 的试验筛：筛框尺寸为 ϕ200×50 mm，网孔基本尺寸为 425 μm，金属丝直径为 280 μm 的金属丝编织网试验筛。

5.3 鉴别

称取试样 100 mg（精确至 0.000 2 g），加三氯甲烷（氯仿）（5.1.1）10 mL，研磨数分钟，过滤。取滤液 5 mL，加乙酸酐（5.1.2）0.3 mL，硫酸（5.1.3）0.1 mL，振摇，初显黄色，渐变红色，迅即变为紫色，最后呈绿色。

5.4 颗粒度

称取试样适量，倾入分析筛中，振摇数分钟，取筛下物称量。

颗粒度 X，以筛下物占试样的质量分数（%）表示，按式（1）计算：

$$X = \frac{m_1}{m_0} \times 100 \qquad \cdots\cdots\cdots\cdots (1)$$

式中：

m_1——筛下物的试料质量，单位为克（g）；

m_0——试料的质量，单位为克（g）。

计算结果表示至小数点后一位。

5.5 干燥失重

5.5.1 测试方法

称取试样 1 g（精确到 0.000 2 g），置于已干燥至恒量的称量瓶中，打开称量瓶瓶盖，在 105℃ 烘箱中，干燥至恒量。

5.5.2 计算和结果的表示

干燥失重 X_1，以质量分数（%）表示，按式（2）计算：

$$X_1 = \frac{m_2 - m_3}{m} \times 100 \qquad \cdots\cdots\cdots\cdots (2)$$

式中：

m_2——干燥前的试料加称量瓶质量，单位为克（g）；

m_3——干燥后的试料加称量瓶质量，单位为克（g）；

m——试料质量，单位为克（g）。

计算结果表示至小数点后一位。

5.6 维生素 D_3 含量

5.6.1 测定方法

5.6.1.1 标准贮备液的制备

称取 50 mg 标准品（5.1.15）（精确至 0.000 02 g）于 100 mL 容量瓶中，用正己烷（5.1.4）溶解并定容，摇匀后放于冰箱中保存（不超过 7 d）。该溶液含维生素 D_3 为 500 μg/mL。

5.6.1.2 标准溶液的制备

精密吸取贮备液（5.6.1.1）1 mL 于 50 mL 容量瓶中，用正己烷（5.1.4）定容摇匀。该溶液含维生素 D_3 为 10 μg/mL（400 IU/mL）。

5.6.1.3 试样处理

试样处理分为第一法和第二法。第一法为皂化萃取法，第二法为水浴超声法，以第一法作仲裁法。

a) 第一法皂化萃取法（仲裁法）

精确称取维生素 D_3 微粒试样 0.2 g～0.5 g（相当于 1.0×10^5 IU，精确至 0.000 2 g）于 100 mL 皂化瓶中，加入乙醇（5.1.5）30 mL、L-抗坏血酸溶液（5.1.8）5 mL（临用新配）和氢氧化钾溶液（5.1.6）5 mL（临用新配），置于 90℃ 水浴回流 30 min。自冷凝管顶端加水冲洗冷凝管内壁 2 次，每次用水

5 mL，取出用流水迅速冷却。将皂化液移至 500 mL 分液漏斗中(分液漏斗活塞涂以甘油淀粉润滑剂(5.1.10)，皂化瓶先用水洗 2 次，每次用 5 mL；再用正己烷洗涤 2 次，每次用正己烷 10 mL (5.1.4)，洗涤液并入 500 mL 的分液漏斗中，加入 60 mL 正己烷(5.1.4)萃取，萃取时剧烈振摇，静置分层，水层转移至 250 mL 分液漏斗中，再用正己烷(5.1.4)分 2 次萃取，每次 50 mL，弃去水层，收集萃取液于 500 mL分液漏斗中，油层先用氯化钠溶液(5.1.11)80 mL 洗一次，再用水洗涤数次，直至水层遇酚酞(5.1.9)不显红色为止(每次用水 50 mL～80 mL 洗涤，洗涤时应缓缓转动，避免乳化)。提取液用铺有脱脂棉(5.1.12)与无水硫酸钠(5.1.13)的漏斗过滤，滤液放入 250 mL 棕色容量瓶，漏斗用正己烷(5.1.4)洗涤 3 次～5 次，洗液并入容量瓶中，再用正己烷(5.1.4)稀释至刻度，摇匀即得试样溶液。

b) 第二法水浴超声法

精确称取维生素 D_3 微粒试样 0.2 g～0.5 g(相当于 1.0×10^5 IU，精确至 0.000 2 g)于 250 mL 棕色容量瓶中，加入 10 mL 盐酸溶液(5.1.21)，50℃水浴超声 5 min，冷却。加入无水乙醇(5.1.19)为容量瓶的 80%左右，常温超声 5 min，冷却，用无水乙醇(5.1.19)定容。

在 250 mL 分液漏斗中加入 17 mL 盐酸溶液(5.1.20)，同时精确加入 25 mL 正己烷(5.1.17)和 25 mL上述试样溶液，振摇 5 min，弃去水层，取正己烷层以 4 500 r/min 离心 5 min，即得试样上机溶液。

5.6.2 色谱条件

色谱柱：Alltima Silica 内径 4.6 mm ，柱长 150 mm，填料粒度 5 μm 的硅胶柱。

流动相：正己烷(5.1.17)和正戊醇(5.1.18)的混合液，V(正己烷)+V(正戊醇)=99.6+0.4。

流速：2.0 mL/min。

检测波长：265 nm。

进样量：100 μL。

5.6.3 预维生素 D_3 校正因子的测定

精确移取标准贮备液(5.6.1.1)1 mL 至 100 mL 皂化瓶中，加入 3 粒 BHT(5.1.14)和适量正己烷(5.1.4)，于 90℃水浴中避光回流 45 min，冷却。用适量正己烷(5.1.4)转移至 50 mL 棕色容量瓶中，用正己烷(5.1.4)定容并摇匀。过 0.45 μm 有机滤膜(5.1.16)，用高效液相色谱仪按上述色谱条件进样检测。得到维生素 D_3 峰面积 A' 和预维生素 D_3 峰面积 A'_{pre}。同样将标准溶液(5.6.1.2)过 0.45 μm 有机滤膜(5.1.16)，用高效液相色谱仪按上述色谱条件进样检测，得到维生素 D_3 峰面积 A 和预维生素 D_3 峰面积 A_{pre}。

预维生素 D_3 校正因子(F)按式(3)计算：

$$F=(A-A')/(A'_{pre}-A_{pre}) \qquad \cdots\cdots(3)$$

式中：

A——标准溶液中维生素 D_3 的峰面积；

A'——标准溶液 90℃水浴回流后维生素 D_3 的峰面积；

A'_{pre}——标准溶液 90℃水浴回流后预维生素 D_3 的峰面积；

A_{pre}——标准溶液中预维生素 D_3 的峰面积。

5.6.4 试样测定

将试样分析液(5.6.1.3)过 0.45 μm 有机滤膜(5.1.16)，按上述色谱条件进行进样分析，得到试料中的维生素 D_3 峰面积 A_s 和预维生素 D_3 峰面积 $A_{s,pre}$。

5.6.5 计算和结果的表示

维生素 D_3 含量 X_2，以 IU/g 表示，按式(4)计算：

$$X_2=\frac{(F\times A_{s,pre}+A_s)\times c_r\times n}{(F\times A_{pre}+A)\times m_s} \qquad \cdots\cdots(4)$$

式中：

F——预维生素 D_3 校正因子；

$A_{s,pre}$——试料中预维生素 D_3 峰面积；

A_s——试料中维生素 D_3 的峰面积；

A——标准溶液中维生素 D_3 的峰面积；

A_{pre}——标准溶液中预维生素 D_3 的峰面积；

m_s——称取试料的质量，单位为克(g)；

c_r——标准溶液的浓度，单位为国际单位每毫升(IU/mL)；

n——试料的稀释倍数。

计算结果表示至小数点后一位。

5.6.6 允许差

取两次测定结果的算术平均值为测定结果，两次平行测定结果相对偏差应不大于5%。

6 检验规则

6.1 饲料添加剂维生素 D_3 应由生产企业的质量监督部门按本标准进行检验，本标准规定所有项目为出厂检验项目，生产企业应保证出厂产品均符合本标准规定的要求。每批产品检验合格后，方可出厂。

6.2 使用单位有权按照本标准规定的检验规则和试验方法对所收到的产品进行质量检验，检验其指标是否符合本标准的要求。

6.3 采样方法：抽样需备有清洁、干燥、具有密闭性和避光性的样品瓶(或样品袋)，瓶(袋)上贴有标签并注明：生产厂家、产品名称、批号、取样日期。

抽样时，应用清洁适用的取样工具。将所取样品充分混匀，以四分法缩分，每批样品分两份，每份样量应为检验所需试样的3倍量，装入样品瓶(袋)中，一瓶(袋)供检验用，一瓶(袋)密封保存备查。

6.4 判定规则：若检验结果有一项指标不符合本标准要求时，应加倍抽样进行复验，复验结果仍有一项指标不符合本标准要求时，则整批产品判为不合格品。

7 标签、包装、运输和贮存

7.1 标签

标签按 GB 10648 执行。

7.2 包装

内衬聚乙烯袋，密封，盛于外包装容器内。

聚乙烯材料卫生指标应符合 GB 9691 标准要求。

7.3 运输

本产品在运输过程中应避免日晒雨淋、受热，搬运装卸小心轻放，严禁碰撞，防止包装破损，严禁与有毒有害或其他有污染的物品以及具有氧化性的物质混装、混运。

7.4 贮存

本产品应贮存在清洁的地方，防止日晒、雨淋、受潮，严禁与有毒有害的物品混贮。

8 保质期

本产品在规定的贮存条件下，保质期不低于12个月。

ICS 65.120
B 46

中华人民共和国国家标准

GB/T 9841—2006
代替 GB 9841—1988

饲料添加剂 维生素 B_{12}(氰钴胺)粉剂

Feed additive—Vitamin B_{12} powder(cyanocobalamin cobione)

2006-02-24 发布 2006-07-01 实施

中华人民共和国国家质量监督检验检疫总局
中国国家标准化管理委员会 发布

前　言

本标准是 GB 9841—1988《饲料添加剂　维生素 B_{12}（氰钴胺）粉剂》的修订版。

本标准与 GB 9841—1988 主要技术差异如下：

——删去原标准鉴别试验中 4.3.2 方法；

——本标准不再包括标示量为 10％的产品，产品粉剂中维生素 B_{12} 的标示量为 0.1％、0.5％、1％、……5％；

——主要成分含量的测定，参考 GB/T 17819—1999《维生素预混料中维生素 B_{12} 的测定　高效液相色谱法》及国内外先进企业标准方法，由紫外分光光度法测定改为高效液相色谱法测定，改后的方法，可有效消除其他色素杂质干扰，使检测结果更准确可靠；

——规定维生素 B_{12} 标准品应符合中华人民共和国药典；

——补充规定砷、铅允许量及检测方法；

——干燥失重的测定按照 GB/T 6435 执行。

本标准自实施之日起代替 GB 9841—1988。

本标准的附录 A 为规范性附录。

本标准由国家标准化管理委员会提出。

本标准由全国饲料工业标准化技术委员会归口。

本标准起草单位：国家饲料质量监督检验中心（北京）。

本标准主要起草人：赵小阳、索德成、虞哲高、田河山、闫惠文、李兰、刘庆生、李丽蓓、王彤。

本标准所代替标准的历次版本发布情况为：

——GB 9841—1988。

饲料添加剂
维生素 B_{12}（氰钴胺）粉剂

1 范围

本标准规定了饲料添加剂维生素 B_{12}（氰钴胺）粉剂产品的要求、试验方法、检验规则及标签、包装、运输、贮存。

本标准适用于以维生素 B_{12}（氰钴胺）为原料，加入碳酸钙、玉米淀粉等其他适宜的稀释剂制成的维生素 B_{12} 粉剂（其标示量为 0.1%、0.5%、1%、……5%）。

分子式：$C_{63}H_{88}CoN_{14}O_{14}P$

相对分子质量：1355.38（1999 年国际相对原子质量）

结构式：

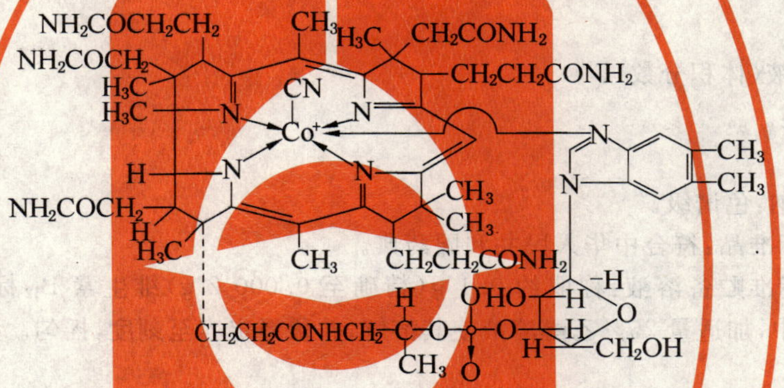

2 规范性引用文件

下列文件中的条款通过本标准的引用而成为本标准的条款。凡是注日期的引用文件，其随后所有的修改单（不包括勘误的内容）或修订版均不适用于本标准，然而，鼓励根据本标准达成协议的各方研究是否可使用这些文件的最新版本。凡是不注日期的引用文件，其最新版本适用于本标准。

GB/T 602　化学试剂　杂质测定用标准溶液的制备

GB/T 603　化学试剂　试验方法中所用制剂及制品的制备

GB/T 6435　饲料水分的测定方法

GB/T 6682　分析实验室用水规格和试验方法

GB 10648　饲料标签

GB/T 13080—2004　饲料中铅的测定　原子吸收光谱法

GB/T 17819—1999　维生素预混料中维生素 B_{12} 的测定　高效液相色谱法

中华人民共和国药典

3 要求

3.1 外观

本品为浅红色至棕色细微粉末，具有吸湿性。

3.2 技术指标

技术指标应符合表1规定。

表1 技术指标

指标名称			指标
含量(以 $C_{63}H_{88}CoN_{14}O_{14}P$ 计)/[(是标示量的)%]			90～130
砷/(mg/kg)		≤	3.0
铅/(mg/kg)		≤	10.0
干燥失重/(%)	以玉米淀粉等为稀释剂	≤	12.0
	以碳酸钙为稀释剂	≤	5.0
粒度			全部通过0.25 mm孔径标准筛

4 试验方法

除特殊说明外，所用试剂均为优级纯，水为蒸馏水，色谱用水符合GB/T 6682中一级用水规定，标准溶液和杂质溶液的制备应符合GB/T 602和GB/T 603。

4.1 试剂和溶液

4.1.1 25%乙醇溶液(体积分数)。

4.1.2 甲醇：色谱纯。

4.1.3 冰乙酸。

4.1.4 1-己烷磺酸钠：色谱级。

4.1.5 维生素 B_{12} 标准品：符合中华人民共和国药典。

4.1.6 维生素 B_{12} 标准贮备溶液：称取约0.1 g(精确至0.000 2 g)维生素 B_{12} 标准品(4.1.5)，置于100 mL棕色容量瓶中，加适量25%乙醇溶液使其溶解，并稀释定容至刻度，摇匀。该标准储备液每毫升含维生素 B_{12} 1 mg。

4.1.7 维生素 B_{12} 标准工作液：准确吸取维生素 B_{12} 标准储备液(4.1.6)1.00 mL于100 mL棕色容量瓶中，用水稀释定容至刻度，摇匀。该标准工作液每毫升含维生素 B_{12} 10 μg。

维生素 B_{12} 标准工作液的浓度按下述方法测定和计算：

以水为空白溶液，用紫外分光光度计测定维生素 B_{12} 标准工作液在361 nm处的最大吸收度，维生素 B_{12} 标准工作液的浓度 X 以微克每毫升(μg/mL)表示，按式(1)计算：

$$X=\frac{A\times 10\,000}{207} \qquad \cdots\cdots(1)$$

式中：

A——维生素 B_{12} 标准工作液在361 nm波长处测得的吸收度；

207——维生素 B_{12} 标准百分吸收系数($E_{1cm}^{1\%}=207$)；

10 000——维生素 B_{12} 标准工作液浓度单位换算系数。

4.2 仪器和设备

实验室常用设备以及以下仪器和设备。

4.2.1 超声波水浴。

4.2.2 超纯水装置。

4.2.3 紫外分光光度计。

4.2.4 石英比色皿(1 cm)。

4.2.5 高效液相色谱仪，带紫外可调波长检测器(或二极管矩阵检测器)。

4.2.6 原子吸收分光光度计。

4.3 鉴别试验

注意：以下操作过程，需在避光条件下进行。

取试样溶液(4.4.2.1)，用分光光度计测定，以 1 cm 石英比色皿在 300 nm～600 nm 波长范围内测定试样溶液的吸收光谱，应在 361 nm±1 nm、550 nm±2 nm 的波长处有最大吸收峰。

4.4 维生素 B_{12} 含量的测定

4.4.1 原理

试样中维生素 B_{12} 经水提取后，注入反相色谱柱上，与流动相中离子对试剂形成离子偶化合物，用流动相洗脱分离，外标法计算维生素 B_{12} 的含量。

4.4.2 分析步骤

4.4.2.1 试液的制备

根据产品含量(参考附录 A)，称取试样约 0.1 g～1 g(精确至 0.000 2 g)，置于 100 mL 棕色容量瓶中，加约 60 mL 水，在超声波水浴中超声提取 15 min，冷却至室温，用水定容至刻度，混匀，过滤，滤液过 0.45 μm 滤膜，供高效液相色谱仪分析。

4.4.2.2 色谱条件

固定相：C_{18} 柱：内径 4.6 mm，长 150 mm，粒度 5 μm。

流动相：每升水溶液中含 300 mL 的甲醇(4.1.2)、1 g 的己烷磺酸钠(4.1.4)和 10 mL 的冰乙酸(4.1.3)，过滤，超声脱气。

流速：0.5 mL/min。

检测器：紫外可调波长检测器(或二极管矩阵检测器)，检测波长 361 nm。

进样量：20 μL。

4.4.2.3 定量测定

按高效液相色谱仪说明书调整仪器操作参数，向色谱柱中注入维生素 B_{12} 标准工作液(4.1.7)及试样溶液(4.4.2.1)，得到色谱峰面积响应值，用外标法定量。

也可采用 GB/T 17819—1999 中 6.2 的方法测定维生素 B_{12} 的含量。

4.4.3 结果计算

4.4.3.1 试样中维生素 B_{12}($C_{63}H_{88}CoN_{14}O_{14}P$)含量 X_1 以质量分数(%)表示，按式(2)计算：

$$X_1 = \frac{P_i \times c \times 100}{P_{st} \times m} \times 10^{-4} \qquad \cdots\cdots(2)$$

式中：

P_i——试液(4.4.2.1)峰面积；

c——维生素 B_{12} 标准工作液(4.1.7)浓度，单位为微克每毫升(μg/mL)；

100——试液(4.4.2.1)稀释倍数；

P_{st}——维生素 B_{12} 标准工作液(4.1.7)峰面积；

m——试样质量，单位为克(g)。

4.4.3.2 试样中维生素 B_{12} 占标示量的质量分数(%)以 X_2 表示，按式(3)计算：

$$X_2 = \frac{X_1}{K} \times 100 \qquad \cdots\cdots(3)$$

式中：

K——产品中维生素 B_{12} 标示量。

平行测定结果用算术平均值表示，保留三位有效数字。

4.4.4 重复性

同一分析者对同一试样同时两次平行测定结果的相对偏差应不大于 5%。

4.5 砷的测定

按照中华人民共和国药典　砷的测定法　第一法(古蔡氏法)测定，准确称取试样 1 g(准确至

0.000 2 g)，使用砷标准溶液 3 mL。

4.6 铅的测定

按 GB/T 13080—2004 的方法测定。

4.7 干燥失重的测定

按 GB/T 6435 测定。

5 检验规则

5.1 饲料添加剂维生素 B_{12} 应由生产企业的质量监督部门按本标准进行检验，本标准规定所有指标为出厂检验项目，生产企业应保证所有维生素 B_{12} 产品均符合本标准规定的要求。每批产品检验合格后方可出厂。

5.2 使用单位有权按照本标准规定的检验规则和试验方法对所收到的维生素 B_{12} 产品进行验收，检验其指标是否符合本标准的要求。

5.3 采样方法：抽样需备有清洁、干燥、具有密闭性和避光性的样品瓶，瓶上贴有标签并注明：生产厂家、产品名称、批号、取样日期。

抽样时，用清洁适用的取样工具插入料层深度四分之三处，将所取样品充分混匀，以四分法缩分，每批样品分两份，每份样量应为检验所需试样的 3 倍量，装入样品瓶中，一瓶供检验用，一瓶密封保存备查。

5.4 判定规则：若检验结果有一项指标不符合本标准要求时，应加倍抽样进行复验，复验结果仍有一项指标不符合本标准要求时，则整批产品判为不合格品。

6 标签、包装、运输、贮存

6.1 标签

标签按 GB 10648 要求执行。

6.2 包装

本品采用铝薄膜袋或其他避光密闭容器包装。

6.3 运输

本品在运输过程中应防潮、防高温、防止包装破损，严禁与有毒有害物质混运。

6.4 贮存

本品应贮存在通风、干燥、无污染、无有害物质的地方。

本品在规定的贮存条件下，保质期为 24 个月。

附 录 A
（规范性附录）
产品中维生素 B_{12} 的标示量、称样量及提取液稀释体积示例

表 A.1 标示量、称样量及提取液稀释体积

标示量/ (%)	称样量/ g	提取液体积/ mL	提取液中维生素 B_{12} 浓度/ (μg/mL)
0.1	1.000 0	100.0	10
0.5	0.400 0	100.0	20
1.0	0.100 0	100.0	10
5.0	0.100 0	250.0	20

ICS 83.060
G 40

中华人民共和国国家标准

GB/T 9870.1—2006/ISO 4664-1:2005
代替 GB/T 9870—1988

硫化橡胶或热塑性橡胶动态性能的测定 第1部分:通则

Rubber, vulcanized or thermoplastic—Determination of dynamic properties—Part 1: General guidance

(ISO 4664-1:2005, IDT)

2006-12-07 发布

2007-06-01 实施

中华人民共和国国家质量监督检验检疫总局
中国国家标准化管理委员会 发布

前言

GB/T 9870《硫化橡胶或热塑性橡胶动态性能的测定》包括两个部分:

——第1部分:通则;

——第2部分:低频扭摆法。

本部分为GB/T 9870的第1部分。本部分等同采用国际标准ISO 4664-1:2005《硫化橡胶或热塑性橡胶动态性能的测定 第1部分:通则》(英文版)。

本部分代替GB/T 9870—1988《弹性体动态试验的一般要求》。

本部分等同翻译ISO 4664-1:2005。本标准的规范性引用文件用GB/T 7759代替ISO 815,本部分所引用的技术内容上二者没有差异,完全相同。

为便于使用,本部分做了下列编辑性修改:

a) “本国际标准”改为“本部分”;

b) 删除国际标准前言。

本部分与GB/T 9870—1988相比,主要变化如下:

——修改了标准的范围(见第1章);

——增删部分术语词条(见第3章);

——增加了符号和基本原理(本版的第4、5章);

——修改了试验机和设备的要求(1988年版的第4、5章;本版的第8章);

——增加了试验程序要求(本版的第10章);

——修改和调整了试验数据的处理与表述(1988年版的第9章;本版的第11章);

——删除了附录A,附录B,附录C(1988年版的附录A、附录B、附录C)。

本部分由中国石油和化学工业协会提出。

本部分由全国橡胶与橡胶制品标准化技术委员会橡胶物理和化学试验方法分技术委员会(SAC/TC 35/SC 2)归口。

本部分由全国橡胶与橡胶制品标准化技术委员会橡胶物理和化学试验方法分技术委员会负责解释。

本部分起草单位:北京橡胶工业研究设计院、北京万汇一方科技发展有限公司。

本部分起草人:陈毅敏、伍江涛、邓海燕、张燕。

本部分所代替标准的历次版本发布情况为:

——GB/T 9870—1988。

硫化橡胶或热塑性橡胶动态性能的测定
第1部分:通则

警告——使用本部分的人员应有正规实验室工作的实践经验。本部分并未指出所有可能的安全问题。使用者有责任采取适当的安全和健康措施,并保证符合国家有关法规规定的条件。

1 范围

GB/T 9870的本部分规定了硫化橡胶或热塑性橡胶的动态性能测定的通则,包括适用于材料和制品的自由振动法和强迫振动法,不包括回弹性,也不包括以橡胶疲劳为主要目标的周期试验。

2 规范性引用文件

下列文件中的条款通过GB/T 9870的本部分的引用而成为本部分的条款。凡是注日期的引用文件,其随后所有的修改单(不包括勘误的内容)或修订版均不适用于本部分,然而,鼓励根据本部分达成协议的各方研究是否可使用这些文件的最新版本。凡是不注日期的引用文件,其最新版本适用于本部分。

GB/T 2941 橡胶物理试验方法试样制备和调节通用程序(GB/T 2941—2006,ISO 23529:2004,IDT)

GB/T 7759 硫化橡胶、热塑性橡胶 常温、高温和低温下压缩永久变形测定(GB/T 7759—1996,eqv ISO 815:1991)

ISO 4663 硫化橡胶低频动态性能的测定 扭摆法

ISO 5893 橡胶和塑料试验设备 等速往复式拉伸、屈挠、压缩试验机规范

ISO 7743 硫化橡胶或热塑性橡胶压缩应力应变性能的测定

3 术语和定义

下述术语和定义适用于本部分。

3.1 适用于周期变形的术语和定义

3.1.1

力学滞后环 mechanical hysteresis loop

用来说明材料周期变形时持续的应力-应变状态的一条闭环曲线。

注:该环可能以坐标系原点为中心,但大多数情况下会偏移,取决于不同的应力或应变范围,后者环的形状将变成不对称,不过这种情况通常可忽略不计。

3.1.2

能量损失 energy loss

一个变形周期内单位体积的能量损失,相当于参考坐标标度计算的滞后环的面积。单位为焦耳每立方米(J/m^3)。

3.1.3

功率损耗 power loss

由于滞后作用转变成热的单位体积的功率,是能量损失和频率的乘积。单位为瓦每立方米(W/m^3)。

3.1.4

平均负荷　mean load

一个完整滞后环的负荷平均值。单位为牛顿(N)。

3.1.5

平均偏移　mean deflection

一个完整的滞后环的偏移平均值(见图1)。单位为米(m)。

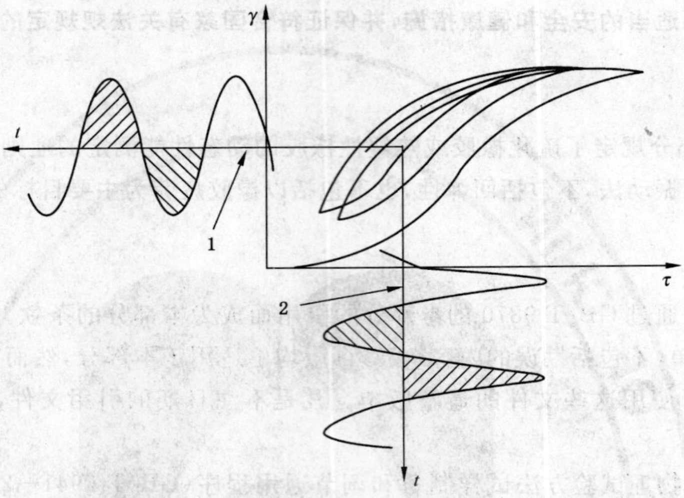

1——平均应变；

2——平均应力。

注1：开口的初始环表示的平均应力和平均应变对应瞬时应变、应力的时间平均值。

注2：正弦运动的正弦特性曲线意味着滞后环可以被认为是椭圆形的。术语"递增"专用于涉及各种平均应力或平均应变范围的正弦形变的动态响应(例如递增弹簧常数、递增弹性剪切模量)。

图1　强制脉冲正弦应变条件下变形严重的滞后环

3.1.6

平均应力　mean stress

一个独立且完整的滞后环的应力平均值(见图1)。单位为帕(Pa)。

3.1.7

平均应变　mean strain

一个独立且完整的滞后环的应变平均值(见图1)。

3.1.8

平均模量　mean modulus

平均应力与平均应变的比值。单位为帕(Pa)。

3.1.9

最大负荷振幅　maximum load amplitude

F_0

外加负荷最大值与平均值之差(零点到一侧的峰值)。单位为牛顿(N)。

3.1.10

最大应力振幅　maximum stress amplitude

τ_0

作用在未受力试样截面上的最大负荷与平均负荷的差值(零点到一侧的峰值)。单位为帕(Pa)。

3.1.11

均方根应力　root-mean-square stress

一个变形周期内的应力平均值的平方根。单位为帕(Pa)。

注：一个对称的正弦应力，其均方根应力等于应力振幅除以$\sqrt{2}$。

3.1.12

最大位移振幅　maximum deflection amplitude

x_0

最大位移与平均位移的差值(零点到一侧的峰值)。单位为米(m)。

3.1.13

最大应变振幅　maximum strain amplitude

γ_0

最大应变与平均应变的差值(零点到一侧的峰值)。

3.1.14

均方根应变　root-mean-square strain

一个变形周期内的应变平均值的平方根。

注：一个对称的正弦应变，其均方根应变等于应变振幅除以$\sqrt{2}$。

3.2　适用于正弦运动的术语和定义

3.2.1

弹簧常数　spring constant

K

与变形同相的作用力的分力除以变形量。单位为牛顿每米(N/m)。

3.2.2

弹性剪切模量　elastic shear modulus

储能剪切模量　storage shear modulus

G'

与剪切应变同相的剪切力的分力除以应变。单位为帕(Pa)。

$$G' = |G^*| \cos\delta$$

3.2.3

损耗剪切模量　loss shear modulus

G''

与剪切应变在相位上相差 1/4 周期的作用力的分力除以应变。单位为帕(Pa)。

$$G'' = |G^*| \sin\delta$$

3.2.4

复数剪切模量　complex shear modulus

G^*

剪切应力与剪切应变的比值，是可用复数代表的矢量。单位为帕(Pa)。

$$G^* = G' + \mathrm{i}G''$$

3.2.5

绝对复数剪切模量　absolute complex shear modulus

$|G^*|$

复数剪切模量的绝对值。单位为帕(Pa)。

$$|G^*| = \sqrt{G'^2 + G''^2}$$

3.2.6

弹性法向模量　elastic normal modulus

储能法向模量　storage normal modulus

弹性杨氏模量　elastic Young's modulus

E'

与法向应变同相的法向应力的分力除以应变。单位为帕(Pa)。

$$E' = |E^*| \cos\delta$$

3.2.7

损耗法向模量　loss normal modulus

损耗杨氏模量　loss Young's modulus

E''

与法向应变在相位上相差1/4周期的法向应力的分力除以法向应变。单位为帕(Pa)。

$$E'' = |E^*| \sin\delta$$

3.2.8

复数法向模量　complex normal modulus

复数杨氏模量　complex Young's modulus

E^*

法向应力与法向应变的比值,是可用复数代表的矢量。单位为帕(Pa)。

$$E^* = E' + iE''$$

3.2.9

绝对法向模量　absolute normal modulus

$|E^*|$

复数法向模量的绝对值。单位为帕(Pa)。

$$|E^*| = \sqrt{E'^2 + E''^2}$$

3.2.10

储能弹簧常数　storage spring constant

动态弹簧常数　dynamic spring constant

K'

与变形同相的外加负荷的分力除以变形量。单位为牛顿每米(N/m)。

$$K' = |K^*| \cos\delta$$

3.2.11

损耗弹簧常数　loss spring constant

K''

与变形在相位上相差1/4周期的外加负荷的分力除以变形量。单位为牛顿每米(N/m)。

$$K'' = |K^*| \sin\delta$$

3.2.12

复数弹簧常数　complex spring constant

K^*

负荷与变形的比值,是可用复数代表的矢量。单位为牛顿每米(N/m)。

$$K^* = K' + iK''$$

3.2.13

绝对复数弹簧常数　absolute complex spring constant

$|K^*|$

复数弹簧常数的绝对值。单位为牛顿每米(N/m)。

$$|K^*| = \sqrt{K'^2 + K''^2}$$

3.2.14

损耗角正切　tangent of the loss angle

$\tan\delta$

损耗模量与弹性模量的比值。

注：对于剪切应力，$\tan\delta = \frac{G''}{G'}$；对于法向应力，$\tan\delta = \frac{E''}{E'}$。

3.2.15

损耗系数　loss factor

L_f

损耗弹簧常数与储能弹簧常数的比值。

$$L_f = \frac{K''}{K'}$$

3.2.16

损耗角　loss angle

δ

应力与应变之间的相位角，其正切就是损耗角正切。单位为弧度(rad)。

3.3　适用于周期运动的其他术语和定义

3.3.1

对数衰减率　logarithmic decrement

阻尼振荡时同一信号的连续振幅间的比值的自然对数(Napierian 对数)。

3.3.2

阻尼比　damping ratio

u

实际阻尼与临界阻尼的比值，而临界阻尼是振动与未振动临界状态下物体所具有的边界条件。

$$u = \frac{\frac{\Lambda}{2\pi}}{\sqrt{1 + \left(\frac{\Lambda}{2\pi}\right)^2}} = \sin\arctan\left(\frac{\Lambda}{2\pi}\right)$$

注1：阻尼比是对数衰减率的函数。

注2：大的正弦形变，其滞后环偏离椭圆形，因为橡胶的应力-应变关系是非线性的，其响应已不是正弦曲线(见图1)。

3.3.3

阻尼系数　damping coefficient

阻尼常数　damping constant

C

与变形在相位上相差 1/4 周期的作用力的分力除以变形速度。单位为牛顿秒每米(N·s/m)。

$$C = \frac{1}{\omega} |K^*| \sin\delta$$

式中：

$$\omega = 2\pi f$$

3.3.4

传递率　transmissibility

V_T

$$V_T = \sqrt{\frac{1+(\tan\delta)^2}{\left[1-\left(\frac{\omega}{\omega_n}\right)^2\right]^2+(\tan\delta)^2}}$$

式中：

ω_n——无阻尼振动器的固有角频率。

$\omega_n = \frac{K'}{m}$

而且

$K' = |K^*| \cos\delta$

4 符号

下述符号适用于本部分：

A	(m^2)	试样截面积
$a(T)$		Williams Landel Ferry (WLF) 位移因子
α	(rad)	扭转角
b	(m)	试样宽度
C		阻尼系数、阻尼常数
C_P		热容
γ		应变
γ_0		最大应变振幅
δ	(rad)	损耗角
E	(Pa)	杨氏模量
E_e	(Pa)	有效杨氏模量
E'	(Pa)	弹性模量
E''	(Pa)	损耗法向模量
E^*	(Pa)	复数法向模量、复数杨氏模量
$\|E^*\|$	(Pa)	复数法向模量的绝对值
F	(N)	负荷
f	(Hz)	频率
G	(Pa)	剪切模量
G'	(Pa)	弹性剪切模量、储能剪切模量
G''	(Pa)	损耗剪切模量
G^*	(Pa)	复数剪切模量
$\|G^*\|$	(Pa)	复数剪切模量的绝对值
h	(m)	试样厚度
K	(N/m)	弹簧常数
K'	(N/m)	储能弹簧常数、动态弹簧常数
K''	(N/m)	损耗弹簧常数
$\|K^*\|$	(N/m)	复数弹簧常数的绝对值
k		数值因子
k_l		扭曲形状因子
L_f		损耗系数
l	(m)	试样长度
λ		伸长比
Λ		对数衰减率

M'	(Pa)	同相模量、储能模量
M''	(Pa)	损耗模量
M^*	(Pa)	复数模量
$\mid M^* \mid$	(Pa)	复数模量的绝对值
m	(kg)	质量
ρ	(kg/m³)	橡胶密度
Q	(N·m)	扭矩
S		形状因子
T	(K)	温度(绝对温度)
T_g	(K)	低频玻璃化温度
T_0	(K)	参照温度
t	(s)	时间
$\tan\delta$		损耗角正切
τ	(Pa)	应力
τ_0	(Pa)	最大应力振幅
τ'	(Pa)	同相应力
τ''	(Pa)	异相应力
u		阻尼比
V_τ		传递率
ω	(rad/s)	角频率
x	(m)	位移
x_0	(m)	最大位移振幅

5 基本原理

5.1 黏弹性

物质不受力不会产生变形。橡胶与金属等弹性材料不同，是一种黏弹性材料，即它在受力变形时既有弹性响应也有黏性行为。可将一个理想的弹簧和一个黏性阻尼器(黏壶)并联(Voigt-Kelvin 模型)或串联(Maxwell 模型)构成模型，用来模拟橡胶类物质的这种黏弹行为与时间的相关性。

注：参见 1983 年 J. D. Ferry 撰写的、由 John Wiley and Sons 出版的《聚合物的黏弹性能》，可深入了解各种精心设计的、准确描述黏弹行为的模型。

可将黏弹物质的动态性能分解为由弹性(弹簧)和黏性(黏壶)两个部分组成的模型(如图 2 所示)。对这个模型在循环负荷或应力作用下的行为进行分析，可以发现最终变形滞后于施加的负荷即应力，也就是说存在一个相位差(见 5.5)。橡胶的动态性能可以被看作是一种物理性能，它可以用输入与响应的关系式来定量描述。

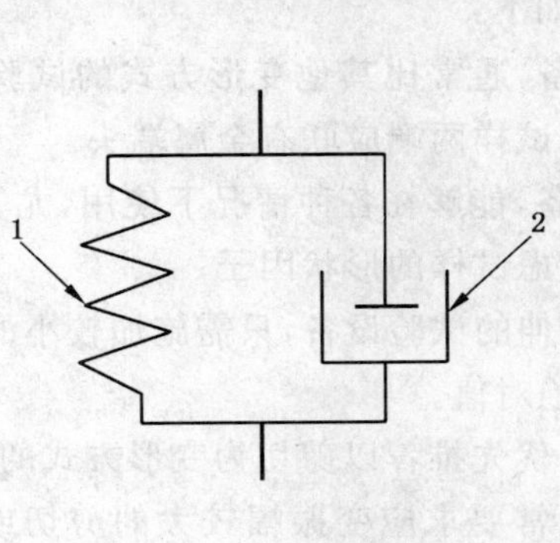

1——弹性单元；

2——黏性单元。

图 2 橡胶动态模型(Voigt-Kelvin 模型)

5.2 动态试验数据的用途

动态性能的试验结果有如下几个用途：

a) 揭示材料特性；

b) 提供设计数据；

c) 进行产品评价。

聚合物的黏弹行为是复杂的，动态试验的数据对频率、作用力的大小、变形量、试样的几何形状、形变方式等试验参数都非常敏感。因此，若要获得可比较的试验数据，应仔细控制上述试验参数。

重要的是产生数据的条件应与数据的既定用途相适应，即应根据不同的用途，使用不同类型的试验设备。如适用于材料特性分析的小型动态分析仪，就不一定适用于提供设计数据或进行产品评价。

5.3 动态试验的分类

目前使用的动态试验设备有很多种，按如下几种方式分类。

a) 按振动方式分类

按振动方式的不同，动态试验可分为两大类，即自由振动和强迫振动。在自由振动中，使试样自由振荡，由于体系中的阻尼作用导致振幅衰减。在强迫振动中，通过外部手段使橡胶试样维持振荡状态。强迫振动试验又有两种方式，即共振方式和非共振方式。

b) 按振动试验设备分类

按振动试验设备的不同，可将强迫振动试验机分成小型试验机和大型试验机两类（见表 1）。这样划分不是绝对的，但对选用设备很有帮助。

表 1 动态试验的分类

分类	小型试验机	大型试验机
试验目的	比较及评价材料性能	比较及评价设计及产品性能
振动方式	非共振强迫振动 共振强迫振动 自由振动	非共振强迫振动
变形方式	拉伸、弯曲、压缩、剪切	压缩、拉伸、扭曲、剪切
试样形状	矩形条状、圆柱体、直棱柱	圆柱体、直棱柱、圆锥体、整件制成品

对于扭摆试验机等其他类型的试验机，通常单独分类。

c) 按试样变形方式分类

按试样变形方式的不同，动态试验分为压缩类、剪切类、拉伸类、弯曲类及扭曲类。

5.4 影响试验设备选择的因素

各种动态试验设备的适用情况如下：

a) 变形方式为剪切的试验设备，通常比其他变形方式的试验设备具有更高的应变准确度，应力-应变曲线更趋向线性，但是试样两端应联有金属端头。

b) 变形方式为压缩的试验设备，能够在各种情况下使用，尤其是试样为制成品时，但是通常要求施加较高的负荷，而且要考虑试样的形状因子。

c) 变形方式为弯曲、扭曲或拉伸的试验设备，只需施加较小的负荷，而且试样容易制备，但是可能不太适宜用于测定模量的绝对值。

d) 若以提供设计数据为目的，优先推荐以剪切为变形方式的非共振强迫振动型试验机。

e) 在对制成品进行测试时，通常要求应变振幅较大的剪切或压缩变形，因此需要施加较大的负荷。这类试验设备通常都较为昂贵。

f) 在测试材料特性时，原则上各种变形方式均可使用，也只需要施加较小的负荷。

g) 在测试材料特性时，推荐选择具有合适量程的，并且具有自动频率、温度扫描功能的动态分析仪。

h) 自由振动型试验机(例如扭摆类)，常仅限于低频率及低振幅的情况。

i) 通常共振强迫振动型试验机局限于弯曲变形的情况，测量时不允许有振幅和频率影响。

5.5 动态运动

5.5.1 强迫振动方式

橡胶是一种黏弹性材料，其对动态应力的响应是弹性响应和黏性响应的加合，每个周期都有能量损耗。

对于正弦应变，其运动可用式(1)描述(见图3)：

$$\gamma = \gamma_0 \sin\omega t \tag{1}$$

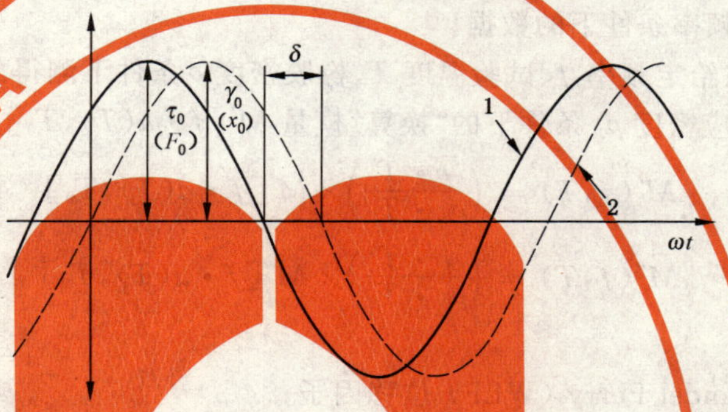

1——应力(负荷)；
2——应变(位移)。

图3 正弦应力-应变周期

此时，应力 τ 与应变不同相，两者相差一个相位角 δ，见式(2)：

$$\tau = \tau_0 \sin(\omega t + \delta) \tag{2}$$

把应力当作是具有两个分量的矢量来考虑，其中一个是与位移同相的(τ')，另一个是与位移呈90°异相的(τ'')，然后确定相应的同相、异相模量，故复数模量由式(3)确定：

$$M^* = M' + iM'' \tag{3}$$

并且

$$M' = \frac{\tau'}{\gamma_0} = \frac{\tau_0}{\gamma_0}\cos\delta = |M^*|\cos\delta \tag{4}$$

$$M'' = \frac{\tau''}{\gamma_0} = \frac{\tau_0}{\gamma_0}\sin\delta = |M^*|\sin\delta \tag{5}$$

复数模量的绝对值由式(6)确定：

$$|M^*| = \sqrt{M'^2 + M''^2} \tag{6}$$

损耗角正切由式(7)确定：

$$\tan\delta = \frac{M''}{M'} \tag{7}$$

5.5.2 自由振动方式

对于自由振动的橡胶及其质量系统，其运动可用式(8)描述：

$$m\frac{d^2x}{dt^2} + \frac{K''}{\omega}\frac{dx}{dt} + K'x = 0 \tag{8}$$

该方程的解为式(9)、式(10)：

$$K' = m\omega^2\left(1 + \frac{\Lambda^2}{4\pi^2}\right) \tag{9}$$

$$K'' = \frac{m\omega^2 \Lambda}{\pi} \qquad \cdots\cdots(10)$$

$$L_f = \frac{\Lambda}{\pi\left(1+\frac{\Lambda^2}{4\pi^2}\right)} \qquad \cdots\cdots(11)$$

式中：

L_f——损耗系数；

Λ——对数衰减率。

5.6 频率与温度的相互关联

频率与温度的影响是相互关联的，譬如升高温度和降低频率使模量产生相同的变化，反之亦然。可以利用这一规律去推断测量范围之外的动态性能，譬如利用试样在较低温度条件下测得的结果去推断试验设备无法达到的较高频率条件下的数据。

利用式(12)、式(13)在给定频率 f、试验温度 T、橡胶密度 ρ 条件下测得的模量 $M'(f,T)$ 及 $M''(f,T)$ 换算成标准温度 T_0、相应密度 ρ_0 条件下的"换算"模量 $M'[f\cdot a(T),T_0]$ 及 $M''[f\cdot a(T),T_0]$：

$$M'(f,T) = \left(\frac{\rho\cdot T}{\rho_0\cdot T_0}\right)\times M'[f\cdot a(T),T_0] \qquad \cdots\cdots(12)$$

$$M''(f,T) = \left(\frac{\rho\cdot T}{\rho_0\cdot T_0}\right)\times M''[f\cdot a(T),T_0] \qquad \cdots\cdots(13)$$

式中：

$a(T)$——Williams Landel Ferry (WLF) 位移因子；

T——试验温度，单位为开(K)；

T_0——参照温度，单位为开(K)；

f——试验频率，单位为赫兹(Hz)；

$f\cdot a(T)$——换算频率，单位为赫兹(Hz)；

ρ——试验温度下的橡胶密度，单位为千克每立方米(kg/m^3)；

ρ_0——标准温度下的橡胶密度，单位为千克每立方米(kg/m^3)。

如果用换算模量对频率的对数作图，就得到一组曲线，每条曲线对应于一个温度。利用由 Williams Landel Ferry (WLF)方程[见式(14)]得到的 $a(T)$，沿横坐标移动所有曲线，将上述一组曲线复合成一条曲线：

$$\lg[a(T)] = \frac{-c_1(T-T_0)}{c_2+(T-T_0)} \qquad \cdots\cdots(14)$$

WLF 方程有多种形式，当精度要求不高时，式(15)是它的一种最实用的形式

$$\lg[a(T)] = \frac{-17.44(T-T_g)}{51.6+(T-T_g)} \qquad \cdots\cdots(15)$$

式中：

T_g——低频(膨胀测定法)玻璃化温度。

它们还有很多改进的形式。在应用温度-频率换算时要特别注意由于填料或结晶区域引起的局限。温度-频率之间的换算关系非常适合于描述温度和频率覆盖范围较大的情况下获得的较大性能变化，但不适合在有限的温度和频率范围内获得的数据。当换算数据超过测得数据的 10 倍时，其可靠性较低。

6 设备

所有试验方法均需要下列基本设备：

a) 夹具或支撑装置：用于固定试样，使试样成为机械振荡系统中的一个黏弹性部件。

b) 给试样施加振荡负荷(应力)的装置：应力或应变既可以以单脉冲的形式施加(例如在自由振动设备的情况)，也可以连续地施加(例如在强迫振动设备的情况)。外加应变的最佳形式应当

是正弦波形式的。外加于试样的应变的谐波失真应当尽可能低，在任何情况下不得大于10%。

c) 检测器：用于测定相关的或独立的试验参数，例如作用力、变形、频率和温度。

d) 温度控制箱：保持试样所需的温度。

e) 符合GB/T 2941有关规定的尺寸测量工具：用于试样尺寸测量。

图4及图5是有代表性的试验设备，它们分别适用于试验小型试样和大型试样。

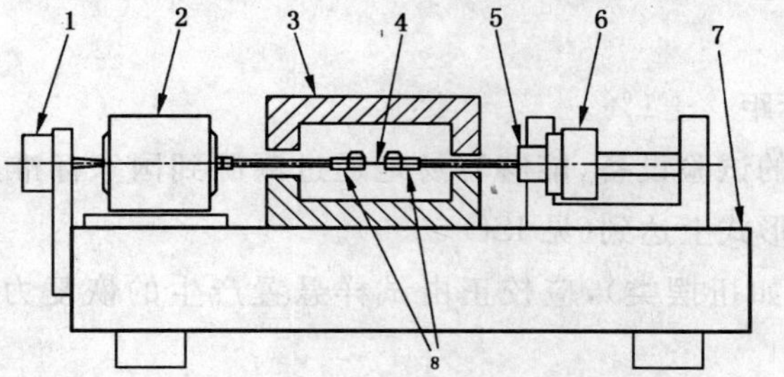

1——位移检测器；
2——振动器；
3——恒温室；
4——试样；
5——负荷检测器；
6——十字头；
7——主体机架；
8——试样夹持器。

图4 小型试验设备示例

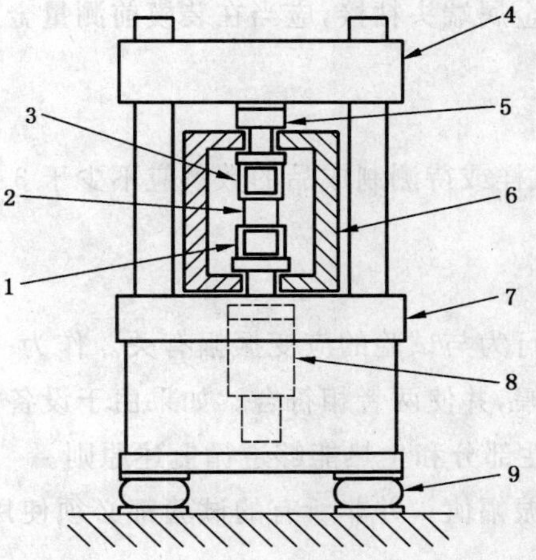

1——下夹持器；
2——试样；
3——上夹持器；
4——十字头；
5——负荷检测器；
6——恒温室；
7——主体机架；
8——调节器/位移检测器(速度传感器、加速度传感器)；
9——空气弹簧。

图5 大型试验设备示例

7 校准

设备的每一个参数都应经过校准，并且尽可能依据国家标准。推荐的最大公差如下：

a) 变形 ±1%；

b) 力 ±1%；

c) 频率 ±2%；

d) 温度 ±1℃；

e) 试样尺寸规格及标距 ±1%。

测量频率、温度和尺寸的试验设备，能够容易地通过溯源到国家标准进行校准。对于变形和力而言，静态校准这种溯源只能形式上达到(见 ISO 5893)。

对于自由振动设备(例如扭摆类)，应校正由试样悬置产生的恢复力、在悬置中的损耗以及空气阻尼。

8 试验条件与试样

8.1 试样准备

试样可以模制，或从模压试片上裁取。模制的试样比较适合剪切试验和压缩试验。用于剪切和压缩的试片金属端头，可以通过模压粘接，或者用少量合适的黏合剂粘接。

试样也可以采用冲切或磨削的方法，直接从制成品上取得。还可以用整件制成品进行试验。

8.2 试样尺寸

试样的形状和尺寸应当根据形变方式以及所用试验设备的能力和类型来决定(见表 2 及表 3)。

如果需要通过硫化将试样与金属端头粘接，应当在装模前测量金属端头的厚度，然后通过测量模制品的总厚度推算出橡胶的厚度。

8.3 试样数量

为了掌握材料变异性，待测试样或待测制成品的数量应不少于 3 件。

8.4 试验条件

8.4.1 应变

含有大量填料的橡胶的黏弹行为与试验的应变振幅有关。作为一个普遍原则，应根据橡胶在实际使用时的应变来选择试验应变振幅，并使两者相符合。如果由于设备能力的原因，在实际操作中不能完全实现，至少应力-应变曲线的线性部分和生热能够遵循上述原则。

表 2 及表 3 给出推荐的应变振幅值。并非所有的试验都必须使用推荐的应变振幅，通常应优先使用推荐的应变振幅。

在实际使用环境下，所能达到的最低应变受试验机灵敏度的限制，而最高应变则受试验机量程的限制，尤其是在频率较高或温度接近被测材料的玻璃化温度时。

在实际使用环境下，制品可能经受叠加在静态应变上的动态应变，这种静态应变不一定有相同的形变方式。为了得到与实际使用条件相关的试验数据，本部分所推荐的动态应变可以叠加任何形式或程度的静态应变。这种情况主要与制成品试验有关，且通常应用于压缩试样。

8.4.2 频率和温度

橡胶的黏弹行为受试验的频率和温度影响，尤其是在接近被测材料的玻璃化温度时。因此试验频率和温度的选择，应根据橡胶的实际使用条件而定。特别在测试材料的基本特性时，试验条件的选择应能够涵盖被测材料使用环境的所有频率及温度。

表 2 及表 3 分别给出推荐的频率及温度的数值。

8.5 小型试验机

使用小型试验机进行动态试验的基本原理以及非共振强迫振动方式见表 2。

表 2 小型试验机的试验条件与试样

	形变方式				说明
	拉伸	弯曲	压缩	剪切	
试样类型及形变方式(应变) ↑或↓=(预)静态应变 ↑↓=动态应变		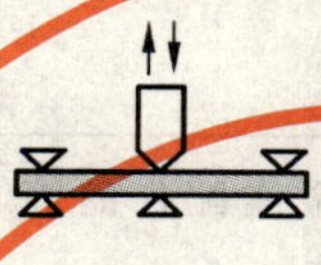	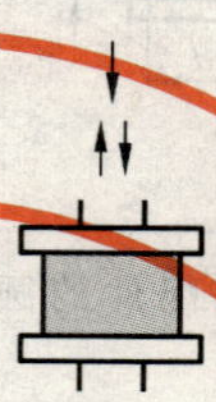		弯曲法通常用于较硬且不易伸展的材料，如橡胶/纤维复合材料
试样形状及尺寸	矩形条 l=长度，b=宽度，h=厚度，两夹具间的距离宜等于试样宽度 b 的 5 倍。 h=1 mm～3 mm	矩形条 l=长度，b=宽度，h=厚度，两弯曲支撑点间的距离宜等于试样厚度 h 的 16 倍。 h=1 mm～3 mm	圆柱体 d=直径，h=高度，$h:d\approx1:1.5$， h=1 mm～5 mm	圆柱体 d=直径，h=高度，$h:d=1:4$，$h\leqslant12$ mm。 矩形直棱柱 d=边长×边长，h=高度，$h:b=1:4$	采用拉伸、弯曲方法测量时，试样尺寸包括厚度、宽度及两夹具间的距离或两弯曲支撑点间的距离；压缩、剪切法则包括高度、直径或边长。各个尺寸的公差应当控制在±1%以内
试验条件 预应变/%	1～10	0	10	0	对于实验室试验，试验条件取决于试验机的参数。
试验条件 应变幅度/%	±0.5，±1，±2 可以连续扫描				其最大公差宜在±1%以内
试验条件 频率/Hz	1，5，10，15，30，50，100，150，200 可以连续扫描				频率的最大公差应在±2%以内
试验条件 试验温度/℃	试验温度应从 GB/T 2941 中选取。由于在玻璃化温度附近，材料性能随温度变化较快，此时采用较窄温度范围效果会更好				检测器的最大公差宜在±1℃以内
结果参数	$\vert M^{*}\vert$，M'，M''，$\tan\delta$				用小型试验机做动态试验时，通常温度的影响用图像表达

8.6 大型试验机

使用大型试验机进行动态试验的基本原理以及非共振强迫振动方式见表 3。

表 3　大型试验机的试验条件与试样

		形变方式			说明
		压缩	拉伸	剪切	
试样类型及形变方式(应变) ↑或↓=(预)静态应变 ↑↓=动态应变		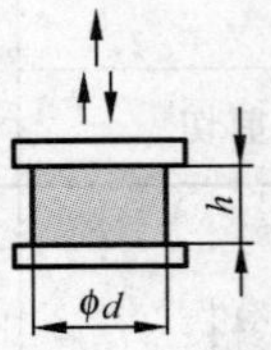	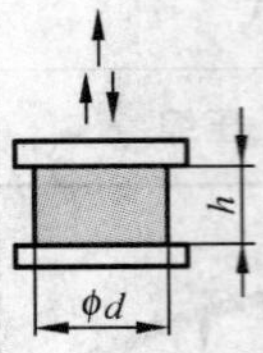	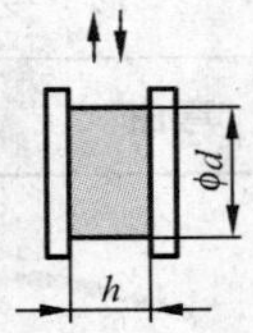	对大型试验机而言，剪切形变优先于压缩及拉伸。因为采用剪切法，其应力-应变之间的关系几乎呈线性，滞后曲线近似椭圆。 采用剪切方法时，通常使用两个试样，以便对称排列，消除弯矩。另一种选择是可以采用扭转剪切
试样形状及尺寸		带金属配件的圆柱体 $h:d\approx1:1.5$。 圆柱体 参照 ISO 7743。 对于无黏合的试样，通常应符合 GB/T 7759 的规定要求	带金属配件的圆柱体 $h:d\approx1:1.5$	带金属配件的圆柱体 $h:d\approx1:4$， $h\leqslant12$ mm。 带金属配件的矩形直棱柱 $h:d\approx1:4$， $h\leqslant12$ mm	试样形状及尺寸的选择应适应试验设备的类型和量程。 试样的金属配件应当与橡胶硫化在一起。这种压缩法的圆柱体试样必须满足 ISO 7743 的规定要求。 直径大约 35 mm 的试样适合圆锥体剪切。为了维持均匀切变，如果是锥/锥几何体，要求锥角小于 5°；如果是锥/盘几何体，要求锥角小于 3°
试验条件	预应变/%	10±0.5	5～20	0	检测器的最大公差宜在±1%以内。
	应变幅度/%	±2，±5 推荐±5	±0.2～±10	±1，±3，±6， ±10，±15 推荐±10	必须通过测定选定厚度的试样的平均位移及位移振幅来确定平均应变及应变振幅
	频率/Hz	1,5,10,15,30,50,100,150,200			频率的最大公差应在±2%以内
	试验温度/℃	试验温度应从 GB/T 2941 中选取			检测器的最大公差宜在±1℃以内
结果参数		$\lvert M^*\rvert$，M'，M''，$\tan\delta$			如果用圆柱体做压缩法试验，可以用弹性模量代替弹簧常数(如$\lvert K^*\rvert$，K'，K'')

8.7　自由振动法动态试验

采用自由振动法进行的动态试验的基本原理如下。

a)　试样尺寸

矩形条状试样的厚度宜在 1 mm～3 mm 范围内，宽度宜在 4 mm～12 mm 范围内(服从最大宽度与厚度比等于 10)，两夹具之间的长度至少是宽度的 10 倍(最大值不超过 120 mm)。厚度、宽度及两夹具之间的距离精确到±1%。

b)　试验条件

应变振幅　最大 0.5%；

频率　0.1 Hz～10 Hz；

温度　从 GB/T 2941 中选取，也可以进行连续扫描。

9 调节

9.1 停放

试样从硫化完毕到试验之间的时间间隔应符合 GB/T 2941 的规定。

9.2 温度

试样在试验之前应在一个标准实验室温度下调节不少于 3 h,并按顺序进行试验。对于每一个温度而言,都应将试样在该温度下调节足够的时间,以达到温度平衡。但时间不应过长,特别是在较高温度时,以免产生老化。调节时间应根据试样的外形尺寸及温度而定,参照 GB/T 2941 的规定而定。

9.3 机械调节

填充橡胶的动态性能与其应变历程和温度历程有关。为保证试验结果的一致性和重现性,在进行试验之前,应对试样进行机械调节,以便清除不可逆结构。这种调节应在试验温度、最大试验应变条件下进行,且应不少于 6 个周期。

为使可逆结构达到平衡,完成机械调节后至正式开始试验需要间隔至少 12 h。

对于动态试验叠加在预加的静态应变的情况,试样应在停放期间保持静态应变。

当外加应变只有一个而且非常小时,允许省略机械调节,例如自由振动的情况。

10 试验程序

如果要对试样进行一系列的试验,应从最不苛刻的条件下开始进行,然后进入较高的振幅或较高的频率。对于在不同温度下进行试验的情况,应从选定的最低温度开始进行。

对于强迫振动试验,应运行至少 6 个周期,使内部结构重排趋于平衡后再开始测量。当试验的振幅和频率较低时,试验持续的时间无需限制。而当试验的振幅和频率较高时,由于有增大试样内部生热的危险性,所以试验时间应尽可能短,特别是处于玻璃化温度和邻近玻璃化温度时。

温升可由下列关系式预测。

每个试验周期的单位体积能量损耗为:

$$\pi\sin\delta(|M^*|\gamma_0^2)$$

在没有热量从试样中散失的前提下,温升速率为:

$$\pi\sin\delta(|M^*|f/C_P)$$

式中:

C_P——单位体积热容[标准值为 1.7 MJ/(m³ · ℃)]。

在试验期间,如果出现了由于温升而导致的与时间有关的结果变化,可将试验结果外推到名义试验温度下的结果。对制成品而言的另一种方案是,在达到平衡之后才进行连续测试。

11 结果表达

11.1 结果参数

试验结果应以同相模量、异相模量、复数模量(或者复数弹簧常数)和 tanδ(或者 L_f)等参数表示。而且宜作为温度、频率及振幅的函数以表格或图形来表达。

11.2 强迫振动

对于强迫振动,所有的结果参数从负荷-形变曲线求得(见图 6),或者利用电子分析技术直接获得。在填充橡胶而且振幅较高的情况下,显现出非线性的特征,致使滞后环偏离理想椭圆,使参数求导的工作变复杂。

图 6 显示从双剪切试样的动态试验得到的负荷-形变滞后环。坐标原点 O 代表负荷和形变的平均值,如果外加静态变形,其值将不会是 0。显示出的负荷和形变是动态分量。

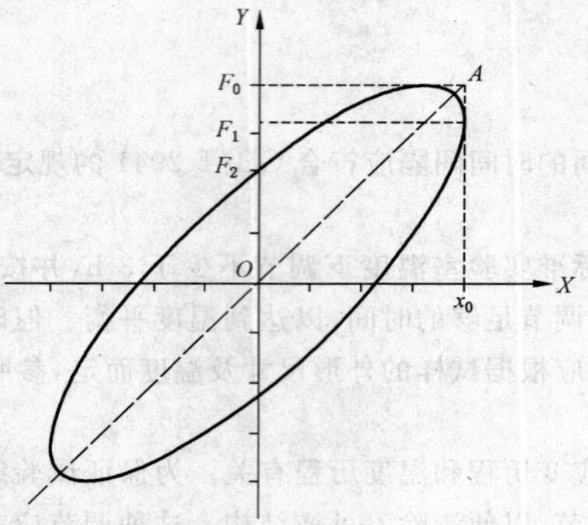

X——形变；
Y——负荷。

图 6　负荷-形变曲线(滞后环)

如果橡胶的行为是线性的，图 6 所示的滞后环将是一个椭圆。在这种情况下，对双剪切试样而言，复数模量的绝对值由式(16)求得：

$$|G^*| = \frac{F_0 h}{2Ax_0} \quad \cdots\cdots(16)$$

式中：

F_0——最大负荷振幅；

x_0——最大位移振幅；

A——试样的有效截面积；

h——试样的厚度。

于是 F_0/x_0 为直线 OA 的斜率(见图 6)，OA 为外切正方形的对角线。损耗角由式(17)确定：

$$\tan\delta = \frac{G''}{G'} \quad \cdots\cdots(17)$$

弹性剪切模量 G' 见式(18)：

$$G' = |G^*| \cos\delta \quad \cdots\cdots(18)$$

损耗剪切模量 G'' 见式(19)：

$$G'' = |G^*| \sin\delta \quad \cdots\cdots(19)$$

损耗角也可以由式(20)确定：

$$\sin\delta = \frac{\text{椭圆面积}}{\pi F_0 x_0} \quad \cdots\cdots(20)$$

当呈现出某种程度的非线性，即偏离理想椭圆时，利用式(20)可以得到 δ 的平均值。

相似的关系式适用于其他的形变方式和其他几何形状的试样。

11.3　自由振动

对于旋转振荡，通过求解 5.5.2 给出的运动方程[式(8)]和 11.4 给出的扭摆关系式[式(21)]，得到结果参数。

从位移(或速度)-时间曲线得到对数减量。

11.4　应力-应变关系与形状因子

采用剪切法时，应力与应变成比例，见式(21)：

$$\tau = G\gamma \quad \cdots\cdots(21)$$

采用推荐试样时，不需要形状因子来修正。

采用拉伸或压缩法时，应力-应变关系的恰当表达见式(22)：

$$\tau = \frac{E}{3}(\lambda - \lambda^{-2}) \qquad (22)$$

式中：

τ ——以原始截面积为基准的应力。

对于有黏合端面的压缩试样，必须应用形状因子(见 ISO 7743)

$$E_c = E(1+2kS^2) \qquad (23)$$

采用扭摆法，试样为矩形条时

$$Q = \frac{k_l b h^3 G a}{l} \qquad (24)$$

式中：

k_l——形状因子(见 ISO 4663)；

l——试样在夹具间的长度。

由于动态刚性与基本模量之间关系复杂，而且仅是近似的，特别对于制成品而言，宜引进刚性概念。

12 试验报告

试验报告应当包含下列信息：

a) 说明引用本部分。

b) 样品和试样的详细描述：
  1) 样品及其原有状态的详细描述；
  2) 试样的详细描述，包括制备方法；
  3) 试样的尺寸。

c) 试验的详细描述：
  1) 形变方式；
  2) 所采取的机械调节和热调节的方法；
  3) 试验设备的详细描述，包括型号、驱动、量程和测量系统；
  4) 试验条件，包括应变振幅、频率及温度；
  5) 如果试验条件不限于一组，应说明试验顺序；
  6) 任何不符合本部分规定的情况。

d) 其他情况：
  1) 已用试样数；
  2) 结果的计算方法；
  3) 所测得的性能值。

e) 试验数据。

f) 试验日期。

ICS 77.140.75
H 48

中华人民共和国国家标准

GB 9948—2006
代替 GB 9948—1988

石油裂化用无缝钢管

Seamless steel tubes for petroleum cracking

(ISO 9329-2:1997, Seamless steel tubes for pressure purposes—Technical delivery conditions—Part 2: Unalloyed and alloyed steels with specified elevated temperature properties, NEQ)

2006-08-16 发布　　2007-01-01 实施

中华人民共和国国家质量监督检验检疫总局
中国国家标准化管理委员会　发布

前　言

本标准的全部技术内容为强制性。

本标准对应于 ISO 9329-2:1997《压力用途的无缝钢管　交货技术条件　第 2 部分:规定高温性能的非合金钢和合金钢》(英文版)。一致性程度为非等效。

本标准自实施之日起,GB 9948—1988《石油裂化用无缝钢管》废止。

本标准与 GB 9948—1988 相比,主要变化如下:

——修改标准的适用范围;

——修改冷拔管的交货长度,规定了短尺管的交货数量;

——修改各牌号的化学成分,取消了牌号 1Cr2Mo;

——明确钢管的交货状态;

——修改力学性能和工艺性能;

——增加用钢锭轧制的钢管低倍检验要求及用连铸坯和钢锭轧制的钢管非金属夹杂物检验要求;

——提高了冷拔管超声波检验级别。

本标准由中国钢铁工业协会提出。

本标准由全国钢标准化技术委员会归口。

本标准起草单位:鞍山钢铁集团公司。

本标准主要起草人:朴志民、张会轩。

本标准 1988 年首次发布。

石油裂化用无缝钢管

1 范围

本标准规定了石油裂化用无缝钢管的分类、代号、尺寸、外形、重量、技术要求、试验方法、检验规则、包装、标志和质量证明书。

本标准适用于石油化工用的炉管、热交换器管和压力管道用无缝钢管。

2 规范性引用文件

下列文件中的条款通过本标准的引用而成为本标准的条款。凡是注日期的引用文件，其随后所有的修改单(不包括勘误的内容)或修订版均不适用于本标准，然而，鼓励根据本标准达成协议的各方研究是否可使用这些文件的最新版本。凡是不注日期的引用文件，其最新版本适用于本标准。

GB/T 222　钢的成品化学成分允许偏差

GB/T 223.3　钢铁及合金化学分析方法　二安替比林甲烷磷钼酸重量法测定磷量

GB/T 223.5　钢铁及合金化学分析方法　还原型硅钼酸盐光度法测定酸溶硅含量

GB/T 223.11　钢铁及合金化学分析方法　过硫酸铵氧化容量法测定铬量

GB/T 223.12　钢铁及合金化学分析方法　碳酸钠分离-二苯碳酰二肼光度法测定铬量

GB/T 223.13　钢铁及合金化学分析方法　硫酸亚铁铵滴定法测定钒含量

GB/T 223.14　钢铁及合金化学分析方法　钽试剂萃取光度法测定钒含量

GB/T 223.18　钢铁及合金化学分析方法　硫代硫酸钠分离-碘量法测定铜量

GB/T 223.19　钢铁及合金化学分析方法　新亚铜灵-三氯甲烷萃取光度法测定铜量

GB/T 223.23　钢铁及合金化学分析方法　丁二酮肟分光光度法测定镍量

GB/T 223.24　钢铁及合金化学分析方法　萃取分离-丁二酮肟分光光度法测定镍量

GB/T 223.25　钢铁及合金化学分析方法　丁二酮肟重量法测定镍量

GB/T 223.26　钢铁及合金化学分析方法　硫氰酸盐直接光度法测定钼量

GB/T 223.27　钢铁及合金化学分析方法　硫氰酸盐-乙酸丁酯萃取分光光度法测定钼量

GB/T 223.37　钢铁及合金化学分析方法　蒸馏分离-靛酚蓝光度法测定氮量

GB/T 223.39　钢铁及合金化学分析方法　氯磺酚S光度法测定铌量

GB/T 223.40　钢铁及合金化学分析方法　离子交换分离-氯磺酚S光度法测定铌量

GB/T 223.53　钢铁及合金化学分析方法　火焰原子吸收分光光度法测定铜量

GB/T 223.54　钢铁及合金化学分析方法　火焰原子吸收分光光度法测定镍量

GB/T 223.58　钢铁及合金化学分析方法　亚砷酸钠-亚硝酸钠滴定法测定锰量

GB/T 223.59　钢铁及合金化学分析方法　锑磷钼蓝光度法测定磷量

GB/T 223.60　钢铁及合金化学分析方法　高氯酸脱水重量法测定硅含量

GB/T 223.61　钢铁及合金化学分析方法　磷钼酸铵容量法测定磷量

GB/T 223.62　钢铁及合金化学分析方法　乙酸丁酯萃取光度法测定磷量

GB/T 223.63　钢铁及合金化学分析方法　高碘酸钠(钾)光度法测定锰量

GB/T 223.64　钢铁及合金化学分析方法　火焰原子吸收光谱法测定锰量

GB/T 223.67　钢铁及合金化学分析方法　还原蒸馏-次甲基蓝光度法测定硫量

GB/T 223.68　钢铁及合金化学分析方法　管式炉内燃烧后碘酸钾滴定法测定硫含量

GB/T 223.69　钢铁及合金化学分析方法　管式炉内燃烧后气体容量法测定碳含量

GB/T 223.71　钢铁及合金化学分析方法　管式炉内燃烧后重量法测定碳含量

GB/T 223.72　钢铁及合金化学分析方法　氧化铝色层分离-硫酸钡重量法测定硫量

GB/T 223.74　钢铁及合金化学分析方法　非化合碳含量的测定

GB/T 226　钢的低倍组织及缺陷酸蚀检验法

GB/T 228　金属材料　室温拉伸试验方法(GB/T 228—2002,eqv ISO 6892:1998)

GB/T 229　金属夏比缺口冲击试验方法(GB/T 229—1994,eqv ISO 83:1976、ISO 148:1983)

GB/T 231.1　金属布氏硬度试验　第1部分:试验方法(GB/T 231.1—2002,eqv ISO 6506-1:1999)

GB/T 241　金属管　液压试验方法

GB/T 242　金属管　扩口试验方法(GB/T 242—1997,eqv ISO 8493:1986)

GB/T 246　金属管　压扁试验方法(GB/T 246—1997,eqv ISO 8492:1986)

GB/T 1979　结构钢低倍组织缺陷评级图

GB/T 2102　钢管的验收、包装、标志和质量证明书

GB/T 2975　钢及钢产品力学性能试验取样位置及试样制备(GB/T 2975—1998,eqv ISO 377:1997)

GB/T 4336　碳素钢和中低合金钢　火花源原子发射光谱分析方法(常规法)

GB/T 5777　无缝钢管超声波探伤检验方法(GB/T 5777—1996,eqv ISO 9303:1989)

GB/T 7735　钢管涡流探伤检验方法(GB/T 7735—2004,ISO 9304:1989,MOD)

GB/T 10561—1989　钢中非金属夹杂物显微评定方法(eqv ISO 4967:1979)

GB/T 11170　不锈钢的光电发射光谱分析方法

GB/T 12606　钢管漏磁探伤方法(GB/T 12606—1999,eqv ISO 9402:1989)

GB/T 17395—1998　无缝钢管尺寸、外形、重量及允许偏差(neq ISO 1127:1992、ISO 4200:1991、ISO 5252:1991)

GB/T 17505　钢及钢产品交货一般技术要求(GB/T 17505—1998,neq ISO 404:1992)

GB/T 20066　钢和铁　化学成分测定用试样的取样和制样方法

YB/T 081　冶金技术标准的数值修约与检测数值的判定原则

YB/T 5137　高压用无缝钢管圆管坯

3　分类、代号

本标准的无缝钢管按产品制造方式分为两类,类别和代号为:

a)　热轧(挤压、扩)钢管 WH;

b)　冷拔(轧)钢管 WC。

4　订货内容

按本标准订购钢管的合同或订单应包括下列内容:

a)　标准编号;

b)　产品名称;

c)　牌号;

d)　订购的数量(总重量或总长度);

e)　尺寸规格(外径×壁厚,单位为毫米)及精度等级;

f)　制造方法;

g)　特殊要求。

5 尺寸、外形、重量及允许偏差

5.1 外径和壁厚

5.1.1 钢管的外径和壁厚应符合 GB/T 17395—1998 中表 1 或表 3 的规定。根据需方要求，经供需双方协商，可供应其他外径和壁厚的钢管。

5.1.2 钢管外径和壁厚的允许偏差应符合表 1 的规定。当需方未在合同中注明钢管尺寸允许偏差级别时，钢管外径和壁厚的允许偏差应符合普通级的规定。

根据需方要求，经供需双方协商，并在合同中注明，可生产表 1 规定以外尺寸允许偏差的钢管。

表 1 钢管的外径和壁厚允许偏差

单位为毫米

分类代号	制造方式	钢管公称尺寸		允许偏差	
				普通级	高级
WH	热轧（挤压）钢管	外径（D）	≤50	±0.50	±0.30
			>50～159	±1% D	±0.75% D
			>159	±1% D	±0.9% D
		壁厚（S）	≤20	+15% S −10% S	±10% S
			>20	+12.5% S −10% S	±10% S
	热扩钢管	外径（D）	全部	±1% D	
		壁厚（S）	全部	±15% S	
WC	冷拔（轧）钢管	外径（D）	14～30	±0.20	±0.15
			>30～50	±0.30	±0.25
			>50	±0.75% D	±0.6% D
		壁厚（S）	≤3.0	+12.5% S −10% S	±10% S
			>3.0	±10% S	±7.5% S

5.2 长度

5.2.1 通常长度

钢管的通常长度为 4 000 mm～12 000 mm。

经供需双方协商，可交付长度不小于 3 000 mm 的短尺钢管，但其重量不应超过该批钢管交货总重量的 5%。

5.2.2 定尺长度和倍尺长度

根据需方要求，并在合同中注明，钢管可按定尺长度或倍尺长度交货。钢管的定尺长度和倍尺总长度应在通常长度范围内，其允许偏差应符合如下规定：

a) 长度≤6 000 mm，0～10 mm；

b) 长度>6 000 mm，0～15 mm。

每个倍尺长度应按下述规定留出切口余量：

a) 外径≤159 mm，5 mm～10 mm；

b) 外径>159 mm，10 mm～15 mm。

5.3 弯曲度

钢管的弯曲度应不大于如下规定：

a） 壁厚≤15 mm：1.5 mm/m；

b） 壁厚＞15 mm～30 mm：2.0 mm/m；

c） 壁厚＞30 mm 或外径≥351 mm：3.0 mm/m。

5.4 不圆度和壁厚不均

根据需方要求，经供需双方协商，并在合同中注明，钢管的不圆度和壁厚不均应分别不超过外径和壁厚公差的 80%。

5.5 端头外形

钢管两端端面应与钢管轴线垂直，切口毛刺应予清除。

5.6 重量

钢管按实际重量交货，亦可按理论重量交货。优质碳素结构钢（10、20）、合金结构钢（12CrMo、15CrMo）和耐热钢（1Cr5Mo）钢管理论重量按 GB/T 17395—1998 的规定（钢的密度为 7.85 kg/dm^3），奥氏体不锈钢（1Cr19Ni9、1Cr19Ni11Nb）钢管理论重量为按 GB/T 17395—1998 规定计算理论重量的 1.015 倍。

根据需方要求，经供需双方协商，并在合同中注明，交货钢管的理论重量与实际重量的偏差应符合如下规定：

a） 单根钢管：±10%；

b） 每批最小为 10t 的钢管：±7.5%。

6 技术要求

6.1 钢的牌号和化学成分

6.1.1 钢的牌号和化学成分（熔炼成分）应符合表 2 的规定。

表 2 钢的牌号和化学成分

牌号	化学成分（质量分数）/%								
	C	Si	Mn	Cr	Mo	Ni	Nb	P	S
								不大于	
10	0.07～0.13	0.17～0.37	0.35～0.65	—	—	—	—	0.030	0.020
20	0.17～0.23	0.17～0.37	0.35～0.65	—	—	—	—	0.030	0.020
12CrMo	0.08～0.15	0.17～0.37	0.40～0.70	0.40～0.70	0.40～0.55	—	—	0.030	0.020
15CrMo	0.12～0.18	0.17～0.37	0.40～0.70	0.80～1.10	0.40～0.55	—	—	0.030	0.020
1Cr5Mo	≤0.15	≤0.50	≤0.60	4.00～6.00	0.45～0.60	≤0.60	—	0.030	0.020
1Cr19Ni9	0.04～0.10	≤1.00	≤2.00	18.00～20.00	—	8.00～11.00	—	0.030	0.020
1Cr19Ni11Nb	0.04～0.10	≤1.00	≤2.00	17.00～20.00	—	9.00～13.00	8C～1.00	0.030	0.020

6.1.2　钢中残余元素含量应符合表 3 的规定。

表 3　各牌号残余元素含量

牌号	残余元素(质量分数)/%				
	Ni	Cr	Cu	Mo	V
	不大于				
10	0.25	0.15	0.20	—	—
20	0.25	0.25	0.20	0.15	0.08
其他	0.30	0.30	0.20	—	—

6.1.3　用氧气转炉冶炼的钢的氮含量应不大于 0.008%。

6.1.4　当需方要求做成品分析时，应在合同中注明。成品钢管的化学成分允许偏差应符合 GB/T 222 的规定。

6.2　制造方法

6.2.1　钢的冶炼方法

优质碳素结构钢、合金结构钢应采用电炉、氧气转炉加炉外精炼或电渣重熔法冶炼。

不锈钢、耐热钢应采用电炉加炉外精炼或电渣重熔法冶炼。

经供需双方协商，也可采用其他冶炼方法。需方指定某一种冶炼方法时，应在合同中注明。

6.2.2　管坯的制造方法

管坯应采用热轧(锻)方法制造，热轧(锻)管坯应符合 YB/T 5137 的规定；也可采用连铸坯或钢锭。

6.2.3　钢管的制造方法

钢管应采用热轧(挤压、扩)或冷拔(轧)无缝方法制造。

6.3　交货状态

钢管应按表 4 规定的热处理制度(方式)热处理后交货。热处理制度(方式)应填写在质量证明书中。

表 4　钢管的热处理制度(方式)

牌　　号	热处理制度
10	正火[a]
20	正火[a]
12CrMo	900℃～930℃正火，670℃～720℃回火，保温时间：周期式炉大于 2 h，连续炉大于 1 h
15CrMo	930℃～960℃正火，680℃～720℃回火，保温时间：周期式炉大于 2 h，连续炉大于 1 h
1Cr5Mo	退火
1Cr19Ni9	固溶处理：固溶温度≥1 040℃
1Cr19Ni11Nb	固溶处理：热轧(挤压、扩)钢管固溶温度≥1 050℃，冷拔(轧)钢管固溶温度≥1 095℃

[a] 热轧钢管终轧温度符合正火温度时，可以代替正火。

6.4　力学性能

交货状态钢管的室温纵向力学性能应符合表 5 的规定。

外径不小于 76 mm，且壁厚不小于 14 mm 的钢管应做纵向标准试样 V 型缺口冲击试验。冲击试验结果的评定按 GB/T 17505 的规定。

表 5 钢管的力学性能

牌号	抗拉强度 R_m/MPa	下屈服强度 R_{eL}/MPa 钢管壁厚/mm			断后伸长率 A/%	冲击功 A_{KV}/J	布氏硬度值/HB
		≤16	>16～30	>30			
		不小于					不大于
10	335～475	205	195	185	25	35	—
20	410～550	245	235	225	24	35	—
12CrMo	410～560	205	195	185	21	35	156
15CrMo	440～640	235	225	215	21	35	170
1Cr5Mo	390～590	195	185	175	22	35	187
1Cr19Ni9	≥520	205	195	185	35	—	—
1Cr19Ni11Nb	≥520	205	195	185	35	—	—

6.5 液压试验

钢管应逐根进行液压试验，试验压力按式(1)计算，最大试验压力为 20 MPa。在试验压力下，稳压时间不少于 10 s，钢管不得出现渗漏现象。

$$P = 2SR/D \qquad \cdots\cdots(1)$$

式中：

P——试验压力，单位为兆帕(MPa)；

S——钢管公称壁厚，单位为毫米(mm)；

D——钢管公称外径，单位为毫米(mm)；

R——允许应力，优质碳素结构钢和合金结构钢为表 5 规定的下屈服强度的 80%，不锈钢和耐热钢为表 5 规定的下屈服强度的 70%，单位为兆帕(MPa)。

供方可用涡流探伤或漏磁探伤代替液压试验。用涡流探伤时，对比样管人工缺陷应符合 GB/T 7735中验收等级 A 的规定；用漏磁探伤时，对比样管外表面纵向缺口槽应符合 GB/T 12606 中验收等级 L4 的规定。

6.6 工艺性能

6.6.1 压扁试验

外径大于 22 mm～400 mm 的钢管应做压扁试验，试样压扁后平板间距离 H(单位为毫米)按式(2)计算：

$$H = \frac{(1+\alpha)S}{\alpha + S/D} \qquad \cdots\cdots(2)$$

式中：

S——钢管公称壁厚，单位为毫米(mm)；

D——钢管公称外径，单位为毫米(mm)；

α——单位长度变形系数，10 钢为 0.09，20 钢、合金结构钢和耐热钢为 0.08，不锈钢为 0.09；当 $S/D \geqslant 0.125$ 时，α 值应减少 0.01。

压扁试验后，试样上不得有裂缝或裂口。

6.6.2 扩口试验

外径不大于 76 mm，且壁厚不大于 8 mm 的优质碳素结构钢和不锈钢钢管应做扩口试验。根据需方要求，经供需双方协商，合金结构钢钢管和耐热钢钢管也可做扩口试验。

扩口试验在室温下进行，顶芯锥度为60°。扩口后试样的外径扩口率应符合表6的规定，扩口后试样不允许出现裂缝或裂口。

表6 钢管外径扩口率

牌号	钢管外径扩口率/%		
	内径/外径		
	≤0.6	>0.6～0.8	>0.8
10、20	10	12	17
12CrMo、15CrMo、1Cr5Mo	8	10	15
1Cr19Ni9、1Cr19Ni11Nb	12	15	20

6.7 低倍检验

用钢锭直接轧制的钢管应做低倍检验，钢管横截面酸浸试片上不应有目视可见的白点、夹杂、皮下气泡、翻皮和分层。

6.8 非金属夹杂物

用连铸坯或钢锭直接轧制的钢管应做非金属夹杂物检验。钢管的非金属夹杂物按GB/T 10561—1989中的A法和JK标准评级图评级，A、B、C、D各类夹杂物级别应各不大于2.5级，按其中最严重者判定。

6.9 表面质量

钢管的内外表面不允许有裂纹、折叠、结疤、轧折和离层。这些缺陷应完全清除，清除深度不应超过公称壁厚的负偏差，清理处的实际壁厚应不小于壁厚所允许的最小值。

在钢管的内外表面上直道的允许深度或高度应符合如下规定：

a) 冷拔（轧）钢管：不大于公称壁厚的4%，且最大为0.2 mm；

b) 热轧（挤压、扩）钢管：不大于公称壁厚的5%，且最大为0.4 mm。

不超过壁厚允许负偏差的其他局部缺陷允许存在。

6.10 无损检验

钢管应按GB/T 5777的规定逐根进行超声波探伤检验。对比样管外表面纵向刻槽深度等级为：冷拔（轧）钢管C5，热轧（挤压、扩）钢管C8。

经供需双方协商，可增做其他无损检验。

7 试验方法

7.1 钢管的尺寸和外形应采用符合精度要求的量具逐根测量。

7.2 钢管的内外表面应在充分照明条件下逐根目视检查。

7.3 钢管的其他检验应符合表7的规定。

表7 钢管的检验项目、取样数量、取样方法和试验方法

序号	检验项目	试验方法	取样方法	取样数量
1	化学成分	GB/T 223 GB/T 4336 GB/T 11170	GB/T 20066	每炉（罐）取1个试样
2	拉伸试验	GB/T 228	GB/T 2975	每批在两根钢管上各取1个试样
3	硬度试验	GB/T 231.1	GB/T 2975	每批在两根钢管上各取1个试样

表 7（续）

序号	检验项目	试验方法	取样方法	取样数量
4	冲击试验	GB/T 229	GB/T 2975	每批在两根钢管上各取 3 个试样
5	液压试验	GB/T 241	—	逐根
6	压扁试验	GB/T 246	GB/T 246	每批在两根钢管上各取 1 个试样
7	扩口试验	GB/T 242	GB/T 242	每批在两根钢管上各取 1 个试样
8	低倍检验	GB/T 1979	GB/T 226	每批在两根钢管上各取 1 个试样
9	非金属夹杂物检验	GB/T 10561—1989	GB/T 10561—1989	每批在两根钢管上各取 1 个试样
10	涡流探伤检验	GB/T 7735	—	逐根
11	漏磁探伤检验	GB/T 12606	—	逐根
12	超声波探伤检验	GB/T 5777	—	逐根

8 检验规则

8.1 检查和验收

钢管的检查和验收由供方技术监督部门进行。

8.2 组批规则

钢管按批检查和验收。每批应由同一牌号、同一炉(罐)号、同一规格和同一热处理制度(炉次)的钢管组成。每批钢管的数量应不超过如下规定：

a) 外径≤76 mm，且壁厚≤3 mm：400 根；

b) 外径＞351 mm：50 根；

c) 其他尺寸：200 根。

8.3 复验与判定规则

钢管的复验与判定规则应符合 GB/T 2102 和 GB/T 17505 的规定。

8.4 数值修约

数值修约应符合 YB/T 081 的规定。

9 包装、标志和质量证明书

钢管的包装、标志和质量证明书应符合 GB/T 2102 的规定。

ICS 29.050
Q 52

GB

中华人民共和国国家标准

GB/T 9973—2006
代替 GB/T 9973—1988

炭素材料透气度试验方法

Test method for permeability of carbon materials

2006-02-05 发布　　　　2006-08-01 实施

中华人民共和国国家质量监督检验检疫总局
中国国家标准化管理委员会　发布

前　言

本标准代替 GB/T 9973—1988《炭素材料透气度试验方法》。

本标准与 GB/T 9973—1988 相比主要变化如下：

——气体流量由转子流量计测定改为水置换空气容积式测定；

——修改了试验步骤。

本标准的附录 A 为规范性附录。

本标准由中国钢铁工业协会提出。

本标准由冶金工业信息标准研究院归口。

本标准起草单位：吉林炭素股份有限公司、武汉钢铁公司。

本标准主要起草人：朱丽娟、邹祖桥、田立、刘冬林、孙权、宋木森。

本标准所代替标准的历次版本发布情况为：1988 年首次发布。

炭素材料透气度试验方法

1 范围

本标准规定了炭素材料透气度测定原理、仪器设备、试样、试验步骤、试验结果、试验误差。

本标准适用于室温下炭素材料的测定,也适用高炉用耐火材料透气度的测定。

2 原理

气体在一定压力下通过试样的程度称为透气度。具有一定压力的气体在层流条件下通过试样,测定试样两端气体的压差和通过试样的流量,即可计算出试样的透气度。

3 仪器设备

3.1 透气度测定仪,如图 1。

3.2 试样夹持器:由试样筒、盖板和底座组成,如图 2。

3.3 干燥箱:室温～200℃。

3.4 游标卡尺:测量范围 0～200 mm,精度 0.02 mm。

3.5 秒表。

3.6 氮气。

4 试样制备

取样时应去掉制品疏松、粗糙的表层,然后随机取样,每批产品取两个试样,试样的尺寸为 ϕ(50 mm±0.5 mm)、高(50 mm±0.5 mm),试样的轴线对其端面的垂直度不大于 0.5 mm,试样表面应光洁。加工好的试样在(110℃±5℃)干燥箱中烘干 2 h,冷却至室温备用。

5 试验步骤

5.1 测量试样的直径和高度,精确至 0.1 mm。

5.2 进行空白实验,以检查测量系统的气密性。用透气度为零的材料制成与试样尺寸相同的标样,按 5.3～5.4 操作。将压力调至 9.8×10^3 Pa(1 000 mmH_2O)。如果在 30 min 内水位不变,则认为测量系统是密闭的。

5.3 将试样放入试样夹持器中,用盖板将试样压紧。

5.4 向衬在试样筒内的乳胶套充氮气,密封试样侧面。充气压力在 0.2 MPa～0.3 MPa 之间。

5.5 缓慢给高位水箱注水,直至 U 型压力计的压力稳定。

5.6 压力稳定后,开始记时,同时记录压差读数,记录水位上升 60 mm 的所需时间。如果水位上升很慢,记录 30 min 的气体流量,并记录室温和大气压。

5.7 每个试样应在三个不同的压差下测试三次,取三次测试结果的平均值。

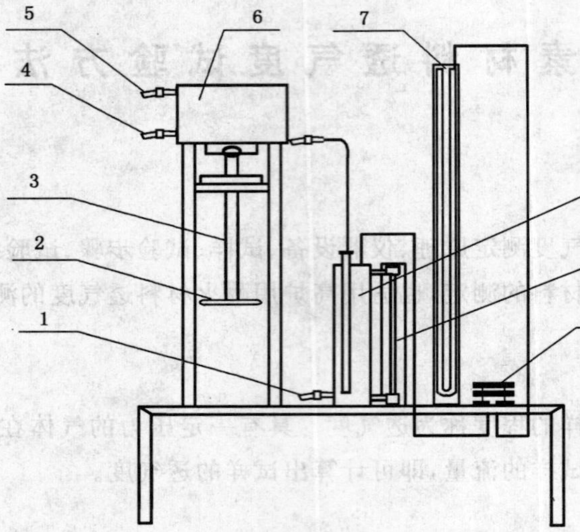

1——放水口；
2——手轮；
3——调节丝杆；
4——进水口；
5——溢流口；
6——高位水箱；
7——U型压力计；
8——水气置换容器；
9——刻度尺；
10——试样夹持器。

图1 透气度试验装置示意图

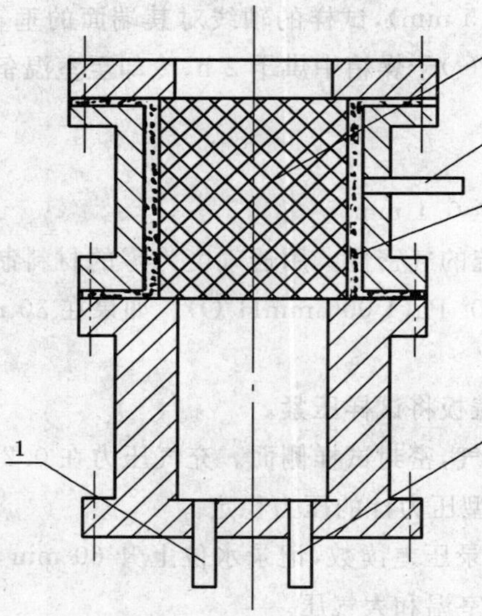

1——接U型压力计；
2——试样；
3——接氮气；
4——乳胶套；
5——接水气置换容器。

图2 试样夹持器示意图

6 结果计算

6.1 试样的透气度按下式计算：

$$K = 130 \times \eta \times \frac{h}{d^2} \times \frac{V}{t} \times \frac{\alpha}{\Delta p} \times \frac{2p_1}{p_1 + p_2} \times 10^6 \qquad \cdots\cdots(1)$$

式中：

K——试样透气度，单位为 μm^2。

η——试验温度下气体的动力粘度（见附录 A.1），单位为 Pa·s。

h——试样高度，单位为 mm。

d——试样直径，单位为 mm。

V——通过试样的气体的体积（水气置换容器的截面积×水位上升高度），单位为 mL。

α——水蒸气的校正系数（见附录 A.2）。

Δp——试样两端气体的压差，单位为 kPa。

t——试验时间，单位 s。

p_1——气体进入试样端的绝对压力，单位为 kPa。

p_2——气体逸出试样端的绝对压力，单位为 kPa。

注：如试样两端气体的压差 Δp 小于 1 kPa，计算时可令式中 $\frac{2p_1}{p_1+p_2}=1$。

6.2 试验结果的单位换算：1 μm^2 = 1 013 mPa，试验结果取小数点后两位。

7 精密度

同一试样重复性（r）误差不大于 5%。

8 试验报告

试验报告包括下列内容：

a) 委托单位及日期；

b) 试样名称及编号；

c) 试验结果；

d) 试验单位；

e) 试验人员。

附 录 A
（规范性附录）
空气的动力粘度和水蒸气校正系数

A.1 空气的动力粘度见表 A.1。

表 A.1 空气的动力粘度

温度℃	动力粘度 Pa·s	温度℃	动力粘度 Pa·s	温度℃	动力粘度 Pa·s
10	17.7×10^{-6}	19	18.1×10^{-6}	28	18.5×10^{-6}
11	17.7×10^{-6}	20	18.1×10^{-6}	29	18.6×10^{-6}
12	17.8×10^{-6}	21	18.2×10^{-6}	30	18.6×10^{-6}
13	17.8×10^{-6}	22	18.2×10^{-6}	31	18.7×10^{-6}
14	17.8×10^{-6}	23	18.3×10^{-6}	32	18.7×10^{-6}
15	17.9×10^{-6}	24	18.3×10^{-6}	33	18.7×10^{-6}
16	17.9×10^{-6}	25	18.4×10^{-6}	34	18.8×10^{-6}
17	18.0×10^{-6}	26	18.4×10^{-6}	35	18.8×10^{-6}
18	18.0×10^{-6}	27	18.5×10^{-6}		

A.2 水蒸气校正系数见表 A.2。

表 A.2 水蒸气校正系数

温度℃	校正系数	温度℃	校正系数	温度℃	校正系数
10	0.988	19	0.978	28	0.963
11	0.987	20	0.977	29	0.961
12	0.986	21	0.975	30	0.958
13	0.985	22	0.974	31	0.956
14	0.984	23	0.972	32	0.953
15	0.983	24	0.971	33	0.950
16	0.982	25	0.969	34	0.948
17	0.981	26	0.967	35	0.945
18	0.980	27	0.966		

ICS 59.060.10
B 45

中华人民共和国国家标准

GB/T 9998—2006
代替 GB/T 9998—1988

西　　宁　　毛

Xining wool

2006-03-10 发布　　2006-09-01 实施

中华人民共和国国家质量监督检验检疫总局
中国国家标准化管理委员会　发布

前言

本标准代替 GB/T 9998—1988《西宁毛》。

本标准与 GB/T 9998—1988 相比主要变化如下：

——补充和完善了西宁毛的定义；

——将等级分为特、一、二、三、四等五个等级，对技术指标进行了适当的调整，增加了各等级净毛率的规定；

——对套毛除边作了进一步的明确，并增加了边肷毛的规定；

——对检验验收规则及包装、标志、储存、运输进行了补充和完善；

——取消了附录 A 羊毛类型含量试验方法、附录 B 油压式快速净毛率测定法的内容。

本标准由中国纤维检验局提出并归口。

本标准起草单位：青海省纤维检验局。

本标准起草人：陈江涛、李青娅、吴延云、李文延。

本标准于 1988 年首次发布，本次为第一次修订。

西 宁 毛

1 范围

本标准规定了西宁毛的分等技术要求、检验方法、检验规则、包装、标志、储存、运输的要求。

本标准适用于西宁毛的生产、交易、加工、质量监督和进出口检验中的质量鉴定。

2 规范性引用文件

下列文件中的条款通过本标准的引用而成为本标准的条款。凡是注日期的引用文件，其随后所有的修改单(不包括勘误的内容)或修订版均不适用于本标准，然而，鼓励根据本标准达成协议的各方研究是否可使用这些文件的最新版本。凡是不注日期的引用文件，其最新版本适用于本标准。

GB 1523 绵羊毛

GB/T 5706 纺织名词术语(毛部分)

GB/T 6976 羊毛毛丛自然长度试验方法

GB/T 6977 洗净羊毛油、灰、杂含量试验方法

GB/T 6978 原毛洗净率试验方法 烘箱法

GB/T 10685 羊毛纤维直径试验方法 投影显微镜法

GB/T 14270 羊毛纤维类型含量试验方法

GB/T 14271 原毛净毛率试验方法 油压法

3 术语和定义

GB/T 5706、GB 1523 中确定的以及下列术语和定义适用于本标准。

3.1

西宁毛 Xining wool

以西宁为主要集散地的土种藏系羊毛。主要产于青海、西藏、甘肃、四川等地。其纤维粗长、弹性好、富有光泽、死毛含量少，是织造地毯和长毛绒的优质原料。

4 技术要求

4.1 分等规定见表1。

表 1 西宁毛分等规定

等级	毛丛自然长度/cm	粗毛含量/(%)	干毛含量/(%)	死毛含量/(%)	净毛率/(%)	品质特征及外观形态
特等	≥22	≤35	≤1	≤1	≥75	羊毛为自然白色，毛丛以绒毛、两型毛和粗毛组成，多为两型毛和粗毛，呈毛辫或毛丛结构。毛辫粗细均匀，底绒厚而致密，平均直径在 30 μm～35 μm 之间，均匀性较好。弹性好、富有光泽，油汗多、手感柔软。
一等	≥20	≤32	≤3	≤2	≥70	羊毛为自然白色，毛丛以绒毛、两型毛和粗毛组成，两型毛和粗毛较多，呈毛辫或毛丛结构。毛辫粗细均匀，底绒厚而致密，平均直径在 30 μm～35 μm 之间，均匀性较好。弹性好、富有光泽，油汗较多、手感柔软。

表 1（续）

等级	毛丛自然长度/cm	粗毛含量/(%)	干毛含量/(%)	死毛含量/(%)	净毛率/(%)	品质特征及外观形态
二等	≥18	≤28	≤5	≤4	≥65	羊毛为自然白色，毛丛以绒毛、两型毛和粗毛组成，呈毛辫结构。毛辫粗细不匀，底绒薄，致密性稍差，平均直径在 28 μm～35 μm 之间，均匀性一般。弹性好、富有光泽，油汗适中、手感较粗糙。
三等	≥16	≤24	≤7	≤6	≥65	羊毛为自然白色，毛丛以绒毛、两型毛和粗毛组成，呈毛辫或毛丛结构。毛辫结构松散，底绒薄，致密性较差，平均直径在 27 μm～40 μm 之间，均匀性较差。弹性较差、光泽稍弱，油汗较少、手感粗糙。
四等	≥14	≤20	≤9	≤8	≥60	羊毛为自然白色，毛丛以绒毛、两型毛和粗毛组成，呈毛辫或毛丛结构。毛辫结构松散，底绒薄，致密性差，平均直径在 27 μm～40 μm 之间，均匀性差。弹性差、光泽弱，油汗少、手感粗糙。
注：品质特征中描述的平均直径范围不作为考核指标。						

4.2　粗毛、干毛、死毛含量和洗净率为考核指标，以单项最低定等，低于四等为等外。毛丛自然长度、品质特征及外观形态为参考指标。

4.3　套毛应除去边肷毛，以近于体侧中线各部位为准，除去的边肷毛质量占整体总质量控制在 10% 左右。

4.4　散毛及边肷毛按粗毛、干毛、死毛含量及洗净率确定相应等级，单独包装。

4.5　黑花毛不分等级、不分颜色深浅及含有色毛纤维数量多少，单独包装。

4.6　生皮剪毛及熟皮剪毛(熟皮抓毛、灰退毛)不论等级，均分别单独包装。

4.7　头、腿、尾毛及其他有使用价值的疵点毛均分别单独包装，不得混入等级毛内。

4.8　沥青毛、油漆毛必须拣出，严禁混入羊毛内。

4.9　根据文字标准的分等规定，制作具有同等效力的实物标准，实物标准应每三年更新一次，并保持各等的程度一致。

5　抽样与制样

5.1　批样

批样的抽取按 GB 1523 规定执行。

5.2　试验室样品

5.2.1　将品质指标的批样平铺于试验台上，进行一定的混合后，用对分法分成两等份，一份为试验室样品，一份留作备样。

5.2.2　净毛率试验室样品的制备按 GB/T 14271 或 GB/T 6978 的规定进行。

5.3　试验试样

5.3.1　毛丛自然长度试样：将品质指标的试验室样品平铺于试验台上，进行一定混合后，按GB/T 6976 的规定抽取至少 100 个毛丛。

5.3.2　粗毛、干毛、死毛含量试样：在品质指标的试验室样品中，按 GB/T 14270 的规定进行制备。

5.3.3　净毛率试样：按 GB/T 14271 或按 GB/T 6978 的规定进行制备。

6 试验方法

6.1 仪器和设备

6.1.1 显微投影仪或 OFDA 纤维细度分析仪。

6.1.2 量尺(分度值 1 mm)。

6.1.3 衡器(量程 500 kg,分度值 0.5 kg)。

6.1.4 天平(分度值 0.1 g、0.01 g)。

6.1.5 开松去杂机。

6.1.6 洗毛设备。

6.1.7 油压式净毛率测定仪。

6.1.8 八篮烘箱。

6.2 品质特征的评等

采用感官检验。在抽取毛丛自然长度试样前,对品质指标的试验室样品,按本标准规定结合实物标样进行评定。

6.3 毛丛自然长度试验

按 GB/T 6976 的规定进行。

6.4 粗毛、干毛、死毛含量试验

按 GB/T 14270 的规定进行。

6.5 平均直径试验

按 GB/T 10685 的规定进行,每个试样的测量根数不少于 600 根。两个试样试验结果的差异超过平均值的 3%时,应增试第三个试样,并以三个试样结果的平均值为最终结果。计算结果修约至两位小数。

6.6 净毛率试验

一般批量交易时,按 GB/T 14271 规定进行,终局复验或仲裁检验时,按 GB/T 6978 进行。

6.7 公量检验

6.7.1 按 GB 1523 规定进行。

6.7.2 西宁毛净毛公定回潮率为 15%。

6.7.3 西宁毛净毛公定含油脂率为 1.5%。

6.8 试验数据的修约

按 GB/T 8170 规定进行。

7 检验证书

检验证书内容应包括:产品名称、产地、批号、包数、总质量、样本量、检验单位、检验项目、检验日期及检验结果。

8 检验验收规则

8.1 以批为单位进行品质检验和公量检验。

8.2 基层小批量交易时,可按实物标样进行感官检验,但应经常由仪器测试数据进行校正。

9 包装、标志、运输和储存

9.1 包装

9.1.1 经过分等的西宁毛必须按不同产地、不同等级分别打成紧压包,打包时要尽量保持套毛的基本形态。

9.1.2 包装应以保证品质不受影响为原则，采用麻布或其他不易破碎、允许使用的材料，用铅丝或打包编织带捆扎不少于5道。

9.1.3 毛包外观应整齐，每包西宁毛原毛重80 kg～100 kg。

9.2 标志

9.2.1 在毛包一端刷上不易褪色的深色标志。

9.2.2 每包都应有清晰、醒目的中文标志。包括内容有：产品名称、等级、批次、包号、包重、生产日期、厂名、厂址及检验证书（或质量凭证）的编号。

9.3 运输

9.3.1 运输时应按不同产地、不同等级，分别装运。

9.3.2 运输过程中，应防止污染毛包，不得使用有损包装的器械。

9.4 储存

9.4.1 应在通风干燥的库房内储存，需注意防潮、防霉、防蛀。

9.4.2 堆放时唛头标志朝外，以批为单位整齐排列。

ICS 01.080.10
A 22

中华人民共和国国家标准

GB/T 10001.1—2006
代替 GB/T 10001.1—2000

标志用公共信息图形符号 第1部分:通用符号

**Public information graphical symbols for use on sign—
Part 1:Common symbols**

(ISO 7001:1990,Public information symbols,NEQ)

2006-08-04 发布 2006-11-01 实施

中华人民共和国国家质量监督检验检疫总局
中国国家标准化管理委员会 发布

前　言

GB/T 10001《标志用公共信息图形符号》分为以下部分：

——第1部分：通用符号；

——第2部分：旅游休闲符号；

——第3部分：客运与货运符号；

——第4部分：运动健身符号；

——第5部分：购物符号；

——第6部分：医疗保健符号；

……

本部分为GB/T 10001的第1部分，对应于ISO 7001：1990《公共信息图形符号》（英文版），与ISO 7001：1990的一致性程度为非等效。本部分根据ISO 7001：1990重新起草。

本部分代替GB/T 10001.1—2000《标志用公共信息图形符号　第1部分：通用符号》，与GB/T 10001.1—2000的主要区别为：

——增加38个符号：天桥、地下通道、上行自动扶梯、下行自动扶梯、靠右站立、无障碍电梯、货梯、衣帽间、休息区、会合点、报告厅、婴儿车、哺乳室、网络服务、茶饮、博物馆、美术馆、图书馆、动物园、植物园、体育场、体育馆、超级市场、自动售货机、银行、自动柜员机、信息服务、室内停车场、请勿坐卧、请勿触摸、请勿踩踏、请勿携带宠物、请勿使用手机、请勿拍照、请勿使用闪光灯、请勿打扰、请勿乱扔废弃物、非饮用水。

——移至GB/T 10001.2中2个符号：淋浴、自然保护区。

——移至GB/T 10001.3中11个符号：出租车、租赁车、公共汽车、无轨电车、有轨电车、飞机、直升机、轮船、火车、地铁、行李手推车。

——移至拟制定的安全标志国家标准中6个符号：紧急出口、紧急呼救电话、紧急呼救设施、火情警报设施、灭火器、医疗点。

——修改35个符号：自动扶梯、电梯、女、卫生间、公园、男更衣、女更衣、安全保卫、手续办理（接待）、会议室、邮政、邮箱、西餐、中餐、酒吧、咖啡、理发（美容）、电影院、剧院、公园、体育场、体育馆、商场（购物中心）、货币兑换、结账、贵宾、问讯、走失儿童、失物招领、停车场、安静、饮用水、脚踏操作、允许吸烟、请勿吸烟、请勿通过。

——删去1个符号：运动场所。

本部分由中国标准化研究院提出。

本部分由全国图形符号标准化技术委员会归口。

本部分起草单位：中国标准化研究院、中国人民大学徐悲鸿艺术学院、国家旅游局、中国旅游出版社、民航总局安全技术中心、国家建设部。

本部分主要起草人：白殿一、张亮、安姚舜、王嵘山、何力、刘家伟、刘贺明、邹传瑜、陈永权。

原标准于1988年首次发布，1994年修订时将GB 3818—1983《公共信息图形符号》及GB 10001—1988《公共信息标志用图形符号》合并；2000年进行了第二次修订；本次为第三次修订。

标志用公共信息图形符号
第1部分:通用符号

1 范围

GB/T 10001 的本部分规定了通用的标志用公共信息图形符号(以下简称图形符号)。

本部分适用于公共场所及相关设施,具体用于公共信息导向系统中的位置标志、导向标志、平面示意图、信息板、街区导向图等导向要素的设计。本部分也适用于图形标志尺寸大于 10 mm×10 mm 的出版物及其他信息载体。

2 规范性引用文件

下列文件中的条款通过 GB/T 10001 的本部分的引用而成为本部分的条款。凡是注日期的引用文件,其随后所有的修改单(不包括勘误的内容)或修订版均不适用于本部分,然而,鼓励根据本部分达成协议的各方研究是否可使用这些文件的最新版本。凡是不注日期的引用文件,其最新版本适用于本部分。

GB/T 10001(所有其余部分) 标志用公共信息图形符号

GB/T 15565 图形符号 术语

GB/T 20501(所有部分) 公共信息导向系统 要素的设计原则与要求

3 术语和定义

GB/T 15565 确立的术语和定义适用于 GB/T 10001 的本部分。

4 图形符号

通用符号见表 1。

5 应用

5.1 本部分在应用中,如还需使用其他符号,则应从 GB/T 10001 的其他部分中选取。

5.2 图形符号的颜色应符合 GB/T 20501.1 的要求。

5.3 表 1 图形符号栏中的角标及正方形边线不是图形符号的组成部分,仅是制作图形标志的依据,应用时,带有角标的图形符号可仅使用该符号,带有正方形边线的图形符号则应使用由该符号形成的图形标志。在使用本部分的图形符号设计导向要素时,应符合 GB/T 20501 的要求。

5.4 本标准中图形符号的含义仅为该图形符号的广义概念。应用时,可根据所要表达的具体对象给出相应名称,如:含义为“咖啡”的图形符号,可给出“咖啡厅”、“咖啡馆”“咖啡店”等具体名称。

表 1　通用符号

序号	图形符号	含　义	说　明
01		方向 Direction	表示方向 符号方向根据实际情况设置 ISO 7001:1990 (001)
02		入口 Way In; Entrance	表示入口位置或指明进去的通道 应根据实际情况使用本符号，或旋转 90°或 180°后的符号 ISO 7001:1990 (026)
03		出口 Way Out; Exit	表示出口位置或指明出去的通道 应根据实际情况使用本符号，或旋转 90°或 180°后的符号 ISO 7001:1990 (027)
04		楼梯 Stairs	表示上下共用的楼梯 不表示自动扶梯 应根据实际情况使用本符号或其镜像符号 ISO 7001:1990 (011)

表 1（续）

序号	图形符号	含　义	说　明
05		上楼楼梯 Stairs Up	表示通往楼上或仅允许上楼的楼梯 不表示自动扶梯 应根据实际情况使用本符号或其镜像符号
06		下楼楼梯 Stairs Down	表示通往楼下或仅允许下楼的楼梯 不表示自动扶梯 应根据实际情况使用本符号或其镜像符号
07		天桥 Overpass	表示过街天桥 应根据实际情况使用本符号或其镜像符号
08		地下通道 Underpass	表示地下通道 应根据实际情况使用本符号或其镜像符号

表 1（续）

序号	图形符号	含　义	说　明
09		自动扶梯 Escalator	表示自动扶梯 不表示楼梯 应根据实际情况使用本符号或其镜像符号 替代 GB/T 10001.1—2000(21)
10		上行自动扶梯 Escalator Up	表示向上自动扶梯 不表示楼梯 应根据实际情况使用本符号或其镜像符号
11		下行自动扶梯 Escalator Down	表示向下自动扶梯 不表示楼梯 应根据实际情况使用本符号或其镜像符号
12		靠右站立 Stand on the Right	表示乘客应靠右站立

表 1（续）

序号	图形符号	含　义	说　明
13		电梯 Elevator；Lift	表示公用电梯 替代 GB/T 10001.1—2000(22)
14	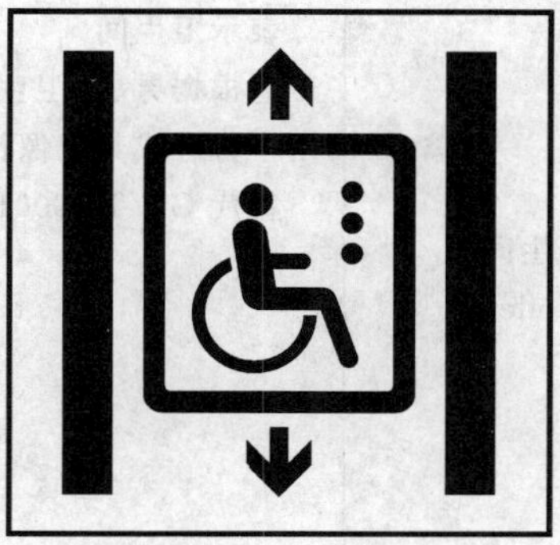	无障碍电梯 Accessible Elevator	表示供残障人乘坐的电梯
15		货梯 Elevator for Goods	表示供运输货物的电梯
16		男 Male	表示专供男性使用的设施，如男厕所、男浴室等 ISO 7001：1990(006)

表 1（续）

序号	图形符号	含　义	说　明
17		女 Female	表示专供女性使用的设施，如女厕所、女浴室等 替代 GB/T 10001.1—2000(25)
18		卫生间 Toilet	表示卫生间 应根据男、女卫生间的实际位置使用本符号或其镜像符号 替代 GB/T 10001.1—2000(26)
19		无障碍设施 Accessible Facility	表示供残障人使用的设施，如轮椅、坡道等 应根据实际情况使用本符号或其镜像符号
20		衣帽间 Cloakroom	表示供更衣或存放衣帽等物品的场所，如衣帽间、更衣室、试衣间等

表 1（续）

序号	图形符号	含　义	说　明
21		男更衣 Men's Locker Room	表示供男性更衣或存放衣帽等物品的场所，如男更衣间、男试衣室等 替代 GB/T 10001.1—2000(27)
22		女更衣 Women's Locker Room	表示供女性更衣或存放衣帽等物品的场所，如女更衣间、女试衣室等 替代 GB/T 10001.1—2000(28)
23		休息区 Rest Area	表示供人们休息的区域或场所，如：商场休息区、剧场休息区等
24		等候室 Waiting Room	表示供人们休息等候的场所，如车站的候车室、机场的候机室、医院的候诊室等 ISO 7001:1990 (013)

表 1（续）

序号	图形符号	含　　义	说　　明
25		会合点 Meeting Point	表示会合、约见的场所或地点
26		安全保卫 Security；Police	表示安全保卫人员（警察或保安）或指明安全保卫人员（警察或保安）值勤的地点，如警卫室等 替代 GB/T 10001.1—2000(44)
27		票务服务 Tickets	表示出售各种票据的场所，如机场、车站、影院、体育场馆、公园等处的售票处及医院的挂号处等 ISO 7001：1990 (050)
28	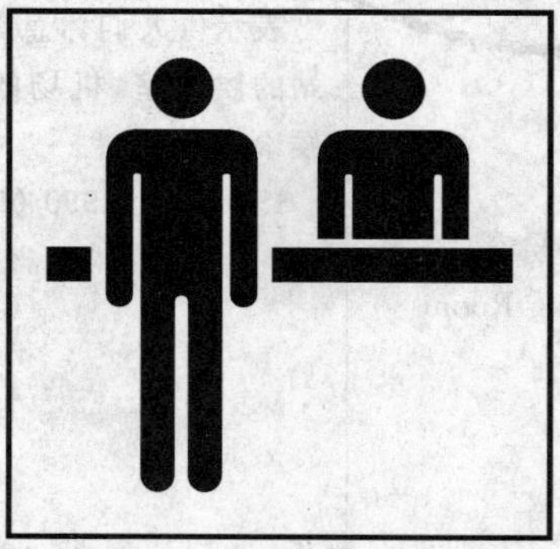	手续办理；接待 Check-in； Reception	表示办理手续或提供接待服务的场所，如宾馆、饭店的前台接待处、机场的手续办理处及医院的住院处等 替代 GB/T 10001.1—2000(46)

表 1（续）

序号	图形符号	含　　义	说　　明
29		会议室 Conference Room	表示供召开会议的场所 替代 GB/T 10001.1—2000(35)
30		报告厅 Lecture Hall	表示供做报告的场所
31		行李寄存 Left Luggage	表示临时存放行李的场所 ISO 7001:1990 (028)
32		婴儿车 Baby Carriage	表示提供婴儿车服务的场所

表 1（续）

序号	图形符号	含　义	说　明
33	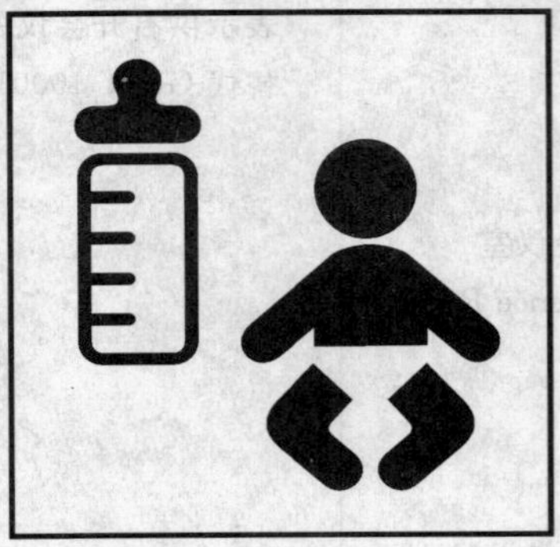	哺乳室 Feeding Area	表示可喂哺婴儿或给婴儿更换尿布的场所
34		邮政 Post	表示出售邮票或邮寄各种邮件的场所，如邮局、邮电局及商店、宾馆中办理此业务的部门 替代 GB/T 10001.1—2000(54)
35		邮箱 Mailbox	表示可以投寄信件的邮政信箱 不表示邮箱以外的其他邮政业务、设施 替代 GB/T 10001.1—2000(55)
36		电话 Telephone	表示电话或提供电话服务的场所 ISO 7001:1990 (008)

表 1（续）

序号	图形符号	含　义	说　明
37		网络服务 Internet Service	表示网络服务或提供网络服务的场所
38		餐饮 Restaurant	表示餐饮或提供餐饮服务的场所，如:酒楼、餐厅等 具体应用时，如确需将中餐、西餐分开，本符号还可表示西餐厅等 替代 GB/T 10001.1—2000(57)
39		中餐 Chinese Restaurant	表示中餐或提供中餐服务的场所，如中餐厅、中餐馆等 不表示餐饮、西餐 替代 GB/T 10001.1—2000(58)
40		快餐 Snack	表示快餐或提供快餐服务的场所 不表示酒吧、咖啡、茶饮

表 1（续）

序号	图形符号	含　义	说　明
41		酒吧 Bar	表示饮酒及其他饮料的场所 不表示咖啡、快餐、茶饮 替代 GB/T 10001.1—2000(60)
42		咖啡 Coffee	表示喝咖啡及其他饮料的场所 不表示酒吧、快餐、茶饮 替代 GB/T 10001.1—2000(61)
43		茶饮 Tea	表示喝茶及其他饮料的场所 不表示酒吧、咖啡、快餐
44		花卉 Flower	表示出售各种花卉的场所，如花店、商店的售花部等

表 1（续）

序号	图形符号	含　义	说　明
45		书报 Book and Newspaper	表示出售各种书报的场所，如书报亭、书店等
46	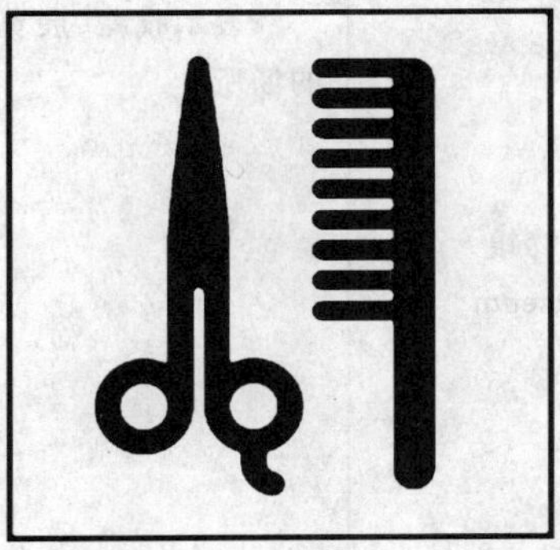	理发；美容 Barber; Beauty Salon	表示提供理发、美容服务的场所，如理发厅、美容院等 替代 GB/T 10001.1—2000(63)
47	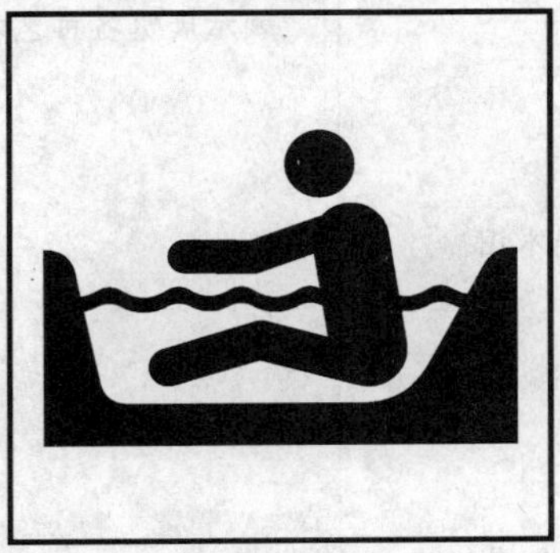	洗浴 Bath	表示提供洗浴设施的场所或服务，如洗浴中心等 不表示游泳池，或仅提供淋浴设施的场所 ISO 7001:1990 (045)
48		电影院 Cinema	表示观看电影的场所 替代 GB/T 10001.1—2000(38)

表 1（续）

序号	图形符号	含　义	说　明
49		剧院 Theatre	表示观看戏剧的场所，如歌剧院、舞剧院等 替代 GB/T 10001.1—2000(39)
50		博物馆 Museum	表示收藏、展览各类文物或标本的场所
51		美术馆 Art Gallery	表示展览各种艺术作品的场所
52		图书馆 Library	表示收藏图书资料供人们阅览的场所

表 1（续）

序号	图形符号	含　义	说　明
53		公园 Park	表示供公众游览休息的园林 替代 GB/T 10001.1—2000(32)
54		动物园 Zoo	表示供公众观览各种动物的场所
55		植物园 Botanical Garden	表示供公众观览各种植物的场所
56	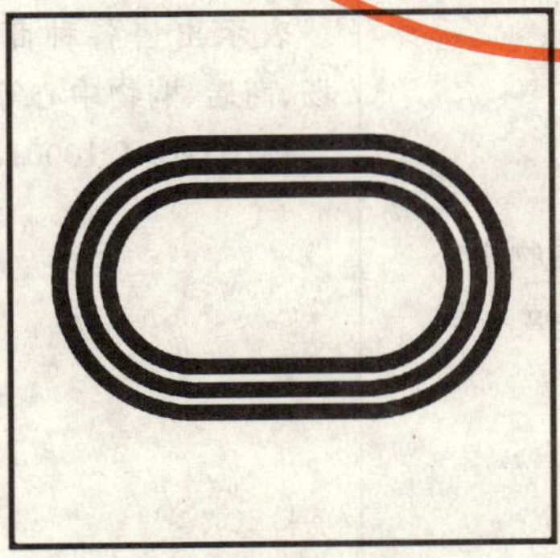	体育场 Stadium	表示有固定看台、跑道及足球场，可供训练、比赛和健身的室外运动场所 替代 GB/T 10001.4—2003(02)

表 1(续)

序号	图形符号	含　义	说　明
57	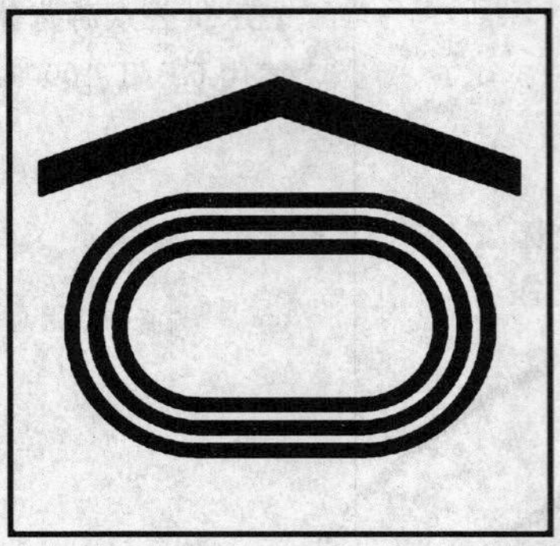	体育馆 Gymnasium	表示有固定看台,可供训练、比赛和健身的室内运动场所 替代 GB/T 10001.4—2003(01)
58		旅馆;宾馆 Accommodation	表示提供膳宿的场所或服务,如旅馆、宾馆、饭店或其预订处等 ISO 7001:1990 (030)
59	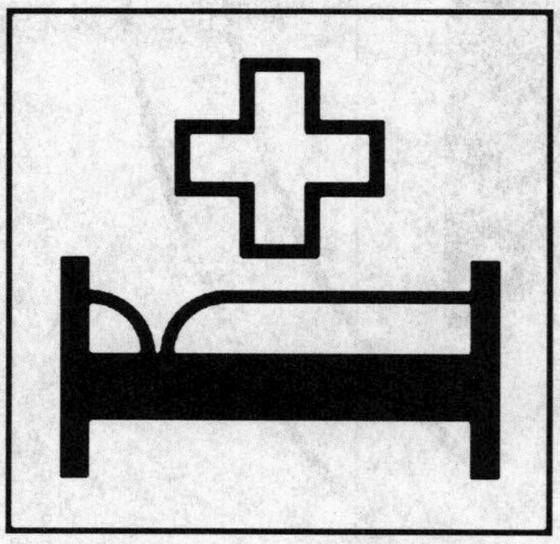	医院 Hospital	表示治疗和护理病人的常设的医疗服务场所 不表示急救中心或医务室 ISO 7001:1990 (032)
60		商场;购物中心 Shopping Area	表示出售各种商品的场所,如商场、商店、购物中心等 替代 GB/T 10001.1—2000(40)

表 1（续）

序号	图形符号	含　义	说　明
61		超级市场 Supermarket	表示可自助购买大量陈列食品、日常用品和家用商品的场所
62		自动售货机 Automatic Vending Machine	表示可以自动出售商品的设施
63		银行 Bank	表示可进行存款、取款、汇兑、贷款等业务的场所
64		货币兑换 Currency Exchange	表示提供各种外币兑换服务的场所 替代 GB/T 10001.1—2000(48)

表 1（续）

序号	图形符号	含　义	说　明
65		自动柜员机 Automatic Teller Machine	表示可以进行自动存款、取款、交费的设施
66		结账 Cashier;Check-out	表示用现金或支票进行结算的场所，如宾馆、饭店的前台结账处，商场、医院等场所的收款处等 替代 GB/T 10001.1—2000(49)
67		贵宾 Very Important Person	表示对贵宾提供服务的场所，如：贵宾室、贵宾接待处等 替代 GB/T 10001.1—2000(67)
68		信息服务 Information Service	表示提供各种信息的场所

表 1（续）

序号	图形符号	含　义	说　明
69		问讯 Enquiry	表示提供咨询服务的场所 替代 GB/T 10001.1—2000(47)
70		走失儿童 Lost Children	表示丢失儿童的登记或认领场所 替代 GB/T 10001.1—2000(51)
71		失物招领 Lost and Found; Lost Property	表示丢失物品的登记或认领场所 替代 GB/T 10001.1—2000(50)
72		停车场 Parking	表示供停放机动车的场所，如：停车场 替代 GB/T 10001.1—2000(11)

表 1（续）

序号	图形符号	含　义	说　明
73		室内停车场 Indoor Parking	表示室内停放机动车的场所，如：地下停车场等
74		自行车停放处 Parking for Bicycle	表示供停放自行车的场所 ISO 7001:1990 (023)
75		加油站 Gasolene Station	表示供车辆加油、加气的场所
76		安静 Quiet	表示应保持安静的场所 替代 GB/T 10001.1—2000(66)

表 1（续）

序号	图形符号	含　义	说　明
77		饮用水 Drinking Water	表示可以饮用的水 替代 GB/T 10001.1—2000(29)
78		脚踏操作 Pedal-operated	表示用脚踏方式操作 替代 GB/T 10001.1—2000(30)
79		废物箱 Rubbish Receptacle	表示供人们扔弃废物的设施 ISO 7001:1990 (018)
80		允许吸烟 Smoking Allowed	表示允许吸烟的场所 替代 GB/T 10001.1—2000(68)

表 1（续）

序号	图形符号	含　义	说　明
81		请勿吸烟 No Smoking	表示该处不允许吸烟 替代 GB/T 10001.1—2000(69)
82		请勿通过 No Thoroughfare	表示该处不允许进入、通行或穿越 替代 GB/T 10001.1—2000(70)
83		请勿坐卧 No Sitting or Lying	表示该处不允许坐卧
84		请勿触摸 No Touching	表示该处不允许用手触摸

表 1（续）

序号	图形符号	含　义	说　明
85		请勿踩踏 No Stepping	表示该处（如：草坪、座椅等）不允许用脚踩踏
86		请勿携带宠物 No Pets Allowed	表示该处不允许携带宠物
87		请勿使用手机 No Use of Mobile Phones Allowed	表示该处不允许使用手机
88		请勿拍照 No Photography Allowed	表示该处不允许拍摄照片

表 1（续）

序号	图形符号	含　　义	说　　明
89		请勿使用闪光灯 No Flash Allowed	表示该处不允许使用闪光灯
90		请勿打扰 No Disturbance	表示谢绝打扰
91		请勿乱扔废弃物 Do Not Throw Rubbish	表示该处不允许乱扔废弃物
92		非饮用水 Not Drinking Water	表示该处的水不可以饮用

索引

英文对应词	序号

ICS 01.80.10
A 22

GB

中华人民共和国国家标准

GB/T 10001.2—2006
代替 GB/T 10001.2—2002

标志用公共信息图形符号
第2部分：旅游休闲符号

Public information graphical symbols for use on sign—
Part 2: Symbols for tourism and entertainment

(ISO 7001:1990/Amd.1:1993, Public information symbols, NEQ)

2006-08-04 发布　　2006-11-01 实施

中华人民共和国国家质量监督检验检疫总局
中国国家标准化管理委员会　发布

前言

GB/T 10001《标志用公共信息图形符号》分为以下部分：

——第1部分：通用符号；

——第2部分：旅游休闲符号；

——第3部分：客运与货运符号；

——第4部分：运动健身符号；

——第5部分：购物符号；

——第6部分：医疗保健符号；

……

本部分为GB/T 10001的第2部分，对应于ISO 7001:1990/Amd.1:1993《公共信息图形符号》(英文版)，与ISO 7001的一致性程度为非等效。本部分根据ISO 7001重新起草。

本部分代替GB/T 10001.2—2002《标志用公共信息图形符号　第2部分：旅游设施与服务符号》，与GB/T 10001.2—2002的主要区别为：

——将名称改为：标志用公共信息图形符号　第2部分：旅游休闲符号

——增加了42个图形符号：旅游服务、叫醒服务、清洁服务、淋浴、足浴、温泉浴、录像厅(电视房)、道观、佛寺、教堂、清真寺、名胜古迹、古塔、古桥、纪念碑、陵园、大型游乐场、儿童乐园、水上乐园、露天浴场、水族馆、海洋馆(海洋公园)、度假村、自然保护区、瞭望、热气球、徒步旅行、登山避难处、营火、露营地、山洞、冰川、雪山、山峰、峡谷、瀑布、河流、湖泊、湿地(沼泽)、海滩、森林(林地)、在此排队(单列排队)。

——移至GB/T 10001.3中1个图形符号：轨道缆车。

——移至GB/T 10001.4中12个图形符号：游泳、乒乓球、台球、保龄球、高尔夫球、壁球、网球、健身、划船、骑马、射击、狩猎。

——修改14个图形符号：团体接待、无障碍客房、订餐、客房送餐、洗衣、熨衣、桑拿浴、商务中心、摄影冲印、电子游戏、歌厅、舞厅、垂钓、缓跑小径。

——删除3个图形符号：干衣、国内直拨电话、国际直拨电话。

本部分由全国图形符号标准化技术委员会提出并归口。

本部分起草单位：中国标准化研究院、国家旅游局、清华大学美术学院、中国人民大学徐悲鸿艺术学院、中国旅游出版社。

本部分主要起草人：张亮、白殿一、王嵘山、何洁、安姚舜、何力、陈永权、邹传瑜。

本部分于2002年首次发布，本次为第一次修订。

标志用公共信息图形符号
第2部分:旅游休闲符号

1 范围

GB/T 10001 的本部分规定了旅游休闲方面的标志用公共信息图形符号(以下简称图形符号)。

本部分适用于宾馆、饭店、旅游景点等公共场所,也适用于运输工具、服务设施,具体用于公共信息导向系统中的位置标志、导向标志、平面示意图、区域功能图、街区导向图等导向要素的设计,也适用于图形标志尺寸大于 10 mm×10 mm 的出版物及其他信息载体。

2 规范性引用文件

下列文件中的条款通过 GB/T 10001 的本部分的引用而成为本部分的条款。凡是注日期的引用文件,其随后所有的修改单(不包括勘误的内容)或修订版均不适用于本部分,然而,鼓励根据本部分达成协议的各方研究是否可使用这些文件的最新版本。凡是不注日期的引用文件,其最新版本适用于本部分。

GB/T 10001(所有其余部分) 标志用公共信息图形符号

GB/T 15565 图形符号 术语

GB/T 20501(所有部分) 公共信息导向系统 要素的设计原则与要求

3 术语和定义

GB/T 15565 确立的术语和定义适用于 GB/T 10001 的本部分。

4 图形符号

旅游休闲符号见表 1。

5 应用

5.1 本部分应与 GB/T 10001.1 配合使用。应用中,如还需使用其他符号,则应从 GB/T 10001 的其他部分中选取。

5.2 图形符号的颜色应符合 GB/T 20501.1 的要求。

5.3 表 1 图形符号栏中的正方形边线不是图形符号的组成部分,仅是制作图形标志的依据,应用时,应使用由该符号形成的图形标志。在使用本部分的图形符号设计导向要素时,应符合 GB/T 20501 的要求。

5.4 本标准中图形符号的含义仅为该图形符号的广义概念。应用时,可根据所要表达的具体对象给出相应名称,如:含义为“洗衣”的图形符号,可给出“洗衣店”、“洗衣间”等具体名称。

表 1 旅游休闲符号

序号	图形符号	含义	说明
01		旅游服务 Travel Service	表示提供旅行接待与服务的部门或场所，如旅行社、导游服务处、旅游报名点等
02		团体接待 Group Reception	表示专门接待团队、会议来宾的场所或提供相应的服务 替代 GB/T 10001.2—2002(03)
03	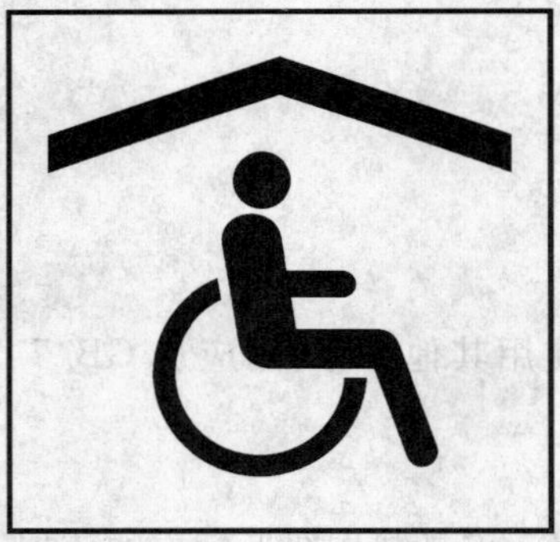	无障碍客房 Accessible Room	表示可供残障人使用的无障碍客房 替代 GB/T 10001.2—2002(04)
04		订餐 Dining Reservation	表示供客人订餐的场所或提供订餐服务 替代 GB/T 10001.2—2002(06)

表 1（续）

序号	图 形 符 号	含 义	说 明
05		客房送餐 Room Service	表示可为客人提供客房送餐的服务 替代 GB/T 10001.2—2002(05)
06		叫醒服务 Wake Up Call Service	表示可为客人提供叫醒服务
07		清洁服务 Cleaning Service	表示可为客人提供或应要求提供清洁房间的服务
08		洗衣 Laundry	表示可为客人提供洗衣的服务或场所 替代 GB/T 10001.2—2002(09)

表 1（续）

序号	图形符号	含义	说明
09		熨衣 Ironing	表示可为客人提供熨衣的服务或场所 不表示洗衣 替代 GB/T 10001.2—2002(11)
10		淋浴 Shower	表示仅提供淋浴设施的服务或场所 不表示具有盆浴、浴池等设施的洗浴场所，如洗浴中心等 替代 GB/T 10001.1—2000(37)
11		桑拿浴 Sauna	表示提供桑拿浴设施的服务或场所，如桑拿浴室等 替代 GB/T 10001.2—2002(16)
12		足浴 Foot Massage	表示提供足部洗浴、按摩的服务或场所

表 1（续）

序号	图形符号	含义	说明
13		温泉浴 Hot Spring Bath	表示提供沐浴温泉的服务或场所
14	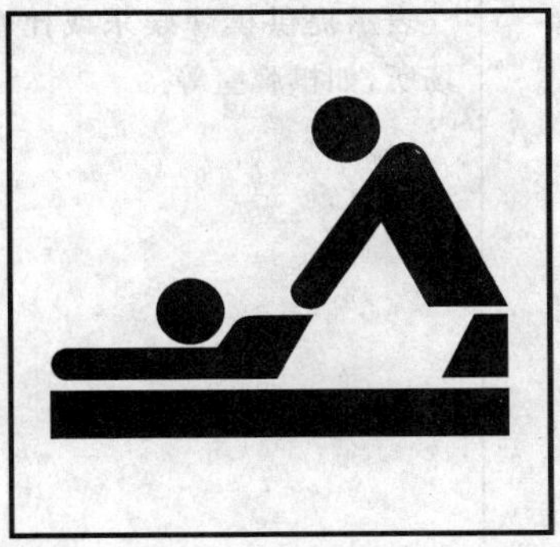	按摩 Massage	表示提供按摩的服务或场所，如按摩院、按摩室等
15		商务中心 Business Centre	表示提供复印、打字、传真、文秘、翻译等项服务或场所 替代 GB/T 10001.2—2002(08)
16		摄影冲印 Photograph or Film Developing	表示提供摄像、照相、冲洗胶卷及扩印照片的服务或场所 替代 GB/T 10001.2—2002(07)

表 1（续）

序号	图形符号	含义	说明
17		电子游戏 Video Game	表示提供电子游戏娱乐的服务或场所，如游戏厅等 替代 GB/T 10001.2—2002(12)
18		棋牌 Chess and Cards	表示提供棋牌娱乐或比赛的服务或场所，如棋牌室等
19		歌厅 Music Hall	表示提供卡拉 OK 娱乐的服务或场所，如歌厅、练歌房等 替代 GB/T 10001.2—2002(14)
20		舞厅 Dance Hall	表示跳舞娱乐的场所 替代 GB/T 10001.2—2002(15)

表 1（续）

序号	图 形 符 号	含 义	说 明
21		录像厅；电视房 Video-room	表示观看录相或电视的场所
22		道观 Taoist Church	表示道教徒举行宗教仪式的场所
23		佛寺 Temple	表示佛教徒举行宗教仪式的场所
24		教堂 Church	表示基督教徒举行宗教仪式的场所

表 1（续）

序号	图 形 符 号	含 义	说 明
25		清真寺 Mosque	表示伊斯兰教徒举行宗教仪式的场所
26		名胜古迹 Historic Sites	表示具有著名的历史遗迹的场所
27		古塔 Ancient Pagoda	表示供参观、游览的年代久远的塔
28		古桥 Old Bridge	表示供参观、游览的年代久远的桥

表 1（续）

序号	图形符号	含义	说明
29		纪念碑 Monument	表示供人们纪念有功绩的人物或重大事件的石碑
30		陵园 Cemetery	表示以陵墓为主的园林
31		大型游乐场 Pleasure Ground	表示综合设置各种游乐器械、场景，供人们娱乐的场所 不表示儿童游乐场或儿童乐园
32		儿童乐园 Children's Playground	表示专供儿童游玩的场所 不表示大型游乐场

表 1（续）

序号	图形符号	含义	说明
33		水上乐园 Aquatic Park	表示供水上娱乐的场所
34		露天浴场 Bathing Beach	表示提供露天游泳和休闲的场所
35		水族馆 Aquarium	表示供公众观览各种水中动物的场所
36		海洋馆;海洋公园 Ocean Park	表示供公众观览各种海洋动物的场所

表 1（续）

序号	图形符号	含义	说明
37		度假村 Holiday Village	表示远离闹市供公众度假的休闲场所
38		自然保护区 Nature Reserve	表示需要保护野生动物和植物的区域 ISO 7001:1990 (025)
39		瞭望 Panorama	表示提供相关设施，供人们远望的场所
40		垂钓 Angling	表示可供垂钓的场所 替代 GB/T 10001.2—2002(27)

表1(续)

序号	图形符号	含义	说明
41		热气球 Ballooning	表示提供乘坐热气球的服务或场所
42		缓跑小径 Jogging Track	表示可供缓跑及散步的小路 替代 GB/T 10001.2—2002(26)
43		徒步旅行 Hiking	表示仅供徒步旅行的区域或道路
44		登山避难处 Mountain Refuge	表示登山遇险时的避难场所

表 1（续）

序号	图形符号	含义	说明
45		营火 Campfire	表示可燃烧篝火或烧烤的场所
46		露营地 Picnic Area	表示可搭建帐篷野外宿营的场所
47		山洞 Cave	表示山洞、溶洞等自然洞穴
48		冰川 Glacier	表示冰川

表 1（续）

序号	图形符号	含义	说明
49		雪山 Snow Mountain	表示雪山
50		山峰 Mountain	表示山峰
51		峡谷 Valley	表示峡谷
52		瀑布 Waterfall	表示瀑布

表 1（续）

序号	图 形 符 号	含 义	说 明
53		河流 River	表示河流
54		湖泊 Lake	表示湖泊
55		湿地;沼泽 Marsh	表示湿地、沼泽
56		海滩 Beach	表示海滩

表 1（续）

序号	图 形 符 号	含 义	说 明
57		森林；林地 Woodland	表示森林、林地
58		大型封闭式缆车 Cable Car (Large Capacity)	表示大型封闭式空中缆车 ISO 7001:1990(033)
59		小型封闭式缆车 Cable Car (Small Capacity)	表示小型封闭式空中缆车 ISO 7001：1990（034）
60		椅式空中缆车； 单椅式空中缆车 Chairlift； Single Chairlift	表示椅式空中缆车；也可表示可乘坐一名乘客的椅式空中缆车 ISO 7001：1990（036）

表 1（续）

序号	图形符号	含义	说明
61		双椅式空中缆车 Double Chairlift	表示可乘坐两名乘客的椅式空中缆车 ISO 7001:1990/Amd. 1: 1993 (051)
62		三椅式空中缆车 Triple Chairlift	表示可乘坐三名乘客的椅式空中缆车 ISO 7001:1990/Amd. 1: 1993 (052)
63		四椅式空中缆车 Quadruple Chairlift	表示可乘坐四名乘客的椅式空中缆车 ISO 7001:1990/Amd. 1:1993 (053)
64		关上安全杆 Close Safety Bar	表示乘坐索道缆车的乘客乘上缆车后须立刻关上安全杆(或安全链) ISO 7001: 1990 (039)

表 1（续）

序号	图 形 符 号	含 义	说 明
65		打开安全杆 Open Safety Bar	表示乘坐索道缆车的乘客在接近山顶或山脚站的某处应打开安全杆（或安全链） ISO 7001：1990（040）
66		关上过顶安全杆 Close Overhead Safety Bar	表示乘坐索道缆车的乘客坐好后应立刻关上过顶安全杆 ISO 7001：1990（037）
67		打开过顶安全杆 Open Overhead Safety Bar	表示乘坐索道缆车的乘客在接近山顶或山脚站的某处要打开过顶安全杆 ISO 7001：1990（038）
68		步行游客必须下车 Foot Passengers Have to Get Off	表示乘坐缆车的步行乘客需下车的位置 ISO 7001：1990/Amd. 1：1993（055）

表 1（续）

序号	图形符号	含义	说明
69		滑雪者必须下车 Skiers Have to Get Off	表示乘坐缆车的滑雪者需下车的位置 ISO 7001:1990/Amd. 1:1993 (056)
70		抬起滑雪板前端 Raise Ski Tips	表示乘坐缆车的滑雪者必须抬起滑雪板前端的地点 ISO 7001：1990 (043)
71		滑雪牵引索 Ski Lift	表示仅为滑雪者使用的滑雪牵引索 ISO 7001：1990 (044)
72		陡坡滑雪牵引索 Steep-slope Ski Lift	表示途经陡峭路面的滑雪牵引索 ISO 7001:1990/Amd. 1:1993 (057)

表 1（续）

序号	图形符号	含义	说明
73		在此排队； 单列排队 Line Up Here； Line Up One by One	表示乘客在此处排队或排成单路纵队
74		双列排队 Line Up Two by Two	表示乘客排成两路纵队 ISO 7001：1990（041）
75		三列排队 Line Up Three by Three	表示乘客排成三路纵队 ISO 7001：1990（042）
76		四列排队 Line Up Four by Four	表示乘客排成四路纵队 ISO 7001：1990/Amd.1：1993（054）

中文索引

英文对应词索引

ICS 01.080.10
A 22

中华人民共和国国家标准

GB/T 10001.5—2006

标志用公共信息图形符号 第5部分:购物符号

Public information graphical symbols for use on sign—Part 5: Symbols for shopping

2006-03-14 发布　　　　2006-05-01 实施

中华人民共和国国家质量监督检验检疫总局
中国国家标准化管理委员会 发布

前　言

GB/T 10001《标志用公共信息图形符号》分为以下部分：

——第1部分：通用符号；

——第2部分：旅游休闲符号；

——第3部分：客运与货运符号；

——第4部分：运动健身符号；

——第5部分：购物符号；

——第6部分：医疗保健符号；

……

本部分为GB/T 10001的第5部分。

本部分由中国标准化研究院提出。

本部分由全国图形符号标准化技术委员会归口。

本部分起草单位：中国标准化研究院、中华人民共和国商务部、清华大学美术学院、中国商业联合会。

本部分主要起草人：张亮、白殿一、何洁、安姚舜、李党会、曹德胜、邹传瑜、陈永权、师占有。

标志用公共信息图形符号
第5部分:购物符号

1 范围

GB/T 10001 的本部分规定了购物及相关服务的标志用公共信息图形符号(以下简称图形符号)。

本部分适用于商场、购物中心等购物场所,具体用于公共信息导向系统中的位置标志、导向标志、平面示意图、区域功能图、街区导向图等导向要素的设计。也适用于图形标志尺寸大于 10 mm×10 mm 的出版物及其他信息载体。

2 规范性引用文件

下列文件中的条款通过 GB/T 10001 的本部分的引用而成为本部分的条款。凡是注日期的引用文件,其随后所有的修改单(不包括勘误的内容)或修订版均不适用于本部分,然而,鼓励根据本部分达成协议的各方研究是否可使用这些文件的最新版本。凡是不注日期的引用文件,其最新版本适用于本部分。

GB/T 10001.1—2000 标志用公共信息图形符号 第1部分:通用符号(neq ISO 7001:1990)

GB/T 10001(所有其余部分) 标志用公共信息图形符号

GB/T 15566 图形标志 使用原则与要求

3 图形符号

购物符号见表1。

4 颜色

图形符号的颜色应符合 GB/T 10001.1—2000 第4章的规定。

5 图形符号标志的绘制和制作

图形符号标志的绘制和制作应符合 GB/T 10001.1—2000 第5章的规定。

6 应用

6.1 本部分应与 GB/T 10001.1 配合使用。应用中,如还需其他符号,则应从 GB/T 10001 的其他部分中选取。

6.2 图形标志的使用应符合 GB/T 15566 的要求。

表 1　购物符号

序号	图形符号	含　义	说　　明
01		水产品 Aquatic Products	表示出售鱼、虾、蟹等水产品的场所 用于商场、购物中心、超市等购物场所及方向指示牌、平面布置图、信息板、出版物等
02	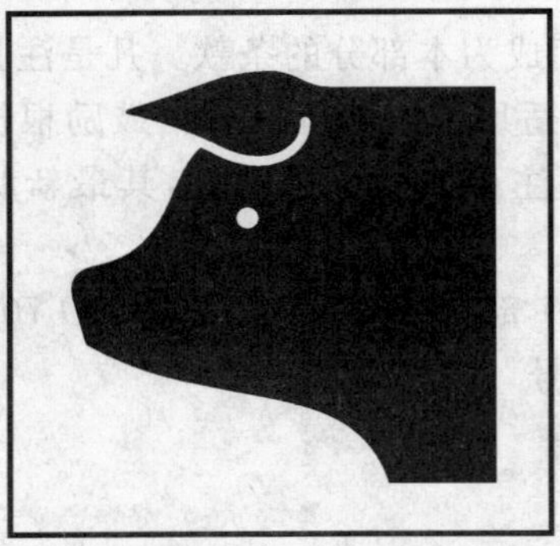	猪肉 Pork	表示出售猪肉及其副产品的场所 用于商场、购物中心、超市等购物场所及方向指示牌、平面布置图、信息板、出版物等
03		牛羊肉 Beef and Mutton	表示出售牛羊肉及其副产品的场所 用于商场、购物中心、超市等购物场所及方向指示牌、平面布置图、信息板、出版物等
04		禽肉 Poultry Meat Products	表示出售禽肉及其副产品的场所 用于商场、购物中心、超市等购物场所及方向指示牌、平面布置图、信息板、出版物等

表 1(续)

序号	图形符号	含　义	说　明
05	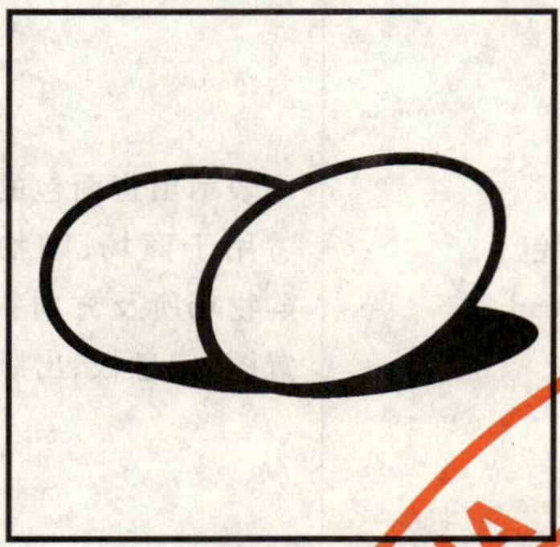	蛋类 Eggs and Egg Products	表示出售鸡蛋、鸭蛋等蛋类食品的场所 用于商场、购物中心、超市等购物场所及方向指示牌、平面布置图、信息板、出版物等
06		粮食 Cereals	表示出售米、面、杂粮的场所 用于商场、购物中心、超市等购物场所及方向指示牌、平面布置图、信息板、出版物等
07		饼干 Biscuits	表示出售饼干的场所 用于商场、购物中心、超市等购物场所及方向指示牌、平面布置图、信息板、出版物等
08		糕点 Pastries	表示出售糕点的场所 用于商场、购物中心、超市等购物场所及方向指示牌、平面布置图、信息板、出版物等

表 1(续)

序号	图形符号	含　义	说　　明
09		面包 Bread	表示出售面包的场所 用于商场、购物中心、超市等购物场所及方向指示牌、平面布置图、信息板、出版物等
10		糖果 Candies	表示出售糖果的场所 用于商场、购物中心、超市等购物场所及方向指示牌、平面布置图、信息板、出版物等
11		水果 Fruits	表示出售水果的场所 用于商场、购物中心、超市等购物场所及方向指示牌、平面布置图、信息板、出版物等
12		蔬菜 Vegetables	表示出售蔬菜的场所 用于商场、购物中心、超市等购物场所及方向指示牌、平面布置图、信息板、出版物等

表 1(续)

序号	图形符号	含　义	说　　明
13		酒类 Liquor Products	表示出售啤酒、果酒、白酒、黄酒等各种酒的场所 用于商场、购物中心、超市等购物场所及方向指示牌、平面布置图、信息板、出版物等
14		啤酒 Beer	表示出售啤酒的场所 用于商场、购物中心、超市等购物场所及方向指示牌、平面布置图、信息板、出版物等
15		果酒 Wines	表示出售果酒的场所 用于商场、购物中心、超市等购物场所及方向指示牌、平面布置图、信息板、出版物等
16		白酒 White Spirits	表示出售白酒的场所 用于商场、购物中心、超市等购物场所及方向指示牌、平面布置图、信息板、出版物等

表 1(续)

序号	图形符号	含　义	说　明
17		茶 Tea	表示出售茶叶的场所 用于商场、购物中心、超市等购物场所及方向指示牌、平面布置图、信息板、出版物等
18		奶制品 Milk Products	表示出售奶制品的场所 用于商场、购物中心、超市等购物场所及方向指示牌、平面布置图、信息板、出版物等
19		方便食品 Instant Foods	表示出售方便面、罐头等方便食品的场所 用于商场、购物中心、超市等购物场所及方向指示牌、平面布置图、信息板、出版物等
20	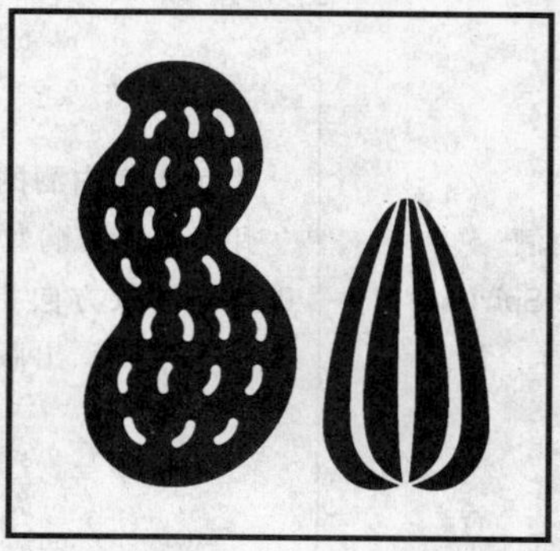	休闲食品 Snacks	表示出售休闲食品的场所 用于商场、购物中心、超市等购物场所及方向指示牌、平面布置图、信息板、出版物等

表 1(续)

序号	图形符号	含　义	说　明
21		固体饮料 Powdered Drink Products	表示出售固体饮料的场所 用于商场、购物中心、超市等购物场所及方向指示牌、平面布置图、信息板、出版物等
22		液体饮料 Liquid Drink Products	表示出售液体饮料的场所 用于商场、购物中心、超市等购物场所及方向指示牌、平面布置图、信息板、出版物等
23		调味品 Condiments	表示出售调味品的场所 用于商场、购物中心、超市等购物场所及方向指示牌、平面布置图、信息板、出版物等
24		宠物用品 Pet Supply	表示出售宠物用品的场所 用于商场、购物中心、超市等购物场所及方向指示牌、平面布置图、信息板、出版物等

表 1(续)

序号	图形符号	含义	说明
25		家居用品 Household Supply	表示出售家居用品的场所 用于商场、购物中心、超市等购物场所及方向指示牌、平面布置图、信息板、出版物等
26	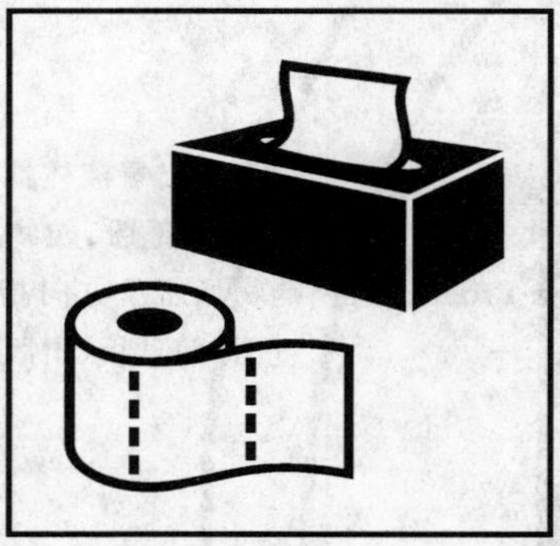	卫生用品 Sanitation Supply	表示出售卫生用品的场所 用于商场、购物中心、超市等购物场所及方向指示牌、平面布置图、信息板、出版物等
27	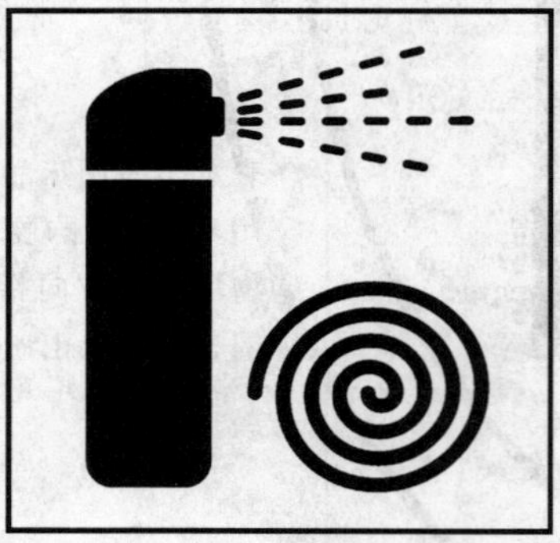	驱虫用品 Insect Repellant Products	表示出售驱虫用品的场所 用于商场、购物中心、超市等购物场所及方向指示牌、平面布置图、信息板、出版物等
28		洗涤用品 Clothes Washing Products	表示出售洗涤用品的场所。 用于商场、购物中心、超市等购物场所及方向指示牌、平面布置图、信息板、出版物等

表 1(续)

序号	图形符号	含　义	说　明
29	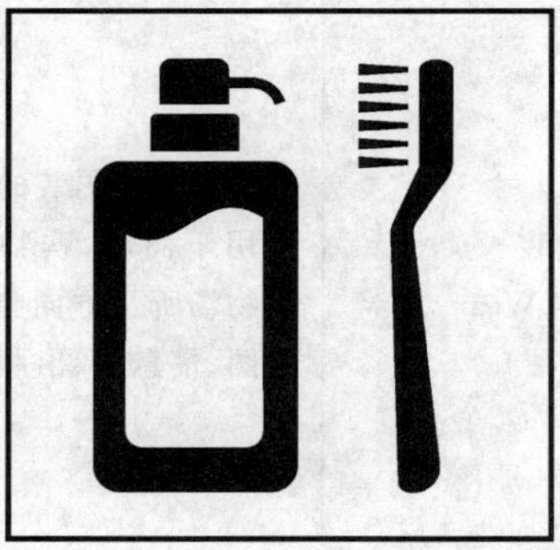	洗漱用品 Bath/Shower and Oral Products	表示出售洗漱用品的场所 用于商场、购物中心、超市等购物场所及方向指示牌、平面布置图、信息板、出版物等
30		化妆品 Cosmetic Products	表示出售化妆品、护肤品的场所 用于商场、购物中心、超市等购物场所及方向指示牌、平面布置图、信息板、出版物等
31		珠宝首饰 Jewelry	表示出售珠宝首饰的场所 用于商场、购物中心、超市等购物场所及方向指示牌、平面布置图、信息板、出版物等
32		服装 Clothing	表示出售服装的场所 用于商场、购物中心、超市等购物场所及方向指示牌、平面布置图、信息板、出版物等

表 1(续)

序号	图形符号	含　义	说　　明
33		男装 Men's Wear	表示出售男装的场所 用于商场、购物中心、超市等购物场所及方向指示牌、平面布置图、信息板、出版物等
34	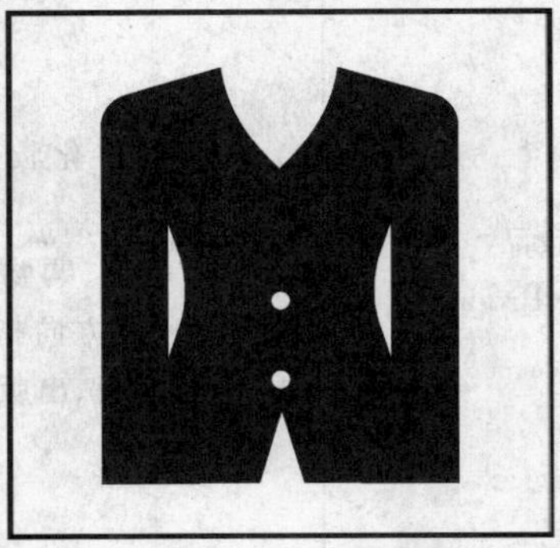	女装 Women's Wear	表示出售女装的场所 用于商场、购物中心、超市等购物场所及方向指示牌、平面布置图、信息板、出版物等
35	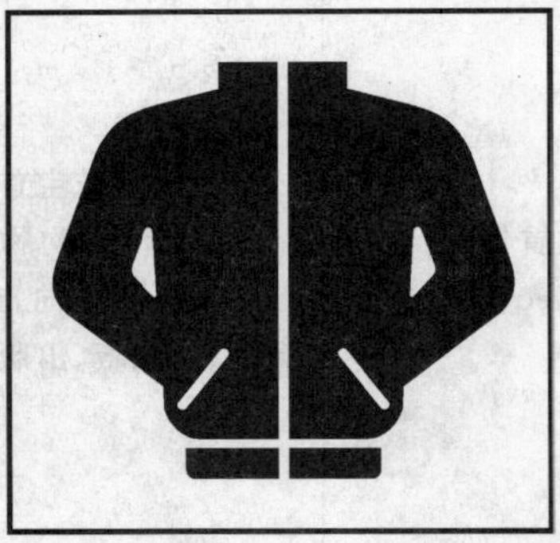	休闲装 Sportswear	表示出售休闲装的场所 用于商场、购物中心、超市等购物场所及方向指示牌、平面布置图、信息板、出版物等
36		针棉织品 Knitted Wear	表示出售针棉织品的场所 用于商场、购物中心、超市等购物场所及方向指示牌、平面布置图、信息板、出版物等

表 1(续)

序号	图形符号	含　义	说　　明
37		女内衣 Women's Underwear	表示出售女内衣的场所 用于商场、购物中心、超市等购物场所及方向指示牌、平面布置图、信息板、出版物等
38		鞋 Shoes	表示出售鞋的场所 用于商场、购物中心、超市等购物场所及方向指示牌、平面布置图、信息板、出版物等
39		男鞋 Men's Shoes	表示出售男鞋的场所 用于商场、购物中心、超市等购物场所及方向指示牌、平面布置图、信息板、出版物等
40		女鞋 Women's Shoes	表示出售女鞋的场所 用于商场、购物中心、超市等购物场所及方向指示牌、平面布置图、信息板、出版物等

表 1(续)

序号	图形符号	含　义	说　　明
41	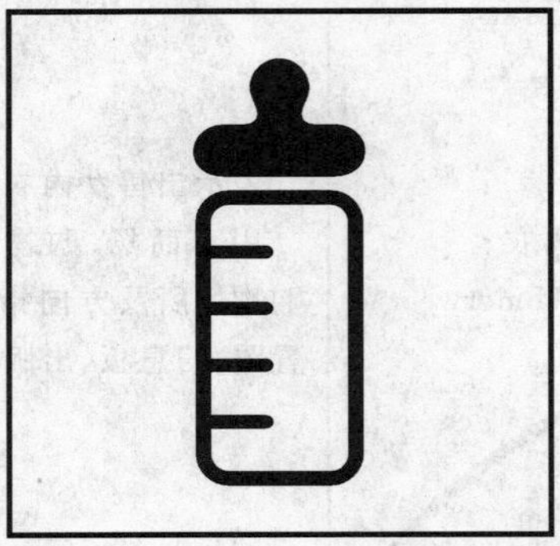	婴儿用品 Baby Products	表示出售婴儿用品的场所 用于商场、购物中心、超市等购物场所及方向指示牌、平面布置图、信息板、出版物等
42		童装 Children and Infants Wear	表示出售童装的场所 用于商场、购物中心、超市等购物场所及方向指示牌、平面布置图、信息板、出版物等
43		童车 Baby Carriers	表示出售童车的场所 用于商场、购物中心、超市等购物场所及方向指示牌、平面布置图、信息板、出版物等
44		儿童玩具 Children's Toys	表示出售儿童玩具的场所 用于商场、购物中心、超市等购物场所及方向指示牌、平面布置图、信息板、出版物等

表 1(续)

序号	图形符号	含　义	说　明
45		床上用品 Bed Clothes	表示出售床上用品的场所 用于商场、购物中心、超市等购物场所及方向指示牌、平面布置图、信息板、出版物等
46		文具 Stationery	表示出售文具的场所 用于商场、购物中心、超市等购物场所及方向指示牌、平面布置图、信息板、出版物等
47		音像制品 Audio and Video Products	表示出售音像制品的场所 用于商场、购物中心、超市等购物场所及方向指示牌、平面布置图、信息板、出版物等
48		摄影、摄像器材 Camera and Video Products	表示出售照相、摄影器材的场所 用于商场、购物中心、超市等购物场所及方向指示牌、平面布置图、信息板、出版物等

表 1(续)

序号	图形符号	含　义	说　明
49		工艺礼品 Craft Products	表示出售工艺礼品的场所 用于商场、购物中心、超市等购物场所及方向指示牌、平面布置图、信息板、出版物等
50		照明用品 Lighting Products	表示出售灯具、接线板等照明用品的场所 用于商场、购物中心、超市等购物场所及方向指示牌、平面布置图、信息板、出版物等
51		餐具、炊具 Kitchen Wares	表示出售餐具、炊具的场所 用于商场、购物中心、超市等购物场所及方向指示牌、平面布置图、信息板、出版物等
52		手表 Watches	表示出售手表的场所 用于商场、购物中心、超市等购物场所及方向指示牌、平面布置图、信息板、出版物等

表 1(续)

序号	图形符号	含　义	说　明
53		眼镜 Glasses	表示出售眼镜的场所 用于商场、购物中心、超市等购物场所及方向指示牌、平面布置图、信息板、出版物等
54		五金工具 Hardware Tools	表示出售五金工具的场所 用于商场、购物中心、超市等购物场所及方向指示牌、平面布置图、信息板、出版物等
55		健身器材 Bodybuilding Products	表示出售健身器材的场所 用于商场、购物中心、超市等购物场所及方向指示牌、平面布置图、信息板、出版物等
56		体育用品 Sporting Goods	表示出售体育用品的场所 用于商场、购物中心、超市等购物场所及方向指示牌、平面布置图、信息板、出版物等

表 1(续)

序号	图形符号	含　义	说　　明
57		乐器 Musical Instruments	表示出售乐器的场所 用于商场、购物中心、超市等购物场所及方向指示牌、平面布置图、信息板、出版物等
58		家具 Furniture	表示出售家具的场所 用于商场、购物中心、超市等购物场所及方向指示牌、平面布置图、信息板、出版物等
59		箱包 Bags and Cases	表示出售箱包的场所 用于商场、购物中心、超市等购物场所及方向指示牌、平面布置图、信息板、出版物等
60		小家电 Small Electric Household Appliances	表示出售电吹风、电熨斗等小家电的场所 用于商场、购物中心、超市等购物场所及方向指示牌、平面布置图、信息板、出版物等

表 1(续)

序号	图形符号	含义	说明
61		大家电 Large Electric Household Appliances	表示出售电冰箱、洗衣机等大家电的场所 用于商场、购物中心、超市等购物场所及方向指示牌、平面布置图、信息板、出版物等 可包括电视机、音响等视听设备
62		视听设备 Audio Visual Equipment	表示出售电视机、音响等视听设备的场所 用于商场、购物中心、超市等购物场所及方向指示牌、平面布置图、信息板、出版物等 不包括电冰箱、洗衣机等大家电
63		计算机 Computers	表示出售计算机的场所 用于商场、购物中心、超市等购物场所及方向指示牌、平面布置图、信息板、出版物等
64		移动通讯器材 Mobile Phones	表示出售移动通讯器材的场所 用于商场、购物中心、超市等购物场所及方向指示牌、平面布置图、信息板、出版物等

表 1(续)

序号	图形符号	含　义	说　　明
65		服装修改 Clothing Alterations	表示对服装做简单修改(如:扦边)的场所 用于商场、购物中心、超市等购物场所及方向指示牌、平面布置图、信息板、出版物等
66		礼品包装 Gift Wrapping	表示提供礼品包装的场所或服务 用于商场、购物中心、超市等购物场所及方向指示牌、平面布置图、信息板、出版物等
67		送货服务 Goods Delivery	表示办理送货手续或提供送货服务的场所 用于商场、购物中心、超市等购物场所及方向指示牌、平面布置图、信息板、出版物等
68		儿童托管 Child Care Centre	表示提供临时照管儿童的场所或服务 用于商场、购物中心、超市等购物场所及方向指示牌、平面布置图、信息板、出版物等

索　引

ICS 01.080.10
A 22

中华人民共和国国家标准

GB/T 10001.6—2006

标志用公共信息图形符号 第6部分：医疗保健符号

Public information graphical symbols for use on sign—Part 6: Symbols for medical treatment and health care

2006-08-04 发布 2006-11-01 实施

中华人民共和国国家质量监督检验检疫总局
中国国家标准化管理委员会 发布

前　言

GB/T 10001《标志用公共信息图形符号》分为以下部分：

——第1部分：通用符号；

——第2部分：旅游休闲符号；

——第3部分：客运与货运符号；

——第4部分：运动健身符号；

——第5部分：购物符号；

——第6部分：医疗保健符号；

……

本部分为GB/T 10001的第6部分。

本部分由全国图形符号标准化技术委员会提出并归口。

本部分起草单位：中国标准化研究院、清华大学美术学院、北京大学人民医院、北京大学第三医院。

本部分主要起草人：张亮、白殿一、何洁、赵越、何忠、杨莉、邹传瑜、陈永权。

标志用公共信息图形符号 第6部分:医疗保健符号

1 范围

GB/T 10001 的本部分规定了医疗保健方面的标志用公共信息图形符号(以下简称图形符号)。

本部分适用于医院、急救中心、卫生所、体检中心等医疗保健机构及相关场所,具体用于公共信息导向系统中的位置标志、导向标志、平面示意图、区域功能图等导向要素的设计,也适用于图形标志尺寸大于10 mm×10 mm的出版物及其他信息载体。

2 规范性引用文件

下列文件中的条款通过GB/T 10001的本部分的引用而成为本部分的条款。凡是注日期的引用文件,其随后所有的修改单(不包括勘误的内容)或修订版均不适用于本部分,然而,鼓励根据本部分达成协议的各方研究是否可使用这些文件的最新版本。凡是不注日期的引用文件,其最新版本适用于本部分。

GB/T 10001(所有其余部分) 标志用公共信息图形符号

GB/T 15565 图形符号 术语

GB/T 20501(所有部分) 公共信息导向系统 要素的设计原则与要求

3 术语和定义

GB/T 15565确立的术语和定义适用于GB/T 10001的本部分。

4 图形符号

医疗保健符号见表1。

5 应用

5.1 本部分应与GB/T 10001.1配合使用。应用中,如还需使用其他符号,则应从GB/T 10001的其他部分中选取。

5.2 图形符号的颜色应符合GB/T 20501.1的要求。

5.3 表1图形符号栏中的正方形边线不是图形符号的组成部分,仅是制作图形标志的依据,应用时,应使用由该符号形成的图形标志。在使用本部分的图形符号设计导向要素时,应符合GB/T 20501的要求。

5.4 本标准中图形符号的含义仅为该图形符号的广义概念。应用时,可根据所要表达的具体对象给出相应名称,如:含义为“药房”的图形符号,可给出“药店”、“西药房”等具体名称。

表 1　医疗保健符号

序号	图 形 符 号	含 义	说 明
01		急诊 Emergency	表示病人急诊就医的场所
02		门诊 Out-patient	表示病人门诊就医的场所
03	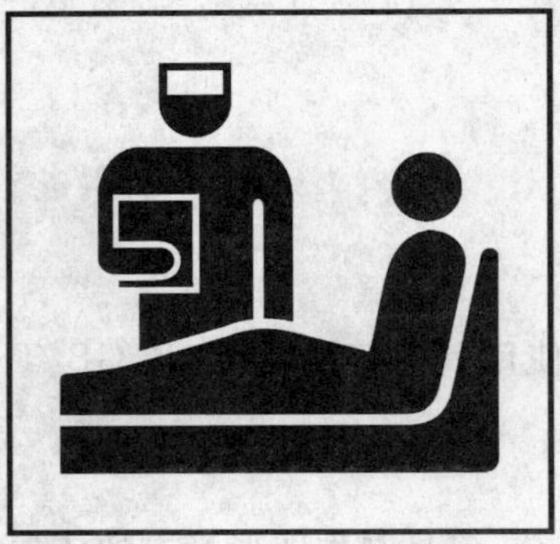	病房 Ward	表示病人住院就医的场所
04	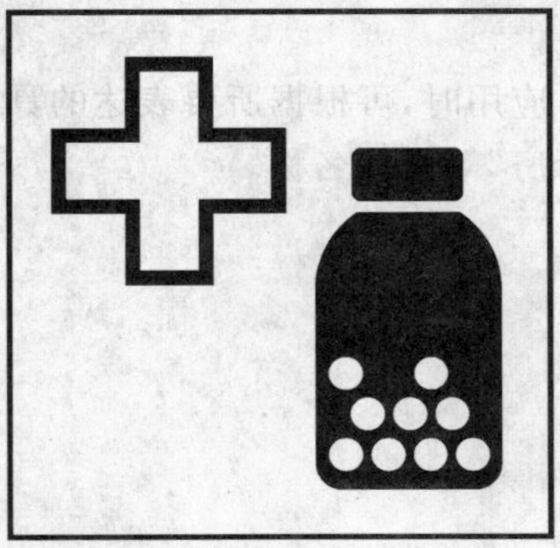	药房 Pharmacy	表示病人购买或领取药品的场所，如:药店、药房等 具体应用时，如确需将中药、西药分开，本符号还可表示西药部、西药房等

表 1（续）

序号	图形符号	含义	说明
05	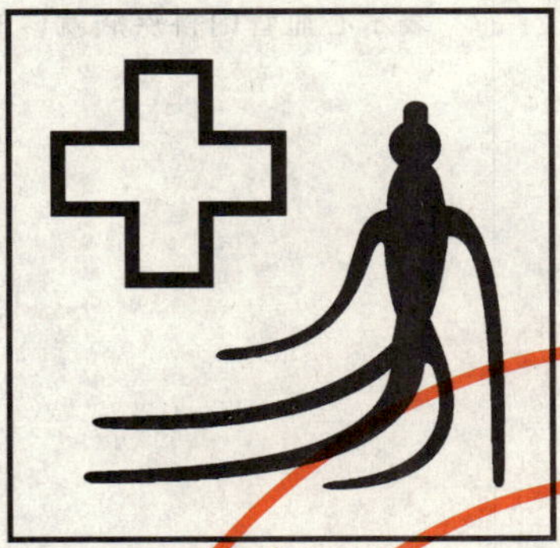	中药房 Chinese Pharmacy	表示病人购买或领取中药的场所，如：中药部、中药房等 不表示药店、药房、西药房等
06	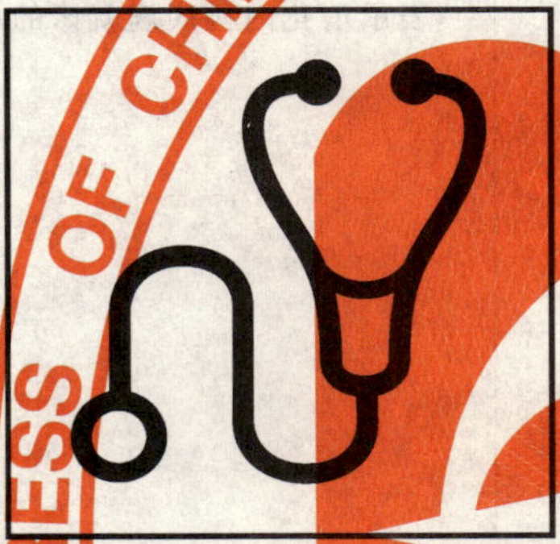	内科 Internal Medicine Department	表示内科疾病就诊的场所
07		通用内科 General Internal Medicine Department	当某些专业内科没有相应的图形符号表示时，可使用本符号辅以相关文字，表示其他专业内科就诊的场所，如：血液内科、内分泌科、免疫内科等 “通用内科”文字在使用中不出现
08	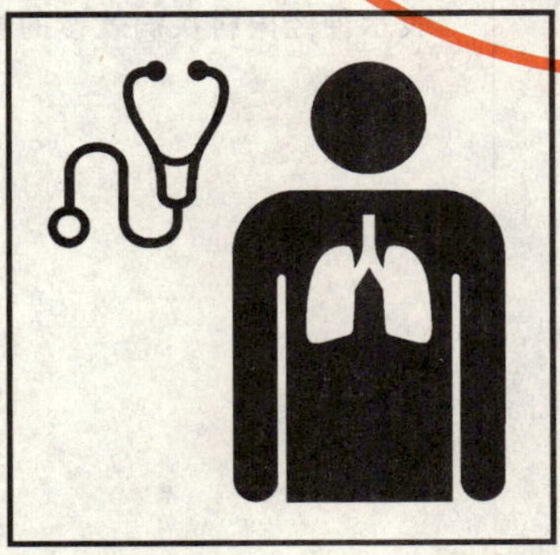	呼吸内科 Pulmonary Medicine Department	表示呼吸内科疾病就诊的场所

表 1（续）

序号	图 形 符 号	含 义	说 明
09	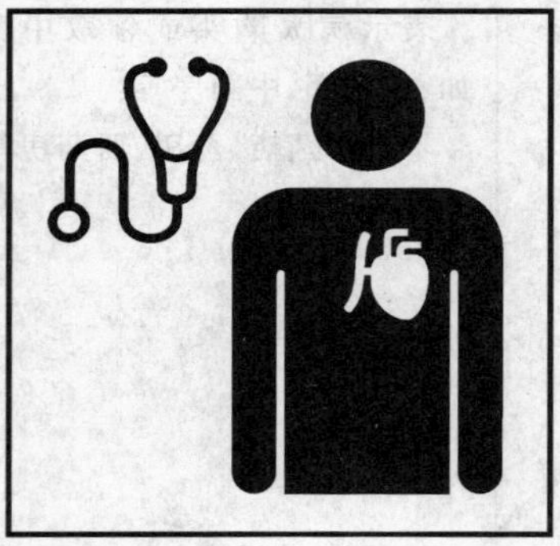	心血管内科 Cardiology and Vascular Department	表示心血管内科疾病就诊的场所
10	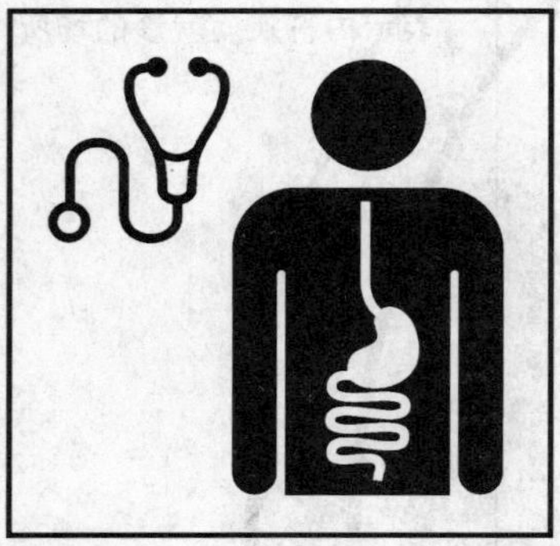	消化内科 Digestive Internal Medicine Department	表示消化内科疾病就诊的场所
11	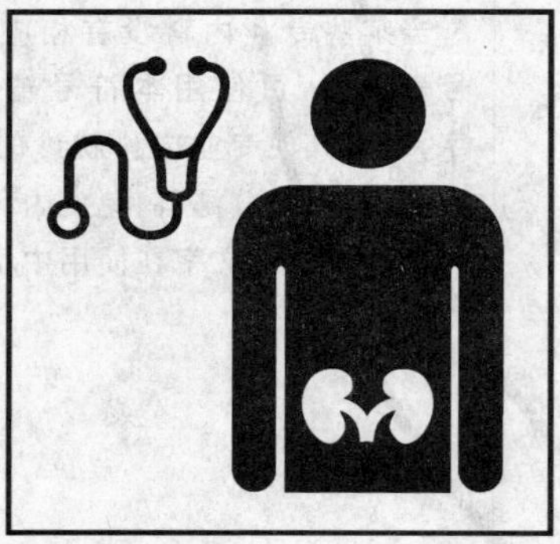	肾内科 Nephrology Department	表示肾内科疾病就诊的场所
12	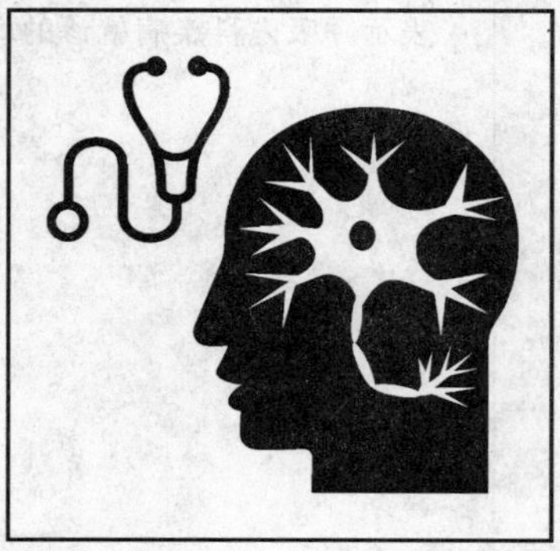	神经内科 Neurological Medicine Department	表示神经内科疾病就诊的场所

表 1（续）

序号	图 形 符 号	含 义	说 明
13	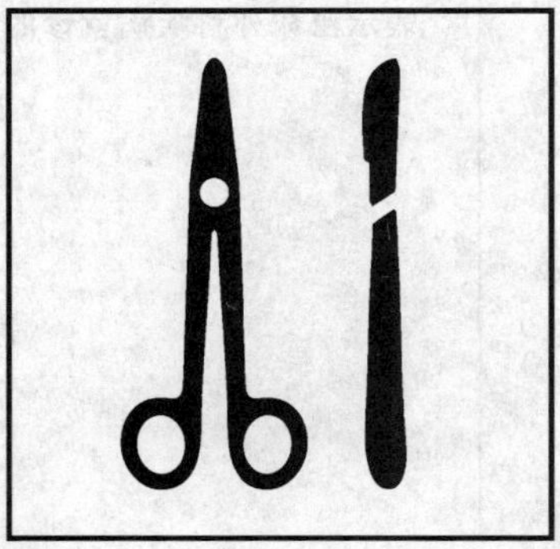	外科 Surgery Department	表示外科疾病就诊的场所
14	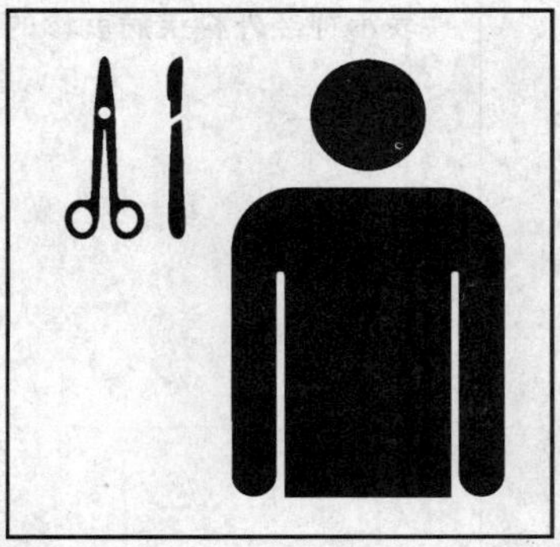	普通外科 （通用外科） General Surgery Department	表示普通外科疾病就诊的场所 当某些专业外科没有相应的图形符号表示时，也可使用本符号辅以相关文字，表示其他专业外科就诊的场所，如：整形外科、烧伤科等 “通用外科”文字在使用中不出现
15	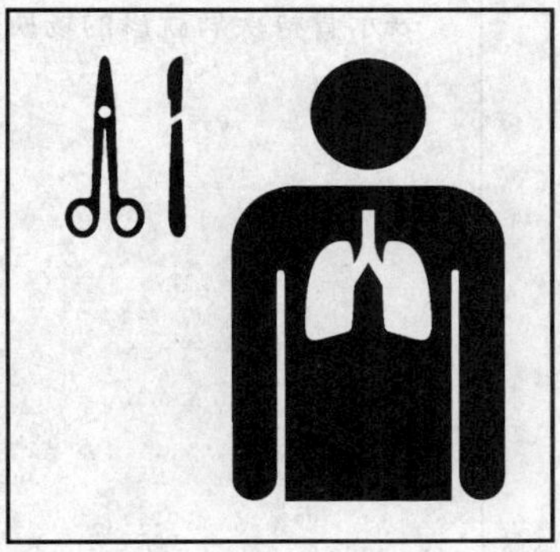	胸外科 Thoracic Surgery Department	表示胸外科疾病就诊的场所
16	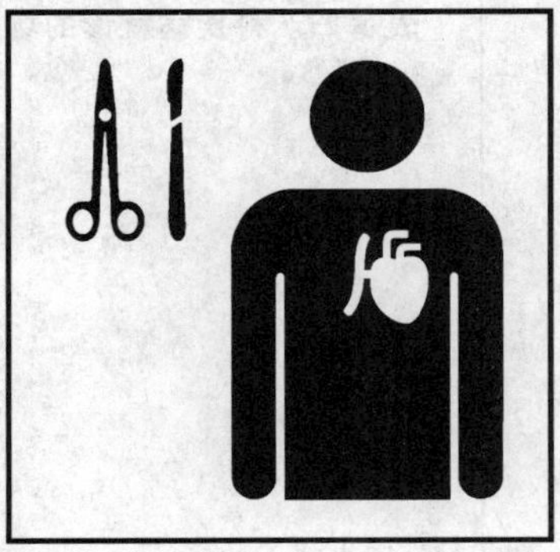	心外科 Cardiovascular Surgery Department	表示心外科疾病就诊的场所

表 1（续）

序号	图 形 符 号	含 义	说 明
17	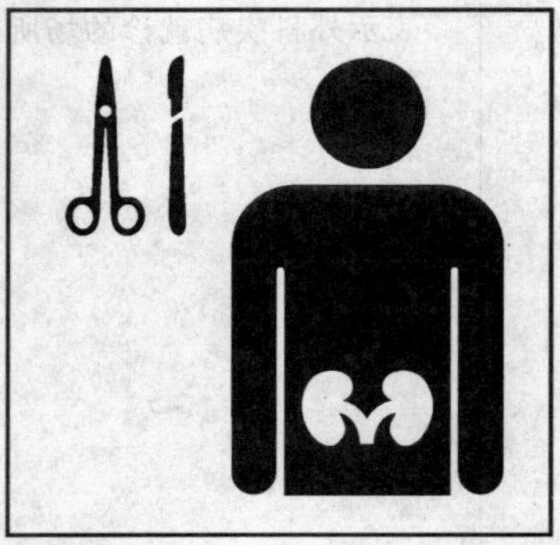	泌尿外科 Urology Surgery Department	表示泌尿外科疾病就诊的场所
18	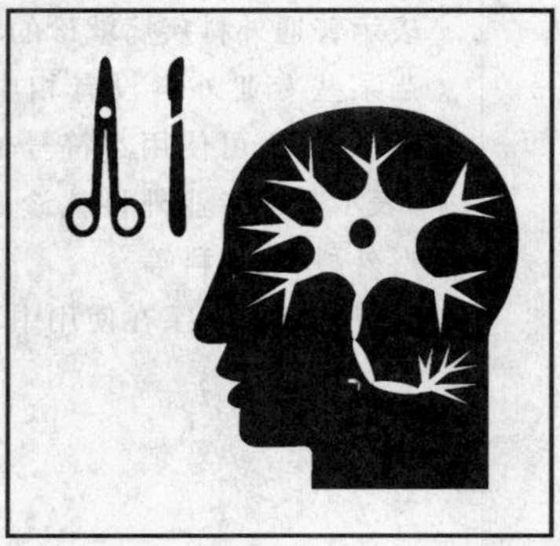	神经外科 Neurosurgery Department	表示神经外科疾病就诊的场所
19	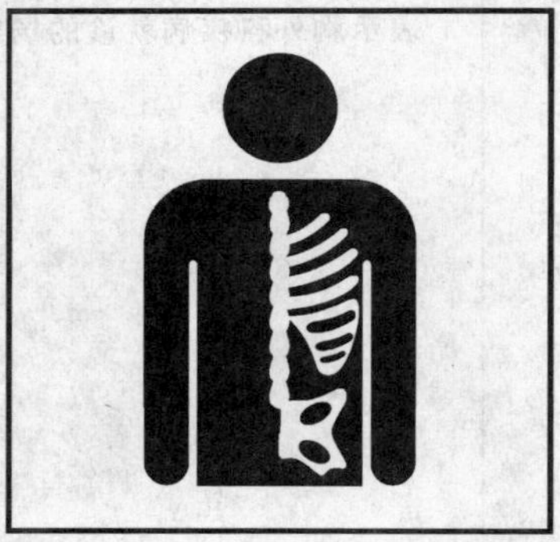	骨科 Orthopedics Department	表示骨科疾病就诊的场所
20	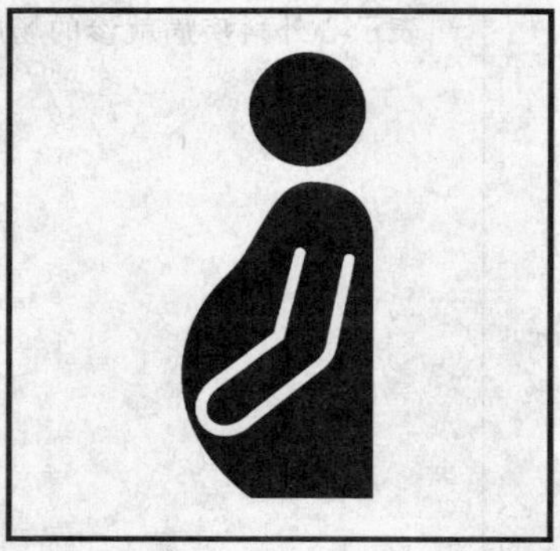	妇产科 Obstetrics and Gynecology Department	表示妇产科疾病就诊的场所

表 1（续）

序号	图形符号	含义	说明
21		儿科 Pediatrics Department	表示儿童疾病就诊的场所
22	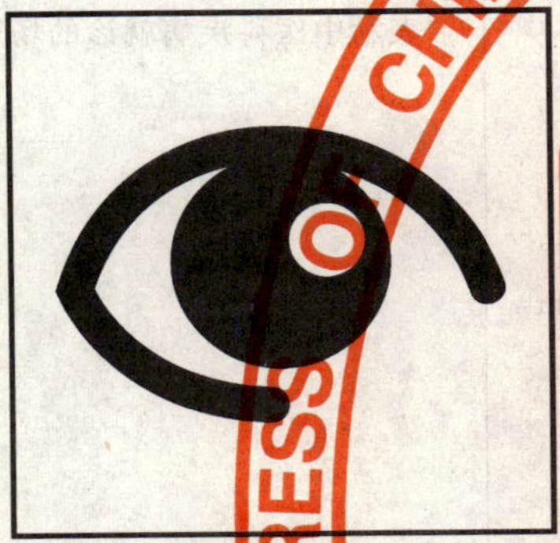	眼科 Ophthalmology Department	表示眼科疾病就诊的场所
23		耳鼻喉科 E. N. T. Department	表示耳鼻喉科疾病就诊的场所
24		口腔科 Stomatology Department	表示口腔科疾病就诊的场所

表 1(续)

序号	图形符号	含义	说明
25		皮肤科 Dermatology Department	表示皮肤科疾病就诊的场所
26	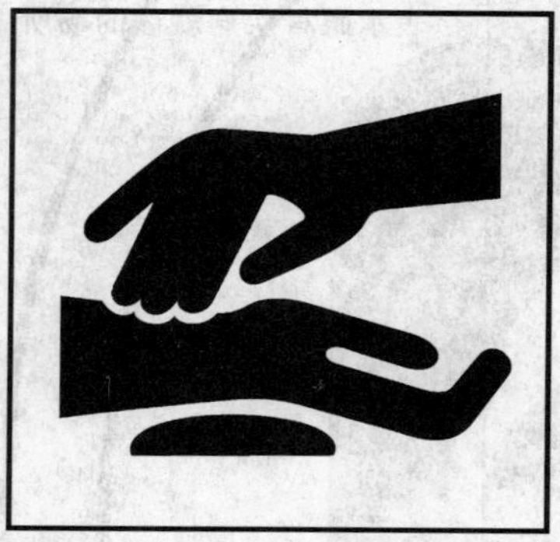	中医科 Traditional Chinese Medicine Treatment Department	表示中医科疾病就诊的场所
27	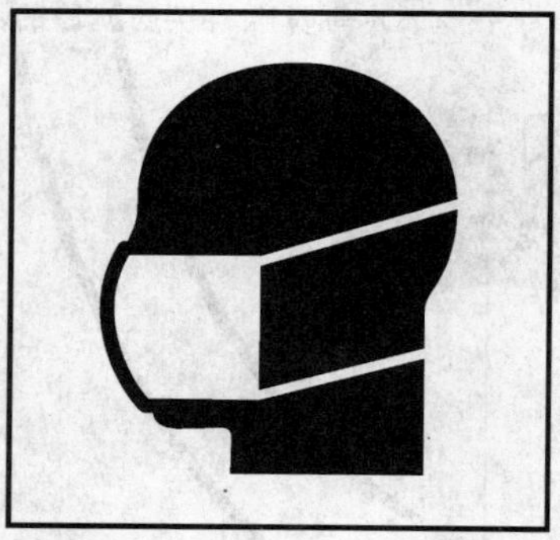	传染科 Infectious Diseases Department	表示传染科疾病就诊的场所
28		预防保健科 Prevention and Health Protection Department	表示进行预防保健咨询及防疫针注射的场所

表 1（续）

序号	图形符号	含义	说明
29		康复医学科 Medical Rehabilitation Department	表示进行运动康复治疗的场所
30	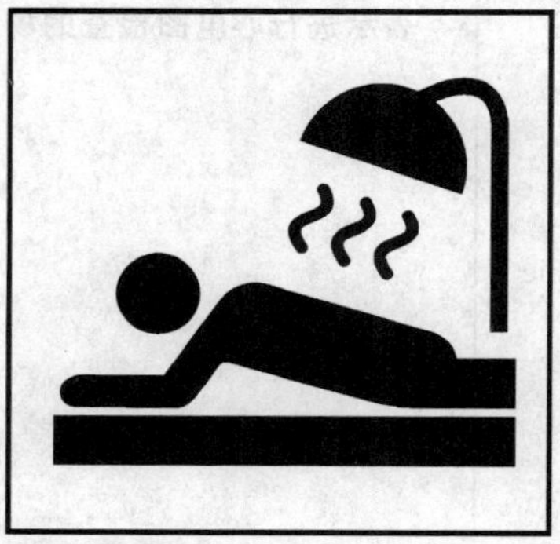	理疗科 Physiotherapy Department	表示进行物理康复治疗的场所
31		手术室 Operating Room	表示进行手术治疗的场所
32	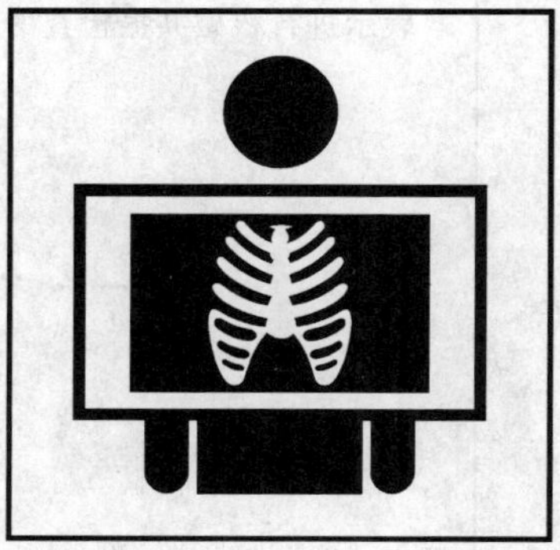	放射科 Radiology Department	表示进行放射线检查的场所

表 1（续）

序号	图 形 符 号	含 义	说 明
33	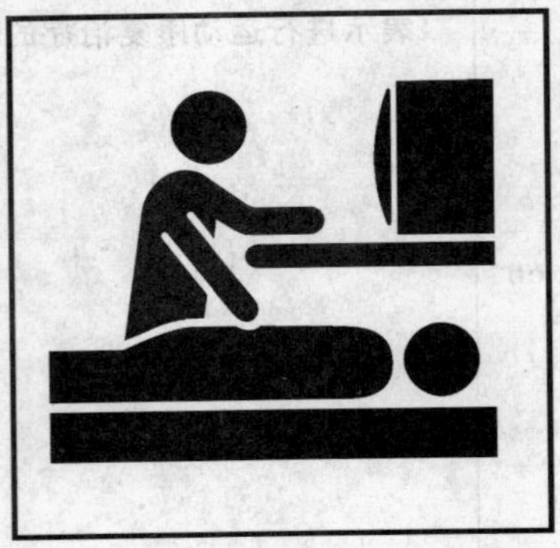	超声诊断科 Ultrasound Department	表示进行超声波检查的场所
34	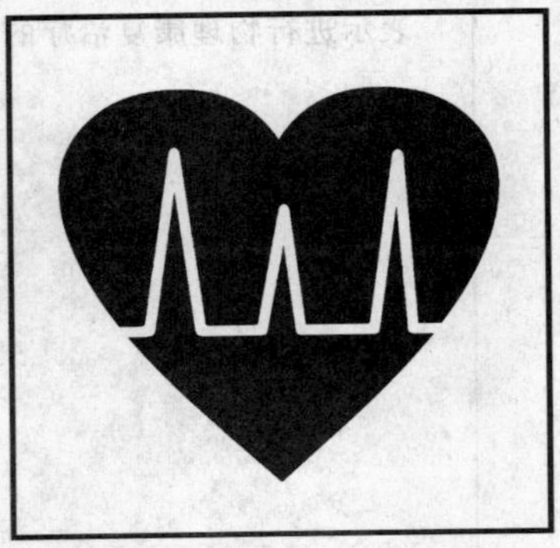	心电图室 Electrocardiographic Room	表示进行心电图检查的场所
35		断层扫描室 （CT 室） Cardiogram Room	表示进行计算机断层扫描检查的场所
36		核磁共振室 （MRI 室） Magnetic Resonance Imaging Room	表示进行核磁共振检查的场所

表 1（续）

序号	图形符号	含义	说明
37		检验科 Clinical Laboratory Department	表示进行化验检查的场所
38		病理科 Pathology Department	表示进行病理分析、出病理报告的场所
39		输液室 Drip Transfusion Room	表示进行输液治疗的场所
40	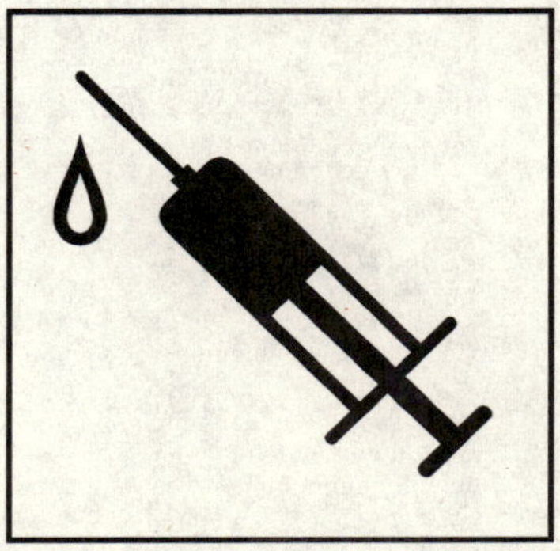	注射室 Injection Room	表示进行注射治疗的场所

表 1（续）

序号	图形符号	含义	说明
41	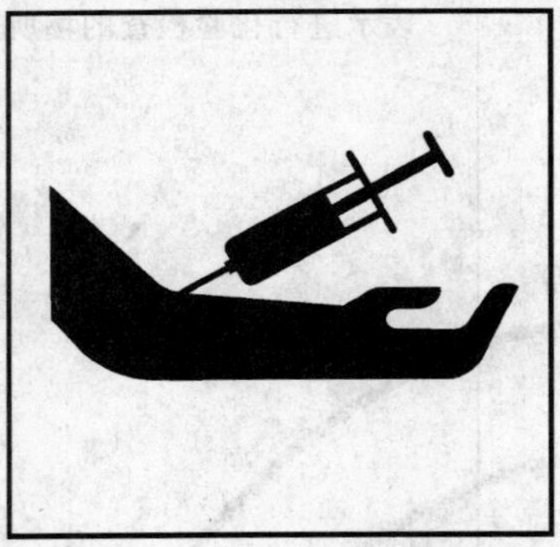	静脉采血室 Blood Test Room	表示进行静脉采血的场所
42		病案室 Patient File Room	表示进行病案查询的场所
43		护士站 Nursing Station	表示护士办公的场所

中 文 索 引

英文对应词索引

英文对应词 **序号**

ICS 83.140.30
G 33

中华人民共和国国家标准

GB/T 10002.1—2006
代替 GB/T 10002.1—1996

给水用硬聚氯乙烯(PVC-U)管材

Unplasticized poly (vinyl chloride) (PVC-U) pipes for water supply

[ISO 4422:1996, Pipes and fittings made of unplasticied poly (vinyl chloride) (PVC-U) for water supply—Specifications, NEQ]

2006-02-21 发布　　2006-08-01 实施

中华人民共和国国家质量监督检验检疫总局
中国国家标准化管理委员会　发布

前 言

GB/T 10002 由三部分组成：

——GB/T 10002.1—2006《给水用硬聚氯乙烯(PVC-U)管材》；

——GB/T 10002.2—2003《给水用硬聚氯乙烯(PVC-U)管件》；

——GB/T 10002.3《给水用硬聚氯乙烯(PVC-U)阀门》(准备制定)。

本部分是 GB/T 10002.1。本部分参照 ISO 4422-1:1996《给水用硬聚氯乙烯管材和管件——第 1 部分:总则》和 ISO 4422-2:1996《给水用硬聚氯乙烯管材和管件——第 2 部分:管材》,结合国外先进标准和国内具体情况,对原标准 GB/T 10002.1—1996《给水用硬聚氯乙烯(PVC-U)管材》进行修订。本部分自实施之日代替 GB/T 10002.1—1996。

本部分与 GB/T 10002.1—1996 相比主要技术变化有：

——增加了对树脂 K 值的要求；

——增加了对稳定剂的使用要求；

——增加了 PN0.63、PN2.0 和 PN2.5 三个压力等级,去掉 PN0.6 压力等级；

——增加了管系列(S)和标准尺寸比(SDR)值；

——调整了公称外径 110 mm 以上部分规格的壁厚；

——提高了落锤冲击试验的冲击能量；

——调整了液压试验的环应力；

——增加了系统适用性试验；

——增加了尺寸分组和定型检验。

本部分由中国轻工业联合会提出。

本部分由全国塑料制品标准化技术委员会塑料管材、管件及阀门分技术委员会(TC48/SC3)归口。

本部分起草单位:成都川路塑胶集团、河北宝硕管材有限公司、南塑建材塑胶制品(深圳)有限公司、南亚塑胶管材(厦门)有限公司、中山环宇实业有限公司、中国·公元塑业集团。

本部分主要起草人:贾立蓉、高长全、陈天文、许盛光、张慰峰、黄剑。

本部分所代替标准的历次版本发布情况为：

——GB/T 10002.1—1996；

——GB/T 10002.1—1988。

给水用硬聚氯乙烯(PVC-U)管材

1 范围

GB/T 10002 的本部分规定了以聚氯乙烯树脂为主要原料,经挤出成型的给水用硬聚氯乙烯管材(以下简称管材)的材料、产品分类、技术要求、试验方法、检验规则、标志、包装、运输、贮存。

本部分适用于建筑物内或室外埋地给水用硬聚氯乙烯管材。与 GB/T 10002.2—2003《给水用硬聚氯乙烯(PVC-U)管件》配套使用。

本部分规定的管材适用于压力下输送饮用水和一般用途水,水温不超过 45℃。

2 规范性引用文件

下列文件中的条款通过 GB/T 10002 的本部分的引用而成为本部分的条款。凡是注日期的引用文件,其随后所有的修改单(不包括勘误的内容)或修订版均不适用于本部分,然而,鼓励根据本部分达成协议的各方研究是否可使用这些文件的最新版本。凡是不注日期的引用文件,其最新版本适用于本部分。

GB/T 1033—1986 塑料密度和相对密度试验方法(eqv ISO/DIS 1183:1984)

GB/T 2828.1—2003 计数抽样检验程序 第1部分:按接收质量限(AQL)检索的逐批检验抽样计划(ISO 2859-1:1999,IDT)

GB/T 2918—1998 塑料试样状态调节和试验的标准环境(idt ISO 291:1997)

GB/T 4615—1984 聚氯乙烯树脂中残留氯乙烯单体含量测定方法

GB/T 5761—1993 悬浮法通用型聚氯乙烯树脂

GB/T 6111—2003 流体输送用热塑性塑料管材 耐内压试验方法(ISO 1167:1996,IDT)

GB/T 6671—2001 热塑性塑料管材 纵向回缩率的测定(eqv ISO 2505:1994)

GB/T 8802—2001 热塑性塑料管材、管件 维卡软化温度的测定(eqv ISO 2507:1995)

GB/T 8805—1988 硬质塑料管材弯曲度测量方法

GB/T 8806 塑料管材尺寸测量方法(GB/T 8806—1988,eqv ISO 3126:1974)

GB/T 10002.2—2003 给水用硬聚氯乙烯(PVC-U)管件(ISO 4422-3:1996,MOD)

GB/T 13526 硬聚氯乙烯(PVC-U)管材 二氯甲烷浸渍试验方法(GB/T 13526—1992,neq ISO 7676:1990)

GB/T 14152—2001 热塑性塑料管材耐外冲击性能试验方法 时针旋转法(eqv ISO 3127:1994)

GB/T 17219—1998 生活饮用水输配水设备及防护材料的安全性评价标准

GB/T 19278—2003 热塑性塑料管材、管件及阀门通用术语及其定义

GB/T 19471.1—2004 塑料管道系统 硬聚氯乙烯(PVC-U)管材弹性密封圈式承口接头 偏角密封试验方法(ISO 13845:2000,IDT)

GB/T 19471.2—2004 塑料管道系统 硬聚氯乙烯(PVC-U)管材弹性密封圈式承口接头 负压密封试验方法(ISO 13844:2000,IDT)

HG/T 3091—2000 橡胶密封件 给排水管及污水管道用接口密封圈 材料规范(idt ISO 4633:1996)

QB/T 2568—2002 硬聚氯乙烯(PVC-U)塑料管道系统用溶剂型胶粘剂

3 术语和定义

GB/T 19278—2003 确立的以及下列的术语和定义适用于 GB/T 10002 的本部分。

3.1

温度对压力的折减系数

公称压力(PN)指管材输送 20℃水的最大工作压力。当输水温度不同时,应按表 1 给出的不同温度对压力的折减系数(f_t)修正工作压力。用折减系数乘以公称压力得到最大允许工作压力。

表 1 温度对压力的折减系数

温度/℃	折减系数 f_t
$0<t\leqslant 25$	1
$25<t\leqslant 35$	0.8
$35<t\leqslant 45$	0.63

4 材料

4.1 生产管材的材料应为 PVC-U 混配料。混配料应以 PVC 树脂为主,其中加入为生产达到本部分要求的管材所必需的添加剂,所有添加剂应分散均匀。

4.2 PVC 树脂应符合 GB/T 5761—1993,树脂的 K 值应大于 64,氯乙烯单体含量应小于 5 mg/kg。

4.3 任何添加剂的加入不应引起感官不良感觉、损害产品的加工和粘接性能及影响到本部分规定的其他性能。饮水用管材不应使用铅盐稳定剂。

4.4 允许使用本厂生产同类产品的清洁回用料。

5 产品分类

5.1 产品按连接方式不同分为弹性密封圈式和溶剂粘接式。

5.2 公称压力等级和规格尺寸见表 2 和表 3。

表 2 公称压力等级和规格尺寸 单位为毫米

公称外径 d_n	管材 S 系列 SDR 系列和公称压力						
	S16 SDR33 PN0.63	S12.5 SDR26 PN0.8	S10 SDR21 PN1.0	S8 SDR17 PN1.25	S6.3 SDR13.6 PN1.6	S5 SDR11 PN2.0	S4 SDR9 PN2.5
	公称壁厚 e_n						
20	—	—	—	—	—	2.0	2.3
25	—	—	—	—	2.0	2.3	2.8
32	—	—	—	2.0	2.4	2.9	3.6
40	—	—	2.0	2.4	3.0	3.7	4.5
50	—	2.0	2.4	3.0	3.7	4.6	5.6
63	2.0	2.5	3.0	3.8	4.7	5.8	7.1
75	2.3	2.9	3.6	4.5	5.6	6.9	8.4
90	2.8	3.5	4.3	5.4	6.7	8.2	10.1
注:公称壁厚(e_n)根据设计应力(σ_s)10 MPa 确定,最小壁厚不小于 2.0 mm。							

表3 公称压力等级和规格尺寸

单位为毫米

公称外径 d_n	管材S系列SDR系列和公称压力						
	S20 SDR41 PN0.63	S16 SDR33 PN0.8	S12.5 SDR26 PN1.0	S10 SDR21 PN1.25	S8 SDR17 PN1.6	S6.3 SDR13.6 PN2.0	S5 SDR11 PN2.5
	公称壁厚 e_n						
110	2.7	3.4	4.2	5.3	6.6	8.1	10.0
125	3.1	3.9	4.8	6.0	7.4	9.2	11.4
140	3.5	4.3	5.4	6.7	8.3	10.3	12.7
160	4.0	4.9	6.2	7.7	9.5	11.8	14.6
180	4.4	5.5	6.9	8.6	10.7	13.3	16.4
200	4.9	6.2	7.7	9.6	11.9	14.7	18.2
225	5.5	6.9	8.6	10.8	13.4	16.6	—
250	6.2	7.7	9.6	11.9	14.8	18.4	—
280	6.9	8.6	10.7	13.4	16.6	20.6	—
315	7.7	9.7	12.1	15.0	18.7	23.2	—
355	8.7	10.9	13.6	16.9	21.1	26.1	—
400	9.8	12.3	15.3	19.1	23.7	29.4	—
450	11.0	13.8	17.2	21.5	26.7	33.1	—
500	12.3	15.3	19.1	23.9	29.7	36.8	—
560	13.7	17.2	21.4	26.7	—	—	—
630	15.4	19.3	24.1	30.0	—	—	—
710	17.4	21.8	27.2	—	—	—	—
800	19.6	24.5	30.6	—	—	—	—
900	22.0	27.6	—	—	—	—	—
1 000	24.5	30.6	—	—	—	—	—

注：公称壁厚(e_n)根据设计应力(σ_s)12.5 MPa确定。

6 技术要求

6.1 外观

管材内外表面应光滑，无明显划痕、凹陷、可见杂质和其他影响达到本部分要求的表面缺陷。管材端面应切割平整并与轴线垂直。

6.2 颜色

管材颜色由供需双方协商确定，色泽应均匀一致。

6.3 不透光性

管材应不透光。

6.4 管材尺寸

6.4.1 长度

管材长度一般为4 m、6 m，也可由供需双方协商确定。管材长度(L)、有效长度(L_1)见图1所示。长度不允许负偏差。

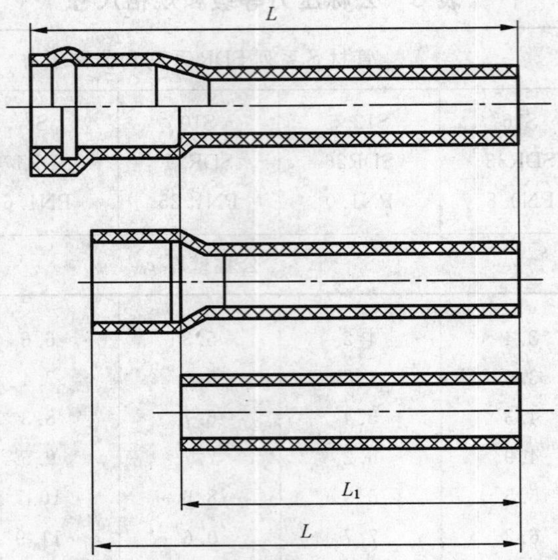

图 1 管材长度示意图

6.4.2 弯曲度

管材弯曲度应符合表 4 规定。

表 4 管材弯曲度

公称外径 d_n/mm	≤32	40～200	≥225
弯曲度/(%)	不规定	≤1.0	≤0.5

6.4.3 平均外径及偏差和不圆度

平均外径及偏差和不圆度应符合表 5 规定，PN0.63、PN0.8 的管材不要求不圆度。不圆度的测量应在出厂前进行。

表 5 平均外径及偏差和不圆度　　单位为毫米

平均外径 d_{em}		不圆度	平均外径 d_{em}		不圆度
公称外径 d_n	允许偏差		公称外径 d_n	允许偏差	
20	$^{+0.3}_{0}$	1.2	125	$^{+0.4}_{0}$	2.5
25	$^{+0.3}_{0}$	1.2	140	$^{+0.5}_{0}$	2.8
32	$^{+0.3}_{0}$	1.3	160	$^{+0.5}_{0}$	3.2
40	$^{+0.3}_{0}$	1.4	180	$^{+0.6}_{0}$	3.6
50	$^{+0.3}_{0}$	1.4	200	$^{+0.6}_{0}$	4.0
63	$^{+0.3}_{0}$	1.5	225	$^{+0.7}_{0}$	4.5
75	$^{+0.3}_{0}$	1.6	250	$^{+0.8}_{0}$	5.0
90	$^{+0.3}_{0}$	1.8	280	$^{+0.9}_{0}$	6.8
110	$^{+0.4}_{0}$	2.2	315	$^{+1.0}_{0}$	7.6

表 5(续)

单位为毫米

平均外径 d_{em}		不圆度	平均外径 d_{em}		不圆度
公称外径 d_n	允许偏差		公称外径 d_n	允许偏差	
355	+1.1 0	8.6	630	+1.9 0	15.2
400	+1.2 0	9.6	710	+2.0 0	17.1
450	+1.4 0	10.8	800	+2.0 0	19.2
500	+1.5 0	12.0	900	+2.0 0	21.6
560	+1.7 0	13.5	1 000	+2.0 0	24.0

6.4.4 壁厚

6.4.4.1 管材任意点壁厚及偏差应符合表 2、表 3 和表 6 的规定。

表 6 壁厚及偏差

单位为毫米

壁厚 e_y	允许偏差	壁厚 e_y	允许偏差
$e \leqslant 2.0$	+0.4 0	$12.0 < e \leqslant 12.6$	+1.9 0
$2.0 < e \leqslant 3.0$	+0.5 0	$12.6 < e \leqslant 13.3$	+2.0 0
$3.0 < e \leqslant 4.0$	+0.6 0	$13.3 < e \leqslant 14.0$	+2.1 0
$4.0 < e \leqslant 4.6$	+0.7 0	$14.0 < e \leqslant 14.6$	+2.2 0
$4.6 < e \leqslant 5.3$	+0.8 0	$14.6 < e \leqslant 15.3$	+2.3 0
$5.3 < e \leqslant 6.0$	+0.9 0	$15.3 < e \leqslant 16.0$	+2.4 0
$6.0 < e \leqslant 6.6$	+1.0 0	$16.0 < e \leqslant 16.6$	+2.5 0
$6.6 < e \leqslant 7.3$	+1.1 0	$16.6 < e \leqslant 17.3$	+2.6 0
$7.3 < e \leqslant 8.0$	+1.2 0	$17.3 < e \leqslant 18.0$	+2.7 0
$8.0 < e \leqslant 8.6$	+1.3 0	$18.0 < e \leqslant 18.6$	+2.8 0
$8.6 < e \leqslant 9.3$	+1.4 0	$18.6 < e \leqslant 19.3$	+2.9 0
$9.3 < e \leqslant 10.0$	+1.5 0	$19.3 < e \leqslant 20.0$	+3.0 0
$10.0 < e \leqslant 10.6$	+1.6 0	$20.0 < e \leqslant 20.6$	+3.1 0
$10.6 < e \leqslant 11.3$	+1.7 0	$20.6 < e \leqslant 21.3$	+3.2 0
$11.3 < e \leqslant 12.0$	+1.8 0	$21.3 < e \leqslant 22.0$	+3.3 0

表 6(续) 单位为毫米

壁厚 e_y	允许偏差	壁厚 e_y	允许偏差
22.0<e≤22.6	+3.4 0	30.6<e≤31.3	+4.7 0
22.6<e≤23.3	+3.5 0	31.3<e≤32.0	+4.8 0
23.3<e≤24.0	+3.6 0	32.0<e≤32.6	+4.9 0
24.0<e≤24.6	+3.7 0	32.6<e≤33.3	+5.0 0
24.6<e≤25.3	+3.8 0	33.3<e≤34.0	+5.1 0
25.3<e≤26.0	+3.9 0	34.0<e≤34.6	+5.2 0
26.0<e≤26.6	+4.0 0	34.6<e≤35.3	+5.3 0
26.6<e≤27.3	+4.1 0	35.3<e≤36.0	+5.4 0
27.3<e≤28.0	+4.2 0	36.0<e≤36.6	+5.5 0
28.0<e≤28.6	+4.3 0	36.6<e≤37.3	+5.6 0
28.6<e≤29.3	+4.4 0	37.3<e≤38.0	+5.7 0
29.3<e≤30.0	+4.5 0	38.0<e≤38.6	+5.8 0
30.0<e≤30.6	+4.6 0	—	—

6.4.4.2 管材平均壁厚及允许偏差应符合表 7 规定。

表 7 平均壁厚及允许偏差 单位为毫米

平均壁厚 e_m	允许偏差	平均壁厚 e_m	允许偏差
≤2.0	+0.4 0	9.0<e≤10.0	+1.2 0
2.0<e≤3.0	+0.5 0	10.0<e≤11.0	+1.3 0
3.0<e≤4.0	+0.6 0	11.0<e≤12.0	+1.4 0
4.0<e≤5.0	+0.7 0	12.0<e≤13.0	+1.5 0
5.0<e≤6.0	+0.8 0	13.0<e≤14.0	+1.6 0
6.0<e≤7.0	+0.9 0	14.0<e≤15.0	+1.7 0
7.0<e≤8.0	+1.0 0	15.0<e≤16.0	+1.8 0
8.0<e≤9.0	+1.1 0	16.0<e≤17.0	+1.9 0

表 7(续)

单位为毫米

平均壁厚 e_m	允许偏差	平均壁厚 e_m	允许偏差
17.0<e≤18.0	+2.0 0	28.0<e≤29.0	+3.1 0
18.0<e≤19.0	+2.1 0	29.0<e≤30.0	+3.2 0
19.0<e≤20.0	+2.2 0	30.0<e≤31.0	+3.3 0
20.0<e≤21.0	+2.3 0	31.0<e≤32.0	+3.4 0
21.0<e≤22.0	+2.4 0	32.0<e≤33.0	+3.5 0
22.0<e≤23.0	+2.5 0	33.0<e≤34.0	+3.6 0
23.0<e≤24.0	+2.6 0	34.0<e≤35.0	+3.7 0
24.0<e≤25.0	+2.7 0	35.0<e≤36.0	+3.8 0
25.0<e≤26.0	+2.8 0	36.0<e≤37.0	+3.9 0
26.0<e≤27.0	+2.9 0	37.0<e≤38.0	+4.0 0
27.0<e≤28.0	+3.0 0	38.0<e≤39.0	+4.1 0

6.4.5 承口

弹性密封圈式承口最小深度应符合表 8 规定，示意图见图 2。

弹性密封圈式承口的密封环槽处的壁厚应不小于相连管材公称壁厚的 0.8 倍。

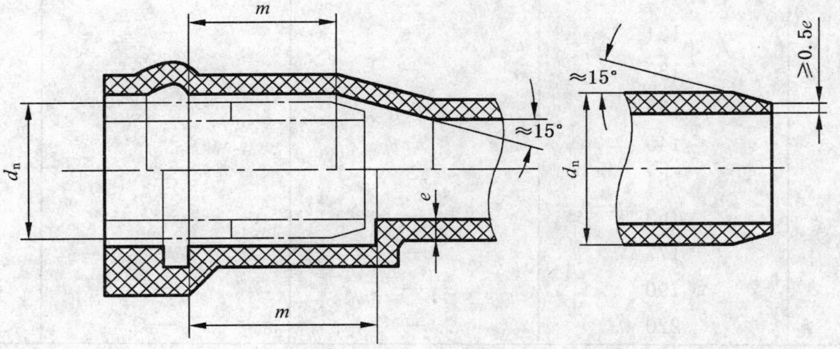

图 2 弹性密封圈式承插口

溶剂粘接式承口的最小深度、承口中部内径尺寸应符合表 8 规定，示意图见图 3。

溶剂粘接式承口壁厚应不小于相连管材公称壁厚的 0.75 倍。

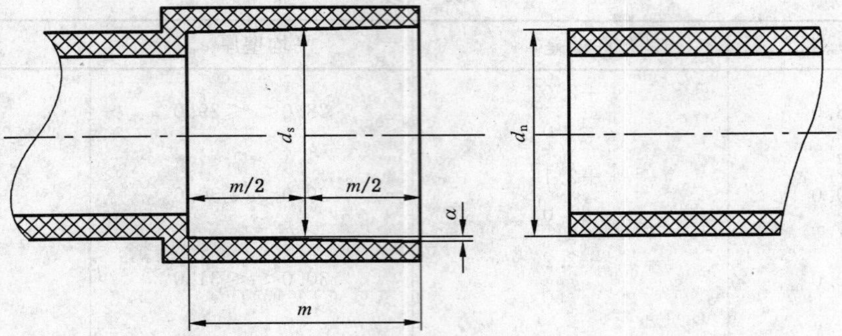

图 3 溶剂粘接式承插口

表 8 承口尺寸

单位为毫米

公称外径 d_n	弹性密封圈承口最小配合深度 m_{min}	溶剂粘接承口最小深度 m_{min}	溶剂粘接承口中部平均内径 d_{sm}	
			$d_{sm,min}$	$d_{sm,max}$
20	—	16.0	20.1	20.3
25	—	18.5	25.1	25.3
32	—	22.0	32.1	32.3
40	—	26.0	40.1	40.3
50	—	31.0	50.1	50.3
63	64	37.5	63.1	63.3
75	67	43.5	75.1	75.3
90	70	51.0	90.1	90.3
110	75	61.0	110.1	110.4
125	78	68.5	125.1	125.4
140	81	76.0	140.2	140.5
160	86	86.0	160.2	160.5
180	90	96.0	180.3	180.6
200	94	106.0	200.3	200.6
225	100	118.5	225.3	225.6
250	105	—	—	—
280	112	—	—	—
315	118	—	—	—
355	124	—	—	—
400	130	—	—	—
450	138	—	—	—
500	145	—	—	—
560	154	—	—	—
630	165	—	—	—
710	177	—	—	—
800	190	—	—	—
1 000	220	—	—	—

注 1：承口中部的平均内径是指在承口深度二分之一处所测定的相互垂直的两直径的算术平均值。承口的最大锥度(α)不超过 0°30′。

注 2：当管材长度大于 12 m 时，密封圈式承口深度 m_{min} 需另行设计。

6.4.6 插口

弹性密封圈式管材的插口端应按图 2 加工倒角。

6.5 物理性能

物理性能应符合表9规定。

表9 物理性能

项 目	技术指标	试验方法
密度/(kg/m³)	1 350～1 460	见7.5
维卡软化温度/℃	≥80	见7.6
纵向回缩率/(%)	≤5	见7.7
二氯甲烷浸渍试验(15℃,15 min)	表面变化不劣于4N	见7.8

6.6 力学性能

力学性能应符合表10规定。

表10 力学性能

项 目	技术指标	试验方法
落锤冲击试验(0℃)TIR/(%)	≤5	见7.9
液压试验	无破裂,无渗漏	见7.10

6.7 系统适用性试验

管材与管材,管材与管件连接后应按表11要求做系统适用性试验。

表11 系统适用性试验

项 目	要求	试验方法
连接密封试验	无破裂,无渗漏	见7.11.1
偏角试验[a]	无破裂,无渗漏	见7.11.2
负压试验[a]	无破裂,无渗漏	见7.11.3
[a] 仅适用于弹性密封圈连接方式。		

连接用胶粘剂应符合QB/T 2568—2002,弹性密封圈应符合HG/T 3091—2000。

6.8 卫生性能

6.8.1 输送饮用水的管材的卫生性能应符合GB/T 17219—1998。

6.8.2 输送饮用水的管材的氯乙烯单体含量应不大于1.0 mg/kg。

7 试验方法

7.1 状态调节

除特殊规定外,按GB/T 2918—1998,在(23±2)℃条件下进行状态调节24 h,并在同一条件下进行试验。

7.2 颜色和外观检查

在自然光下用肉眼观察。

7.3 不透光性

取400 mm管段,将一端用不透光的材料封严,在管材侧面有自然光的条件下,用手握住光源方向的管壁,从管材开口端用肉眼观察试样的内表面,不见手遮挡光源的影子为合格。

7.4 尺寸测量

7.4.1 管材长度

用精度为1 mm的钢卷尺测量。

7.4.2 弯曲度

按GB/T 8805—1988测量。

7.4.3 平均外径及偏差和不圆度

按GB/T 8806测量平均外径和偏差。

按 GB/T 8806 测量同一截面的最大外径和最小外径，用最大外径减最小外径为不圆度。不圆度测量应在出厂前进行。

7.4.4 壁厚偏差及平均壁厚偏差

按 GB/T 8806，沿圆周测量最大壁厚和最小壁厚，精确到 0.1 mm，计算壁厚偏差。在管材同一截面沿圆周均匀测量八点的壁厚，计算算术平均值，为平均壁厚，精确到 0.1 mm，平均壁厚与公称壁厚的差为平均壁厚偏差。

7.4.5 承口深度和内径

用精度为 0.02 mm 的游标卡尺按图 1 和图 2 所示的部位测量承口深度；用精度为 0.01 mm 内径测量仪测量承口中部两个相互垂直的内径，计算算术平均值，为平均内径。

7.5 密度

按 GB/T 1033—1986 中 A 法测定。

7.6 维卡软化温度

按 GB/T 8802—2001 测定。

7.7 纵向回缩率

按 GB/T 6671—2001 测定。

7.8 二氯甲烷浸渍试验

按 GB/T 13526 测定，试验温度为(15±0.5)℃，浸渍时间为(15±1)min。

7.9 落锤冲击试验

按 GB/T 14152—2001，在 0℃条件下试验。落锤冲击试验的冲击锤头半径为 12.5 mm，冲锤质量和冲击高度见表 12。S4 至 S10 的管材应按 M 级试验；S12.5 至 S20 的管材应按 H 级试验。

表 12 冲锤质量和下落高度

公称外径 d_n	M 级		H 级	
	质量/kg	高度/m	质量/kg	高度/m
20	0.5	0.4	0.5	0.4
25	0.5	0.5	0.5	0.5
32	0.5	0.6	0.5	0.6
40	0.5	0.8	0.5	0.8
50	0.5	1.0	0.5	1.0
63	0.8	1.0	0.8	1.0
75	0.8	1.0	0.8	1.2
90	0.8	1.2	1.0	2.0
110	1.0	1.6	1.6	2.0
125	1.25	2.0	2.5	2.0
140	1.6	1.8	3.2	1.8
160	1.6	2.0	3.2	2.0
180	2.0	1.8	4.0	1.8
200	2.0	2.0	4.0	2.0
225	2.5	1.8	5.0	1.8
250	2.5	2.0	5.0	2.0
280	3.2	1.8	6.3	1.8
≥315	3.2	2.0	6.3	2.0

7.10 液压试验

按 GB/T 6111—2003 测定，试验条件见表 13。若试样在距离密封接头小于试样自由长度 0.1 倍处出现破裂,则试验结果无效。

表 13 液压试验

温度/℃	环应力/MPa	试验时间/h	适用管材公称外径 d_n/mm
20	36	1	$d_n<40$
	38	1	$d_n\geqslant 40$
20	30	100	所有规格
60	10	1 000	所有规格

7.11 系统适用性试验

7.11.1 连接密封试验:连接后的试样按 GB/T 6111—2003 试验,试验温度 20℃,试验压力 2.0×PN,试验时间为 1 h。

7.11.2 弹性密封圈型接头的偏角密封试验按 GB/T 19471.1—2004 测定。

7.11.3 弹性密封圈型接头的负压密封试验按 GB/T 19471.2—2004 测定。

7.12 卫生性能

按 GB/T 4615—1984 测定氯乙烯单体含量,其余指标按 GB/T 17219—1998 测定。

8 检验规则

8.1 产品需经生产厂质量检验部门检验合格并附有合格标志方可出厂。

8.2 用相同原料、配方和工艺生产的同一规格的管材作为一批。当 $d_n\leqslant 63$ mm 时,每批数量不超过 50 t;当 $d_n>63$ mm 时,每批数量不超过 100 t。如果生产 7 天仍不足批量,以 7 天产量为一批。

8.3 分组

按表 14 规定对管材进行分组。

表 14 管材的尺寸分组

尺寸组	公称外径/mm
1	$d_n\leqslant 90$
2	$d_n>90$

8.4 定型检验

定型检验的项目为第 6 章的全部技术要求。首次投产或产品结构设计发生变化时,按表 14 的规定选取每一尺寸组中任意规格的管材与相应规格管件组合进行检验。

8.5 出厂检验

8.5.1 出厂检验项目为 6.1～6.4 和 6.5 中纵向回缩率,6.6 中落锤冲击试验和 20℃、1 h 的液压试验。

8.5.2 6.1～6.4 按 GB/T 2828.1—2003,采用正常检验一次抽样方案,取一般检验水平Ⅰ,按接收质量限(AQL)6.5,抽样方案见表 15。

表 15 抽样方案

批量 N	样本量 n	接收数 Ac	拒收数 Re
≤150	8	1	2
151～280	13	2	3
281～500	20	3	4
501～1 200	32	5	6
1 201～3 200	50	7	8
3 201～10 000	80	10	11

8.5.3 在计数抽样合格的产品中,随机抽取足够的样品,进行 6.5 中纵向回缩率,6.6 中落锤冲击试验和 20℃、1 h 的液压试验。

8.6 型式检验

8.6.1 型式检验项目为第6章中除6.7外的全部技术要求。一般情况下每两年至少一次。若有以下情况之一，应进行型式检验。

a) 当原料、配方、设备发生较大变化时；

b) 长期停产后恢复生产时；

c) 出厂检验结果与上次型式试验结果有较大差异时；

d) 国家质量监督机构提出进行型式检验时。

8.6.2 按8.5.2规定对6.1、6.2、6.3、6.4项进行检验，在检验合格的样品中，按表15规定在每一尺寸组中选取任意规格的足够样品，进行6.5、6.6中各项性能的检验。

8.7 判定规则

项目6.1、6.2、6.3、6.4中任意一条不符合表15规定时，则判该批为不合格。物理力学性能中有一项达不到要求，则在该批中随机抽取双倍样进行该项复验。如仍不合格，则判该批为不合格批。卫生指标有一项不合格判为不合格批。

9 标志、包装、运输、贮存

9.1 产品标志

每根管材至少有一处完整标志，每两处标志的间距不应超过2m，标志至少应包括以下内容：

a) 厂名或厂名简称、商标；

b) 产品名称：PVC-U饮水管或PVC-U非饮水管；

c) 规格尺寸：公称压力、公称外径和公称壁厚；

d) GB/T 10002的本部分编号；

e) 生产日期。

9.2 包装标志

包装应有下列标志：

a) 生产厂名、厂址；

b) 产品名称：应注明PVC-U饮水管或PVC-U非饮水管；

c) 商标。

9.3 运输

管材在运输时，不得曝晒、玷污、重压、抛摔和损伤。

9.4 贮存

管材堆放应整齐，承口部位应交错放置，避免挤压变形。管材不得曝晒，距热源不少于1 m，堆放高度不超过2 m。

ICS 65.150
B 52

GB

中华人民共和国国家标准

GB 10030—2006
代替 GB/T 10030—1988

团头鲂鱼苗、鱼种

Fry and fingerling of bluntnoseblack bream

2006-09-29 发布　　　　2006-12-01 实施

中华人民共和国国家质量监督检验检疫总局
中国国家标准化管理委员会　发布

前　言

本标准的第5章和第6章为强制性条款，其余为推荐性条款。

本标准代替GB/T 10030—1988《团头鲂鱼苗、鱼种质量标准》。

本标准与GB/T 10030—1988相比主要变化如下：

——增加了前言；

——增加了对团头鲂危害性大、传染性强的常见疾病及诊断方法；

——增加了“检验规则”一章；

——增加了资料性附录（即团头鲂常见病及诊断方法）。

本标准的附录A为资料性附录。

本标准由中华人民共和国农业部局提出。

本标准由全国水产标准化技术委员会淡水养殖分技术委员会归口。

本标准起草单位：全国水产标准化技术委员会淡水养殖分技术委员会。

本标准主要起草人：周瑞琼、徐忠法、何力。

本标准所代替标准的历次版本发布情况为：

——GB/T 10030—1988。

团头鲂鱼苗、鱼种

1 范围

本标准规定了团头鲂(*Megalobrama amblycephala* Yih)鱼苗、鱼种的术语和定义、苗种来源、质量要求、检验方法和检验规则。

本标准适用于团头鲂鱼苗、鱼种的质量评定。

2 规范性引用文件

下列文件中的条款通过本标准的引用而成为本标准的条款。凡是注日期的引用文件,其随后所有的修改单(不包括勘误的内容)或修订版均不适用于本标准,然而,鼓励根据本标准达成协议的各方研究是否可使用这些文件的最新版本。凡是不注日期的引用文件,其最新版本适用于本标准。

GB/T 10029 团头鲂

GB/T 18654.3 养殖鱼类种质检验 第3部分:性状测定

3 术语与定义

下列术语和定义适用于本标准。

3.1

鱼苗 fry

受精卵发育出膜后至卵黄囊基本消失、鳔充气、能平游和主动摄食阶段的仔鱼。

3.2

鱼种 fingerling

鱼苗生长发育至体被鳞片、长全鳍条,外观已具有成体基本特征的幼鱼。

4 苗种来源

4.1 鱼苗

由符合 GB/T 10029 规定的团头鲂的亲鱼人工繁殖的鱼苗,或未经放养的湖泊捕捞的天然鱼苗。

4.2 鱼种

由符合 4.1 规定的鱼苗培育成的鱼种。

5 鱼苗质量

5.1 外观

5.1.1 肉眼观察 95%以上的鱼苗应符合 3.1 的规定,且鱼体半透明,有光泽。

5.1.2 集群游动,游动活泼,在容器中轻微搅动水体时,95%以上的鱼苗有逆水游动能力。

5.1.3 规格整齐。

5.2 可数指标

畸形率小于 3%,伤残率小于 1%。

6 鱼种质量

6.1 外观

6.1.1 体形正常,鳍条、鳞被完整。

6.1.2　体色正常，体表光滑有黏液，游动活泼。

6.2　可数指标

畸形率小于1%，伤残率小于1%。

6.3　可量指标

各种规格（全长）的鱼种质量应不低于表1的规定。

表1　鱼种规格

全长/cm	体重/g	全长/cm	体重/g	全长/cm	体重/g	全长/cm	体重/g	全长/cm	体重/g
1.0	0.016	3.0	0.528	5.0	2.728	7.0	8.048	9.0	18.055
1.1	0.021	3.1	0.587	5.1	2.908	7.1	8.424	9.1	18.708
1.2	0.028	3.2	0.649	5.2	3.095	7.2	8.810	9.2	19.377
1.3	0.036	3.3	0.717	5.3	3.290	7.3	9.210	9.3	20.063
1.4	0.046	3.4	0.789	5.4	3.491	7.4	9.622	9.4	20.765
1.5	0.057	3.5	0.876	5.5	3.706	7.5	10.047	9.5	21.483
1.6	0.070	3.6	0.949	5.6	3.929	7.6	10.484	9.6	22.219
1.7	0.086	3.7	1.036	5.7	4.158	7.7	10.934	9.7	22.972
1.8	0.103	3.8	1.129	5.8	4.397	7.8	11.397	9.8	23.742
1.9	0.122	3.9	1.227	5.9	4.645	7.9	11.874	9.9	24.529
2.0	0.143	4.0	1.331	6.0	4.903	8.0	12.364	10.0	25.335
2.1	0.168	4.1	1.441	6.1	5.170	8.1	12.867		
2.2	0.202	4.2	1.558	6.2	5.448	8.2	13.385		
2.3	0.225	4.3	1.680	6.3	5.736	8.3	13.917		
2.4	0.258	4.4	1.809	6.4	6.033	8.4	14.463		
2.5	0.294	4.5	1.944	6.5	6.434	8.5	15.024		
2.6	0.333	4.6	2.087	6.6	6.661	8.6	15.600		
2.7	0.376	4.7	2.236	6.7	6.991	8.7	16.191		
2.8	0.423	4.8	2.393	6.8	7.332	8.8	16.797		
2.9	0.473	4.9	2.557	6.9	7.684	8.9	17.418		

6.4　病害

无细菌性败血病（淡水鱼类暴发性流行病）、小瓜虫病和车轮虫病等传染性强、危害大的疾病。

7　检验方法

7.1　外观、可数指标

把样品置于便于观察的容器内，肉眼逐项观察计数。

7.2　可量指标

按GB/T 18654.3规定的方法测量。

7.3　病害检疫

按鱼病常规诊断方法检验，参见附录A。

8　检验规则

8.1　检验分类

8.1.1　出场检验：每批鱼苗、鱼种产品应进行出场检验。出场检验由生产单位质量检验部门执行，检验项目为外观、可数指标和可量指标。

8.1.2　型式检验：检验项目为本标准中规定的全部项目。有下列情形之一者应进行型式检验：

a)　新建养殖场培育的团头鲂鱼苗、鱼种；

b) 养殖条件发生变化,可能影响苗种质量时;

c) 国家质量监督机构或行业主管部门提出型式检验要求时;

d) 出场检验与上次型式检验有较大差异时;

e) 正常生产时,每年至少应进行一次周期性检验。

8.2 组批规则

以同一培育池、同一规格或一次交货的苗种作为一个检验批,销售前按批检验。

8.3 抽样方法

每批鱼苗、鱼种随机取样应在100尾以上,鱼种可量指标测量每批取样应在30尾以上。

8.4 判定规则

经检验,如病害项不合格,则判定该批鱼苗、鱼种为不合格,不得复检;其他有不合格项,应对原检验批取样进行复检,以复检结果为准。经复检,如仍有不合格项,则判定该批鱼苗或鱼种为不合格。

附 录 A
（资料性附录）
团头鲂常见病及诊断方法

表 A.1 团头鲂常见病及诊断方法

病名	病原体	症状	流行季节	诊断
细菌性败血病 bacterial septicemia	嗜水气单胞菌（*Aeromonas hydrophila*）。菌体直，短杆状，两端圆，无荚膜和芽孢，以极端单鞭毛运动，革兰氏染色阴性。	病鱼上下颌、口腔、眼睛、鳃盖表皮、鳍条基部及鱼体两侧均轻度充血，鳃丝苍白，严重时体表和内脏充血症状加剧，眼球突出，肛门红肿，腹部膨大，腹腔内有黄色或红色腹水，肝、脾、肾均肿大，肠系膜、肠膜及肠壁充血，肠内无食物而有黏液或积水或有气。	2月份至11月份，水温9℃～36℃，28℃最为严重。	1. 根据症状及流行情况作初步诊断。 2. 镜检。取病灶样在10×40倍显微镜下观察鉴定是否嗜水气单胞菌。其要点为：革兰氏阴性短杆菌，菌体直，两端钝圆，有运动力，可基本确诊。
小瓜虫病 ichthyophthiriasis	多子小瓜虫（*Ichthyophthirius multifiliis*）。幼虫长卵形，前尖后钝，后端有一根粗而长的尾毛，全身披长短均匀的纤毛；成虫虫体球形，尾毛消失，有一马蹄形的大核。	病鱼的皮肤、鳍条或鳃瓣上，肉眼可见布满白色小点状囊泡，严重时体表似覆盖一层白色薄膜，鳞片脱落，鳍条裂开、腐烂。鱼体和鳃瓣黏液增多，呼吸困难，反应迟钝，缓游水面。不久即死。	初冬春末，水温15℃～25℃。	1. 肉眼可见体表或鳃上有许多小白点。 2. 镜检可见长卵形幼虫或具马蹄形细胞核的成虫。
车轮虫病 trichodiniasis	车轮虫属（*Trichodina*）或小车轮虫属（*Trichodinella*）的许多种类。车轮虫外形侧面观像碟子或毡帽，隆起面为口面，与之相对的面为反口面。反口面形似圆盘，内部由许多齿体逐个嵌接而成齿环。虫体自由游动时，像车轮般转动。	病鱼黑瘦，体表黏液增多，成群沿池边狂游，呼吸困难。	常年发生，尤其在5月份至8月份。	取体表黏液或鳃丝在显微镜下观察，如有车轮虫游动即可诊断。

ICS 11.040.40
C 45

中华人民共和国国家标准

GB 10035—2006
代替 GB 10035—1994

气囊式体外反搏装置

Air-bag type sequential external counter-pulsation device

2006-03-13 发布　　　　2006-10-01 实施

中华人民共和国国家质量监督检验检疫总局
中国国家标准化管理委员会　发布

前　言

本标准代替 GB 10035—1994《气囊式体外反搏装置》。

本标准与 GB 10035—1994 相比主要变化如下：

1. 主要增加了对儿童反搏的有关要求。

2. 将体外反搏装置的防电击程度分类由Ⅰ类 B 型修订为Ⅰ类 CF 型。

3. 对原标准的环境试验要求进行了适当修改，增加了表 2。

4. 为全面执行 GB 9706.1—1995 的规定，对原标准的安全要求进行了重要改进，并列为本标准的附录 A(规范性附录)。

其中主要增加的内容包括：

a) 在连续漏电流的试验中增加了“外壳漏电流”和“患者漏电流在应用部分加 110% 的网电压”的项目试验。

b) 在电介质强度的试验中增加了“A-a_2 部分之间”、“A-k 部分之间”、“B-a 部分之间”、“B-d 部分之间”的项目试验。

本标准的附录 A 是规范性附录。

本标准由全国医用体外循环设备标准化技术委员会归口并负责解释。

本标准起草单位：广州市华南医疗器械有限公司。

本标准主要起草人：梁小明、张雪漫、梁志坚、李晶。

本标准于 1988 年首次发布，于 1994 年第一次修订。

气囊式体外反搏装置

1 范围

本标准规定了气囊式体外反搏装置的术语和定义、分类和标记、要求、试验方法、检验规则、标志、包装、运输、贮存。

本标准适用于各种类型气囊式体外反搏装置(以下简称反搏装置)。该反搏装置供医疗单位用于临床治疗心、脑、肾等器官的缺血性疾病,并有康复、保健功能。

2 规范性引用文件

下列文件中的条款通过本标准的引用而成为本标准的条款。凡是注日期的引用文件,其随后所有的修改单(不包括勘误的内容)或修订版均不适用于本标准,然而,鼓励根据本标准达成协议的各方研究是否可使用这些文件的最新版本。凡是不注日期的引用文件,其最新版本适用于本标准。

GB/T 191 包装储运图示标志(GB/T 191—2000,eqv ISO 780:1997)

GB 5013.1—1997 额定电压450/750 V及以下橡皮绝缘电缆 第一部分:一般要求(idt IEC 245:1994)

GB 9706.1—1995 医用电气设备 第一部分:安全通用要求(idt IEC 60601-1:1998)

GB 9969.1 工业产品使用说明书 总则

GB/T 14710—1993 医用电气设备环境要求及试验方法

3 术语和定义

下列术语和定义适用于本标准。

3.1

气囊式体外反搏装置 air-bag external counter-pulsation device

在人体外与心电同步,通过气囊在心脏舒张期对躯体施加适当气压,使人体舒张压明显提高,并在收缩期前取消压力,使收缩压降低的辅助循环装置。

3.2

序贯式 sequential type

从离心脏远端至近端,按顺序施加递减气压的方式。

3.3

正压式 positive pressure type

在心脏收缩期之前,排气电磁阀打开,利用气囊内气压与大气压力之差,使气囊自然排气的方式。

3.4

负压式 negative pressure type

气囊在心脏收缩期之前,利用负压抽吸气囊内气体,使气囊排气的方式。

3.5

增强型 augmented type

除肢体气囊外,还增加了臀部气囊,以提高反搏效果。

3.6

工作压力 operating pressure

在正常工作时气囊内的峰值压力。

3.7

反搏床　counter-pulsation bed

供施行体外反搏的专用床。

3.8

反搏信号　counter-pulsation signal

与心电同步控制电磁阀充、排气的电信号。

3.9

配气装置　air distributor system

由若干电磁阀组成，通过反搏信号控制反搏时工作气流截止或流通的装置。

3.10

触发波　trigger wave

心电 QRS 波群中能触发产生反搏信号的波（有 R 波时，R 波为触发波）。

3.11

充排气开始时间　air charging/discharging beginning time

反搏治疗时，从患者的心电触发波（不反搏时为模拟方波前沿），到充排气触发信号开始的时间。

3.12

脉搏波　pulse wave

通过换能器在耳、颈、头和手等相应部位检出用于监测反搏效果的血流脉动图。

3.13

反搏比率　counter-pulsation rate

反搏次数与心动次数之比。1∶1，即每一个心电周期反搏一次；1∶2，即每隔一个心电周期反搏一次。

3.14

正常工作　worked normally

显示屏上显示正常，充、排气信号保持与心电同步，在工作压力下电磁阀动作正常。

4　分类和标记

4.1　反搏装置分类

见表1。

表 1　分类

原理分类	结构分类	控制方式分类	排气方式分类
非序贯式	非增强型	非电脑型	正压式
序贯式	增强型	电脑型	负压式

4.2　按电击防护分类

反搏装置属于Ⅰ类 CF 型具有多个连接点应用部分，没有信号输入、具有信号输出部分的非移动式普通设备。

4.3　结构

反搏装置应由控制部分、反搏床、气囊、气泵、配气等部件组成。

5　要求

5.1　正常工作条件

a)　环境温度：

非电脑控制型:5℃~40℃;电脑控制型:10℃~30℃;

b) 相对湿度:

非电脑控制型:≤80%;电脑控制型:≤70%;

c) 大气压力 86 kPa~106 kPa;

d) 电源电压的适用范围:

交流:三相 380 V±38 V;单相 220 V±22 V;

频率:50 Hz±1 Hz。

5.2 压力条件

5.2.1 在心率为 100 次/min,反搏比率 1∶1 时,工作压力应不小于 39.2 kPa。

5.2.2 在心率为 100 次/min,反搏比率 1∶1,工作压力 39.2 kPa,负压式的气囊排气气路中的负压压力应不小于 3 kPa。

5.3 电子系统

5.3.1 脉搏放大增益可调,最大值不小于 60 dB。

5.3.2 心电放大电路的共模抑制比(CMRR)不小于 80 dB。

5.3.3 正负心电信号均能正常触发。

5.3.4 心电检出门限应不大于 0.25 mV。

5.3.5 心率显示在 35 次/min~165 次/min 时,心率显示误差不大于 2 次/min。

5.3.6 当心率处于以下状态时,应自动停止反搏,允差±5 次/min。

成人:低于 35 次/min,高于 125 次/min;

儿童(10 岁以下):低于 35 次/min,高于 165 次/min。

5.3.7 充、排气开始时间调节范围应符合下列情况:

a) 充气调节:当 40 次/min 时,至少在 200 ms~500 ms 范围内可调;当 120 次/min 时,至少在 150 ms~200 ms 范围内可调。

b) 排气调节:排气开始时间调节范围:当 40 次/min 时,至少在 450 ms~1 400 ms 范围内可调;当 120 次/min 时,至少在 400 ms~450 ms 范围内可调。

c) 反搏装置应具有手动调节充排气开始时间的功能。

5.3.8 在相邻两级序贯的充气时差为成人:55 ms±10 ms;儿童:27 ms±10 ms。

5.3.9 早搏信号应能触发排气。

5.3.10 排气信号前沿调节不得落后于下一个 QRS 波群的触发波(或模拟方波前沿)。

5.3.11 反搏比率为 1∶1、1∶2。

5.3.12 水平扫描速度至少具有 25 mm/s、50 mm/s 二档,误差为±10%。使用不同规格的监视器时,允许扫描线长度按比例缩放。

5.3.13 反搏装置输入 1 mV、50 Hz 正弦信号时;最大显示幅度与无信号输入显示幅度之差不大于 2 mm。

5.3.14 反搏装置控制部分在规定的干扰情况下,应能正常工作。

5.3.15 反搏装置应设有病人关泵装置。

5.4 安全要求

见附录 A。

5.5 机械系统

5.5.1 气泵排气压力在 44.2 kPa 时,排气量不少于 500 L/min。

5.5.2 气囊应能承受 59 kPa 的压力不破损,保压 10 s,其压力降应不大于 5 kPa。

5.5.3 反搏装置在正常工作状态下,整机噪声应不大于 67 dB。

5.5.4 反搏装置应有压力安全保护功能,其最大工作压力不得大于 59 kPa。

5.6 **工作时间**

反搏装置连续正常工作时间应不少于 8 h。

5.7 **外观与结构**

5.7.1 反搏装置外形应端正,无明显凹凸现象。

5.7.2 电镀件表面应色泽均匀,不得有麻点、剥落和锈蚀现象。

5.7.3 油漆件涂层应光洁、均匀和色调一致,表面不允许有划痕、剥落和锈蚀现象。

5.7.4 外表面上的文字、符号和标志应清晰、准确。

5.7.5 紧固件应连接牢靠,按键、功能开关及控制机构应操作灵敏、可靠。

5.8 **反搏装置的环境试验**

应符合 GB/T 14710—1993 中气候环境Ⅰ组(电脑控制型)或Ⅱ组(非电脑控制型),和机械环境Ⅱ组的试验方法,对电源的适应能力、运输试验的规定见表 2。

表 2 环境试验

试验项目		试验要求		检测项目		试验状态、环境
		持续时间/h	恢复时间/h	初始检测	中间与最后检测	
额定工作低温试验	198 V	—	—	—	5.3.5，5.3.6	通电
	220 V	1	—	全性能	5.3.5，5.3.6	
	242 V	—	—		—	
低温贮存试验		4	8	—	5.3.5，5.3.6	正常试验条件
额定工作高温试验	198 V	—	—	—		通电
	220 V	1	—		5.3.5，5.3.6	
	242 V	—	—	—	5.3.5，5.3.6	
	运行试验	4	—		5.3.4，5.3.5，5.3.6	
高温贮存试验		4	4	—	5.3.5，5.3.6	正常试验条件
额定工作湿热试验		4	—	—	5.3.5，5.3.6	通电
湿热贮存试验		48	24	—	5.3.5，5.3.6	正常试验条件
振动试验		—	—	—	5.7	正常试验条件
碰撞试验		—	—	—	5.7	垂直
运输试验		200 km,20 km/h～40 km/h	—	—	全性能	正常试验条件

6 试验方法

6.1 **外观与结构**

目力观察和手感试验,应符合 5.7 的规定。

6.2 **性能试验**

6.2.1 **工作压力试验**

将各级气囊裹在模拟肢体上,将一侧肢体的各级气囊接上压力表,选择反搏频率为 100 次/min,反搏比率为 1∶1,操作开关使电磁阀处于工作状态,启动气泵,调节压力旋钮,逐步加大充气压力,观察气囊压力表峰值读数,应符合 5.2.1 的规定。

6.2.2 **排气负压试验**

选择反搏频率为 100 次/min,反搏比率为 1∶1,操作开关使电磁阀处于工作状态,启动气泵,调节工作压力至 39.2 kPa，观察负压气路的负压表的读数，应符合 5.2.2 的规定。

6.2.3 脉搏信号放大增益试验

如图 1 所示，在脉搏信号放大电路输入端，输入 0.5 mV 峰值，频率为 2 Hz 正弦信号，用示波器在脉搏输出端读取输出信号大小，则按式(1)求出的脉搏增益 K 值应符合 5.3.1 的规定。

图 1

$$K = 20\lg \frac{U_o}{U_i} \quad \cdots\cdots\cdots\cdots(1)$$

式中：

K——脉搏增益，单位为分贝(dB)；

U_o——输出信号电压，单位为毫伏(mV)；

U_i——输入信号电压，单位为毫伏(mV)。

6.2.4 共模抑制比(CMRR)试验

由信号发生器差模输入 1 mV 峰值，频率为 50 Hz 的正弦信号到心电放大器，如图 2a) 所示，通过示波器从测试插口读取心电放大器输出 B；然后将信号改为共模输入，频率为 50 Hz，电压 10 V 峰值的正弦信号，如图 2b) 所示。通过示波器，从测试插口读取心电放大器输出 C，则按式(2)求出的 50 Hz 共模抑制比应符合 5.3.2 的规定。

图 2

$$CMRR = 20\lg \frac{\Delta_i}{\Delta_n} = 20\lg \frac{\frac{B}{1}}{\frac{C}{10\,000}} \quad \cdots\cdots\cdots\cdots(2)$$

式中：

$CMRR$——共模抑制比，单位为分贝(dB)；

B——差模心电输出，单位为毫伏(mV)；

C——共模心电输出，单位为毫伏(mV)；

Δ_i——差模放大倍数；

Δ_n——共模放大倍数。

6.2.5 心电检出门限及正负心电触发试验

由信号发生器输出一个脉宽为 50 ms 的三角波至心电放大器输入端，调节信号发生器输出幅度为 0.25 mV(峰值)，观察在检出三角波时信号发生器的输出信号幅度(用示波器测其幅度)，并转换三角波极性，观察正负心电触发情况，结果应符合 5.3.3，5.3.4 的规定。

6.2.6 心率指示试验

由信号发生器输出一个信号幅度为 1 mV～3 mV(峰值)，脉宽为 20 ms～60 ms 脉冲方波至心电放大器，并改变其信号频率，观察心率指示器的指示范围，再调节信号频率至 80 次/min，观察指示频率与信号频率之差应符合 5.3.5 的规定。

6.2.7 反搏范围限制试验

分别输入信号幅度为 1 mV～3 mV(峰值)，脉宽为 20 ms～60 ms 脉冲方波(成人)：(35±5)次/min 和(125±5)次/min；以及(儿童)：(35±5)次/min 和(165±5)次/min 至心电放大器；观察反搏动情况，应符合 5.3.6 的规定。

6.2.8 充排气调节范围试验

充、排气开始时间的调节范围试验应分别按下列方法进行：

a) 将输入信号幅度为 1 mV～3 mV(峰值)，脉宽为 20 ms～60 ms 脉冲方波分别调至40 次/min 及 120 次/min 时，把排气调节器调到末端，调充气调节器。充气开始时间调节范围应符合 5.3.7的规定(以脉冲方波前沿至充气 1 前沿时间间隔计算)。

b) 将输入信号幅度为 1 mV～3 mV(峰值)，脉宽为 20 ms～60 ms 脉冲方波分别调至40 次/min 及 120 次/min 时，把充气调节器调到始端，调排气调节器。排气开始时间调节范围应符合 5.3.7的规定(以脉冲方波前沿至排气信号前沿时间间隔计算)。

6.2.9 序贯时差试验

按图 3，用二踪示波器在反搏信号输出插座测量相邻充气波形开始时间差，应符合 5.3.8 的规定。

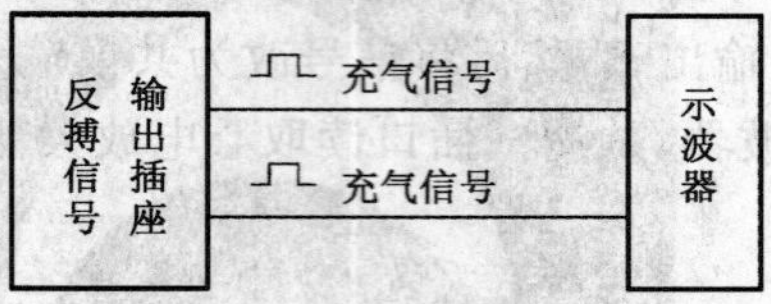

图 3

6.2.10 早搏触发排气实验

将室性早搏信号发生器输出信号幅度为 1 mV～3 mV(峰值)调至心率为 80 次/min，接入心电放大器，观察屏上波形，当有早搏信号发生时，应符合 5.3.9 的规定，立即触发排气。

6.2.11 排气信号限制试验

将输入信号幅度为 1 mV～3 mV(峰值)，脉宽为 20 ms～60 ms 脉冲方波信号调至心率为 40 次/min、80 次/min、120 次/min 输入至心电放大器，调节排气信号，应符合 5.3.10 的规定。

6.2.12 反搏比率试验

将选择开关置模拟信号档，转换比率，观察充、排气情况，应符合 5.3.11 的规定。

6.2.13 水平扫描速度试验

用信号发生器输出 60 次/min、1 mV 方波至心电放大器输入端，分档测量扫描速度，取其三次平均值，应符合 5.3.12 的规定。

6.2.14 50 Hz 正弦信号抑制能力试验

将 50 Hz、1 mV 正弦信号差模输入至心电放大器，在增益最大情况下，测量显示屏上的幅度，应符合 5.3.13 的规定。

6.2.15 抗干扰试验

用 400 W 电钻作干扰源，使其与被测反搏装置的控制部分在同一供电网中工作，相距 1 m，电钻每次通电 10 s，通、断次数不少于 20 次。被测反搏装置的控制部分应符合 5.3.14 的规定。

6.2.16 病人关泵装置试验

在正常工作状态下，按下病人关泵按钮，应符合 5.3.15 的规定，并立即停泵。

6.2.17 安全项目试验

安全项目试验见附录 A。

6.2.18 气泵排气量试验

在气泵排气口接上流量计，测量结果应符合5.5.1的规定。

6.2.19 气囊泄漏试验

将气囊充入59 kPa压力的空气，然后切断气源，并在此压力下保压10 s，应符合5.5.2的规定。

6.2.20 噪声试验

在心率80次/min，工作压力39.2 kPa的工作状态下，气泵与反搏床相距不得超过50 cm，声级计距离整机外表面1 m，离地面高度1 m处，用A级计权网络测量前、后、左、右四个方向，均应符合5.5.3的规定。

6.2.21 压力安全保护功能试验

逐步增加工作压力，其功能应符合5.5.4的规定。

6.2.22 连续工作时间试验

反搏装置在正常工作状态下连续工作8 h，应符合5.6的规定。

6.2.23 环境试验

环境试验应按GB/T 14710—1993中第8章规定的试验顺序，第10章规定的试验方法，第3章规定的运输试验和第4章规定的电源电压适应能力试验进行，应符合5.8的要求。

7 检验规则

7.1 检查分类

7.1.1 反搏装置的质量检验分出厂检验和型式检验。

7.1.2 出厂检验项目是产品交货时必须进行的检验。

7.1.3 型式检验包括产品注册、周期检验、许可证换发等类型的检验，以及国家质量监督机构提出的有关检验。

在下列情况下，应进行周期检查：

a) 作为新产品投产前；

b) 连续生产中，每年不少于一次；

c) 间隔一年以上再投产时；

d) 在设计、工艺或材料有重大改变时；

e) 国家质量监督部门提出进行周期检查要求时。

7.2 检验项目

7.2.1 出厂检验项目见表3。

7.2.2 型式检验项目见表3，型式检验在出厂检验合格的产品中取样进行。

7.2.3 型式检验必须进行5.8环境试验。

表3 检验项目

检验分类	检验项目	
出厂检验	安全性能要求	见附录A的表A.2中的出厂检验项目
	主要性能要求	5.2.1、5.2.2、5.3.1、5.3.2、5.3.3、5.3.4、5.3.6、5.3.7、5.3.9、5.3.10、5.3.13、5.3.14、5.3.15、5.5.1、5.5.5
	一般性能要求	5.3.5、5.3.8、5.3.11、5.3.12、5.7
型式检验	安全性能要求	5.4
	主要性能要求	5.2.1、5.2.2、5.3.1、5.3.2、5.3.3、5.3.4、5.3.6、5.3.7、5.3.9、5.3.10、5.3.13、5.3.14、5.3.15、5.5.1、5.5.2、5.5.3、5.5.4、5.5.5、5.6、5.8
	一般性能要求	5.3.5、5.3.8、5.3.11、5.3.12、5.7、8.1

7.3 **取样方式与数量**

7.3.1 出厂检验和型式检验的取样方式和数量见表4。

7.3.2 安全项目检验取样方式和数量见附录A。

7.4 **判定规则**

7.4.1 出厂检验和型式检验的判定规则见表4。

7.4.2 安全项目检验的判定规则见附录A。

表4 判定规则

检验分类	取样方式和数量	判定规则
出厂检验	每台出厂产品	若有不符合该检验项目中的任何一项时，应抽取双倍数量，对不合格的项目进行重复检验，若仍不符合，则判为不合格品。
型式检验	取样方式：封样；数量：1台	

8 **标志、包装、运输、贮存**

8.1 **标志**

8.1.1 每台反搏装置的控制部分、反搏床、气泵在适当的位置，应有明显的标志。

8.1.2 控制部分的标志应有下列内容：

a) 制造单位名称；

b) 产品名称及型号；

c) 电源电压、频率；

d) 输入功率；

e) 产品注册号、执行标准号；

f) 出厂编号和出厂年月。

8.1.3 反搏床、气泵上应有下列标志：

a) 制造厂名称；

b) 部件名称；

c) 产品编号。

8.1.4 每台反搏装置应附有检验合格证，使用说明书和装箱单各一份。

8.1.4.1 检验合格证上应有下列标志：

a) 制造厂名称、厂址；

b) 产品名称及型号；

c) 检验员代号；

d) 检验日期。

8.1.4.2 使用说明书的编写应符合GB 9969.1及附录A中A.2.11的规定。

8.2 **包装**

8.2.1 反搏装置应按装箱清单进行包装，控制部分、反搏床、配气装置、气泵应分别装于包装箱内，并应符合下列装箱要求：

a) 包装箱应有防潮、防雨措施，保证产品不受自然损失；

b) 反搏装置在箱内必须牢固定位，压木与产品接触面间应垫有适当厚度的软性材料，防止运输时松动和相互摩擦。

8.2.2 包装箱上应有下列标志：

a) 制造厂名称、厂址；

b) 产品名称和型号；

c) 产品注册号、执行标准号、生产许可证号；

d) 产品出厂日期、批号；

e) 净质量、毛质量；

f) 体积(长×宽×高)；

g) 共几箱、第几箱；

h) “易碎物品”、“向上”、“怕雨”等字样或标志，标志应符合 GB/T 191 的有关规定。

箱上的字样和标志应保证不因历时较久而模糊不清。

8.3 运输

运输要求按订货合同规定。

8.4 贮存

包装后的反搏装置，应贮存在温度为 $-10℃\sim40℃$，相对湿度不超过 80%，无腐蚀性气体和通风良好的室内，且不得堆放。

附 录 A
（规范性附录）
安全要求、试验方法及检验规则

A.1 特征

反搏装置属Ⅰ类CF型，具有多个连接点应用部分及信号输出部分，没有信号输入部分的非移动式普通设备。

网电源供电，电源种类：

a) 380 V，频率50 Hz；

b) 220 V，频率50 Hz。

输入功率：

a) 主机＜350 W，气泵＜2 500 W；

b) 主机＜500 W，气泵＜1 500 W。

A.2 安全要求及试验方法

A.2.1 外部标记

A.2.1.1 要求：外部标记是“永久贴牢的”和“清楚易认的”，至少应有下列标记：

a) 制造单位名称；

b) 型号和制造编号；

c) 电源电压；

d) 电源频率；

e) 输入功率；

f) 分类：标记按GB 9706.1—1995中附录D表D2的序号3的规定；

g) 接地端子：标记按GB 9706.1—1995中附录D表D1的序号6的规定；

h) 从设备外面能触及的熔断器的型号及额定值。

A.2.1.2 试验方法：按GB 9706.1—1995中6.1的规定。

A.2.2 内部标记

A.2.2.1 要求：至少应有下列“永久贴牢的”和“清楚易认的”标记。

高压部件旁的标记(1处)，必须按GB 9706.1—1995中附录D表D2的序号6的标记。

A.2.2.2 试验方法：按GB 9706.1—1995中6.2a)的规定。

A.2.3 控制器件及仪表标记

A.2.3.1 控制箱面板上的控制器件应符合GB 9706.1—1995中6.3的要求。

A.2.3.2 试验方法：通过检查，予以验证。

A.2.4 符号

A.2.1～A.2.3中用作标记的符号必须符合GB 9706.1—1995中附录D的要求。

试验方法：通过检查，予以验证。

A.2.5 导线绝缘颜色

A.2.5.1 要求：

a) 接地线的绝缘，全长为绿/黄色；

b) 内部与保护接地相连的导线上的绝缘体必须至少在导线终端用绿/黄色来识别；

c) 电源线中导线绝缘的颜色，应符合GB 5013.1—1997中9.1.2关于三芯电缆颜色的要求，且与电源中性线相连的导线绝缘应为浅蓝色；

A.2.5.2 试验方法：通过检查，予以验证。

A.2.6 气瓶内气体识别

不适用。

A.2.7 气瓶连接点的标记

不适用。

A.2.8 指示灯颜色

应符合 GB 9706.1—1995 中 6.7a)的要求。

试验方法：通过检查，予以验证。

A.2.9 按钮颜色

应符合 GB 9706.1—1995 的 6.7b)的要求。

试验方法：通过检查，予以验证。

A.2.10 随机文件

备有使用说明书。其说明书应符合 GB 9706.1—1995 中 6.8.1 的要求。

检验方法：查阅随机文件。

A.2.11 使用说明书

使用说明书应符合下列要求：

a) 使用说明书应包含 GB 9706.1—1995 中 6.8.2a)、d)和 6.8.3a)、b)、d)规定的内容。

b) 使用说明书应包含本企业可按要求提供 GB 9706.1—1995 中 6.8.3c)所列文件的承诺。

A.2.12 技术说明书

技术说明书与使用说明书合并。

A.2.13 输入功率

输入功率应符合下列情况：

a) 主机<350 W+35 W，气泵 <2 500 W+250 W；

b) 主机<500 W+50 W，气泵 <1 500 W+150 W。

试验方法：按 GB 9706.1—1995 中 7.1b)的规定方法，用功率计测量。

A.2.14 环境条件

A.2.14.1 运输和贮存：

a) 环境温度－40℃～55℃；

b) 相对温度≤93%；

c) 大气压力 50 kPa～106 kPa。

A.2.14.2 运行(正常工作环境条件)：

a) 环境温度

非电脑控制型 5℃～40℃；电脑控制型 10℃～30℃；

b) 相对湿度

非电脑控制型≤80%；电脑控制型≤70%；

c) 大气压力 86 kPa～106 kPa；

d) 电源电压的适用范围：

交流：三相 380 V±38 V，单相 220 V±22 V，频率 50 Hz±1 Hz。

A.2.15 安全类型

反搏装置属于Ⅰ类 CF 型，具有多个连接点应用部分及信号输出部分，没有信号输入部分的非移动式普通设备。

试验方法：通过检查和有关试验，予以验证。

A.2.16 剩余电压

应符合 GB 9706.1—1995 中 15b)的要求。

试验方法：按 GB 9706.1—1995 中 15b)的规定方法进行。

A.2.17 剩余能量

不适用。

A.2.18 外壳的封闭性

应符合 GB 9706.1—1995 中 16a)的要求。

试验方法：按 GB 9706.1—1995 中 16a)的规定，用标准试验指、试验针、直试验指进行试验。

A.2.19 不用工具就可打开的罩和门的安全性

不适用。

A.2.20 灯泡安全性

不适用。

A.2.21 顶盖安全性

不适用。

A.2.22 控制器件的导体部件的电阻

应符合 GB 9706.1—1995 中 16c)的要求。

试验方法：按 GB 9706.1—1995 中 16c)的规定方法进行。

A.2.23 带电部件的防护与标记

不适用。

A.2.24 整机外壳安全性

防止与带电部件接触的外壳必须仅用工具才能打开。

试验方法：操作观察。

A.2.25 调节孔安全性

不适用。

A.2.26 隔离

在正常状态和单一故障状态下，应用部分必须与反搏装置的带电部件隔离到容许漏电流值不被超过的程度，采取 GB 9706.1—1995 17a)、1)的方法满足本要求。

试验方法：通过检查，予以验证。

A.2.27 应用部分的隔离

应用部分不得与未保护接地的可触及金属部件有导电连接。

试验方法：通过检查和漏电流试验来检验。

A.2.28 软轴的隔离

不适用。

A.2.29 可触及部件的隔离

在正常状态和单一故障状态下，非应用部分的可触及部件，必须与反搏装置的带电部件隔离到使漏电流不超过容许值的程度，采用 GB 9706.1—1995 17g)、1)的方法满足本要求。

试验方法：通过对设备和电路的检查，加以验证。

A.2.30 电位均衡导线连接装置

不适用。

A.2.31 保护接地阻抗

在网电源插头中的保护接地脚和已保护接地的所有可触及金属部件之间的阻抗不大于 0.2 Ω。

试验方法：按 GB 9706.1—1995 中 18f)的规定方法进行。

A.2.32 功能接地端子

不适用。

A.2.33 功能接地线的标记

不适用。

A.2.34 在正常温度下的连续漏电流

见表 A.1,应符合 GB 9706.1—1995 中 19.1、19.2、19.3 及表 4 的要求。

试验方法:按 GB 9706.1—1995 中 19.4f)、g)、h)的规定方法进行。

A.2.35 在正常温度下的患者辅助电流

见表 A.1,应符合 GB 9706.1—1995 中 19.1、19.2、19.3 及表 4 的要求。

试验方法:按 GB 9706.1—1995 中 19.4 j)的规定方法进行。

表 A.1 连续漏电流和患者辅助电流的容许值

单位为毫安

CF 型	对地漏电流	外壳漏电流	患者漏电流	患者漏电流（应用部分加网电压）	患者辅助电流
正常状态	0.5	0.1	0.01	—	0.01
单一故障状态	1	0.5	0.05	0.05	0.05

A.2.36 在正常温度下的电介质强度

A.2.36.1 要求

a) A-a_1 部分之间:网电源部分与外壳之间的绝缘应能承受 1 500 V 的试验电压,历时 1 min 无击穿或闪络现象。

b) A-a_2 部分之间:网电源部分与床面(与已保护接地外壳分离的可触及部件)之间的绝缘应能承受 4 000 V 的试验电压,历时 1 min 无击穿或闪络现象。

c) A-k 部分之间:信号输出部分与外壳之间的绝缘应能承受 4 000 V 的试验电压,历时 1 min 无击穿或闪络现象。

如果至少满足了下列条件之一,这种绝缘就不需要单独试验:

1) 在正常使用时出现在信号输出部分上的电压不超过安全特低电压。

2) 信号输出部分已保护接地,或用 GB 9706.1—1995 17)g)中所述任何方法与可触及部件隔离。

d) B-a 部分之间:网电源部分与电极之间的绝缘应能承受 4 000 V 的试验电压,历时 1 min 无击穿或闪络现象。

如果 B-a 部分之间的部件像 GB 9706.1—1995 中 17a)1)、2)或 3)中所述那样有效地隔离了,则此绝缘不需单独检验。在此情况下,试验由 B-c 和 B-d 中的试验来代替。

e) B-d 部分之间:电极与外壳之间的绝缘应能承受 1 500 V 的试验电压,历时 1 min 无击穿或闪络现象。

A.2.36.2 试验方法:按 GB 9706.1—1995 中 20.4 的规定方法进行。

A.2.37 潮湿预处理后的连续漏电流

要求见 A.2.34。

试验方法:潮湿预处理按 GB 9706.1—1995 中 4.10 进行,潮湿预处理后的连续漏电流试验,见 A.2.34。

A.2.38 潮湿预处理后的患者辅助电流

要求见 A.2.35。

试验方法:潮湿预处理按 GB 9706.1—1995 中 4.10 进行,潮湿预处理后的患者辅助电流试验,见 A.2.35。

A.2.39　潮湿预处理后的电介质强度

A.2.39.1　要求：见 A.2.36.1。

A.2.39.2　试验方法：潮湿预处理按 GB 9706.1—1995 中 4.10 进行，潮湿预处理后的电介质强度试验，见 A.2.36.2。

A.2.40　外壳及零部件刚度

应符合 GB 9706.1—1995 中 21a)的要求。

试验方法：按 GB 9706.1—1995 中 21a)的规定方法进行。

A.2.41　外壳及零部件强度

应符合 GB 9706.1—1995 中 21b)的要求。

试验方法：按 GB 9706.1—1995 中 21b)的规定方法进行。

A.2.42　提拎装置承载能力

不适用。

A.2.43　支承件承载能力

应符合 GB 9706.1—1995 中 21.3 的要求。

试验方法：按 GB 9706.1—1995 中 21.3 的规定方法进行。

A.2.44　抗坠落性

不适用。

A.2.45　抗搬运应力

主机应符合 GB 9706.1—1995 中 21.6b)的要求。

试验方法：按 GB 9706.1—1995 中 21.6b)的规定方法进行。

A.2.46　运动部件的防护

不适用。

A.2.47　传动部件的安全性

不适用。

A.2.48　运动部件的可控性

不适用。

A.2.49　易磨损部件的可查性

不适用。

A.2.50　电控机械运动安全性

不适用。

A.2.51　紧急装置可靠性

应符合 GB 9706.1—1995 中 22.7 的要求。

试验方法：目测及操作检查。

A.2.52　面、角和边

应符合 GB 9706.1—1995 中第 23 章的要求。

试验方法：目测和手感检查。

A.2.53　设备稳定性

在正常使用时，反搏装置倾斜 10°应不失衡。

试验方法：实际操作观察。

A.2.54　可搬运性

不适用。

A.2.55　防飞溅物能力

不适用。

A.2.56　显像管抗内爆和冲击能力

应符合 GB 9706.1—1995 中 25.2 的要求。

试验方法:检查合格证。

A.2.57　有安全装置的悬挂系统

不适用。

A.2.58　无安全装置的悬挂系统

不适用。

A.2.59　离子辐射

应符合 GB 9706.1—1995 中 29.2 的要求。

试验方法:检查合格证。

A.2.60　位置要求

不适用。

A.2.61　APG 和 AP 型设备标记

不适用。

A.2.62　APG 和 AP 型设备随机文件

不适用。

A.2.63　电气连接

不适用。

A.2.64　外壳结构

不适用。

A.2.65　静电预防

不适用。

A.2.66　电晕

不适用。

A.2.67　AP 型设备性能要求

不适用。

A.2.68　APG 型设备性能要求

不适用。

A.2.69　超温危险的防护

A.2.69.1　要求:

a)　正常条件下绕组与绕组接触的铁芯温度应不超过 120℃;

b)　耳脉搏换能器的表面温度　应不超过 50℃;

c)　非热疗设备应用部分:电极、气囊的表面温度不应超过 41℃ ;

d)　热源防护件　不适用。

A.2.69.2　试验方法:目测和使反搏装置通电 20 min 后,用点温计测量各表面任何点的温度三次,取最大值,应符合要求。

A.2.70　溢流

不适用。

A.2.71　液体泼洒

不适用。

A.2.72　泄漏

不适用。

A.2.73　受潮

应符合 GB 9706.1—1995 中 44.5 的要求。

试验方法：与 A.2.39 潮湿预处理的试验一起做。

A.2.74　进液

不适用。

A.2.75　清洗、消毒和灭菌

电极和耳脉搏换能器的消毒应符合 GB 9706.1—1995 中 44.7 的要求。

试验方法：按 GB 9706.1—1995 中 44.7 的规定采用使用说明书规定的清洗、消毒方法。

A.2.76　压力容器的水压试验

不适用。

A.2.77　受压部件承受的最大压力

不适用。

A.2.78　压力释放装置

不适用。

A.2.79　自动复位装置的选择

不适用。

A.2.80　电源中断后的复位

不适用。

A.2.81　电源中断后机械压力的解除

不适用。

A.2.82　危险输出的防止

不适用。

A.2.83　必须考虑的安全方面的危险

应符合 GB 9706.1—1995 中 52.1 的要求，不会直接引起：外壳变形到有碍于符合本标准的程度。

试验方法：目测。

A.2.84　单一故障的要求

引入一个单一故障：中断保护接地导线，应符合 GB 9706.1—1995 中 52.5 的要求。

试验方法：按 GB 9706.1—1995 中 19.4 的规定方法进行。

A.2.85　元器件的标记

应符合 GB 9706.1—1995 中 56.1 b)的要求。

试验方法：按 GB 9706.1—1995 中 56.1b)的规定方法进行。

A.2.86　元器件的固定

应符合 GB 9706.1—1995 中 56.1 d)的要求。

试验方法：目测。

A.2.87　电线的固定

应符合 GB 9706.1—1995 中 56.1 f)的要求。

试验方法：目测。

A.2.88　连接器的构造

应符合 GB 9706.1—1995 中 56.3 a)关于电气连接的要求。

试验方法：目测。

A.2.89　部件之间的连接

应符合 GB 9706.1—1995 中 56.3 b)的要求。

试验方法：按 GB 9706.1—1995 中 56.3 b)的规定方法进行。

A.2.90　电容器的连接

应符合 GB 9706.1—1995 中 56.4 的要求。

试验方法：目测。

A.2.91　保护装置

应符合 GB 9706.1—1995 中 56.5 的要求。

试验方法：目测。

A.2.92　温度和过载控制装置

不适用。

A.2.93　电池

不适用。

A.2.94　指示灯

应安装有反搏装置已通电的指示灯。

试验方法：按 GB 9706.1—1995 中 56.8 的规定方法进行。

A.2.95　控制器的操作部件

应符合 GB 9706.1—1995 中 56.10a)、b)的要求。

试验方法：按 GB 9706.1—1995 中 56.10a)、b)的规定方法进行。

A.2.96　有电线连接的手持式和脚踏式控制装置

不适用。

A.2.97　与供电网的分断

应符合 GB 9706.1—1995 中 57.1 的要求。

试验方法：目测，测量和通过随机文件的检查加以验证。

A.2.98　辅助网电源输出插座

应符合 GB 9706.1—1995 中 57.2 的要求。

试验方法：目测。

A.2.99　电源软电线

应符合 GB 9706.1—1995 中 57.3 的要求。

具体包括下列内容：

a)　应用：主机、气泵；

b)　类型：RVV-250；

c)　导线截面积：4 mm×2.5 mm；4 mm×4 mm。

试验方法：按 GB 9706.1—1995 中 57.3 的规定方法进行。

A.2.100　电源软电线的连接

应符合 GB 9706.1—1995 中 57.4 的要求。

试验方法：按 GB 9706.1—1995 中 57.4 的规定方法进行。

A.2.101　网电源接线端子和布线

应符合 GB 9706.1—1995 中 57.5 的要求。

试验方法：按 GB 9706.1—1995 中 57.5 的规定方法进行。

A.2.102　网电源熔断器和过流释放器

应符合 GB 9706.1—1995 中 57.6 的要求。

试验方法：目测。

A.2.103　网电源部分的布线

应符合 GB 9706.1—1995 中 57.8 b)的要求。

试验方法：按 GB 9706.1—1995 中 57.8 b)的规定方法进行。

A.2.104 电源变压器

应符合 GB 9706.1—1995 中 57.9.1 b)的要求。

试验方法:按 GB 9706.1—1995 中 57.9.1 b)的规定方法进行。

A.2.105 爬电距离和电气间隙

A.2.105.1 要求:

a) 应符合 GB 9706.1—1995 中 57.10 a)的要求,按表 16A-a_1 交流电压 250 V,基本绝缘所要求的爬电距离和电气间隙;

b) 应符合 GB 9706.1—1995 中 57.10 b)的要求(其中 A-f 不适用)。

A.2.105.2 试验方法:按 GB 9706.1—1995 中 57.10 d)的规定方法进行测量。

A.2.106 保护接地—端子和连接

应符合 GB 9706.1—1995 中第 58 章的要求。

试验方法:按 GB 9706.1—1995 中 58.9 的规定方法进行。

A.2.107 内部布线

应符合 GB 9706.1—1995 中 59.1 的要求(其中 59.1 b)不适用)。

试验方法:按 GB 9706.1—1995 中 59.1 的相对应的规定方法进行。

A.2.108 绝缘

应符合 GB 9706.1—1995 中 59.2 的要求。

试验方法:按 GB 9706.1—1995 中 59.2 的规定方法进行。

A.2.109 过电流和过电压保护

应符合 GB 9706.1—1995 中 59.3a)、c)的要求。

试验方法:按 GB 9706.1—1995 中 59.3 a)、c)的规定方法进行。

A.2.110 油箱

不适用。

A.3 检验规则

A.3.1 检验项目

按表 A.2 的规定。

表 A.2 检验项目

检验类型	检验项目
出厂检验	A.2.31、A.2.34、A.2.35、A.2.36
一般类型型式检验 (注册、周期、 许可证换发)	A.2.1、A.2.3、A.2.4、A.2.5、A.2.8、A.2.9、A.2.10、A.2.11、A.2.12、A.2.13、A.2.15、A.2.16、A.2.18、A.2.22、A.2.24、A.2.37、A.2.38、A.2.39、A.2.43、A.2.51、A.2.53、A.2.56、A.2.78、A.2.91、A.2.94、A.2.97、A.2.98、A.2.102、A.2.109
特殊类型型式检验 (安全认证)	A.2.2、A.2.14、A.2.26、A.2.27、A.2.29、A.2.40、A.2.41、A.2.45、A.2.52、A.2.59、A.2.69、A.2.73、A.2.75、A.2.77、A.2.83、A.2.84、A.2.85、A.2.86、A.2.87、A.2.88、A.2.89、A.2.90、A.2.95、A.2.96、A.2.99、A.2.100、A.2.101、A.2.103、A.2.104、A.2.105、A.2.106、A.2.107、A.2.108
注 1:一般类型型式检验项目,除自身检验项目外,尚包括出厂检验项目。 注 2:特殊类型型式检验项目,除自身检验项目外,尚包括出厂检验项目和一般类型型式检验项目。	

A. 3. 2　判定规则

A. 3. 2. 1　根据检验目的分为以下几种检验：

a)　出厂检验；

b)　许可证检验；

c)　安全认证检验；

d)　周期检验；

e)　产品注册检验。

A. 3. 2. 2　出厂检验的项目必须全部合格。

A. 3. 2. 3　安全认证检验，在检验的项目中，如有不符合本标准要求的项目时，允许对不合格项进行修复，修复后根据验收方或生产方共同商定的复验项目进行检验，如仍有一项不符合本标准要求时，判为不合格品。

A. 3. 2. 4　周期检验和许可证检验，抽检数量为一台，在检验的项目中，如有不符合本标准要求的项目时，抽取双倍数量的产品，对不合格项目进行检验，如两台中仍有一项不符合本标准要求时判为不合格品。

ICS 25.160.20
J 33

GB

中华人民共和国国家标准

GB/T 10044—2006
代替 GB/T 10044—1988

铸铁焊条及焊丝

Welding electrodes and rods for cast iron

2006-02-16 发布　　　　2006-09-01 实施

中华人民共和国国家质量监督检验检疫总局
中国国家标准化管理委员会　发布

前　言

本标准按照修改采用 ANSI/AWSA5.15—90《铸铁焊接用焊条和焊丝规程》的原则，对 GB/T 10044—1988《铸铁焊条及焊丝》进行了修订。

修订时，保留了 GB/T 10044—1988 中适用的型号和要求，并补充了气体保护焊焊丝和药芯焊丝的型号和相关的技术内容。

本标准与 GB/T 10044—1988 相比，主要变化如下：

——增加了气体保护焊焊丝和药芯焊丝的型号和相关的技术内容；

——明确了碳钢芯铸铁焊条的化学成分按照焊芯的化学成分分类；

——增加了一种焊条型号，并修订了原国家标准中某些型号的化学成分。

本标准的附录 A、附录 B 为资料性附录。

本标准由中国机械工业联合会提出。

本标准由全国焊接标准化技术委员会归口。

本标准自实施之日起，代替 GB/T 10044—1988。

本标准起草单位：国家焊接材料质量监督检验中心、锦州市特种焊条厂。

本标准主要起草人：马凤辉、李春范、吴国权。

铸铁焊条及焊丝

1　范围

本标准规定了铸铁焊接用焊条、氧乙炔焊接用填充焊丝、气体保护焊焊丝及药芯焊丝的分类、型号、技术要求及试验方法等内容。

本标准适用于灰口铸铁、可锻铸铁、球墨铸铁及某些合金铸铁补焊用焊条、氧乙炔焊接用填充焊丝、气体保护焊焊丝及药芯焊丝。

2　规范性引用文件

下列文件中的条款通过本标准的引用而成为本标准的条款。凡是注日期的引用文件，其随后所有的修改单(不包括勘误的内容)或修订版均不适用于本标准，然而，鼓励根据本标准达成协议的各方研究是否可使用这些文件的最新版本。凡是不注日期的引用文件，其最新版本适用于本标准。

GB/T 223(部分)　钢铁及合金化学分析方法

3　型号

3.1　型号划分原则

铸铁焊接用纯铁及碳钢焊条根据焊芯化学成分分类，其他型号铸铁焊条和药芯焊丝根据熔敷金属的化学成分及用途划分型号；

填充焊丝和气保护焊丝根据本身的化学成分及用途划分型号。

3.2　型号编制方法和标记示例

3.2.1　焊条

字母“E”表示焊条，字母“Z”表示用于铸铁焊接，在“EZ”字母后用熔敷金属的主要化学元素符号或金属类型代号表示(见表1)，再细分时用数字表示(见表2A和表2B)。

焊条型号标记示例：

E　Z　C　Q

Q——熔敷金属中含有球化剂

C——熔敷金属类型为铸铁

Z——焊条用于铸铁焊接

E——焊条

E　Z　NiFe -1

-1——细分类编号为1

NiFe——熔敷金属中主要元素为镍、铁

Z——焊条用于铸铁焊接

E——焊条

3.2.2　填充焊丝

字母“R”表示填充焊丝，字母“Z”表示用于铸铁焊接，在“RZ”字母后用焊丝主要化学元素符号或金属类型代号表示(见表1),再细分时用数字表示(见表2C)。

填充焊丝标记示例:

R Z C H

- H ——焊丝中含有合金化元素
- C ——焊丝的熔敷金属类型为铸铁
- Z ——填充焊丝用于铸铁焊接
- R ——填充焊丝

3.2.3 气体保护焊焊丝

字母“ER”表示气体保护焊焊丝,字母“Z”表示用于铸铁焊接,在“ERZ”字母后用焊丝主要化学元素符号或金属类型代号表示(见表1、表2D)。

气体保护焊焊丝标记示例:

ER Z Ni

- Ni ——焊丝中主要元素为镍
- Z ——焊丝用于铸铁焊接
- ER ——气体保护焊焊丝

3.2.4 药芯焊丝

字母“ET”表示药芯焊丝,字母“ET”后的数字“3”表示药芯焊丝为自保护类型。字母“Z”表示用于铸铁焊接,在“ET3Z”后用焊丝熔敷金属的主要化学元素符号或金属类型代号表示(见表1、表2A)。

药芯焊丝标记示例:

ET 3 Z NiFe

- NiFe ——熔敷金属中主要元素为镍、铁
- Z ——焊丝用于铸铁焊接
- 3 ——药芯焊丝为自保护类型
- ET ——药芯焊丝

表1 铸铁焊接用焊条、填充焊丝、气保护焊丝及药芯焊丝类别与型号

类别	型号	名称
铁基焊条	EZC	灰口铸铁焊条
	EZCQ	球墨铸铁焊条
镍基焊条	EZNi	纯镍铸铁焊条
	EZNiFe	镍铁铸铁焊条
	EZNiCu	镍铜铸铁焊条
	EZNiFeCu	镍铁铜铸铁焊条
其他焊条	EZFe	纯铁及碳钢焊条
	EZV	高钒焊条

表 1(续)

类别	型号	名称
铁基填充焊丝	RZC	灰口铸铁填充焊丝
铁基填充焊丝	RZCH	合金铸铁填充焊丝
铁基填充焊丝	RZCQ	球墨铸铁填充焊丝
镍基气体保护焊焊丝	ERZNi	纯镍铸铁气保护焊丝
镍基气体保护焊焊丝	ERZNiFeMn	镍铁锰铸铁气保护焊丝
镍基药芯焊丝	ET3ZNiFe	镍铁铸铁自保护药芯焊丝

表 2A 焊条和药芯焊丝熔敷金属化学成分 %

型号	C	Si	Mn	S	P	Fe	Ni	Cu	Al	V	球化剂	其他元素总量
焊条												
EZC	2.0~4.0	2.5~6.5	≤0.75	≤0.10	≤0.15	余量	—	—	—	—	—	—
EZCQ	3.2~4.2	3.2~4.0	≤0.80	≤0.10	≤0.15	余量	—	—	—	—	0.04~0.15	≤1.0
EZNi-1	≤2.0	≤2.5	≤1.0	≤0.03	—	≤8.0	≥90	—	—	—	—	≤1.0
EZNi-2	≤2.0	≤4.0	≤2.5	≤0.03	—	≤8.0	≥85	≤2.5	≤1.0	—	—	≤1.0
EZNi-3	≤2.0	≤4.0	≤2.5	≤0.03	—	≤8.0	≥85	≤2.5	1.0~3.0	—	—	≤1.0
EZNiFe-1	≤2.0	≤4.0	≤2.5	≤0.03	—	余量	45~60	≤2.5	≤1.0	—	—	≤1.0
EZNiFe-2	≤2.0	≤4.0	≤2.5	≤0.03	—	余量	45~60	≤2.5	1.0~3.0	—	—	≤1.0
EZNiFeMn	≤2.0	≤1.0	10~14	≤0.03	—	余量	35~45	≤2.5	≤1.0	—	—	≤1.0
EZNiCu-1	0.35~0.55	≤0.75	≤2.3	≤0.025	—	3.0~6.0	60~70	25~35	—	—	—	≤1.0
EZNiCu-2	0.35~0.55	≤0.75	≤2.3	≤0.025	—	3.0~6.0	50~60	35~45	—	—	—	≤1.0
EZNiFeCu	≤2.0	≤2.0	≤1.5	≤0.03	—	余量	45~60	4~10	—	—	—	≤1.0
EZV	≤0.25	≤0.70	≤1.50	≤0.04	≤0.04	余量	—	—	—	8~13	—	—
药芯焊丝												
ET3ZNiFe	≤2.0	≤1.0	3.0~5.0	≤0.03	—	余量	45~60	≤2.5	≤1.0	—	—	≤1.0

表 2B 纯铁及碳钢焊条焊芯化学成分 %

型号	C	Si	Mn	S	P	Fe
EZFe-1	≤0.04	≤0.10	≤0.60	≤0.010	≤0.015	余量
EZFe-2	≤0.10	≤0.03	≤0.60	≤0.030	≤0.030	余量

表 2C 填充焊丝化学成分 %

型号	C	Si	Mn	S	P	Fe	Ni	Ce	Mo	球化剂
RZC-1	3.2～3.5	2.7～3.0	0.60～0.75	≤0.10	0.50～0.75	余量	—	—	—	—
RZC-2	3.2～4.5	3.0～3.8	0.30～0.80		≤0.50					
RZCH	3.2～3.5	2.0～2.5	0.50～0.70		0.20～0.40		1.2～1.6		0.25～0.45	
RZCQ-1	3.2～4.0	3.2～3.8	0.10～0.40	≤0.015	≤0.05		≤0.50	≤0.20	—	0.04～0.10
RZCQ-2	3.5～4.2	3.5～4.2	0.50～0.80	≤0.03	≤0.10		—	—	—	

表 2D 气体保护焊焊丝化学成分 %

型 号	C	Si	Mn	S	P	Fe	Ni	Cu	Al	其他元素总量
ERZNi	≤1.0	≤0.75	≤2.5	≤0.03	—	≤4.0	≥90	≤4.0	—	≤1.0
ERZNiFeMn	≤0.50	≤1.0	10～14	≤0.03		余量	35～45	≤2.5	≤1.0	

4 技术要求

4.1 尺寸

4.1.1 焊条的直径和长度应符合表 3 规定，焊条夹持端尺寸应符合表 4 规定。允许以直径 ϕ3.0 mm 代替 ϕ3.2 mm 焊条，以直径 ϕ5.8 mm 代替 ϕ6.0 mm 焊条。

4.1.2 填充焊丝的尺寸应符合表 5 规定，允许制造截面为圆形或方型的焊丝。

4.1.3 气体保护焊焊丝和药芯焊丝的尺寸应符合表 6 规定。

表 3 焊条的直径和长度 单位为毫米

焊芯类别	焊条直径		焊条长度	
	基本尺寸	极限偏差	基本尺寸	极限偏差
铸造焊芯	4.0	±0.3	350～400	±4.0
	5.0,6.0,8.0,10.0		350～500	
冷拔焊芯	2.5	±0.05	200～300	±2.0
	3.2,4.0,5.0		300～450	
	6.0		400～500	

表 4 焊条夹持端尺寸 单位为毫米

焊条直径	夹持端长度		
	基本尺寸	极限偏差	
		冷拔焊芯	铸造焊芯
2.5	15	±5	±8
3.2～6.0	20		
>6.0	25		

表 5 填充焊丝的尺寸

单位为毫米

焊丝类别	焊丝横截面尺寸		焊丝长度	
	基本尺寸	极限偏差	基本尺寸	极限偏差
铁基填充焊丝	3.2	±0.8	400～500	±5
	4.0,5.0,6.0,8.0,10.0		450～550	
	12.0		550～650	

表 6 气体保护焊焊丝和药芯焊丝的直径

单位为毫米

基本尺寸	极限偏差
1.0， 1.2， 1.4， 1.6	±0.05
2.0， 2.4， 2.8， 3.0	±0.08
3.2， 4.0	±0.10

4.2 焊条药皮

4.2.1 焊条药皮应均匀、紧密地包覆在焊芯周围，整根焊条药皮上不应有影响焊条质量的裂纹、气泡、杂质及剥落等缺陷。

4.2.2 焊条引弧端药皮应倒角，焊芯端面应露出。焊条长度方向上露芯长度应不大于焊芯直径的三分之二。各种直径的焊条沿圆周的露芯不应大于圆周的一半。

4.2.3 焊条药皮应具有足够的强度，不应在正常搬运或使用过程中损坏。

4.2.4 焊条药皮应具有一定耐吸潮性，开启包装后不应因吸潮而影响使用。

4.2.5 焊条偏心度应符合表 7 规定。

表 7 焊条偏心度

焊芯类别	焊条直径/mm	偏心度/%
冷拔焊芯	2.5	≤7
	3.2,4.0	≤5
	≥5.0	≤4
铸造焊芯	≤4.0	≤15
	5.0,6.0	≤10
	≥8.0	≤7

4.3 填充焊丝表面及断口

4.3.1 铸造焊丝表面应光滑、清洁，不应有影响焊接质量的裂纹、气孔、夹渣等缺陷及氧化皮、油污等脏物。

4.3.2 铸造焊丝断口不应有影响焊接质量的裂纹、气孔及夹渣。

偏心度计算方法如下(见图 1)：

$$焊条偏心度 = \frac{T_1 - T_2}{1/2(T_1 + T_2)} \times 100\%$$

式中：

T_1——焊条断面药皮层最大厚度＋焊芯直径；

T_2——同一断面的药皮层最小厚度＋焊芯直径。

4.4 气体保护焊焊丝和药芯焊丝的光洁度和均匀度

4.4.1 焊丝表面应平滑光洁，应无毛刺、凹坑、划痕、锈皮、裂痕、折叠(除药芯焊丝上的纵缝之外)和对焊接工艺、焊接设备的操作或焊缝金属性能有不良影响的杂质。

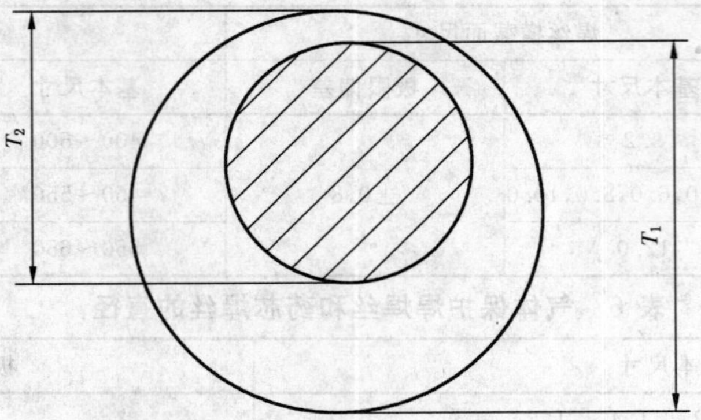

图 1　焊条偏心度

4.4.2　任何连续长度的焊丝应由同一批材料制造，焊接接头(若存在)应制成不影响焊丝在自动和半自动焊接设备上均匀、连续的送进。

4.4.3　药芯焊丝的芯部成分应在焊丝长度方向上均匀分布，以防止对焊丝或焊缝金属性能产生不良影响。

4.5　焊接工艺性能

4.5.1　焊条应引弧容易，在焊接过程中电弧燃烧稳定，不应有过大的飞溅。药皮熔化应均匀，无成块脱落现象，容易清渣。

4.5.2　填充焊丝应熔化均匀，铁水流动性及焊缝成型较好。

4.5.3　气体保护焊焊丝和药芯焊丝应电弧稳定，焊缝成型较好。

4.6　化学成分

4.6.1　EZFe 型号焊条焊芯化学成分应符合表 2B 规定，其他型号焊条和药芯焊丝的熔敷金属化学成分应符合表 2A 规定。

4.6.2　填充焊丝的化学成分应符合表 2C 规定。

4.6.3　气保护焊丝的化学成分应符合表 2D 规定。

5　试验方法

5.1　熔敷金属化学分析试验

5.1.1　焊条和药芯焊丝熔敷金属化学分析用堆焊试块如图 2 所示，在铸铁或碳钢上多层、多道堆焊，试块和堆焊层尺寸见表 8 和表 9。道间温度不应大于 150℃。每道焊后应除渣，堆焊过程中可以将试块浸入水中冷却。试块允许退火处理后取样。

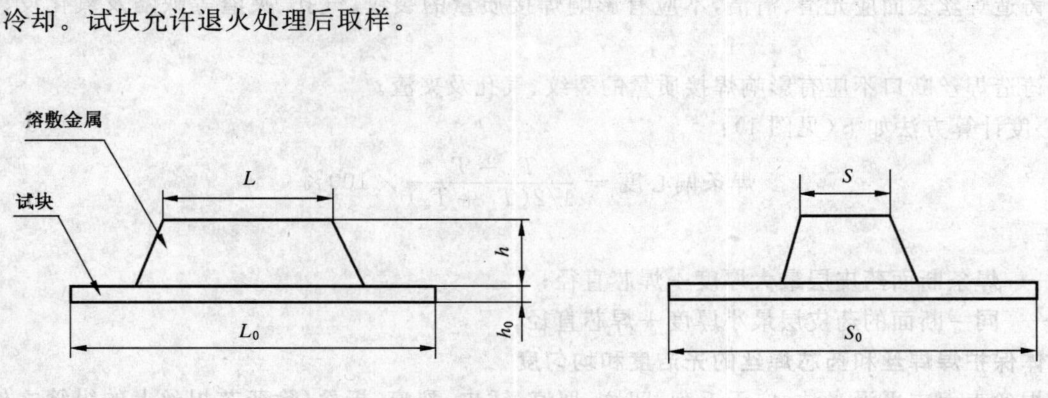

图 2　熔敷金属焊接试块

表 8 焊条熔敷金属化学分析用焊接试块尺寸

单位为毫米

焊芯类别	焊条直径	熔敷金属最小尺寸($L\times S\times h$)	试块最小尺寸($L_0\times S_0\times h_0$)
铸造焊芯	4.0,5.0	50×25×25	80×50×16
	6.0,8.0,10.0	60×30×25	
冷拔焊芯	2.5,3.2,4.0	40×15×25	60×40×10
	5.0,6.0	50×20×25	

表 9 药芯焊丝熔敷金属化学分析用焊接试块尺寸

单位为毫米

药芯焊丝直径	熔敷金属最小尺寸($L\times S\times h$)	试块最小尺寸($L_0\times S_0\times h_0$)	最小层数
≤1.4	80×20×15	120×50×16	4
>1.4	100×20×25	150×50×16	4

5.1.2 取样前应清除试样表面脏物，对直径不大于 3.2 mm 的焊条，取样部位距母材表面的最小距离应大于 8 mm；对直径大于 3.2 mm 而不大于 5.0 mm 的焊条和不大于 1.4 mm 的药芯焊丝，取样部位距母材最小距离应大于 10 mm；对直径大于 5.0 mm 的焊条和大于 1.4 mm 的药芯焊丝，取样部位距母材表面最小距离应大于 15 mm。

5.1.3 化学分析试验方法按 GB/T 223(见附录 B)或由供需双方同意的任何方法进行。仲裁检验应按 GB/T 223 规定进行。

5.2 焊接工艺性能试验

5.2.1 焊条和药芯焊丝的工艺性能试验，可在堆焊化学成分试样的过程中进行。观察焊条和药芯焊丝的熔化及焊道成型情况，冷却后除去熔渣，检查焊缝表面质量。

5.2.2 填充焊丝的工艺性能试验，可在铸铁试板上进行。观察焊丝熔化、流动性及焊缝成型。

5.2.3 气体保护焊焊丝的工艺性能试验，可在铸铁试板上进行。观察焊道成型和焊缝表面质量。

5.3 焊条偏心度试验

焊条偏心度试验可采用任何适宜的方法。

6 检验规则

成品焊条及焊丝由制造厂质量检验部门按批检验。

6.1 批量划分

6.1.1 每批焊条应由同一批号焊芯、同一批号主要涂料原料、以同样涂料配方和制造工艺制成。EZC 型焊条每批最高质量为 30 t，其他型号焊条最高质量为 10 t。

6.1.2 每批焊丝应由同一炉号、同一规格、以同样制造工艺生产的焊丝组成。每批最高质量为 10 t。

6.1.3 每批药芯焊丝应由同一批号外皮材料、同一批号主要药粉原料、以同样的配方和制造工艺制成，每批最高质量为 10 t。

6.2 取样方法

每批焊条及焊丝检验时，按照需要数量至少在 3 个部位取有代表性的样品。

6.3 验收

每批焊条及焊丝按 6.3.1～6.3.3 条的规定验收。根据需方要求，允许通过协议增加验收项目。

6.3.1 对焊条和焊丝进行平焊位置焊接工艺性能检验，结果应符合 4.5 条规定。

6.3.2 EZFe 型焊条焊芯化学成分的分析结果应符合表 2B 规定，其他焊条和药芯焊丝的熔敷金属化学成分分析结果应符合表 2A 规定。

6.3.3 填充焊丝化学成分的分析结果应符合表 2C 规定。

6.3.4 气体保护焊焊丝化学成分的分析结果应符合表 2D 规定。

6.4 复验

任何一项检验不合格时，对这一项检验应加倍取样复验。复验结果如仍不合格，这批焊条或焊丝不能作为符合本标准的成品交货。

7 标志、包装、运输、贮存和品质证明书

7.1 标志

7.1.1 每包及每箱焊条或每箱焊丝，应标出下列内容：

a) 标准号、焊条或焊丝型号及牌号；

b) 规格、净质量或根数；

c) 生产批号及产品品质检验合格证明；

d) 生产厂名、厂址及注册商标。

7.2 包装、运输及贮存

7.2.1 焊条按净质量为1 kg，2 kg，2.5 kg，5 kg或按相应的焊条根数作为一包装，这种包装应封口。焊条应按一定包数装箱，每箱焊条净质量可为5 kg，10 kg，20 kg，25 kg或50 kg。

7.2.2 填充焊丝按净质量为2 kg，5 kg，10 kg，20 kg，30 kg或按相应的焊丝根数作为一包装。

7.2.3 焊条和填充焊丝的包装应牢固耐用，保证在正常的运输、搬运及贮存时，包装不致破损。

7.2.4 气保护焊丝和药芯焊丝的标准包装形式为带支撑卷、不带支撑卷、盘或筒（见表10）。每种包装形式的包装尺寸见表11和表12。表中所列以外的包装形式、尺寸和质量，应由供需双方协商确定。

7.2.5 带支撑焊丝卷的衬圈和焊丝盘应保证在正常的运输和使用过程中能够防止变形，而且应清洁和干燥以保持焊丝清洁。焊丝盘的尺寸如图3和表13所示。

7.3 气保护焊丝和药芯焊丝的缠绕要求

7.3.1 焊丝的缠绕应无扭结、波浪、锐弯、交叠或嵌入等现象，焊丝在无限制时能够自由伸展。焊丝的外端（焊接起始端）应做出标记，以便可以容易找到，而且应固定以避免松开。

7.3.2 焊丝的缠绕应能够保证焊丝在自动和半自动焊接设备上均匀、连续的送进。

表10 不同尺寸气保护焊丝的包装形式

直径基本尺寸/mm	标准包装形式
1.0，1.2，1.4，1.6	带撑卷，盘
2.0，2.4，2.8，3.0	无撑卷，带撑卷，盘，筒
3.2，4.0	带撑卷，筒

表11 无支撑卷、带支撑卷和筒的尺寸

单位为毫米

无支撑卷	带支撑卷		筒
卷的内径	衬圈内径	缠绕焊丝宽度	外径
300，570	300±3.0	≤120	400，500，600

表12 包装尺寸和净质量[a]

包装形式	包装尺寸/mm	焊丝净质量/kg
无撑卷	300（内径） 570（内径）	20 45
带撑卷	300（内径）	20，25

表 12(续)

包装形式	包装尺寸/mm	焊丝净质量/kg
盘	300(外径) 350(外径) 760(外径)	10 20, 25 270
筒	400 500 600	90 230 500

a 净质量的变化范围应不超过规定净质量的±5%。

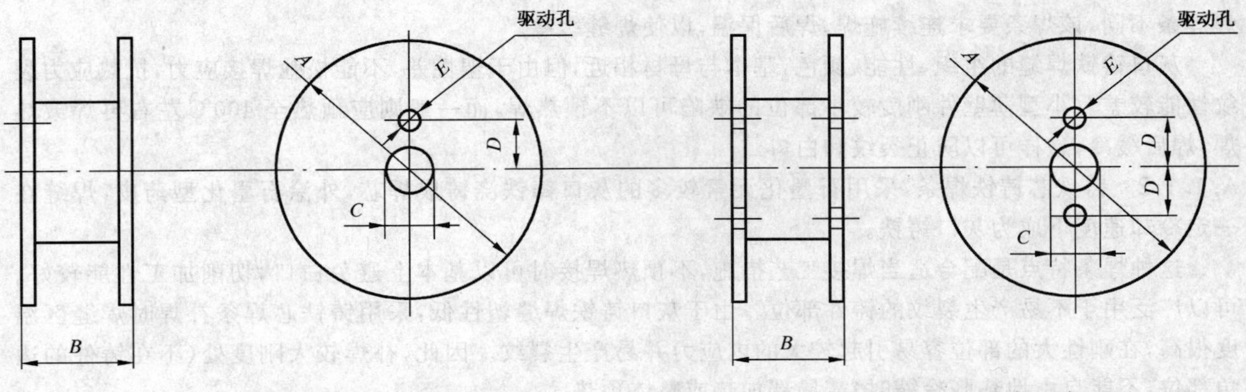

a) 300 mm、350 mm 焊丝盘　　b) 560mm、760 mm 焊丝盘

图 3　焊丝盘

表 13　焊丝盘尺寸

单位为毫米

A		B		C		D		E	
外径	公差	幅宽	公差	内径	公差	驱动孔轴心距	公差	驱动孔直径	公差
300	±5.0	103	0 −3.0	50.5	+2.5 0	44.5	±0.5	10	+1.0 0
350									
560	±13	≤305	—	33	+3.0 0	63	±1.6	18	0 −1.6
760		≤345							

7.4　品质证明书

制造厂对每批焊条、填充焊丝、药芯焊丝及气保护焊丝，应根据实际检验结果出具品质证明书，以供需方查询。当用户提出要求时，制造厂应提供检验结果的副本。

附 录 A
（资料性附录）
铸铁焊条及焊丝的简要说明

本附录作为铸铁焊条及焊丝标准中有关焊条及焊丝型号的解释，供用户在选用焊条及焊丝时参考。

A.1 铁基焊条

A.1.1 EZC型灰口铸铁焊条

EZC型是钢芯或铸铁芯、强石墨化型药皮铸铁焊条，可交、直流两用。

A.1.1.1 钢芯铸铁焊条药皮中加入适量石墨化元素，焊缝在缓慢冷却时可变成灰口铸铁。冷却速度快，就会产生白口而不易加工。冷却速度对切削加工性和焊缝组织影响很大。因此，操作工艺与一般冷焊焊条不同，该焊条要求连续施焊，焊后保温，以使焊缝缓冷。

灰口铸铁焊缝的组织、性能、颜色，基本与母材相近，但由于塑性差，不能松弛焊接应力，抗热应力裂纹性能较差。小型薄壁件刚度较小部位的缺陷可以不预热焊，而一般则应预热至400℃左右再焊或热焊，焊后缓冷，这样可以防止裂纹和白口

A.1.1.2 铸铁芯铸铁焊条，采用石墨化元素较多的灰口铸铁浇铸成焊芯，外涂石墨化型药皮，焊缝在一定冷却速度下成为灰口铸铁。

这种焊条特点是配合适当焊接工艺措施，不预热焊接时可以基本上避免白口，切削加工性能较好。可以广泛用于不易产生裂纹的铸件部位。由于灰口铸铁焊缝塑性低，采用铸铁芯焊条补焊时焊缝区温度很高，在刚性大的部位容易引起较大的内应力并易产生裂纹。因此，补焊较大刚度处（不在铸件的边角部位，不能自由地热胀冷缩时）需局部加热或整体预热。

热焊时，用石墨化能力较弱的焊条，以免焊缝石墨片粗大、强度和硬度降低。冷焊及半热焊时，用石墨化能力较弱的焊条。碳、硅含量较高的EZC型焊条通常用于冷焊和半热焊。碳、硅含量较低的EZC型焊条用于热焊和半热焊。

A.1.2 EZCQ型铁基球墨铸铁焊条

EZCQ型是钢芯或铸铁芯、强石墨化型药皮的球墨铸铁焊条，可交、直流两用。药皮中加入一定量的球化剂，可使焊缝金属中的碳在缓冷过程中呈球状析出，从而使焊缝具有良好的塑性和机械性能。此外，焊缝的颜色与母材相匹配，焊接工艺与EZC型焊条基本相同。

ZECQ型焊条的焊缝可承受较高的残余应力而不产生裂纹。但最好采用预热及缓慢冷却速度，以防止母材及焊缝产生应力裂纹及白口。重要的铸件可以焊后进行热处理得到所需要的性能和组织。

A.2 镍基焊条

A.2.1 EZNi型纯镍铸铁焊条

EZNi型是纯镍芯、强石墨化的铸铁焊条，交、直流两用，可进行全位置焊接。施焊时，焊件可不预热，是铸铁冷焊焊条中抗裂性、切削加工性、操作工艺及机械性能等综合性能较好的一种焊条。广泛用于铸铁薄件及加工面的补焊。

A.2.2 EZNiFe型镍铁铸铁焊条

EZNiFe型是镍铁芯、强石墨化药皮的铸铁焊条。交、直流两用，可进行全位置焊接。施焊时，焊件可不预热，具有强度高、塑性好、抗裂性优良、与母材熔合好等特点。可用于重要灰口铸铁及球墨铸铁的补焊。

A.2.3 EZNiCu型镍铜铸铁焊条

EZNiCu型是镍铜合金焊芯、强石墨化药皮的铸铁焊条，交、直流两用，可进行全位置焊接。其工艺

性能和切削加工性能接近 EZNi 及 EZNiFe 型焊条，但由于收缩率较大，焊缝金属抗拉强度较低，不宜用于刚度大的铸件补焊。可在常温或低温预热(至 300℃左右)焊接。用于强度要求不高，塑性要求好的灰口铸铁件的补焊。

A.2.4 EZNiFeCu 型镍铁铜铸铁焊条

EZNiFeCu 型是镍铁铜合金芯或镀铜镍铁芯、强石墨化药皮的铸铁焊条。交、直流两用，可进行全位置焊接。具有强度高、塑性好、抗裂性优良、与母材熔合好等特点。切削加工性能与 EZNiFe 型焊条相似。可用于重要灰口铸铁及球墨铸铁的补焊。

A.3 其他焊条

A.3.1 EZFe-1 型纯铁焊条

EZFe-1 型是纯铁芯药皮焊条。焊缝金属具有良好的塑性和抗裂性能，但熔合区白口较严重，加工性能较差。适于补焊铸铁非加工面。

A.3.2 EZFe-2 型碳钢焊条

EZFe-2 型是低碳钢芯、低熔点药皮的低氢型碳钢焊条。该焊条与 GB 5117—95《碳钢焊条》中的一般碳钢焊条不同。焊缝与母材的结合较好，有一定强度，但熔合区白口较严重，加工困难，适用于补焊铸铁非加工面。

A.3.3 EZV 型高钒焊条

EZV 型是低碳钢芯、低氢型药皮焊条。药皮中含有大量钒铁，碳化钒均匀分散在焊缝铁素体上，焊缝为高钒钢。特点是焊缝致密性好，强度较高，但熔合区白口较严重，加工困难。适用于补焊高强度灰口铸铁及球墨铸铁。在保证熔合良好的条件下，尽可能采用小电流。

A.4 铁基填充焊丝

A.4.1 RZC 型灰口铸铁填充焊丝

RZC 型是采用石墨化元素较多的灰口铸铁浇铸成焊丝。适用于中小型薄壁件铸铁的气焊。可以配合焊粉使用。可采用热焊或不预热焊法。

热焊是焊前把工件预热至 600℃左右，在 400℃以上焊补，焊后在 600℃～700℃保温消除应力。焊缝可加工，其硬度、强度及颜色与母材相同。

不预热焊是焊前工件不预热或局部预热，焊后缓冷。焊缝可加工，其硬度、强度及颜色与母材基本相同。

A.4.2 RZCH 型合金铸铁填充焊丝

RZCH 型焊丝中含有一定数量的合金元素，焊缝强度较高。适用于高强度灰口铸铁及合金铸铁等气焊。可以配合焊粉使用，补焊工艺与 RZC 型基本相同。根据需要，焊后可以进行热处理。

A.4.3 RZCQ 型球墨铸铁填充焊丝

RZCQ 型焊丝中含有一定数量的球化剂，焊缝中的石墨呈球状，具有良好的塑性和韧性。适用于球墨铸铁、高强度灰口铸铁及可锻铸铁的气焊。补焊工艺与 RZC 型基本相同。焊后进行热处理。

A.5 镍基气体保护焊焊丝

A.5.1 ERZNiFeMn 型

这种实芯连续焊丝用于和 EZNiFeMn 型焊条相同的应用场合。这类焊丝的强度和塑性使它适宜于焊接较高强度等级的球墨铸铁件。

A.5.2 ERZNi 型

这种实芯连续焊丝为纯镍铸铁焊丝，不含脱氧剂，用于焊接需要机械加工的、高稀释焊缝的铸铁件。

A.5.3 保护气体

应使用制造商推荐的保护气体。

A.6 镍基药芯焊丝

EZT3ZNiFe型是用于不外加保护气体操作的连续自保护药芯焊丝,但如果制造商推荐也可以使用外加保护气体。这类焊丝的成分除去锰含量更高外,其他与EZNiFe型焊条类似。它用于和EZNiFe型焊条同样场合的应用。通常用于厚母材或采用自动焊工艺的场合。该焊丝含有3%～5%锰,有利于提高焊缝金属抗热裂纹的能力和改善焊缝金属的强度和塑性。

附 录 B
（资料性附录）
引用相关标准目录

GB/T 223.1 钢铁及合金中碳量的测定
GB/T 223.2 钢铁及合金中硫量的测定
GB/T 223.3 钢铁及合金化学分析方法 二安替比林甲烷磷钼酸重量法测定磷量
GB/T 223.4 钢铁及合金化学分析方法 硝酸铵氧化容量法测定锰量
GB/T 223.5 钢铁及合金化学分析方法 还原型硅钼酸盐光度法测定酸溶硅含量
GB/T 223.6 钢铁及合金化学分析方法 中和滴定法测定硼量
GB/T 223.7 合金及铁粉中铁量的测定
GB/T 223.8 钢铁及合金化学分析方法 氟化钠分离-EDTA 容量法测定铝量
GB/T 223.9 钢铁及合金化学分析方法 铬天青 S 光度法测定铝量
GB/T 223.10 钢铁及合金化学分析方法 铜铁试剂分离-铬天青 S 光度法测定铝量
GB/T 223.11 钢铁及合金化学分析方法 过硫酸铵氧化容量法测定铬量
GB/T 223.12 钢铁及合金化学分析方法 碳酸钠分离-二苯碳酰二肼光度法测定铬量
GB/T 223.13 钢铁及合金化学分析方法 硫酸亚铁铵容量法测定钒量
GB/T 223.14 钢铁及合金化学分析方法 钽试剂萃取光度法测定钒量
GB/T 223.18 钢铁及合金化学分析方法 硫代硫酸钠分离-碘量法测定铜量
GB/T 223.19 钢铁及合金化学分析方法 新亚铜灵-三氯甲烷萃取光度法测定铜量
GB/T 223.23 钢铁及合金化学分析方法 丁二酮肟分光光度法测定镍量
GB/T 223.24 钢铁及合金化学分析方法 萃取分离-丁二酮肟分光光度法测定镍量
GB/T 223.25 钢铁及合金化学分析方法 丁二酮肟重量法测定镍量
GB/T 223.33 钢铁及合金化学分析方法 萃取分离-偶氮氯膦 mA 光度法测定铈量
GB/T 223.53 钢铁及合金化学分析方法 火焰原子吸收分光光度法测定铜量
GB/T 223.54 钢铁及合金化学分析方法 火焰原子吸收分光光度法测定镍量
GB/T 223.58 钢铁及合金化学分析方法 亚砷酸钠-亚硝酸钠滴定法测定锰量
GB/T 223.60 钢铁及合金化学分析方法 高氯酸脱水重量法测定硅含量
GB/T 223.63 钢铁及合金化学分析方法 高碘酸钠(钾)光度法测定锰量
GB/T 223.64 钢铁及合金化学分析方法 火焰原子吸收光谱法测定锰量
GB/T 223.73 钢铁及合金化学分析方法 三氯化钛-重铬酸钾容量法测定铁量
GB/T 223.76 钢铁及合金化学分析方法 火焰原子吸收光谱法测定钒量

ICS 29.035.99
K 15

GB

中华人民共和国国家标准

GB/T 10064—2006/IEC 60167:1964
代替 GB/T 10064—1988

测定固体绝缘材料绝缘电阻的试验方法

Methods of test for the determination of the insulation resistance of solid insulating materials

(IEC 60167:1964,IDT)

2006-02-15 发布 2006-06-01 实施

中华人民共和国国家质量监督检验检疫总局
中国国家标准化管理委员会 发布

前　言

本标准等同采用 IEC 60167:1964《测定固体绝缘材料绝缘电阻的试验方法》(英文版)。

为便于使用,本标准作了下列编辑性修改:

a) 删除国际标准的目次、前言和序言;

b) 删除国际标准的小标题第一节至第八节;

c) 用小数点'.'代替作为小数点的逗号',';

d) 删除国际标准第 12 章的注;

e) 增加第 2 章规范性引用文件,删除第 19 章参考文献;

f) 图按 GB/T 1.1—2000 标注。

考虑到我国国情,将 IEC 60167:1964 第 9 章中"锡箔"改用"铝箔"。

本标准代替 GB/T 10064—1988《固体绝缘材料绝缘电阻的试验方法》。

本标准的附录 A 为资料性附录。

本标准由中国电器工业协会提出。

本标准由全国绝缘材料标准化技术委员会归口。

本标准起草单位:桂林电器科学研究所。

本标准主要起草人:王先锋。

本标准于 1988 年 8 月首次发布,本次为第一次修订。

测定固体绝缘材料绝缘电阻的试验方法

1 范围

本标准规定了测定绝缘电阻的方法，但不再区分体积电阻和表面电阻。

本标准适用于试样精度要求不高，只要求一般定性的快速测定电阻值的场合。

2 规范性引用文件

下列文件中的条款通过本标准的引用而成为本标准的条款。凡是注日期的引用文件，其随后所有的修改单(不包括勘误的内容)或修订版均不适用于本标准，然而，鼓励根据本标准达成协议的各方研究是否可使用这些文件的最新版本。凡是不注日期的引用文件，其最新版本适用于本标准。

GB/T 1410—2006　固体绝缘材料体积电阻率和表面电阻率试验方法(IEC 60093:1980,IDT)

3 术语和定义

下列术语和定义适用于本标准。

绝缘电阻　insulation resistance

与试样接触或嵌入试样的两个电极之间的绝缘电阻，是加在电极上的直流电压与施加电压一定时间后电极间总电流之比。它取决于试样的体积电阻和表面电阻。

4 意义

4.1　按本方法所测出的电阻值包括了体积电阻和表面电阻，但未将这两部分区分开。本方法与体积电阻率和表面电阻率推荐试验方法相比(见 GB/T 1410—2006)，不能给出所测材料十分确定的数值。但是所测实验数据可以用来比较不同绝缘材料的性能。

4.2　本方法非常适用于确定湿度对吸湿的绝缘材料的影响，在这些绝缘材料中，条件处理不仅会显著改变材料的表面绝缘性能，而且也会显著改变材料内部的绝缘性能。

5 试验设备

5.1　绝缘电阻可以用电桥法或者用测量电流和电压的方法来确定。这些方法详见GB/T 1410—2006。

5.2　测量时施加足够稳定的直流电压，使电压变化时所出现的充电电流与贯穿试样的电流相比可忽略不计。如需要，可使用若干电池。

6 电极

材料在试验条件下应不会被腐蚀，且不会与被测材料起反应。可以使用下列几种电极：当测量侧重于体积电阻时，通常使用圆锥形插销电极；当测量侧重于表面电阻时，使用其他几种电极。

7 圆锥形插销电极(对平板、管状和棒状试样)

采用直径约 5 mm 并带有约 2% 锥度的干净黄铜或不锈钢作为圆锥形插销电极，其长度应符合第 10 章的要求。这些电极适用于平板、管状和棒状试样(见图 1、图 2)，将电极插入试样上两个中心距离为 25 mm±1 mm 的横向并列的孔中(见第 10 章)。

8 导电涂料电极(对平板、管状和棒状试样)

导电涂料可用作电极材料。导电涂料的溶剂应对被测材料没有任何影响，两条 1 mm 宽的导电涂料条沿着管或棒的圆周面等距离地涂上，使相邻两边的间隔为 10 mm±0.5 mm，这种电极也可以用于板状试样，此时电极是两条平行的 1 mm 宽的导电涂料，每个电极的总长度是 100 mm±1 mm，它们的间距为 10 mm±0.5 mm（见图 3、图 4）。

9 条形电极（对薄片试样及带状试样）

电极是尺寸约为 10 mm×10 mm×50 mm 的金属条形夹子，两电极间的距离为 25 mm±0.5 mm（见图 5），这种电极适用于薄片材料（通常为 1 mm 厚或更薄）和柔软带状材料。条形电极可用绝缘件安装在金属支架上，金属支架在测量电阻时可用作保护电极（见图 5a））。

另一种方法，电极可用试样来支撑，或用两个绝缘件将试样两端支撑起来（见图 5b））。对刚性材料，条形电极应用铝箔卷绕，卷绕铝箔的电极与试样夹紧后，应该用一细小的工具沿电极边缘压平铝箔，以保证电极与试样紧密接触。

10 用圆锥形插销电极的试样

用圆锥形插销电极进行测量时，矩形平板试样尺寸至少为 50 mm×75 mm（见图 1），管或棒试样直径至少为 20 mm，长度至少为 75 mm（见图 2）。为了插入这种电极，在平板、管或棒试样上钻两个平行于横向并列垂直于板面的小孔，其中心间距为 25 mm±1 mm，将孔用绞刀绞成与插销电极一样的锥度以后，每个孔大端的直径应在 4.5 mm 至 5.5 mm 之间。两个孔应该完全钻穿试样，如果是管状试样则只钻通一管壁。

在钻或绞试样时，应注意保证小孔附近的材料不受任何损坏（例如开裂，损伤或炭化）。孔中心离开试样边缘至少 25 mm。将电极压入（而不是锤入）孔中，以使电极与试样紧密配合，并使电极伸到试样外不小于 2 mm（见图 1 和图 2）。

11 用导电涂料电极的试样

用导电涂料电极进行测量时，矩形平板试样尺寸至少是 60 mm×150 mm（图 3）。棒或管试样长度至少为 60 mm（见图 4）。

12 用条形电极的试样

用条形电极进行测量时，带状或窄条试样的宽度应为 25.5 mm 或更窄一些，长度至少为 50 mm（见图 5）。

13 试样处理

试样的预处理、条件处理、试验的条件取决于被试材料的性质，应在材料规范中规定。

14 试验程序

14.1 每次试验所用试样的数量应在材料规范中规定。在进行电阻测量之前，试样应适当地筛选（见第 17 章）、清洁（见第 18 章）、安装（见第 19 章）和处理（见第 13 章）。应保持在处理的大气条件下对每个试样分别进行电阻测定。

当试验过程中在试样周围不可能保持所要求的大气条件，则应迅速地将试样从处理的大气中移出并在几分钟内进行试验，试样移出和测量之间所允许的时间应在材料规范中规定，规范中也应规定是在处理前还是处理后安装电极。

14.2 试样和电极应按照第 6 章至第 12 章进行选择。应用满足其灵敏度和精确度要求的仪器进行电阻测量（见第 5 章），除非另有规定，施加电压应为 500 V±10 V，电化时间应为 1 min。

15 结果表达与计算公式

用导电涂料电极测量管和棒试样时，被测电阻 R_X 应用下式换算成电极长度为 100 mm 时的电阻：

$$R_{100} = \frac{\pi d}{100} \cdot R_X$$

式中：

R_{100}——对应于长度为 100 mm 的试样电阻，单位为欧姆(Ω)；

d——管或棒的直径，单位为毫米(mm)。

用条形电极测量宽度不是 25 mm 的试样时，被测电阻 R_X 应用下式换算成宽度为 25 mm 时的电阻：

$$R_{25} = \frac{b}{25} \cdot R_X$$

式中：

R_{25}——对应于宽度为 25 mm 的电阻，单位为欧姆(Ω)；

b——宽度，单位为毫米(mm)。

16 试验报告

试验报告至少应包括下列项目：

——绝缘材料的名称；

——试样尺寸；

——试验方法和电极类型，包括导电涂料的性质；

——电极是在处理前还是处理后安装；

——清洁方法；

——预处理(必要时)和条件处理；

——测量过程中的条件；

——试验电压；

——电化时间；

——测量得到的各个绝缘电阻数值。

注：用各个绝缘电阻数值的算术平均值作为试验结果不太理想，因为高数值对结果影响太大。反之，取各个试样的电导率的算术平均值作为试验结果，则低数值又有很大的影响。因而最好使用各个数值的对数的算术平均值，即几何平均值，以避免个别数值带来的影响太大。

17 试样选择

绝缘电阻的测量值很大程度上取决于试样的表面状况，应注意选择表面没有损伤的试样。

18 试样清洁

在许多情况下要求在使用条件下进行试验，此时，试样不应清洁处理。如果希望擦净，应在条件处理以前将试样表面用乙醇和乙醚混合液或其他合适的溶剂擦净，并不与裸手指接触(建议带醋酸纤维手套)。

19 试样安装

在安装被测试样时，除了与试样相连的电极外，电极之间不应有导电通路。当安装支架要求保护电极时，应按照 GB/T 1410—2006 中规定的方法进行。

单位为毫米

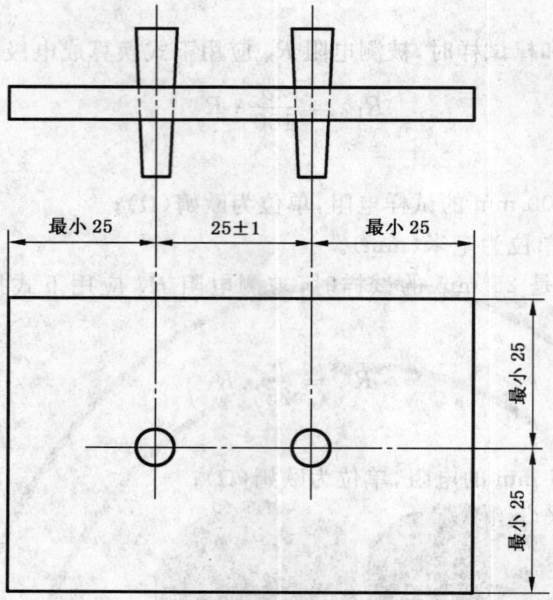

图 1　用圆锥形插销电极的平板试样

单位为毫米

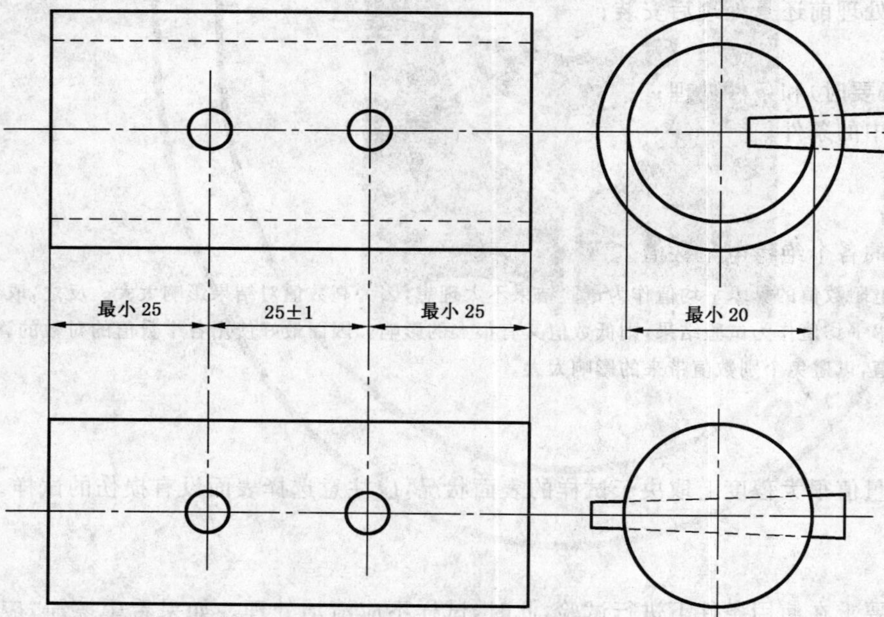

图 2　用圆锥形插销电极的管状或棒状试样

单位为毫米

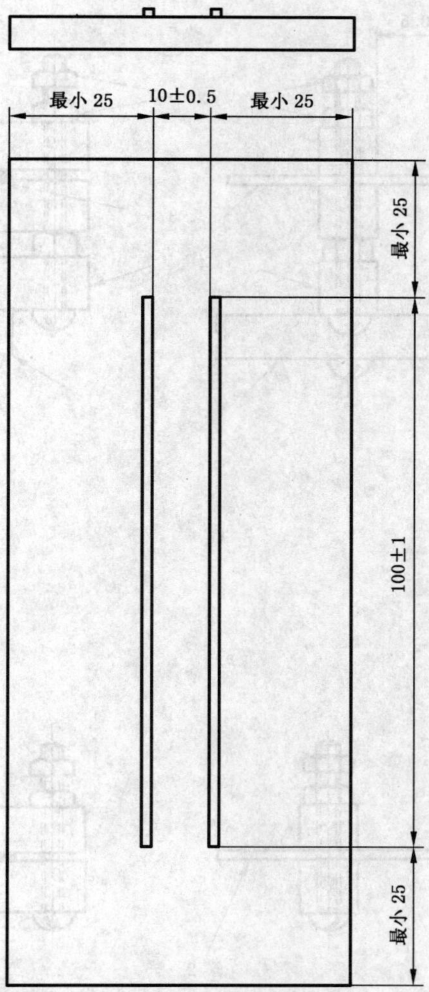

图 3　用导电涂料电极的平板试样

单位为毫米

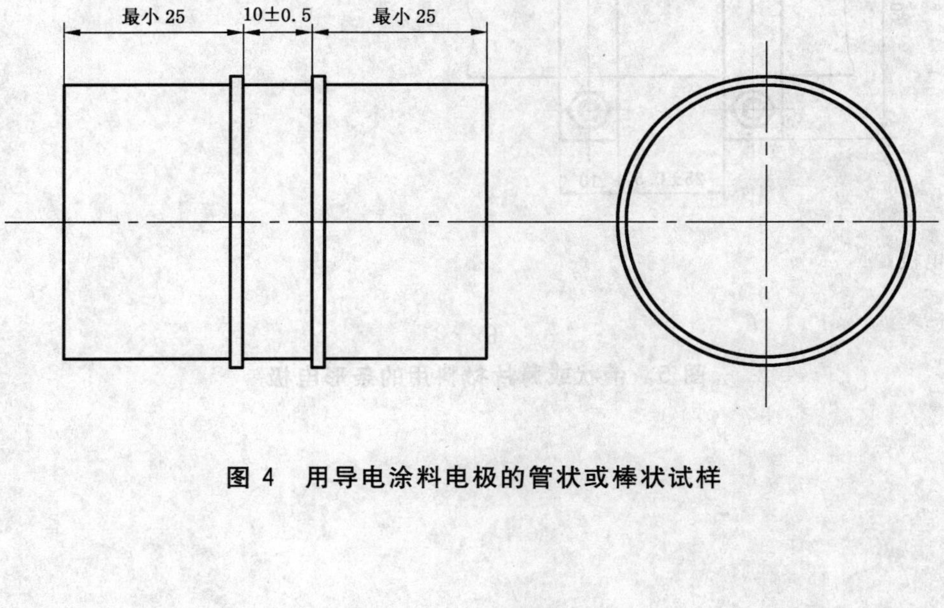

图 4　用导电涂料电极的管状或棒状试样

单位为毫米

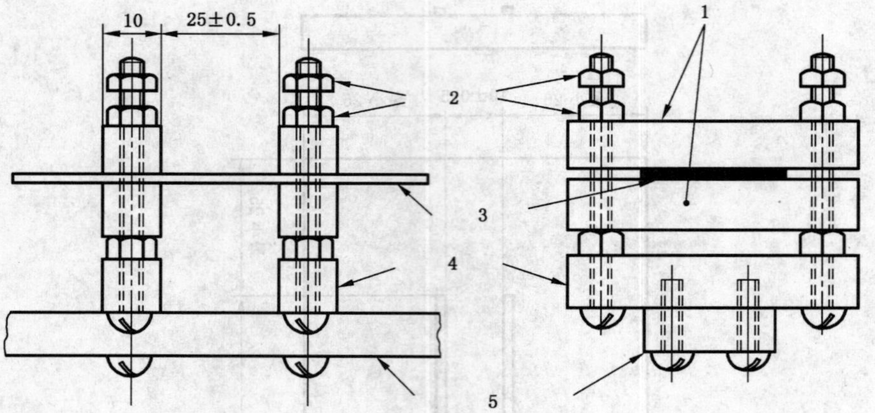

1——金属电极；
2——螺母；
3——试样；
4——绝缘材料；
5——支架和保护电极。

a)

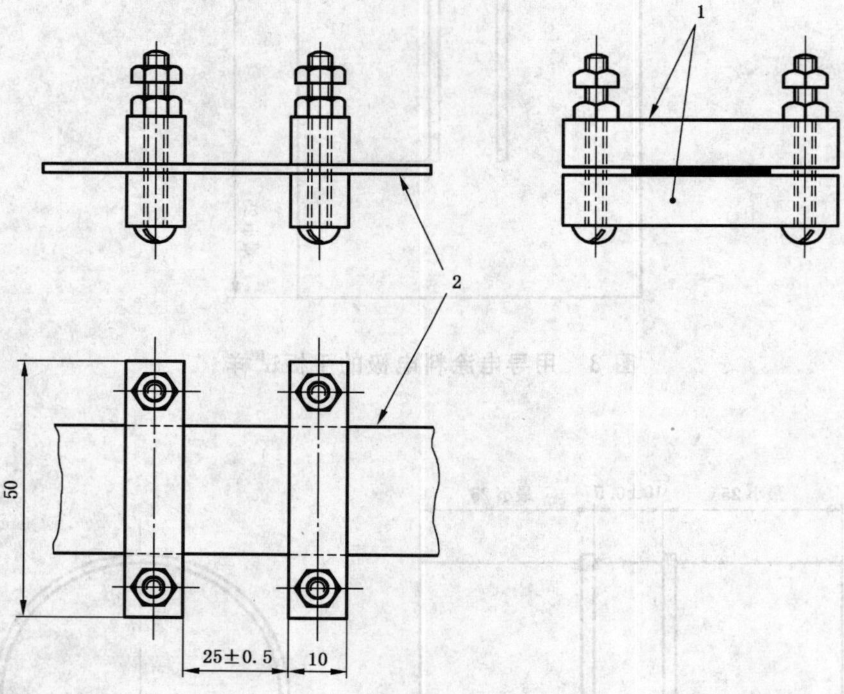

1——金属电极；
2——试样。

b)

图5　带状或薄片材料用的条形电极

附 录 A
(资性性附录)
本标准章条编号与 IEC 60167:1964 章条编号对照

表 A.1 给出了本标准章条编号与 IEC 60167:1964 章条编号对照一览表。

表 A.1 本标准章条编号与 IEC 60167:1964 章条编号对照

本标准章条编号	对应的国际标准章条编号
1	1
2	—
3	2
4	3
4.1～4.2	3.1～3.2
5	4
5.1～5.2	4.1～4.2
6	5
7	6
8	7
9	8
10	9
11	10
12	11
13	12
14	13
14.1～14.2	13.1～13.2
15	14
16	15
17	16
18	17
19	18

ICS 25.180.10
K 60

中华人民共和国国家标准

GB/T 10066.8—2006/IEC 60779:2005
代替 GB/T 1020—1989

电热装置的试验方法 第8部分:电渣重熔炉

Test methods for electroheat installations—Part 8: Electroslag remelting furnaces

(IEC 60779:2005,IDT)

2006-11-08 发布

2007-04-01 实施

中华人民共和国国家质量监督检验检疫总局
中国国家标准化管理委员会 发布

前　言

GB/T 10066《电热装置的试验方法》目前包括12个部分：

——第1部分：通用部分；

——第2部分：有心感应炉；

——第3部分：无心感应炉；

——第31部分：高频感应加热装置发生器输出功率的测定方法；

——第4部分：间接电阻炉；

——第5部分：等离子设备(GB/T 13535—1992《电热用等离子设备试验方法》)；

——第6部分：工业微波加热装置输出功率的测定方法(GB/T 18662—2002《工业微波加热设备输出功率的测定方法》)；

——第7部分：具有电子枪的电热装置；

——第8部分：电渣重熔炉(GB/T 1020—1989《电渣重熔炉的试验方法》)；

——第9部分：高频介质加热装置输出功率的测定方法(GB/T 14809—2000《高频介质加热设备输出功率的测量方法》)；

——第10部分：直接电弧炉(GB/T 6542—1986《直接电弧炉的试验方法》)；

——第11部分：埋弧炉(GB/T 7405—1987《埋弧炉的试验方法》)；

——第12部分：红外加热装置。

注：某些现有电热装置的试验方法未采用分部编号(如括号内所示)，在修订时将改为上述规定的分部编号，名称也随之相应更改。

本部分为GB/T 10066的第8部分，应与其第1部分配合使用。

本部分与IEC 60779:2005《工业电热设备　电渣重熔炉的试验方法》(第二版，英文版)同时起草修改。

本部分与IEC 60779:2005编辑性差异如下：

——“本部分”对应“本标准”；

——无国际标准的前言和序言；

——《电热装置的试验方法　第8部分：电渣重熔炉》对应《电渣重熔炉的试验方法》，英文名称对应修改；

——标准章节编号的编辑性差异列在附录A中。

本部分代替GB/T 1020—1989《电渣重熔炉的试验方法》，与后者相比的主要技术变化如下：

——在第3章中，增加“电渣重熔装置功率”、“电渣重熔装置功率因数”、“单位电耗”、“自耗电极”、“电渣重熔炉熔炼电压”、“电渣重熔炉额定值”、“额定频率”、“电极夹持器”、“电渣炉变压器”、“电渣重熔炉用高压开关”、“自耗电极熔化速度”、“冷却水流量”和“电渣重熔炉的连续操作”、“密闭熔炼室”14个术语和定义；

——在第3章中，修改补充了原“炉子”、“承受锭子重量的水冷底盘”、“电渣炉大电流线路”3个术语；

——在4.2试验项目中增加了“电极有效行程的测量”、“电极移动速度的测量”、“电极交换周期的测量”、“冷却水流量及热损失的测量”、“电渣炉及其周围磁场强度的测量”、“自耗电极熔化速度的测量”、“电渣重熔装置有功功率、无功功率及功率因数的测量”、“真空电渣炉真空参数的测量”、“加压电渣炉熔炼室压力的测量”、“保护气氛电渣炉气体成分的测量”的10个试验项目；

——在第 5 章试验方法中增加了“电极调节器不灵敏区的测量”,“有衬电渣炉炉衬质量的检查”和“电渣炉冷却系统、气动系统及液压系统的检查”、“冷却水温升的测量”和“冷却水流量及热损失的测量”的 5 个试验方法；

——在第 5 章试验方法中修改增补了原“大电流线路电参数的测量”、“受强磁场和(或)强辐射热、对流热影响的炉子构件温度的测量”、“冷却水温升的测量”和“电耗的测量”的 4 个试验方法，删去了“电渣炉稳定状态时电参数的测量和校验”；

——补充“图 1”；增加“图 2”及“图 3”；

——增加了资料性附录 A。

资料性附录 A 列出了本部分条款与 IEC 60779:2005 和 GB/T 1020—1989 条款的对照一览表。

本部分由中国电器工业协会提出。

本部分由全国工业电热设备标准化技术委员会(SAC/TC 121)归口。

本部分起草单位:西安电炉研究所、东北大学、山东潍坊结晶器厂、长春电炉有限公司、辽宁特钢集团抚顺特殊钢股份有限公司、苏州振吴电炉有限公司、苏州工业园区星州变压器有限公司。

本部分主要起草人:朱琳、姜周华、刘西萍、闫立懿、于景润、胡显坤、姜立新、薛永生、聂永铭。

本部分所替代标准的历次版本发布情况:GB/T 1020—1989。

电热装置的试验方法
第8部分:电渣重熔炉

1 范围

本部分规定了工业用容量50 kg及其以上电渣炉(含真空电渣炉、加压电渣炉)的试验方法。

本部分适用于利用导电熔渣的直接电阻加热进行金属重熔及精炼的电渣重熔炉(简称电渣炉),包括单根或多根自耗电极结构及交流、直流或低频供电系统的电渣重熔炉。

本部分规定的试验项目不是每一项都必须进行的,同时也没有包括对电渣炉进行技术考核的所有试验项目。为测定某一电渣炉的工作特性并对它作出评价而需进行的试验项目,可根据需要从本部分的试验项目中挑选。允许按产品技术条件或产品标准要求或根据制造厂和用户的协议,补充产品特定试验项目。

本部分应与第1部分配合使用。

2 规范性引用文件

下列文件中的条款通过本部分的引用而成为本部分的条款。凡是注日期的引用文件,其随后所有的修改单(不包括勘误的内容)或修订版均不适用于本部分,然而,鼓励根据本部分达成协议的各方研究是否可使用这些文件的最新版本。凡是不注日期的引用文件,其最新版本适用于本部分。

GB/T 2900.23—1995 电工术语 工业电热设备(IEC 60050(841):1983)

GB/T 10066.1—2004 电热设备的试验方法 第1部分:通用部分(IEC 60398:1999,MOD)

GB/T 10066.10—2005 电热装置的试验方法 第10部分:直接电弧炉(IEC 60676:2002,MOD)

GBJ 211—1987 工业炉砌筑工程施工及验收规范

3 术语和定义

GB/T 2900.23—1995确立的以及下列术语和定义适用与本部分。

3.1

电渣重熔炉 electro slag remelting furnace

电流通过自耗电极与特定的导电熔渣,产生焦耳效应热能,使自耗电极熔化并精炼的装置。

注:导电熔渣处在结晶器(坩埚)当中。

3.2

电渣重熔炉装置 electro slag remelting furnace installation

电渣炉操作和使用过程中必须具备的一套完整的装置,包括电加热装置、电器设备和机械设备。

注:电器设备由各供电导体及开关、控制和调节回路、熔炼电源(若加热装置具有配套的熔炼电源)组成。

3.3

电渣重熔炉装置功率(视在功率 S 或有功功率 P) power of an electro slag remelting furnace installation(apparent power S in kilovoltamperes or active power P in kilowatts)

供电线路输入端测得的视在功率 S(kVA)或有功功率 P(kW)。

3.4

电渣重熔炉装置功率因数($\cos\varphi$) power factor of an electro slag remelting furnace installation

供电线路输入端测得的有功功率与视在功率之比。

3.5

电渣炉结晶器　mould(crucible)of an electro slag remelting furnace

电渣重熔过程中形成锭子和盛装熔渣的液冷却或有隔热内衬的金属容器。

3.6

电渣炉大电流线路　secondary electrical circuit of an electro slag remelting furnace

此大电流线路截止于熔炼电源,包括熔炼电源的输出接线端:

a) 大电流馈电线(母线和/或电缆);

b) 大电流开关(必要时);

c) 电极夹紧装置;

d) 电极接头;

e) 单根或多根自耗电极(取决于连接系统);

f) 导电熔渣(短路试验中不含);

g) 重熔锭子(取决于设备电极的连接方式);

h) 底盘(取决于系统的连接方式)。

3.7

自耗电极　consumable electrode

由需精炼材料制成的,熔炼过程中馈送熔炼电流并与熔渣接触的(在熔炼过程中逐步消耗以形成锭子的)固体。

3.8

电渣炉熔炼(炉口)电压　on-load voltage of an electro slag remelting furnace

a) 在以下两点之间测得的电压(不适用于单相交流电源双电极串联的设备):

——底盘;

——馈送熔炼电流到自耗电极或电极接头的电极夹紧装置。

注:参见图1和图2中的 U_f 处。

b) 对于单相交流电源双极串联的装置,在两个电极夹头之间测得的电压。

c) 对于单相交流同轴导电电渣炉,在电极夹紧装置和各返回导电柱公共连接点之间测得的电压。

注:参见图3中的 U_f 处。

3.9

额定频率　rated furnace frequency

f_n

在设计规定的频率范围内,对应着炉子额定电流的频率,单位为Hz。

3.10

额定频率下的额定电流　rated current I_n at rated frequency f_n

I_n

电渣炉连续操作时,设计规定频率下的最大电流。

3.11

电渣炉额定值　rated values of an electro slag remelting furnace

由设计规定额定值,其包括:炉子额定电流 I_n,炉子额定功率 P_n,炉子额定频率 f_n。

3.12

电渣炉的连续操作　continuous operation of an electro slag remelting furnace

整个熔炼过程中,自耗电极逐步熔化,锭子逐步形成并凝为固体的操作。

3.13

电渣炉的稳定状态　steady state of an electro slag remelting furnace

炉子连续操作时,电参数值和热参数值达到相对稳定时的状态。

3.14

自耗电极熔化速度　melting rate of consumable electrode

V_m

单位时间内自耗电极熔化的重量,单位为 kg/min。

3.15

单位电耗　specific energy consumption

电渣炉达到稳定状态时,熔炼过程消耗的电能与该过程重熔锭子的重量之比,单位为 kWh/kg。

3.16

电渣炉水冷底盘　water-cooled base plate of an electro slag remelting furnace

位于容纳液态金属和熔渣的结晶器的底部(液冷却)底盘,在单相单电极电渣炉中还用于连接电缆或母排构成回路。

3.17

电渣炉用高压开关　furnace high-voltage switch

相应操作要求下,带负荷开合电渣炉变压器的高压开关。

3.18

电渣炉变压器　electro slag remelting furnace transformer

为电渣炉提供电源的变压器。

3.19

电渣炉电极夹持器　electrode clamp

夹持电极接头并向电极提供电流的水冷金属装置。

3.20

电渣炉冷却水流量　cooling-water flow rate

电渣炉各设备单位时间所消耗的冷却水总量,由下述各部分流量组成,单位为 m^3/h。

a)　变压器冷却器的冷却水流量;

b)　重熔炉其他部件的冷却水流量。

3.21

密闭熔炼室　sealed remelting chamber

为防止空气侵入熔炼室内且熔炼室内气体不泄露而设置的,密封的可进行熔炼的装置。

3.22

电渣炉同轴布置　coaxial arrangement of an electroslag remelting furnace

在电渣炉结晶器周围对称布置两根以上返回导电柱的结构。

4　试验条件和项目

4.1　试验条件

各项试验的操作条件要符合 GB/T 10066.1—2004 中有关规定,根据有关技术文件(设备使用说明和安全规程等)由制造厂和用户商定相关的试验条件(包括试验用的电渣成分)。

4.2　试验项目

为了准确对电渣炉作出评价,建议依次进行以下各项试验:

a)　电极有效行程的测量;

b)　电极移动速度的测量;

c) 电极交换周期的测量；

d) 电渣重熔炉装置二次开路电压的测量；

e) 大电流线路电参数的测量；

f) 电渣重熔炉装置有功功率、无功功率及功率因数的测量；

g) 受强磁场和(或)强辐射热、对流热影响的炉子构件温度的测量；

h) 冷却水温升的测量；

i) 冷却水流量及热损失的测量；

j) 电渣炉及其周围磁场强度的测量；

k) 自耗电极熔化速度的测量；

l) 单位电耗的测量；

m) 电极调节器不灵敏区的测量；

n) 真空电渣炉真空参数的测量；

o) 加压电渣炉熔炼室压力的测量；

p) 保护气氛电渣炉气体成分的测量；

q) 有衬电渣炉炉衬质量的检查；

r) 电渣炉冷却系统、气动系统及液压系统的检查。

5 试验方法

5.1 电极有效行程的测量

电极有效行程是指电极夹紧装置上下移动时上限位和下限位之间的距离。断开炉子主电源，用与行程刻度单位一致的米尺进行测量。

5.2 电极移动速度的测量

装载设计允许的最大电极重量，手动控制驱动机构使电极上下移动，用秒表测量时间并记下电极相对于固定架移动的距离。移动距离与所测时间之比即为电极移动速度。

注：也可以用其他方法进行测量，例如电信号控制方法。

5.3 电极交换周期的测量

电极交换周期是指从第一支电极拔离渣池二次电流为零时，到第二支电极插入渣池二次回路有电流通过时之间的时间间隔。用秒表进行测量。

5.4 电渣重熔炉装置二次开路电压的测量

应在熔炼电源的输出端之间测量(参见图1中的B处)。

如果电渣炉电源的二次电压可调，则应测量二次开路电压的最大值和最小值。

5.5 大电流线路电参数的测量

5.5.1 试验说明

5.5.1.1 本试验由二次回路中下列各参量组成(参见图1)：

a) 熔炼电源输入端的有功功率 P_1(A处)；

注：此测量包含了熔炼电源的内损耗。若能提供有效的测量仪表，测量应在B处进行。

b) 熔炼电源输出端的电压 U_2(B处)；

c) 工作(炉口)电压 U_F(C处)；

d) 大电流线路电流 I_2。

5.5.1.2 由上述测量值进行下列计算：

a) 二次回路阻抗；

b) 二次回路电阻；

c) 二次回路电抗；

d) 二次回路功率因数。

5.5.2 短路试验(不适合于直流电渣炉):

本试验应在下述条件下进行,炉子应装上设计允许的最大重量和最大长度的电极,电极材料的电磁特性已被确认,电极与液冷底盘直接接触(结晶器内不加渣料)。

将电源电压设定到最低值,逐渐调高电源电压,直到电流达到设计所允许的最大值。

本项试验至少进行两次。

5.5.2.1 用瓦特计测量变压器二次侧的有功功率 P_2(kW)

如果在某些情况下测量 P_2 有困难,可用瓦特计测量变压器一次侧的有功功率 P_1(kW),而 P_2 可用式(1)计算:

$$P_2 = P_1 - P_{cut} \qquad (1)$$

5.5.2.2 用安培表和伏特表分别测量变压器二次侧的电流 I_2(kA)和电压 U_2(V)

5.5.2.3 计算二次侧的参数:

$$S_2 = I_2 U_2 \qquad (2)$$

$$R_2 = \frac{P_2}{I_2^2} \qquad (3)$$

$$Z_2 = \frac{U_2}{I_2} \qquad (4)$$

$$X_2 = \sqrt{Z_2^2 - R_2^2} \qquad (5)$$

$$\cos\varphi_2 = \frac{P_2}{S_2} \qquad (6)$$

各式中:

P_1——测试时在一次侧用瓦特计测得的有功功率;

P_2——测试时在二次侧用瓦特计测得的或计算得到的有功功率;

P_{cut}——测试时变压器的功率损失(此值由制造厂家的技术规格书中给出);

S_2——测试时变压器二次侧的视在功率;

I_2——测试时变压器二次侧的额定电流;

U_2——变压器达到额定二次电流时的二次电压;

R_2——大电流线路的电阻;

X_2——大电流线路的感抗;

Z_2——大电流线路的阻抗;

$\cos\varphi_2$——大电流线路的功率因数。

5.5.3 对于三相交流并对应三支自耗电极的电渣炉,其短路试验方法和条件可参照 GB/T 10066.10—2005。

注:某些情况下,短路试验可能有困难并会造成底盘损坏。经制造厂和用户商定之后,可用下述试验代替。在炉子正常运行状态下,验证二次电流的最大值和在熔炼电源原边测得的有功功率值是否保持在制造厂规定的范围内,然后在炉子电源的各档电压(制造厂和用户商定的)下进行测试。

5.5.4 同轴返回导电柱中电流的测量

对单相交流同轴导电的电渣炉,应分别测量每个返回导电柱的电流后累加得出总的二次电流,同时导出电流的差异而确定其同轴性(参见图 3)。

5.6 电渣重熔炉装置有功功率、无功功率及功率因数的测量

5.6.1 测试说明

测试须在炉子达到额定电流(I_n)并处于稳定状态和连续操作条件下进行。

有功功率用有功电度表(至少 1.5 级)测量。无功功率用无功电度表(至少 1.5 级)测量。若无适用的无功电度表,可用测量所得的电流值和电压值计算无功功率。

功率因数用上述方法测得的有功功率和无功功率计算得出。无功功率无法测得时,功率因数用有功功率和视在功率计算得出。视在功率用测得的电流值和电压值计算得出。

注：应考虑到谐波分量对测量结果的影响。

5.6.2 单相交流单电极电渣炉的测量(参见图1)

本项试验至少进行2次。每次试验后可以测量或计算出下列电气参数。

5.6.2.1 用瓦特计测量变压器二次侧的有功功率 P_2(kW)

如果在某些情况下测量 P_2 有困难，用瓦特计测量变压器一次侧的有功功率 P_1(kW)，而 P_2 可用式(7)计算：

$$P_2 = P_1 - P_{cut} \quad \cdots\cdots(7)$$

5.6.2.2 用安培表和伏特表分别测量变压器二次侧的电流和电压 I_2(kA)，U_2(V)和 U_F(V)。

5.6.2.3 计算二次侧的参数：

$$S_2 = I_2 U_2 \quad \cdots\cdots(8)$$

$$\cos\varphi_2 = \frac{P_2}{S_2} \quad \cdots\cdots(9)$$

式中：

U_F——电渣炉的工作电压。

5.6.3 三相交流电渣炉的测量(参见图2)

本项试验至少进行2次。每次试验后可以测量或计算出下列电气参数。

5.6.3.1 瓦特计测量变压器二次侧的功率 P_{2A}，P_{2B}，P_{2C}(kW)。

如果在某些情况下测量 P_{2A}，P_{2B}，P_{2C} 有困难，可用瓦特计测量变压器一次侧的有功功率 P_{1A}，P_{1B}，P_{1C}(kW)，然后计算 P_{2A}，P_{2B}，P_{2C}：

$$P_{2A} = P_{1A} - 1/3P_{cut}, P_{2B} = P_{1B} - 1/3P_{cut}, P_{2C} = P_{1C} - 1/3P_{cut} \quad \cdots\cdots(10)$$

5.6.3.2 用安培表和伏特表分别测量变压器二次侧的电流、电压和工作电压 I_{2A}，I_{2B}，I_{2C}(kA)，U_{2A}，U_{2B}。

U_{2C}，U_{FA}，U_{FB}，U_{FC}(V)。U_{FA}，U_{FB}，U_{FC} 是各相工作电压。

5.6.3.3 计算二次侧的参数：

$$S_2 = I_{2A}U_{2A} + I_{2B}U_{2B} + I_{2C}U_{2C} \quad \cdots\cdots(11)$$

$$P_2 = P_{2A} + P_{2B} + P_{2C} \quad \cdots\cdots(12)$$

$$\cos\varphi_2 = \frac{P_2}{S_2} \quad \cdots\cdots(13)$$

式中：

P_{1A}，P_{1B}，P_{1C}——测试时在一次侧用瓦特计测得的各相有功功率；

P_{2A}，P_{2B}，P_{2C}——测试时在二次侧用瓦特计测得的或计算得到的各相有功功率；

P_{cut}——测试时变压器的功率损失(此值由制造厂家的技术规格书中给出)；

S_2——测试时变压器二次侧的视在功率；

I_{2A}，I_{2B}，I_{2C}——测试时变压器二次侧的额定电流；

U_{2A}，U_{2B}，U_{2C}——变压器二次侧测得的相电压。

5.7 受强磁场和(或)强辐射热、对流热影响的炉子构件温度的测量

测量应在电渣炉工作于额定电流(I_n)下并连续操作进入稳定状态后进行。测试方法按GB/T 10066.1—2004中7.2.1。

5.8 冷却水温升的测量

试验应在电渣炉处于额定功率下并已达到稳定状态后进行。冷却水进出口处的温度每5 min读一次数据，至少测30 min。在进出口处所读得的平均温度的差值即为冷却水的温升。

测试方法按 GB/T 10066.1—2004 中 7.2.2.2。

5.9 冷却水流量及热损失的测量

试验目的是检查电渣炉正常运行时冷却水耗量是否与制造厂承诺的相符。

试验应在电渣炉处于重熔状态时进行。冷却水的压力、温度和性质应符合制造厂技术文件的要求。冷却水进、出口液温用 0～100℃量程的温度计每隔 15 min 测量一次。

冷却水耗量由式(14)确定：

$$q = \frac{Q_m}{t} \qquad \cdots\cdots(14)$$

式中：

q——冷却水流量，单位为立方米每小时 m^3/h；

Q_m——测量得到的冷却水量，单位为立方米 m^3；

t——冷却水流过冷却支路的时间，单位为小时 h。

也可直接用流量计进行测量。

试验中最好测出冷却水的性质(硬度、悬浮物的多少等)，并把它们与制造厂的要求相比较。

从测定的冷却水流量和温差可计算出冷却水带走的热损失。

冷却水带走的热损失由式(15)确定：

$$Q = 2.78 \times 10^{-4} q \cdot \rho \cdot C \cdot (T_2 - T_1) \qquad \cdots\cdots(15)$$

式中：

Q——单位时间内冷却水带走的热损失量(kW) (1 kJ/h＝2.78×10^{-4} kW)；

q——冷却水流量，单位为立方米每小时 m^3/h；

ρ——冷却水密度，单位为千克每立方米 kg/m^3；

C——冷却水的比热容，单位为千焦每千克开尔文 kJ/(kg·K) ($0 < t < 100$℃)；

T_1——冷却水进口温度，单位为开尔文 K (T(K)＝273＋t(℃))；

T_2——冷却水出口温度，单位为开尔文 K (T(K)＝273＋t(℃))。

测试方法按 GB/T 10066.1—2004 中 7.2.2.1。

5.10 电渣炉及其周围磁场强度的测量

测试在炉子达到额定电流(I_n)并处于稳定状态和连续操作条件下进行。

采用特斯拉计(T)在电渣炉及其周围多处进行测量以确定最大磁场强度的位置和结晶器周围的磁场分布。

5.11 自耗电极熔化速度的测量

对于装有重量传感器的炉子，在炉子处于连续操作条件下用重量传感器进行测定。测试的条件和过程应由制造商和用户达成一致。

对于未装有重量传感器的炉子，可以用其他能证明在正常条件下电极熔化速度处于制造商承诺的范围内的试验方法代替。

5.12 单位电耗的测量

电渣炉的单位电耗很大程度上取决于熔渣的成分和熔化速率等因素，故测量电能耗比的试验条件和试验程序应由制造厂和用户商定。

测试方法按 GB/T 10066.1—2004 中 5.5。

5.13 电极调节器不灵敏区的测量

试验应在炉子主回路断电和电极系统开环控制下进行。

在正常运行期间，调节器的不灵敏区应能调整到适合于炉子运行的状态，不灵敏区(死区)%值应由制造厂和用户协商确定。

向调节器输入电信号，逐步增加或减少电信号值，直到电极开始移动，记录电极上下移动时的电信

号 I_1,I_2。

调节器的不灵敏区由下式确定：

$$I_Z = \frac{I_1 - I_2}{I_s} \cdot 100\% \quad \cdots\cdots(16)$$

式中：

I_Z——不灵敏区(死区),%；

I_1——电极开始上升时的电信号值；

I_2——电极开始下降时的电信号值；

I_s——调节器设定的电信号值。

5.14 真空电渣炉真空参数的测量

5.14.1 极限真空度的测量

在冷态条件下用真空系统本身带有的真空仪表进行测量。在正常工作条件下启动真空泵,直到炉内压力达到最低值。真空炉应能达到制造商标明的真空度范围。

5.14.2 抽气时间的测量

在上述试验中,炉内压力从大气压开始到达极限真空度所需的时间。

5.14.3 压升率的测量

完成上述试验后将真空室内各真空阀门关闭,并关停真空泵。压升率按下式计算：

$$\Delta p = \frac{p_2 - p_1}{\Delta t} \quad \cdots\cdots(17)$$

式中：

Δp——压升率,单位为帕每小时 Pa/h；

p_1——第1次读数时真空室内的压力,单位为帕 Pa；

p_2——第2次读数时真空室内的压力,单位为帕 Pa；

Δt——两次读数的时间间隔,单位为小时 h。

5.14.4 炉子真空室内工作压力的测量

试验应在炉子处于正常热负荷生产条件下进行。重熔材料和熔炼过程由制造商和用户达成一致。可用真空系统本身带有的真空仪表进行测量。

5.15 加压电渣炉熔炼室压力的测量

测试在炉子达到稳定状态和连续操作条件下进行。

用安装在炉子上的压力表(至少1.5级)进行测量。

5.16 保护气氛电渣炉气体成分的测量

测试在炉子达到稳定状态和连续操作条件下进行。

在保护气氛的密闭熔炼室的出口处采集气体样品,用质谱仪进行分析或采用制造厂家与用户之间双方认可的其他方法分析。

5.17 有衬电渣炉炉衬质量的检查

对于耐火砖砌炉衬,应考虑耐火材料的热膨胀因素,对于打结耐火材料炉衬,应充分考虑耐火材料的热强度。

试验按 GBJ 211—1987。

5.18 电渣炉冷却系统、气动系统及液压系统的检查

按 GB/T 10066.1—2004 中 7.1.5、7.1.6 及 7.1.7。

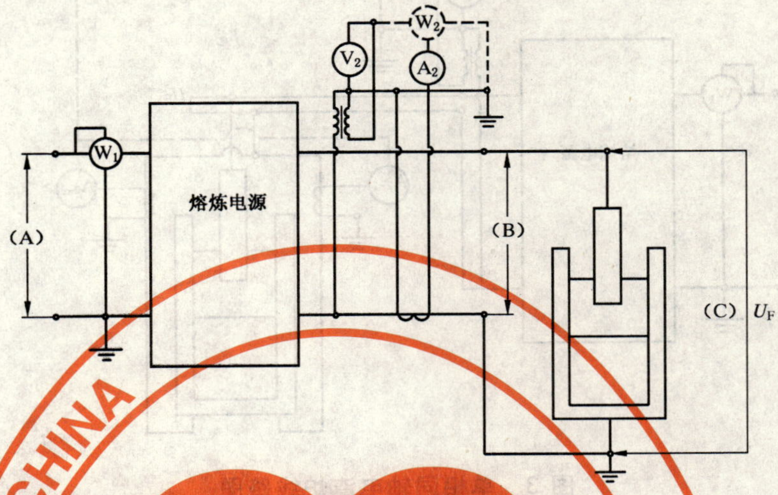

图 1　单相电渣炉线路图

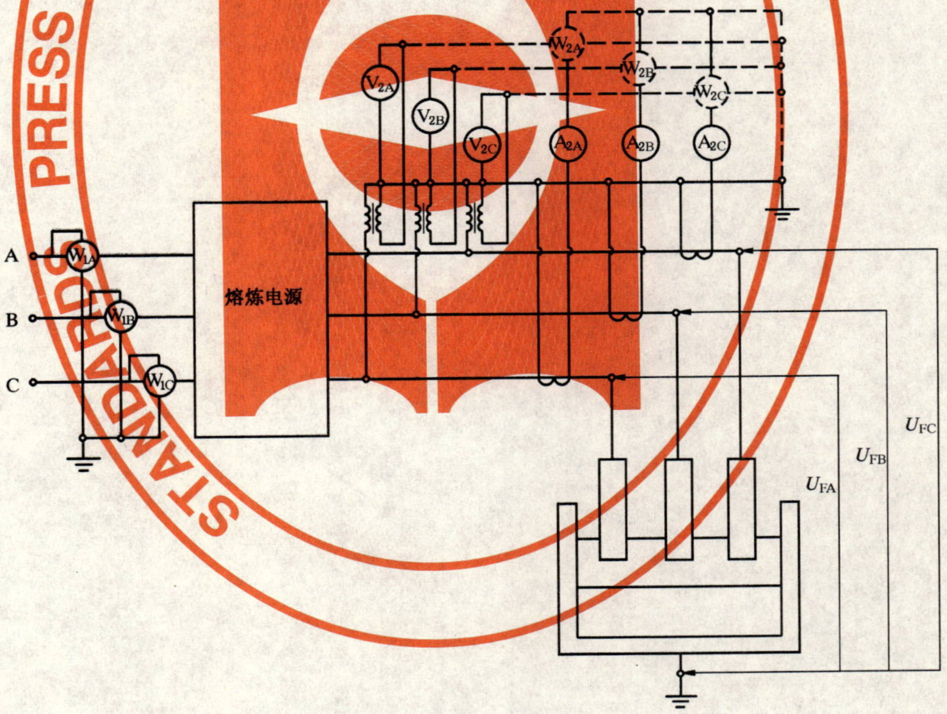

图 2　三相电渣炉线路图

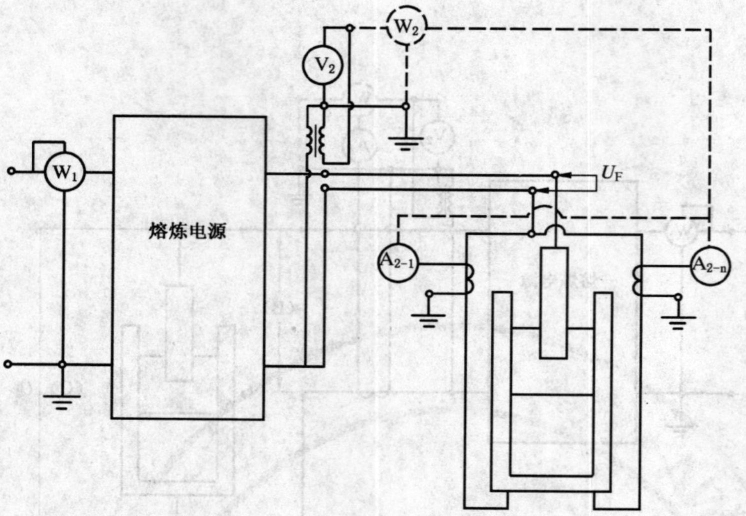

图 3　单相同轴电渣炉线路图

附 录 A
（资料性附录）
本部分章条编号与 IEC 60779:2005 和 GB/T 1020—1989 章条编号对照

表 A.1 本部分章条编号与 IEC 60779:2005 和 GB/T 1020—1989 章条编号不同处的对照

本部分章条编号	IEC 60779:2005 章条编号	GB/T 1020—1989 章条编号
2		—
4.1		4.2
4.2		4.1
5.1		—
5.2		—
5.3		—
5.4		5.1
5.5		5.2
5.5.1		5.3.2
5.5.1.1	—	—
5.5.1.2	—	5.5
5.5.2		—
5.5.2.1	5.5.2 a)	—
5.5.2.2	5.5.2 b)	—
5.5.2.3	5.6.2 c)	—
5.5.3	—	—
5.5.4		—
5.5.6		—
5.6.1	—	—
5.6.2	5.5.3 1)	—
5.6.2.1	5.5.3 1) a	—
5.6.2.2	5.5.3 1) b	—
5.6.2.3	5.5.3 1) c	—
5.6.3	5.5.3 2)	—
5.6.3.1	5.5.3 2) a	—
5.6.3.2	5.5.3 2) b	—
5.6.3.3	5.5.3 2) c	—
5.7		5.4
5.8		5.5
5.9		—
5.10		—

表 A.1(续)

本部分章条编号	IEC 60779:2005 章条编号	GB/T 1020—1989 章条编号
5.11		—
5.12		5.6
5.13	—	—
5.14	5.13	—
5.14.1	5.13.1	—
5.14.2	5.13.2	—
5.14.3	5.13.3	—
5.14.4	5.13.4	—
5.15	5.14	—
5.16	5.15	—
5.17	—	—
5.18	—	—
图 1(线路图)	图 1(示意图)	—
图 2(线路图)	图 2(示意图)	—
图 3(线路图)	图 3(示意图)	—
附录 A (资料性附录)	—	—

ICS 25.180.10
K 60

GB

中华人民共和国国家标准

GB/T 10066.12—2006

电热装置的试验方法
第12部分:红外加热装置

Test methods for electroheat installations—
Part 12:Infrared heating installations

2006-11-08 发布　　　　2007-04-01 实施

中华人民共和国国家质量监督检验检疫总局
中国国家标准化管理委员会　发布

前　言

GB/T 10066《电热装置的试验方法》目前包括13个部分：
——第1部分：通用部分；
——第2部分：有心感应炉；
——第3部分：无心感应炉；
——第31部分：高频感应加热装置发生器输出功率的测定方法；
——第4部分：间接电阻炉；
——第5部分：等离子装置(GB/T 13535—1992《电热用等离子设备试验方法》)；
——第6部分：工业微波加热装置输出功率的测定方法(GB/T 18662—2002《工业微波加热设备输出功率的测定方法》)；
——第7部分：具有电子枪的电热装置；
——第8部分：电渣重熔炉(GB/T 1020—1989《电渣重熔炉的试验方法》)；
——第9部分：高频介质加热装置输出功率的测定方法(GB/T 14809—2000《高频介质加热设备输出功率的测量方法》)；
——第10部分：直接电弧炉(GB/T 6542—1986《直接电弧炉的试验方法》)；
——第11部分：埋弧炉(GB/T 7405—1987《埋弧炉的试验方法》)；
——第12部分：红外加热装置。

注：某些现有电热装置的试验方法未采用分部编号(如括号内所示)，在修订时将改为上述规定的分部编号，名称也随之相应更改。

本部分为GB/T 10066的第12部分，应与第1部分配合使用。

本部分由中国电器工业协会提出。

本部分由全国工业电热设备标准化技术委员会归口。

本部分起草单位：天津大学、南开大学、天津理工大学。

本部分主要起草人：褚治德、张存洲、焦士龙、张泽英。

电热装置的试验方法
第12部分:红外加热装置

1 范围

GB/T 10066的本部分规定了对各类红外加热装置的试验方法。

本部分适用于采用真空中的波长在780 nm～1 mm之间的长波(远红外)、中波(中红外)和短波(近红外)红外辐射为发射加热源,以吸收(发射)热辐射和光辐射形式对炉中构件(物料)进行加热、脱水、涂膜干燥、烘干以及涂装等处理工艺的红外加热装置,如红外真空炉、红外(真空)干燥炉、红外金属表面涂装装置、食品隧道烘烤炉、木材、药材或粮食烘干炉等。

本部分目的是使测定包括上述类型炉子的红外加热装置基本参数和技术特性的试验方法标准化。

为了表征和评估炉子的性能和能源的利用率,特提出热效率、红外加热器与受热构件(物料)间的辐射换热计算与环保问题。可根据红外加热装置具体条件选择本部分中的试验项目,也可以进行附加的试验项目。具体试验项目由炉子的制造厂和用户商定。

本部分与GB/T 10066.1—2004《电热装置的试验方法　第1部分:通用部分》配合使用。

2 规范性引用文件

下列文件中的条款通过本部分的引用而成为本部分的条款。凡是注日期的引用文件,其随后所有的修改单(不包括勘误的内容)或修订版均不适用于本部分,然而,鼓励根据本部分达成协议的各方研究是否可使用这些文件的最新版本。凡是不注日期的引用文件,其最新版本适用于本部分。

GB/T 2900.23　电工术语　工业电热装置(GB/T 2900.23—1995,neq IEC 60050(841):1983)

GB/T 3768—1996　声学　声压法测定噪声源声功率级　反射面上方采用包络测量表面的简易法(eqv ISO 3746:1995)

GB/T 3859.1—1993　半导体变流器　基本要求的规定(eqv IEC 60146-1-1:1991)

GB 4793.1　测量、控制和试验室用电气设备的安全要求　第1部分:通用要求(GB 4793.1—1995,idt IEC 61010-1:1990)

GB 4824—2004　工业、科学和医疗(ISM)射频设备电磁骚扰特性的测量方法和限值(IEC CISPR11:2003,IDT)

GB 5226.1—2002　机械安全　机械电气设备　第1部分:通用技术条件(IEC 60204-1:2000,IDT)

GB 5959.1—2005　电热装置的安全　第1部分:通用要求(IEC 60519-1:2003,IDT)

GB 7287.1～7287.12　红外辐射加热器试验方法

GB 8978—1996　污水综合排放标准

GB/T 9079—1988　工业炉窑烟尘测试方法

GB/T 10066.1—2004　电热装置的试验方法　第1部分:通用部分(IEC 60398:1999,MOD)

GB/T 12997—1991　水质　采样方案设计技术规定(idt ISO 5667/1-80(E))

GB/T 16839.2—1997　热电偶　第2部分:允差(idt IEC 60584-2:1982)

3 术语和定义

GB/T 2900.23和GB/T 10066.1—2004确立的术语和定义适用于本部分。

4 一般要求

4.1 冷态试验

冷态试验应在红外加热装置出厂前以及在安装和冷态调整过程中进行。安装和试验准备应按制造厂的使用说明书进行。试验中应采取必要的安全防护措施。

试验前,应对红外加热装置的电气接线、开关和控制装置以及内外尺寸进行一般检查。

4.2 热态试验

除非另有规定,热态试验应在冷态试验合格后进行,被试验的红外加热装置应处于正常工作状态。试验中不得采取任何会影响被试验装置性能的临时性措施。

试验中应遵照 GB 5959.1 中有关特殊安全要求和制造厂的使用说明书,以确保试验安全。

4.3 环境条件

试验应在表 1 所列的环境条件下进行。

表 1 试验的环境条件

环境温度/℃	正常 最低 最高	20 5 40
相对湿度/%	最大	85
海拔高度/m	最高	1 000
注：若环境条件与本表不符,则应按有关规定对所测量数值进行修正。		

环境温度系指平均值。所有与温度有关的量应以环境温度 20℃,即基准环境温度为基准。

4.4 电源电压

试验期间电源电压的波形应是正弦波形,其电压畸变以及电源电压的对称性应在 GB/T 3859.1—1993 和特殊试验方法标准所规定的允差范围内。

电源电压的波动值应保持在允差范围内。必要时可用调压器进行调节。

注：试验期间的电源电压如与上述要求不符,除非另有规定,应由制造厂和用户协商对所测数值进行修正。

4.5 测量仪表

试验中所用的所有测量仪表和传感器应是合适和经校验的。

测量时应严格遵守测量仪表的操作说明。

所有测量仪表的准确度应符合本部分和有关特殊试验方法标准的规定。无规定时,应由制造厂和用户商定。

5 基本测量

5.1 时间的测量

时间的测量和所用的仪表应与被测周期和所需的准确度相称。

5.2 电流、电压和视在功率的测量

电流和电压测量所用的测量系统的准确度,对低于或等于工频的红外加热装置应不低于 1.5 级;对中频红外加热装置应不低于 2.5 级(见 GB 4793)。

对更高的频率,测量系统的准确度应由制造厂和用户商定。

注：当测量畸变的电压或电流时,应特别小心。对 5.3～5.6 的测量,也是这样。

视在功率根据电流和电压的测量值计算确定。在三相系统中可测量相电压。在三相三线系统中可设一个人为的中性点。

5.3 有功功率的测量

有功功率应当用测量系统，如具有5.2所述同样准确度的瓦特表来测量。

功率因数非常低的功率应采用专门设计的测量系统。

注：功率因数低于0.3时，需要专门设计的测量装置。

对三相四线系统，推荐用三瓦特表法测量。在三相三线系统中可设一个人为的中性点。但是，对三相三线系统也允许用两瓦特表法测量。

在测量额定功率时，应计及电压偏离其额定值的影响。

5.4 功率因数的测量

对单相系统或实际上是对称和平衡的三相系统，功率因数可由有功功率和视在功率的测量值确定，也可用两瓦特表法测定，或可由同一期间所消耗的有功和无功电能的测量值确定。

注：在有谐波分量时，按GB/T 3859.1—1993的第一种方法给出基波功率因数或称位移因数 $\cos\phi_1$。

5.5 电能的测量

在红外加热装置输入端的电能应当用准确度不低于2级的仪表测量。

5.6 频率的测量

对低频，频率应当用准确度不低于1.5级的测量系统测量；对中频，其准确度应不低于2.5级。对高于10 kHz的频率，可使用准确度不低于1.5级的测量传感器和指示器。

5.7 温度的测量

根据测量要求温度用玻璃温度计、热电偶、热电阻温度计、热电温度计或高温计等测量。对于表面温度场的测量推荐用热像仪，以测得表面温度分布和表面辐射能量。

除非另有规定，温度测量仪表的测量准确度或允许误差应符合表2的规定。

表2 温度测量仪表的允许误差或测量准确度

温度测量仪表的类型	允许误差或测量准确度(不大于)
玻璃温度计	1 K
热电偶	见GB/T 16839.2—1997
热电温度计	2.5级
热电阻温度计	1级
高温计	取决于校准

5.8 环境温度的测量

环境温度用放置在距红外加热装置适当远、无气流处的玻璃温度计测量(见图1)，或用给出相同结果的其他仪表测量。对红外加热装置，温度计通常放置在距炉子墙外壁表面中心1 m远处。对某些红外加热装置，该距离必要时可在特殊的试验方法标准中规定或由制造厂和用户商定。在温度计与红外加热装置之间应当用一个箱形隔热罩隔开(见图1，图中1 m的距离适用于一般红外加热装置)。隔热罩对着红外加热装置的一面应贴附光亮的金属箔。

测量湿度用的干湿球湿度计的干球温度计，也可用来测量环境温度。

在有必要对环境温度进行自动监测和记录时可用铂电阻温度计和相应的仪表。铂热电阻传感器应设置在图1球壳的中心部位。

5.9 湿度的测量

湿度用干湿球湿度计或用能得到相同结果的其他仪器测量。湿度计的安放位置应同测量环境温度的温度计的安放位置一样(见5.8和图1)，应放在没有气流的地方。图1中所示的隔热罩应放在湿度计和红外加热装置之间。相对湿度可从湿度计的表格中读出。

5.10 真空度的测量

按真空电炉真空度的高低和测量范围分别用电离真空计、电阻真空计(Pirani真空计)等测量。仪表的测量准确度应在所测真空度值的25%范围内。

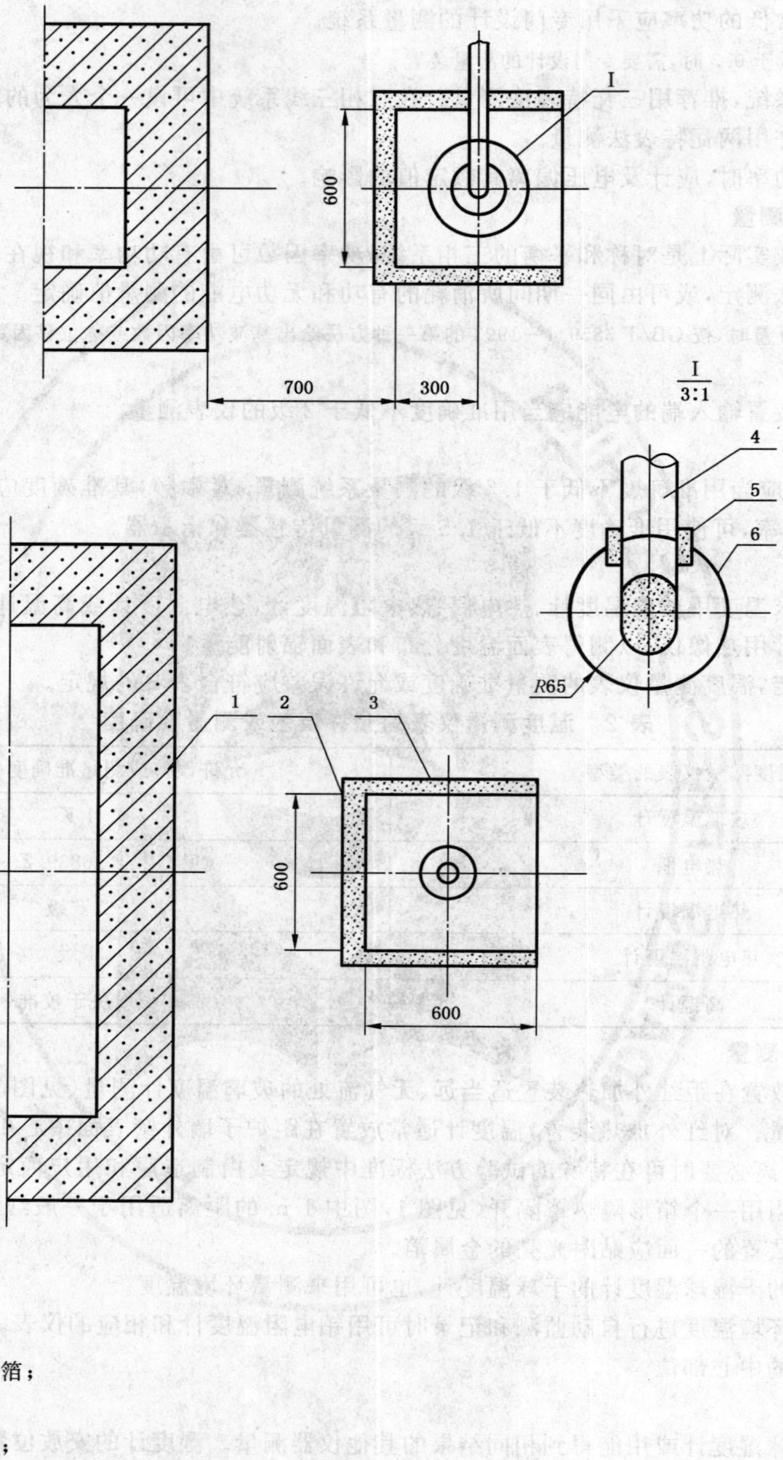

1——炉墙；

2——光亮的金属箔；

3——隔热罩；

4——玻璃温度计；

5——塞子；

6——厚 0.2 mm 铜皮制球壳(外表面涂黑)。

图 1　环境温度测量布置图

6 试验项目

各类红外加热装置的试验项目可对下列试验项目进行修改和(或)列为强制性试验项目。

注：试验被分为冷态和热态两大类。

6.1 冷态试验项目

a) 触电防护措施的试验(见 7.1.1)；
b) 绝缘电阻的测量(见 7.1.2)；
c) 绝缘耐压试验(见 7.1.3)；
d) 控制电路试验(见 7.1.4)；
e) 冷却系统试验(见 7.1.5)；
f) 气路系统试验(见 7.1.6)；
g) 液压系统试验(见 7.1.7)；
h) 运动机构运转或动作情况的冷态试验(见 7.1.8)；
i) 安全联锁和报警系统的试验(见 7.1.9)；
j) 真空试验
——极限真空度的测量(见 7.1.10.1)；
——空炉抽气时间的测量(见 7.1.10.2)；
——压升率的测量(见 7.1.10.3)。

6.2 热态试验项目

a) 受热构件表面或物料表面温度的测量(见 7.2.1)；
b) 冷却液流量的测量(见 7.2.2.1)；
c) 冷却液温升的测量(见 7.2.2.2)；
d) 运动机构运转或动作情况的热态试验(见 7.2.3)；
e) 工作真空度的测量(见 7.2.4)；
f) 电磁兼容性的测量(见 7.2.5)；
g) 噪声的测量(见 7.2.6)；
h) 废气(包括粉尘及燃烧的废气)的测量(见 7.2.7)；
i) 污水(工业废水)的测量(见 7.2.8)；
j) 红外加热装置的内表面与外表面的温度测量(见 7.2.9)；
k) 红外加热装置的升温时间与降温时间测量(见 7.2.10)；
l) 红外受热构件(物料)表面的光谱发向吸收率测量(见 7.2.11)；
m) 红外加热器的表面温度测量(见 7.2.12)；
n) 红外加热器的表面的光谱法向发射率测量(见 7.2.13)；
o) 红外加热器的表面与受热构件(物料)表面间的角系数的计算(见 7.2.14)；
p) 红外加热器与受热构件(物料)间的辐射换热计算(见 7.2.15)；
q) 红外加热装置的热效率计算(见 7.2.16)；
r) 热态试验后的外观检查(见 7.2.17)。

7 试验方法

7.1 冷态试验

7.1.1 触电防护措施的试验

外观检查应确保设计的安全措施，如设置盖板和接地连接以及保持间隔距离等均有效、可靠，特别是所有的接地措施和等电位连接均应符合制造厂的安装要求。

7.1.2 绝缘电阻的测量

测量在红外加热装置与供电电网断开的情况下进行，并且仅对与电网直接连接的带电部分进行测量。

红外加热装置的额定电压低于 500 V 时，用 500 V 交流或直流兆欧表测量；500 V～1 000 V 时，用 1 000 V 交流或直流兆欧表测量；高于 1 000 V 时，用 2 500 V 交流或直流兆欧表测量。

兆欧表应分别接在红外加热装置正常工作时带电的两个不同带电体之间，以及各带电体与所有外露的金属结构件之间，后者应连接在一起并接地。

当电容器的外壳接地时，应注意在电源线和地间存在的电容。

对于可能经由炉衬短路的红外加热装置，在测量绝缘电阻之前应把炉衬充分烘干并冷却到环境温度。

带电体用水冷却的红外电热装置，其绝缘电阻的测量应在电热装置未接水冷系统的情况下进行。测量时应将会形成电通路的冷却水管断开。

真空炉的绝缘电阻应在炉子未抽气之前测量。

7.1.3 绝缘耐压试验

所加试验电压应是工频正弦波。此电压应施加在红外加热装置正常工作时带电的两个不同带电体之间以及各带电体与所有外露的金属结构件之间，后者应连接在一起并接地。

除非另有规定，试验电压 U_t 应在 10 s 内从 $U_t/2$ 逐渐升到 U_t，然后在这电压下保持 1 min，试验期间不应有击穿或闪络现象。不同电路的试验电压按表 3 规定。

表 3 的试验电压仅适用于新红外加热装置或新电热装置的第一次试验。对重复性试验，或对运行后的电热装置或其部件的试验，试验电压可由制造厂和用户商定。

表 3 绝缘耐压试验的试验电压 V

额定电压 U_i（交流有效值或直流）	试验电压 U_t
$U_i \leqslant 60$	500
$60 < U_i \leqslant 125$	1 000
$125 < U_i \leqslant 250$	1 500
$250 < U_i \leqslant 500$	2 000
$U_i > 500$	$2U_i + 1\ 000$

对某些特殊的工作条件例如电压、频率、粉尘、沾污、烟尘，以及绝缘材料或特殊的结构要求如较小的间隙和爬电距离，可以由制造厂和用户商定采用其他的试验电压。

绝缘耐压试验应在红外加热设备没有砌筑耐火炉衬之前进行。对于带电体用水冷却的红外加热装置，本试验应在红外加热装置未接水冷系统情况下进行。试验时应将会形成电通路的冷却水管断开。

对红外真空加热炉，本试验应在非真空状态下进行。

对不能经受试验电压的电气元器件，如电容器和电子元器件等，在试验时应拆除或短路。

试验变压器的 1 h 额定容量规定为：试验电压值每 1 000 V 应不小于 0.5 kVA。

7.1.4 控制电路试验

控制电路的试验应按 GB 5226.1—2002 进行。

7.1.5 冷却系统试验

首先把冷却液的压力调节到其规定的最低值，冷却液在所有冷却回路内均应畅通。

然后关闭各冷却回路的出口，把冷却液的压力调节到规定最高值的 1.5 倍并至少保持 5 min。试验中无冷却液渗漏现象。

检查冷却系统的所有阀，以确保它们满足规定的运行状况。

对不能承受该试验压力的某些部件和电气元件，如红外真空加热炉的冷却炉壳和炉盖、陶瓷电容器的冷却管或冷却外壳以及高频电热装置的电子管等，应被旁路或拆除。这些部件和装置应按其设计规定，在其制造过程中单独进行试验。

7.1.6 **气路系统试验**

出厂检验时，对以压缩空气为动力的气路系统，分部按正常工作状态操作，各个系统应动作正常，无漏气现象；对控制气氛炉用的各种气体发生装置和净化装置的管道，从进气口通入压缩空气，并采取措施使气路系统中的压力达到系统额定工作压力的 1.5 倍，并保持 10 min，管路各处应无漏气现象。可用肥皂水等进行检漏。

型式检验时，在气路系统安装后重复以上检验，在整个试验过程中，各个系统应动作正确，管路各处应无漏气现象。

7.1.7 **液压系统试验**

出厂检验时，可分部或对系统进行检验。检验时应采取措施，使各部分或系统中的压力提高到额定工作压力的 1.5 倍，并在此压力下保持 10 min 以上，各处应无漏液现象。

型式检验在液压系统安装完成后进行。检验时，除非另有规定，应采取措施使系统中的压力提高到额定工作压力的 1.5 倍，并在此压力下保持 10 min 以上，系统各处应无漏油现象，管路不应变形。试验中对某些规定不能承受该试验压力的管路元件应作适当处理。

7.1.8 **运动机构运转或动作情况的冷态试验**

应分机构逐个进行。在红外加热设备冷态情况下，观察和测量运动机构运转或动作的情况，如动作的正确性、行程范围、运动速度、气路或液压系统的工作压力、驱动电机的输入功率、操作手柄或手轮的作用力等。必要时在相应炉种的试验方法标准、基本技术条件或产品标准中对各个机构分别规定其试验方法。

7.1.9 **安全联锁和报警系统的试验**

可根据实际情况在各机构进行试验时或在红外加热装置总装完成后进行试验。

试验前应具备以下基本条件：

——机械限位装置、联锁装置、电气限位开关和电信号发生器已经过检验并安装就位；

——已通过试验确认电气联锁电路接线正确；

——监测装置已设定在其规定值上；

——监测装置已输入模拟值或数据进行了模拟试验。

试验应证实联锁和监测电路的功能正常，它们在红外加热装置内的作用符合规定。

注：允许红外加热装置在试验期间通电加热。

7.1.10 **真空试验**

7.1.10.1 **极限真空度的测量**

在空炉冷态情况下，用红外真空炉本身配套的真空系统进行试验。按正常工作条件启动真空泵，直到炉内压力达到最低值。红外真空炉应能达到产品标准中所规定的极限真空度值。测量真空度的仪表应符合 5.10 的规定。

7.1.10.2 **空炉抽气时间的测量**

在上述试验中，从炉内压力为大气压时开始到炉内真空度达到产品标准中规定的极限真空度为止的时间，即为空炉抽气时间。

油扩散泵和油增压泵的预热时间不包括在空炉抽气时间之内。

7.1.10.3 **压升率的测量**

用关闭法测量。在上述试验以后，关闭真空腔各通气口的真空阀门，开关停真空泵。压升率按式(1)计算：

$$\Delta p = \frac{p_2 - p_1}{\Delta t} \qquad \cdots\cdots(1)$$

式中：

Δp——压升率，单位为帕每小时(Pa/h)；

p_1——第一次读数时真空腔内的压力，单位为帕(Pa)；

p_2——第二次读数时真空腔内的压力，单位为帕(Pa)；

Δt——两次读数的时间间隔，单位为小时(h)；Δt 应不小于 0.5 h。

第一次读数的时间应按产品标准的规定；产品标准中未规定时，为关闭真空阀门后 15 min。两次读数应当用同一只真空计的同一测量档。

为减少炉内构件放气或吸气对压升率的影响，试验最好在炉内没有耐火绝热炉衬的情况下进行。如果不可能做到这一点，则应每隔一定时间(不小于 0.5 h)读取真空腔内的压力值，并在直角坐标纸上绘制压力对时间的关系曲线，以曲线最后直线上升段的斜率作为压升率的测定值。

试验一般用红外真空炉本身配套的抽气系统进行。但对低真空(压力 10^5 Pa～10^2 Pa)和中真空(压力 10^2 Pa～10^{-1} Pa)电炉，也允许用非本身配套的抽气系统。各抽气系统本身都应分别经过检漏、极限真空度测量和压升率的试验，并确认其压升率不致影响整台炉子达到规定压升率指标。

7.2 热态试验

7.2.1 受热构件(物料)表面温度的测量

受红外辐射器加热的构件(物料)表面的温度用热电偶或可给出可靠读数的其他温度测量仪表测量，如表面温度计等。对隧道炉中的运动构件(物料)表面的温度测量推荐用随构件(物料)同步移动的炉温记录仪。选用接触式测温仪表测量时，其传感器应与被测表面接触良好。对表面温度场的测量推荐用热像仪，由此可获表面温度分布以及表面辐射能量。

7.2.2 冷却系统的测量

7.2.2.1 冷却液流量的测量

红外加热装置的冷却液流量用流量计测量或由一定时间内流出的冷却液的体积除以该时间算得。

7.2.2.2 冷却液温升的测量

进口处冷却液的压力及流量应在制造厂规定的范围内。冷却液的温升等于冷却液出口温度和进口温度的差。温度用玻璃温度计或用能给出可靠读数的其他等效仪表测量。试验中，冷却液的出口温度和温升应在制造厂规定的范围内。

测量应在制造厂和用户商定的条件下进行。

7.2.3 运动机构运转或动作情况的热态试验

在热态试验的过程中按 7.1.8 所述方法和要求进行。

7.2.4 工作真空度的测量

在真空炉型式检验、工艺检验或工业运行检验中，按制造厂和用户商定的炉料和工艺，用红外真空炉本身配套的仪表在正常工作状态下测量或按产品标准的规定。测量真空度的仪表应符合 5.10 的规定。

7.2.5 电磁兼容性的测量

按 GB 4824—2004。

7.2.6 噪声的测量

在红外加热装置正常工作状态下，按 GB/T 3768—1996 和有关产品标准的规定进行检测。

7.2.7 废气(包括粉尘及燃烧的废气)的测量

测量方法按 GB/T 16157—1996《固定污染源排气中颗粒物测定与气态污染物采样方法》，其中包括烟(粉)尘浓度、烟气黑度及排放限值应符合 GB 9078—1996《工业炉窑大气污染物排放标准》中大气污染物排放标准的相应规定。测量在红外加热装置正常工作状态下进行。

7.2.8 污水(工业废水)的测量

测量按 GB/T 12997—1991 中规定方法进行，污水排放标准按 GB 8978—1996 规定。

注：污水是指在生产与生活中排放水的总称。

7.2.9　红外加热装置的内表面与外表面的温度测量

按7.2.1进行。

7.2.10　红外加热装置的升温时间与降温时间测量

按GB 7287.4。

7.2.11　红外受热构件(物料)表面的光谱法向吸收率测量

按GB 7287.10。

7.2.12　红外加热器表面温度分布测量

按GB 7287.2。

7.2.13　红外加热器表面的光谱法向发射率测量

按GB 7287.10。

7.2.14　红外加热器表面 F_1 与受热构件(物料)表面 F_2 的角系数的计算

根据 F_1 与 F_2 的形状、距离及角度,按辐射传热学角系数计算法用公式或查图表计算。

7.2.15　红外加热器与受热构件(物料)间的辐射换热计算

红外受热构件(物料)表面所获得的辐射热量按式(2)计算:

$$\vartheta_{1.2}=\frac{F_1C_0\left[\left(\frac{T_1}{100}\right)^4-\left(\frac{T_2}{100}\right)^4\right]}{\left(\frac{1}{\varepsilon_1}-1\right)+\frac{1}{X_{1.2}}+\frac{F_1}{F_2}\left(\frac{1}{\varepsilon_2}-1\right)}\quad\cdots\cdots(2)$$

式中:

$\vartheta_{1.2}$——红外受热构件(物料)表面所获得的辐射热量,单位为瓦特(W);

F_1——红外加热器的表面积,单位为平方米(m^2);

F_2——红外受热构件(物料)的表面积,单位为平方米(m^2);

C_0——黑体辐射系数,值为5.67 $W/(m^2\cdot K^4)$,单位为瓦特每平方米开尔文4次方;

T_1——红外加热器的平均表面温度,单位为开尔文(K);

T_2——红外受热构件(物料)表面平均温度,单位为开尔文(K);

ε_1——红外加热器表面的光谱法向发射率;

ε_2——红外受热构件(物料)表面的光谱法向吸收率;

$X_{1.2}$——红外加热器表面 F_1 对受热构件(物料)表面 F_2 的角系数,无量纲。

注1:由式(2)可知,当 $F_1=F_2$ 边长为 X 与 Y,两者平行布置,间距为 D,且 $Y/D=1$、$X/D=1$,查长方形表面间的角系数 $X_{1.2}=0.375$,设 $\varepsilon_1=\varepsilon_2$ 从0.5变为0.85时,两者之间的辐射换热 $\vartheta_{1.2}$ 增加55%,可见,光谱发向发射率与光谱法向吸收率的重要。

注2:由式(2)可知当 $F_1=F_2$ 边长为 X 与 Y,两者平行布置,间距为 D 增大1倍,即 $Y/D=0.5$、$X/D=0.5$,查长方形表面间的角系数 $X_{1.2}=0.068$,设 $\varepsilon_1=\varepsilon_2=0.85$ 时,两者之间的辐射换热 $\vartheta_{1.2}$ 减少2.59倍,可见,红外加热器的表面与受热构件(物料)表面之间的距离也十分重要。

注3:由式(2)可知红外加热受热构件(物料)表面所获得的辐射热量与 T_1 的4次方成正比,当红外加热器表面温度为600℃与800℃时,对流空气温度为100℃、空气速度为2 m/s,且料温均为40℃,其辐射热流密度分别为对流热流密度的30倍与69倍,可见,红外辐射可为受热构件(物料)提供大量的辐射热能。

推荐选用低温远红外对某些难干的厚物料及食品进行辐射加热处理,尤其是一些植物性材料,如厚木板、中草药、种子等,以避免当红外加热器表面温度达到600℃与800℃时,会使厚物料表面毛细管封闭而硬化,导致出现热流传不进,水分传不出的低效能现象。以此节能又保证物料的处理质量。

推荐选用中波红外辐射对某些烤漆件进行辐射加热处理,因漆膜在3 μm(690℃)有强吸收峰,能使漆膜快速聚合固化,尤其对大的构件,急需大的热流密度,其构件表面温度可高于干球温度。因此,中红外辐射优于锅炉热风供热。

对大量快速脱水的构件或物料,如胶合板的单板脱水、玻璃纤维毡的脱水、菱镁矿球的脱水及餐具业的金钢砂麻布轮等干燥,也推荐选用中波红外辐射加热处理,以达到高效、优质、节能的目的。

注 4：按 GB/T 2900.23 中定义，真空中波长与其相对应的温度如下所示：

长波（远）红外辐射波长大于 4 μm 的红外辐射（小于 451.4℃）*

中波（中）红外辐射波长大于 2 μm 小于 4 μm 的红外辐射（小于 1 175.8℃大于 451.4℃）*

短波（近）红外辐射波长小于 2 μm 的红外辐射（大于 1 175.8℃）*

7.2.16 红外加热的热效率计算

通常将红外干燥装置的热效率定义为：在红外干燥装置中蒸发水分所需的热量与向干燥装置输入的总热量之比的百分数。热效率按式(3)计算：

$$\eta = \frac{\text{蒸发水分所需的热量}}{\text{输入的总热量}} \times 100\% \qquad \cdots\cdots (3)$$

式中蒸发水分广义包含溶剂。

7.2.17 热态试验后的外观检查

外观检查应在所有的热态试验结束后进行，主要检查红外加热装置的受热或受电磁场影响的部件，如炉衬、加热元件、耐热件、炉门、炉盖、炉料传送或定位系统以及其他运动机构等，看是否存在因热膨胀、烧蚀、氧化和蠕变而造成脱落、开裂、变形、异常磨损等会妨碍红外加热装置正常运行或影响其性能的情况。

注：特殊情况的检查时间应由制造厂和用户商定。

* 括号中的温度值是标准起草人根据维恩位移定律提供。

ICS 29.160.01
K 20

中华人民共和国国家标准

GB/T 10069.1—2006
代替 GB/T 10069.1—1988,GB/T 10069.2—1988

旋转电机噪声测定方法及限值 第1部分:旋转电机噪声测定方法

Measurement of the airborne noise emitted by rotating electrical machines and the noise limits—Part 1: Method for the measurement of airborne noise emitted by rotating electrical machines

(ISO 1680:1999,MOD)

2006-04-30 发布 2006-12-01 实施

中华人民共和国国家质量监督检验检疫总局
中国国家标准化管理委员会 发布

前　言

GB/T 10069《旋转电机噪声测定方法及限值》目前包含以下2个部分：

——《旋转电机噪声测定方法及限值　第1部分:旋转电机噪声测定方法》

——《旋转电机噪声测定方法及限值　第2部分:噪声限值》

本部分为第1部分，自发布实施之日起代替GB/T 10069.1—1988《噪声工程测定方法》和GB/T 10069.2—1988《噪声简易测定方法》。本部分修改采用ISO 1680:1999《声学　旋转电机发射的空气噪声测试规程》,基本内容完全一致。仅增加了在近似自由场声压法测试简化测点规定的附录和用振速法测试负载噪声的附录。

本部分的附录A至附录D均为规范性附录。

本部分由全国旋转电机标准化技术委员会(SAC/TC 26)提出并归口。

本部分起草单位:上海电器科学研究所、广州电器科学研究院、哈尔滨大电机研究所、煤科总院上海分院测试中心、上海航空测控技术研究所、北京毕捷电机股份有限公司、河北电机股份有限公司、重庆赛力盟电机有限责任公司、安徽皖南电机股份有限公司、浙江金龙电机科技有限公司。

本部分起草人:陈业绍、施庆圆、钟志刚、张建、罗雪平、穆景坤、才家刚、卜云杰、林隆寿、潘旭东、叶锦武、张振兰。

本部分所代替标准的历次版本发布情况为：

——GB/T 2806—1981；

——GB/T 10069.1—1988及GB/T 10069.2—1988。

引　言

本部分是一项测定旋转电机稳定运行空气噪声辐射的测试方法标准。本部分给出了能确定表征空气声辐射特征的声功率级，如果需要还可以再确定发射声压级，且还可以进一步给出噪声发射量的标示与验证。

下列基础标准给出了测定声功率级的方法：

a) 用声压测量：

——等级 1(精密)：GB/T 6881 及 GB/T 6882；

——等级 2(工程)：GB/T 6881.2，GB/T 6881.3，GB/T 3767，GB/T 16538；

——等级 3(简易)：GB/T 3768。

b) 用声强测量：

——所有等级：GB/T 16404；

——等级 2 和等级 3：GB/T 16404.2。

c) 用振速测量：

——等级 2 和等级 3：GB/T 16539。

发射声压级由 GB/T 17248.4 确定。按 GB/T 14574 标示和验证噪声发射值。

旋转电机噪声测定方法及限值
第1部分:旋转电机噪声测定方法

1 范围

本部分规定了在标准条件下涉及测定、标示和检验旋转电机噪声发射特性所需的所有内容。同时还规定了适用的噪声测试方法和试验时的运行状态及安装方式。

噪声发射特性包括声功率级和发射声压级。这些量的测定用于:

——电机发射噪声的比较;

——使制造厂能确定噪声发射标示值;以及

——噪声控制。

应用本部分可以保证与使用基础噪声测试方法测定噪声发射特性有相同的精度等级。本部分的噪声测试方法允许是试验室法(等级1)、工程法(等级2)和简易法(等级3),一般推荐工程级(等级2)的方法。

本部分适用于任意长、宽或高的电机。

2 规范性引用文件

下列文件中的条款通过GB/T 10069的本部分的引用而成为本部分的条款。凡是注日期的引用文件,其随后所有的修改单(不包括勘误的内容)或修订版均不适用于本部分,然而,鼓励根据本部分达成协议的各方研究是否可使用这些文件的最新版本。凡是不注日期的引用文件,其最新版本适用于本部分。

GB 755—2000 旋转电机 定额和性能(idt IEC 60034-1:1996)

GB/T 3241—1998 倍频程和分数倍频程滤波器(eqv IEC 61260:1995)

GB/T 3767—1996 声学 声压法测定噪声源声功率级 反射面上方近似自由场的工程法(eqv ISO 3744:1994)

GB/T 3768—1996 声学 声压法测定噪声源声功率级 反射面上方采用包络测量表面的简易法(eqv ISO 3746:1995)

GB/T 6881.1—2002 声学 声压法测定噪声源声功率级 混响室精密法(idt ISO 3741:1999)

GB/T 6881.2—2002 声学 声压法测定噪声源声功率级 混响场中小型可移动声源工程法 第1部分:硬壁测试室比较法(idt ISO 3743-1:1994)

GB/T 6881.3—2002 声学 声压法测定噪声源声功率级 混响场中小型可移动声源工程法 第2部分:专用混响测试室法(idt ISO 3743-2:1994)

GB/T 6882—1986 声学 噪声源声功率级的测定 消声室和半消声室精密法(neq ISO 3745:1977)

GB 10068—2000 轴中心高为56 mm及以上电机的机械振动 振动的测量、评定及限值(idt IEC 60034-14:1996)

GB/T 14367—1993 声学 噪声源声功率级的测定 使用基础标准与制订噪声测试规范的准则(neq ISO 3740:1980)

GB/T 14573.1—1993 声学 确定和检验机器设备规定的噪声辐射值的统计学方法 第一部分:

概述与定义(neq ISO 7574-1:1985)

GB/T 14573.4—1993 声学 确定和检验机器设备规定的噪声辐射值的统计学方法 第四部分:成批机器标牌值的确定和检验方法(idt ISO 7574-4:1985)

GB/T 14574—2000 声学 机器和设备噪声发射值的标示和验证(eqv ISO 4871:1996)

GB/T 15173—1994 声校准器(eqv IEC 60942:1988)

GB/T 16404.1—1996 声学 声强法测定噪声源的声功率级 第1部分:离散点上的测量(eqv ISO 9614-1:1993)

GB/T 16404.2—1996 声学 声强法测定噪声源的声功率级 第2部分:扫描测量(eqv ISO 9614-2:1996)

GB/T 16538—1996 声学 声压法测定噪声源声功率级 使用标准声源简易法(neq ISO 3747:1987)

GB/T 16539—1996 声学 振速法测定噪声源声功率级 用于封闭机器的测量(neq ISO/TR 7849:1987)

GB/T 17181—1997 积分平均声级计(idt IEC 60804:1985)

GB/T 17248.4—1998 声学 机器和设备发射的噪声 由声功率级确定工作位置和其他指定位置的发射声压级(eqv ISO 11203:1995)

GB/T 17561—1998 声强测量仪 用声压传声器对进行测量(idt IEC 61043:1993)

GB/T 18313—2001 声学 信息技术设备和通信设备的空气噪声的测量(idt ISO 7779:1999)

IEC 61672-1:2002 电声学 声级计 第1部分:规范

3 术语和定义

下列术语和定义实用于本部分。

3.1

声压级 sound pressure level

L_p

被测声源辐射声压平方的时间均值与基准声压平方之比取以10为底的对数再乘以10。

注1:声压级以分贝(dB)表示。

注2:应指出所用的频率计权或所用频带宽度、以及时间计权(s,F或I,见IEC 61672-1:2002),其基准声压为20 μPa(2×10^{-5} Pa)。

例如s时间计权的A计权声压级就是L_{pAs}。

3.2

测量表面 measurement surface

S

测量点位于其上包络声源的假定面积。

注:测量面终止于一个或多个反射面上。

3.3

表面声压级 surface sound pressure level

L_{pf}

测量表面所有传声器位置上的时间平均声压级的能量平均,经过背景噪声修正K_1和环境修正K_2。

注:以分贝(dB)表示。

3.4

声强　sound intensity

I

在一定时间的稳态声场中瞬时声压与其声速度乘积的时间平均值。

3.5

法向声强级　normal sound intensity level

L_{In}

声强法向分量(即由被试声源辐射且垂直于测量面方向所确定的量)无符号值与基准声强之比取以10为底的对数乘以10。

注1：其以分贝(dB)表示。

注2：基准声强为 $10^{-12}\ Wm^{-2}$。

3.6

声功率级　sound power level

L_w

被测噪声源辐射的声功率与基准声功率之比取以10为底的对数乘以10。

注1：单位为分贝(dB)。

注2：应指明所用的频率计权或频带宽度;基准声功率为1 pW(1 pW＝1×10^{-12} W)。

例如A计权声功率级标示为:L_{wA}。

3.7

发射声压　emission sound pressure

p

在反射面上按规定工况运行和安装条件的声源附近,某指定位置的时均声压。其中排除背景噪声及测试中所允许的一个或多个反射面之外的室内其他表面反射声的影响。

注：单位为帕斯卡(Pa)。

3.8

发射声压级　emission sound pressure level

发射声压平方 $p^2(t)$ 与基准声压平方 p_0^2 之比的以10为底之对数乘以10;用按IEC 61672-1:2002规定的时间计权和频率计权来测量。

注：其单位为分贝(dB),基准声压为20 μPa。

例如:——用F时间计权的最大A计权发射声压级:L_{pAFmax};

——C计权峰值发射声压级:$L_{pC,peak}$。

3.9

噪声发射标示　noise emission declaration

有关电机噪声发射值的内容可由生产厂或供货商在其技术文件或其他涉及噪声发射值的印刷品中给出。

注：噪声发射标示值有两种形式,即单值噪声发射标示值或双值噪声发射标示值。

3.10

噪声发射测量值　measured noise emission value

L

由测量确定的A计权声功率级、A计权时间平均发射声压级或C计权峰值发射声压级。

注：测量值的确定既可以是一台电机也可以是多台电机的平均值,不用取整数。

3.11

单值噪声发射标示值　declared single-number noise emission value

L_d

被测的噪声发射值 L 和相应的不确定度 K 之和，圆整到整数 dB：

$$L_d = L + K$$

3.12

双值噪声发射标示值　declared dual-number noise emission value

L 和 K

被测的噪声发射值 L 和相应的不确定度 K，均圆整到整数 dB。

4　电机类型的说明

本部分适用于单独的旋转电机，即电动机和发电机（直流和交流电机）都没有任何输出、电压以及尺寸的限制。

本部分包含可能由以下供电方式的旋转电机：

——电网供电（正弦波电源）的特殊设计；

——相关的变频器。

对变频供电的情况，本标准不考虑变频器辐射的噪声，只考虑电机内非正弦电压和电流的影响。

安装在电机上与电机构成整体且运行所必要的辅助器件（例如油泵、冷却风扇），应包括在内；对于单独安装的这些器件则不属于被测电机的部件。

5　声功率级的测定

5.1　概述

旋转电机辐射的声功率按下列基础标准之一来测定：

——1 级精度：GB/T 6881.1—2002，GB/T 6882—2002，GB/T 16404.1—1996；

——2 级精度：GB/T 6881.2—2002，GB/T 6881.3—2002，GB/T 3767—1996，GB/T 16538—1996，GB/T 16539—1996，GB/T 16404.1—1996，GB/T 16404.2—1996；

一般推荐 2 级精度的工程法。

如果证实没有更为精确的方法可用，也可采用简易法：

——3 级精度：GB/T 3768—1996，GB/T 16404.1—1996，GB/T 16404.2—1996，GB/T 16539—1996。

5.2　选择最适用基础标准的导则

主要按下述类型区分可使用的基础标准：

——不同的环境条件；

——与被试电机噪声级相关的背景噪声级不同的要求；

——不同的精度等级；

——不同的测试量：声压或声强。

注：大多数基础标准选用的详细导则由 GB/T 14367—1993 给出。

与声压法比较声强法有如下优点：

a）可以不必在意测试面是处于近场之内或是在其以外都能确切地测定声功率；

b）可以在不符合声压法测试标准的噪声场中，准确地测定声功率；而不会像声压法那样产生错误的结果；

c）在恶劣环境条件下测定声功率可达到较高的精度等级（因而可以在有负载机械噪声干扰下测定电机的声功率级）

主要基础标准的应用场合由表 1 给出说明和图 1 补充说明。这些标准更精确的区别由附录 A 给出。

表 1　声功率级测定程序及其相关应用场合

国家标准	环　境	背景噪声级	精度等级	测试量
GB/T 6881.1	专用测试室"混响室"	很低的背景噪声	1 级	声 压
GB/T 6881.2	强混响的普通房间	低背景噪声级	2 级	声 压
GB/T 6881.3	专用测试室	低背景噪声级	2 级	声 压
GB/T 3767	现场，但对环境反射有所限制	低背景噪声级	2 级	声 压
GB/T 6882	专用测试室消声室，半消声室	很低的背景噪声	1 级	声 压
GB/T 3768	现场，对环境反射限制较小	对背景噪声级限制较小	3 级	声 压
GB/T 16538	现场，近似混响条件	低背景噪声级	2 级	声 压
GB/T 16404.1	现场，无应用限制	对稳定背景噪声无应用限制	1，2 和 3 级	法向声强
GB/T 16404.2	现场，无应用限制	对稳定背景噪声无应用限制	2 和 3 级	法向声强
GB/T 16539	现场，无应用限制	对背景噪声无应用限制	2 和 3 级	振 速

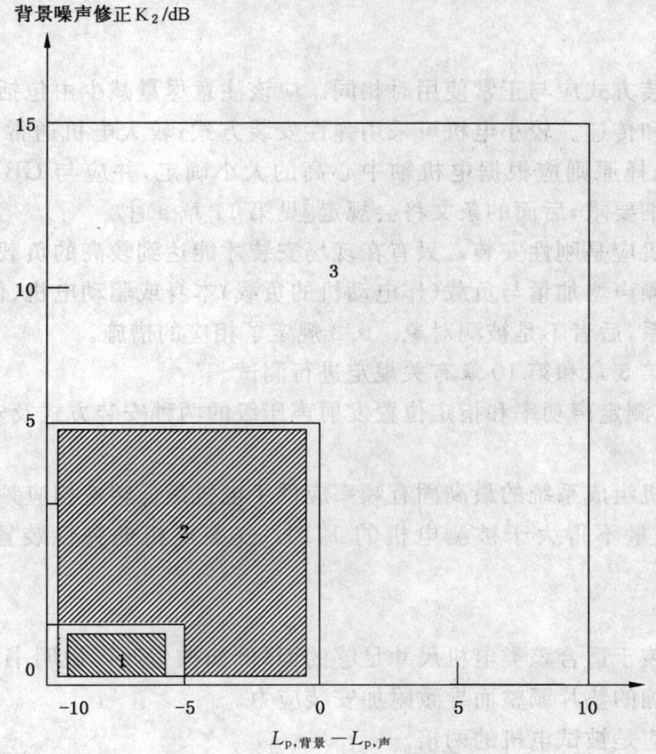

1——声压法，2 级；

2——声压法，3 级；

3——声强法，2 级；振速法，2、3 级。

注 1：详见 GB/T 3767—1996。

注 2：背景噪声级相对于声源声级（测试面上声压平均值）。

图 1　用包络面测定声功率方法的应用范围

5.3　附加要求

各个基础标准对有关测试规程中的所有声学问题都提出了详细和恰当的要求，如测量面的限定、传声器的布置、环境条件的选用、环境和背景噪声修正的确定以及仪器设备的要求等等。这些标准对被试电机没有明确规定其安装和运行，有关内容应在机器专用噪声测试规程中加以规定。本部分相应的要求列入第6章。

对于近似自由场的条件，采用GB/T 3767—1996或GB/T 3768—1996规定的声压法测量时，应根据电机的基本尺寸决定采用测试面，轴中心高为225 mm及以下且长度不超过1 m的电机用半球面；轴中心高大于225 mm或长度超过1 m的电机用平行六面体的测试面会有利于传声器的配置。

对于旋转电机可以采用如下增添的通用规则作简化处理：

a) 测点可以调整，特别对于大电机，对某指定类型的电机，如果在相同声场条件下测得的声功率级与事先同样条件、相同测点的情况下测得值的偏差，对2级方法不大于0.5 dB(A)，3级方法不大于1 dB(A)，则测点可以简化调整。

b) 当声源均匀辐射时，可仅在部分测量面配置测点。如对某指定类型的电机测得的声功率级与事先全部测点测得值的偏差，对2级方法不大于0.5 dB(A)，3级方法不大于1 dB(A)，则可用此种简化方法。

简化测点的具体规定见附录C。

6 安装及安装条件

6.1 电机的安装

6.1.1 概述

如有可能电机的安装方式应与正常使用时相同。应该注意尽量减少由包括基础在内的所有安装部件产生结构噪声的辐射和传递。较小电机可采用弹性安装方式；较大电机通常只能在刚性安装条件下试验。弹、刚性安装的选择原则应根据电机轴中心高的大小确定，并应与GB 10068—2000的规定一致。安装条件使用的详细要求，后面的条文将会规定[见第11章a)]。

负载状态下被试电机应是刚性安装。只有在现场安装才能达到较高的负载定额。为了区分被测电机因负载增加而产生的噪声增加量与负载(作电动机的负载)本身或驱动电机(作发电机的原动机)本身发射噪声之间的主次关系，后者不是被测对象。6.2规定了相应的措施。

所有情况下都应按第5章和第10章有关规定进行测试。

如果必要而且可行，测定声功率和指定位置发射声压级的两种安装方式及安装条件都应一样。

6.1.2 弹性安装

支撑装置和被测电机组成系统的最高固有频率应低于电机最低转速相应频率的1/3。

弹性支撑的有效质量不得大于被测电机的1/10。安装电机的弹性装置应与GB 10068—2000一致。

6.1.3 刚性安装

电机必须刚性地安装于适合该类电机尺寸足够的面(例如按生产厂说明书规定的底脚或凸缘)上。电机不应由于受到不正确的垫片调整而导致附加安装应力。

支撑件的质量至少应是被试电机的两倍。

6.2 辅助设备和负载电机

所有联结电机的辅助设备(负载电机、齿轮箱、变压器、变换器、外部冷却系统)以及被试电机运行连接所需但又不与之构成整体的部分都不应明显地影响噪声测量。如果有影响，则应进行声隔离或装在试验环境之外，或按附录D用振速法、或按GB/T 16404—1996及GB/T 16404.2—1996进行试验。

7 运行工况

7.1 概述

电机应在额定电压和额定频率或额定转速下运行，并具有规定的励磁(见GB 755—2000)。

交流电机供电电压的正弦性和供电电压系统的不平衡度应符合GB 755—2000规定的限值。由变频器供电的电机，其电压或电流的谐波应由相关变频器规定。

同步电机应在相应于额定电压的励磁电流状态下运行。

发电机应在电动机状态下运行，或在开路电压为额定电压的励磁下按额定转速驱动运行。

对多转速的电机，必须评估所有运行转速的范围是否符合要求。

对可逆运行电机应双向都可运行，除非两方向声功率级不同，才应按设计的一个方向试验。

其他工况可由生产厂与用户商定。

所用的运行工况应作记录并仔细地写入报告中[见第 11 章 a)和第 12 章]。如果可能，测定声功率级和指定位置的发射声压级两者的运行工况应该相同。

7.2 负载

试验之前必需预先进行空载试验。

注 1：由于负载工况的多样性，尽管本噪声测试规程并非强制性，但在实际中额定负载工况还是很有用的。测试噪声发射值所规定的负载工况，可由生产厂与用户商定。

注 2：有些时候可能需要空载与负载噪声级之间的差值，对此推荐采用 GB/T 16404—1996 及GB/T 16404.2—1996 或 GB/T 16539—1996(见附录 D)。

7.3 调速装置

应监测被测电机全部运行速度范围内的噪声，以确定发生最大噪声级的转速。且应以低变化率取得这些转速，并在此转速下进行检测，试验结果报告中应列出这种工况。

注 1：噪声级结果的变化主要由于下列两种原因，但通常不能准确判定：

a) 旋转转速及其相应诸谐波的频率与设备的固有频率一致；

b) 电源中可能存在激励柔性机械结构及产生噪声发射的高次谐波成分。

注 2：此试验的目的在于：

a) 在全转速工况下的噪声特性；

b) 在所有规定转速范围内最恶劣噪声状态下的噪声特性。

8 测量的不确定度

按本部分规程测定的噪声源声功率级单个值与其真值很可能有差异，其差异量在测量不确定度范围内。声功率级测定的不确定度是由影响测试结果的各种因素引起的，诸如试验室环境条件以及其他与测试技术有关的因素等。

如果在不同的试验室按本部分测定一指定声源的声功率级，其结果将会是分散的。测试声级的标准偏差可以计算且会随频带中心频率而变化(见表 2 注)。除极少情况外，这些标准偏差均不会超出表 2所列值。表中再现性标准偏差 σ_R 的值按 GB/T 14573.1—1993 确定的。这些值用于考虑本标准测试规程不确定度的累积效应，但不包括例如由于调节运行工况(如转速、电网电压)或安装或大气条件[a]等所引起声功率输出的变化。

测量不确定度取决于表 2 给出的再现性标准偏差和所企望的置信度。例如，当声功率级为正态分布时，置信度为 90%，则该声源的声功率级真值就会在测量值 $\pm 1.645\sigma_R$ 的范围内；95%置信度时，就会在测量值 $\pm 1.95\sigma_R$ 的范围内。

表 2 按本部分不同精度等级确定 A 计权声功率级的再现性标准偏差估算

精度等级	再现性标准偏差，σ_R/dB
1	1
2	1.5
3	3

注 1：倍频程或 1/3 倍频程声功率级的 σ_R 值，在有关的基础标准中可找到。

注 2：σ_R 与不确定度 K(见第 13 章)的相关资料见 GB/T 14574—2000。

a 在规定 1 级方法的标准中，已考虑了大气条件。

9 发射声压级的测定

9.1 概述

本部分不要求测定发射声压级。如果需要的话可按本部分测定。

9.2 有关工作位置的选择

对于旋转电机，本部分确定工作位置为距基准体 1 m 的测量包络面。

9.3 采用基础标准的选择

本部分按 GB/T 17248.4—1998 确定发射声压级 L_p。

没必要为此测定再增加测试。根据 GB/T 17248.4—1998 就可以由本部分第 5 章和第 6 章确定的声功率级 L_w 直接计算 L_p：

$$L_p = L_w - 10\lg[S/S_0] \quad \cdots\cdots(1)$$

式中：

S——距基准体 1 m 的电机测量包络面面积，m^2；亦即 L_p 为 1 m 距离的表面声压级；

$S_0 = 1\ m^2$。

注：这里，测量面一般按平行六面体的测试面面积计算，除非有特殊规定。

9.4 测量的不确定度

根据式(1)，发射声压级具有与确定 L_w 一样的精度(见第 8 章)。

10 按本部分确定噪声发射量的标示

按本部分要求所确定的噪声发射量应采用双噪声发射值标示。即采用基础标准和本部分规定的用于测试机器噪声发射量的两个参数来描述。

例 1 GB/T 10069.1/GB/T 3767—1996

(旋转电机/2 级精度确定声功率级；包络面测试声压法)

例 2 如果需要测定发射声压级，则：

GB/T 10069.1/GB/T 16404.1—1996/GB/T 17248.4—1998

(旋转电机/2 级精度确定声功率级；声强法/由声功率级确定发射声压级)

11 记录的内容

所有按本部分要求进行测试的下列内容都应作记录。任何与本部分有差异之处都应指明。

a) 被试电机：

——被试电机的说明(即型号、尺寸及附加设备，如果有的话)；

——运行工况(特别是电压；变换器型号，如果有的话；负载)

——安装状态。

b) 声学环境：

——见所采用基础标准的有关条款。

c) 仪器设备：

——见所采用基础标准的有关条款。

d) 声学资料：

——见所采用基础标准的有关条款。

12 报告的内容

试验报告应包含完全符合本部分规程所得到的声功率级说明。如果有任何差别，应予以指明。

报告应有下列内容：

a) 被试电机的说明;

b) 运行工况;

c) A计权声功率级,L_{wA},dB;如果需要,还有非计权频段声功率级;基准:1 pw;

d) A计权发射声压级,L_{pA},dB;基准:20 μPa(如果需要时);

e) 如有可能,则会出现离散纯音(例如用听觉或用 GB/T 18313—2001 附录 D 来确定)的内容;

f) 试验测出的资料。

注:根据 GB/T 18313—2001,离散纯音与突出部分有关,如果是声压级,则纯音应是超过临界带宽掩盖噪声声压级的 6 dB。

13 噪声发射量的标示与验证(如果需要)

按本部分确定噪声发射值的标示和验证应按 GB/T 14574—2000 用双数形式(测定的噪声发射值 L 和不确定度 K)表示的规定。

在用本部分时,对单台电机,推荐不确定度 K 用下列数值:1.5 dB(1 级);2.5 dB(2 级);4.5 dB(3 级)(置信度为 95%)。对批量,K 值的确定则见 GB/T 14574—2000 或 GB/T 14573.4—1993。

注:如果整批电机使用同一标示,则根据 GB/T 14574—2000L 与 K 的和值就较大,即其中的测量不确定度这部分加大,确切地说,还包含因生产的偏差引起的离散性那部分。

标示至少应提供如下内容:

——指出所用测试方法(见第 10 章);

——是指单台电机还是指某批电机的标示;以及

——采用的运行工况。

附录 B 给出了噪声发射标示的例子。

建议采用与测定标示值方法相同或更高精度等级的规程进行验证。

附 录
（规范性
测定机器和设备声功

类 别	用 声				
	GB/T 6881.1—2002 1级[a]	GB/T 6881.2—2002 2级[a]	GB/T 6881.3—2002 2级[a]	GB/T 3767—1996 2级[a]	GB/T 6882—1986 1级[a]
试验环境	混响室	硬壁房间	专用混响室	反射面上方近似自由场	消声室或半消声室
合适的标准试验环境	容积≤300 m^3 吸声系数≤0.06	容积≤40 m^3 吸声系数≤0.2	70 m^3≤容积≤300 m^3 0.5 s≤T_{ncm}≤1 s	K_2≤2 dB[b]	K_2≤0.5 dB[b]
声源的体积	至少小于房间容积的2%	至少小于房间容积的1%	至少小于房间容积的1%	无限制，仅受限于试验环境的有效区	至少小于房间容积的0.5%
声源的噪声特性	稳定，宽带，窄带或离散频率	稳定，宽带，窄带或离散频率	稳定，宽带，窄带或离散频率	任意	任意
背景噪声的限制	ΔL≥10 dB K_1≤0.5 dB[c]	ΔL≥6 dB K_1≤1.3 dB[c]	ΔL≥4 dB K_1≤2 dB[c]	ΔL≥6 dB K_1≤1.3 dB[c]	ΔL≥10 dB K_1≤0.5 dB[c]
仪器：[d] ① 声级计 ② 积分声级计 ③ 带通滤波器 ④ 校准器 ⑤ 声强仪 ⑥ 振动噪声检测仪	① 1级 ② 1级 ③ 1级 ④ 1级	1) 1级 2) 1级 3) 1级 4) 1级	1) 1级 2) 1级 3) 1级 4) 1级	1) 1级 2) 1级 3) 1级 4) 1级	1) 1级 2) 1级 3) 1级 4) 1级
能得到的声功率级	A计权和1/3倍频程或倍频程	A计权和倍频程	A计权和倍频程	A计权和1/3倍频程或倍频程	A计权和1/3倍频程或倍频程
可选有用信息	其他频率计权声功率级	其他频率计权声功率级	其他频率计权声功率级	其他频率计权声功率级，指向性信息和声压级时间函数	

a 精度等级：1＝精密级；2＝工程级；3＝简易级。

b K_2 是环境修正。

c K_1 是背景噪声修正。

d 至少应符合：a) GB/T 3785—1983，b) GB/T 17181—1997，c) GB/T 3241—1998，d) GB/T 15173—1994，e) GB/T 17561—1998 的等级。

e 根据方法的精度等级（方法1级或2级仪器为1级，而方法3级则仪器为2级）。

A

附录）

率级的国家标准综述

压		用声强		用振速
GB/T 3768—1996 3 级[a]	GB/T 16538—1996 2 级[a]	GB/T 16404—1996 1,2 或 3 级[a]	GB/T 16404.2—1996 2 或 3 级[a]	GB/T 16539—1996 2 或 3 级[a]
不规定试验环境	在现场近似混响场按指定证书要求	任意	任意	任意
$K_2 \leqslant 7$ dB[b]	不规定要求	对下列规定要求 ——外部声强 ——风,气流,振动温度 ——四周的形态	对下列规定要求 ——外部声强 ——风,气流,振动温度 ——四周的形态	不规定要求
无限制,仅受限于试验环境的有效区	无限制,仅受限于试验环境的有效区	无限制	无限制	无限制
任意	稳定,宽带,窄带或离散频率	宽带,窄带或离散频率,如果随时间稳定	宽带,窄带或离散频率,如果随	宽带,窄带或离散频率
$\Delta L \geqslant 3$ dB $K_1 \leqslant 3$ dB[c]	$\Delta L \geqslant 6$ dB $K_1 \leqslant 1.3$ dB[c]	声级:由仪器的动态能力给定(通常:$\Delta L \geqslant -10$) 变化率:由声场指数 F_1 要求而定	声级:由仪器的动态能力给定(通常:$\Delta L \geqslant -10$) 变化率:再现性检查规定了要求	无限制
1) 2 级 2) 2 级 3) 1 级 4) 1 级	1) 1 级 2) 1 级 3) 1 级 4) 1 级	5) 1 或 2 级[e]	5) 1 或 2 级[e]	6) 1 级
A 计权	A 计权和倍频程	频带限制(1/3 倍频 50 Hz～6 300 Hz) A 计权和 1/3 倍频程或倍频程 精度等级取决于声场指数		A 计权和 1/3 倍频程或倍频程
其他频率计权、倍频程声功率级,声压级时间函数	其他频率计权声功率级	正和/或负部声功率密度		—

附 录 B
（规范性附录）
旋转电机双值标示的例子

电机型号及其他有关内容： 类型：异步电动机，型号：Y2 250M-2，50 Hz，380 V
双值噪声发射标示值 对单台机 依据 GB/T 14574
测得的 A 计权声功率级， L_{wA}（基准 1 pW），dB 88[a] 不确定度 K_{wA}，dB 2.5[a] A 计权发射声压级，（工作位置处） L_{pA}（基准 20 μPa），dB 78[a] 不确定度 K_{wA}，dB 2.5[a] 运行工况：空载
注 1：数值是根据本部分第 13 章采用基础标准 GB/T 3767—1996 和 GB/T 17248.4—1998 确定的。 注 2：噪声发射测量值和相关的不确定度之和，是表示测试中可能出现的测量值范围的上限。
a 说明问题的典型值。

附 录 C
（规范性附录）
在近似自由场条件下简化测点的具体规定

电机在近似自由场条件下用声压法进行噪声测试时，应根据不同轴中心高和长度来选择测试面，且可以简化测点。具体规定如下：

C.1 轴中心高为 90 mm 及以下的电机采用半球测试面，测试半径为 0.4 m，测点为四点，在电机的前后左右四个相互垂直的方向上配置，测点的高度为 0.25 m。测试半径的中心为通过电机中心的垂线与反射地面的交点。

此时测试面面积 $S=2\pi r^2=1\ \mathrm{m}^2$

C.2 轴中心高为 225 mm 及以下且长度小于 1 m 的电机仍采用半球测试面，测试半径为 1 m，测点为五点，在电机的前后左右四个相互垂直的方向上及电机中心上方配置，四周测点的高度为 0.25 m，上方测点的高度为距反射地面 1 m。

此时测试面面积 $S=2\pi r^2=6.28\ \mathrm{m}^2$

C.3 对轴中心高大于 225 mm 或长度大于 1 m 的电机采用平行六面体的测试面，测点距电机外表面的垂直距离为 1 m，在前后左右四个相互垂直的方向上及电机中心上方配置，四周测点的高度等于轴中心高，上方测点的高度为距电机表面 1 m。如果电机的长(不包括轴伸长)为 L，宽为 M，高为 H，则：

$$a=0.5L+1;b=0.5M+1;c=H+1 \quad \text{单位：m}$$

则简化测点的平行六面体的测试面面积计算公式为：

$$S=4\times(ab+bc+ca)\times(a+b+c)/(a+b+c+2) \quad \mathrm{m}^2$$

C.4 相邻测点间的声级差若大于 5 dB，则应在其间增加测点，直至小于 5 dB 为止。对较大尺寸的电机也应增加测点，其测点间的直线距离不得大于 1 m。当测点数增加到与 GB/T 3767—1996、GB/T 3768—1996、GB/T 6882—1986 要求的数量一样时，测试面上的测点配置应按这些标准的要求进行，测点数已无简化，所以测试面面积的计算公式不能按上式，则应按这些标准规定的测试面面积公式计算。

附 录 D
（规范性附录）
用振速法测试电机负载噪声增量的程序

D.1 对测试仪器的要求

振速法所用的振动噪声检测仪应符合 IEC 61672—2002 规定的 1 级精度的要求；其中辐射指数计权曲线必须符合 GB/T 16539—1996 附录 A 的电机曲线。仪器应按标准进行定期校验。

D.2 对试验装配的要求

被试电机联结负载的装配应能保证平稳运行，不会产生附加噪声。在未加载时测得的振动速度声功率级不应大于单台电机空载振动速度声功率级 2 dB，或加载与未加载的振动速度声功率级差一般不应出现负增量，既使出现负值也不应超出－1 dB。

D.3 试验前的准备

D.3.1 必须按 1 级或 2 级精度的方法测定单台电机的空载噪声声功率级 L_W。

D.3.2 用堵进风口、拆除风扇或其他方法测定风扇声功率级 L_{FW}；同一规格的电机可以只测一次，在风扇未改变设计时此数据可一直引用。

D.4 负载噪声增量测试程序

D.4.1 电机在未加载的工况下运行，用振动噪声检测仪测定各点的速度级 L_{vi}；此时振动噪声检测仪上声源尺寸档位置的确定应根据电机的长宽高的平均值设定。

测点的配置与电机尺寸有关，轴中心高为 225 mm 及以下且长度小于 1 m 的电机，在端盖 1/2 半径处、机壳接线盒旁、与接线盒成 90°方向的机壳中心处以及风罩壳体 1/2 处（无外风罩者，则测相应机壳处）共测 4 点；对轴中心高大于 225 mm 或长度大于 1 m 的电机应适当增加测点均布于电机表面，至少应在与接线盒成 90°方向的机壳上增加 1 点，即此处中心的两侧各布一测点。

D.4.2 电机在额定负载的工况下运行，按 D.4.1 的各点测定速度级 L_{vin}。

D.5 测试结果的计算

D.5.1 电机外表面积 S_1 的计算：

对一般基本系列，当轴中心高为 h，电机长（不包括轴伸长）为 L 时，$S_1=8(h^2+hL)$ 单位：m^2

D.5.2 用振速法测定两种工况下速度功率级的计算

未加载时速度功率级 $$L_{vw0}=10\lg\left[\left(\sum_{i=1}^{n}10^{0.1L_{vi}}\right)/n\right]+10\lg S_1$$

加额定负载时速度功率级 $$L_{vwn}=10\lg\left[\left(\sum_{i=1}^{n}10^{0.1L_{vin}}\right)/n\right]+10\lg S_1$$

式中：

n 为测点数。

D.5.3 两种工况下声功率级的计算

未加载时声功率级 $L_{w0}=10\lg(10^{0.1L_{vw0}}+10^{0.1L_{Fw}})$

加额定负载时声功率级 $L_{wn}=10\lg(10^{0.1L_{vwn}}+10^{0.1L_{Fw}})$

D.5.4 负载噪声增量的计算

额定负载工况超过空载工况的声功率级增加量为：

$$\Delta=L_{wn}-L_{w0}$$

ICS 29.160.01
K 20

中华人民共和国国家标准

GB 10069.3—2006/IEC 60034-9:1997
代替 GB 10069.3—1988

旋转电机噪声测定方法及限值
第3部分:噪声限值

Measurement of airborne noise emitted by rotating electrical machines and the noise limits—Part 3:Noise limits

(IEC 60034-9:1997,IDT)

2006-04-30 发布

2007-01-01 实施

中华人民共和国国家质量监督检验检疫总局
中国国家标准化管理委员会 发布

前　　言

本部分的第6章为强制性的，其余为推荐性的。

《旋转电机噪声测定方法及限值》国家标准目前包括3部分：

——第1部分：噪声工程测定方法；

——第2部分：噪声简易测定方法；

——第3部分：噪声限值。

本部分为第3部分，替代GB 10069.3—1988《旋转电机噪声测定方法及限值　噪声限值》。本部分等同采用IEC 60034-9:1997《旋转电机　第9部分：噪声限值》。本部分应与GB/T 10069.1《旋转电机噪声测定方法及限值　第1部分：噪声工程测定方法》配套使用。

本部分由中国电器工业协会提出。

本部分由全国旋转电机标准化技术委员会(SAC/TC 26)归口。

本部分负责起草单位：上海电器科学研究所。

本部分参加起草单位：哈尔滨大电机研究所、广州电器科学研究院、煤科总院上海分院测试中心、上海航空测控技术研究所、河北电机股份有限公司、重庆赛力盟电机有限责任公司、安徽皖南电机股份有限公司、浙江金龙电机科技有限公司。

本标准起草人：施庆圆、钟志刚、张建、罗雪平、穆景坤、卜云杰、林隆寿、潘旭东、叶锦武、张振兰。

本部分所代替标准的历次版本发布情况为：

——GB 755—1981的第32章；

——GB 10069.3—1988。

引　　言

本部分的主要变化在于编写了有关可在额度负载条件下进行噪声测试的内容，并提出了异步电机满载噪声增量规定值的表格。增添了一些试验方法引用标准及安装的规定，以免再引用单独的测试规程（ISO 1680）。

声学量可以用声压或声功率等有关的量来表述。而用声功率级则可以不管测量面和环境条件而单独表述，避免了用声压级时需要增加一些因素的数据而使表述复杂化。声功率级提供一种能量辐射的度量并有利于声学分析和设计。

旋转电机噪声测定方法及限值
第3部分:噪声限值

1 范围和目的

本部分对于符合 GB 755、按 GB/T 1993 冷却方法以及按 GB/T 4942.1 防护分级并具备下列特性的旋转电机,规定了最大声功率级:

——无论交流或直流,均为常规设计;对特别从电的、机械的或声学的方面为降低声功率级专门改进的除外;

——额定输出从 1 kW(或 kVA) 到 5 500 kW(或 kVA);

——转速不超过 3 750 r/min。

不包括由变频器供电的交流电机,其内容见 IEC 60034-17。

注 1:对用于非关键场合或为降低电机噪声需要增加措施的标准噪声级电机,本部分认为要考虑其经济因素。

注 2:当需要低于表 1 和表 2 声功率级要求时,生产厂和买方必须达成一致,由于在电的、机械的或声学的特殊设计,可能会需要增加成本。

本部分的目的在于对标准设计的电机,规定以功率、转速、负载为特征的电机发射空气噪声最大声功率级 L_{wA},以 dB(A)为单位;并规定了测定电机声功率级的测试方法和试验条件,提供了电机噪声是否达到所规定的最大声功率级的考核标准。本部分不提供对纯音特性存在的修正。

在诸如听力保护方面的一些实际场合会需要距电机一定距离的声压级。然而本部分仅与噪声声功率的物理性质有关。现场声压的计算必须知道电机的尺寸、运行条件以及电机安装现场的环境,如果需要,考虑环境因数的计算数据可参阅经典的声学教科书。

2 规范性引用文件

下列文件中的条款通过本部分的引用而成为本部分的条款。凡是注日期的引用文件,其随后所有的修改单(不包括勘误的内容)或修订版均不适用于本部分,然而,鼓励根据本部分达成协议的各方研究是否可使用这些文件的最新版本。凡是不注日期的引用文件,其最新版本适用于本部分。

GB 755—2000 旋转电机 定额和性能(idt IEC 60034-1:1996)

GB/T 1993—1993 旋转电机冷却方法(idt IEC 60034-6)

GB/T 3767—1996 声学 声压法测定噪声源声功率级 反射面上方近似自由场的工程法(eqv ISO 3744:1994)

GB/T 3768—1996 声学 声压法测定噪声源声功率级 反射面上方采用包络测量表面的简易法(eqv ISO 3746:1995)

GB/T 4942.1—2001 旋转电机外壳防护分级(IP 代码)(idt IEC 60034-5:1991)

GB/T 6881.1—2002 声学 声压法测定噪声源声功率级 混响室精密法(idt ISO 3741:1999)

GB/T 6881.2—2002 声学 声压法测定噪声源声功率级 混响场中小型可移动声源工程法 第1部分:硬壁测试室比较法(idt ISO 3743-1:1994)

GB/T 6881.3—2002 声学 声压法测定噪声源声功率级 混响场中小型可移动声源工程法 第2部分:专用混响测试室法(idt ISO 3743-2:1994)

GB/T 6882—1986 声学 声压法测定噪声源声功率级 消声室和半消声室的精密方法(neq ISO 3745:1977)

GB/T 16404.1—1996 声学 声强法测定噪声源的声功率级 第1部分:离散点上的测量

(eqv ISO 9614-1:1993)

GB/T 16404.2—1996 声学 声强法测定噪声源的声功率级 第 2 部分:扫描测量(eqv ISO 9614-2:1996)

GB/T 16538—1996 声学 声压法测定噪声源声功率级 使用标准声源简易法(neq ISO 3747:1987)

IEC 60034-17 旋转电机 第 17 部分:变频器供电的笼形异步电动机 应用导则

3 术语和定义

第 2 章规范性引用文件中的术语与定义适用于本部分。

4 测试方法

4.1 电机所产生声压级的测量和声功率级的计算,应按 GB/T 3767—1996 的规定进行,除非选择 4.3 或 4.4 两者之一的规定。

4.2 按 4.1 进行测试所得到的相关结果,其声功率级最大不应超过表 1 和表 2 或表 3 的规定。

4.3 适当的时候还可以按 GB/T 6881.1—2002、GB/T 6881.2—2002、GB/T 6881.3—2002、GB/T 6882—1986、GB/T 16404.1—1996 或 GB/T 16404.2—1996 等精密级或工程级精度的方法之一去测定声功率级。

4.4 更简易的但精度较差的可按 GB/T 3768—1996 或 GB/T 16538—1996 规定的方法,特别是当环境条件不可能满足 GB/T 3767—1996 的要求(如大型电机)时。

然而,根据本部分的验证证明,除非对按 GB/T 3768—1996 或 GB/T 16538—1996 方法测定数值的误差已经进行了应有的修正,否则应将表 1 和表 2 的声级值减 2 dB。

4.5 如果在额定负载工况下试验,最好用 GB/T 16404—1996 的方法。当然,也可以将负载电机和附加装置进行隔声处理或将负载置于试验环境之外。

5 试验条件

5.1 电机的安装

5.1.1 准备

应该注意尽量减少由包括基础在内的所有安装部件产生结构噪声的辐射和传递。较小电机可采用弹性安装方式;较大电机通常只能在刚性安装条件下试验。如有可能,被试电机应按正常使用状态安装。

负载状态下被试电机应是刚性安装。

5.1.2 弹性安装

支撑装置和被测电机组成系统的最高固有频率应低于电机最低转速相应频率的四分之一。弹性支撑的有效质量不得大于被测电机的 1/10。

5.1.3 刚性安装

电机必须刚性地安装于适合该类电机尺寸足够的面(例如按生产厂说明书规定的底脚或凸缘)上。电机不应由于受到不正确的垫片或紧固件调整而导致附加安装应力。

5.2 试验运行工况

试验运行工况必须按下列要求:

a) 被试电机应运行在额定电压、额定频率或额定转速下,且具有规定的励磁电流(当合适时)。检测这些量的仪器精度应优于 1.0%。

   1) 标准负载条件为空载,串励直流电动机除外。

   2) 当需要时,电机应运行于一种被认可的负载工况。

b) 设计为立式的电机,应按立式状态进行测试。

c) 对异步电动机，其供电系统的波形和不平衡度应符合GB 755—2000的要求。变频器供电的电机除外(见IEC 60034-17)。

注：任何电压(和电流)波形畸变及不平衡的增加都会导致噪声增加。

d) 同步电动机应在功率因素为1的励磁下运转。

e) 对变速直流电机应考虑在其整个运行转速范围上检测。

f) 发电机应在电动机状态下运行。如果不行，可驱动到额定转速、开路电压等于额定电压的励磁状态下运行。

g) 设计为双速或多速运行的电机，应在每一转速下试验。

h) 可逆转电机应在正反两个方向运行；除非双向运行时声功率级无差别，则应在噪声发出的最大方向试验。单一转向电机应按其设计方向试验。

6 声功率级限值

旋转电机在第5章规定的条件下所测得的声功率级，不得超过下列有关规定的数值：

a) 除b)规定以外的电机，空载运行必需按表1的规定；

b) 具有IC01、IC11、IC21、IC411、IC511或IC611冷却类型的，50 Hz或60 Hz，额定输出不低于1 kW且不超过400 kW的单速三相笼形感应电动机：

——空载运行时应按表2的规定；

——额定负载时必须按表2和表3规定值的总和值。

注1：表1和表2的限值是由测试不确定度等级为2级精度和生产离散性而确定的。

注2：通常满载时的声功率级比空载时的高，如果以空气动力噪声为主则变化较小，而以电磁声为主则变化就较显著。

注3：本限值不考虑旋转方向，风扇为单向旋转的电机通常比双向的噪声低。这种影响对高速电机更为突出，对此可设计为仅单向运行。

注4：对于直流电机当其转速低于名义转速时，表1的限值可能不适用，此时噪声级与负载间的关系是重要的，其限值应该由生产厂与买方协商确定。

注5：对于多速电机则适用于表1的数值。

表 1　空载最大 A 计权声功率级 L_{wA}，dB(表 2 规定的电机除外)

(冷却方法 IC 的代码见 GB/T 1993—1993，防护分级 IP 的代码见 GB/T 4942.1—2001)

额定转速 n_N/(r/min)	$n_N \leqslant 960$			$960 < n_N \leqslant 1\ 320$			$1\ 320 < n_N \leqslant 1\ 900$			$1\ 900 < n_N \leqslant 2\ 360$			$2\ 360 < n_N \leqslant 3\ 150$			$3\ 150 < n_N \leqslant 3\ 750$		
冷却方式(简单代码)	IC01 IC11 IC21 注 1	IC411 IC511 IC611 注 2	IC31 IC71W IC81W IC8A1W7 注 2	IC01 IC11 IC21 注 1	IC411 IC511 IC611 注 2	IC31 IC71W IC81W IC8A1W7 注 2	IC01 IC11 IC21 注 1	IC411 IC511 IC611 注 2	IC31 IC71W IC81W IC8A1W7 注 2	IC01 IC11 IC21 注 1	IC411 IC511 IC611 注 2	IC31 IC71W IC81W IC8A1W7 注 2	IC01 IC11 IC21 注 1	IC411 IC511 IC611 注 2	IC31 IC71W IC81W IC8A1W7 注 2	IC01 IC11 IC21 注 1	IC411 IC511 IC611 注 2	IC31 IC71W IC81W IC8A1W7 注 2
额定输出 P_N/kW(或 kVA)																		
$1 \leqslant P_N \leqslant 1.1$	73	73	—	76	76	—	77	78	—	79	81	—	81	84	—	82	88	—
$1.1 < P_N \leqslant 2.2$	74	74	—	78	78	—	81	82	—	83	85	—	85	88	—	86	91	—
$2.2 < P_N \leqslant 5.5$	77	78	—	81	82	—	85	86	—	86	90	—	89	93	—	93	95	—
$5.5 < P_N \leqslant 11$	81	82	—	85	85	—	88	90	—	90	93	—	93	97	—	97	98	—
$11 < P_N \leqslant 22$	84	86	—	88	88	—	91	94	—	93	97	—	96	100	—	97	100	—
$22 < P_N \leqslant 37$	87	90	—	91	91	—	94	98	—	96	100	—	99	102	—	101	102	—
$37 < P_N \leqslant 55$	90	93	—	94	94	—	97	100	—	98	102	—	101	104	—	103	104	—
$55 < P_N \leqslant 110$	93	96	—	97	98	—	100	103	—	101	104	—	103	106	—	105	106	—
$110 < P_N \leqslant 220$	97	99	—	100	102	—	103	106	—	103	107	—	105	109	—	107	110	—
$220 < P_N \leqslant 550$	99	102	98	103	105	100	106	108	102	106	109	102	107	111	102	110	113	105
$550 < P_N \leqslant 1\ 100$	101	105	100	106	108	103	108	111	104	108	111	104	109	112	104	111	116	106
$1\ 100 < P_N \leqslant 2\ 200$	103	107	102	108	110	105	109	113	105	109	113	105	110	113	105	112	118	107
$2\ 200 < P_N \leqslant 5\ 500$	105	109	104	110	112	106	110	115	106	111	115	107	112	115	107	114	120	109

注 1：典型的防护类型为 IP22 或 IP23。

注 2：典型的防护类型为 IP44 或 IP55。

表 2　空载最大 A 计权声功率级 L_{wA}，dB

（IC01、IC11、IC21、IC411、IC511、IC611 单速三相笼形感应电动机）

额定输出 P_N/kW	8 极		6 极		4 极		2 极	
	50 Hz	60 Hz	50 Hz	60 Hz	50 Hz	60 Hz	50 Hz	60 Hz
$1.0<P_N\leqslant 2.2$	71	71	71	71	71	71	81	85
$2.2<P_N\leqslant 5.5$	76	76	76	76	76	76	86	88
$5.5<P_N\leqslant 11$	80	80	80	80	81	81	91	91
$11<P_N\leqslant 22$	84	84	84	84	88	88	94	94
$22<P_N\leqslant 37$	87	87	87	87	91	91	96	100
$37<P_N\leqslant 55$	89	90	90	91	94	95	98	101
$55<P_N\leqslant 110$	92	93	94	95	97	98	100	104
$110<P_N\leqslant 220$	96	97	98	99	101	102	103	107
$220<P_N\leqslant 400$	98	99	101	102	105	106	107	110

表 3　额定负载工况超过空载工况的 A 计权声功率级允许最大增加量 ΔL_{wA}，dB

（电机的额定条件与表 2 一致）

额定输出 P_N/kW	8 极	6 极	4 极	2 极
$1.0<P_N\leqslant 11$	8	7	5	2
$11<P_N\leqslant 37$	7	6	4	2
$37<P_N\leqslant 110$	6	5	3	2
$110<P_N\leqslant 400$	5	4	3	2
注 1：此表给出的是在额定负载工况下对任何空载数值的预期最大增加量。 注 2：此数值对 50 Hz 和 60 Hz 供电均适用。				

7　噪声发射值的标示与确认

当某电机在按第 5 章规定的条件下检测，其声功率级不超过第 6 章规定时，则该电机可认定符合本部分。